어떻게 증명할 것인가

How to Prove It

(주)신한출판미디어

어떻게 증명할 것인가

인 쇄 | 2023년 10월 1일
발 행 | 2023년 10월 15일

저 자 | Daniel J. Velleman
역 자 | 박종률
발 행 인 | 채수봉
발 행 처 | (주)신한출판미디어

주 소 | 서울 마포구 구룡길 19 B동 332호(상암 한화 오벨리스크)
대표전화 | (02) 338-5396
팩 스 | (02) 338-5293

홈페이지 | http://shinhanpub.com
E-mail | shinhanpub@shinhanpub.com

I S B N | 979-11-90854-12-2
정 가 | 45,000 원

역자 머리말

이 책은 Daniel J. Velleman 교수의 저서인 어떻게 증명할 것인가 -구조적 접근 How to prove It-A structured Approach의 제3판(2019)을 번역한 것이다. 벨만 교수가 1994년에 초판을 발간했으며, 2006년에 제2판을 발간하면서 200여개의 연습문제들을 추가했고 증명 설계자 Proof Designer소프트웨어를 사용하여 문제풀이를 하도록 했다. 그리고 제3판에서는 수론에 대한 한 새로운 장과 역시 150개 이상의 많은 연습문제들을 추가했다.

이 책은 수학적 명제들이 가질 수 있는 다양한 형식들에 학생들이 친근하게 접근하게 하는 기초적인 논리로 시작한다.

제1장은 논리적 연결사들을 논의하고, 제2장은 한정기호들을 소개했다. 이 장들에서 집합론의 기초개념들을 제시한다. 그것들이 이 책의 나머지 부분에서 사용되는 중요한 주제이기 때문이다.

제3장은 한 조직적인 방법으로 수학적 명제들이 가질 수 있는 다양한 양식들을 통하여 적절한 증명구조들을 논의하고 그 증명들은 수학적으로 더 복잡해지고 또한 더 흥미로워질 것이다.

제4 그리고 5장에서는, 관계들과 함수들에 대한 것으로, 학생들이 3장으로부터 증명을 쓰는 기술들을 실행하는 주제를 제공하고, 수학 전체 영역에서 사용되는 약간의 기본적인 개념들을 소개한다.

제6장은 수학과 컴퓨터 과학에서 아주 중요한 증명방법인 수학적 귀납법을 다룬다.

마지막으로, 제7장과 제8장에서는 정수론의 기초개념과 무한집합의 위수 정리를 소개하고 있다. 이것들은 학생들에게 가장 흥미로운 정리들을 함께 가져다 줄 것이다.

저자는 수학 문제해결과 정리들의 증명에서 학생들이 증명의 구성과 관련된 밑바닥에 있는 원리들을 밝혀냄으로써 수학하는 방법에 대한 해답들을 주고자 의도하고 있다. 증명들은 고급수학들과 컴퓨터 과학 이론에 핵심적인 역할을 한다, 많은 학생들은 처음에 증명들이 중요한 역할을 하는 과목을 이수하는데 힘들어 한다. 그들에게 증명들을 읽고 쓰는데 필요한 기술들을 가르쳐서 학생들이 문제 푸는 것으로부터 정리들을 증명하는 것으로 변화시키도록 도와주고 증명들의 숙달을 통해서 고급수학의 세상을 소개한다. 이 책은 수학적인 용어에 익숙해지고 그것들이 어떻게 해석하는지에 관한 논리의 기본개념을 단계적으로 소개하고, 복잡한 증명들을 해나가는데 사용될 수 있는 분석 기술과 증명들의 절차를 “메모작업 scratch work"부분에서 상세하게 소개한다.

또한, 컴퓨터 과학에서 일찍이 프로그램잉 언어들의 지침에 번호가 붙은 목록으로 쉽게 접근하도록 가르친다. 이 책에서도 증명들에 대한 논의와 증명쓰기 에서도 유사하게 "구조적인 증명"을 받아드리도록 소개한다.

과학 문명의 발전과 더불어 우리의 삶 속에서 바르게 사고하고 거짓된 논증과 모호한 주장에 동조하지 않는 지적 정직성을 갖추도록 해야 한다.

보통 고등학교 수학을 넘는 배경지식이 없어도, 이 책은 논리와 증명들에 관심이 있는 모든 사람들: 컴퓨터 과학자들, 철학자들, 언어학자들, 그리고 물론, 수학자들에게 유용하게 사용되기를 기대한다.

끝으로 이 책이 번역되어 출판되기까지 많은 도움을 주신 (주)신한출판미디어와 편집부 여러분들께 감사의 말씀을 드린다.

또한, 이 책을 번역하는 동안 많은 도움을 아끼지 않은 사랑하는 부인 김영희와 새로운 가정들을 꾸려 열심히 살아가는 자녀들; 지연, 홍수, 형수에게 감사의 말을 전한다.

2023년 08월

충서헌에서 박종률

제3판의 머리말

수학과 컴퓨터과학을 공부하는 학생들은 "개임 규칙 rules of the game"을 알지 못하기 때문에 처음으로 수학적 증명을 진지하게 다루도록 요청받았을 때 어려움을 겪는 경우가 많다. 무언가를 증명하라는 요청을 받았을 때 당신에게 기대되는 것은 무엇일까? 올바른 증명과 잘못된 증명을 구별하는 것은 무엇일까? 이 책은 학생들이 증명들의 구성에 관련된 기본 원리들의 자세한 설명에 대한 해답들을 배우기 위한 것이다.

많은 학생들은 고등학교 기하학에서 수학적 증명에 처음 드러나게 된다. 불행하게도, 고등학교 기하학에서 학생들은 증명들이 도움이 되기에는 너무 제한적인 증명들의 관점에서 증명에 번호가 매겨진 명제들과 논증들의 나열로 보통 생각하도록 배운다. 여기에 상응하여 교육될 수 있는 컴퓨터 과학과 유사한 점이 있다. 초기 프로그램밍 언어는 지침서에 번호가 붙은 명령목록과 같이 컴퓨터 프로그램에 따라 제한된 관점으로 권장된다. 이제 컴퓨터 과학자들은 그와 같은 언어에서 벗어나 "구조적 프로그래밍 structured programming"에 접근방식을 장려하는 프로그램밍에 대한 구조화된 접근방식을 채택하도록 이끈다. 이 책에서 증명들에 대한 논의는 컴퓨터 과학자들이 증명쓰기에서도 프로그램밍의 적용에 구조적인 접근을 받아드리도록 이끄는 많은 생각들에 대한 믿음에서 영감을 받았다. 당신은 이 책이 "구조화된 증명 structured proving"을 가르친다고 말할 수 있다.

구조적인 프로그램밍에서, 컴퓨터 프로그램 명령어를 나열하는 방식이 아니라, 자바 Java 프로그램밍 언어의 if-else 구문과 do-while 루프같은 특정 기본적인 구조를 결합하여 구성된다. 이들 구조는 그것들을 차례로 나열할 뿐만 아니라, 중첩하여 결합된다. 예를 들어, 한 프로그램이do-while 루프안에 if-else구문을 중첩하면 다음과 같다.

```
do
    if [조건]
        [지침목록은 여기로 이동한다]
   else
       [대체 지침목록은 여기로 이동한다]
while [조건]
```

이 프로그램의 윤곽에서 들여쓴 indenting 것은 반드시 필요한 것은 아니지만, 그것은 한 프로그램의 기본 구조를 표시하기 위해 컴퓨터 과학에서 자주 사용되는 편리한 방법이다.

수학적 증명은 특정 기본적인 증명 구조들을 결합하여 구성된다. 예를 들어, "만약 P이면 Q이다" 형식의 한 명제에 대한 증명은 종종 "suppose-until"구조라고 할 수 있는것을 사용한다: 우리는 Q가 참이라는 결론에 도달할 수 있을 때 까지 P가 참이라고 가정한다. 이 시점에서 우리는 이 가정을 철회하고, 명제가 "만약 P이면 Q이다 if P then Q"가 참이라는 결론을 내린다. 또 다른 예는 "임의의 x에 대하여 증명하라 for arbitrary x prove" 구조이다: "임의의 x에 대하여 $P(x)$이다" 형식의 한 명제를 증명하기 위해서, x를 한 임의의 대상으로 선언한 다음 $P(x)$를 증명한다. $P(x)$가 참이라는 결론에 도달하면 x의 선언을 임의로 철회하고, "임의의 x에 대하여, $P(x)$가 참이다"라는 형식명제가 참이라고 결론을 내린다. 더욱이, 더 복잡한 명제들을 증명하기 위해서 이들 구조들은 그것들을 차례로 나열될 뿐만아니라 서로 중첩되어 결합된다. 예를 들어, "임의의 x에 대하여 $P(x)$이면 $Q(x)$이다"라는 형식의 한 명제를 증명하기 위해서, 우리는 아마도 "임의의 x에 대하여 증명"하는 구조안에 한 "suppose-until"구조를 중첩시켜 다음 형식의 증명을 얻는다:

x가 임의라 하자.
    $P(x)$가 참이라 가정하자.
        [$Q(x)$의 증명은 여기로 간다.]
    따라서 만약 $P(x)$이면 $Q(x)$이다.
따라서, 임의의 x에 대하여, 만약 $P(x)$이면 $Q(x)$이다.

이전과 마찬가지로 들여쓰기 indenting를 사용하여 그 증명의 기본 구조을 분명하게 만든다. 물론 수학자들은 일반적으로 이런 들여쓰기 형식으로 증명을 작성하지 않는다. 이 책에서 우리의 목표는 학생들에게 들여쓰기 형식이 아니라 수학자들이 하는것처럼 평범한 영어문단으로 증명들을 쓰도록 가르칠 것이다. 그럼에도 불구하고, 우리의 접근방식은 학생들이 그러한 증명을 작성하는데 성공하려면, 증명의 기본구조를 이해해야만 한다는 믿음에 근거한다.

예를 들어, "x가 임의이다"그리고 "P 라 가정하자"와 같은 문장은 증명에서 격리된 단계가 아니라, "임의의 x에 대하여 증명한다." 그리고 "suppose-until" 증명 구조를 도입하는 것에 사용된다. 초보 학생들이 배워야 하는 이러한 문장을 다른 방식으로 부적절하게 사용하는 것은 드문 일이 아니다. 이러한 실수는 ”while"와 어울리지 않는 “do"를 사용하는 프로그래밍 오류와 유사하다.

우리의 예에서, 증명구조의 선택은 증명되는 명제의 논리적 형식에 따라 결정된다는 점에 유의하자. 이런 이유로, 이 책은 학생들이 수학적 명제들이 취하는 다양한 형식에 학생들이 익숙해지도록 기본적인 논리로 시작한다.

제1장은 논리적 연결사들을 설명하고, 그리고 한정기호들은 제2장에서 소개했다. 이 장들은 또한 집합이론의 기초들을 제시한다, 왜냐하면 이 책의 나머지 부분에서 사용되는 한 중요한 주제이기 때문이다.(그리고 수학 전반에 걸처), 또한 그 많은 수학을 논의할 수 있는 관점을 설명하는 역할을 하기 때문이다.

제3장은 다양한 양식들을 통하여 각 형식에 대한 적절한 증명구조들의 논의를 통하여, 한 체계적인 방식으로 구조화된 증명 기술을 다룬다. 이 장의 증명들의 예들은 그들의 수학적인 내용이 아니라, 다만 그들이 설명하는 증명구조들 때문에 대부분 선택된 것이다. 이것은 이 장의 단지 몇 가지 증명 기술들이 논의된것은 초반에는 특별히 참이고, 이장의 많은 증명들은 다소 사소한 결과들이다. 장들이 진행됨에 따라 그 증명들은 수학적으로 더욱 정교하고 또한 더 흥미로워질 것이다.

제4장 그리고 5장에서는, 관계들과 함수들에 대한 것으로, 두 가지 목적들을 제공한다. 첫째는, 그들은 학생들이 3장에서부터 증명을 쓰기 기술들을 연습할 수 있는 주제들을 제공한다. 둘째로, 수학 모든 분야에서 사용되는 몇 가지의 기본개념들을 학생들에게 소개한다.

제6장은 수학과 컴퓨터 과학 모두에서 매우 중요한 증명의 방법인 수학적 귀납법에 대하여 취급한다. 이 프레젠테이션은 3장의 기술을 기반으로 수립된 것으로, 학생들이 이 책의 이 시점에서 숙달해야한다.

제6장을 완성한 후에, 학생들은 더 실질적인 수학적 주제들의 문제를 풀 수 있도록 준비해야한다. 두 개의 그와 같은 주제들이 제7장 그리고 제8장에 주어진다. 제7장에서, 제3판의 새로운 것으로, 수론에 대한 한 안내를 제공했다, 그리고 제8장은 무한 개수들에 대하여 논의하였다. 이 장들은 학생들에게 수학적 증명들의 많은 실습을 제공해준다. 그리고 그것들이 역시 고급 수학들이 어떤 것인가의 한 단면을 보여준다.

각 장들의 모든 절들은 일단의 연습문제들로 끝마친다. 어떤 연습문제들은 asterisk표기가 있다; 이 연습문제들에 대한 풀이들이나 또는 힌트들이 부록에 주어졌다. 기호 D^p가 표기된 연습문제들은 Proof Designer software를 사용하여 해결할 수 있고, 그것은 인터넷에서 무료로 이용할 수 있다.

이 3판에서 가장 큰 변화들은 수론에 대한 한 새로운 장을 추가한 것과 그리고 역시 150개 이상의 많은 추가적인 연습문제들을 추가한 것이다. 관계들에서 반사적, 대칭적, 그리고 추이적 폐포들에 대한 절을 제4장에서 생략했고(그렇지만 이런 주제들은 이제 4.4절의 약간의 연습문제들에서 소개됐다); 그것은 제5장에서 함수들 아래에서 집합들의 폐포들로 한 새로운 절로 대치되었다. 또한 이 책을 통하여 수없이 많은 작은 변화들이 존재한다.

나의 원고의 초고를 읽어주고 교정을 위한 많은 협조적인 제안들을 해준 모든 분들께 감사를 드린다. 특히, *John Corcoran*과 *Raymond Boute*의 여러 가지의 협조적인 제안들에 감사드린다. 나는 역시 *Jonathan Sands*와 여러 명의 익명의 비평가들로 부터의 충고에 대하여 감사드린다.

차례 Contents

도입 Introduction

수학이란 무엇인가? 고등학교 수학은 대부분 방정식의 풀이와 수치적 질문에 대한 해답을 구하는 계산에 관련된다. 대학교 수학은 수 뿐만 아니라 집합들, 함수들 그리고 다른 수학적 대상들에 관련해서 폭넓은 문제들을 다루고 있다. 이것들을 함께 결합해 주는 것은 문제들에 대한 해답을 찾기 위한 연역적 추론 *deductive reasoning*의 활용이다. x에 대한 한 방정식을 풀 때 우리는 x의 값이 무엇이 되어야만 할까를 연역하는 *deduce* 방정식에 의해서 주어진 정보를 사용한다. 유사하게, 수학자들은 다른 종류의 수학적인 문제들을 해결해야 할 때도, 그들은 항상 연역적인 논증에 의해서 그 결론을 정당화한다.

수학에서의 연역적인 논증은 보통 한 증명 *proof*의 형식으로 표현한다. 이 책의 주된 목표 중 하나는 일반적인 수학적 논증의 능력을 발전시키는데 협조하는 것이다. 특히 당신의 독해 능력과 증명을 기술하는 능력을 함양하자는 것이다. 그 뒤의 장들 *chapters*은 우리는 증명들이 어떻게 자세하게 구성되는가를 연구하고, 처음에는 몇 가지 증명법들의 예를 들어 보일 것이다.

이 증명들을 이해하기 힘들더라도 두려워할 것이 없다. 그것들은 단순히 당신이 수학적 증명들이 어떤 것인가 맛보이기 위한 의도로 제시한 것이다. 어떤 경우는, 그 증명의 많은 단계를 이해할 수 있다. 그러나 그것들의 단계가 왜 그렇게 연결되는지 의심 *puzzled*하게 될 수도 있다. 또는 모든 사람이 어떻게 증명이 되었다고 생각할까에 대해 의심할 수도 있다. 만약 그렇다면, 우리는 당신이 참아내기를 요청한다. 이런 질문의 대부분은 이 책의 후반부 특히 3장에서 답을 얻을 것이다.

이 도입 장에서 증명의 대부분의 예는 소수들에 관련된 것이다. 1보다 큰 정수가 그 수보다 작은 양의 두 정수의 곱으로 쓸 수 없을 때를 소수 prime number라 함을 상기하자.
만약 두 개의 작은 양의 정수들의 곱으로 쓸 수 있으면, 그것을 합성수 composite라 한다. 예를 들어, 6은 합성수이다. 왜냐하면 $6 = 2 \cdot 3$이기 때문이다. 그러나 7은 한 소수이다.

소수와 관련된 한 증명의 예를 들기 전에, 우리는 증명해야 할 어떤 것을 발견할 필요가 있다. 한 증명에 의해 그 진위가 밝혀질 수 있는 소수에 대한 사실이다. 가끔 당신은 몇 가지 수들에 대한 계산만을 해 봄으로서 수학에서의 재미있는 패턴을 발견할 수 있다. 예를 들어, 다음 그림1-1을 보자. 2부터 10까지 수 n에 대하여 이 표는 n과 $2^n - 1$이 소수인지 아닌지를 보여주고, 놀라운 패턴이 있음을 보여준다. 그것은 n이 소수일 때는 분명하게 $2^n - 1$이 소수로 된다는 것이다!

n	Is n prime?	$2^n - 1$	Is $2^n - 1$ prime?
2	yes	3	yes
3	yes	7	yes
4	no: $4 = 2 \cdot 2$	15	no: $15 = 3 \cdot 5$
5	yes	31	yes
6	no: $6 = 2 \cdot 3$	63	no: $63 = 7 \cdot 9$
7	yes	127	yes
8	no: $8 = 2 \cdot 4$	255	no: $255 = 15 \cdot 17$
9	no: $9 = 3 \cdot 3$	511	no: $511 = 7 \cdot 73$
10	no: $10 = 2 \cdot 5$	1023	no: $1023 = 31 \cdot 33$

그림 1

이 패턴은 계속될까? 그렇게 될 것으로 예상하게 되는 유혹이 생긴다. 수학자들은 이런 예상들을 추측들 *conjectures*이라 부른다. 따라서 우리는 여기서 두 개의 추측을 한다.

추측 1. 만약 n이 1 보다 큰 정수이고 n이 소수라 가정하면, $2^n - 1$은 소수이다.

추측 2. 만약 n이 1 보다 큰 정수이고 n이 소수가 아니라 가정하면, $2^n - 1$은 소수가 아니다.

불행하게도, 만약 그림1의 표를 계속해 가면, 곧바로 추측 1이 틀렸음을 알 수 있다. 쉽게 11이 소수이지만, $2^{11} - 1 = 2047 = 23 \cdot 89$ 이어서 $2^{11} - 1$은 소수가 아니다. 따라서 11은 추측 1의 한 반례 *counterexample*이다. 단 하나의 반례가 존재함으로 이 추측1이 틀렸음을 말해준다. 그러나 이 경우는 많은 반례가 있음은 흥미롭다. 만약 우리가 30까지 수들에 대하여 확인해보면,

우리는 추측 1의 반례로 두 가지를 더 찾을 수 있다.: 23과29는 소수이고, $2^{23} - 1 = 8,388,607 = 47 \cdot 178,481$이고, $2^{29} - 1 = 536,870,911 = 2,089 \cdot 256,999$ 이다. 그러나, 30까지 어떤 수도 추측 2에 대한 반례가 없다.

당신은 추측 2가 옳다고 생각합니까? 우리는 추측 1에 대한 반례를 발견해서 이 추측이 틀렸음을 알았다. 그러나 추측 2에 대한 반례를 찾는 데 실패한다고 그것이 참이라고는 말할 수는 없다. 아마도 반례가 있을 것이다. 그러나 가장 작은 것이 30보다 클 것이다. 예들을 계속 확인해서 한 반례를 밝힐 수도 있을 것이다. 또는, 만약 그렇지 않다면 이 추측에 대한 우리의

믿음은 증가할 것이다. 우리가 예들을 확인함으로써만 이 추측이 옳다고 확인할 수는 없는 것이다. 아무리 많은 예들을 확인하더라도, 그다음 것이 최초의 반례가 될 가능성이 항상 있는 것이다. 추측 2가 참임을 밝히는 단 한 가지 방법은 그것을 증명 *prove*하는 것이다.
사실상, 추측 2는 옳다. 다음이 이 추측에 대한 증명이다:

추측 2의 증명. n가 소수가 아니므로, $a < n, b < n$인 양의 정수 a, b가 존재하여 $n=ab$가 설립한다. $x=2^b-1,\ y=1+2^b+2^{2b}+\cdots+2^{(a-1)b}$라 하자. 그러면,

$$
\begin{aligned}
xy &= (2^b-1)\cdot(1+2^b+2^{2b}+\cdots+2^{(a-1)b})\\
&= 2^b\cdot(1+2^b+\cdots+2^{(a-1)b})-(1+2^b+2^{2b}+\cdots 2^{(a-1)b})\\
&= (2^b+\cdots+2^{ab})-(1+2^b+\cdots+2^{(a-1)b})\\
&= 2^{ab}-1\\
&= 2^n-1
\end{aligned}
$$

$b < n$이므로, $x=2^b-1 < 2^n-1$임을 알 수 있다. 또한, $ab=n > a$이므로, $b > 1$이 성립한다. 따라서 $x=2^b-1 > 2^1-1=1$이다. 즉 $y < xy=2^n-1$이다. 따라서 2^n-1은 두 양의 정수 x와 y의 곱으로 써지고, 그것들은 둘 다 2^n-1보다 작은 수이다. 따라서 2^n-1은 소수가 아니다. ■

이제 그 추측은 증명되었다. 이것을 정리 *theorem*라 부른다. 만약 당신은 그 증명이 약간 신비하게 보일지라도 두려워할 것은 없다.
우리는 그것이 어떻게 구성되는가를 분석하기 위해서는 3장의 끝부분으로 돌아갈 것이다. 당분간, 이해하는 데 가장 중요한 요점은 만약 n이 1보다 큰 임의의 수로서 작은 양의 두 정수 a와 b의 곱으로 쓸 수 있다고 가정하면, 그 증명은 약간 신비스러운 방법으로 2^n-1을 두 작은 양의 정수 x와 y의 한 곱으로 쓰는 한 방법을 주고 있다. 따라서 만약 n이 소수가 아니라 하면, 2^n-1소수가 아니어야 한다. 예를 들어, $n=12$라 하면, $2^n-1=4095$이다. $12=3\cdot 4$이므로, 우리는 그 증명에서 $a=3, b=4$로 택할 수 있다.
그러면 이 증명에서 x와 y에 대한 공식에 따르면, 우리는 $x=2^b-1=2^4-1=15$이고, $y=1+2^b+2^{2b}+\cdots+2^{(a-1)b}=1+2^4+2^8=273$이다.

그리고, 증명에서 예견한 공식에서와 같이 우리는 $xy=15 \cdot 273=4095=2^n-1$이다. 물론, 12를 더 작은 두수의 곱으로 분해하는 다른 방법이 있다. 이것은 4095를 분해하는 다른 방법을 유도한다. 예를 들어, $12=2 \cdot 6$이므로, 우리는 $a=2$와 $b=6$라하고, 이것에 해당되는 x와 y를 택하여 그 곱이 4095가 된다.

하지만 추측 1은 옳지 않다는 것을 이미 알고 있지만, 그것에 대하여 아직도 물을 수 있는 재미있는 질문이 있다.

만약 소수 n에 대하여 만약 2^n-1이 소수인지 계속 확인해 가면, 2^n-1이 소수가 아닌 예는 추측에 대한 반례를 계속 찾아갈 것이다. 2^n-1이 소수인 예를 찾는 것을 계속할 수 있을까? 만약 소수집합의 개수가 유한개라면 우리는 단순히 모든 소수 n에 대한 2^n-1을 단순히 확인하여 이 문제를 해결할 수 있을 것이다. 그러나 사실상 소수집합은 무한이다. 유클리드 *Euclid*(350 *B.C*)는 그의 원론 *Elements*의 *Book IX*에서 증명했다. 그의 증명은 모든 수학을 통틀어 가장 유명한 것 중 하나이다[1].

정리 3. 소수집합은 무한이다.

증명. 소수의 집합이 유한이라 가정하자. 모든 소수를 $p_1, p_2, \cdots, p_n$로 나열하여, $m=p_1 \cdot p_2 \cdot \cdots \cdot p_n+1$ 이라 하자. m은 p_1에 의해서 나누어지지 않는다. m을 p_1으로 나누면 몫이 $p_2 \cdot p_3 \cdot \cdots \cdot p_n$이고 나머지가 1이기 때문이다. 같은 방법으로, m은 $p_2, p_3, \cdots, p_n$에 의해서도 나누어지지 않는다. 1보다 큰 모든 정수는 소수이거나 소수들의 곱으로 소인수 분해됨을 이용한다. (6장에서 증명할 것임) 분명히 m은 1 보다 큰수 이므로 m은 소수이거나 소수의 곱이다. 먼저 m이 소수라 가정하면 m은 모든소수들 $p_1, p_2, \cdots, p_n$ 보다 더 큰 수이므로, 우리가 나열한 소수가 아닌 소수가 되어 모든 *all* 소수를 나열한 가정에 모순된다.

이제 m이 소수의 곱이라 가정하면, q를 인수 중 한 소수라 하자. 즉, q는 m을 나눈다. 그러나 우리는 이미 m은 모든 소수 $p_1, p_2, \cdots, p_n$ 에 의해서도 나누어지지 않는다는 것을 알게 되고, 따라서 다시 한번 더 모든 소수들을 포함하는 나열에 모순됨을 알 수 있다.

소수집합이 유한이라는 가정에 모순되므로, 소수집합은 무한이 되어야만 한다. ∎

---

1) 다시 한번 더, 당신은 만약 어떤 측면에서 이 증명이 신비스럽더라도 언짢아할 필요가 없다. 3장을 읽은 후에는 당신은 자세히 이 증명을 이해하는데 더 준비가 잘될 것이다.

다시한번 더, 당신은 만약 어떤 측면에서 이 증명이 신비롭더라도 언짢아 할 필요가 없다. 3장을 읽은 후에는 당신은 이 증명을 자세히 이해하는데 준비가 더 잘 될 것이다. 우리는 이 증명에서 되돌아가 이것의 구조 *structure*를 분석해보자. 만약 n이 소수가 아니면 2^n-1은 소수가 아니지만, 만약 n이 소수이면 2^n-1은 소수 이거나 소수가 안일 수도 있다. 소수집합이 무한이므로, 2^n-1꼴의 소수도 무한히 많다고 생각하여, 즉, 지금까지 아는 것을 근간으로 2^n-1꼴이 소수일 수 있다고 생각한 것이다. 그러나 얼마나 많은 것이 소수일까? 2^n-1꼴의 소수들을 메르센느 *Mersenne* 소수라 부른다. *Father Martin Mersenne*(1588 − 1647)는 프랑스의 스님 *monk*이고 수론을 연구한 학자였다. 많은 메르센느 소수들이 발견되었지만, 아직도 그것들이 무한집합인지는 밝혀지지 못했다. 가장 큰 소수로 알려진 것도 메르센느 소수이다. 기록에 의하면(2월 2019년) 가장 큰 소수는 메르센느 소수 $2^{82,589,933}-1$ 로 이 수는 24,862,048자리 수이다.

메르센느 소수는 완전수 *perfect numbers* 와 관련이 있다. 이것은 수학에서 또 다른 유명한 미해결 문제 주제이다. 양의 정수 n이 완전수라는 것은 n이 n을 나누는 n보다 작은 모든 수의 합이 될 때를 말한다. 예를 들어, 6보다 작고 6을 나누는 모든 수는 1,2 그리고 3이다. $1+2+3=6$이므로, 6은 완전수이다. 그다음 작은 완전수는 28이다(28은 28을 나누는 28보다 작은 수들의 합이 28임을 확인해 보기를 바란다.)

유클리드는 만약 2^n-1이 소수이면 $2^{n-1}(2^n-1)$이 완전수임을 증명하였다. 따라서 모든 메르센느 소수는 완전수를 만든다. 더욱, 유클리드의 증명 이후 약 2000년 후에, 역사상 가장 풍부한 작가인 스위스의 수학자 오일러 Leonhard Euler(1707-1783)는 모든 짝수의 완전수는 이 방법으로 만들어진다는 것을 증명하였다. (예를 들어, $6=2^1(2^2-1)$ 이고 $28=2^2(2^3-1)$.) 메르센느 소수가 무한인지 아닌지 알려지지 않았기 때문에, 완전수도 무한인지 아닌지 알 수가 없다. 또한 어떤 홀수의 완전수가 존재하는지도 알 수가 없다.

비록 소수가 무한 많을지라도, 소수들은 수가 더 커질수록 더 희박하게 존재함을 알 수 있다. 예를 들어, 1 부터 100 사이에는 25개의 소수가 있고, 1000 부터 1100 사이에는 16개의 소수가 있고, 1,000,000 부터 1,000,100 사이에는 단 6개의 소수만 있다.

우리의 마지막 도입의 한 증명으로, 우리는 전혀 소수를 품지 않는 길게 확장되는 연속된 양의 정수들이 존재함을 보이겠다. 임의의 양의 정수 n에 대하여, 1부터 n까지의 모든 정수들의 곱을 n 계승 *factorial*이라 하고 $n!$이라 표시한다. 따라서 $n! = 1 \cdot 2 \cdot \cdots \cdot n$

앞의 두 증명에서와 같이, 우리는 3장의 끝부분에서 이 구조를 분석할 것이다.

정리4. 임의의 양의 정수 n에 대하여, 소수를 품지 않는 n개의 연속된 양의 정수의 수열이 존재한다.

증명. n을 양의 정수라 가정하자. $x=(n+1)!+2$라 하자.
우리는 $x, x+1, x+2, \cdots, x+(n-1)$가 모두 소수가 아님을 보이자. 이것은 n개의 연속된 양의 정수의 한 열이므로, 이것으로 이 정리는 증명된다.
x가 소수가 아님을 보이기 위해, 다음을 보면

$$\begin{aligned} x &= 1 \cdot 2 \cdot 3 \cdot 4 \cdots (n+1)+2 \\ &= 2 \cdot (1 \cdot 3 \cdot 4 \cdots (n+1)+1) \end{aligned}$$

따라서 x가 두 개의 작은 양의 정수의 곱으로 써지므로, x는 소수가 아니다.
같은 방법으로, 우리는

$$\begin{aligned} x+1 &= 1 \cdot 2 \cdot 3 \cdot 4 \cdots (n+1)+3 \\ &= 3 \cdot (1 \cdot 2 \cdot 4 \cdots (n+1)+1), \end{aligned}$$

그래서, $x+1$은 소수가 아니다. 일반적으로, 임의의 정수 $x+i$를 생각하자. 여기서 $0 \le i \le n-1$이다. 그러면 우리는

$$\begin{aligned} x+i &= 1 \cdot 2 \cdot 3 \cdot 4 \cdots (n+1)+(i+2) \\ &= (i+2) \cdot (1 \cdot 2 \cdot 3 \cdots (i+1) \cdot (i+3) \cdots (n+1)+1) \end{aligned}$$

$x+i$는 소수가 아니다. ■

정리4는 어떤 때는 한 소수와 그다음 소수 사이에 긴 간격이 있음을 말해준다. 2가 단하나의 짝수의 소수이므로, 둘 다 소수인 연속된 두수는 2와 3뿐이다. 그러나 그 차가 2인 소수들의 쌍은 많이 있다. 예를 들어, 5와 7, 29와 31 그리고 7949와 7951가 있다. 이와 같은

소수 쌍을 쌍둥이 $twin$ 소수라 부른다. 이 쌍둥이소수가 무한이 많은지는 밝혀지지 않았다.

2013년 최근에 쌍둥이소수에 대한 질문은 의미 깊은 발전을 했다. Yitang Zhang(1955~)은 한 양의 정수 $d \le 70{,}000{,}000$이 존재하여 무한히 많은 d와 다른 소수들의 쌍들이 존재한다. 2013~14에 많은 수학자들의 업적은 $d \le 246$인 d에 대한 가능성을 좁혔다. 물론, 만약 명제가 $d=2$일 때 성립한다. 그러면 무한히 많은 쌍둥이소수가 존재한다.

연습문제

참고: 아스테릭(*)표기가 있는 연습문제들에 대한 풀이나 힌트는 부록$appendix$에 주어진다.

*1. (a) $2^{15}-1=32{,}767$을 두 개의 작은 양의 정수의 곱으로 분해하여라.

(b) $1 < x < 2^{32767}-1$인 한 정수 x가 $2^{32767}-1$나눌 때 x는?

2. n값에 해하여 3^n-1이 소수이거나 n값에 해하여 3^n-2^n이 소수인 어떤 추측을 만들어라.(그림1에서와 같이 표를 만들어 보아라)

*3. 정리3의 증명에서 주어진 수수의 리스트와 다른 소수들을 찾는 방법을 설명하여라.

(a) 이 방법을 이용하여 $2, 3, 5$와 7 과 서로 다른 한 소수를 찾아라.

(b) 이 방법을 이용하여 $2, 5$와 11 과 서로 다른 한 소수를 찾아라.

4. 소수가 아닌 연속된 5개의 정수들을 찾아라.

5. 그림1.1의 표와 p.5의 논의를 이용하여 두 개의 완전수를 찾아라.

6. 수열 $3, 5, 7$은 인접한 정수의 각 쌍의 두수 차가 2인 3개의 소수들의 한 리스트이다. 또 다른 3소수 $triplet$ 소수가 존재하는가?

7. 한 쌍의 서로 다른 양의 정수들 m,n에서 n을 나누는 n보다 작은 모든 양수들의 합이 m이 되고 그리고 m을 나누는 m보다 작은 모든 양수들의 합이 n이 되면, (m,n)을 우애수 amicable이라 부른다. (220.284) 가 우애수임을 보여라.

Chapter 1

문장제 논리
Sentential Logic

1.1. 연역적 추론 Deductive Reasoning 과 논리적 연결사 Logical Connectives

도입에서 본 바와 같이, 증명은 수학에서 중심적인 역할을 하고, 연역적 추론은 증명의 근간이 되는 기초가 된다. 따라서 수학적 추론의 연구와 어떻게 연역적 추론이 어떻게 작용하는지 알아 보는 것에서 논의를 시작하자.

예1,1,1. 연역적 추론 3가지 예를 들어보자:

1. 내일은 비 또는 눈이 올 것이다.
   눈이 오기에는 너무 따뜻하다.
   따라서 비가 올 것이다.
2. 만약 오늘이 일요일이라면, 나는 오늘 일하러 갈 필요가 없다.
   오늘은 일요일이다.
   따라서 나는 오늘 일 하러 갈 필요가 없다.
3. 나는 내일 또는 오늘 둘 중에 한번은 일하러 갈 것이다.
   나는 오늘 집에 머무를 것이다.
   따라서 나는 내일 일하러 갈 것이다.

각 경우에, 전제 premises라고 불리는 어떤 다른 설명이 참이라는 가정으로부터 한 결론 conclusion에 도달한다. 예를 들어, 논증 argument 3에서의 전제는 "나는 내일 또는 오늘 둘 중에 한번은 일하러 갈 것이다"와 그리고 "나는 오늘 집에 머무를 것이다"이다. 그 결론은 "나는 내일 일하러 갈 것이다"이고 그것은 전제에 의해서 우리에게 어떤 의미에서 강제로 하게 되는 것과 같다.

그러나 이 결론이 참말로 옳은가? 결국, 내가 오늘 집에 머무르지만, 내일 깨어나 아프면 집에 다시 머무를 수밖에 없지 않는가? 만약 그렇게 되면, 결론은 거짓으로 판단된다. 그러나 첫 번째 전제에서 내가 내일 또는 오늘 둘 중에 한번은 일하러 갈 것이라는 것과, 그것 또한 거짓이 됨을 주시해야 한다! 비록 결론이 참이 될 것이라는 아무런 보장도 없다. 만약 전제 중 하나가 거짓이 되면 그 논증이 거짓이 될 수밖에 없다는 것이다. 만약 두 가지 전제가 참이라면, 결론이 또한 참이라는 것을 확신할 수 있다. 이것이 그 결론이 전제들에 의해서 강제된다는 의미이고, 이것이 연역적 추론의 올바름을 판단하는 기준이 된다. 만약 결론이 같이 참이 되지 않고 전제가 참이 될 수 없으면 그 논증이 유효 valid하다고 말한다. 위의 3가지 논증들의 예는 모두 유효한 논증이다.

여기에 유효한 연역적 논증에 대한 한 예가 있다:

집사 butler가 죄가 있거나 또는 하녀 maid가 죄가 있다.
하녀가 죄가 있거나 또는 요리사 cook가 죄가 있다.
따라서 집사가 죄가 있거나 또는 요리사가 죄가 있다.

이 논증은 유효하지 못하다 왜냐하면 비록 두 가지 전제가 모두 참이어도 결론이 거짓일 수 있기 때문이다. 예를 들어, 만약 하녀가 죄가 있고, 집사와 요리사가 둘 다 결백하다고 가정하면, 두 가지 전제는 모두 참이지만 결론이 거짓이 되고 만다.

우리는 예1.1.1의 3가지 논증을 비교해 봄으로써 무엇이 논증을 유효하게 만드는지 약간 배울 수 있다. 겉으로 논증 2와 3 둘 다 대부분 같은 것으로 보인다. 왜냐하면 그것들이 둘 다 같은 주제: 일에 참여하는 것을 말하고 있기 때문이다. 그러나 추론에서 사용하는 용어는 논증 1과 3이 더 유사하다. 그것들은 둘 다 첫 번째 전제에서 두 가지 가능성을 소개하고, 두 번째 전제로 하나를 꺼내고, 첫 번째 가능성의 경우로 결론짓고 있다.

다른 방법으로 표현하면, 두 가지 논증은 다음 형식을 가진다:

P 또는 Q

Q 가 아니다.

따라서, P

논증이 유효한가는 주제의 문제가 아니고 형식의 문제이다. 논증 1에서 단어 P 는 다음 진술 "내일 바가 올 것이다"를 표현하고, Q 는 "내일 눈이 올 것이다"를 표현한다. 논증 3에서 P는 "나는 내일 일 하러 간다"를 표현하고, Q 는 "나는 오늘 일 하러 간다"를 표현한다.

각 논증에서 어떤 명제 statement를 문자로 대치하면, 논증 1과 3의 형식으로 하는 것과 같이 두 가지의 유리한 면이 있다. 첫째는, 그것의 유효성에 영향을 미치지 않는 논증의 측면들에 의해서 방해받지 않을 수 있다. 당신은 일기예보나 논증 1과 3이 유효하게 되리라 인식하는 일하는 습관에 대하여 알 필요가 없다. 그것이 일찍이 형식적인 논증으로만 돼 있다면 P 와 Q 가 무엇을 표현하는지 알 필요가 없게 된다. 만약 이것을 믿지 않는다면, 다음 논증을 고려해봐라:

framger 제품이 작동하지 않거나, 또는 wrompal 기계가 정렬되지 않았다.
나는 wrompal 기계의 정렬을 확인하니. 그것이 좋았다.
그러므로, framger 제품이 작동하지 않는다.

만약 자동차 수리공은 당신의 차를 점검한 후 이런 설명을 했다면, 당신은 아직도 왜 그 차가 출발하지 않는가에 대하여 어리둥절하게 만들 것이다. 그러나 당신은 그의 논리를 따르는데 전혀 어려움을 가질 것은 없다!

아마도 더 중요한 것은, 우리는 논증 1과 3의 형식에 대한 분석이 유효성을 결정하는데 중요한 것은 : 용어 또는 or 와 부정 not이다. 대부분의 연역적 추론에서 그리고 특히 수학적 논증에서 단지 몇 가지 용어들의 의미들만으로 추론의 단서가 유효한지 유효하지 않은지 이해하는 열쇠를 제공해준다. (예1.1.1의 논증2에서 중요한 용어이다). 이 책의 처음 몇 장은 그 용어들을 배우고 그것들이 수학적 기술과 추론에서 어떻게 사용되는지 기여하고 있다.

이 장에서, 명제들을 결합하여 더 복잡한 명제를 만드는 용어들에 집중할 것이다. 단어들이 명제들을 표현한다고 하고, 그러나 그것이 참인지 거짓 인지는 불분명할 뿐이다. 질문들, 설명들, 그리고 막연한 명제들은 허락되지 않을 것이다. 기호를 사용하는 것이 편리할 것이다. 때로는 이것을 연결기호 connective symbol 라 한다. 이것들은 명제들을 결합하는데 사용되는 용어들을 표현한 것이다:

기호 *Symbol*	의미 *Meaning*
$\vee$	또는 or
$\wedge$	그리고 and
$\neg$	부정 not

따라서 만약 P와 Q 가 두 가지의 명제를 표현한다면, 우리는 "P 또는 Q "명제의 표현으로 $P \vee Q$로 표현하고, "P 그리고 Q" 명제의 표현으로 $P \wedge Q$로 표현하고, "P의 부정" 명제의 표현으로 $\neg P$로 표현한다. 명제 $P \vee Q$를 명제 P와 Q 의 논리합 disjunction 이라 부르고, 명제 $P \wedge Q$를 명제 P와 Q의 논리곱 conjunction이라 부르고, 명제 $\neg P$ 를 P의 부정 negation이라 한다.

예 1.1.2. 다음 명제들을 논리적 형식으로 분석하여라.

1. 존이 가게에 갔거나 또는 우리는 계란이 떨어졌다.
2. 존은 집을 떠나서 돌아오지 않았다.
3. 빌은 일하고 제인은 일하지 않거나, 또는 제인은 일하고 빌은 하지 않는다.

풀이

1. 만약 P가 "존이 가게에 갔다"는 명제를 표현하고, Q가 "우리는 계란이 떨어졌다 "는 명제를 표현한다고 하자. 그러면 이 명제는 기호로 $P \vee Q$로 표현할 수 있다.
2. 만약 P는 "조는 집을 떠난다."는 명제를 표현하고 Q가 "조가 돌아오지 않을 것이다"는 명제를 표현한다면, 우리는 이 명제는 기호로 $P \wedge Q$로 표현할 수 있다. 그러나 이 분석은 명제의 중요한 특성을 놓이고 있다. 왜냐하면, 그것은 Q가 부정명제를 표시하지 않기 때문이다. 우리는 R을 "조가 돌아오지 않을 것이다"라는 명제로 표현하면 더 좋은 분석을 할 수 있고, 명제 Q를 명제 $\neg R$ 로 쓸 수 있다. 처음 명제의 분석에 끼워 넣으면 발전된 분석 $P \wedge \neg R$을 얻는다.
3. B 가 "빌이 일을 한다." 은 명제를 표현하고 J는 "제인이 일을 한다." 는 명제를 표현한다고 하자. 그러면 처음 명제의 절반은 "빌은 일하고 제인은 일하지 않는다." 은 $B \wedge \neg J$로 표현할 수 있다. 유사한 방법으로, 나머지 절반도 $J \wedge \neg B$로 표현된다. 명제 전체를 표현하기 위해서, 우리는 두 명제를 결합하여 그들의 논리합으로 표현하면 $(B \wedge \neg J) \vee (J \wedge \neg B)$이다.

앞 예의 세 번째 명제를 분석하는 데 있어서, 어느 쪽 명제와 연결돼 있는지 명확하게 표시된 $B \wedge \neg J$ 와 $J \wedge \neg B$ 의 논리합을 구성할 때 괄호들을 부가하는 것을 주지해야 한다. 이것은 대수학에서 사용하는 괄호와 유사하다. 예를 들어, $a+b$와 $a-b$의 곱을 $(a+b) \cdot (a-b)$으로 써서, 어떤 양들이 곱해질 것인지 명확하게 표시하도록 괄호를 사용한다. 대수학에서와 같이, 논리에서도 표현을 단축하여 읽기에 쉽게 어떤 괄호는 생략하는 것이 편리하다. 그러나, 그것들이 아직도 명확하도록 그 표현을 읽는 방법에 대한 관습에 동의해야 한다. 우리는 관습은 기호 $\neg$은 항상 그것 다음에 즉시 오는 명제에만 적용한다. 예를 들어, $\neg P \wedge Q$는 $\neg(P \wedge Q)$가 아니고 $(\neg P) \wedge Q$를 의미한다. 우리는 다음에 괄호에 대한 다른 관습을 보일 것이다.

예 1.1.3. 다음 표현에 의해서 나타나는 한국어 문장은 무엇인가?

1. $(\neg S \wedge L) \vee S$, 여기서 S는 "존은 미련하다"를 표현하고 L은 "존은 개으르다" 를 표현한다.
2. $\neg S \wedge (L \vee S)$, 여기서 S와 L은 전과 같은 의미이다.
3. $\neg(S \wedge L) \vee S$, 여기서 S와 L은 역시 전과 같은 의미이다.

풀이

1. 존이 미련하지 않고 게으르거나 또는 미련하다.
2. 존은 미련하지 않고, 그리고 그는 게으르거나 또는 그는 미련하다. 문장에서 또는 either의 위치는 괄호가 어디에 있는가에 따라 결정됨을 주지해야 한다.
3. 존은 미련하고 게으르거나 또는 존은 미련하다. 둘 다 both라는 단어는 가능한 괄호의 서로 다름을 구별해주는 것이다.

기호들 $\wedge, \vee, \neg$ 의 용어들이 그리고 and, 또는 or, 부정 not의 단어로만 모두 사용되는 것이 아님을 아는 것이 중요하다. 예를 들어, 기호 $\wedge$는 다음 문장에서 그리고 and 로 사용되지 않을 수도 있다. "존과 빌은 친구이다" 에서 그리고 는 두 단어를 연결한 것이고 두 명제를 연결한 것은 아니다. 기호들 $\wedge, \vee$ 는 두 명제 사이에만 사용하여, 논리곱이나 논리합을 표현하며, 기호$\neg$는 한 명제 앞에 사용하여 부정을 표현한다. 문자와 기호들의 일단의 연결은 무의미한 것이다. 예를 들어, $P\neg \wedge Q$, $P \wedge / \vee Q$, 그리고 $P\neg Q$는 모두 논리의 언어로의 표현이 문법적이 아니다. 예 1.1.2 와 예 1.1.3 에서와 같은 문법적 Grammatical 표현을 가끔 잘 만들어진 논리식 well-formed formulars 또는 단순히 논리식 formular라 부른다. 다시 말하면, 대수학에서 유사하게 기호들 $+, -, \bullet$ 와 $\div$ 연산으로 사용되고 두수 사이에서 사용된다. 그리고 기호 $-$ 는 수 앞에 사용되며 그 수의 음수를 말한다. 이것이 기호들이 대수학에서 사용될 수 있는 단 한 가지 방법이다.

어떤 경우는 그리고, 또는, 부정이 아닌 다른 용어들이 기호들 $\wedge, \vee, \neg$ 의 의미를 표현하는 데 사용되기도 한다. 예를 들어, 예1.1.3의 처음 명제를 생각해보자. 우리가 번역해서 "존이 미련하지 않고 and 개으르거나 또는 미련하다"를 똑 같은 정보를 전달하는 다른 방법으로 "존이 미련하지 않지만 *but* 개으르거나, 또는 미련하다." 가끔, 용어 그러나 *but*가 그리고 and의 의미로 사용되기도 한다. 특별히, 명제들을 결합할 때 어떤 대조나 갈등이 있는 경우에 그렇다. 좀 더 확실한 예는 일기예보를 할 때 그의 마지막 언급을 다음과 같이 할 경우이다. "내일의 일기는 비와 눈 단지 두 가지만 가능성이 있다." 이것은 결국 내일은 비 또는 눈이 내린다는 바로 그런 말이다. 따라서 비록 일기예보 자가 그리고 라는 용어를 사용했으나 그의 명제는 논리합을 표현한 것이다. 이 예의 주제는 명제의 논리적 형식을 결정할 때는 당신은 그 명제의 의미를 생각해야 하고, 그 기호로 단순히 용어를 있는 그대로 번역해서는 안 된다는 것이다.

어떤 경우는 논리적 용어가 수학적 표시 안에 숨겨져 있다. 예를 들어. 명제 $3 \leq \pi$를 생각해보자. 단순한 명제가 논리적 용어를 포함하고 있지 않지만, 만약에 큰소리로 읽으면 또는 이라는 용어를 듣게 될 것이다. 만약 P를 명제 $3 < \pi$를 나타내고, Q를 명제 $3 = \pi$라 하면, 명제 $3 \leq \pi$은 $P \vee Q$ 로 쓰게 될 것이다. 이 예에서와 같이 우리는 어떤 때는 단어들로 명제를 대치하는 것에 어려움이 없이, 우리는 이 명제를 $(3 < \pi) \vee (3 = \pi)$로 쓸 수 있다.

좀 더 약간 복잡한 경우에, 명제 $3 \leq \pi < 4$를 생각해보자. 이 명제는 $3 \leq \pi$ 그리고 $\pi < 4$를 의미하고, 그래서 논리의 용어가 수학적 표시 안에 숨겨져 있다. 우리는 $3 \leq \pi$의 의미를 채워서, 우리는 전체적인 명제를 $[(3 < \pi) \vee (3 = \pi)] \wedge (\pi < 4)$로 쓸 수 있다. 명제의 이와 같은 논리적 형식을 아는 것은 이 명제가 포함된 수학적 추론의 일단을 이해하는데 중요한 것이다.

연습문제

*1. 다음 명제들의 논리적 형식을 분석하여라.
   (a) 우리는 읽기 과제나 또는 가정학습 문제를 갖게 될 것이다. 그러나 우리는 가정학습 문제와 시험을 동시에 같이 치르지는 않을 것이다.
   (b) 당신은 스키 타러 가지 않거나, 또는 당신이 가고 전혀 눈이 오지 않는다.

(c) $\sqrt{7} \not\leq 2$

2. 다음 명제들의 논리적 형식을 분석하여라.

(a) 존과 빌은 둘 다 진실을 말하고 있거나, 또는 둘 다 반대이다.

(b) 나는 물고기나 또는 닭을 갖고 있을 것이지만, 그러나 나는 물고기와 으깬 감자를 둘다는 갖고 있지 않을 것이다.

(c) 3 은 6, 9 그리고 15의 한 공약수이다.

3. 다음 명제들의 논리적 형식을 분석하여라.

(a) 엘리스와 밥은 방안에 함께 있지는 않다.

(b) 엘리스와 밥은 함께 방안에 있지는 않다.

(c) 엘리스 또는 밥 중 하나는 방안에 있지 않다.

(d) 엘리스도 밥도 모두 방안에 있지 않다.

4. 다음 명제들의 논리적 형식을 분석하여라.

(a) 랍과 애드가 키가 크거나, 또는 그들 모두 다 점잖 하다.

(b) 랍과 애드 둘 다 키가 크거나 또는 점잖 하다.

(c) 랍과 애드 둘 다 키가 크지 않고 또한 점잖하지 않다.

(d) 랍과 애드 둘 다가 키가 크거나 점잖하지는 않다.

5. 다음 표현 중에 잘 만들어진 공식은 어느 것인가?

(a) $\neg(\neg P \vee \neg\neg R)$

(b) $\neg(P, Q, \wedge R)$

(c) $P \wedge \neg P$

(d) $(P \wedge Q)(P \vee R)$

*6. 명제 P는 “나는 하의 내복을 살 것이다” 그리고 명제 S는 “ 나는 위 내복을 살 것이다”이다. 다음 공식들로 표현되는 문장들은 무엇인가?

(a) $\neg(P \wedge \neg S)$

(b) $\neg P \wedge \neg S$

(c) $\neg P \vee \neg S$

7. 명제 S는 "스티브는 행복하다." 이고 명제 G는 " 조지는 행복하다"이다. 다음 공식들로 표현되는 문장들은 무엇인가?
   (a) $(S \vee G) \wedge (\neg S \vee \neg G)$
   (b) $[S \vee (G \wedge \neg S)] \vee \neg G$
   (c) $S \vee [G \wedge (\neg S \vee \neg G)]$

8. 명제 T는 "세금이 인상될 것이다." 이고 명제 D는 "적자가 증가 할 것이다"이다. 다음 공식들로 표현되는 문장들은 무엇인가?
   (a) $T \vee D$
   (b) $\neg(T \wedge D) \wedge \neg(\neg T \wedge \neg D)$.
   (c) $(T \wedge \neg D) \vee (D \wedge \neg T)$.

9. 다음 연역적 논증에 대한 전제와 결론을 확인하고, 그들의 논리적 형식을 분석하여라. 그 추론이 유효한가? (이 마지막 질문에 대한 답은 직관에 의하겠지만, 다음 장에서 논증들의 유효성을 결정하는 기술을 배우게 될 것이다.)
   (a) 제인과 피터는 둘 다 수학 상을 받았다. 피터는 수학 상을 받거나 화학상을 받을 것이다. 제인은 수학 상을 받을 것이다. 따라서 피터는 화학상을 받을 것이다.
   (b) 요리의 주 코스는 소고기나 생선요리 둘 중하나이다. 체소는 peas나 콩이다. 우리는 생선요리를 주 코스요리나 체소로서 콩을 둘 다는 택하지 않는다. 따라서 우리는 주 코스로 소고기 요리와 체소로 peas를 택하지는 않는다.
   (c) 존 또는 빌은 진실을 말한다. 셈 또는 빌은 거짓말을 한다. 따라서 존은 진실을 말하거나 셈은 거짓말을 한다.
   (d) 판매가 향상되고 사장은 행복하거나, 또는 비용이 증가하고 사장은 행복해하지 않는다. 따라서 판매와 비용은 함께 증가하지는 않는다.

1.2 진리표

Truth Tables

1.1장에서 만약 전제조건은 결론이 똑 같이 참이 되지 않고는 참이 될 수 없다는 논증에 대하여 알았다. 따라서 논증에서 "그리고", "또는" 그리고 "부정"과 같은 용어들이 논증의 유효

성에 어떻게 작용하는가를 이해하기 위해서, 우리는 그것들이 거기에 포함된 명제의 참 truth 또는 거짓 falsity에 어떻게 기여하는지를 알아야만 한다.

한 명제의 참과 거짓을 평가하기 위해서, 참과 거짓의 표식을 붙이고, 이 표식을 진리 값 truth value 이라 한다. 포함하고 있는 명제의 진리 값이 어떻게 기여하는지 명확해야한다. $P \wedge Q$ 형식의 명제는 만약 P와 Q 둘 다 참 일 때만 참이 된다; 만약 P 또는 Q가 거짓이면 $P \wedge Q$는 또한 거짓이다. 왜냐하면 우리는 P와 Q 둘 다 참이거나 또는 거짓인 명제들을 나타낸다고 가정했기 때문에, 우리는 그림1.1에서 보는 표에서와 같이 모든 가능성들을 종합할 수 있다. 이것을 공식 $P \wedge Q$ 에 대한 진리표 truth table 라 한다. 이 진리표의 각 행은 명제 P와 Q에 대한 진리 값들의 4가지의 가능한 조합중 하나를 나타낸다. 이 4가지 가능성들이 이 표에서 아무 순서 없이 나타낼 수 있지만, 우리가 어떤 것도 생략하지 않도록 체계적으로 나열하는 것이 좋다. $\neg P$ 에 대한 진리표는 $\neg P$가 참이면, P 는 거짓이어야 함으로 그 구성이 아주 용이하다. 그 표는 그림1.2에서 볼 수 있다.

P	Q	$P \wedge Q$
F	F	F
F	T	F
T	F	F
T	T	T

그림 1.1.

P	$\neg P$
F	T
T	F

그림 1.2.

$P \vee Q$에 대한 진리표는 약간 더 까다롭다. 처음 3줄은 그림1.3에서와 같이 확실하게 채워지겠지만, 마지막 줄에 대한 약간의 질문이 있을 수 있다. P와 Q가 둘 다 참일 때 $P \vee Q$가 참 또는 거짓이 되어야하는가? 다른 말로 하면, $P \vee Q$는 "P 또는 Q, 또는 둘 다"를 뜻하는지 또는 "P 또는 Q 그리고 둘 다는 아니다"를 뜻하는가? 단어 또는or 를 번역하는 첫 번째 방법은 포함하는 또는 inclusive or 라 부른다(왜냐하면 두 개의 명제가 함께 참이 되는 가능성을 포함한다). 그리고 두 번째 것은 배제적인 또는 exclusive or 라 부른다. 수학에서, 또는 or는 다르게 특정화되지 않는 한 항상 포함하는 또는 을 뜻한다. 따라서 $\vee$은 포함하는 또는 으로 번역할 것이다. 따라서 아래 그림1.4에서 보는 것과 같이 $P \vee Q$ 에 대한 진리표를 완성한다. 이 배재적인 또는 에 대한 더 많은 논의는 연습문제3을 참조하기 바란다.

이런 진리표들의 종합적인 법칙들을 사용하면, 이제 더 복잡한 공식들에 대한 진리표들을 작성

해낼 수 있다. 개별적인 문자들에서 출발하여 한 번에 한 단계씩 더 복잡한 공식들을 해내게 된다.

P	Q	$P \vee Q$
F	F	F
F	T	T
T	F	T
T	T	?

그림 1.3.

P	Q	$P \vee Q$
F	F	F
F	T	T
T	F	T
T	T	T

그림 1.4.

예 1.2.1. 공식 $\neg(P \vee \neg Q)$에 대한 진리표를 작성하여라.

풀이

P	Q	$\neg Q$	$P \vee \neg Q$	$\neg(P \vee \neg Q)$
F	F	T	T	F
F	T	F	F	T
T	F	T	T	F
T	T	F	T	F

이 표의 처음 두 열은 P 와 Q 에 대한 진리값들의 4개의 가능한 조합들을 나열한다. 3번째 열은 공식 $\neg Q$ 에 대한 진리 값을 나열한다. 단순히 2번째 열의 Q 에 대한 진리 값을 부정해서 만든 것이다. 4번째 열의 $P \vee \neg Q$ 에 대한 공식은 첫 번째와 세 번째 열에 나열된 P 와 $\neg Q$ 에 대한 진리값들의 조합에 의해서, 그림4에서 정리된 $\vee$에 대한 진리 값의 규칙에 따라서 만들어진다. 이 규칙에 따라, $P \vee \neg Q$ 은 만약 P와 $\neg Q$ 둘 다 거짓일 때 그때만 거짓이 된다. 첫 번째와 세 번째 열을 보면, 이표의 두 번째 행만이 F이고 다른 모든 행들은 T가 되어 있음을 알 수 있다. 마지막으로, 공식 $\neg(P \vee \neg Q)$에 대한 진리값은 다섯 번째 열에 나열되었다. 이것은 네 번째 열의 진리값을 부정하여 만든 것임을 알 수 있다.

예 1.2.2 공식 $\neg(P \wedge Q) \vee \neg R$에 대한 진리표를 작성하여라.

풀이

P	Q	R	$P \wedge Q$	$\neg(P \wedge Q)$	$\neg R$	$\neg(P \wedge Q) \vee \neg R$
F	F	F	F	T	T	T
F	F	T	F	T	F	T
F	T	F	F	T	T	T
F	T	T	F	T	F	T
T	F	F	F	T	T	T
T	F	T	F	T	F	T
T	T	F	T	F	T	T
T	T	T	T	F	F	F

이 공식은 3개의 문자를 품기 때문에, 모이 문자들의 진리 값의 모든 가능성들을 조합하기 위해서 8줄이 필요하다.(만약 어떤 공식이 n개의 문자를 포함한다면, 그 진리표는 몇 줄이 필요할까?)

진리표를 더 긴밀하게 방법을 알아보자. 분리된 열들을 사용하는 대신에 단지 원래공식의 해당하는 연결기호 connective symbol아래에 그 진리 값을 나열하는 방법으로 공식에 대한 진리값들을 나열한다. 이것은 그림1.5에서 설명된 바와 같다. 이것은 예 1.2.1의 공식에 대한 것이다. 첫 단계로, 우리는 P 와 Q 에 대한 진리값을 이 공식에서 그것들의 아래에 나열한다. 두 번째 단계에는, $\neg Q$ 에 대한 기호 $\neg$아래에 $\neg Q$ 의 진리값을 적는다.. 세 번째 단계에는, 우리는 $P \vee \neg Q$ 에 대한 진리값을 얻기 위해 P 와 $\neg Q$ 에 대한 진리 값들을 결합하여, 기호 $\vee$아래에 나열한다. 마지막으로, 마지막 단계에는, 이 진리값들을 부정하여 처음 기호 $\neg$아래에 나열한다. 마지막 단계에서 적은 진리값이 전체적인 공식에 대한 진리 값을 정한 것이다. 따라서 그것들이 나열된 기호(여기서는 처음 기호 $\neg$)를 공식의 주 연결사 main connective라 부른다. 이 경우 주 연결사 아래에 나열한 진리 값들과 예 1.2.1에 있는 값들이 일치함을 확인해보자.

	Step 1			Step 2	
P	Q	$\neg(P \vee \neg Q)$	P	Q	$\neg(P \vee \neg Q)$
F	F	**F** **F**	F	F	F **T**F
F	T	**F** **T**	F	T	F **F**T
T	F	**T** **F**	T	F	T **T**F
T	T	**T** **T**	T	T	T **F**T

	Step 3			Step 4	
P	Q	$\neg(P \vee \neg Q)$	P	Q	$\neg(P \vee \neg Q)$
F	F	F **T** TF	F	F	**F** F T TF
F	T	F **F** FT	F	T	**T** F F FT
T	F	T **T** TF	T	F	**F** T T TF
T	T	T **T** FT	T	T	**F** T T FT

그림 1.5.

이제 복잡한 공식들에 대한 진리표를 어떻게 작성하는지를 알았다. 논증의 유효성에 대한 분석으로 돌아갈 준비가 되었다. 첫 번째 예로 한 연역적 논증을 다시 생각해보자:

내일 비 또는 눈이 올 것이다.
날씨가 눈이 오기에는 너무 온화하다.
그러므로 비가 올 것이다.

우리가 아는 바와 같이, 만약 명제 P를 "내일 비가 올 것이다"라 하고 명제 Q를 "내일 눈이 올 것이다"를 나타낸다고 하자. 그러면 그 논증을 다음과 같이 기호화해서 표현할 수 있다:

$$\begin{array}{l} P \vee Q \\ \neg Q \\ \hline \therefore P \end{array}$$

(기호 ∴ 은 따라서를 의미한다)

이제 이 논증의 유효성을 밝히는데 진리표가 어떻게 사용되는지를 보게 될 것이다. 그림6은 논증의 전제 premises와 결론 conclusion 두 가지에 대한 진리표를 보여준다. 만약에 가정은 결론이 함께 참인 것을 제외하고는 참이 될 수 없다면 그 논증이 유효하다고 결정한다는 것을 재확인하자. 그림1.6를 보면 가정들 둘 다 참인 행은 3번째 행 뿐임을 알 수 있다.

그리고 이 행에서 결론 역시 참이 되어야한다. 따라서 이 논증은 유효하다.

		전제들		결론
P	Q	$P \vee Q$	$\neg Q$	P
F	F	F	T	F
F	T	T	F	F
T	F	T	T	T
T	T	T	F	T

그림 1.6

예 1.2.3. 다음 논증이 유효한지 결정하여라.

1. 존은 미련하지 않고 그리고 그는 개으르거나, 또는 그는 미련하다.
   존은 미련하다.
   따라서 존은 개으르지 않다.
2. 집사와 요리사는 둘 다는 순진하지는 않다.
   집사가 거짓말하고 있거나 또는 요리사는 순진하다.
   따라서, 집사는 거짓말하고 있거나 또는 유죄이다.

풀이

1. 예 1.1.3에서와 같이, 명제 S는 "존은 미련하다"를 나타내고, 명제 L은 "존은 개으르다"를 나타낸다고 하자. 그러면 이 논증은 다음 형식을 가진다:

$$\begin{array}{l} (\neg S \wedge L) \vee S \\ S \\ \hline \therefore \neg L \end{array}$$

이제 가정과 결론에 대한 진리표를 만들자.(당신은 이 표의 유도된 세 번째 열에서 그것이 옳다는 것을 확인하기 위해서 다음 단계를 확인해야만 한다.)

		전제들		결론
S	L	$(\neg S \wedge L) \vee S$	S	$\neg L$
F	F	F	F	T
F	T	T	F	F
T	F	T	T	T
T	T	T	T	F

이 표의 세 번째와 네 번째 줄에서 가정들 둘 다 참이고, 결론의 세 번째 줄이 역시 참이지만, 그러나 네 번째 줄은 거짓이다. 따라서 가정이 둘 다 참이지만 결론이 거짓이 될 수 있다. 따라서 이 논증은 유효하지 않다. 사실상, 이 표는 왜 논증은 유효하지 않는가를 확실하게 보여주고 있다. 문제는 이 표의 네 번째 줄에서 발생하였다. 여기서 S와 L 둘 다 참이다 - 다른 말로 하면, 존이 미련하고 개르기도 하다는 것이다. 따라서 만약 존이 미련하고 개르기도 하다면, 두 가정이 모두 참이지만 결론은 거짓이다. 따라서 가정이 참이라는 가정으로부터 결론이 참이 되어야만 한다고 말하는 것은 잘못이라 할 것이다.

2. 명제 B는 “집사는 순진하다”를 나타내고, 명제 C는 “요리사가 순진하다”를 나타내고, 명제 L은 “집사가 거짓말을 하고 있다”를 나타낸다고 하자. 그러면 그 논증은 다음 형식을 가진다:

$$\begin{array}{l} \neg(B \wedge C) \\ L \vee C \\ \hline \therefore L \vee \neg B \end{array}$$

여기서 가정과 결론에 대한 진리표는 다음과 같다:

			전제들		결론
B	C	L	$\neg(B \wedge C)$	$L \vee C$	$L \vee \neg B$
F	F	F	T	F	T
F	F	T	T	T	T
F	T	F	T	T	T
F	T	T	T	T	T
T	F	F	T	F	F
T	F	T	T	T	T
T	T	F	F	T	F
T	T	T	F	T	T

가정들은 2, 3, 4, 그리고 6줄에서 함께 참이고, 이 각 경우에 결론들이 역시 참이다. 따라서 이 논증은 유효하다.

만약 예 1.2.3에서 첫 번째 논증이 유효하다고 판명되기를 예상하면, 아마도 첫 번째 가정이 당신을 혼란스럽게 할지도 모른다. 그것은 다소 복잡한 명제 같지만, 그것은 $(\neg S \wedge L) \vee S$ 공식의 기호로 표현한다. 진리표에 따라, 만약 S와 L이 둘 다 거짓이라면 이 공식은 거짓이고, 그렇지 않으면 참이다. 그러나 더 단순한 공식 $L \vee S$ 에 대한 진리표와 아주 똑 같다는 것을 확인할 수 있다! 이것 때문에, 우리는 공식 $(\neg S \wedge L) \vee S$ 와 더 단순한 공식 $L \vee S$ 은 동치 equivalent라 말한다. 동치한 공식들은 항상 그것들의 문자들의 명제들과 그 명제들의 진리 값들이 무엇인가에 관계없이 똑 같은 진리값을 가진다. 가정 $(\neg S \wedge L) \vee S$ 와 더 단순한 공식 $L \vee S$의 동등성이 당신이 왜 논증이 유효하지 않다는 것을 이해하도록 도와줄 것이다. 공식 $L \vee S$ 를 영어로 번역해보면, 우리는 첫 번째 가정은 훨씬 더 단순하게 " 존은 개으르거나 또는 미련하다(또는 둘 다)"로 말할 수 있을 것이다. 그러나 이 가정과 두 번째 가정(존이 미련하다)으로부터, 그가 개으르지 않다는 것을 명확하게 밝힐 수는 없다. 왜냐하면 그가 미련하고 또한 개으를 수도 있기 때문이다.

예 1.2.4 이 공식들 중어 어느 것이 동치한가?

$$\neg(P \wedge Q), \quad \neg P \wedge \neg Q, \quad \neg P \vee \neg Q.$$

풀이

여기에 세 가지 명제들에 대한 진리표가 있다.(당신 스스로 확인 바란다)

P	Q	$\neg(P \wedge Q)$	$\neg P \wedge \neg Q$	$\neg P \vee \neg Q$
F	F	T	T	T
F	T	T	F	T
T	F	T	F	T
T	T	F	F	F

이 표의 세 번째와 다섯 번째 열이 일치한다. 그러나 그들은 네 번째 열과 다르다. 따라서 공식 $\neg(P \wedge Q)$, $\neg P \vee \neg Q$ 은 동등하고, 그것은 공식 $\neg P \wedge \neg Q$ 와는 동등하지 않다. 이것은 만약 모든 기호들이 무엇을 뜻하는가에 대해서 생각해보면 의미를 가진다. 예를 들어, 명제 P 가 " 양키스가 지난밤에 이겼다"라 하고 명제 Q 는 "래드삭스가 지난밤에 이겼다"라고 가정하자. 그러면 $\neg(P \wedge Q)$ 는 "양키스와 래드삭스지난 밤에 둘 다는 이기지는 못했다. 그리고 $\neg P \vee \neg Q$ 는 "양키스 또는 래드삭스 둘 중 한팀이 지난밤에 졌다"는 것을 의미한다; 이 명제들은 분명하게 똑 같은 정보를 전달한다. 한편, $\neg P \wedge \neg Q$ 은 "양키스와 래드삭스 둘 다 지난밤에 졌다", 이것은 전혀 다른 명제이다.

예 1.2.4로부터 공식 $\neg P \wedge \neg Q$와 공식 $\neg(P \vee Q)$의 진리표를 만들어 봄으로서 서로 동등하다는 것을 확인할 수 있다.(이 동치임의 의미를 확인하기 위해서, 명제 "양키스와 래드삭스 둘 다 지난밤에 졌다" 그리고 명제 " 양키스도 지고 래드삭스도 지난밤에 졌다"는 것은 같은 의미이다.) 이 동치와 예제 1.2.4에서 발견한 것을 합쳐서 드모르간 법칙들 DeMorgan's Laws 이라 한다. 그것들은 영국 수학자 드모르간 Augustus De Morgan(1806-1871)을 위해서 이름 붙인 것이다. 연역적 논증들을 분석하는 것과 그 속에 있는 명제들이 자주 나타나는 친밀한 여러 가지의 동등들이 도움이 될 것이다. 다음 나열한 동등성을 진리표를 작성하여 확인하고 공식들을 언어로 번역해서 예 1.2.4에서와 같이 의미를 가진다는 것을 확인하기 바란다.

드 모르간 법칙 DeMorgan's laws

$$\neg(P\wedge Q) \cong \neg P\vee\neg Q$$
$$\neg(P\vee Q)\cong\neg P\wedge\neg Q$$

교환법칙 Commutative laws

$$P\wedge Q \cong Q\wedge P$$
$$P\vee Q\cong Q\vee P$$

결합법칙 Associative laws

$$P\wedge(Q\wedge R)\cong(P\wedge Q)\wedge R$$
$$P\vee(Q\vee R)\cong(P\vee Q)\vee R$$

멱등법칙 Idempotent laws

$$P\wedge P\cong P$$
$$P\vee P\cong P$$

분배법칙 Distributive laws

$$P\wedge(Q\vee R)\cong(P\wedge Q)\vee(P\wedge R)$$
$$P\vee(Q\wedge R)\cong(P\vee Q)\wedge(P\vee R)$$

흡수법칙 Absorption laws

$$P\vee(P\wedge Q)\cong P$$
$$P\wedge(P\vee Q)\cong P$$

이중부정법칙 Double Negation law

$$\neg\neg P\cong P$$

결합법칙 때문에 우리는 $P\wedge Q\wedge R$ 과 $P\vee Q\vee R$ 과 같이 괄호를 생략할 수 있기 때문에 그 결과가 혼란스럽게 될까 하는 두려움 없다. 왜냐하면 괄호를 한두 가지 가능한 공식들이 서로 동등하기 때문이다.

많은 나열된 공식들에 있는 동등성들이 대수에서 +, •, 그리고 −의 규칙들을 연상하게 한다. 대수에서와 같이, 이 규칙들은 더 복잡한 공식들에도 적용할 수 있다. 그리고 그것들은 더 복잡한 동등성들을 계산하는데 활용된다. 이 동등 중에 임의의 문자를 더 복잡한 동등으로 바꿀 수 있고, 동등의 결과는 결국 참이 될 것이다.

예를 들어, 이중부정법칙에 따라 당신은 $\neg\neg(Q\vee\neg R)$은 $Q\vee\neg R$ 과 동등하다. 만약 구 공식이 동등하면 우리는 항상 다른 표현으로 치환하여도 그 결과는 동등하게 된다. 예를 들어, 어떤 공식에 $\neg\neg P$ 가 나타나면 언제라도 P 로 대치해도 그 결과적인 공식은 원래공식과 동등하게 된다.

예 1.2.5 이 공식들과 동등한 더 간결한 공식을 찾아라.

1. $\neg(P \vee \neg Q)$
2. $\neg(Q \wedge \neg P) \vee P$

풀이

1. $\neg(P \vee \neg Q)$

$\cong \neg P \wedge \neg\neg Q$ (드모르간법칙)

$\cong \neg P \wedge Q$ (이중부정법칙).

당신은 $\neg P \wedge Q$에 대한 진리표를 만들어 이 동등이 옳다는 것을 확인할 수 있고 예 1.2.1에서 나온 $\neg(P \vee \neg Q)$에 대한 진리표와 똑 같음을 알 수 있다.

2. $\neg(Q \wedge \neg P) \vee P$

$\cong (\neg Q \vee \neg\neg P) \vee P$ (드모르간법칙)

$\cong (\neg Q \vee P) \vee P$ (이중부정법칙)

$\cong \neg Q \vee (P \vee P)$ (결합법칙)

$\cong \neg Q \vee P$ (멱등법칙)

어떤 동등성은 어떤 논리식들은 항상 참이거나 또는 항상 거짓이라는 사실에 근거하고 있다. 예를 들어, 당신은 논리식 $Q \wedge (P \vee \neg P)$은 바로 Q 와 그 진리표를 만들어 보면 동등한 것을 확인할 수 있다. 그러나 진리표의 각 줄에서, $P \vee \neg P$ 는 참이 된다. 따라서 $Q \wedge (P \vee \neg P)$는 Q가 참일 때 항상 참이 되고, Q 가 거짓이면 또한 거짓이 된다. $P \vee \neg P$ 와 같이, 항상 참인 논리식들을 항진명제 tautologies 라 말한다. 유사하게, 항상 거짓인 논리식들을 모순 contradiction 이라 말한다. 예를 들어, $P \wedge \neg P$는 모순이다.

예 1.2.6. 다음 명제들은 항진명제, 모순, 또는 둘다 아닌가?

$P \vee (Q \vee \neg P)$, $P \wedge \neg(Q \vee \neg Q)$, $P \vee \neg(Q \vee \neg Q)$.

풀이

먼저 세 개의 명제들에 대한 진리표를 만들어 보자.

P	Q	$P \vee (Q \vee \neg P)$	$P \wedge \neg(Q \vee \neg Q)$	$P \vee \neg(Q \vee \neg Q)$
F	F	T	F	F
F	T	T	F	F
T	F	T	F	T
T	T	T	F	T

진리표로부터 처음 명제가 항진명제임을 알 수 있고, 두 번째는 모순이고, 세 번째는 둘 다 아니다. 사실상, 마지막 열과 처음 열이 똑같으므로, 세 번째 논리공식은 P와 동등하다.

이제 항진명제와 모순에 관련된 몇 가지 유용한 법칙들을 언급하고자 한다. 당신은 이 모든 법칙들이 명제들이 보이고 있는 진리표에 대하여 올바르게 생각할 수 있도록 확신을 주게 될 것이다.

항진명제 법칙들 Tautology laws

$P \wedge$ (항진명제) $\cong P$

$P \vee$ (항진명제) 는 항진명제이다.

$\neg$ (모순) 은 항진명제이다.

모순 법칙들 Contradiction laws

$P \wedge$(모순) 은 모순이다.

$P \vee$(모순) $\cong P$

$\neg$(모순)은 항진명제이다.

예 1.2.7. 이 논리공식들과 더 간단한 논리공식들을 찾아라.:

1. $P \vee (Q \wedge \neg P)$.
2. $\neg(P \vee (Q \wedge \neg R)) \wedge Q$.

풀이

1. $P \lor (Q \land \neg P) \cong (P \lor Q) \land (P \lor \neg P)$ (분배법칙)

$\cong P \lor Q$ (항진명제 법칙)

마지막 단계에서 $P \lor \neg P$ 가 항진명제임을 이용한 것이다.

2. $\neg(P \lor (Q \land \neg R)) \land Q$

$\cong (\neg P \land \neg(Q \land \neg R)) \land Q$ (드모르간법칙)

$\cong (\neg P \land (\neg Q \lor \neg\neg R)) \land Q$ (드모르간법칙)

$\cong (\neg P \land (\neg Q \lor R)) \land Q$ (이중부정 법칙)

$\cong \neg P \land ((\neg Q \lor R) \land Q)$ (결합법칙)

$\cong \neg P \land (Q \land (\neg Q \lor R))$ (교환법칙)

$\cong \neg P \land ((Q \land \neg Q) \lor (Q \land R))$ (분배법칙)

$\cong \neg P \land (Q \land R)$ (모순법칙)

마지막 단계에서 $Q \land \neg Q$가 모순이라는 사실을 이용하였다. 끝으로, $\land$에 대한 결합법칙을 이용하여 우리는 논리공식이 혼란이 없게 괄호를 제거하여, 처음 논리공식이 $\neg P \land Q \land R$ 과 동치임을 알 수 있다.

연습문제

*1. 다음 논리공식에 대한 진리표를 만들어라.

(a) $\neg P \lor Q$

(b) $(S \lor G) \land (\neg S \lor \neg G)$.

2. 다음 논리공식에 대한 진리표를 만들어라.

(a) $\neg[P \land (Q \lor \neg P)]$

(b) $(P \lor Q) \land (\neg P \lor R)$.

3. 이 연습문제에서 우리는 기호 $+$를 배재적인 또는 exclusive or로 사용한다. 다른말로 하면, $P+Q$는 "P 또는 Q이고 둘 다는 아니다"

(a) $P+Q$의 진리표를 만들어라.

(b) 논리 연결사들 $\wedge$, $\vee$, $\neg$ 만을 사용하여 $P+Q$와 동등한 한 논리공식을 만들어보고, 진리표를 만들어 그 답을 확인하여라.

4. 논리 연결사들 $\wedge$, $\neg$ 만을 사용하여 $P \vee Q$와 동등한 한 논리공식을 만들어보고, 진리표를 만들어 그 답을 확인하여라.

*5. 어떤 수학자들은 기호 $\downarrow$를 *nor*의 의미로 사용한다. 다른 말로 하면, $P \downarrow Q$는 "P 와 Q 둘 다 아니다"

(a) $P \downarrow Q$의 진리표를 만들어라.

(b) 논리 연결사들 $\wedge$, $\vee$, $\neg$ 만을 사용하여 $P \downarrow Q$와 동등한 한 논리공식을 만들어라.

(c) 논리 연결사들 $\neg$ 만을 사용하여 $\neg P$, $P \vee Q$, $P \wedge Q$와 동등한 한 논리공식들을 만들어라.

6. 어떤 수학자들은 논리공식 $P|Q$을 "P와 Q 둘 다는 참이 아니다"는 의미로 사용한다.

(이 논리 연결사는 난드 *nand*라 부르며, 컴퓨터공학에서 회로연구에 사용된다.)

(a) $P|Q$의 진리표를 만들어라.

(b) 논리 연결사들 $\wedge$, $\vee$, $\neg$ 만을 사용하여 $P|Q$와 동등한 한 논리공식을 만들어라.

(c) 논리 연결사들 $|$ 만을 사용하여 $\neg P$, $P \vee Q$, $P \wedge Q$와 동등한 한 논리공식들을 만들어라.

*7. 진리표를 사용하여 1.1장 연습문제 7의 논증이 유효한지의 여부를 결정하여라.

8. 다음 논리공식들 중 어떤 것들이 서로서로 동등한지 진리표를 만들어 결정하여라.

(a) $(P \wedge Q) \vee (\neg P \wedge \neg Q)$

(b) $\neg P \vee Q$

(c) $(P \vee \neg Q) \wedge (Q \vee \neg P)$

(d) $\neg(P \vee Q)$

(e) $(Q \wedge P) \vee \neg P$

*9. 진리표를 사용하여 다음 명제들 중 어떤 것이 항진명제이고, 어떤 것이 모순이고, 그리고 어떤 것이 둘 다 아닌지 결정하여라.

(a) $(P \vee Q) \wedge (\neg P \vee \neg Q)$

(b) $(P \vee Q) \wedge (\neg P \wedge \neg Q)$

(c) $(P \vee Q) \vee (\neg P \vee \neg Q)$

(d) $[P \wedge (Q \vee \neg R)] \vee (\neg P \vee R)$

10. 진리표를 사용하여 다음 법칙들을 확인하여라.

(a) 두 번째 드모르간법칙(첫 번째는 본문에 있음).

(b) 분배법칙

*11. 이 책에서 말하는 규칙들을 사용하여 다음 논리공식들을 더 간단한 논리공식을 찾아라. (예 1.2.5와 예 1.2.7를 참조)

(a) $\neg(\neg P \wedge \neg Q)$

(b) $(P \wedge Q) \vee (\neg P \wedge \neg Q)$

(c) $\neg(P \wedge \neg Q) \vee (\neg P \wedge Q)$

12. 이 책에서 말하는 규칙들을 사용하여 다음 논리공식들을 더 간단한 논리공식을 찾아라. (예 1.2.5와 예 1.2.7를 참조)

(a) $\neg(\neg P \vee Q) \vee (P \wedge \neg R)$

(b) $\neg(\neg P \wedge Q) \vee (P \wedge \neg R)$

(c) $(P \wedge R) \vee [\neg R \wedge (P \vee Q)]$

13. 첫 번째 드모르간법칙과 이중부정법칙을 사용하여 두 번째 드모르간법칙을 유도하여라.

*14. 결합법칙들은 $\wedge$ 또는 $\vee$로 된 세 개의 명제들을 결합할 때 그 괄호가 필요하지 않음을 말하고 있다. 사실상, 이 법칙은 세 개 이상의 명제들을 결합 할때 사용할 수 있다. 결합법칙을 사용하여 $[P \wedge (Q \wedge R)] \wedge S$와 $(P \wedge Q) \wedge (R \wedge S)$가 동치임을 보여라.

15. n개의 문자를 포함하는 명제에 대한 진리표에는 줄이 몇 개인가?

*16. 다음 진리표에서 논리연결사 $\wedge, \vee, \neg$을 품는 논리공식을 찾아라.

P	Q	???
F	F	T
F	T	F
T	F	T
T	T	T

17. 다음 진리표에서 논리연결사 $\wedge, \vee, \neg$을 품는 논리공식을 찾아라.

P	Q	???
F	F	F
F	T	T
T	F	T
T	T	F

18. 한 논증의 결론이 항진명제 tautology 라 하자. 당신은 그 논증의 유효성에 대하여 무엇을 결정할 수 있는가? 만약 그 결론이 모순이라면 어떠하겠는가? 만약 논증의 가정이 항진명제이거나 모순일 때는 어떠하겠는가?

1.3 변수들과 집합 Variables and Sets

수학적 추론에서 자주 변수들 variables 라 불리는 문자들에 의해 표현되는 대상에 대한 명제들을 만들 필요가 있다. 예를 들어, 만약 변수 x가 어떤 문제에서 한 숫자를 표현하는데 사용된다면, 우리는 명제 "x 는 소수이다"에서와 같이 사용한다. 하지만 어떤 때는 예를 들어 P가 한 문자로 명제를 나타내는데 사용할 수도 있다. 또 때로는 우리는 표기를 조금 바꾸어 $P(x)$로 쓰고, 그 명제가 변수 x에 대한 것임을 강조하기도 한다. 뒤에 언급한 표기는 그 명제에서 x에 어떤 수를 대입하는 것에 대하여 이야기하기가 용이하다. 예를 들어, $P(7)$

은 다음 명제를 나타낸다."7은 소수이다" 그리고 $P(a+b)$는 "$a+b$는 소수이다"를 의미한다. 만약 한 명제가 한 변수 이상을 포함하면, 그 명제에 대한 우리의 축약은 거기에 관여된 모든 변수들의 나열을 포함할 것이다. 예를 들어, 명제 "p 가 q 를 나눈다"를 $D(p,q)$로 나타낸다고 하자. 이 경우, $D(12,4)$는 "12는 4에 의해서 나누어진다" 는 의미한다.

하지만 당신은 아마도 변수들이 가장 자주 수 집합에 대해서 사용된다고 하겠지만, 아무것이나 나타낼 수도 있다. 예를 들어, 명제$M(x)$를 "x는 남자이다"를 나타내고, $W(x)$는 명제 "x는 여자이다"를 나타낸다고 할 수 있다. 이 경우, 우리는 변수 x를 한 남자를 나타내는 변수로 사용한 것이다. 한 명제가 심지어 서로 다른 종류의 대상을 나타내는 여러 가지의 변수들 포함할 수도 있다. 예를 들어, 다음 명제 "x 는 y 어린이를 갖고 있다"에서 변수 x는 한 남자를 나타내고, y는 한 수를 나타내고 있다.

변수들을 포함하는 명제들은 논리 연결사들도 결합할 수 있다. 그것은 마치 명제들이 변수들을 포함하지 않을 수도 있는 것과 같다.

예 1.3.1. 다음 명제들의 논리형식들 logical forms을 분석하여라.:

1. x는 소수이다. 그리고 y 또는 z는 x에 의해서 나누어진다.
2. x는 한 남자이고 y는 한 여자이고 그리고 x는 y를 좋아한다. 그러면 y는 x를 좋아하지 않는다.

풀이

1. 명제 P 가 "x 는 소수이다"라 하고, D 는 "y는 x에 의해서 나누어진다", 그리고 E 는 "z 는 x에 의해서 나누어진다"라 하자. 전체적인 명제는 논리공식 $P\wedge(D\vee E)$에 의해서 표현될 수 있다. 그러나 이 분석은 비록 틀린 것은 아니지만, 명제들 D 와 E 사이의 관계를 설명해주는 데는 실패했다. 더 좋은 분석은 $P(x)$를 "x 는 소수이다"라 하고 $D(y,x)$를 "y는 x에 의해서 나누 진다"를 나타낸다고 하자. 그러면 $D(z,x)$는 "z는 x에 의해서 나누어진다"를 나타낸다. 따라서 전체적인 명제는 논리공식은 $P(x)\wedge(D(y,x)\vee E(z,x))$이 될 것이다.
2. 명제$M(x)$를 "x는 남자이다"를 나타내고, $W(x)$는 명제 "x는 여자이다"를 나타내고, $L(x,y)$를 "x는 y를 좋아 한다"라고 하자. 그러면 $L(y,x)$는 "y는 x를 좋아 한다" (L 뒤의 변수의 순서에 따라서 다른 의미를 가진다!). 전체적인 명제는 논리공식은 $M(x)\wedge W(y)\wedge L(x,y)\wedge\neg L(y,x)$로 표현된다.

변수들을 포함하지 않는 명제들을 공부할 때는, 진리 값들에 대하여 쉽게 이야기 할 수 있다. 왜냐하면 각 명제가 참이거나 또는 거짓이기 때문이다. 그러나 만약 변수들을 포함하는 명제에서는, 단순히 명제가 참이거나 또는 거짓이라고 더 이상 말할 수가 없다. 그 진리 값은 관련된 변수 값에 의존될 수 있기 때문이다. 예를 들어, 만약 $P(x)$를 "x 는 소수이다"를 나타내는 명제라 하면, $P(x)$는 만약 $x=23$이면 참이고 $x=22$이면 거짓이다. 이 문제를 해결하기 위해서, 변수들을 포함하는 명제들에 대한 진리집합 truth sets을 정의할 것 이다. 이 정의를 하기 전이지만, 집합론 set theory 로부터 약간의 기본정의들을 알아보는 것이 도움이 될 것이다.

한 집합 set이란 대상들의 모임이다. 그 모임의 대상들을 그 집합의 원소들 elements라 부른다. 한 특정한 집합을 나타내는 가장 단순한 방법은 그것들의 원소들을 중괄호 안에 나열하는 것이다. 예를 들어, $\{3,7,14\}$은 그 원소가 세 수 $3,7,14$인 집합이다. 우리는 기호 $\in$를 원소라는 뜻으로 사용한다. 예를 들어, 만약 우리가 A를 집합 $\{3,7,14\}$라 하면, 우리는 7이 A의 원소라는 뜻으로 $7\in A$ 쓴다. 11가 A의 원소가 아니라는 뜻으로 $11\notin A$라 쓴다.

집합은 특정화된 그 원소들에 의해서 완전히 결정된다. 따라서 두 집합은 똑 같은 원소들을 갖고 있으면 항상 같다고 한다. 또한, 한 집합이 그 원소들이 나열되면, 그것들의 나열된 순서에 관계없이 어떤 원소들이 포함되느냐에 의해서 정해진다. 한 원소가 심지어 두 번 나열될 수도 있다. 따라서 $\{3,7,14\}$, $\{14, 3, 7, \}$, 그리고 $\{3, 7, 14, 7\}$, 이 세 가지의 다른 표현은 모두 같은 집합이다.

집합을 정의하는데 무수히 많은 원소들을 나열하여 정의하는 것은 비실제적이다. 그리고 무수히 많은 원소를 갖는 집합의 정의는 불가능할 것이다. 자주 이 문제는 몇 개의 원소를 타원 안에 쓰고 그 뒤에 (...)를 써서 만약 그것이 어떻게 계속될 것 인가가 확실하다면 극복할 수 있다. 예를 들어, 한 집합 B를 $B=\{2,3,5,7,11,13,17\ldots\}$라 정의하자. 다시 한번 당신은 B가 소수들을 나열한 것을 확인한다면, 당신은 B 집합에 23이 나타나 있지 않지만

$23\in B$ 라 할 수 있다. 그러나 이 방법은 B 의 집합 정의에 있는 수의 나열에서의 형식의 인식을 요구한다. 그리고 이 요구는 수학적인 기술에서 잘 피할 수 있는 우리의 표시법에서의 모호성과 주관성의 한 요소를 소개하고 있다. 따라서 집합의 원소를 결정하는 형식을 적어봄으로써 집합의 정의를 통상적으로 더 잘할 수 있다.

이 경우 우리는 B를 다음과 같이 확실히 할 수 있다:

$$B = (x|x\text{는 소수이다})$$

이것을 "$B = x$ 가 소수인 모든 원소 x 의 집합" 라 읽고, 그리고 이것은 B의 원소가"x 가 소수이다"가 참이 되는 설명을 하는 x 값들이다. 당신은 "x는 소수이다"라는 설명을 집합에 대한 원소확인 판정으로서 생각해야한다. 이 설명이 참이 되는 x의 임의의 값은 판별을 통과하고 그것은 그 집합의 원소가 된다. 그 판별을 실패하는 것은 그 원소가 아니다. 물론, 그 명제가 참이 되는 x의 값들은 확실히 소수들이고, 따라서 이 정의는 B가 앞에서와 똑 같이 소수의 원소들의 집합이다.

예 1.3.2. 원소확인 판정을 사용하여 이 집합 정의로 다시 설명하여라.

1. $E = \{2, 4, 6, 8, ...\}$
2. $P = \{$ *Gorge Washington*, *John Adams*, *Thomas Jefferson*, *James Madison*, ...$\}$

풀이

비록 이것들이 원소들의 나열하는 다른 방법들도 있겠지만, 아마도 다음 주어진 정의가 가장 자연스러울 것이다:

1. $E = \{n|n\text{ 은 양의 자연수}\}$
2. $P = \{z|z\text{는 미국의 대통령}\}$

만약 한 집합이 원소확인 판정을 이용하여 정의되었다고 하면, 그 판별은 어떤 원소가 그 집합의 원소인지 아닌지를 결정하는 사용될 것이다. 예를 들어, 집합 $\{x|x^2 < 9\}$를 생각해보자. 만약 우리가 5가 이 집합의 원소인지 알기 원한다면, 우리는 단순히 이 집합의 정의에 따른 원소확인 판정을 적용한다. — 다른 말로 하면, 우리는 $5^2 < 9$ 인지 아닌지만 확인한다. $5^2 = 25 > 9$ 이므로, 이 판별이 실패함으로, 따라서 $5 \not\in \{x|x^2 < 9\}$이다. 한편, $(-2)^2 = 4 < 9$ 이다. 따라서 $-2 \in \{x|x^2 < 5\}$이다.

똑 같은 추론이 임의의 다른 정수에 대해서도 적용된다. 임의의 수 y 에 대하여, $y \in \{x|x^2 < 9\}$인지 아닌지 결정하기 위해서, 우리는 $y^2 < 9$ 인지 아닌지만 확인한다. 사실상, 우리는 명제 $y \in \{x|x^2 < 9\}$을 생각하고 $y^2 < 9$ 라고 말할 것을 멀리 돌아가는 것에 불과하다.

명제 $y \in \{x|x^2 < 9\}$는 $y^2 < 9$와 같은 의미를 갖기 때문에 ,그것은 y에 대한 명제이며, 하지만 x는 아니다. $y \in \{x|x^2 < 9\}$ 인지 아닌지 결정하기 위해서 당신은 y가 무엇인지 알 필요가 있다(따라서 당신은 그 제곱과 9를 비교할 수 있다). 그러나 x가 무엇인지는 알 필요가 없다. 우리는 명제 $y \in \{x|x^2 < 9\}$에서, y를 독립변수 free variable라 말하고, 여기서 x를 종속변수 bound variable (또는 가짜변수 dummy variable)이다. 한 명제에서 자유변수는 그 명제가 나타내고자하는 대상을 나타낸다. 자유변수에 다른 값을 대입하면 명제의 의미를 갖게 되고 그 진리 값을 변하게도 한다. 당신이 한 자유변수에 대하여 다른 값을 대입할 수 있다는 사실에서 어떤 것에 대해서나 자유라는 의미를 말한다. 한편, 가짜변수는 단지 편의상 생각을 표현하는데 도움을 주도록 사용되는 문자이고 어떤 특별한 대상을 나타내는 생각은 아니다.

종속변수는 그 명제의 의미를 바꾸지 못하고 한 새로운 변수로 대치될 수 있고, 가끔 명제는 가짜변수가 완전히 삭제되고 다른 말로 표현될 수 있다. 예를 들어, 명제 $y \in \{x|x^2 < 9\}$와 $y \in \{w|w^2 < 9\}$는 같은 명제를 의미한다. 왜냐하면 그것들은 둘 다 "y 는 그 제곱이 9보다 적은 모든수들의 집합의 한 원소이다"

이 마지막 명제에서, 모든 가짜변수들은 생략되고, 단지, 언급되는 변수는 자유변수 y 뿐이다.

명제 $y \in \{x|x^2 < 9\}$에서의 x는 종속변수이지만 명제 $x^2 < 9$에서의 x는 자유변수임을 적어둔다. 이 마지막 명제는 x의 어떤 값에 대해서는 참이고 그 밖의 값에 대해서는 거짓이 되는 명제이다. 앞 명제는 x가 가짜변수가 되는 원소확인 판정에 의한 표시에 사용된다. 우리는 표시 $\{x|...\}$은 변수 x를 메어있게 binde한다고 말할 수 있다.

집합 $\{x|x^2 < 9\}$에 대하여 말하는 것은 어떤 것이나 그 집합이 원소확인 판정에 의해 정의된 집합에 적용한 것이다. 일반적으로, 명제 $y \in \{x|P(x)\}$는 한 명제 $P(y)$와 같은 의미를 가진다. 이것은 x가 아니고 y에 대한 명제이다. 유사하게, $y \not\in \{x|P(x)\}$ 는 $\neg P(y)$와 같은 의미이다. 물론, $\{x|P(x)\}$는 명제 표현이 전혀 아니다. 그것은 한 집합에 대한 이름이다. 당신이 더 많은 수학적 표시를 배우게 되면, 당신이 수학적 명제들의 표현들과 수학적 대상들의 이름들의 표현들과의 구별에 신중하게 잘 해낼 수 있게 되는 것이 점진적으로 중요하게 될 것이다.

예 1.3.3. 이 명제들은 무엇을 의미하는가? 각 명제에서 자유변수는 무엇인가?

1. $a+b \not\in \{x|x$ 는 짝수이다$\}$
2. $y \in \{x|x$ 는 w에 의해서 나누어진다$\}$
3. $2 \in \{w|6 \not\in \{x|x$는 w에 의해서 나누어 진다$\}\}$

풀이

1. 이 명제는 $a+b$가 짝수들의 집합의 원소가 아님을 말한다. 또는 다르게 말하면, $a+b$가 짝수가 아니라는 것이다. a와 b 둘 다 자유변수이다. 그러나 x는 한 가짜변수이다. 이 명제는 a와 b의 어떤 값에 대해서는 참이 되고 다른 값에 대해서는 거짓이 되기도 한다.
2. 이 명제는 y가 w에 의해서 나누어진다는 것을 말한다. y와 w 둘 다 자유변수이다. 그러나 x는 한 가짜변수이다. 이 명제는 y와 w의 어떤 값에 대해서는 참이 되고 다른 값에 대해서는 거짓이 되기도 한다.
3. 이것은 아주 복잡하게 보인다. 그러나 만약 한 번에 한 단계씩 더 나가면, 우리는 그것을 해독할 수 있다. 첫째, 주어진 명제에 나타나있는 $6 \not\in \{x|x$ 는 w에 의해서 나누어진다$\}$은 "6이 w에 의해서 나누어지지 않는다."와 같은 의미이다. 이것을 주어진 명제에 대입하면, 우리는 원래의 명제가 더 간단한 명제는 $2 \in \{w|6$ 은 w에 의해서 나누어지지 않는다$\}$ 이다 , 그러나 이것은 바로 "6은 2에 의해서 나누어지지 않는다" 와 같다. 따라서 이 명제는 자유변수가 없다. 명제의 진리 값은 임의의 변수에 의존하지 않는다. 사실상, 6은 2에 의해서 나누어지기 때문이다. 그 명제는 거짓이다.

아마도 이제부터 어떻게 집합론을 사용하면 자유변수들을 포함하는 명제들의 진리값을 이해하는데 도움을 준다. 알아본 바와 같이, 소위 $P(x)$ 라는 한 명제가 자유변수 x를 포함하고 있으면 x의 어떤 값에 대해서는 참이 되고 그 밖에서는 거짓이 된다. $P(x)$에서 참이 되는 x값을 거짓이 된 값과 구별하기 위해서, $P(x)$가 참이 되는 x값의 집합을 모을 수 있다. 이 집합을 $P(x)$의 진리집합 *truth set*라 부른다.

정의 1.3.4. 한 명제 $P(x)$의 진리집합은 명제 $P(x)$가 참이 되는 x의 값들의 집합을 말한다. 즉, 그것은 원소확인판정에 의해 명제$P(x)$를 사용하여 정의된 집합이다:

$$P(x)\text{의 진리집합} = \{x \mid P(x)\}$$

하나의 자유변수만을 포함하는 명제에 대한 진리집합만 정의했음을 확인하자. 4장에서 더 많은 변수의 명제들에 대한 진리집합들을 논의할 것이다.

예 1.3.5. 다음 명제들의 진리집합들은 무엇인가?

1. 색스피어가 x를 썼다
2. n은 한 짝수인 소수이다.

풀이

1. $\{x \mid$ 색스피어가 x를 썼다$\} = \{$햄리릿, 맥배스, 12번째 밤, ...$\}$
2. $\{n \mid n$은 짝수인 소수$\}$. 짝수인 소수는 단지 2뿐 이므로, 이 집합은 $\{2\}$이다. 2와 $\{2\}$는 같은 것이 아님을 확인하자! 첫째는 한 수이고, 두 번째는 한 수를 원소로 갖는 한 집합이다. 따라서 $2 \in \{2\}$이고, $2 \neq \{2\}$이다.

A를 한 명제$P(x)$의 진리집합이라 가정하자. 진리집합의 정의에 따라, 이것은 $A = \{x \mid P(x)\}$을 의미한다. 임의의 대상 y에 대하여 명제 $y \in \{x \mid P(x)\}$는 $P(y)$와 같은 것을 의미함을 이미 알고 있다. $\{x \mid P(x)\}$ 대신에 A로 대치하면, $y \in A$는 $P(y)$와 같은 의미이다. 따라서 일반적으로, 만약 A가 $P(x)$의 진리집합이면 $y \in A$와 $P(y)$와 같은 의미임을 말해준다.

한 명제가 자유변수들을 포함하고 있으면, 이 변수들이 특별한 종류의 대상을 나타내고 있는 문맥으로 부터 보통은 명확해진다. 이런 종류의 대상들의 집합−다른 말로 하면, 그 변수들의 가능한 모든 값들−을 그 명제의 전체집합 universe of discourse이라 부른다. 그리고 그 변수들이 이 전체집합에 걸쳐있다 range over라고 한다. 예를 들어, 명제 $x^2 < 9$에 대한 전체집합은 대체적으로 모든 실수 집합이 되고; “x는 남자이다”라는 명제에 대한 전체집합은 모든 사람들의 집합이 될 것이다.

특정한 집합들이 수학에서 논의 되는 전체집합들로 인식된다. 그리고 그것들의 이름을 고정해두면 편리하다. 여기에 가장 중요한 것 몇 가지들이 있다:

$\mathbb{R}= \{x|x$는 실수이다$\}$

$\mathbb{Q}= \{x|x$는 유리수이다$\}$

(실수는 수직선위의 수이고, 유리수는 두 정수 p와 q에 대한 분수 p/q로 쓸 수 있는 수를 말한다)

$\mathbb{Z}= \{x|x$는정수이다$\}= \{...,-3, -2, -1, 0, 1, 2, 3...\}$

$\mathbb{N} = \{x|x$는자연수이다$\} = \{0, 1, 2, 3, ...\}$

(어떤 책에서는 0를 자연수에 포함시키기도 하고 어떤 책은 포함시키지 않키도 한다. 이 책에서, 우리는 0를 한 자연수로 본다.)

문자들 $\mathbb{R}$, $\mathbb{Q}$, $\mathbb{Z}$는 + 또는 −를 밑에 붙여 사용하여 그 집합에서 단순히 양수 또는 음수를 가리킨다.

예를 들어, $\mathbb{R}^+ = \{x|x$는 양의 실수이다$\}$ 그리고 $\mathbb{Z}^- = \{x|x$는 음의 정수이다$\}$.

비록 전체집합은 보통 문맥으로부터 결정될 수 있지만, 어떤 때는 그것을 명확하게 확인하는 것이 유용하다. 전체집합 U 에 있는 한 자유변수 x를 갖는 한 명제 $P(x)$를 생각해보자. 비록 $P(x)$의 진리집합을 $\{x \mid P(x)\}$와 같이 쓰지만, 만약 전체집합에 대한 혼란의 가능성이 있을 때는, $\{x \in U \mid P(x)\}$와 같이 써서 그것을 명확히 특정화 시킬 수도 있다: 이것을 다음과 같이 읽는다. "$P(x)$가 성립하는 U에 있는 모든 x의 집합" 이 표기는

진리집합에서 원소확인 판정에 고려되는 U의 원소만을 가리킨다. 그리고 U의 원소에서만 $P(x)$가 실제로 진리집합의 원소확인판정을 한다. 예를 들어, 명제 $x^2 < 9$를 다시 생각해보자. 만약 이 명제에 대한 전체집합이 실수전체라 하면, 그 진리집합은 $\{x \in \mathbb{R} \mid x^2 < 9\}$이 된다. 또는 다른 말로 하면, -3에서 3까지의 모든 실수이다. 그러나 만약에 전체집합을 정수 집합이라 하면, 진리집합은 $\{x \in \mathbb{Z} \mid x^2 < 9\} = \{-2, -1, 0, 1, 2\}$이다. 따라서 예를 들어, $1.58 \in \{x \in \mathbb{R} \mid x^2 < 9\}$그러나 $1.58 \notin \{x \in \mathbb{Z} \mid x^2 < 9\}$이다. 명확히, 때로는 전체집합의 선택이 차이를 갖고 온다!

가끔 이 확실한 표시는 전체집합을 특정화할 뿐만 아니라 전체집합의 한 부분에 제한된 관심을 주기도 한다. 예를 들어, 명제 $x^2 < 9$ 의 경우에, 전체집합을 실수집합으로 생각하기를

원할 수도 있다. 그러나 어떤 추론과정에서 임시로 양의 실수집합으로 제한한 명제로 하기를 원할 수도 있다. 우리는 그때에 집합 $\{x \in \mathbb{R}^+ | x^2 < 9\}$에 관심을 가질 수 있다. 전과같이, 이 표시는 다만 양의 실수가 이 집합의 원소확인판정에 대해서 고려할 수임을 가리킨다. 그리고 양의 실수 중에서, 단지 제곱해서 9보다 적은수가 이 집합에 있을 것이다. 따라서 양의 실수가 이 집합의 원소가 되기 위해서는, 그것은 두 가지 검사를 거처야 한다: 그것은 양의 실수이고, 그리고 그것의 제곱은 9보다 적다. 다른 말로 하면, 명제 $\{x \in \mathbb{R}^+ | x^2 < 9\}$은 $y \in \mathbb{R}^+ \wedge y^2 < 9$와 같다는 의미이다. 일반적으로, $y \in \{x | P(x)\}$는 $y \in A \wedge P(x)$와 같은 의미이다.

새로운 수학적 개념이 정의될 때, 수학자들은 항상 이 개념의 임의의 가능한 극단까지 연구하는데 흥미를 가진다. 예를 들어, 우리가 진리표를 논의할 때, 우리가 연구한 극단은 진리표가 단지 T자만 있거나(항진명제) 또는 단지 F자만 있다(모순)인 명제을 연구했다. 한 자유변수를 포함하는 한 명제의 진리집합의 개념에 대해서, 그 극단에 대응되는 명제는 항상 참이거나 또는 항상 거짓인 것이다. $P(x)$가 전체집합 U 에 걸처있는 한 자유변수 x를 포함하는 명제라 가정하자. 그것은 만약 $P(x)$가 $x \in U$ 의 모든 값에 대해서 참이라면, $P(x)$의 진리집합이 전체집합 U 가 된다는 것은 명확해야 한다. 예를 들어, 모든 실수 x에 대해서 명제 $x^2 \geq 0$이 참이기 때문에, 이 명제의 진리집합은 $\{x \in \mathbb{R} | x^2 \geq 0\} = \mathbb{R}$이다. 물론, 이것은 항진명제와 관계가 없는 것이 아니다. 예를 들어, $P \vee \neg P$는 항진명제이므로, 명제 $P(x) \vee \neg P(x)$는 모든 $x \in U$ 에 대하여 참일 것이다. 명제 $P(x)$가 무엇이고 또는 전체집합 U가 무엇이냐에 관계없이, 그리고 따라서 명제 $P(x) \vee \neg P(x)$의 진리집합은 U 가 될 것이다.

모든 가능한 값 x에 대하여 거짓이 되는 명제 $P(x)$에 대하여, 전체집합에서 아무것도 $P(x)$의 진리집합에 대한 원소확인판정을 통과할 수 없다. 그래서 이 진리집합은 원소가 없다. 원소를 갖지 않는 집합에 대한 생각은 이상하게 들릴 수도 있다. 그러나 그것은 항상 거짓이 되는 명제들에 대한 진리집합들을 생각할 때 자연스럽게 야기된다. 왜냐하면 한 집합이 그 원소들이 특정화 될때 완전히 결정되기 때문에, 원소를 갖지 않는 단지 하나의 집합이 존재한다. 그것을 공집합 empty set, 또는 null set라 하고, 자주 $\varnothing$로 표기한다. 예를 들어, $\{x \in Z | x \neq x\} = \varnothing$이다. 공집합은 원소를 갖지 않음으로, 명제 $x \in \varnothing$는 x가 무엇이던지 관계없이 항상 거짓이 되는 명제의 한 예이다.

공집합에 대한 또 다른 통상적인 표기는 임의의 집합들이 중괄호 안에 그 원소들을 나열해서 만든다는 사실에 근거한다. 공집합은 원소가 없음으로, 우리는 중 괄호 안에 아무것도 없는 것: $\varnothing = \{\ \}$로 쓴다. $\{\varnothing\}$은 공집합에 대한 올바른 표기가 아니다. 2와 $\{2\}$가 같지않는 것과 같이 $\varnothing$은 $\{\varnothing\}$와 같지 않다. 처음 것은 원소가 없는 집합이고, 두 번째는 한 원소 $\varnothing$를 원소로 갖는 집합이다.

연습문제

*1. 다음 명제들의 논리 형식들을 분석하여라.:

(a) 3은 $6, 9, 15$의 공약수이다.(1.1단원 연습문제 2에서 했던 것이고, 이제 더 좋은 답을 할 수 있을 것이다.)

(b) x는 2와 3으로 나누어지고 4로는 나누어지지 않는다.

(c) x와 y는 자연수이고, 둘 중에 꼭 하나만 소수이다.

2. 다음 명제들의 논리 형식들을 분석하여라.:

(a) x와 y는 남자들이고, 그리고 x가 y보다 더 키가 크거나 또는 y가 x보다 키가 더 크다.

(b) x 또는 y 둘 중 하나가 갈색 눈을 갖고 있다. 그리고 x 또는 y 둘 중 하나가 붉은 머리를 갖고 있다.

(c) x 또는 y 모두가 갈색 눈과 붉은 머리를 갖고 있다.

*3. 다음 집합들에 대한 원소확인 판정을 사용한 정의들을 적어라.

4. 다음 집합들에 대한 원소확인 판정을 사용한 정의들을 적어라.

(a) $\{1, 4, 9, 16, 25, 36, 49, \ldots\}$

(b) $\{1, 2, 4, 8, 16, 32, 64, \ldots\}$

(c) $\{10, 11, 12, 13, 14, 15, 16, 17, 18, 19\}$

*5. 다음 명제들을 단순하게 고쳐라. 어떤 변수가 자유변수이고 그리고 어떤 변수가 속박변수인가? 만약 그 명제가 자유변수를 갖지 않는다면, 그것이 참인지 거짓인지 설명하여라.

(a) $-3 \in \{x \in \mathbb{R} \mid 13-2x > 1\}$

(b) $4 \in \{x \in \mathbb{R}^- \mid 13-2x > 1\}$

(c) $5 \not\in \{x \in \mathbb{R} \mid 13-2x > c\}$

6. 다음 명제들을 단순하게 고쳐라. 어떤 변수가 자유변수이고 그리고 어떤 변수가 속박 변수인가? 만약 그 명제가 자유변수를 갖지 않는다면, 그것이 참인지 거짓인지 설명하여라.

(a) $w \in \{x \in \mathbb{R} \mid 13-2x > c\}$

(b) $4 \in \{x \in \mathbb{R} \mid 13-2x \in \{y \mid y\text{는 소수이다}\}\}$(만약 $P = \{y \mid y\text{는 소수이다}\}$라 하고 위 명제를 $4 \in \{x \in \mathbb{R} \mid 13-2x \in P\}$로 다시 써서 생각하면 더 쉬운 표현이다)

(c) $4 \in \{x \in \{y \mid y\text{는 소수이다}\} \mid 13-2x > 1\}$ ((b) 표기에 따라 문제를 다시 쓰면 $4 \in \{x \in P \mid 13-2x > 1\}$가 되어 더 쉬운 표현이 된다)

7. 다음 집합들의 원소들을 나열하라.

(a) $\{x \in \mathbb{R} \mid 2x^2 + x - 1 = 0\}$.

(b) $\{x \in \mathbb{R}^+ \mid 2x^2 + x - 1 = 0\}$.

(c) $\{x \in \mathbb{Z} \mid 2x^2 + x - 1 = 0\}$.

(d) $\{x \in \mathbb{N} \mid 2x^2 + x - 1 = 0\}$.

*8. 다음 명제들의 진리집합은 무엇일까? 가능하면 참이 되는 몇 개의 원소를 나열하여라.

(a) 엘리사베스 테일러는 한때 x와 결혼했다.

(b) x는 단원1.1에서 배운 논리적 연결사이다.

(c) x는 이 책의 저자이다.

9. 다음 명제들의 진리집합은 무엇일까? 가능하면 참이 되는 몇 개의 원소를 나열하여라.

(a) x는 실수이고 $x^2 - 4x + 3 = 0$

(b) x는 실수이고 $x^2 - 2x + 3 = 0$

(c) x는 실수이고 $5 \in \{y \in \mathbb{R} \mid x^2 + y^2 < 50\}$

1.4 집합의 연산
Operations on Sets

A를 한 명제 $P(x)$의 진리집합 그리고 B를 한 명제 $Q(x)$라 가정하자. 명제들 $P(x) \wedge Q(x)$, $P(x) \vee Q(x)$, $\neg P(x)$의 진리집합들은 무엇일까? 이 질문에 대답하기 위해서, 우리는 집합에서 약간의 기본 연산을 소개하자.

정의 1.4.1. 두 집합 A와 B의 교집합 intersection은 $A \cap B$ 로 다음과 같이 정의된다:

$$A \cap B = \{x | x \in A \text{ and } x \in B\}$$

두 집합 A와 B 의 합집합 union은 $A \cup B$ 로 다음과 같이 정의된다:

$$A \cup B = \{x | x \in A \text{ or } x \in B\}$$

두 집합 A와 B 의 차집합 difference은 $A \diagdown B$ 로 다음과 같이 정의된다:

$$A \diagdown B = \{x | x \in A \text{ and } x \notin B\}$$

이 정의들에서 나타나는 명제들은 원소확인 판정 elementhood tests임을 기억하여라. 따라서 예를 들어, $A \cap B$ 의 정의는 $A \cap B$ 의 원소가 되는 대상들을 말한다. 그것은 A와 B 둘 다의 원소이다. 다른 말로 하면, $A \cap B$ 는 A와 B 가 공통으로 갖는 원소들로 구성된 집합이다.

단어 또는 or 는 수학에서 포함하는 또는 inclusive or로 번역되기 때문에, A 또는 B 의 원소이거나, 그리고 둘 다의 원소일 때, $A \cup B$ 의 원소가 된다. 따라서 우리는 $A \cup B$ 를 A와 B의 원소들을 벗어나 함께 한 집합이 된 것으로 생각할 수 있다. $A \diagdown B$ 는 만약 집합 A에서 시작해서 B 에 있는 모든원소들을 제거해서 얻게 되는 집합이다.

예 1.4.2. $A = \{1, 2, 3, 4, 5\}$ $B = \{2, 4, 6, 8, 10\}$라 하자. 다음 집합들을 나열하여라:

1. $A \cap B$
2. $A \cup B$
3. $A \setminus B$
4. $(A \cup B) \setminus (A \cap B)$
5. $(A \setminus B) \cup (B \setminus A)$

풀이

1. $A \cap B = \{2, 4\}$
2. $A \cup B = \{1, 2, 3, 4, 5, 6, 8, 10\}$
3. $A \setminus B = \{1, 3, 5\}$
4. 우리는 위에서 $A \cup B$ 와 $A \cap B$ 에서 구했다. 따라서 우리는 집합 $A \cup B$ 에서 출발하여 집합 $A \cap B$ 의 원소들을 제거하면 된다. 따라서 $(A \cup B)/(A \cap B) = \{1, 3, 5, 6, 8, 10\}$이다.
5. 우리는 위에서 $A \setminus B$ 를 구했다. $B \setminus A = \{6, 8, 10\}$이므로, $(A \setminus B) \cup (B \setminus A) = \{1, 3, 5, 6, 8, 10\}$ 이것은 위 4번과 일치한다.

예 1.4.3. $A = \{x | x$는 남자이다$\}$ $B = \{x | x$는 갈색머리를 갖고있다$\}$라 가정하자. $A \cap B$, $A \cup B$, $A \setminus B$ 는 무엇인가?

풀이

정의에 의해서, $A \cap B = \{x | x \in A \text{ and } x \in B\}$. 앞 장의 집합의 정의에서 우리는 $x \in A$는 "x는 남자이다"이고 $x \in B$는 "x는 갈색머리를 갖고있다"임을 알고 있다. $A \cap B$에 적용하면,

$$A \cap B = \{x | x\text{는 남자이고 } x\text{는 갈색머리이다}\}$$

유사한 방법으로 추론하면,

$$A \cup B = \{x | x\text{는 남자 이거나 또는 } x\text{는 갈색머리이다}\}$$

그리고,

$$A \setminus B = \{x | x\text{는 남자이고 } x\text{는 갈색머리가 아니다}\}.$$

때로는 집합들의 연산에서 이 연사들의 결과들을 그림으로 그려서 작업하는 것이 도움이 된다. 이것을 실행하는 한 방법이 그림1.7에서와 같은 도표이다. 이것을 밴다이어그램 Venn diagram이라 부른다. 직사각형 내부에 도표를 에워싸고 있는 전체집합을 U라 하고, 그리고 두 개의 원의 내부가 두 집합 A, B를 나타낸다. 이 집합들의 결합에 의해 만들어진 다른 집합들은 도표의 다른 영역에 나타낸다. 예를 들어, 그림1.8에서 검은 부분은 A, B로 표현되는 두 원의 공통영역으로 집합 $A \cap B$를 나타낸다. 그림1.9과 1.10는 각각 $A \cup B$, $A \setminus B$ 의 영역을 나타낸다.

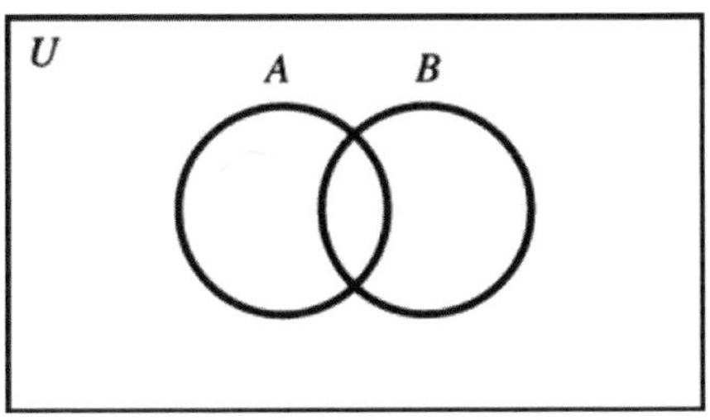

그림 1.7.

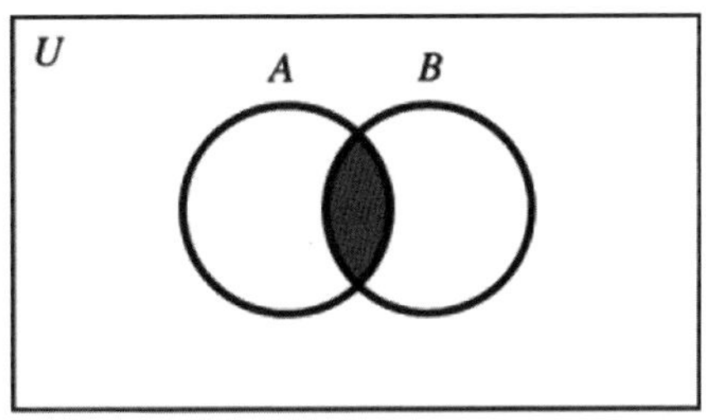

그림 1.8.$A \cap B$

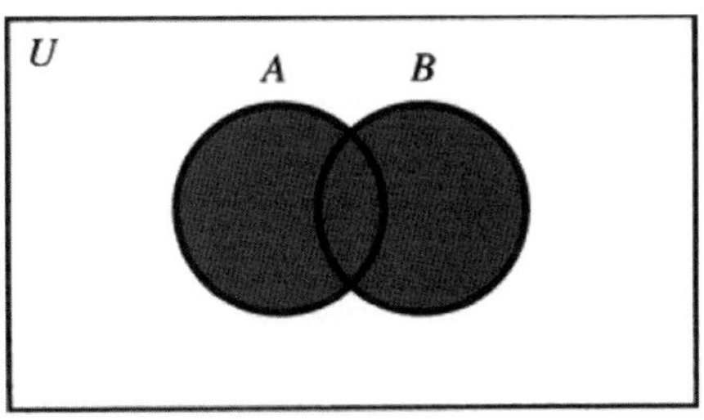

그림 1.9. $A \cup B$

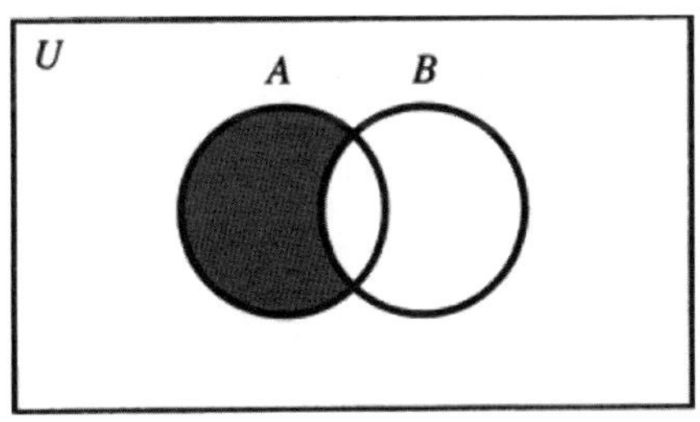

그림 1.10. $A \setminus B$

여기에 한 예를 들어 밴다이어그램이 어떻게 집합 연산을 이해하는데 도움이 되는지 알아보자. 예 1.4.2에서 A, B의 특별한 원소들에 대해서 두 집합 $(A \cup B) \setminus (A \cap B)$와 $(A \setminus B) \cup (B \setminus A)$이 같다는 것을 알았다. 이 두 집합의 밴다이어그램을 보면 같다는 것은 우연한 것 아님을 알 수 있다. 그림1.11에서 확인할 수 있다. 따라서 이 집합들은 A, B가 어떤 집합이더라도 항상 같다. 왜나하면 두 집합은 모두 A 또는 B의 원소이고 둘다는 아닌 원소들의 집합이다.

이것을 A와 B의 대칭차 symmetric difference라 부르며 $A \triangle B$로 쓴다.

즉, $A \triangle B = (A \setminus B) \cup (B \setminus A) = (A \cup B) \setminus (A \cap B)$.

이장의 후반부에서 왜 이 집합들이 항상 같은지 다른 설명을 할 것이다.

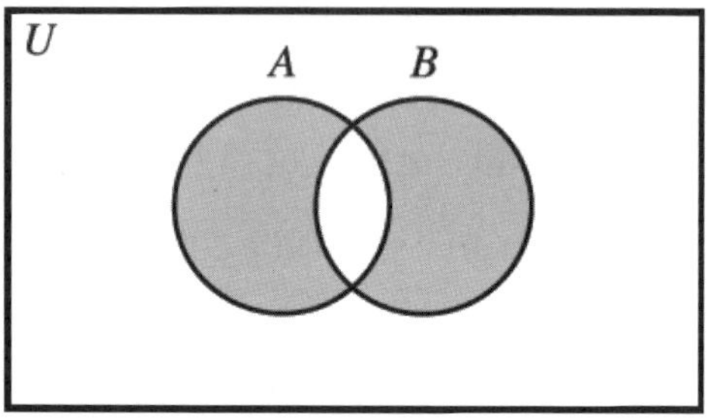

그림 1.11.
$(A \cup B) \setminus (A \cap B) = (A \setminus B) \cup (B \setminus A)$.

이제 이장의 서두에 했던 질문으로 돌아가자. 만약 A를 한 명제 $P(x)$의 진리집합 그리고 B를 한 명제 $Q(x)$라 하면, 그러면 지난 장에서 본 것과 같이, $x \in A$는 $P(x)$와 같은 의미이고 $x \in B$는 $Q(x)$와 같다.

따라서 $P(x) \wedge Q(x)$의 진리집합은 $\{x | P(x) \wedge Q(x)\} = \{x | x \in A \wedge x \in B\} = A \cap B$. 이것은 의미를 가진다. $P(x) \wedge Q(x)$의 진리집합은 $P(x)$와 $Q(x)$의 진리집합들의 공통부분의 원소들로 구성된다. 즉, $P(x)$와 $Q(x)$의 둘로 만드는 x값들은 참이 된다. 우리는 이것의 한 예를 이미 보았다. 예 1.4.3에서 집합 A와 B가 두 명제 “x는 남자이다” 와 “x는 갈색머리이다”의 진리집합이라 하면, $A \cap B$는 명제“x는 남자이고 x는 갈색머리이다”의 진리집합임을 알았다.

유사한 추론에 의해서 $P(x) \vee Q(x)$의 진리집합은 $A \cup B$이다. $\neg P(x)$의 진리집합을 찾기 위해서, 우리는 전체집합 U에 대한 이야기가 필요하다. $\neg P(x)$의 진리집합은 전체집합 중에서 $P(x)$가 거짓이 되는 원소들로 구성되어 있다. 그리고 우리는 이 집합을 U에서 출발해서 $P(x)$가 참이 되는 것을 제거하여 얻은 집합이다. 따라서 $\neg P(x)$의 진리집합은 $U \setminus A$이다.

이러한 진리집합에 대한 관찰은 집합론에서의 연산 $\cap$, $\cup$, $\setminus$은 논리적 연결사 $\wedge$, $\vee$, $\neg$에 관련됨을 설명해주고 있다. 이것은 놀라운 것이 아니다. 왜냐하면 그들의 정의

안에 단어들 그리고 and, 또는 or , 부정 not이 나타나있기 때문이다. (부정의 단어는 명확히 나타나 있지는 않지만, 그러나 수학적 기호 $\not\in$에 두 집합의 차의 정의에 숨겨져 있다). 그러나, 집합론의 연산과 논리적 연결사가 관련이 있다고 하더라도, 그들은 바꾸어 쓸 수는 없다는 것을 기억하는 것이 중요하다. 논리적 연결사들은 명제들을 결합하는데 사용하고, 반면에 집합 연산들은 집합들을 결합할 사용해야만 한다. 예를 들어, A를 $P(x)$의 진리집합 그리고 B를 $Q(x)$라 하면, 그러면 우리는 $A\cap B$를 $P(x)\wedge Q(x)$의 진리집합이라 말한다. 그러나 $A\wedge B$ 또는 $P(x)\cap Q(x)$와 같은 표현은 아무의가 없고 결코 사용해서는 안 된다.

집합론의 연산들과 논리적 연결사들의 관계는 또한 우리가 집합에서 교집합, 합집합, 그리고 차집합에 대한 명제들의 논리적 형식들을 분석할 때 명확해진다. 예를 들어, 교집합의 정의에 따라서 $x\in A\cap B$의 의미는 $x\in A\wedge x\in B$을 말한다.
유사하게, $x\in A\cup B$의 의미는 $x\in A\vee x\in B$을 말한다. 그리고 $x\in A\setminus B$의 의미는 $x\in A\cap B$의 의미는 $x\in A\wedge x\not\in B$을 말한다. 즉 $x\in A\wedge\neg(x\in B)$이다. 우리는 더 복잡한 집합들의 명제들을 분석할 때 이 규칙들을 사용한다.

예 1.4.4. 다음 명제들의 논리적 형식들을 분석하여라:

1. $x\in A\cap(B\cup C)$
2. $x\in A\setminus(B\cap C)$
3. $x\in(A\cap B)\cup(A\cap C)$.

풀이

1. $x\in A\cap(B\cup C)\cong x\in A\wedge x\in(B\cup C)$ ($\cap$의 정의)
$\cong x\in A\wedge(x\in B\vee x\in C)$ ($\cup$의 정의)
2. $x\in A/(B\cap C)\cong x\in A\wedge\neg(x\in B\cap C)$ ($/$의 정의)
$\cong x\in A\wedge\neg(x\in B\wedge x\in C)$ ($\cap$의 정의)
3. $x\in(A\cap B)\cup(A\cap C)\cong x\in(A\cap B)\vee x\in(A\cap C)$ ($\cup$의 정의)
$\cong x\in A\wedge x\in B)\vee(x\in A\wedge x\in C)$ ($\cap$의 정의)

예 1.4.4의 1,3에 대한 풀이들을 다시 보자. 이 두 부분이 동등하다고 마무리된 명제들을 확인해야한다.

(만약 그렇지 않다면, 1.2장의 분배법칙을 돌아 보아라). 이것은 명제 $x \in A \cap (B \cup C)$와 명제 $x \in (A \cap B) \cup (A \cap C)$가 동등하다는 것이다. 즉, $A \cap (B \cup C) = (A \cap B) \cup (A \cap C)$이다. 이것을 밝히는 또 다른 방법은 그림1.12에서와 같이 밴다이어그램을 사용하는 것이다. 하지만 세 개 이상의 집합에 대한 밴다이어그램을 만들 수는 있지만, 잘 사용하지 않는다. 왜냐하면 중복된 원들을 만들 수가 없기 때문이다. 세개 집합 이상으로 된 밴다이어그램은 연습문제12를 참조하여라.

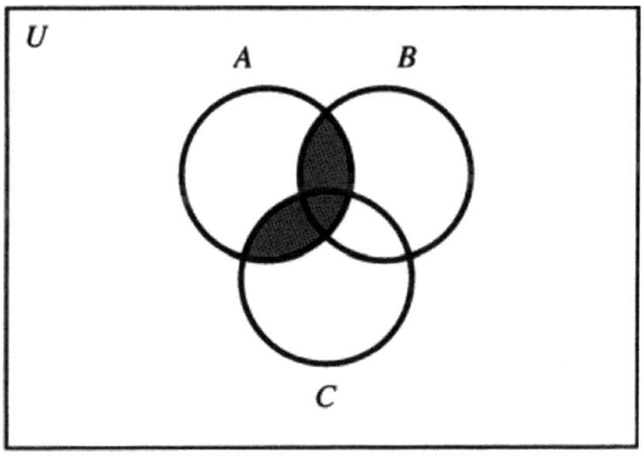

$A \cap (B \cup C) = (A \cap B) \cup (A \cap C)$

그림 1.12

따라서 논리적 연결사에 대한 분배법칙은 집합론의 연산에 대한 분배법칙으로 유도됨을 알 수 있다. 논리적 연결사 $\wedge$와 $\vee$의 쌍대개념으로 만들어진 두 가지의 분배법칙은 역시 집합론의 연산에 대한 두 가지의 분배법칙으로 대응된다.

예 1.4.4. 2번의 명제와 동등한 명제를 찾아 다른 집합론의 공식을 유도할 수 있다.

$$\begin{aligned} x \in A \setminus (B \cap C) &\cong x \in A \wedge \neg(x \in B \wedge x \in C) && \text{(예 1.4.4)} \\ &\cong x \in A \wedge (x \notin B \vee x \notin C) && \text{(드 모아브르법칙)} \\ &\cong (x \in A \wedge x \notin B) \vee (x \in A \wedge x \notin C) && \text{(분배법칙)} \\ &\cong (x \in A \setminus B) \vee (x \in A \setminus C) && (\setminus \text{의 정의}) \\ &\cong x\,(x \in A \setminus B) \cup (A \setminus C) && (\cup \text{의 정의}) \end{aligned}$$

따라서 임의의 집합 A, B, C 에 대하여, $A\setminus(B\cap C) = (A\setminus B)\cup(A\setminus C)$이다.

더욱, 밴다이어그램으로 확인할 수도 있다.

일찍이 $(A\cup B)\setminus(A\cap B) = (A\setminus B)\cup(B\setminus A)$ 공식을 확인하는 또 다른 방법을 약속했었다. 어떻게 이것이 되는가 보이자.

$$x\in(A\cup B)\setminus(A\cap B) \cong (x\in A\vee x\in B)\wedge\neg(x\in A\wedge x\in B);$$

$$x\in(A\setminus B)\cup(B\setminus A) \cong (x\in A\wedge x\notin B)\vee(x\in B\wedge x\notin A).$$

당신은 1.2장의로 부터 동등을 이용하여, 이 명제들이 동등하다는 것을 알 수 있다. 동등을 확인하는 다른 방법은 진리표를 사용하는 것이다. 진리표를 간단히 하기위해서, 명제 $x\in A$와 $x\in B$ 대하여 약자로 P와 Q를 사용하자.

그러면 논리공식 $(P\vee Q)\wedge\neg(P\wedge Q)$와 $(P\wedge\neg Q)\vee(Q\wedge\neg P)$는 동등하다. 그림7에서 진리표가 다음을 보여준다.

P	Q	$(P\vee Q)\wedge\neg(P\wedge Q)$	$(P\wedge\neg Q)\vee(Q\wedge\neg P)$
F	F	F	F
F	T	T	T
T	F	T	T
T	T	F	F

정의 1.4.5. A와 B를 집합이라 하자. 만약 A의 임의의 원소가 또한 B의 원소일 때, A를 B의 부분집합 Subset이라고 말한다. A가 B의 부분집합이라는 뜻으로 $A\subset B$로 쓴다. A와 B가 서로 공통인 원소가 없을 때 서로소 disjoint라 말한다. 이것은 $A\cap B=\varnothing$와 같다.

예 1.4,6.

$A=\{$빨간색, 녹색$\}$, $B=\{$빨간색, 노랑색, 녹색, 자주색$\}$

그리고 $C=\{$파란색, 자주색$\}$이라 가정하자. 그러면 A의 두 원소 빨간색, 녹색은 또한 두색 다 B에 있다. 그래서 $A\subseteq B$. 또한, $A\cap C=\varnothing$이다. 따라서 A와 C는 서로소이다.

만약 $A\subseteq B$, 또는 A와 B가 서로소임을 안다면, 그러면 이것을 보기 위해서 우리는 A

와 B에 대한 밴다이어그램을 따로 그려보자. 그림1.14과 1.15는 이것을 설명한다.

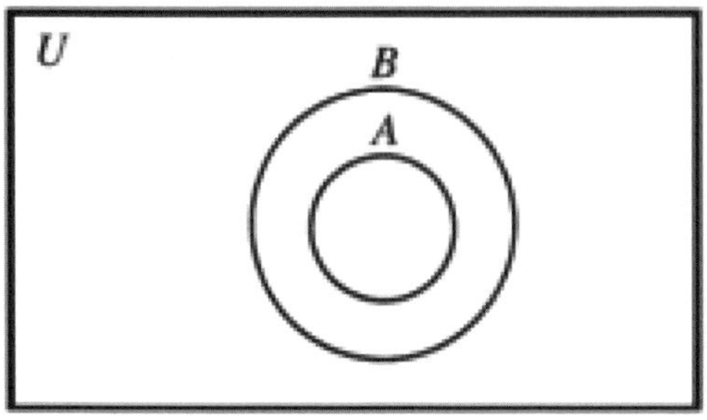

그림 1.14. $A \subseteq B$

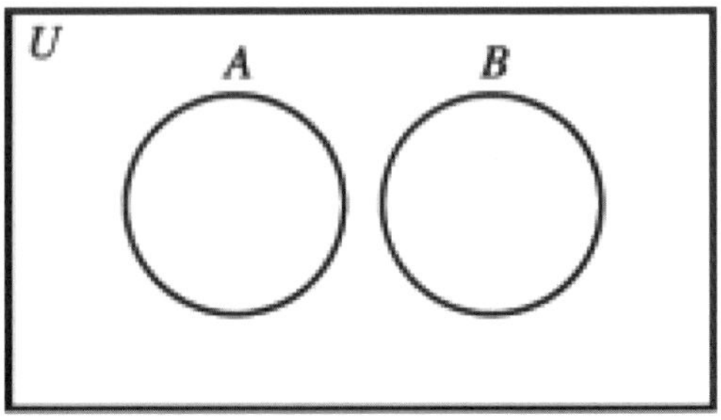

그림 1.15. $A \cap B = \varnothing$

일찍 보여준 공식들에서 어떤 집합들은 항상 같고, 또한 어떤 때는 어떤 집합들은 항상 서로소이다. 또는 한 집합이 항상 다른 집합의 부분집이기도 한다. 예를 들어, 밴다이어그램에서 집합 $A \cap B$와 $A \setminus B$는 겹치지 않아서 항상 서로소이다. 이것을 알아보는 다른 방법으로, 만약 $x \in (A \cap B) \cap (A \setminus B)$라 하면:

$$\begin{aligned} x \in (A \cap B) \cap (A \setminus B) &\cong (x \in A \wedge x \in B) \wedge (x \in A \wedge x \notin B) \\ &\cong x \in A \wedge (x \in B \wedge x \notin B) \end{aligned}$$

그러나 마지막 명제는 분명히 모순이다. 따라서 명제 $x \in (A \cap B) \cap (A \setminus B)$는 x가 무엇이 던지 항상 거짓이다. $(A \cap B) \cap (A \setminus B)$에는 아무것도 없다. 따라서 $(A \cap B) \cap (A \setminus B) = \varnothing$이다. 따라서 $A \cap B$와 $A \setminus B$는 서로소이다.

다음 정리는 집합 연산의 일반적인 사실에 대한 다른 예를 들어보자. 이 정리의 증명은 우리가 알고 있는 연역적 추론의 원리가 수학적 증명에 실재적으로 사용됨을 설명해준다.

정리 1.4.7. 임의의 집합 A와 B에 대하여, $(A \cup B) \setminus B \subseteq A$.

증명. 만약 임의의 $x \in (A \cup B) \setminus B$ 이면, $x \in A \cup B$이고 $x \notin B$이다. 즉 $x \in A \vee x \in B$이고 $x \notin B$이다. 그러나 이 명제들은 논리 형식은 $P \vee Q$와 $\neg Q$이다. 즉, $(P \vee Q) \wedge \neg Q \Rightarrow P$이다. 이것은 1.1장의 연역적 추론의 바로 그 예의 가정의 형식이다.

그 예에서 본 바와 같이 우리는 $x \in A$가 참임을 알 수가 있다. 따라서 $(A \cup B) \setminus B \subseteq A$이다.

당신은 왜 정리 1.4.7이 옳다는 것을 이해하기 위해서 섬세한 논리규칙까지 필요하지 않다는 것을 생각할 수 있다. 집합 $(A \cup B) \setminus B$은 집합 A에서 출발한 결과로 봐도 같은 결과이다. B의 원소를 더해서, 그래서 다시 그것을 제거한다. 상식적으로는 도로 A가 될 것이다; 즉 $(A \cup B) \setminus B = A$이다.

그러나, 연습문제10에서와 같이, 이것은 올바르지 않다. 이것은 수학에서는 불명확한 추론으로 결론에 도달하는 것을 허락하지 않는다는 것을 설명해준다. 정리 1.4.7에서와 같이 논리법칙을 섬세하게 적용함으로써 부당한 결론에 들어가는 것을 피할 수 있도록 도와 줄 것이다.

연습문제

*1. $A = \{1, 3, 12, 35\}$, $B = \{3, 7, 12, 20\}$, 그리고 $C = \{x | x$는 소수이다$\}$라 하자. 다음 집합들의 원소들을 나열하여라. 아래 있는 임의의 집합들이 다른 집합들과 서로소인가? 아래 있는 임의의 집합들은 다른 집합들의 부분집합인가?

(a) $A \cap B$

(b) $(A \cup B) \setminus C$

(c) $A \cup (B \setminus C)$

2. $A = \{$미국, 독일, 중국, 오스트랠리아$\}$, $B = \{$독일, 프랑스, 인도, 브라질$\}$, 그리고 $C = \{x | x$는 유럽에 있는국가$\}$라 하자. 집합들의 원소들을 나열하여라. 아래 있는 임의의 집합들이 다른 집합들과 서로소인가? 아래 있는 임의의 집합들은 다른 집합들의 부분집합인가?

(a) $A \cup B$

(b) $(A \cap B) \setminus C$

(c) $(B \cap C) \setminus A$

3. $(A \cup B) \setminus (A \cap B)$와 $(A \setminus B) \cup (B \setminus A)$에 대한 밴다이어그램은 그림5에서 보는바와 같이, 이 장에서 이야기되는 바와 같음을 밝혀라.

*4. 밴다이어그램을 이용하여 다음 등식들을 밝혀라.

(a) $A \setminus (A \cap B) = A \setminus B$

(b) $A \cup (B \cap C) = (A \cup B) \cap (A \cup C)$

5. 연습문제4의 등식을 각 집합의 원소 x에 대하여 논리적 동등성을 이용하여 (논리적 기호를 사용하여)등식이 성립함을 밝혀라.

6. 밴다이어그램을 이용하여 다음 등식들을 밝혀라.
   (a) $(A\cup B)\setminus C=(A\setminus C)\cup(B\setminus C)$.
   (b) $A\cup(B\setminus C)=(A\cup B)\setminus(C\setminus A)$.

7. 연습문제6의 등식을 각 집합의 원소 x에 대하여 논리적 동등성을 이용하여 (논리적 기호를 사용하여)등식이 성립함을 밝혀라.

8. 당신이 할 수 있는 임의의 방법을 사용하여 다음 등식들을 밝혀라.
   (a) $(A\setminus B)\cap C=(A\cap C)\setminus B$.
   (b) $(A\cap B)\setminus B=\phi$
   (c) $A\setminus(A\setminus B)=A\cap B$.

9. 다음 집합들에 대하여, 대상 x가 각 집합의 원소가 됨을 논리적 기호를 사용하여 적어라. 그래서 이 집합들 중 어느 것이 명제들의 동등을 결정함으로써 서도 같음을 결정하여라.
   (a) $(A\setminus B)\setminus C$
   (b) $A\setminus(B\setminus C)$
   (c) $(A\setminus B)\cup(A\cap C)$
   (d) $(A\setminus B)\cap(A\setminus C)$
   (e) $A\setminus(B\cup C)$

10. 이 단원에서 임의의 집합 A와 B에 대하여 $(A\cup B)\setminus B\subseteq A$임을 보였다.
   (a) 두 집합 A와 B를 택하여 $(A\cup B)\setminus B\neq A$임을 예를 들어라.
   (b) 모든 집합들 A와 B에 대하여, $(A\cup B)\setminus B=A\setminus B$임을 보여라.

11. A와 B를 집합들이라 가정하자. $(A\setminus B)\cup B=A$가 참이 될 필요가 있는가? 만약 그렇지 않다면, 하나가 다른 것의 한 부분집합이 될 필요가 있는가?
$(A\setminus B)\cup B$가 $A\setminus B$이거나 또는 $A\cup B$와 항상 같은가?

12. 이 단원에서 원의 중복을 이용하여 4개의 집합에 대한 밴다이어그램을 사용할 수 없음

없음을 주장했다.

(a) 다음 다이어그램에서 무엇이 잘못인가?(참고: 집합 $(A\cap D)\setminus(B\cup C)$는 어디에 있는가?)

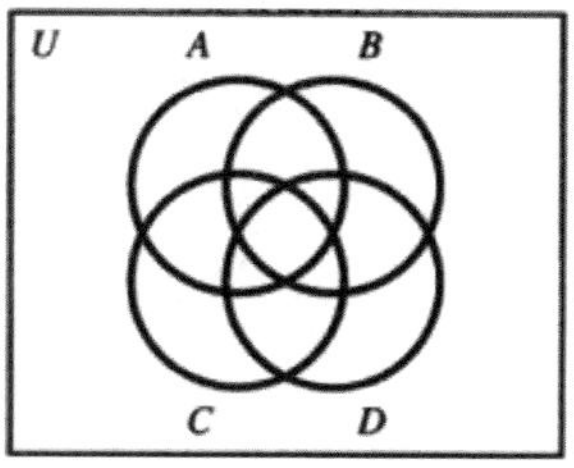

(b) 4개의 집합에 대한 밴 다이어그램에서 원들 말고 다른 도형을 만들 수 있습니까?

13. (a) 집합 $(A\cup B)\setminus C$ 와 $A\cup(B\setminus C)$에 대한 밴다이어그램을 만들어라.
이 집합중에 한 집합이 다른 집합이 되는지 어떤지 결정할수 있는가?
(b) 집합들 A, B 그리고 C의 예를 들어 $(A\cup B)\setminus C\neq A\cup(B\setminus C)$임을 보여라.

14. 밴다이어그램을 사용하여 대칭 차에 대한 결합법칙이 성립함을 보여라:
임의의 집합 A, B, C 에 대하여, $A\triangle(B\triangle C)=(A\triangle B)\triangle C$ 이다.

15. 당신이 바라는 방법으로 다음 등식들을 확인 하여라:
(a) $(A\triangle B)\cup C=(A\cup C)\triangle(B\setminus C)$
(b) $(A\triangle B)\cap C=(A\cap C)\triangle(B\cap C)$
(c) $(A\triangle B)\setminus C=(A\setminus C)\triangle(B\setminus C)$

16. 당신이 바라는 방법으로 다음 등식들을 확인하여라:
(a) $(A\cup B)\triangle C=(A\triangle C)\triangle(B\setminus A)$
(b) $(A\cap B)\triangle C=(A\triangle C)\triangle(A\setminus B)$
(c) $(A\setminus B)\triangle C=(A\triangle C)\triangle(A\cap B)$

17. 다음 등식이 성립하도록 빈칸을 채워라.
(a) $(A\triangle B)\cap C=(C\setminus A)\triangle$ _____
(b) $C\setminus(A\triangle B)=(A\cap C)\triangle$ _____
(c) $(B\setminus A)\triangle C=(A\triangle C)\triangle$ _____

1.5 조건부 그리고 쌍조건부 연결사들 The Conditional and Biconditional Connectives

이제 1.1장에서 논의하지 않고 남겨둔 질문으로 되돌아갈 시간이다. 예 1.1.1에서 첫 번째와 세 번째 논증에 대해 어떻게 추론을 연결사들 $\vee$와 $\neg$의 분석에 의해서 이해할 수 있다는 것을 알아봤다. 그러나 두 번째 논증에 대해서의 추론은 어떠할까? 그 논증을 회상하면 다음과 같다:

만약 오늘이 일요일이라면, 나는 오늘 일하러 갈 필요가 없다.
오늘은 일요일이다.
그러므로 나는 오늘 일 하러 갈 필요가 없다.

이 추론을 유효하게 하는 것은 무엇일까?

여기서 결정적인 단어는 만약if와 그러면 then로 보인다. 그것은 첫 번째 전제 premise에 나타난다. 따라서 한 새로운 논리적 연결사, $\rightarrow$를 도입하고, 그리고 "만약 P이면 Q이다"라는 명제를 표현하기 위해서 $P \rightarrow Q$라 쓴다. 이 명제는 가끔 조건부 conditional명제라 부르고, P를 가정 antecedent 그리고 Q를 결론 consequent라 한다.

만약 P가 "오늘은 일요일이다"라는 명제를 나타내고 그리고 "나는 오늘 일 하러 갈 필요가 없다"라는 명제를 Q라 하면, 이 논증의 논리적 형식은 다음과 같이 될 것이다.

$$\begin{array}{l} P \rightarrow Q \\ P \\ \hline \therefore Q \end{array}$$

우리의 새로운 연결사 $\rightarrow$의 분석은 이 논증이 유효하다는 결론에 도달해야만 한다.

예 1.5.1. 다음 명제의 논리적 형식을 분석하여라:

1. 만약 비가 오고 있고 내가 우산을 갖고 있지 않으면, 나는 비에 젖을 것이다.
2. 만약 메어리가 그녀의 숙제를 했다면, 선생님은 그것을 모으라고 하지 않았을 것이다. 그리고 만약 그녀가 않했다면, 그는 그녀에게 칠판 앞에 나가서 하라고 시켰을 것이다.

풀이

1. R을 명제 "비가 오고 있다"를 나타낸다고 하고, U를 명제 "나는 내 우산을 갖고 있다"를 나타내고, W를 명제 "나는 비에 젖을 것이다"를 나타낸다고 하자. 그러면 명제는 내가 $(R\wedge\neg U)\rightarrow W$라는 논리식에 의해 표현될 것이다.
2. H를 명제 "메어리가 그녀의 숙제를 했다"를 나타내고, C를 명제 "선생님은 그것을 모으다"를 나타내고, 그리고 B를 "선생님은 그녀에게 숙제를 칠판 앞에 나가서 하라고 시키다"를 나타낸다고 하자. 그러면 그 주어진 명제는 $(H\rightarrow\neg C)\wedge(\neg H\rightarrow B)$이다.

연결사 → 를 포함하는 논증을 분석하기 위해서는 우리는 논리식 $P\rightarrow Q$에 대한 진리표에 대해서 알아야만 한다. 왜냐하면 $P\rightarrow Q$는 만약 P가 참이면 Q 또한 참이다를 의미하는 가정이기 때문이다. 이것은 그림1.16의 진리표의 마지막 두 줄을 우리에게 보여준다. 그 진리표의 나머지 두 줄은 채워 넣기가 더 어렵다. 비록 어떤 사람들은 만약 P와 Q가 모두 거짓이면 그러면 $P\rightarrow Q$는 참으로 생각해야만 된다고 말하기도 한다. 따라서 지금까지 그림 1.16의 진리표로 정리할 수 있다.

P	Q	$P\rightarrow Q$
F	F	T?
F	T	?
T	F	F
T	T	T

그림 1.16.

이 진리표의 아직 결정하지 않은 줄을 채워 넣는데 도움을 주기 위해서, 한 예를 들어보자. 한 명제 " 만약 $x>2$ 이면 그러면 $x^2>4$이다"를 생각해보자. 이것은 우리는 $P(x)$를 명제 $x>2$를 나타내고 $Q(x)$를 명제 $x^2>4$를 나타낸다면 논리식 $P(x)\rightarrow Q(x)$으로 표현할 수있다. 물론, 명제들 $P(x)$와 $Q(x)$는 한 자유변수 x를 품고 있다. 그리고 각각은 x의 어떤 값에 대하여 참일 것이고 다른 값들에 대해서는 거짓일 것이다. 그러나 확실히, x값이 무엇이냐에 관계없이, 우리는 만약 $x>2$ 이면 $x^2>4$임을 참이라고 말할 것이다. 따라서 조건부 명제 $P(x)\rightarrow Q(x)$는 참이 되어야 한다. 따라서 우리가 그와 같은 방법으로 x에 어떤 값을 대입해도 진리표가 완성되고, 이 조건부 명제는 참이된다.

예를 들어, $x = 3$이라 하자. 이 경우 $x > 2$이고 $x^2 = 9 > 4$이다. 따라서 $P(x)$와 $Q(x)$ 모두 참이다. 이것은 그림1의 진리표의 네 번째 줄에 대응된다. 그리고 이미 이 경우는 $P(x) \rightarrow Q(x)$가 참이 되어야한다고 결정했었다. 그러나 이제 $x = 1$인 경우를 생각해보자. 그러면 $x < 2$이고 $x^2 = 1 < 4$이다. 따라서 $P(x)$와 $Q(x)$ 모두 거짓이다. 이것은 진리표의 첫 번째 줄에 대응된다. 우리는 임시로 진리표의 이 줄에 T자를 기입해두자. 그리고 우리는 임시로 택한 것이 옳음을 알아보자. 만약 거기에 F를 적었다면, 그러면 명제 $P(x) \rightarrow Q(x)$는 $x = 1$인 경우에 거짓이 될 것이다. 그리고 우리는 이미 모든 x값에 대하여 참이 되어야한다고 이미 결정했었다.

마지막으로, $x = -5$인 경우를 생각해보자. 그러면 $x < 2$, 따라서 $P(x)$는 거짓이다. 그러나 $x^2 = 25 > 4$이다. 따라서 $Q(x)$는 참이다. 따라서 이 경우 우리는 그 진리표의 두 번째 줄을 발견하게 된다. 그리고 한번 더 만약 조건부 명제 $P(x) \rightarrow Q(x)$가 이 경우에 참이 된다면, 우리는 이 줄에 T를 써야만 한다. 따라서 그림1의 진리표에서 문제가 되었던 모든줄들이 모두 T로 채워졌다. 그리고 연결사 $\rightarrow$ 에 대한 진리표는 완성되어 그림1.17에서 보는 바와 같다.

P	Q	$P \rightarrow Q$
F	F	T
F	T	T
T	F	F
T	T	T

그림 1.17.

물론, 명제 "만약 $x > 2$ 이면 $x^2 > 4$이다"에 대입할 수 있는 많은 다른 x이 있다: 그러나 만약 그들을 대입해 보면, 그것들은 예를 들어,$x = 1, -5, 3$ 모두 다 그 진리표의 첫째 줄, 둘째 줄 또는 넷째 줄에 해당됨을 알게 될 것이다. x의 어떤 값에 대해서도 셋째 줄로 되는 것은 없다. 왜냐하면 당신은 결코 $x > 2$이고 $x^2 \leq 4$ 인 실수는 없기 때문이다. 결국, 그것이 우리가 명제 "만약 $x > 2$ 이면 $x^2 > 4$이다"가 x에 관계없이 항상 참이 된다고 말하는 이유이다. 이 조건부 명제가 항상 참이라고 말하는 요점은 당신이 $x > 2$이고 $x^2 \leq 4$

인 x값을 결코 찾을 수 없다는 것을 단순하게 말하는 것이다. 즉, $P(x)$가 참이고 $Q(x)$가 거짓인 x값은 없다는 것이다. 따라서 $P \rightarrow Q$에 대한 진리표에서, P는 참이고 Q는 거짓인 줄만이 거짓이 된다는 것이 의미를 갖게 된다.

그림1.18의 진리표에서와 같이, 논리식 은 P는 참이고 Q는 거짓인 경우만 제외하고 모든 경우에 역시 참이 된다. 따라서 만약 논리식 $P \rightarrow Q$ 에 대한 올바른 진리표 그림1.17의 진리표를 받아드린다면, 우리는 논리식들 $P \rightarrow Q$와 $\neg P \vee Q$ 은 동등하다는 결론을 받아드리게 될 것이다. 만약 이면 이다 if and then 란 단어를 사용하는 방법이 일반적인 언어와 일관성이 있는가? 처음에는 적어도 "만약 이면 이다" 라는 단어의 어떤 사용 그렇지 않는것 같지만, 그렇다.

P	Q	$\neg P \vee Q$
F	F	T
F	T	T
T	F	F
T	T	T

그림 1.18

예를 들어, 한 선생님이 교실에서 이야기하는 상황을 상상해보자. 위협적인 목소리로,"숙제를 게을리하지 말라, 그렇지 않으면 이 과정에 탈락할 것이다" 문법적으로, 이 명제는 $\neg P \vee Q$ 형식인데, 여기서 P는 명제 " 당신이 숙제를 게을리한다."라 하고, 그리고 명제 Q는 "당신은 그 과정에 실패할 것이다"이다. 그러면 선생님이 이 명제에서 전달하고자 하는 전달 내용은 무엇일까? 분명히 의도된 전달 내용은 " 만약 당신이 숙제를 게을리하면, 그러면 당신은 그 과정에 실패할 것이다"이다. 또는 다른 말로 하면 $P \rightarrow Q$이다. 따라서 이 예에서, 명제들과 $P \rightarrow Q$는 같은 것을 의미하는 것 같다.

예 1.1.2 "존이 가게에 가거나 또는 우리는 계란이 떨어졌다"로 부터의 첫 번째 명제에 적용되는 유사한 생각이 있다. 1.1장에서, 우리는 이 명제를 P는 "존은 가게에 갔다"를 나타내고 Q는 "우리는 계란이 떨어졌다"를 나타낸다고 할 때 논리식 $P \vee Q$에 의해서 나타낸다. 그러나 이 명제가 아마도 만약 존이 가게에 가지 않으면 우리는 계란이 떨어진다. 또는 환언하면 $\neg P \vee Q$이라는 생각을 표현하려고 힘쓴다는 것이다. 따라서 이 예는 $\neg P \rightarrow Q$가 $P \vee Q$와 같은 의미임을 제시해 준다. 사실상, 우리는 앞의 동등에 P 대신에 $\neg P$를 대입하면 이 동등을 유도할 수 있다. 왜냐하면 $P \to Q$는 $\neg P \lor Q$와 동등하고, $\neg P \to Q$는 $\neg\neg P \lor Q$와 동등하고, 그것은 이중부정법칙에 의해서 $P \lor Q$와 동등하다.

우리는 다음과 같이 또 다른 유용한 동등을 유도할 수 있다:

$$\neg P \lor Q \cong \neg P \lor \neg\neg Q \text{ (이중부정법칙)}$$
$$\cong \neg(P \land \neg Q) \text{ (드모르간법칙)}$$

따라서 $P \to Q$는 $\neg(P \land \neg Q)$와 동등하다. 사실상, 이것은 일찍이 명제 "만약 $x > 2$ 이면 $x^2 > 4$이다"를 논의할 때 명확히 얻은 결론이었다. 그때 이 명제가 참인 이유가 x의 모든 값에 대하여 $x > 2$ 이고 $x^2 \leq 4$인 x값이 존재할 수 없다는 것이다.

즉, 명제 $P(x) \land \neg Q(x)$은 결코 참이 될 수 없다. 전과 같이 여기서 $P(x)$를 명제 $x > 2$를 나타내고 $Q(x)$를 명제 $x^2 > 4$를 나타낸다. 그러나 명제 $\neg(P(x) \land \neg Q(x))$가 항상 참이라고 말하는 것도 같은 것이다.

따라서 명제 $P(x) \to Q(x)$가 항상 참인 것은 명제 $\neg(P(x) \land \neg Q(x))$가 항상 참인 것과 같은 의미이다.

이 동등에 대한 또 다는 예로, "만약 비가 올 것 같으면, 나는 우산을 갖고 갈것이다"라는 명제를 생각해보자. 물론, 이 명제는 $P \to Q$ 형식을 가진다. 여기서 P를 명제 "비가 올 것 같다"를 나타내고 Q를 명제 "나는 우산을 가지고 간다"를 나타낸다. 그러나 우리는 역시 이 명제를 나는 우산 없이는 비를 맞을 수밖에 없다는 선언으로 생각할 수도 있다. 즉, $\neg(P \land \neg Q)$이다.

정리하면, 이제까지 우리는 조건부 명제들에 관한 다음 동등을 발견하였다:

조건부법칙들 Conditional laws

$$P \to Q \cong \neg P \land Q)$$
$$P \to Q \cong \neg(P \land \neg Q)$$

그림1.17의 진리표가 올바르다는 확신이 아직도 없다면, 더 이상 그 이유를 줄 수가 없다. 이 진리표를 사용하여, 이제 만약if와 그러면 then이 포함된 연역적 추론의 유효성을 분석할 수

있다. 약간의 단순한 논증들을 분석하여, 그림1.17의 진리표가 이 논증들의 유효성에 대한 이치에 맞는 결론을 유도한다. 그러나 만약 진리표에서 약간의 변화를 주게 되면, 분명히 틀린 결론에 도달하게 될 것이다. 예를 들어, 이 장을 시작했던 논증양식으로 돌아가 보자:

$$\begin{array}{l} P \to Q \\ P \\ \hline \therefore Q \end{array}$$

이 논증의 형식이 유효하다는 것을 이미 결정하였다. 그리고 그림1.19의 진리표가 이것을 확인해준다. 전제들이 그 표의 네 번째 줄만이 모두 참이다. 그리고 이 줄의 결론 역시 참이다.

		전제들		결론
P	Q	$P \to Q$	P	Q
F	F	T	F	F
F	T	T	F	T
T	F	F	T	F
T	T	T	T	T

그림 1.19

당신은 그림1.19로부터 두 가지 전제 모두가 이 논증이 유효하다는 것을 밝히는데 필요함을 역시 알 수가 있었다. 그러나 만약 이 표의 첫 번째 줄에서 $P \to Q$가 거짓이 되는 조건부 명제의 진리표로 바꾸면, 이 논증의 두 번째 전제가 더 이상 필요하지 않다. 우리는 단순히 하나의 전제 $P \to Q$로부터 결론을 내릴 수 있다. 우리는 Q가 참이 되어야만 한다고 추정할 수 있다. 왜냐하면 진리표의 두 줄에서 전제 $P \to Q$가 두 번째 그리고 네 번째 줄에서 역시 참이기 때문에, 결론 Q는 역시 참이 된다. 그러나 이것은 올바르지 않게 보인다. 방금 알고 있는 바와 같이 만약 P가 참이면 그러면 Q도 참이다. 그러나 P가 참이라는 것을 모르면, Q가 참이라는 결론을 내리는 것은 이치에 맞지 않는 것 같아 보인다. 예를들어, 명제 "만약 존이 가게에 가지 않았다면 계란이 떨어졌을 것이다"라는 명제가 참이라고 가정하자. 존이 가게에 갔는지 안 갔는지 알지 못한다면, 우리는 계란이 떨어졌는지 그렇지않는지 결론을 내릴 수 없을 것이다. 따라서 $P \to Q$에 대한 진리표의 첫째 줄을 바꾸는 것은 논증의 유효성에 대한 틀린 결론을 유도하게 된다.

진리표의 두 번째 줄을 바꾸는 것도 역시 논증의 유효성에 대한 받아들일 수 없는 결론으로 유도하게 된다. 이것을 알아보기 위해서, 논증형식을 생각해보자:

$P \to Q$
Q
$\therefore P$

이것은 추론의 유효한 형식으로 고려 되서는 안 된다. 예를들어, 다음 논증을 생각해보자. 그 형식은 다음과 같다:

만약 존이 스미스를 살해하여 유조판결을 받는다면, 그는 교도소로 갈 것이다.
존은 교도소로 갈 것이다.
따라서 존은 스미스를 살해하여 유죄판결을 받았다.

비록 이 논증의 전제가 참이라 할지라도, 존은 스미스를 살해하여 유죄판결을 받았다는 결론이 수반되지는 않는다. 아마도 그가 교도소로 가는 것은 그가 은행을 강탈하거나 또는 자산세금을 속인 이유일 수도 있다. 따라서 이 논증의 결론은 비록 전제들이 참일지라도 거짓이 될 수 있다. 따라서 논증은 유효하지 않다.

그림1.20에서 진리표의 분석은 이 결론과 합치된다. 이 표의 두 번째 줄에서, 결론 P는 거짓이고, 그러나 두 개의 전제들은 모두 참이다. 따라서 그 논증은 유효하지 않다. 그러나 만약 $P \to Q$에 대한 진리표를 바꾸어 두 번째 줄을 거짓이라 하면, 진리표 분석으로 그 논증은 유효하게 될 것이다. 따라서 이 논증의 분석은 $P \to Q$에 대한 진리표의 두 번째 줄에 T를 적어 넣는 결정을 지지하는 것 같아 보인다.

		전제들		결론
P	Q	$P \to Q$	Q	P
F	F	T	F	F
F	T	T	T	F
T	F	F	F	T
T	T	T	T	T

그림 1.20

이 마지막 예는 전제들 $P \to Q$와 Q로 부터 P를 추정하는 것은 올바르지 않다는 것을 보여준다. 그러나 전제들 $Q \to P$와 Q로부터 P를 추정하는 것은 확실히 올바르다. 이것은 논리식 $P \to Q$와 $Q \to P$는 같은 것을 의미하지는 않음을 보여준다. 당신은 이 둘에 대한 진리표를 만들어 비교하면 동등하지 않음을 확인할 수 있다. 예를 들어, 사람들은 일반적으로, "만약 당신이 살인 혐의로 유죄판결을 받는다면 당신은 믿음이 없어질 것이다"라는 명제가 참이라 믿을 것이다. " 만약 당신이 믿을만하지 않으면 당신은 살인 혐의로 유조판결을 받는다."는 명제는 일반적으로 참이다. 논리식 $Q \to P$는 $P \to Q$의 역 converse라 부른다. 그것은 당신이 조건부 명제와 그것의 역을 결코 혼돈해서는 않도록 확실히 하는 것이 매우 중요하다.

$P \to Q$의 대우명제 contrapositive는 논리식 $\neg Q \to \neg P$이다. 그리고 그것은 $P \to Q$와 동등하다. 이것은 언뜻 처음에는 분명하지 않는 것 같다. 그러나 당신은 진리표로 밝힐 수 있다. 예를 들어, 명제 "만약 존은 내가 쓴 수표를 현금화하면 내 은행구좌는 지출이 초과될 것이다" 그리고 "만약 은행구좌가 초과 지출되지 않으면 존은 내가 쓴 수표를 현금화하지 않을 것이다."는 동등하다. 둘은 똑같은 상황에서 똑같이 참이다– 즉, 만약 내가 쓴 수표가 내가 구좌에 갖고 있는 것 보다 더 많았다. 조건부 명제와 그것의 대우명제의 동등은 수학적 추론에서 자주 사용된다. 우리는 중요한 동등의 나열에 추가한다:

대우 법칙 Contrapositive law

$$P \to Q \quad \cong \quad \neg Q \to \neg P$$

예 1.5.2. 다음 명제들 중 어느 것이 동등한가?

1. 만약 날씨가 비가 오거나 또는 눈이 올 것이면, 그 개임은 중지된다2. 만약 그 개임이 중지되지 않는다면, 날씨는 비도 오지 않았고 그리고 눈도 오지 않았다.

3. 만약 그 개임이 취소되었다면, 날씨는 비가 오거나 또는 눈이 올 것이다.

4. 만약 날씨가 비가 오면 개임은 취소된다면, 그리고 만약 날씨가 눈이 오면 개임은 중지된다.

5. 만약 날씨가 비가오지도 않고 눈도 오지 않는다면, 그 개임은 중지되지 않는다.

풀이

각 명제들 전체를 논리적 표기로 번역한다. 다음 약자를 사용한다.: R 은 명제 "비가 온다."를 나타내고, S 는 명제 "눈이 온다"를 나타내고, 그리고 C 는 명제 "그 개임이 중지되었다"를 나타낸다고 하자.

1. $(R \vee S) \to C$
2. $\neg C \to (\neg R \wedge \neg S)$ 드모르간법칙의 하나를 사용하여, 이것은 $\neg C \to \neg(R \vee S)$와 동등하다. 이것은 명제1의 대우이고, 따라서 그들은 동등하다.
3. $C \to (R \vee S)$ 이것은 명제1의 역이다. 이것은 동등하지 않다. 당신은 진리표에 의해서 밝힐 수 있다. 또는 명제가 무슨 뜻인가 생각해도 금방 알 수 있다. 가끔 나는 비나 또는 눈이 온다는 것은 개임의 중지 결과를 가져온다. 명제3은 이것들이 개임이 중지되는 단 한 가지 상황이라는 말이다.
4. $(R \to C) \wedge (S \to C)$ 이것은 명제1과 동등하다. 다음이 그 설명이다:

$$\begin{aligned}(R \to C) \wedge (S \to C) &\cong (\neg R \vee C) \wedge (\neg S \vee C) && \text{(조건부법칙)}\\ &\cong (\neg R \wedge \neg S) \vee C && \text{(분배법칙)}\\ &\cong \neg(R \vee S) \vee C && \text{(드모르간법칙)}\\ &\cong (R \vee S) \to C && \text{(조건부법칙)}\end{aligned}$$

   당신은 명제1과 4을 다시 읽어보고 그것들이 동등하다는것이 당신에게 의미를 갖는가 확인해 보여라.
5. $\neg(R \vee S) \to C$ 이것은 명제3의 대우이다. 따라서 그들은 동등하다. 그것은 명제1, 2, 그리고 4와는 동등하지 않다.

가끔 $P \to Q$를 의미하는 명제들이 수학에서 자주 나타난다. 그러나 가끔 그것들은 이 형식 " 만약 P이면 Q이다"으로 써지지 않는다. 여기에 수학에서 사용되고 있는 몇 가지의 $P \to Q$를 표현하는 다른 방법들을 소개한다:

P 이면 Q이다
Q, if P
P *only* if Q

P는 Q가 되기 위한 충분조건 sufficient condition 이다

Q는 P가 되기 위한 필요조건 necessary condition 이다

이들 중 어떤 것은 약간의 설명이 필요하다. 두 번째 표현, "Q, if P"는 명제 "P 이면 Q 이다"의 약간의 재배열이다. "P *only* if Q " 양식의 한 명제의 한 예로, 다음 문장 "당신은 만약 당신이 시민이어야만 대통령에 출마할 수 있다"를 생각해 보여라. 이 경우, P는 "당신이 대통령에 출마 할 수 있다" 그리고 Q는 "당신은 한 시민이다"이라 하자. 이 명제가 뜻하는 것은 만약 당신이 한 시민이 아니면, 그러면 당신은 대통령에 출마할 수 없다 이거나, 또는 즉 $\neg Q \rightarrow \neg P$ 이다. 이것은 대우 법칙으로 $P \rightarrow Q$를 얻는다.

"P는 Q가 되기 위한 충분조건이다"의 의미를 "P가 참이라는 것이 Q가 참임을 보장하기에 충분하다"라는 것으로 생각하고, 그리고 이것을 $P \rightarrow Q$로 표현해야 한다는 것이 의미가 있다. 끝으로, "Q는 P가 되기 위한 필요조건이다"의 의미를 P가 참이기 위해서는 , Q에 대해서 또한 참이 될 필요가 있다는 의미이다. 이것은 만약 Q가 참이 아니면, 그러면 P 또한 참이 될 수가 없다. 또는 즉, $\neg Q \rightarrow \neg P$이다.

다시 한번 대우 법칙을 적용하면 우리는 $P \rightarrow Q$를 얻는다.

예 1.5.3. 다음 명제들의 논리적 형식들을 분석하여라.

1. 만약 적어도 10명이상이 모이면, 그러면 그 강의가 실시될 것이다.
2. 그 강의는 다만 만약에 적어도 10명이 모이면 그때만 실시될 것이다.
3. 그 강의는 만약에 적어도 10명이 모이면 실시될 것이다.
4. 적어도 10명이 모인다는 것은 강의가 실시되기 위한 충분한 조건이다.
5. 적어도 10명이 모인다는 것은 강의가 실시되기 위한 필요한 조건이다.

풀이

T은 명제 "적어도 10명이 모인다."를 나타내고, 그리고 L을 명제 "강의가 실시된다."를 나타낸다고 하자.

1. $T \rightarrow L$
2. $L \rightarrow T$ 주어진 명제는 만약 적어도 10명이 모이지 않는다면, 그러면 그 강의가 실시되지 않

는다는 의미이다. 또는 즉 $\neg T \rightarrow \neg L$이다. 대우법칙에 의해서, 이것은 $L \rightarrow T$ 와 동등하다.

3. $T \rightarrow L$. 이것은 명제1을 바로 다르게 표현한 것이다.
4. $T \rightarrow L$. 그 명제는 적어도 10명이 모인다는 것은 그 강의가 실시되는 보장이 충분하다. 그리고 이것은 만약 적어도 10명이 모이면, 그러면 강의가 실시될 것을 의미한다.
5. $L \rightarrow T$. 이 명제는 명제2와 같은 것을 의미한다.: 만약 적어도 10명이 모이지 않는다면, 그러면 강의가 실시되지 않을 것이다.

이미 조건부명제 $P \rightarrow Q$와 그 역 $Q \rightarrow P$는 동등하지 않다는 것을 알았다.

가끔 수학에서 두 명제 $P \rightarrow Q$와 $Q \rightarrow P$가 참이라 말하기를 원할 때가 있다. 그리고 따라서 새로운 연결기호로 이것을 연결하는 기호 $\leftrightarrow$ 를 소개하는 것이 편리하다. $P \leftrightarrow Q$를 논리식들$(P \rightarrow Q) \wedge (Q \rightarrow P)$에 대한 축약으로 생각할 수 있다. $P \leftrightarrow Q$ 형식의 명제를 쌍조건부 명제 biconditional라 부른다. 왜냐하면 이것이 두 개의 조건부 명제를 나타내기 때문이다. $(P \rightarrow Q) \wedge (Q \rightarrow P)$에 대한 진리표를 만들어서 그림1.21에서 $P \leftrightarrow Q$에 대한 진리표를 확인할 수 있다. 대우 법칙에 의해서 $P \leftrightarrow Q$는 역시 $(P \rightarrow Q) \wedge (\neg P \rightarrow \neg Q)$와 동치임을 알 수 있다.

수학에서 자주 자주 나타난다.

P	Q	$P \leftrightarrow Q$
F	F	T
F	T	F
T	F	F
T	T	T

그림 1.21.

$Q \rightarrow P$는 "Q이면 P이다."라 쓸 수 있고 $P \rightarrow Q$는 "P 인 경우에만 Q이다"라 쓸 수 있다. $P \leftrightarrow Q$는 "만약 P이면 바로 그때만 Q이다", "P if and only if Q"이다. 이것에 대한 축약으로 iff 를 사용한다. 따라서 $P \leftrightarrow Q$를 종종 다른 명제로 "P는 Q에 대한 필요충분조건이다"라 한다.

예 1.5.4. 다음 명제들의 논리적 형식들을 분석하여라.

1. 개임이 중지되기 위한 필요충분조건은 날씨가 비가 오거나 또는 눈이 온다.
2. 적어도 10사람이모이기 위한 필요충분조건은 강의가 실시되는 것이다.
3. 만약 존은 가게에 가면 우리는 약간의 계란을 가진다. 그리고 만약 그는 가지 않으면 그러면 우리는 계란이 없다.

풀이

*1. C 를 "그 개임이 중지되다"를 나타내고, R을 "비가 온다" 그리고 S를 "눈이 온다"를 나타낸다고 가정하자. 그러면 이 명제는 다음 논리식에 의해서 표현 된다: $C \leftrightarrow (R \vee S)$ 이다.

2. T를 "적어도 10명이 모인다."를 나타내고, L을 "강의가 실시될 것이다." 를 나타낸다고 가정하자. 그러면 이 명제는 다음 논리식에 의해서 표현 된다: $T \leftrightarrow L$이다.

3. S를 "존은 가게에 갔다"를 나타내고, E을 "우리는 계란을 갖고 있다" 를 나타낸다고 가정하자. 그러면 주어진 명제를 번역한 내용은 $(S \rightarrow E) \wedge (\neg S \rightarrow \neg E)$이다. 이것은 $S \leftrightarrow E$ 와 동등하다.

한 조건부 명제와 그것의 역을 혼돈하기 쉬운 이유는 일상적인 대화에서 가끔 우리가 실재로 쌍 조건부 명제를 전달할 때 조건부 명제를 사용한다는 것이다.

예를 들어, "강의가 만약 적어도 10명이 모이면 실시될 것이다."라고 말하는 것은, 그것은 또한 만약 10명이하가 모이는 경우가 아니라 가정하면, 그 강의는 실시되지 않는다. 결국, 만약 그것이 필요한 사람 수의 최소라면 왜 10사람을 이야기 할까? 따라서 그 명제는 그 강의가 실시되기 위한 필요충분조건은 적어도 10명이 모이다는 것을 실제로 제시한다. 또 다는 예로, 한 어린이에게 그 부모가 "만약 네가 저녁밥을 먹지 않으면, 너는 어떤 후식도 먹을 수 없다" 말했다고 가정하자. 그 어린이는 비록 그의 부모가 꼭 그렇게 말하지는 않았지만, 만약 저녁밥을 먹기만 하면, 그는 후식을 먹을 수 있다고 확실히 예상할 것이다. 다른 말로 하면, 그 어린이는 "저녁밥을 먹는 후식을 먹기 위한 필요충분조건이다"라는 의미로 그 명제를 이해하고 있다.

그와 같이 if와 iff의 구별이 흐려지는 것은 수학에서는 절대로 받아들릴 수 없다. 수학자들은 항상 iff 또는 필요충분조건 necessary and sufficient condition 이라는 어휘를 그들이 쌍 조건부 명제를 표현할 때만 사용한다. 당신은 일상 언어생활에서와 같이, 수학에서

if-then 명제를 쌍 조건부 명제로 결코 이해해서는 안된다.

연습문제

*1. 다음 명제들의 논리적 형식들을 분석하여라:

(a) 만약 이 가스가 좋지않는 냄새가 나거나 또는 켜지지 않는다면, 그러면 그것은 수소가스가 아니다.

(b) 조지가 열이 나고 머리가 아프다는 것 둘 다는 그가 의사한테 가야할 충분조건이다.

(c) 조지가 열이 나고 그리고 또한 머리가 아프다는 것은 그가 의사한테 가야할 충분조건이다.

(d) 만약 $x \neq 2$ 이면, x가 홀수인 소수가 될 필요조건이다.

2. 다음 명제들의 논리적 형식들을 분석하여라:

(a) 메어리는 단지 그녀가 좋은 가격을 받고 그리고 한 좋은 아파트를 찾기만 하면 그녀의 집을 매도할 것이다.

(b) 한 좋은 거래 이력과 적절한 낮은 가격은 담보대출을 받을 수 있는 필요조건이다.

(c) 존은 만약 어떤 사람이 중지 시키지 않았으면 자살했을 것이다.(참조:unless 대신에 if and then을 사용해서 표현하여라).

(d) 만약 x가 4 또는 6에 의해서 나누어진다면, 그것은 소수가 아니다.

3. 다음 명제들의 논리적 형식들을 분석하여라:

(a) 만약 비가 온다면, 그러면 바람이 불고 그리고 해가 나오지 않는다.

이제 다음 명제들을 분석하여라. 또한, 각 명제에 대하여 그 명제들이 명제 (a) 또는 그 역과 동등한지 결정하여라.

(b) 단지 비가오기만하면 바람아 불고 해가 나오지 않는다.

(c) 비가 오는 것은 해가 나오지 않고 바람이 불기위한 충분조건이다.

(d) 비가 오는 것은 해가 나오지 않고 바람이 불기위한 필요조건이다.

(e) 만약 햇빛이 반짝이거나 또는 바람이 안분다면, 비가 오지 않는다.

(f) 바람이 불고 그리고 햇빛이 거의 없다는 것은 비가 온다는 것의 필요조건이다.

(g) 비가 올 때 그때만 바람이 불거나, 또는 비가 올 때 그때만 해가 나오지 않는다.

*4. 진리표를 이용하여 다음 논증들이 유효한지 어떤지 결정하여라:

(a) 매매가격이나 또는 비용이 상승할 것이다. 만약 매매가격이 상승하면, 상점 주인은 기뻐할 것이다. 만약 비용이 상승하면, 상점주인은 좋아하지 않을 것이다. 따라서 매매가격과 비용은 동시에 함께 상승하지는 않을 것이다.

(b) 만약 세금 증가율과 비고용 증가율은 두 가지 다 함께 상승한다면, 그러면 경기 침체기가 된다. 만약 국민총생산고가 증가하면, 그러면 경기 침체기가 오지 않는다. 국민총생산고와 세금 율이 함께 증가한다. 따라서 비고용 증가율은 증가하지 않는다.

(c) 그 경고등은 압력이 아주 높게 상승하고 구조판이 막힐 때 그때만 켜진다. 그 구조판은 막히지 않았다. 따라서 경고등은 그 압력이 아주 높게 상승할 때 그때만 켜질 것이다.

5. 진리표를 이용하여 다음 논증들이 유효한지 어떤지 결정 하여라:

(a) 매상이나 또는 비용들이 올라간다. 만약 매상이 올라가면, 그러면 사장은 기뻐할 것이다. 만약 비용들이 올라가면, 사장은 기뻐하지 않을 것 이다. 그러므로 매상과 비용들은 둘 다 올라 갈 수는 없다.

(b) 만약 세율과 실업 율 둘 다 올라가면, 그러면 경기침체가 올 것 이다. 만약 국민총생산고 GDP가 올라가면, 그러면 경기침체가 없을 것이다. GDP와 세금 둘 다 올라간다. 그러므로 실업 율은 올라가지 않는다.

(c) 경고등이 켜지는 조건은 압력이 높게 상승하고 안전 벨브가 고장인 경우이다. 안전 벨브가 고장 나지 않았다. 그러므로 경고등이 켜지기 위한 조건은 압력이 아주 높게 상승한 것이다.

6. (a) $P \leftrightarrow Q$와 $(P \wedge Q) \vee (\neg P \wedge \neg Q)$는 동치임을 보여라.

(b) $(P \rightarrow Q) \vee (Q \rightarrow R)$와 $P \rightarrow (Q \vee R)$는 동치임을 보여라.

*7. (a) $(P \rightarrow R) \wedge (Q \rightarrow R)$와 $(P \vee Q) \rightarrow R$는 동치임을 보여라.

(b) $(P \rightarrow R) \vee (Q \rightarrow R)$에 관한 유사한 동치의 공식을 만들고 확인하여라.

8. (a) $(P \rightarrow Q) \vee (Q \rightarrow R)$와 $(P \rightarrow R) \wedge [(P \leftrightarrow Q) \vee (R \leftrightarrow Q)]$ 가 동치임을 보여라.

(b) $(P \rightarrow Q) \vee (Q \rightarrow R)$은 항진명제임을 보여라.

*9. 연결사들 ¬ 와 → 만 사용한 논리식이 $P \wedge Q$와 동등인 것을 찾아라.

10. 연결사들 $\neg$ 와 $\rightarrow$ 만 사용한 논리식이 $P \leftrightarrow Q$와 동등인 것을 찾아라.

11. (a) $(P \vee Q) \leftrightarrow Q$와 $P \rightarrow Q$가 동치임을 보여라.

    (b) $(P \wedge Q) \leftrightarrow Q$와 $Q \rightarrow P$가 동치임을 보여라.

12. 다음 논리식들은 어느 것들이 동치인가?

    (a) $P \rightarrow (Q \rightarrow R)$

    (b) $Q \rightarrow (P \rightarrow R)$

    (c) $(P \rightarrow Q) \wedge (P \rightarrow R)$

    (d) $(P \wedge Q) \rightarrow R$

    (e) $P \rightarrow (Q \wedge R)$

Chapter 2

한정작용소 논리
Quantificational Logic

2.1. 한정작용소들
Quantifiers

한 자유변수 x를 품고 있는 한 명제 $P(x)$는 x의 어떤 값들에 대하여 참이고 다른 값들에 대해서는 거짓이 됨을 보았다. 가끔 얼마나 많은 x값에 대하여 $P(x)$가 참이 되는지 이야기하기를 원한다. 특별히, 자주 모든 every x값에 대하여 $P(x)$가 참이거나 또는 적어도 한 at least one x값에 대하여 참이다 고 말하기를 원한다. 따라서 이 생각들의 표현을 돕기 위해 한정작용소들 quantifiers의 두 가지 논리기호들을 소개하고자 한다.

$P(x)$가 전체집합 U의 모든 원소 x에 대하여 참임을 말하기 위해서, 전칭명제 $\forall x P(x)$라 쓸 것이다. 이것은 "모든 x에 대하여, $P(x)$이다"라 읽는다. A를 뒤집어써서 단어 모든 *all*을 나타내는 것이다. 기호 $\forall$를 전칭작용소 universal quantifiers라 부른다. 왜냐하면 명제 $\forall x P(x)$는 $P(x)$가 전체적으로 참이다는 뜻이다. 우리는 1.3 단원에서 논의한 바와 같이, $P(x)$가 전체적으로 모든 x값에 대하여 참이라는 것은 $P(x)$의 진리집합은 전체집합 U가 된다는 것이다. 따라서 당신은 역시 명제 $\forall x P(x)$가 $P(x)$의 진리집합이 전체집합 U와 같다는 것을 말하는 것이라 생각할 수 있다.

존재명제 $\exists x P(x)$는 $P(x)$가 참이 되는 전체집합의 원소 x의 적어도 한 값이 있다는 뜻으로 쓴다. 이것은 "$P(x)$가 참인 x가 존재 한다" 라 읽는다. 영어단어 exists의 E를 거꾸로 사용하여 $\exists$ 로 쓰고 존재작용소 extistential quantifier 라 부른다. 다시 한번 더, 당신은 이 명제를 $P(x)$의 진리집합에 대한 어떤 것을 말할 때 사용될 수 있다. 적어도 한 값 x에 대하여 $P(x)$가 참이 된다는 것은 $P(x)$의 진리집합의 적어도 한 원소가 존재한다는 의미이다. 또는 즉, 진리집합이 $\varnothing$이 아니라는 것이다.

예를 들어, 1.5 단원에서 우리는 명제 "만약 $x > 2$이면 $x^2 > 4$이다", 여기서 x는 실수의 모든 집합의 원소이다. 그리고 이제 이 명제는 x의 모든 값에 대하여 참임을 알 수 있다. 이 주장을 기호화하면 $\forall x(x > 2 \rightarrow x^2 > 4)$로 쓸 수 있다.

예 2.1.1. 다음 논리식들은 무슨 뜻인가? 그것들은 참인가 또는 거짓인가?

1. $\forall x(x^2 \geq 0)$, 여기서 전체집합은 실수의 모든 집합 R이다.

2. $\exists x(x^2-2x+3=0)$, 여기서도 전체집합은 R이다.
3. $\exists x(M(x)\wedge B(x))$, 여기서 전체집합은 모든 사람들의 집합이다. $M(x)$는 "x는 남자이다"를 나타내는 명제이고, $B(x)$는 "x는 갈색 눈을 갖고 있다"를 나타내는 명제이다.
4. $\forall x(M(x)\rightarrow B(x))$, 여기서 전체집합과 $M(x)$와, $B(x)$는 3번과 같다.
5. $\forall xL(x,y)$, 여기서 전체집합은 모든 사람들의 집합이다. 그리고 $L(x,y)$는 "x가 y를 좋아한다"

풀이

1. 이것은 모든 실수 x에 대하여, $x^2 \geq 0$이다. 이것은 참이다.
2. 이것은 적어도 한 실수 x에 대하여 등식 $x^2-2x+3=0$은 참이다는 의미이다. 다른 말로 하면, 이 방정식은 적어도 한 실근을 가진다. 만약 당신이 이 방정식을 풀면, 당신은 이 명제가 거짓임을 알 수 있다: 이 방정식은 해를 갖지 않는다. (이차방정식을 이용하여, 완전제곱을 만들어 보여라).
3. 적어도 x가 한 남자이고 x는 갈색머리를 갖는 한 사람 x가 있다. 다른 말로 하면, 적어도 한 남자가 갈색머리를 갖고 있다. 물론, 이것은 참이다.
4. 모든 사람 x에 대하여, 만약 x가 남자이면 갈색머리를 가진다. 다는 말로 하면, 모든 남자들은 갈색머리를 가진다. 만약 당신이 이 논리식이 무엇을 의미하는지 확신이 없다면, 조건부 연결사의 진리표를 되돌아보는 것이 도움이 될 것이다. 이 진리표에 따르면, 명제 $M(x)\rightarrow B(x)$는 만약 $M(x)$가 참이고 $B(x)$가 거짓일 때만 거짓이 된다. 즉, x가 남자이고, x가 갈색머리를 갖지 않을 때이다. 따라서 모든 사람 x에 대하여 $M(x)\rightarrow B(x)$이라 말하는것은 이상황이 결코 일어나지않는다는 것이다. 또는 다른 말로 하면, 갈색머리를 갖지 않는 남자가 없다는 것이다. 그러나 그것은 모든 남자들이 갈색머리를 가진다는 것을 말한다. 물론, 이 명제는 거짓이다.
5. 모든 사람들 x에 대하여, x는 y를 좋아한다. 다른 말로 하면, 모든 사람은 y를 좋아한다. 우리는 우리가 y가 누구인지 모른다면 이것이 참일지 거짓일지 말할 수가 없다.

이 예에서 다섯 번째 명제를 주시하자. 우리는 y가 누구인지를 알아야 그 명제가 참인지 거짓인지 결정할 수가 있다. 그러나 x가 누구인지는 모른다. 그 명제는 모두 다 y를 좋아한다는 것을 말한다. 그리고 이것은 y에 대한 명제이다. 그러나 x에 대한 것은 아니다. 이것은 y가 이 명제에서 한 자유변수이고 x는 한 종속변수임을 의미한다. 유사하게, 다른 모든명제들이 문자 x를 포함하고 있지만, 변수 x값이 그들의 진리 값들을 결정한다는 것을 알 필요가 없다. 따라서 x는 모든 경우에 한 종속변수이다.

일반적으로, 비록 x가 어떤 명제 $P(x)$에서 한 자유변수이지만, 그것은 명제들 $\forall x P(x)$와 $\exists x P(x)$에서 종속변수이다. 이런 이유로, 우리는 한정작용소들이 한 변수를 속박한다는 것을 말한다. 1.3장에서와 같이, 이것은 한정작용소에 의해 속박되는 한 변수는 그 명제의 의미를 바꾸지 않고 새로운 변수로 대치할 수 있다. 그리고 그것은 종속변수에 대한 아무런 언급 없이 그 명제를 바꾸어 말하는 것이 가능하다.

예를 들어, 예 2.1.1로부터 명제 $\forall x L(x,y)$은 $\forall w L(w,y)$와 동등하다. 왜냐하면 둘 다 "모든 사람들이 y를 좋아 한다"는 같은 의미를 가진다. 단어들 everyone, someone, everything, 또는 something은 한정작용소들을 품는 명제들의 의미를 표현하는데 사용된다.

만약 기호로 변역하면, 이 단어들은 한정작용소가 필요하다는 정보를 주고 있다.
논리기호 $\neg$ 에서와 같이, 우리는 표현들 $\forall x$와 $\exists x$ 은 그것들 뒤에 곧바로 오는 명제들에게 적용되는 관습이 수반된다. 예를 들어, $\forall x P(x) \to Q(x)$는 $(\forall x P(x)) \to Q(x)$을 의미하고, $\forall x (P(x) \to Q(x))$는 아니다.

예 2.1.2. 다음 명제들의 논리적 형식들을 분석하여라:

1. 어떤 아이들은 숙제를 하지않았다.
2. 그 가게에 있는 어떤 것이나 가격이 너무 비싸거나 또는 조잡하게 제작되었다.
3. 아무도 완벽하지 않다.
4. 수산은 조를 싫어하는 아무나 좋아한다.
5. $A \subseteq B$
6. $A \cap B \subseteq B \setminus C$

풀이

1. 어떤 사람들이란 단어는 우리가 존재작용소를 사용해야한다는 정보를 주고 있다. 첫 단계에서와 같이, 우리는 $\exists x$(x는 숙제를 하지 않았다)라 쓴다.
   이제 만약 우리가 $H(x)$를 명제 "x는 숙제를 했다"를 나타낸다고 하면, 그러면 우리는 이것을 $\exists x \neg H(x)$와 같이 다시 쓸 수 있다.

2. 이 명제를 “만약 그것이 그 가게에 있으면, 그러면 그것은 가격이 너무 비싸거나 또는 조잡하게 제작되었다(그것이 무어시든지 간에). 따라서 우리는 $\forall x$(만약 x가 그 가게에 있으면 그러면 x는 너무 비싸거나 또는 조잡하게 제작되었다)와 같이 써서 시작하자. 괄호 안을 기호로 쓰기 위해서, 우리는 $S(x)$를 ”x는 그 가게에 있다“를 나타내고, $O(x)$는 ”x는 너무 비싸다“를 나타내고, 그리고 $P(x)$는 ”x는 조잡하게 제작되다“를 나타낸다고 하자. 그러면 우리의 최종 적인 답은 조건부 연결사에 대한 진리표를 사용하여 $\forall x[S(x) \rightarrow (O(x) \vee P(x))]$이다.

예 2.1.1의 명제4와 같이, 이 명제는 한 조건부 명제에 한 전칭작용소를 적용한 한 양식을 가진다 이 양식은 아주 자주 발생한다. 그리고 그것은 그것이 무슨 뜻이고 그리고 그것이 언제 사용되는가를 인식하기 위해 알아보는 것이 중요하다. 우리는 우리가 전에 한바와 같이 이 문제에 조건부 연결사에 대한 진리표를 사용하여 우리의 답변을 확인 할 수 있다.

만약 x가 그 가게에 있으면 명제 $S(x) \rightarrow (O(x) \vee P(x))$가 거짓이 되는 단 하나의 방법은 가격이 너무 비싸거나 또는 조잡하게 제작되었다는 것이다. 따라서 그 명제가 x의 모든 값에 대하여 이것이 결코 일어나지 않는다는 것을 뜻한다. 이것은 그 가게에서 모든 것이 너무 비싸거나 또는 조잡하게 제작되었다는 것을 적확하게 말한다는 의미이다.

3. 이것은 ¬ (어떤 사람들은 완벽하다)를 의미한다. 또는 다른 말로 하면 $\neg \exists x P(x)$, 여기서 $P(x)$는 “x는 완벽하다”를 나타낸다.

4. 이 예의 명제2와 같이, 우리는 이것을 “만약 한 사람이 조를 싫어하면 그러면 수산은 그 사람을 좋아할 것이다(그가 누구인가 관계없이)”. 따라서 우리는 주어진 명제를 $\forall x$(만약 x가 조를 싫어하면 그러면 수산은 x를 좋아할 것이다)“라는 의미로 생각할 것이다. $L(x,y)$를 “x가 y를 좋아 한다”를 나타낸다고 하자. 전체집합의 특정한 원소들에 대한 이야기로 된 명제에서는 특정한 원소들을 나타내는 문자들을 소개하는 것이 가끔은 편리하다.

이 경우 우리는 조와 수산에 대하여 이야기할 필요가 있다. 따라서j를 조라하고 s를 수산이라 하자. 따라서 우리는 $L(s,x)$는 “수산은 x를 좋아 한다”를 의미하고, 그리고 $\neg L(x,j)$는 “x는 조를 싫어한다.”를 의미한다. 이것들을 써 넣으면, 우리는 이 문제의 답으로

$\forall x(\neg L(x,j) \rightarrow L(s,x))$가 정리된다. 다시 한번 더 주지하는 것은, 우리는 전칭작용소를 한 조건부 명제에 적용했다는 것이다. 전과 같이, 당신은 이 답을 조건부 연결사에 대한 진리표를 사용하여 확인할 수 있다.

5. 정의 1.4.5.에 따라서 A가 B의 한 부분집합이라고 말하는 것은 A의 모든 원소가 B에 있다는 것이다. 만약 당신이 전칭작용소와 조건부 명제가 결합되는 패턴을 이해한다면, 당신은 이

것이 기호로 $\forall x\,(x\in A\rightarrow x\in B)$와 같이 쓰는 것을 인식해야 한다.

6. 앞의 명제에서와 같이, 우리는 먼저 이것을 $\forall x\,(x\in A\cap B\rightarrow x\in B\setminus C)$라 쓴다. 이제 교집합과 차집합의 정의를 사용하여, 우리는 더 자세하게 확장하여 $\forall x(\,(x\in A\wedge x\in B)\rightarrow(x\in B\wedge x\notin C))$를 얻는다.

비록 예들은 지금까지 단지 하나의 한정작용소 만을 포함하는 것 이었지만, 한 명제가 한 가지의 한정작용소 보다 더 많은 것을 않가질 아무런 이유가 없다. 예를 들어, 명제 " 어떤 학생들은 결혼했다"를 생각해보자. 단어 어떤은 이 명제가 한 존재작용소를 써야한다는 것을 표시하고 있다. 그래서 우리는 이것을 $\exists x$ (x는 학생이고 그리고 x는 결혼했다)의 형식을 갖는 것으로 생각할 수 있다. $S(x)$가 "x는 학생이다"를 나타낸다고 하자. 우리는 유사하게 "x는 결혼했다"를 나타내는 한 문자를 택 할 수 있다. 그러나 더 좋은 분석을 위해 결혼한다는 의미는 어떤 사람과 결혼한다는 것으로 생각하자. 따라서 만약 우리가 $M(x,y)$를 "x가 y와 결혼하다"를 나타낸다고 하면, 그러면 우리는 "x는 결혼 했다"를 $\exists y M(x,y)$로 쓸 수 있다. 우리는 따라서 전체적으로 명제를 논리식 $\exists x\,(S(x)\wedge\exists y M(x,y))$으로 표현할 수 있다. 이 논리식은 두 개의 존재작용소를 갖고 있다.

또 다른 예로, 명제 "모든 부모들은 모두 결혼했다"를 분석해보자. 그것을 $\forall x$(만약 x가 한 부모라면 그러면 x는 결혼했다)라 쓸 수 있다. 결혼과 마찬가지로 부모가 된다는 것은, 두 사람 사이의 한 관계로 볼 수있다: 부모가 된다는 것은 어떤 사람의 부모임을 의미한다. 따라서 명제 " x는 한 부모이다"라는 명제의 가장 좋은 표현은 논리식 $\exists y P(x,y)$이다. 여기서 $P(x,y)$는 "x가 y의 부모이다"을 의미한다. 만약 다시금 "x가 결혼하다"를 논리식 $\exists y M(x,y)$로 표현하고, 그러면 처음 명제의 분석은 $\forall x\,(\exists y P(x,y)\rightarrow\exists y M(x,y))$가 될 것 이다. 비록 이것이 잘못된 것은 아니지만, 변수 y를 중복해서 사용한 것이 혼돈을 야기할 수 있다. 아마도 더 좋은 풀이는 논리식 $\exists y M(x,y)$를 이것과 동등한 논리식 $\exists z M(x,z)$으로 대치하는 것이다.(이것들은 종속변수가 그 명제의 의미를 바꾸지 않고 대치해도 동등하다는 것을 상기하자). 우리는 더 발전된 명제의 분석은 $\forall x\,(\exists y P(x,y)\rightarrow\exists z M(x,z))$가 된다.

예 2.1.3. 다음 명제들의 논리적 형식들을 분석 하여라:

1. 기숙사에 있는 모든사람들은 그가 좋아하지 않는 동숙인을 가진다.
2. 아무도 아픈 실패자를 좋아하지 않는다.

3. 홍역에 걸린 친구를 갖고있는 모든 사람은 격리되어야 할 것이다.
4. 만약 기숙사에 있는 누구나 홍역에 걸린 친구를 갖고 있으면, 그러면 기숙사에 있는 모든 사람은 격리되어야 할 것이다.
5. 만약 $A \subseteq B$이면, 그러면 A와 $C \setminus B$ 는 교집합이 없다.

풀이

1. 이것은 $\forall x$(만약 x가 기숙사에 산다면 x는 그가 좋아하지 않는 동숙인을 갖고 있다). x가 그가 좋아 하지 않는 동숙인을 갖고 있다는 것을 말하기 위해서, 우리는 $\exists y$(x 와 y는 동숙인이고 그리고 x는 y를 좋아하지 않는다)라 쓴다. 만약 우리가 $R(x, y)$를 "x와 y는 동숙인이다"를 나타낸다고 하고 그리고 $L(x, y)$를 "x는 y를 좋아 한다"을 나타낸다고 하자. 그러면 이것은 $\exists y (R(x,y) \wedge \neg L(x,y))$이 된다. 끝으로, 만약 $D(x)$를 "x가 그 기숙사에 산다"를 의미한다고 하자. 그러면 원래 명제의 완전한 분석은
$\forall x [D(x) \rightarrow \exists y (R(x,y) \wedge \neg L(x,y))]$가 된다.
2. 이것은 까다롭다. 왜냐하면 아픈 실패자라는 어휘가 한 특별한 아픈 실패자를 언급한다고 보기 어렵다. 그것은 모든 아픈 실패자을 언급한다. 그 명제는 모든 아픈 실패자들을 좋아하지 않고, 또는 다른 말로 하면 $\forall x$ (만약 x가 아픈 실패자이면 그러면 아무도 x를 좋아하지 않는다.) 아무도 x를 좋아하지 않는다는 것을 $\neg$(어떤 사람은 x를 좋아 한다)고 쓰고, 이것은 $\neg \exists y L(y, x)$을 의미한다. 여기서 $L(y,x)$는 "y가 x를 좋아한다"을 의미한다. 만약 우리가 $S(x)$가 "x가 아픈 실패자이다"라 하면, 그러면 전체적인 명제는 $\forall x (S(x) \rightarrow \neg \exists y L(y, x))$로 쓰게 된다.
3. 당신은 이제부터 영어를 여러 단계를 거처 논리기호들로 바꾸는 것은 한 번에 조금씩 번역해 가면 가장 쉬울 것임을 알게 될 것이다.
여기에 우리가 이 명제를 번역하는데 사용한 단계들이 있다:
(i) $\forall x$ (만약 x가 홍역에 걸린 한 친구를 갖고 있다면 그러면 x는 격리되어야만 한다).
(ii) $\forall x [\exists y$ (y는 x와 친구이고 y는 홍역에 걸렸다)$\rightarrow x$는 격리되어야 한다$]$.
이제, $F(y, x)$를 "y는 x의 한 친구이다"를 나타내고, $M(y)$은 "y는 홍역에 걸렸다"을 나타낸다. 그리고 $Q(x)$는 "x는 격리되었다"을 나타낸다고 하자. 우리는 다음을 얻었다:
(iii) $\forall x [\exists y (F(y,x) \wedge M(y)) \rightarrow Q(x)]$.
4. 아무나 anyone 은 번역하기가 어렵다. 왜냐하면 다른 명제는 다른 것을 의미한다. 명제3에서

anyone의 의미는 그러나 이 명제에서는 그것이 어떤 사람 someone을 의미한다. 이 분석의 단계들은 다음과 같다:

(i) (기숙사에서 어떤사람들은 홍역에 걸린 한 친구를 갖고 있다)→(기숙사에 있는 모든 사람은 격리되어야 한다).

(ii) $\exists x$ (x는 기숙사에서 살고 그리고 x는 홍역에 걸린 한 친구를 갖고 있다)→ $\forall z$ (만약 z가 기숙사에서 살소 그러면 z는 격리되어야 한다).

마지막 명제에서와 같이 똑 같은 축약을 사용하여 그리고 $D(x)$가 "x가 기숙사에 산다"을 나타낸다고 하자. 우리는 다음 논리식으로 마무리 한다:

(iii) $\exists x\,[D(x) \wedge \exists y\,(F(y,x) \wedge M(y))] \rightarrow \forall z\,(D(z) \rightarrow Q(z))$.

5. 분명하게 이 질문에 대한 답은 조건부 명제가 다음 형식을 갖게 될 것이다.
   $(A \subseteq B) \rightarrow$($A$와 $C \setminus B$는 교집합이 없다)이다. 우리는 예 2.1.2.에서 기호로 $A \subseteq B$로 썼다. A와 $C \setminus B$가 교집합이 없다는 것은 그들의 고통부분이 없다는 의미이다. 즉
   $\neg \exists x(x \in A \wedge x \in C \setminus B)$이다.
   이것을 적용하고, $C \setminus B$의 정의를 적어 넣으면, 우리는 다음 논리식으로 마무리 된다:
   $\forall x\,(x \in A \rightarrow x \in B) \rightarrow \neg \exists x\,(x \in A \wedge x \in C \wedge x \notin B)$

한 명제가 한 개 보다 더 많은 한정작용소를 포함 할때 가끔 그것이 무슨 뜻 인가 그리고 그것이 참인지 거짓인지 알아보기가 어려울 수 있다. 그것은 이 경우에 한 번에 하나씩 순서대로, 한정작용소에 대하여 생각해보는 것이 제일 좋을 것이다. 예를 들어, 명제 $\forall x \exists y\,(x+y=5)$를 생각해보자. 여기서 전체집합은 모든 실수집합이다. 바로 첫 번째 한정작용소 $\forall x$에 대하여 생각해보자. 우리는 이 명제는 임의의 실수 x에 대하여, 명제 $\exists y\,(x+y=5)$가 참이다. 우리는 나중에 $\exists y\,(x+y=5)$가 무엇을 의미하는지 한 번에 두 개의 한정작용소를 생각하는 것이 너무나 혼란스럽다는 걱정을 하게 될 것이다.

만약 우리는 모든 x 값에 대하여 명제 $\exists y\,(x+y=5)$가 참인지 아닌지를 이해하기를 원한다면, 몇 개의 x값에 대하여 시행해보면 도움이 될 것이다. 예를 들어, $x=2$라고 가정하자. 그러면 우리는 명제 $\exists y\,(2+y=5)$ 가 참인지 아닌지 결정해야만 한다. 이제 다음 한정작용소 $\exists y$에 대하여 생각할 시간이다. 이 명제는 방정식 $2+y=5$가 성립하는 적어도 한 값 y가 존재한다는 것을 말한다. 다른 말로 하면, 방정식 $2+y=5$가 적어도 한 해를 가진다. 물론, 이것은 참이다. 왜냐하면 이 방정식은 $y=5-2=3$의 해를 가진다. 따라서 명제

$\exists y(2+y=5)$는 참이다.

x값에 대한 다른 값에 대하여 실행해보자. 만약 $x=7$이면, 그러면 우리는 명제 $\exists y(7+y=5)$을 생각해보자. 여기서 방정식 $7+y=5$은 적어도 한 근을 가진다. 똑 같이, 이것은 참이다. 왜냐하면 그 해는 $y=5-7=-2$이다. 사실상, 당신은 아마도 이제 어떤 값에 대해서도 x에 대입하면, 방정식 $x+y=5$은 항상 해 $y=5-x$를 가진다는 것을 깨달을 것이다. 따라서 원 명제 $\forall x\exists y(x+y=5)$는 참이다.

한편, 명제 $\exists x\forall y(x+y=5)$는 전혀 다른 어떤 것의 의미를 가진다. 이 명제는 적어도 한 값 y가 존재하여 명제 $\forall x(x+y=5)$가 참이라는 의미이다. 우리가 그와 같은 y값을 찾을 수 있을까? 예를 들어, $y=4$라 가정하고 시도해보자. 그러면 우리는 명제 $\forall x(x+4=5)$ 가 참인지 아닌지 결정해야만 한다. 이 명제는 x에 어떤값을 대입하더라도 방정식 $x+4=5$이 성립한다는 것이다. 그리고 이것은 분명하게 거짓이다. 사실상, $x=1$이 아닌 다른 x값은 이 방정식의 해가 아니다. 따라서 명제 $\forall x(x+4=5)$는 거짓이다.

$y=4$일 때 명제 $\forall x(x+y=5)$가 거짓이고, 그러나 어떤 다른 y값이 성립하리라 생각했다. 우리가 적어도 한 y값에 대하여 성립하는 값이 존재할지 않할지 결정하려고 한다는 것을 기억하기 바란다. $y=9$일 때, 한 번 시도해보자. 그러면 우리는 명제 $\forall x(x+9=5)$를 생각해야만 한다. x의 어떤값에 대해서도 방정식 $x+9=5$가 성립한다. 이것은 전과같이 분명하게 거짓이다. 왜냐하면 단지 $x=-4$만 이 방정식을 만족시키기 때문이다. 사실상, 이제 y값에 어떤 값을 대입하더라도, 방정식 $x+y=5$은 단지 x의 단지 한 값에 대해서만 참이라는 것이 분명하다. 즉 그것은 $x=5-y$이다. 따라서 명제 $\forall x(x+y=5)$는 거짓이 된다. 따라서 $\forall x(x+y=5)$가 되는 y 값은 존재할 수가 없다. 따라서 명제 $\exists x\forall y(x+y=5)$는 거짓이다.

명제 $\forall x\exists y(x+y=5)$는 참이고, 그러나 명제 $\exists x\forall y(x+y=5)$는 거짓임을 주의하기 바란다. 분명하게, 한정작용소들의 순서가 이런 차이를 만든다! 이런 차이에 대한 원인은 무엇일까? 첫 번째 명제는 임의의 실수 x에 대하여 $x+y=5$가 성립하는 한 실수 y값이 존재한다. 예를 들어, 우리가 $x=2$이때를 보면 우리는 $y=3$이 방정식 $x+y=5$를 만족한다. 그리고 $x=7, y=-2$가 이 방정식을 만족한다. 서로 다른 x값에 대하여, 우리는 서로 다른 두 y값을 사용하여 이 방정식이 참이 되게 할수 있음을 알 수 있다. 이 명제를 임의의 실수 x에 대하여 $x+y=5$가 성립하는 y값을 대응시킬 수 있다는 것을 생각할 수 있다. 한편, $\exists x\forall y(x+y=5)$를 분석해보면 우리는 모든 x값에 대하여 방정식

$x+y=5$가 y의 단하나의 값을 찾아야 한다. 그런데 이것은 불가능한 일이다. 각 x값에 대하여 이 방정식이 성립하는 y값이 대응되지만, 그러나 모든 x값에 성립하는 y값에 대응하는 한 값이 존재할 수 없다.

또 다른 예로, 명제 $\forall x\,\exists y L(x,y)$를 생각해보자. 여기서 전체집합은 모든 사람들의 집합이고 $L(x,y)$는 "x가 y를 좋아 한다"를 의미한다. 이 명제는 임의 사람 x에 대하여, 명제 $\exists y L(x,y)$이 참임을 말한다. 이제 $\exists y L(x,y)$은 "x는 어떤 사람을 좋아 한다"을 쓴 것이다., 따라서 원 명제는 모든 사람 x, y가 어떤 사람을 좋아한다는 의미이다. 다른 말로 하면, 모든 사람은 어떤 사람을 좋아한다. 한편, $\exists x\,\forall y L(x,y)$는 $\forall x\, L(x,y)$이 참이 되는 어떤 사람 y가 존재한다는 의미이다. 예 2.1.1.에서 본 바와 같이, $\forall x\, L(x,y)$는 "모든 사람들은 y를 좋아 한다", 따라서 $\exists y\,\forall x\, L(x,y)$는 모든 사람들이 y를 좋아하는 적당한 사람 y가 존재한다는 의미이다. 환언하면, 전체적으로 좋아하는 어떤 사람이 있다는 말이다. 이 명제는 똑같은 의미가 아니니다. 모든 사람이 어떤 사람을 좋아한다. 그러나 이것은 아무도 전체적으로 좋아할 수는 없다는 경우일 것이다.

예 2.1.4. 다음 명제들은 무슨 뜻인가? 그것들은 참인가 거짓인가? 여기서 전체집합은 자연수 집합 $\mathbb{N}$이다.

1. $\forall x\,\exists y\,(x < y)$
2. $\exists y\,\forall x\,(x < y)$
3. $\exists x\,\forall y\,(x < y)$
4. $\forall y\,\exists x\,(x < y)$
5. $\exists x\,\exists y\,(x < y)$
6. $\forall x\,\forall y\,(x < y)$

풀이

1. 이것은 임의의 자연수 x에 대하여, 명제 $\exists y\,(x < y)$가 참이다는 것이다. 환언하면, 임의의 자연수 x대하여, x보다 더 큰 한 자연수가 있다는 것이다. 이것은 참이다. 예를 들어, $x+1$은 항상 x보다 크다.

2. 이것은 명제 $\forall x\,(x < y)$가 참이 되는 어떤 자연수 y가 존재한다는 의미이다. 환언하면, 어떤 자연수 y가 존재하여 모든 자연수가 y보다 적다는 의미이다. 이것은 거짓이다. 우리가 택한 어떤 자연수 값 y에 대해서도, 항상 더 큰 자연수가 존재한다.
3. 이것은 명제 $\forall y\,(x < y)$ 가 참인 한 자연수 x가 존재한다는 의미이다. 당신은 이 명제는 만약 $x = 0$이면 참이 될 것이라고 말하고 싶은 유혹을 느낀다. 그러나 이것은 올바르지 않다. 왜냐하면 0이 가장 작은 자연수이므로, 그 명제 $0 < y$는 $y = 0$를 제외한 모든 값에 대하여 참이고, 그러나 만약 $y = 0$이면, 그러면 그 명제 $0 < y$는 거짓이다. 그리고 $\forall y\,(0 < y)$는 거짓이다. 따라서 $\exists x \forall y\,(x < y)$은 거짓이다.
4. 이것은 모든 자연수 y에 대하여, y보다 작은 한 자연수가 존재한다는 의미이다. 이것은 $y = 0$를 제외한 모든 자연수 y에 대하여 참이다. 그러나 0보다 더 작은 자연수는 존재하지 않는다. 따라서 이 명제는 거짓이다.
5. 이것은 $\exists y\,(x < y)$이 참이 되는 한 자연수 x가 존재한다는 의미이다. 그러나 첫 번째 명제에서 본바와 같이, 이것은 모든 자연수 x에 대하여 실제적으로 참이다. 따라서 그것은 적어도 어떤 것에 대해서도 참이다. 따라서 $\exists x \exists y\,(x < y)$은 참이다.
6. 이것은 모든 자연수 x에 대하여, $\forall y\,(x < y)$이 참이 된다는 것이다. 그러나 우리는 세 번째 명제에서 본 바와 같이, 이 명제가 참이되는 단 하나의 x값도 존재하지 않는다. 따라서 $\forall x \forall y\,(x < y)$는 거짓이다.

연습문제

*1. 다음 명제들의 논리적 형식들을 분석하여라.
   (a) 적어도 한 사람으로부터 용서받은 사람은 어떤 사람이라도 성인이다.
   (b) 미적분학 강의반의 어느 누구도 이산수학 강의반 모든 학생들보다 다 점잖지 않다.
   (c) 메어리 자기 자신만 제외하고, 모든 사람들이 메어리를 좋아 한다.
   (d) 재인은 한 경찰관을 봤다. 그리고 로저도 역시 한 경찰관을 봤다.
   (e) 재인은 한 경찰관을 봤다. 그리고 로저도 역시 그 경찰관을 봤다.

2. 다음 명제들의 논리적 형식들을 분석하여라.
   (a) 롤 로이스를 현금으로 산 모든 사람들은 한 부자 아저씨를 갖고 있음에 틀림없다.
   (b) 만약 기숙사에 있는 누구든지 홍역에 걸리면, 그러면 기숙사에 한 친구를 갖고 있

는 모든 사람은 격리 되어야 할 것이다.

(c) 만약 아무도 그 시험에 실패한 사람이 없다면, 그러면 A를 받은 모든 사람들은 D를 받은 어떤 사람을 개인교습 할 것이다.

(d) 만약 아무나 다 그것을 할 수 있으면, 존스도 할 수 있다.

(e) 만약 존스가 그것을 할 수 있으면, 아무나 다 할 수 있다.

3. 다음 명제들의 논리적 형식들을 분석하여라. 전체집합은 $\mathbb{R}$ 이다. 각 명제에서 자유변수는 무엇인가?

(a) x보다 더 큰 모든 수는 y보다 더 크다.

(b) 모든 수 a에 대하여, 방정식 $ax^2+4x-2=0$은 만약 $a \geq -2$이기만 하면 바로 적어도 한 근을 가진다.

(c) 부등식 $x^2-3x<3$의 모든 해는 10보다 더 작다.

(d) 만약 $x^2+5x=w$가 성립하는 한 수 x가 존재한다고 하고 $4-y^2=w$가 성립하는 y가 존재하면, 그러면 w는 -10과 10사이에 있다.

*4. 다음 명제들을 관용구어로 번역하여라.

(a) $\forall x[H(x) \wedge \neg \exists y M(x,y)) \rightarrow U(x)]$, 여기서 $H(x)$는 "x는 한 남자이다"를 의미하고, $M(x,y)$는 "x가 y와 결혼한다"를 의미한다. 그리고 $U(x)$는 "x는 불행하다"를 의미한다.

(b) $\exists z(P(z,x) \wedge S(z,y) \wedge W(y)$, 여기서 $P(z,x)$는 "z는 x의 부모이다", $S(z,y)$는 "z와 y는 형제자매간이다", 그리고 $W(y)$는 "y는 한 부인이다"

5. 다음 명제들을 수학적 관용구어로 번역하여라.

(a) $\forall x[(P(x) \wedge \neg(x=2)) \rightarrow O(x)]$, 여기서 $P(x)$는 "x는 소수이다" 그리고 $O(x)$는 "x는 홀수이다"

(b) $\exists x[P(x) \wedge \forall y(P(y) \rightarrow y \leq x)]$, 여기서 $P(x)$는 "x는 완전수이다"

6. 다음 명제들을 수학적 관용구어로 번역하여라. 그들이 참인가 또는 거짓인가? 여기서 전체집합은 $\mathbb{R}$ 이다.

(a) $\neg \exists x(x^2+2x+3=0 \wedge x^2+2x-3=0)$.

(b) $\neg[\exists x(x^2+2x+3=0 \wedge x^2+2x-3=0)]$.

(c) $\neg \exists x(x^2+2x+3=0) \wedge \neg \exists x(x^2+2x-3=0)$.

7. 이 명제들은 참인가 거짓인가? 전체집합은 모든사람들이고, $P(x,y)$는 "x는 y의 부모이다"이다.

(a) $\exists x\, \exists y\, P(x,y)$

(b) $\forall x\, \exists y\, P(x,y)$

(c) $\neg \exists x\, \exists y\, P(x,y)$

(d) $\exists x\, \neg \exists y\, P(x,y)$

(e) $\exists x\, \exists y \neg P(x,y)$

*8. 이 명제들은 참인가 거짓인가? 전체집합은 자연수집합 $\mathbb{N}$이다.

(a) $\forall x\, \exists y\, (2x - y = 0)$

(b) $\exists y\, \forall x\, (2x - y = 0)$

(c) $\forall x\, \exists y\, (x - 2y = 0)$

(d) $\forall x\, (x < 10 \rightarrow \forall y\, (y < x \rightarrow y < 9))$

(e) $\exists y\, \exists z\, (y + z = 100)$

(f) $\forall x\, \exists y\, (y > x \wedge x \wedge \exists z\, (y + z = 100))$

9. 문제는 연습문제 7번과 같고, 전체집합은 실수집합 $\mathbb{R}$이다.

10. 문제는 연습문제 7번과 같고, 전체집합은 정수집합 $\mathbb{Z}$이다.

2.2 복잡한 한정작용소들의 동치들 Equivalences Invoving Quantifiers

제1장의 논리적 연결사들의 연구에서 우리는 서로 다른 논리식들 사이의 동등들의 조사가 유용하다는 것을 발견했다. 이 장에서는, 많은 중요한 복잡한 한정작용소들의 동등들이 있다는 것을 알게 될 것이다.

예를 들어, 예2.1.2에서 명제 "아무도 완전한 사람은 없다"를 논리식 $\neg \exists x\, P(x)$으로 나타낸다. 여기서 $P(x)$는 "x는 완벽하다"이다. 그러나 똑 같은 개념을 표현하는 또 다른 방법은 모든사람들이 완벽하게 하는데 실패한다고 말 할 수 있다. 다른 말로 하면 $\forall x \neg P(x)$ 이다. 이것은 두 가지 논리식이 동등하다는 것을 제시하고 몇가지 생각들이 그렇다는 것을 보여준다. $P(x)$가 무엇을 나타내던지, 논리식 $\neg\exists x P(x)$은 $P(x)$가 참이 되는 전체집합에서 x값이 전혀 없다는 의미이다. 그러나 전체집합의 모든 x값에 대하여, $P(x)$가 거짓이다. 또는 다른 말로 하면 $\forall x \neg P(x)$이다. 따라서 $\neg\exists x P(x)$와 $\forall x \neg P(x)$은 동등하다.

유사한 추론으로 $\neg\forall x P(x)$와 $\exists x \neg P(x)$가 동치임을 알 수 있다. $\neg\forall x P(x)$는 모든 x값에 대해서 $P(x)$가 참이라 할 수는 없다는 의미이다. 그것은 $P(x)$가 거짓이 되는 x값이 적어도 있다고 말하는것과 동등하다. 그것은 $\exists x \neg P(x)$를 의미한다. 예를 들어, 예 2.1.2에서 우리는 "어떤사람은 숙제를 하지않았다"를 $\exists x \neg H(x)$로 번역한다. 여기서 $H(x)$는 명제 "x는 숙제를 했다"를 나타낸다. 한 동등한 명제는 "모두 다 숙제를 하지는않는다"가 될 것이고, 이것은 논리식 $\neg\forall x H(x)$으로 표현된다.

따라서 다음과 같은 부정 negation과 한정작용소 quantifiers를 둘러싼 두가지 법칙을 얻는다.

한정작용소 부정법칙 Quantifier Negation laws

$\neg\exists x P(x)$와 $\forall x \neg P(x)$은 동등하다.

$\neg\forall x P(x)$와 $\exists x \neg P(x)$은 동등하다.

이 법칙들은 드모르간 법칙과 논리적 연결사들이 관련된 다른 동치들과 결합시키면, 우리는 많은 경우에 부정명제를, 더 이해하기 쉬운, 긍정적인 명제로 다시 설명할 수가 있다. 이것은 우리가 증명들에서 부정명제들의 연구를 시작할 때 중요한 기술이 됨이 들어나게 될 것이다.

예 2.2.1. 다음 명제들을 부정하고 그 결과를 동등한 긍정적인 명제 positive statement로 표현하여라.

1. $A \subseteq B$
2. 모든 사람은 그가 좋아하지 않는 한 친척을 갖고있다.

풀이

1. 우리는 이미 $A \subseteq B$가 $\forall x\,(x \in A \rightarrow x \in B)$를 의미하는지 알고 있다. 명제들을 부정하고 그 결과를 동등한 긍정적인 명제로 표현하기 위해서, 우리는 다음과 같이 추정한다:

$$\neg\forall x\,(x\in A\to x\in B)\ \cong\ \exists x\neg(x\in A\to x\in B)\ \text{(한정작용소 부정법칙)}$$
$$\cong\ \exists x\neg(x\not\in A\vee x\in B)\ \text{(조건부법칙)}$$
$$\cong\ \exists x\,(x\in A\wedge x\not\in B)\ \text{(드모르간법칙)}$$

따라서 $A\not\in B$는 $\exists x\,(x\in A\wedge x\not\in B)$과 같은 의미이다. 만약 당신이 이것을 생각해보면, 그것은 의미를 가질 것이다. A가 B의 부분집합이 아니다는 것은 B에 속하지 않는 원소가 A에 존재한다는 것을 말하는 것과 같다.

2. 먼저, 원 명제를 기호로 적어보자. 당신은 만약 우리가 $R(x,y)$를 "x가 y와 친척이다"를 나타낸다고 하고 $L(x,y)$를 "x가 y를 좋아한다"를 나타낸다고 하면, 그러면 원 명제는 $\forall x\,\exists y\,(R(x,y)\wedge\neg L(x,y))$이다. 이제 우리는 이것을 부정하여 그 결과를 동등한 긍정적인 명제로 더 단순한 명제를 만들어보자:

$$\neg\forall x\,\exists y\,(R(x,y)\wedge\neg L(x,y))$$

$$\cong\ \exists x\neg\exists y\,(R(x,y)\wedge\neg L(x,y))\quad\text{(한정작용소 부정법칙)}$$

$$\cong\ \forall x\,\forall y\neg(R(x,y)\wedge\neg L(x,y))\quad\text{(한정작용소 부정법칙)}$$

$$\cong\ \exists x\,\forall y\,(\neg R(x,y)\vee L(x,y))\quad\text{(드모르간법칙)}$$

$$\cong\ \exists x\,\forall y\,(R(x,y)\to L(x,y))\quad\text{(조건부법칙)}$$

이 마지막 논리식을 회화체로 번역해보자. 잠깐 동안 처음의 한정작용소를 놔두고, 그 논리식 $\forall y\,(R(x,y)\to L(x,y))$은 모든 사람 y에 대하여, 만약 x가 y의 친척이다. 그러면 x는 y를 좋아한다는 의미이다. 이것의 처음에 $\exists x$를 더하면, 우리는 명제 "그의 친척들 모두를 좋아하는 어떤 사람이 있다"을 얻는다. 당신은 잠시 이것은 정말로 원 명제를 부정하는 것 "모든 사람은 그가 좋아하지 않는 친척을 가진다"와 동등하다는 것을 당신 자신이 깨달아야 한다.

한정작용소 부정법칙이 어떻게 명제들을 이해하는데 도움이 되는지 또 다른 예로, 명제 "페트리셔가 좋아하는 모든 사람을 수는 좋아하지 않는다"를 생각해보자. 만약 우리가 $L(x,y)$는 "x는 y를 좋아 한다"로 나타내고, 그리고 p는 페트리셔 그리고 s는 수를 나타낸다고 하자. 그러면 이 명제는 논리식은 $\forall x\,(L(p,x)\to\neg L(s,x))$,이다. 이제 우리는 이것과 동등한 논리식을 다음과 같이 만들어 보자:

$$\forall x\,(L(p,x)\to\neg L(s,x)) \cong \forall x\,(\neg L(p,x)\vee\neg L(s,x)) \quad \text{(조건부 법칙)}$$

$$\cong \forall x\,\neg(L(p,x)\wedge L(s,x)) \quad \text{(드모르간법칙)}$$

$$\cong \neg\exists x\,(L(p,x)\wedge L(s,x)) \quad \text{(한정작용소 부정법칙)}$$

마지막 논리식을 번역해 보면, 명제 "페트리셔와 수를 동시에 좋아하는 사람은 아무도 없다"이고, 그리고 이것은 우리가 처음 시작했던 명제와 같은 의미이다.

2.1장에서 두 개의 한정작용소의 순서를 바꾸는 것 어떤 때는 한 논리식의 의미를 변환시킨다. 그러나, 만약 한정작용소들이 같은 타입(둘 다 $\forall$이거나 둘 다 $\exists$)일 때, 논리식의 의미를 변화시키지 않고 그 순서는 항상 바꿀 수 있다. 예를 들어, 명제 "어떤 사람은 그보다 더 젊은 선생님을 가진다"를 생각해보자. 이것을 기호로 쓰기 위해 우리는 처음 $\exists x$ (x는 x보다 더 젊은 선생님을 갖고 있다)라 쓴다. 이제 "x는 x보다 더 젊은 선생님을 가진다"라 말 하는 것을 우리는 $\exists y\,(T(y,x)\wedge P(y,x))$이다. 여기서 $T(y,x)$는 "y는 x의 한 선생님이다"를 나타내고, $P(y,x)$는 "y는 x보다 더 젊다"를 나타낸다고 하자. 이 모든 것을 같이 하면, 원 명제는 논리식 $\exists x\exists y\,(T(y,x)\wedge P(y,x))$에 의해서 표현된다.

이제 만약 우리가 한정작용소들을 바꾸면 무슨 일이 있을까? 다른 마로 하면, 논리식 $\exists y\exists x\,(T(y,x)\wedge P(y,x))$의 의미는 무엇일까? 당신은 이 논리식은 y는 y보다 너 나이가 많은 어떤 사람의 한 선생님인 한 사람 y가 있다는 것을 말하고 있음을 당신자신은 확신할 수 있어야한다. 즉, 어떤 사람은 그 보다 더 나이가 많은 한 사람의 선생님이다. 그러나 이것은 원 명제 "어떤 사람은 그보다 더 젊은 선생님을 가진다"와 같이 똑 같은 상황에서 참이 된다. 두 명제 다 같이 두 사람 x와 y가 있어서 y는 x의 선생님이고 y는 x보다 더 젊다는 것을 의미한다. 사실상, 이것은 한 쌍의 한정작용소들 $\exists y\exists x$ 또는 $\exists x\exists y$를 " 이러이러한 대상들 x와 y가 있다"가 된다고 읽는 좋은 방법을 제시한다.

유사하게, 한 줄로 있는 두 개의 전칭작용소들이 한 논리식에서 그 의미를 바꾸지 않고 항상 바꿔 쓸 수 있다. 왜냐하면 $\forall x \forall y$ 그리고 $\forall y \forall x$는 "모든 대상들 x와 y에 대하여..."라는 의미로 생각되기 때문이다. 예를 들어, 논리식 $\forall x \forall y (L(x,y) \rightarrow A(x,y))$을 생각해보자. 여기서 $L(x,y)$는 "x는 y를 좋아 한다"를 의미하고 $A(x,y)$는 "x는 y를 존경한다"를 의미한다. 즉, 사람들은 항상 그들이 좋아하는 사람들을 존경한다. 논리식 $\forall y \forall x (L(x,y) \rightarrow A(x,y))$은 똑 같은 것을 의미한다.

대상들 x와 y에 대하여 이야기 할 때에 , 우리는 x와 y가 똑 같은 대상일 가능성을 고려하지 않는 것을 깨닫는 것이 중요하다. 예를 들어, 논리식 $\forall x \forall y (L(x,y) \rightarrow A(x,y))$은 다른 사람을 좋아 하는 사람이 항상 다른 사람을 존경한다는 것만을 말하는것은 아니고, 또한 그들 자신을 좋아하는 사람은 역시 그들 자신도 존경한다. 다른 예와 같이, "x는 중혼주의자이다"(물론, x는 이 논리식에서 자유변수이다)를 의미하는 논리식을 쓰기 원한다고 가정하자. 당신은 이것을 논리식 $\exists y \exists z (M(x,y) \wedge M(x,z))$으로 표현 할수 있다고 생각하게 된다. 여기서 $M(x,y)$는 "x가 y와 결혼하다"를 의미한다.
그러나 x가 중혼주의자 라는것은 x가 결혼한 두 명의 다른 사람이 있다는 것을 말한다.
그리고 이 논리식에서 y와 z가 다르다는 것을 말하지는 않는다.
올바른 답은 $\exists y \exists z (M(x,y) \wedge M(x,z) \wedge y \neq z)$이다.

예 2.2.2. 다음 명제들의 논리적 형식들을 분석하여라.

1. 모든 결혼한 사람들은 싸운다.
2. 모든 사람은 적어도 두 사람을 좋아한다.
3. 존은 꼭 한 사람만 좋아한다.

풀이

1. $\forall x \forall y (M(x,y) \rightarrow F(x,y))$이다. 여기서 $M(x,y)$는 "x와 y는 서로 결혼했다"을 읨하고 그리고 $F(x,y)$는 "x와 y는 서로 싸운다"를 의미한다.
2. $\forall x \exists y \exists z (L(x,y) \wedge L(x,z) \wedge y \neq z)$이다. 여기서 $L(x,y)$는 "x는 y를 좋아한다"를 의

미한다. 이 명제는 모든사람들은 적어도서로 다른 두사람을 좋아한다. 따라서 끝에 "$y \neq z$"를 삭제하면 틀린 것임을 주지하여라.

3. $L(x,y)$는 "x는 y를 좋아한다"를 의미하고, 그리고 j는 존을 나타낸다고 하자. 우리는 이 명제를 기호에 의해 점진적으로 번역해보자:
   (i) $\exists x$(존은 x를 좋아하고 존은 x아닌 아무도 좋아하지 않는다).
   (ii) $\exists x(L(j,x) \wedge \neg \exists y$(존은 x아닌 아무도 좋아하지 않는다).
   (iii) $\exists x(L(j,x) \wedge \neg \exists y(L(j,y) \wedge y \neq x))$.

이 예의 세 번째 명제에 대해서 더 단순한 해답 $\exists x L(j,x)$를 줄 수가 없음을 알 수 있다. 왜냐하면 이것은 존이 적어도 at least 한사람을 좋아한다는 것이고, 단 한람 만을 말하는 것이 아니기 때문이다. 수학에서 단 하나라는 어휘가 자주 나오기에 그것의 특별한 기호가 있다. 우리는 명제 "$P(x)$가 참이 되는 단 하나만 존재한다." 를 $\exists ! x P(x)$ 로 쓴다. 그것을 가끔 "$P(x)$인 x가 유일하다"으로 읽는다. 예를 들어, 예 2.2.2의 세 번째 명제는 기호로 $\exists ! x L(j,x)$로 쓸 수 있다. 유사하게, 일반적으로 $\exists ! x P(x)$를 논리식 $\exists x(P(x) \wedge \neg \exists y(P(y) \wedge y \neq x))$의 축약으로 볼 수 있다.

집합론을 논의 할때, 우리는 가끔 $P(x)$의 진리집합을 $\{x | P(x)\}$보다는 $\{x \in U | P(x)\}$로 쓰는 것이 편리하다는 것을 알았다. 그것은 전체집합이 무엇인가를 분명하게 하기 때문이다. 유사하게, $P(x)$가 전체집합 U의 모든 x값에 대하여 참이다를 $\forall x P(x)$ 대신에, 우리는 $\forall x UP(x)$로 쓸 수 있다. 이것을 "U의 모든 x에 대하여, $P(x)$이다"라 읽는다. 유사하게, 우리는 $\exists x \in UP(x)$라 쓰고 $P(x)$가 참이 되는 전체집합 U의 적어도 한값 x이 존재한다고 읽는다. 예를 들어, 명제 $\forall x (x \geq 0)$는 만약 전체집합이 모든 실수집합이면 거짓이다. 그러나 만약 전체집합이 자연수 집합이면 참이다. 명제들에 대하여 논의할 때 그 뜻을 분명하게 하기 위해서, $\forall x \in \mathbb{R}\ (x \geq 0)$ 또는 $\forall x \in \mathbb{N}\ (x \geq 0)$와 같이 써서 그 혼란을 피할 수 있다.

전과 같이, 가끔 이 표기는 전체집합을 특정화하기 위해서 전체집합의 한 부분집합으로 제한해서 사용한다. 예를 들어, 만약 전체집합이 실수이고 그리고 우리가 어떤 실수 x가 제곱근을 가진다고 말하고자 하면, 우리는 $\exists y\,(y^2 = x)$라 쓸 수 있다. 임의의 양의 실수가 한 제곱근을 가진다는 것을 말하기 위해서, $\forall x \in \mathbb{R}^+ \exists y (y^2 = x)$라 말한다. 우리는 임의의 양의 실수는 음의 제곱근을 가짐을 $\forall x \in \mathbb{R}^+ \exists y \in \mathbb{R}^- (y^2 = x)$으로 쓴다. 일반적으로, 임의의 집합 A에 대하여, 논리식 $\forall x \in AP(x)$는 집합 A에 속하는 모든 x값에 대하여,

$P(x)$가 참이고, 그리고 논리식 $\exists x \in AP(x)$는 집합 A에 속하는 적어도 한 값 x에 대하여, $P(x)$가 참임을 의미한다. 이 논리식들의 한정작용소들을 가끔 속박된 한정작용소 *bounded quantifiers*라 부른다. 왜냐하면 그들이 x값들을 속박의 위치에 있다고 생각해서이다. 가끔은 우리는 이 표기를 변형하여 한정작용소의 변수들에 제한하는 한 방법으로 사용한다. 예를 들어, 임의의 양의 실수가 음의 제곱근을 역시 갖고 있다는 것을 $\forall x > 0 \exists y < 0\,(y^2 = x)$로 쓸 수도 있다. 속박된 한정작용소를 포함하는 논리식은 단지 정상적인, 속박되지 않은 한정작용소 만을 포함하는 더 복잡한 논리식들에 대한 축약으로 생각할 수도 있다. $\exists x \in AP(x)$는 A에 어떤 x값이 존재하여 $P(x)$가 참으로 된다는 의미를 가진다., 그리고 이것을 쓰는 또 다른 방법은 $\exists x(x \in A \wedge P(x))$이다.

유사하게, $\forall x \in AP(x)$가 $\forall x(x \in A \rightarrow P(x))$와 같은 의미를 같는다는 확신을 해야 한다. 예를 들어, 논리식 $\forall x \in \mathbb{R}^+ \exists y \in \mathbb{R}^-(y^2 = x)$는 일찍이 $\forall x(x \in \mathbb{R}^+ \rightarrow \exists y \in \mathbb{R}^-(y^2 = x))$와 같은 의미를 갖고 있음을 논의했다. $\mathbb{R}^+$와 $\mathbb{R}^-$의 정의에 의해서, 한 동등한 방법은 $\forall x(x > 0 \rightarrow \exists y(y < 0 \wedge y^2 = x))$이다. 당신은 이 논리식이 처음 말한 논리식과 같이, 임의의 양의 실수는 한 음수인 제곱근을 가진다는 것을 확인 시켜준다. 또 다른 예를 보면, 명제 $A \subseteq B$는, 정의에의해서 $\forall x(x \in A \rightarrow x \in B)$이고, $\forall x \in A(x \in B)$라고 쓸 수 있다.

한정작용소 부정법칙은 속박된 한정작용소들에도 역시 적용된다는 것은 흥미로운 갓이다. 사실상, 일찍이 논의한대로, 속박된 한정작용소를 축약시켜서 이러한 속박된 한정작용소 부정법칙을 유도 할 수 있다. 예를 들어,

$$
\begin{aligned}
\neg \forall x \in AP(x) &\cong \neg \forall x\,(x \in A \rightarrow P(x)) \text{ (축약의 확장)} \\
&\cong \exists x \neg(x \in A \rightarrow P(x) \text{ (한정작용소 부정법칙)} \\
&\cong \exists x \neg\,(x \not\in A \vee P(x)) \text{ (조건부 법칙)} \\
&\cong \exists x\,(x \in A \wedge \neg P(x)) \text{ (드모르간법칙)} \\
&\cong \exists x \in A \neg P(x) \text{ (축약)}
\end{aligned}
$$

따라서 $\neg \forall x \in AP(x)$는 $\exists x \in A \neg P(x)$와 동치임을 보였다. 당신은 연습문제 5에서 다른 속박된 한정작용소 부정법칙을 증명하도록 했으며, 그것은 $\neg \exists x \in AP(x)$와 $\forall x \in A \neg P(x)$가 동등하다는 것이다.

만약 $A = \varnothing$ 이면 $\exists x \in AP(x)$는 명제 $P(x)$가 무엇인가에 관계없이 거짓이 될 것은 명확하다. x를 대입할 때, A에 아무것도 없다는 것은, $P(x)$가 참이 되는 이유는, A에 전혀 아무것도 없기 때문이다! 따라서 $\forall x \in AP(x)$가 참이거나 거짓이 되어야 하는가는 분명하지 않을 수 있지만, 우리는 한정작용소 부정 법칙들을 사용하여 답 할 수 있다:

$$\begin{aligned} \forall x \in AP(x) &\cong \neg\neg \forall x \in AP(x) \quad \text{(이중 부정 법칙)} \\ &\cong \neg \exists x \in A \neg P(x) \quad \text{(한정작용소 부정 법칙)} \end{aligned}$$

이제 만약 $A = \varnothing$ 이면 이 마지막 공식은 참일 것이고, 명제 $P(x)$가 무엇인지 관계없이, 우리가 알아본 이유로, $\exists x \in A \neg P(x)$는 거짓이 되어야 한다. 따라서 만약 $A = \phi$이면 $\forall x \in AP(x)$는 항상 참이다. 수학자들은 가끔 이와 같은 명제가 vacuously true라 말한다. 이것을 알아보는 또 다른 방법은 명제 $\forall x \in AP(x)$를 동등한 형식 $\forall x (x \in A \rightarrow P(x))$로 다시 쓴다. 이제 조건부 연결사에 대한 진리표에 따라서 만약 $x \in A$가 참이고 $P(x)$는 거짓인 어떤 x값이 존재하면 단 한 가지 방법은 이것이 거짓이 된다는 것이다. 그러나 그런 x값은 없다. 단순히 $x \in A$가 참인 x값이 없기 때문이다.

이 원리의 한 적용으로, 공집합은 모든 집합의 부분집합임을 알 수 있다. 그 이유를 보이기 위해서, 바로 명제 $A \subseteq B$는 $\forall x \in A (x \in B)$와 동등하다. 이제 만약 $A = \varnothing$ 이라면, 방금 아는바와 같이 이 명제는 당연히 참이 된다. 따라서 어떤 집합 B에 무관하게, $\varnothing \subseteq B$이다. 당연히 참인 다른 예로는 “모든 unicorns는 갈색이다”라는 명제이다. 우리는 이것을 논리식 $\forall x \in AP(x)$으로 표현할 수 있다. 여기서 A를 모든 유니콘들의 집합이고 그리고 $P(x)$는 “x는 갈색이다”를 나타낸다. 유니콘은 존재하지 않기 때문에, A는 공집합이고, 따라서 이 명제는 당연히 참이 된다.

아마도 당신은 비록 1장에서 진리표를 만들어 논리적 연결사에 관련된 동등들을 항상 확인할 수 있다는 것을 이제까지 주지해 왔지만, 한정작용소에 관련된 동등들을 확인하는 쉬운 방법은 갖고 있지 못하다. 지금까지, 한정작용소에 관련된 동등들은 사례들을 관찰하고 상식적인 개념에 의해서만 확인해왔다. 우리가 연구했던 논리식들이 더 복잡해짐에 따라, 이 방법은 사용하기에 불확실하고 어려워질 것이다.

다행스럽게, 3장에서 한정작용소에 관련된 명제들에 대한 논증의 좋은 방법들을 배우게 될 것이다. 한정작용소에 대한 생각에ㅔ 많은 실습을 하기 위해, 상식적인 개념을 적용하여 몇 가지 약간 더 복잡한 동등들을 학습할 것이다. 만약 당신이 이런 동등들이 올바르다는 완전한 확신을 가지 못하다면, 3장에서 그것들을 더 신중하게 확인하게 될 것이다.

명제 "모든 사람은 밝은 눈과 털 많은 꼬리를 갖고 있다"를 생각해보자. 만약 우리가 $E(x)$는 "x는 밝은 눈을 갖고 있다"를 의미하고, $T(x)$는 "x는 털 많은 꼬리를 갖고 있다."를 의미한다고 하면, 그러면 우리는 이 명제를 논리식 $\forall x(E(x) \wedge T(x))$로 표현할 수 있다. 이것은 논리식 $\forall xE(x) \wedge \forall xT(x))$와 동등한가? 뒤의 논리식은 "모든 사람은 밝은 눈을 갖고 있고, 그리고 모든 사람은 또한 털 많은 꼬리를 갖고 있다"을 의미한다. 그리고 직관적으로 이것은 원 명제와 같은 의미를 가진다. 따라서 $\forall x(E(x) \wedge T(x))$는 $\forall xE(x) \wedge \forall xT(x))$와 동등하다. 즉, 전칭작용소는 논리곱에 대하여 분배법칙을 가진다고 말할 수 있다.

하지만, 존재 작용소에 대응되는 분배법칙은 성립하지 않는다. 논리식들 $\exists x(E(x) \wedge T(x))$와 $\exists xE(x) \wedge \exists xT(x))$을 생각해보자. 처음것은 밝은 눈과 털이 많은 꼬리를 둘 다 갖고있는 사람들이 존재한다는 의미이고, 그리고 두 번째는 어떤 사람은 밝은 눈을 갖고 있고, 그리고 또한 어떤 사람은 털 많은 꼬리를 갖고 있다는 의미이다.

이것들은 전혀 같은 것을 의미하지 않는다. 두 번째 명제에서 밝은 눈을 갖고있는 사람과 털이 많은 꼬리를 갖고있는 사람이 동일이 아닐 수 있지만, 처음 명제에서는 그들은 동일인이다. 두 명제의 차이를 알아볼 수 있는 다른 예로 진리집합들을 생각해보자. A를 $E(x)$의 진리집합이라 하고, B를 $T(x)$의 진리집합이라 하자. 즉, A는 밝은 눈을 갖고 있는 사람들의 집합이고, B는 털이 많은 꼬리를 갖고 있는 사람들의 집합이다. 그러면 두 번째 명제는 A와 B 둘 다 공집합이 아니다. 또는 즉 A와 B는 서로 소가 아니다.

존재 작용소와 논리곱에 대한 분배법칙의 한 적용으로, A, B를 집합이라 하고 $A = B$ 식을 생각해 보자. 우리는 두 집합은 그들이 똑 같은 원소들을 갖고 있을 때와 같다. 따라서 등식 $A = B$는 $\forall x(x \in A \leftrightarrow x \in B)$를 의미한다. 이것은 $\forall x[(x \in A \rightarrow x \in B) \wedge (x \in B \rightarrow x \in A)]$와 동등하다. 전칭작용소는 논리곱에 대하여 분배법칙이 성립하기 때문에, 이것은 $\forall x(x \in A \rightarrow x \in B) \wedge \forall x(x \in B \rightarrow x \in A)$이다. 그리고 부분집합의 정의에 의해서 $A \subseteq B \wedge B \subseteq A$를 의미한다. 따라서 우리는 등식 $A = B$는 논리식 $A \subseteq B \wedge B \subseteq A$와 동등하다.

이제 7개의 기본적인 논리기호들을 소개해 보자: 연결사들 $\wedge$, $\vee$, $\neg$, $\rightarrow$와 $\leftrightarrow$, 그리고 한정작용소들 $\forall$와 $\exists$이다. 모든 수학적인 명제들은 이 논리기호들을 사용하여 설명될 수있고, 그리고 모든 수학적 추론이 이 논리기호들을 적당히 사용한 용어들로 분석될 수 있다는 것은 기가 막히게 놀라운 사실이다. 소개한 기호들의 힘을 설명하기 위해서, 논리적 표기에 대한 몇가지 더 수학적 명제들을 써보며 이 장을 끝마치자.

예 2.2.3. 다음 명제들의 논리적 형식들을 분석하여라.

1. 자연수들에 대한 명제들이다. 여기서 전체집합은 자연수집합이다.
   (a) x는 완전제곱수이다.
   (b) x는 y의 배수이다.
   (c) x는 소수이다.
   (d) x는 y, z의 최소공배수이다.
2. 실수들에 대한 명제들이다. 여기서 전체집합은 실수집합이다.
   (a) 덧셈에 대한 항등원은 0이다.
   (b) 임의의 실수는 덧셈에 대한 역원을 가진다.
   (c) 음수들은 제곱근을 갖지 않는다.
   (d) 모든 양수는 꼭 두 개의 제곱근을 가진다.

풀이

1. (a) 이것은 x는 어떤 자연수의 제곱이다. 즉 $\exists y\,(x=y^2)$이다.
   (b) 이것은 x가 어떤 자연수의 y배와 같다는 것이다. 즉 $\exists z\,(x=yz)$이다.
   (c) 이것은 $x>1$이고, 그리고 x는 더 작은 두 개의 자연수의 곱으로 쓸 수 없다. 기호로는 $x>1\wedge\neg\exists y\exists z\,(x=yz\wedge y<x\wedge z<x)$이다.
   (d) 우리는 이것을 몇 단계로 나누어 번역하자.
      (i) x는 y와 z의 배수이고 y와 z의 배수인 더 작은 수는 존재하지 않는다.
      (ii) $\exists a(x=ya)\wedge\exists b(x=zb)\wedge\neg\exists w(w<x(w$는 y와 z의 공배수이다$))$
      (iii) $\exists a(x=ya)\wedge\exists b(x=zb)\wedge\neg\exists w(w<x\wedge\exists c(w=yc)\wedge\exists d(w=zd))$
2. (a) $\forall x(x+0=x)$
   (b) $\forall x\exists y(x+y=0)$
   (c) $\forall x(x<0\rightarrow\neg\exists y(y^2=x))$

(d) 우리는 이것을 몇 단계로 나누어 번역하자.

(i) $\forall x(x > 0 \rightarrow x$꼭 두개의 제곱근을 갖는다)

(ii) $\forall x(x > 0 \rightarrow \exists y \exists z(y$ 와 z는 x의 제곱근이고

$y \neq z$이고 x의 다른 제곱근은 없다))

(iii) $\forall x(x > 0 \rightarrow \exists y \exists z(y^2 = x \wedge z^2 = x \wedge y \neq z$

$\wedge \neg \exists w(w^2 = x \wedge w \neq y \wedge w \neq z)))$

연습문제

*1. 다음 명제들을 부정하고 그 결과를 동등한 긍정적인 명제 positive statement로 표현하여라.(예 2.2.1 참조)

(a) 수학을 전공하는 모든 사람은 그의 숙제를 도와줄 한 친구를 갖고 있다.

(b). 누구나 모두를 좋아하지 않는 룸메이트를 갖고 있다.

(c). $A \cup B \subseteq C - D$

(d). $\exists x \forall y[y > x \rightarrow \exists z(z^2 + 5z = y)]$.

2. 다음 명제들을 부정하고 그 결과를 동등한 긍정적인 명제 positive statement로 표현하여라.(예 2.2.1 참조)

(a). 대학1학년 학생들 중에는 룸메이트를 갖고 있지않는 학생도 있다.

(b). 모든 사람은 어떤 사람을 좋아한다. 그러나 아무도 모든 사람을 좋와 할 수는 는 없다.

(c). $\forall a \in A \ \exists b \in B(a \in C \leftrightarrow b \in C)$.

(d). $\forall y > 0 \ \exists x \ (ax^2 + bx + c = y)$.

3. 다음 명제들은 참인지 거짓인지 밝혀라. 전체집합은 자연수 N이다.

(a). $\forall x(x < 7 \rightarrow \exists a \exists b \exists c(a^2 + b^2 + c^2 = x))$.

(b). $\exists! x((x-4)^2 = 9)$.

(c). $\exists! x((x-4)^2 = 25)$.

(d). $\exists x \exists y((x-4)^2 = 25 \wedge (y-4)^2 = 25)$.

*4. 소위 $\neg\forall x P(x)$가 $\exists x\neg P(x)$와 동등하다는, 제2차 한정작용소 부정법칙은 $\neg\exists x P(x)$가 $\forall x\neg P(x)$와 동등하다는 제1차 한정작용소 부정법칙으로부터 유도될 수 있음을 보여라. (참조: 이중부정법칙을 이용하여라).

5. $\neg\exists x\in A\, P(x)$가 $\forall x\in A\neg P(x)$와 동치임을 보여라.

*6. 존재한정작용소는 논리곱에 때하여 분배법칙이 성립함을 보여라, 즉, $\exists x(P(x)\vee Q(x))$은 $\exists x P(x)\vee\exists x Q(x)$와 동등임을 보여라.

7. $\exists x(P(x)\rightarrow Q(x))$가 $\forall x P(x)\rightarrow\exists x Q(x)$와 동치임을 보여라.

*8. $(\forall x\in A\, P(x))\wedge(\forall x\in B P(x))$가 $\forall x\in(A\cup B)\, P(x)$와 동치임을 보여라. (힌트: 처음에 속박된 한정작용소의 의미를 속박되지 않은 한정작용소의 용어로 써본다.)

9. $\forall x(P(x)\vee Q(x))$은 $\forall x P(x)\vee\forall x Q(x)$와 동등한가? 설명하여라.

10. (a) $\exists x\in A\, P(x)\vee\exists x\in B\, P(x)$은 $\exists x\in(A\cup B)\, P(x)$와 동치임을 보여라.
    (b) $\exists x\in A\, P(x)\wedge\exists x\in B\, P(x)$은 $\exists x\in(A\cap B)\, P(x)$와 동치임을 보여라.

*11. 명제들 $A\subseteq B$와 $A\setminus B=\phi$가 동치임을 논리적 기호를 사용하여 보이고 그래서 그 결과 공식들이 동치임을 보여라.

12. 명제들 $C\subseteq A\cup B$와 $C\setminus A\subseteq B$가 동치임을 논리적 기호를 사용하여 보이고 그래서 그 결과 공식들이 동치임을 보여라.

13. (a) 명제들 $A\subseteq B$와 $A\cup B=B$가 동치임을 논리적 기호를 사용하여 보이고 그래서 그 결과 공식들이 동치임을 보여라.(힌트: 당신은 1,5장 연습문제 11가 유용함을 알 수 있을 것이다.)
    (b) 명제들 $A\subseteq B$와 $A\cap B=A$가 동치임을 보여라.

*14. 명제들 $A\cap B=\varnothing$와 $A\setminus B=A$가 동치임을 보여라.

15. $T(x,y)$는 "x는 y의 선생님이다" 라 하자. 다음 명제들은 무슨 의미일까? 각각은 어떤 조건 아래서 참이 될까? 이들 중 어떤것들이 서로 동등할까?

(a) $\exists ! y\, T(x,y)$.

(b) $\exists x\, \exists ! y\, T(x,y)$.

(c) $\exists ! x\, \exists y\, T(x,y)$.

(d) $\exists y\, \exists ! x\, T(x,y)$.

(e) $\exists ! x\, \exists ! y\, T(x,y)$.

(f) $\exists x\, \exists y\, [T(x,y) \wedge \neg \exists u\, \exists v\, (T(u,v) \wedge (u \neq x \vee v \neq y))]$

2.3. 집합들에서 더 많은 연산들 More Operations on Sets

지금까지 한정작용소들이 어떻게 작용하는가 알아봤다. 집합론에서 약간의 더 발전된 주제들에 대하여 논의할 준비가 되었다.

이제까지, 집합들을 정의하는 유일한 방법은 원소들을 일일이 나열하기 보다는 집합에 대한 원소확인 판정 $\{x \mid P(x)\}$를 사용했다. 어떤 때는 이 표기는 수직선 앞에 있는 x을 더 복잡한 표현으로 대체하는 것을 허락함으로써 수정할 수 있다. 예를 들어, 만약 우리가 S를 완전제곱수의 집합이라 정의하기를 원한다고 가정하자. 이 집합을 나타내는 가장 쉬운 방법은 아마도 n이 자연수일 때, n^2형식의 모든 수로 구성되는 집합이다. 이것은 $S = \{n^2 \mid n \in \mathbb{N}\}$ 으로 쓴다.

주지하는 바와 같이, 예 2.2.3으로부터 첫 명제에 대한 해집합을 사용하면, 우리는 $S = \{x vert \exists n \in \mathbb{N}(x = n^2)\}$로 써서 정의 할 수 있다.

따라서 $\{n^2 \mid n \in \mathbb{N}\} = \{x \mid \exists n \in \mathbb{N}(x = n^2)\}$이다. 그리고 따라서 $x \in \{n^2 \mid n \in \mathbb{N}\}$ 은 $\exists n \in \mathbb{N}(x = n^2)$와 같은 의미이다. 집합의 원소들이 번호가 매겨져있으면 다음 표기가 사용된다. 예를 들어, 처음부터 100개의 소수들의 집합을 표현하기를 원한다고 가정하자. 우리는 $p_1, p_2, p_3, \cdots$ 와 같이 그 소수들에 번호를 매길 수 있다. 즉, $p_1 = 2, p_2 = 3, p_3 = 5$와 같다. 그러면 우리가 찾는 집합은$P = \{p_1, p_2, p_3, \cdots, p_{100}\}$이 될 것이다. 이 집합을 표현하는 다른 방법으로는 모든 수 p_i의 집합으로, 여기서 i는 집합

$I=\{1,2,3,\cdots,100\}=\{i\in N|1\leq i\leq 100\}$의 원소이다. 이것은 $P=\{p_i|i\in I\}$로 쓸 수도 있다. 이 집합의 각 원소 p_i는 각 수 $i\in I$에 대응되며, 각 원소의 색인 index이라 부른다.

이 방법으로 정의된 집합을 색인 집합족 indexed family이라 부른다. 여기서 I를 색인 집합 index set이라 부른다.

비록 색인 집합족에 대한 색인 집합이 자주 수 집합이지만, 꼭 그렇지는 않다. 예를 들어, S를 학교에서 학생들의 집합이라 하자. 만약 우리가 학생들의 모든 어머니들의 집합을 구성한다면, 우리는 m_s를 임의의 학생 s에 대한 어머니를 나타낸다고 하자. 그러면 학생들의 모든 어머니들의 집합은 $M=\{m_s|s\in S\}$라 쓸 수 있다. 이것은 모든 어머니들의 집합 S가 색인집합이 되는 한 수 임을 알 수 있고, 이 집합은 각 어머니들은 그녀의 자녀가 되는 학생들의 이름으로 동일시된다. 이 집합을 원소확인판정에 의해서 정의할 수 있음을 알 수 있다. 여기서 $M=\{m|m\text{은 어떤 학생의 어머니이다}\}=\{m|\exists s\in S(m=m_s)\}$이다.

일반적으로, 임의의 색인된 집합족 $A=\{x_i|i\in I\}$은 또한 $A=\{x|\exists i\in I(x=x_i)\}$와 같이 정의된다. 이 명제 $x\in\{x_i|i\in I\}$은 명제 $\exists i\in I(x=x_i)$와 같은 의미를 가진다.

예 2.3.1. 다음 명제들을 집합론의 정의들을 사용하여 논리적 형식들을 분석하여라.

1. $y\in\{\sqrt[3]{x}|x\in\mathbb{Q}\}$.
2. $\{x_i|i\in I\}\subseteq A$.
3. $\{n^2|n\in\mathbb{N}\}$와 $\{n^3|n\in\mathbb{N}\}$은 공통부분이 없다.

풀이

1. $\exists x\in\mathbb{Q}\,(y=\sqrt[3]{x})$.
2. 부분집합의 정의에 따라서 우리는 $\{x_i|i\in I\}$.의 모든 원소가 A의 원소임을 보여야한다. 따라서 우리는 다음과 같이 기술하여 시작할 수 있다: $\forall x(x\in\{x_i|i\in I\}\to x\in A)$. $x\in\{x_i|i\in I\}$의 의미를 세우기 위해 우리는 더 쉽게 하기위해, 우리는 $\forall x(\exists i\in I(x=x_i)\to x\in A)$을 밝힌다. 그러나 모든 $i\in I$ 에 대한 $\{x_i|i\in I\}$의 원소는 바로 x_i들이 됨으로, 아마도 $\{x_i|i\in I\}$의 모든 원소들이 A의 원소임을 말하는 것이 더 쉬운 방법이 $\forall i\in I(x_i\in A)$일 것이다. 우리가 설명한 이 두

가지 답은 동등하다. 그러나 이것을 밝히기 위해서는 3장에서 배울 예정인 방법들이 요구된다.

3. 우리는 두 집합들이 공통인 원소를 갖고 있음을 보여야한다. 따라서 한 해를 다음과 같이 써서 논의를 시작하자: $\exists x(x\in\{n^2|n\in\mathbb{N}\}\wedge x\in\{n^3|n\in\mathbb{N}\})$. 그러나, 마지막 명제에서 쉬운 방법이 있다. 두 집합에 공통인 원소는 어떤 자연수의 제곱수도 되고 또한 어떤 자연수(서로 다를 수 있음)의 세제곱수가 된다는 것이다. 따라서 그 공통인 원소가 $\exists n\in\mathbb{N}\,\exists m\in\mathbb{N}\left(n^2=m^3\right)$와 같이 존재함을 보여야 한다. 여기서 $\exists n\in\mathbb{N}\left(n^2=n^3\right)$로 쓰면 잘못된 것이다. 왜냐하면 두 자연수가 다를 수있는 가능성을 허락하지 않기 때문이다. 그래서, 왜냐하면 $64=8^2=4^3$이 됨으로 이 명제는 참이다. 따라서 64은 이 두 집합의 공통인 원소이다.

한 집합의 원소가 될수 잇는 것은 어떤 것일까? 한 집합이 다른 집합들을 한 원소가 될수 있는 가능성을 고려할 때 흥미롭고 유용한 생각이 제기된다. 예를 들어, $A=\{1,2,3\}, B=\{4\}$, 그리고 $C=\phi$. 우리가 집합으로 $\mathcal{F}=\{A, B, C\}$로 구성하지 않을 이유가 없다. 이 원소들은 세 집합 A, B 그리고 C 이다. A, B, 그리고 C 의 정의를 채워 보면, 우리는 다음과 같이 쓸 수 있다: $\mathcal{F}=\{\{1,2,3\},\{4\},\phi\}$. $1\in A$이고 $A\in\mathcal{F}$ 이지만 $1\notin\mathcal{F}$이다. $\mathcal{F}$ 는 세 원소만을 갖고, 그것들 셋은 숫자들이 아니다. 집합들을 원소로 갖는, $\mathcal{F}$ 와 같은 집합을 집합 족 families of sets 이라한다.

집합족은 색인된 집합족으로 정의하는 것이 편리하다. 예를 들어, 우리가 S를 모든 학생들의 집합이라 가정하고, 각 학생 s에 대하여 C_s를 s가 택한 수강과목들의 집합이라 하자. 그러면 모든 C_s의 집합으로 된 집합족은 색인된 집합족 $\mathcal{F}=\{C_s\,|\,s\in S\}$이다.

이 집합족의 원소는 물론 집합들임을 기억해두자. 만약 t가 한 특별한 학생 $Tina$릏 나타내고, $Tina$의 수강과목을 미적분 Calculus, 영어작문 English Composition, 그리고 미국역사 American History라 하면,

$C_t=\{Calculus, English\ Composition, American\ History\}$이고 $C_t\in\mathcal{F}$ 이지만 $Calculus\notin\mathcal{F}$ 이다.

집합족의 한 중요한 예는 집합의 멱집합 Power set이다.

정의 2.3.2. A를 한 집합이라 가정하자. A의 멱집합 Power set는 $\mathscr{P}(A)$로 표기하며, A의 모든부분집합들을 원소하는 집합족이다. 즉,

$\mathscr{P}(A) = \{x \mid x \subseteq A\}$.

예를 들어, 집합 $A = \{7, 12\}$는 4개의 부분집합을 가진다: $\phi, \{7\}, \{12\}, \{7, 12\}$

따라서 $\mathscr{P}(A) = \{\phi, \{7\}, \{12\}, \{7,12\}\}$이다. $\mathscr{P}(\phi)$은 무엇일까? ϕ는 원소를 포함하지 않지만, 그것은 한 부분집합 ϕ를 가진다. 따라서 $\mathscr{P}(\phi) = \{\phi\}$. 1.3절에서 본 바와 같이 $\{\phi\}$는 ϕ와 같지 않다.

한 집합 X의 어떤 부분집합들을 사용 할 때는 언제나, X의 이 부분집합들은 멱집합의 정의에 의한 $\mathscr{P}(X)$의 원소들임을 기억하는 것이 도움이 된다. 예를 들어, 만약 C를 학교에서 제공된 모든 교과목들의 집합이라고 하면, 앞의 예에서 각 집합 C_s는 C의 부분집합이다. 따라서 각 학생 s에 대한, $C_s \in \mathscr{P}(C)$이다. 이것은 집합족 $\mathcal{F} = \{C_s \mid s \in S\}$의 모든 원소는 $\mathscr{P}(C)$의 한 원소이다. 따라서 $\mathcal{F} \subseteq \mathscr{P}(C)$이다.

예 2.3.3. 다음 명제들의 논리적 형식들을 분석하여라.

1. $x \in \mathscr{P}(A)$
2. $\mathscr{P}(A) \subseteq \mathscr{P}(B)$
3. $B \in \{\mathscr{P}(A) \mid A \in \Gamma\}$
4. $x \in \mathscr{P}(A \cap B)$
5. $x \in \mathscr{P}(A) \cap \mathscr{P}(B)$

풀이

1. 멱집합의 정의에 따라서 $\mathscr{P}(A)$의 원소들은 A의 부분집합들이다. 따라서 $x \in \mathscr{P}(A)$는 $x \subseteq A$을 의미한다. 이것은 우리가 이미 아는 봐와 같이 $\forall y(y \in x \to y \in A)$로 쓸 수 있다.
2. 부분집합의 정의에 따라서 이것은 $\forall x(x \in \mathscr{P}(A) \to x \in \mathscr{P}(B))$을 의미한다. 이제, 전과 같이 $x \in \mathscr{P}(A)$그리고 $x \in \mathscr{P}(B)$로 쓰면, 우리는 $\forall x[\forall y(y \in x \to y \in A) \to \forall y(y \in x \to y \in B)]$을 얻을 수 있다.

3. 전과같이, 이것은 $\exists A \in \mathcal{F}\ (B = \mathscr{P}(A))$을 의미한다. 이제, $B = \mathscr{P}(A)$는 B의 원소들이 A의 부분집합들이라는 의미를 말하며, 또는 다른 표현의 하면 $\forall x(x \in B \leftrightarrow x \subseteq A)$이다. 이것을 채워 넣으면, 부분집합의 정의에 따라서 우리는 마지막적인 답은,
   $\exists A \in \mathcal{F}\ \forall x(x \in B \leftrightarrow \forall y(y \in x \rightarrow y \in A))$이다.
4. 1번 명제에서와 같이, 우리는 이것을 $\forall y(y \in x \rightarrow y \in A \cap B)$으로 쓸 수 있다. 이제, 교집합의 정의에 따라, 우리는 $\forall y(y \in x \rightarrow x \in A \wedge x \in B)$를 얻는다.
5. 교집합의 정의에 따라, 이것은 $(x \in \mathscr{P}(A)) \wedge (x \in \mathscr{P}(B))$을 의미한다. 이제, 앞에서 이야기한 멱집합의 정의에 따라, 우리는 $\forall y(y \in x \rightarrow y \in A) \wedge \forall y(y \in x \rightarrow y \in B)$을 얻는다.

이 예의 5번 명제에서, 먼저 교집합의 정의를 쓰고 다음에 멱집합의 정의를 사용했으며, 4번 명제에서는 먼저 멱집합의 정의를 쓰고 다음에 교집합의 정의를 사용한 것을 알 수 있다. 더 많은 수학적 용어들과 기호들의 정의들을 배우면, 한 복잡한 수학명제의 의미를 알기위해서는 어떤 정의를 먼저 택하느냐가 더 중요하게 될 것이다. 엄지손가락의 좋은 규칙은 “가장 바깥에 있는”기호부터 항상 출발하는 것이다. 예2.3.3의 4번 명제는, 교집합의 기호가 멱집합 표기의 내부에 있어서, 따라서 멱집합의 정의를 먼저 쓴 것이다. 5번 명제에서는, 멱집합의 표기가 두 집합의 교집합에 대한 표기의 양쪽에 있어서, 따라서 우리는 교집합의 정의부터 시작했다. 명제 2번에서, 유사한 고려들이 멱집합보다 먼저 부분집합의 정의를 사용하도록 한다.

예 2.3.3의 4번과 5번 명제들에 대한 우리들의 답은 동등하다는 것이 흥미롭다. (당신은 연습문제 10에서 확인 해야만 한다.) 1.4장에서와 같이, 임의의 집합들 A와 B에 대하여, $\mathscr{P}(A \cap B) = \mathscr{P}(A) \cap \mathscr{P}(B)$이다. 당신은 만약 $\cap$를 $\cup$으로 바꾸면 일반적으로 이 방정식이 참이 아니라는 것을 연습문제 11번에서 보게 된다.

다시 한번 더 집합족 $\mathcal{F} = \{C_s \mid s \in S\}$를 고려해보자. 여기서 S는 모든 학생들의 집합이고 각 학생 s에 대해서, C_s는 s가 선택한 모든 과목들의 집합이다.

만약 우리가 어떤 과목들이 모든 학생들 한테 동시에 선택된 것인지 알기를 원한다면, 우리는 $\mathcal{F}$안의 모든 집합들의 공통부분이 되는 원소들을 찾을 필요가 있다. 이 공통인 원소들 전부의 집합을 집합족 $\mathcal{F}$의 교집합이라 부르고, $\cap \mathcal{F}$로 표기한다. 유사하게, 집합족 $\mathcal{F}$의 합집합은, $\cup \mathcal{F}$로 표기하며, $\mathcal{F}$안의 모든 집합들의 모든 원소들을 한 집합의 합께 합한 결과

로 된 집합이다. 이 경우, $\cup \mathcal{F}$는 임의의 학생들이 선택한 모든 과목들의 집합이 될 것이다.

예 2.3.4. $\mathcal{F} = \{\{1,2,3,4\}, \{2,3,4,5\}, \{3,4,5,6\}\}$라 하자. $\cap \mathcal{F}$ 와 $\cup \mathcal{F}$를 구하여라.

풀이

$$\cap \mathcal{F} = \{1,2,3,4\} \cap \{2,3,4,5\} \cap \{3,4,5,6\} = \{3,4\}$$
$$\cup \mathcal{F} = \{1,2,3,4\} \cup \{2,3,4,5\} \cup \{3,4,5,6\} = \{1,2,3,4,5,6\}$$

비록 이 예들이 $\cap \mathcal{F}$와 $\cup \mathcal{F}$에 의해서 무엇을 의미하는지 분명하게 알 수 있지만, 아직 이 집합들에 대한 주의 깊은 정의를 하지는 않았다. 일반적으로, 만약 $\mathcal{F}$가 임의의 집합족이라 하면, 그러면 우리는 $\cap \mathcal{F}$가 $\mathcal{F}$안에 있는 모든 집합들이 공통으로 갖고있는 원소들을 포함하기를 바란다. 따라서 $\cap \mathcal{F}$의 원소가 된다는 것은 $\mathcal{F}$안의 모든 집합들의 원소가 되어야 하는 대상이다. 한편, $\mathcal{F}$안의 임의의 집합의 원소가 되는 어떤것이나 $\cup \mathcal{F}$안에 있어야한다. 따라서 $\cup \mathcal{F}$의 원소가 되기 위해서는 단지 $\mathcal{F}$안의 적어도 한 집합의 원소만 될 필요가 있다. 따라서 우리는 다음 일반적인 정의를 얻는다.

정리 2.3.5. $\mathcal{F}$를 한 집합족이라 가정하자. 그러면 $\mathcal{F}$의 교집합 intersection과 합집합 union은 다음과 같이 정의되는 $\cap \mathcal{F}$와 $\cup \mathcal{F}$이다:

$$\cap \mathcal{F} = \{x | \forall A \in \mathcal{F} (x \in A)\} = \{x | \forall (A \in \mathcal{F} \rightarrow x \in A)\}$$
$$\cup \mathcal{F} = \{x | \exists A \in \mathcal{F} (x \in A)\} = \{x | \exists (A \in \mathcal{F} \wedge x \in A)\}.$$

약간의 수학자들은 만약 $\mathcal{F} = \varnothing$이면 $\cap \mathcal{F}$가 정의되지 않는다고 생각한다. 이것에 대한 이유의 설명은, 연습문제 14를 보여라. 우리는 $\mathcal{F} = \varnothing$일 때만 표기 $\cap \mathcal{F}$를 사용할 것이다. 만약 A와 B가 두 집합들이고 그리고 $\mathcal{F} = \{A, B\}$라 하면, $\cap \mathcal{F} = A \cap B$ 이고 $\cup \mathcal{F} = A \cup B$ 임을 주시하여라. 따라서 한 집합족의 교집합과 합집합의 정의는 두 집합의 교집합과 합집합의 우리들의 정의들을 실제적으로 일반화한 것이다.

예 2.3.6. 다음 명제들의 논리적 형식들을 분석하여라.

1. $x \in \cap \mathcal{F}$
2. $\cap \mathcal{F} \not\subseteq \cup \mathcal{G}$
3. $x \in P(\cup \mathcal{F})$
4. $x \in \cup \{P(A) | A \in \mathcal{F}\}$

풀이

1. 집합족의 교집합의 정의에 의해서. 이것은 $\forall A \in \mathcal{F}(x \in A)$, 또는 동등하게, $\forall A(A \in \mathcal{F} \rightarrow x \in A)$이다.
2. 예 2.2.1에서 본 바와 같이, 한 집합이 다른 집합의 부분집합이 아니라는 것은 어떤 것이 첫 번째의 원소이면서 두 번째의 원소가 아닌 것이 있다는 것을 말한다. 따라서 $\exists x(x \in \cap \mathcal{F} \wedge x \notin \cup \mathcal{G})$와 같이 쓸 수 있다. 1번 풀이에서 $x \in \cap \mathcal{F}$가 무엇을 의미하는지 이미 알고 있다. 집합족의 합집합의 정의에 의해서, $x \in \cup \mathcal{G}$는 $\exists A \in \mathcal{G}(x \in A)$이고, 따라서 $x \notin \cup \mathcal{G}$는 $\neg \exists A \in \mathcal{G}(x \in A)$를 의미한다. 한정작용소의 부정의 법칙에 의해서, 이것은 $\forall A \in \mathcal{G}(x \notin A)$와 동등하다. 이것을 전체적으로 함께 보면, 답은 $\exists x[\forall A \in \mathcal{F}(x \in A) \wedge \forall A \in \mathcal{G}(x \notin A)]$이다.
3. 멱집합 표기 안에 합집합 기호가 있기 때문에, 우리는 멱집합의 정의로부터 써서 시작할 수 있다. 예 2.3.3, 에서와 같이, 우리는 $x \subseteq \cup \mathcal{F}$을 얻을 수 있거나, 또는 다르게 말하면 $\forall y(y \in x \rightarrow y \in \cup \mathcal{F})$이다. 이제 우리는 합집합의 정의를 사용하여 $\exists A \in \mathcal{F}(y \in A)$와 같이 $y \in \cup \mathcal{F}$로 쓸 수 있다. 마지막 답은 $\forall y(y \in x \rightarrow \exists A \in \mathcal{F}(y \in A))$이다.
4. 이번에는 합집합의 정의로부터 써보자. 이 정의에 따라서 그 명제는 x가 $A \in \mathcal{F}$에 대한 $P(A)$의 적어도 하나라는 것을 의미한다. 즉, $\exists A \in \mathcal{F}(x \in P(A))$이다. 예 2.3.3.으로부터 명제 $x \in P(A)$의 분석을 대입하면, 우리는 $\exists A \in \mathcal{F} \ \forall y(y \in x \rightarrow y \in A)$를 얻는다.

마지막 예에서와 같이, 복잡한 수학적 명제들을 논리기호들로 쓰는 것은, 가끔 그 명제가 무엇인가를 이해하고 그것들이 참인지 거짓인지 판단하는 데 도움을 주기도 한다.

예를 들어, 한번 더 C_s는 학생 s에 의해서 선택한 모든 과목들의 집합이이라 가정하자. M을 수학을 전공하는 학생들의 집합이고 E를 영어를 전공하는 학생들의 집합이라 하고, $\mathcal{F}=\{C_s|s\in M\}$ 그리고 $\mathcal{G}=\{C_s|s\in E\}$ 이라 하자. 이 정의들로, 예 2.3.6 2번 명제는 무엇을 의미하고, 그리고 무슨 조건이면 그것이 참인가? 예에 대한 풀이에 따르면, 그 명제는 $\exists x[\forall A\in\mathcal{F}[F(x\in A)\wedge\forall A\in\mathcal{G}(x\not\in A)]$을 의미하고, 또는 즉, 어떤 것이 $\mathcal{F}$안의 각 집합의원소이면서, $\mathcal{G}$안에서 각 집합의 원소가 될 수 없는 것이 있다는 것이다. 적용하는 $\mathcal{F}$와 $\mathcal{G}$의 정의들을 고려하면, 이것은 수학 전공하는 학생들 모두가 선택하는 어떤 과목으로 영어 전공하는 학생들이 아무도 선택 하지 않는 과목이 있다는 것이다. 만약, 예를 들어, 수학 전공자들은 모두 미적분을 선택하지만 영어 전공자들은 모두 택하지 않는다면, 그러면 그 명제는 참이 될 것이다.

다른 예로, $\mathcal{F}=\{\{1,2,3\},\{2,3,4\},\{3,4,5\}\}$, $x=\{4,5,6\}$ 라 가정하자. 이 정의로부터, 예 2.3.6의 명제3은 참인가? 당신은 $\mathscr{P}(\cup\mathcal{F})$을 찾고, 그리고 만약 x가 그것의 원소인가를 확인 하면 결정할 수 있다. 그러나 그것은 아주 많은 시간을 소요하게 될 것이다. 왜냐하면 $\mathscr{P}(\cup\mathcal{F})$가 32개의 원소를 갖기 때문이다. 이 예에 대한 우리의 풀이에 주어지는 논리기호들로 바꾸면 쉬워진다. 바꾸면, 이 명제는 $\forall y(y\in x\rightarrow\exists A\in\mathcal{F}(y\in A))$을 의미한다; 즉, 모든 x의 원소는 적어도 $\mathcal{F}$안의 한 집합에 있다는 것이다. $\mathcal{F}$와 x의 정의들을 되돌아보면, 그것이 거짓임을 알아보는 것은 어렵지 않다. 왜냐하면 $6\in x$이고, 그러나 6은 $\mathcal{F}$의 어떤 집합에도 속하지 않는다.

기존과 다른 표기가 색인이 붙은 집합족들의 합집합과 교집합에 대하여 가끔 사용된다. $\mathcal{F}=\{A_i|i\in I\}$이고, 각 A_i는 집합이라 가정하자. 그러면 $\cap\mathcal{F}$는 $i\in I$에 대하여, 모든 A_i들의 공통인 원소들의 집합이 된다. 그리고 이것은 역시 $\cap_{i\in I}A_i$로 쓸 수 있다. 즉,

$\cap\mathcal{F}=\cap_{i\in I}A_i=\{x|\forall i\in I(x\in A_i)\}$이다.

유사하게, $\cup F$ 에 대한 기존과 다른 표기는 $\cup_{i\in I}A_i$이다. 따라서

$\cup\mathcal{F}=\cup_{i\in I}A_i=\{x|\exists i\in I(x\in A_i)\}$이다.

학생들의 과목 선택의 예로 돌아가서, 우리는 모든 학생들에 의해서 선택된 과목들의 집

합 표기는 $\cap_{s \in S} C_s$로 쓸 수 있다.

예 2.3.7. $I = \{1,2,3\}$이고, 그리고 각 i에 대한 $A_i = \{i, i+1, i+2, i+3\}$이라 하자. $\cap_{i \in I} A_i$ 와 $\cup_{i \in I} A_i$를 찾아라.

풀이

먼저 각 i에 대한, 집합 A_i의 원소들을 나열하자:

$A_1 = \{1,2,3,4\}$, $A_2 = \{2,3,4,5\}$, $A_3 = \{3,4,5,6\}$

그러면

$\bigcap_{i \in I} A_i = A_1 \cap A_2 \cap A_3 = \{1,2,3,4\} \cap \{2,3,4,5\} \cap \{3,4,5,6\} = \{3,4\}$이고,

유사하게,

$\bigcup_{i \in I} A_i = A_1 \cup A_2 \cup A_3 = \{1,2,3,4\} \cup \{2,3,4,5\} \cup \{3,4,5,6\} = \{1,2,3,4,5,6\}$이다.

사실상, 이제 이 예에서 요구된 질문은 예 2.3.4의 그것과 똑 같다. 다만 다른 표기 이다. 당신은 이 표기는 S안의 모든 원소들 s을 통 털어서 각각에 대해서 집합 C_s를 만들어서, 이 집합들의 교집합으로 생각한다.

예 2.3.8. 이 예에서 전체집합은 모든 학생들의 집합 S이다. $L(x, y)$는 "x가 y를 좋아 한다"를 나타내고 기리고 $A(x, y)$는 "x가 y를 존경 한다"를 나타낸다고 하자. 각 학생 s에 대하여, L_s를 s가 좋아하는 학생들의 집합이라 하고 하자. 즉, $L_s = \{t \in S \mid L(s,t)\}$이다. 유사하게, $A_s = \{t \in S \mid A(s,t)\} =$ s가 존경하는 학생들의 집합이다. 다음 집합들을 설명하여라.

1. $\cap_{s \in S} L_s$
2. $\cup_{s \in S} L_s$
3. $\cup_{s \in S} L_s \setminus \cup_{s \in S} A_s$
4. $\cup_{s \in S} (L_s \setminus A_s)$
5. $(\cap_{s \in S} L_s) \cap (\cap_{s \in S} A_s)$
6. $\cap_{s \in S} (L_s \cap A_s)$

7. $\cup_{b\in B}L_b$, 여기서 $B=\cap_{s\in S}A_s$이다.

풀이

무엇보다도 먼저, 일반적으로 $t\in L_s$는 $L(s,t)$와 같은 의미이다. 그리고 유사하게 $t\in A_s$는 $A(s,t)$를 의미한다.

1. $\cap_{s\in S}L_s=\{t\mid\forall s\in S(t\in L_s)\}=\{t\in S\mid\forall s\in S\,L(s,t)\}$=모든 학생들이 좋아하는 모든 학생들의 집합.
2. $\cup_{s\in S}L_s=\{t\mid\exists s\in S(t\in L_s)\}=\{t\in S\mid\exists s\in S\,L(s,t)\}$=적어도 한 학생이라도 좋아하는 모든 학생들의 집합.
3. 우리가 풀이 2에서 보는 바와 같이, $\cup_{s\in S}L_s$=적어도 한 학생이라도 좋아하는 모든 학생들의 집합, 유사하게, $\cup_{s\in S}A_s$=적어도 한 학생이라도 존경하는 모든 학생들의 집합이다. 따라서 $\cup_{s\in S}L_s\setminus\cup_{s\in S}A_s=\{t\mid t\in\cup_{s\in S}L_s \text{ 그리고 } t\notin\cup_{s\in S}A_s\}$=적어도 한 학생이라도 좋아하고 모든 학생들로부터 존경받지 못하는 모든학생들의 집합.
4. $\cup_{s\in S}(L_s\setminus A_s)=\{t\mid\exists s\in S(t\in L_s\setminus A_s\}=\{t\in S\mid\exists s\in S(L(s,t)\wedge\neg A(s,t))\}=$
   어떤 학생들은 t를 좋아하지만, t를 존경하지는 않는 그런 모든학생들의 집합. 이것은 3번의 집합과 다름을 말한다. 왜냐하면 이 집합에 있는 한 학생 t에 대하여, t를 좋아하지만 t를 존경하지 않는 한 학생이 있어야만 하기 때문이다. 그러나 t를 존경하는 다른 학생들이 있을 수 있다. 3항의 집합이 되기 위해서는, t는 아무한테서도 존경을 받지않아야 한다.
5. $(\cap_{s\in S}L_s)\cap(\cap_{s\in S}A_s)=\{t\mid t\in\cap_{s\in S}L_s \text{ 그리고 } t\in\cap_{s\in S}A_s\}$
   $=\{t\mid\forall s\in S(t\in L_s)\wedge\forall s\in S(t\in A_s)\}$
   $=\{t\in S\mid\forall s\in S\,L(s,t)\wedge\forall s\in S\,A(s,t)\}$
   은 모든 학생들이 좋아하고 또한 모든 학생들의 존경을 받는 모든 학생들의 집합이다.
6. $\cap_{s\in S}(L_s\cap A_s)=\{t\mid\forall s\in S(t\in L_s\cap A_s\}=\{t\in S\mid\forall s\in S(L(s,t)\wedge A(s,t))\}=$
   모든 학생들이 좋아하기도 하고 존경하는 모든학생들의 집합. 이것은 5항에서 말하는 집합과 같다. 사실상, 당신은 전칭작용소와 논리곱에 대한 분배법칙을 사용하여 두 집합이 동등하다는 객체와 집합의 주요 상호 관계를 볼 수 있다.

7. $\cup_{b\in B}L_b=\{t\mid \exists b\in B(t\in L_b)\}=\{t\in S\mid \exists b(b\in B\wedge L(b,t))\}$. 그러나 B 는 모든 학생들로부터 존경받는 모든 학생들의 집합으로 정의된다. 따라서 $b\in B$의 의미는 $b\in S\wedge \forall s\in S\ A(s,b)$이다.

이것을 대입하면, 우리는 $\cup_{b\in B}L_b=\{t\in S\mid \exists b(b\in S\wedge \forall s\in S\,A(s,b)\wedge L(b,t\}=$모든 학생들로부터 존경을 받는 어떤 학생들에 의해서 좋아하는 모든 학생들의 집합이다.

연습문제

*1. 다음 명제들의 논리적 형식들을 분석하여라. 당신은 당신의 답을 다음 기호들을 사용하여 할 수있다; $\in$, $\notin$, $=$, $\neq$, $\wedge$, $\vee$, $\rightarrow$, $\leftrightarrow$, $\forall$, $\exists$. 그러나 다음은 사용하지 않도록 한다: $\subseteq$, $\not\subseteq$, $\mathscr{P}$, $\cap$, $\cup$, $\setminus$, $\{\ \}$, $\neg$(따라서, 약간의 집합론 표기의 정의들로 써야 하고, $\neg$의 표현이 없는 동치들을 사용해야한다.)

(a) $\mathcal{F}\subseteq\mathscr{P}(A)$

(b) $A\subseteq\{2n+1\mid n\in\mathbb{N}\ \}$

(c) $\{n^2+n+1\mid n\in\mathbb{N}\ \}$

(d) $\mathscr{P}(\cup_{i\in I}A_i)\not\subseteq\cup_{i\in I}\mathscr{P}(A_i)$

2. 다음 명제들의 논리적 형식들을 분석하여라. 당신은 당신의 답을 다음 기호들을 사용하여 할 수 있다; $\in$, $\notin$, $=$, $\neq$, $\wedge$, $\vee$, $\rightarrow$, $\leftrightarrow$, $\forall$, $\exists$. 그러나 다음 기호들은 사용하지 않도록 한다: $\subseteq$, $\not\subseteq$, $\mathscr{P}$, $\cap$, $\cup$, $\setminus$, $\{\ \}$, $\neg$ (따라서, 약간의 집합론 표기의 정의들로 써야 하고, $\neg$의 표현이 없는 동치들을 사용해야한다.)

(a) $x\in\cup\mathcal{F}\setminus\cup\mathcal{G}$

(b) $\{x\in B\mid x\notin C\}\in\mathscr{P}(A)$

(c) $x\in\cap_{i\in I}(A_i\cup B_i)$

(d) $x\in(\cap_{i\in I}A_i)\cup(\cap_{i\in I}B_i)$

3. 우리는 $\mathscr{P}(\phi)=\{\phi\}$이고, $\{\phi\}\neq\phi$임을 알고 있다. $\mathscr{P}(\{\phi\})$는 무엇일까?

*4. $\mathcal{F}=\{\{red, green, blue\}, \{orange, red, blue\}, \{purple, red, green, blue\}\}$

라 하자.

$\cap \mathcal{F}$, $\cup \mathcal{F}$를 찾아라.

5. $\mathcal{F}=\{\{3,7,12\},\{5,7,16\},\{5,12,23\}\}$라 하자. $\cap \mathcal{F}$, $\cup \mathcal{F}$를 찾아라.

6. $I=\{2,3,4,5\}$리 하고, 각 $i\in I$에 대하여 $A_i=\{i,i+1,i-1,2i\}$라 하자.
   (a) 각 $i\in I$에 대한, 모든집합들 A_i의 원소들을 나열하여라.
   (b) $\cap_{i\in I}A_i$, $\cup_{i\in I}A_i$ 을 찾아라.

7. $P=\left\{\begin{matrix} Johann,\ Sebastian\ Bach,\ Napoleon\ Bonaparte,\ Johann\ Wolfgang\ von\ Goethe, \\ David\ Hume,\ Wolfgang\ Amadeus\ Morzart,\ Isaac,\ Newton,\ George\ Washington \end{matrix}\right\}$
   그리고 $Y=\{1750,1751,1752,\cdots,1759\}$라 하자. 각 $y\in Y$에 대하여,
   $A_y=\{p\in P|$그 사람 p가 y년에 살고 있었다$\}$라 하자.
   $\cup_{y\in Y}A_y$, $\cap_{y\in Y}A_y$를 찾아라.

*8. $I=\{2,3\}$이라 하고, 각 $i\in I$에 대하여 $A_i=\{i,2i\}$ 그리고 $B_i=\{i,i+1\}$이라 하자.
   (a) 각 $i\in I$에 대하여 집합들 A_i와 B_i의 원소들을 나열하여라.
   (b) $\cap_{i\in I}(A_i\cup B_i)$와 $(\cap_{i\in I}A_i)\cup(\cap_{i\in I}B_i)$를 찾아라. 그들이 같은가?
   (c) 연습문제 2의 (c)와 (d)에서 당신은 명제들 $x\in \cap_{i\in I}(A_i\cup B_i)$와 $x\in(\cap_{i\in I}A_i)\cup(\cap_{i\in I}B_i)$를 분석하였다. 당신의 (b)항의로 부터 당신은 이 명제들이 동등한지 또는 동등하지않는지에 대하여 무엇으로 결정할 수 있는가?

9. (a) 다음 명제들의 논리적 형식들 $x\in\cup_{i\in I}(A_i\setminus B_i)$, $x\in(\cup_{i\in I}A_i)\setminus(\cup_{i\in I}B_i)$, 그리고 $x\in(\cup_{i\in I}A_i)\setminus(\cap_{i\in I}B_i)$을 분석하여라. 이 명제들 중 어떤 것이 서로 동치라고 생각하는가?
   (b) I, A_i 그리고 B_i를 연습문제8과 같이 정의된다고 하자. $\cup_{i\in I}(A_i\setminus B_i)$, $(\cup_{i\in I}A_i)\setminus(\cup_{i\in I}B_i)$, 그리고 $(\cup_{i\in I}A_i)\setminus(\cap_{i\in I}B_i)$를 찾아라. 이제 (a)부분의 명제에 대하여 어느 것이 동치인가 생각해 보여라.

10. 한 색인 집합 I와 한 색인 집합족 $\{A_i|i\in I\}$가 있어서 $\cup_{i\in I}(A_i\cap B_i)\neq$

$(\cup_{i\in I}A_i)\cap(\cup_{i\in I}B_i)$가 되는 예를 들어라.

11. 임의의 집합들 A와 B에 대하여, 명제들
$x\in\mathscr{P}(A\cap B), x\in\mathscr{P}(A)\cap\mathscr{P}(B)$가 동치임을 보여서
$\mathscr{P}(A\cap B)=\mathscr{P}(A)\cap\mathscr{P}(B)$임을 보여라.(예 2.3.3. 참조)

*12. 집합들 A와 B에 대하여 $\mathscr{P}(A\cup B)\neq\mathscr{P}(A)\cup\mathscr{P}(B)$가 되는 예를 찾아라.

13. 다음 항등식들이 논리적 기호들을 사용하여 한 원소 x가 각 집합의 속한다는 의미를 논리적 동등을 사용하여 증명하여라.
(a) $\cup_{i\in I}(A_i\cup B_i)=(\cup_{i\in I}A_i)\cup(\cup_{i\in I}B_i)$
(b) $(\cap\mathcal{F})\cap(\cap\mathcal{G})=\cap(\mathcal{F}\cup\mathcal{G})$
(c) $\cap_{i\in I}(A_i\setminus B_i)=(\cap_{i\in I}A_i)\setminus(\cup_{i\in I}B_i)$

*14. 가끔 색인 집합족들의 색인이 두 개로 될 수도 있다. 이 문제에 대해서, 다음 정의를 사용하자: $I=\{1,2\}$, $J=\{3,4\}$ 라 하고, 각 $i\in I$, $j\in J$에 대하여, $A_{i,j}=\{i,j,i+j\}$라 하자. 따라서 예를 들어, $A_{2,3}=\{2,3,5\}$이다.
(a) 각 $j\in J$에 대하여 $B_j=\cup_{i\in I}A_{i,j}=A_{1,j}\cup A_{2,j}$라 하자. B_3, B_4를 찾아라.
(b) $\cap_{j\in J}B_j$ 를 찾아라.(정의에 따라 B_j를 대입하면, 우리는 $\cap_{j\in J}B_j=\cap_{j\in J}(\cup_{i\in I}A_{i,j})$을 얻는다.)
(c) $\cup_{i\in I}(\cap_{j\in J}A_{i,j})$ 를 찾아라.(힌트: (a)와 (b)항들에 따라서 당신은 이것을 두 단계로 하기를 바랄 것이다.) $\cap_{j\in J}(\cup_{i\in I}A_{i,j})$와 $\cup_{i\in I}(\cap_{j\in J}A_{i,j})$가 같은가?
(d) 명제들 $x\in\cap_{j\in J}(\cup_{i\in I}A_{i,j})$와 $x\in\cup_{i\in I}(\cap_{j\in J}A_{i,j})$의 논리적 형식들을 분석하여라. 그들은 동등한가?

15. (a) 만약 $\mathcal{F}=\phi$이면, 그러면 명제 $x\in\cup\mathcal{F}$는 x가 무엇이냐에 관계없이 거짓임을 보여라. 그것은 $\cup\phi=\phi$이 된다.

(b) 만약 $\mathcal{F}=\phi$이면, 그러면 명제 $x\in\cap\mathcal{F}$는 x가 무엇이냐에 관계없이 참임을

보여라. 전체집합 U가 무엇인지 명확한 문맥에서는, 우리는 따라서 $\cap \phi = U$라고 말하고 싶어 할 수도 있다. 하지만, 이것은 표기 $\cap \phi$는 다른 문맥에서는 다른 것을 의미할 수 있는 다행스럽지 못한 결과를 가진다. 더욱, 집합들을 원소로 갖는 집합에서는, 수학자들은 모든 것을 전체집합으로 사용하지는 않는다.(이것에 대한 더 자세한 것은, 다음 연습문제를 참조하여라.)이런 이유로, 어떤 수학자들은 $\cap \varnothing$ 표기를 의미 없는 것으로 생각한다.

우리는 이 문제를 $\cap\ \mathcal{F}$ 표기가 $\mathcal{F} \neq \phi$이 확실한 문맥에서만 이 책에서 사용하여 기피한다.

16. 2.3 장에서 한 집합이 다른 집합들을 원소들로 가질 수 있음을 보았다. 집합들을 원소들로 갖는 집합들을 논의 할 때는, 자연스럽게 전체집합을 모든 집합들의 집합족으로 고려할 수 있다. 그러나, 이 문제에서 보는 바와 같이, 그와 같이 전체집합의 존재에 대한 가정은 모순을 가정한다.

U 를 모든 집합들의 족이라 가정하자. 특히 U가 한 집합임을 알고, 따라서 $U \in U$가 될 것이다. 이것은 아직 한 모순은 아니다; 하지만 대부분의 집합들은 자기 자신의 원소들이 아니다. 그러나 전체집합 U안에서 집합들은 두 가지 범주들; U 자신과 같이, 그들 자신의 원소가 된 비정상적인 집합들과, 그렇지 않는 더 전형적인 집합들로 나누어진다. R을 두 번째 범주의 집합들의 집합이라 하자. 즉, $R = \{A \in U | A \not\in A\}$이다. 전체집합 U에서 임의의 집합 A에 대하여, A가 R의 원소이기 위한 필요충분조건은 $A \not\in A$ 이다. 즉, 우리는 $\forall A \in U(A \in R \leftrightarrow A \not\in A)$이다

(a) 이 마지막 사실을 집합 R자신에 적용하여 (즉, A에 R를 대입한다) 모순을 이끌어 낸다. 이 모순은 러셀 Bertrand Russell 1901,에 의해서 발명되었고, 그리고 러셀의 모순 Russell's Paradox이라 한다.

(b) (a)항의 모순에 대해 더 생각해보자. 그것은 집합에 대하여 우리들에게 무엇을 생각하게 하는가?

Chapter 3

증명

Proof

3.1. 증명의 전략들 Proof Strategies

3.2. 부정명제들과 조건문들이 포함된 증명들

Proofs involving Negations and Conditionals

3.3 한정작용소가 관련된 증명들 Proofs Involving Quantifiers

3.4 논리곱(합접)과 쌍조건문이 관련된 증명들

Proofs Involving Conjunctions and Biconditionals

3.5. 이접(논리합)이 관련된 증명들 Proofs Involving Disjunctions

3.6 존재성과 유일성의 증명들 Existence and Uniqueness Proofs

3.7 증명들에 대한 추가 예들 More Examples of Proofs

3.1. 증명의 전략들
Proof Strategies

수학자들은 의심이 많은 사람들이다. 그들은 수학적인 질문에 대한 답을 찾기 위해서, 예를 들어 실험하는 것을 포함하여, 시행착오와 추측들의 많은 방법들을 사용한다. 그러나 그들은 일반적으로 그것을 증명하지 않는 한 그 답이 옳다고 확신하지 않는다. 당신은 아마도 전에 어떤 수학적인 증명들을 보았지만, 그러나 당신은 그것들을 당신자신이 써보는 경험은 없었을 것이다. 이 장에서 당신은 어떻게 정리들을 종합하는지 더 배우고, 따라서 당신 자신의 증명들을 써 봄으로서 시작할 수 있다.

증명은 많은 면에서 조각그림 맞추기 게임과 같다. 조각그림 맞추기 게임이 어떻게 써 봄으로서 풀어져야 하는지 그 규칙은 없다. 최종 산출물에 관련된 유일한 규칙들: 모든 조각들을 서로 어울리고, 그 그림이 올바르게 보여야한다. 같은 것이 증명에서도 성립한다.

비록 어떻게 조각그림 맞추기 게임을 풀어야 하는지 규칙들이 없다고 하지만, 그것들을 푸는데 있어서 약간의 기술들은 다른 것들 보다 더 잘 풀어낸다. 예를 들어, 당신은 조각그림 맞추기 게임을 모든 다른 조각들을 다 채우고, 그리고 처음으로 돌라가서 다시 빈곳을 채우는 것으로는 결코 해 낼 수는 없을 것이다! 그러나 당신은 또한 맨 위에서 시작하여 조각들을 순서대로 바닥에 도달할 때까지 채워 완성 할 수도 없다. 당신은 아마도 먼저 경계부분에서 채우고, 그리고 다른 조각그림 덩어리들을 점차적으로 그것들이 어디에 있어야 하는지 알아내어 조립한다. 가끔 당신은 잘못된 장소에다 조각들을 붙여서, 그것들이 맞지 않다는 것을 깨닫고, 아무런 전진을 못하고 있음을 느끼기도 한다. 그리고 어쩌다 한번은, 만족할만한 번쩍임 속에서, 당신은 두 개의 큰 덩어리들을 어떻게 서로 붙이고, 그리고 갑자기 많은 발전을 했음을 느낄 것이다. 게임의 조각들이 제자리에 채워짐에 따라서 한 그림이 나타난다. 당신은 갑자기 당신이 함께 놓았던 파란 조각들이 한 호수나 또는 하늘이 됨을 깨닫게 된다. 그러나 당신은 전체적인 그림을 볼 수 있을려면 문제가 완전히 끝났을 때 뿐이다.

유사한 것들이 증명을 해가는 과정에 대해서도 이야기 될 수 있다. 그리고 나는 다시 한 번 유사성을 언급하고자 한다. 조각그림 맞추기 게임이 끝날 때, 당신은 곧바로 해체하지는 않는다. 그렇지요? 당신은 아마도 하루 이틀 동안 놔두고, 당신은 그것에 감탄할 것이다. 당신은 증명에서도 같은 것을 할 것이다. 당신은 어떻게 당신자신이 그것을 조립했고, 한 번에 그것이 모두 잘 되었는지 알아내고, 이것은 아름답지 않는가?

이 장에서 수학자들은 최대한 자주 사용하는 증명 쓰기 기술들 proof-writing techniques을 논의 하고 당신 자신이 증명들을 쓰기 시작하기 위해서 그것들을 어떻게 사용할 것인지 설명할 것이다. 이런 기술들을 이해하는 것은 당신이 다른 사람들에 의해서 써진 증명들을 읽고 이해하도록 도와 줄 것이다. 불행하게도, 이 장에서 전략들을 모든 증명 문제 해결에 대한 단계적인 과정을 줄 수 없다는 것이다. 한 증명을 쓰려고 할 때 나아갈 올바른 방법을 찾기 전에 약간의 잘못된 출발을 할 수도 있고, 어떤 증명들은 영리함이나 통찰력이 요구될 수도 있다. 연습을 통해서 당신의 증명 쓰기 기술은 증진되고, 더 많은 도전적인 증명들을 강력히 해결해 갈 수 있을 것이다.

수학자들은 만약 정리의 가정 hypotheses이라 불리는 어떤 가정들이 참이면, 그러면 어떤 결론이 역시 참이 되어야한다고 말하는 정리 theorem라는 형식의 수학적 질문에 대한 답을 보통 진술한다. 종종 가정들과 결론들은 자유변수들을 포함하고, 이 경우에 이 변수들은 전체집합의 임의의 원소들을 나타낼 수 있다. 이 변수들에 특별한 값을 대입한 것을 그 정리의 사례 instance 라 하고, 그 정리가 올바르게 되기 위해서는 모든 가정이 참이면 결론도 참으로 되는 모든 정리의 사례들에 대한 경우이어야 한다. 만약 가정이 참이고 결론이 거짓인 단지 한 사례만 있어도, 그 정리는 올바르지 못하다. 그와 같은 사례를 그 정리의 반례 counterexample라 한다.

예 3.1.1. 다음 정리를 고려하라:

정리. 만약 $x > 3$이고 $y < 2$이라 하자. 그러면 $x^2 - 2y > 5$이다.

이 정리는 옳다. (당신은 연습문제 14에서 그것을 증명하도록 되어 있다.) 이 정리의 가정은 $x > 3$이고 $y < 2$이고, 결론은 $x^2 - 2y > 5$이다. 이 정리의 한 사례로, 우리는 x에 대하여 5를 그리고 y에 대하여 1을 대입하자. 분명하게 가정 $x > 3$와 $y < 2$의 변수들에 대한 값들이 둘 다 참이고, 따라서 이 정리는 결론 $x^2 - 2y > 5$가 역시 참임을 말해준다. 사실상, x와 y값을 대입하면 $x^2 - 2y = 25 - 2 = 23$이고, 확실히 $23 > 5$이다. 이 계산이 이 정리의 증명을 구성하는 것은 아니다. 이 정리의 단지 한 사례를 확인 한 것이고, 이 증명은 모든 사례들이 올바름을 보여주는 것이다. 만약 두 번째 가정을 뺀다면, 우리는 올바르지 못한 정리를 얻게 된다:

올바르지 않는 정리. 만약 $x > 3$이라 하자. 그러면 $x^2 - 2y > 5$이다.

이 정리가 올바르지 않음을 한 반례를 들어 보일 수 있다. 예를 들어,우리는 $x = 4$ 이고 $y = 6$이라 가정하자. 그러면 단 하나인 가정, $x > 3$이 참이지만, $x^2 - 2y = 16 - 12 = 4$이므로, 결론 $x^2 - 2y > 5$은 거짓이다.

만약 당신이 한 정리에 대한 반례를 찾았다면, 당신은 그 정리가 올바르지 않다는 것을 확신할 수 있지만, 그 정리가 올바르다고 확실히 알기 위한 단 하나의 방법은 그것을 증명하는 것뿐이다. 한 정리를 증명하는 것은 정리의 가정을 전제로 정리의 결론을 결과로 단순히 연역적 논증을 하는 것이다. 증명을 통해서, 우리는 정리의 가정과 결론에서의 자유변수들을 논의의 영역에서 어떤 특별하지만 명시되지 않은 원소들을 나타내는 것으로 생각한다. 환언하면, 우리가 정리의 어떤 사례에 대하여 증명한다고 상상하지만, 우리는 실제로 한 특별한 사례를 선택한 것은 아니다; 증명에서의 추론은 모든 사례들에 적용되어야만 한다. 물론 논증은 유효해야 함으로, 따라서 우리는 만약 정리의 가정이 임의의 사례들에 대하여 참이면, 그 사례들에 대한 결과도 역시 참이어야한다는 것을 확인할 수 있다.

당신이 정리의 증명을 어떻게 이해하고 쓸 것인가는 대부분 결론의 논리적 형식에 의존될 것이다. 가끔 그것은 가정의 논리적 형식들에 역시 의존될 것이다. 이 장에서 논의할 증명 쓰기 기술들은 당신에게 어떤 증명 전략들이 가정들과 결론들의 다양한 형식들에 대한 가장 많이 작용할 것인지를 말해줄 것이다.

가정의 논리적 형식들에 기초한 증명 쓰기 기술들은 항상 가정으로부터 추론들을 이끌어가는 방법들을 제시해준다. 당신이 가정으로부터 추론 할 때, 당신은 어떤 다른 명제가 역시 참임을 주장하는 것이 옳다는 것으로 가정이 참이라는 추정을 이용한다. 당신이 한번 한 명제가 참이라고 밝혔으면, 당신은 나중에 가정이 똑 같은 경우에 증명할 때 그것을 사용할 수가 있다. 아마도 이와 같은 추론을 할 때 명심해야할 가장 중요한 규칙은 이것이다: 가정을 사용하거나 또는 앞에 나온 정리로부터 나온 결론들을 사용하여 당신이 그것을 완벽하게 정당화 할 수 있을 때 까지는 결코 어떤 것도 단언해서는 안 된다. Never assert anything until you can justify it completely. 당신의 신조는 “나는 그 시간이 되기 전에는 주장해서는 않된다.”이어야 한다. 이 규칙을 따르는 것이 당신이 순환논법이나 또는 결론으로 뛰어드는 것으로부터 당신을 막아줄 것이고, 만약 가정이 참이면, 결론이 역시 참이어야한다는 보장을 해줄 것이다. 그리고 이것이 임의의 주된 목표이다: 가정이 참이면 결론도 참이 되는 보장을 제공해준다.

당신의 주장을 적당히 정당화시키기 위해서는, 당신이 증명에서 모든 추론에 대해서 의심을 해봐야한다. 만약 당신의 주장이 옳다고 주장하는 것에 대해 마음속으로 의심한다면, 그러면 그것은 아니다. 결국, 만약 당신자신의 논증이 비록 당신을 확신시킬 수 없다면, 당신은 어떻게 그것을 누구에게 확신시킬 수 있다고 기대할 수 있겠는가?

결론에 대한 논리적 형식에 기초한 정리 쓰기 기술들은 가정들의 형식들에 기초한 기술들과 가끔 약간은 다르다. 그들은 항상 문제들을 동등하면서 풀기가 더 쉬운 문제로 변형하는 방법들을 제시한다. 더 쉬운 문제로 변형해서 문제를 푸는 생각이 당신에게 친숙하게 되어야한다. 예를 들어, 방정식의 양변에 같은 수를 더하여 동등한 방정식으로 변형한다. 그리고 결과로 나온 방정식은 원래것 보다 풀기가 더 쉬워진다. 미적분을 배운 학생들은 적분하는 기술에 익숙하여, 치환적분이나 부분적분을 사용하여, 어려운 적분문제를 더 쉬운 것으로 변형하기도 한다.

이런 변형 전략들을 사용하여 쓴 증명들은 가끔 가정에 대해 정당화하지 않고 어떤 명제가 참이라는 논증을 가정하는 단계들을 포함한다. 처음에는 그런 논증들의 주장들은 항상 정당화해야만 한다는 규칙을 위배한 것 같아 보이지만, 그런 것은 아니다. 왜냐하면 어떤 것을 가정하는 것 assuming은 주장하는 것 asserting과는 같은 것이 아니다. 한 명제가 옳다고 주장하는 것은 그것이 참인 것을 밝히는 것이다. 그리고 그런 주장들은 정당화되지 않는다면 증명에서 결고 받아드려지지 않는다. 하지만, 증명에서 가정을 만드는 목표는 무엇이 참인가에 대해 주장하는 것이 아니고 만약 가정이 올바르다면 무엇이 참이 될 것인지 당신이 알 수 있도록 하는 것이다. 당신은 만약 가정이 올바르지 않으면 당신이 가정에 근거한 어떤 결론도 거짓이 될 수밖에 없음을 명심해야 한다. 당신이 증명에서 명제를 만들 때는 언제나, 당신은 그것이 주장인지 또는 가정인지 확실히 아는 것이 중요한다.

아마도 한 예가 이것을 명확히 하는데 도움을 줄 것이다. 한 증명을 하는 동안 당신은 P 라고 부르는 어떤 명제가 참이고, 그리고 당신은 이 가정을 사용하여 다른 명제 Q 가 참이라고 결정한다고 가정하자. 이 증명을 Q 가 참이라고 말하는 것은 잘못될 수 있다. 왜냐하면 당신은 P 가 참인지가 올바르다는 당신의 가정을 확신할 수가 없기 때문이다. 당신은 이런 관점에서 결정할 수 있는 모든 것은 만약 P 가 참이면, 그러면 당신은 Q 가 역시 참이라고 확인하는 것이다. 즉, 당신이 명제 $P \rightarrow Q$ 가 참임을 아는 것이다. 만약 정리의 결론이 Q 라고 증명 되었다면, 그 증명은 기껏해야 불완전하다. 그러나 만약 그 결론이 $P \rightarrow Q$ 라 하면, 그러면 그 증명은 완전하다. 이것이 우리에게 첫 번째 증명 작전을 가져다준다.

$P \to Q$ 형식의 결론을 증명하기 위해서:

P가 참이라 가정하고 Q를 증명한다.

여기에 이 증명기술이 무엇인가를 알아볼 수 있는 다른 방법이 있다. P가 참이라고 가정하는 것은 당신의 가정들의 목록 안에 P 를 추가 하는것과 같다. 비록 P 가 당신의 가정으로 원래 되어 있지 않았다고 해도, 한번 당신이 그것을 가정하면, 당신은 임의의 다른 가정들을 사용하는 방법과 똑같이 그것을 사용할 수 있다. Q 를 증명하는 것은 원래의 결론에 대해서는 잊어버리고 Q 를 당신의 결론으로 취급한다는 것을 의미한다.

따라서 이 기술은 만약 당신이 증명하려고 하는 정리의 결론이 $P \to Q$ 형식을 가진다면, 그러면 당신은 당신의 가정들 목록에 P 를 추가하여 문제를 변형시킬 수 있고 그리고 당신의 결론을 $P \to Q$ 에서 Q 로 바꾸는 것이다. 이것은 당신에게 새롭고, 아마도 풀기에 더 쉬운 증명문제로 만들어 준다. 만약 당신이 새로운 문제를 풀 수 있다면, 그러면 당신은 만약 P 가 참이면 Q 가 역시 참이라는 것을 보여준다. 따라서 $P \to Q$ 를 증명하는 원래의 문제를 푸는 것이다. 어떻게 당신이 이 새로운 문제를 해결하는가는 이제 새로운 결론 Q 의 논리 형식과(그것은 그것자신이 한 복잡한 명제일 것이다), 그리고 아마도 새로운 가정 P의 논리적 형식에 의해서 안내된다.

이 기술은 당신이 어떻게 전체적인 증명을 어떻게 할 것인가를 말해주지는 못하고, 그 증명을 끝마치기 위해서 풀어야 할 새로운 문제를 남긴다. 증명들은 보통 순식간에 써지지는 않는다. 그러나 여러 가지 증명기술들을 차례로 적용함에 의해서 점진적으로 변환되어 진다. 가끔 이 기술들의 사용은 당신이 여러번 문제를 변형하게 할 것이다. 이 과정을 논의함에 있어서 그것은 이 일련의 변환들의 결과를 따라가는 방법들이 도움이 될 것이다. 우리는 따라서 다음 용어를 소개한다. 우리는 잘 알고 있는 또는 주어진 증명을 하는 과정에서 어떤 측면에서 참이라고 가정되는 명제들과, 그리고 그 목표로 한 측면에서 증명되어 있는 명제들을 언급할 것이다. 당신이 증명하려고 출발할 때, 가설들은 바로 당신이 증명하고 있는 정리의 가정이 된다. 그러나 그들은 나중에 가정들로부터 추론되어진 다른 명제들을 포함하거나 또는 그 문제의 어떤 변형의 결과로서 새로운 가정들로 추가된다. 그 목표는 처음에는 그 정리의 결과일 것이다. 그러나 그것은 증명해 가는 과정에서 수차례 변형될 수 있다.

모든 우리의 증명 전략들은 원래의 증명문제 뿐만 아니라 그 문제의 임의의 변형된 결과들에도 역시 적용한다는 것을 명심하고, 우리는 지금부터 증명 쓰기 전략들을 논의 할 때, 가정들과 결론들 보다는, 단지 가설들과 목표들에 대해서만 이야기 할 것이다. 예를 들어, 초기의 전략은 실제로 이 형식의 결론이 아니라, $P \to Q$ 형식의 목표를 증명하는 작전이라 말하는 것이 되어야한다. 비록 당신이 증명하고 있는 정리의 결론이 조건 명제가 아니라 해도, 만약 당신이 그 문제를 한 조건 명제와 같은 방법으로 문제를 변형하여 목표가 되면, 그러면 당신은 증명을 하는데 다음 단계로 이 작전을 적용할 수 있다.

예 3.1.2. a와 b가 실수들이라 하자. 만약 $0 < a < b$이면 $a^2 < b^2$임을 증명하여라.

메모작업

우리는 a와 b가 실수들이라는 가설로 주어졌다. 우리의 목표는 $P \to Q$ 형식으로, P는 $0 < a < b$라는 명제이고 Q는 $a^2 < b^2$라는 명제이다. 따라서 우리는 주어진 것과 목표로 다음 명제들로 시작한다.

가설	**목표**
a와 b가 실수들이다	$(0 < a < b) \to (a^2 < b^2)$

우리의 증명기술에 따라서 우리는 $0 < a < b$라 가정하고 이 가정을 이용하여 $a^2 < b^2$임을 증명하려고 힘써야한다. 즉, 우리는 그 문제를 가설에 $0 < a < b$ 를 추가하고 우리의 목표를 $a^2 < b^2$로 만들어 변형한다.

가설	**목표**
a와 b가 실수들이다.	
$0 < a < b$	$a^2 < b^2$

부등식들 $a < b$와 $a^2 < b^2$을 비교해서 주어진 부등식 $a < b$의 양변에 a 또는 b를 곱하면 우리들의 목표에 가깝게 갈수 있게 제시해준다. 왜냐하면 우리는 a 와 b가 양수이기 때문에, 우리는 만약 곱하면 부등호의 방향을 바꿀 필요가 없기 때문이다. $a < b$에 a를 곱하면 우리는 $a^2 < ab$가 되고, 그것에 b를 곱하면 $ab < b^2$가 된다. 따라서 $a^2 < ab < b^2$이고, $a^2 < b^2$가 된다.

풀이

정리. a와 b가 실수들이라는 가정하자. 만약 $0 < a < b$이면 $a^2 < b^2$ 이다.

증명. $0 < a < b$이라 가정하자. 부등식 $a < b$에 양수 a를 곱하면 우리는 $a^2 < ab$가 되고, 그리고 유사하게 b를 곱하면 $ab < b^2$가 된다. 따라서 $a^2 < ab < b^2$이고, $a^2 < b^2$가 얻어진다. 따라서 만약 $0 < a < b$이면 $a^2 < b^2$ 이다. ■

앞의 예에서 보는바와 같이, 당신이 한 증명을 해낼 때 사용한 논증과 증명의 마지막 내용을 쓸 때 당신이 정리한 단계들 사이에는 차이가 있다. 특히, 비록 우리가 가끔 증명을 할려고 할 때 가설과 목표에 대하여 이야기할 것 이지만, 마지막 정리한 것은 그들에게 알반적으로 언급하지 않는다. 이 장을 통해서, 또한 가끔 그 뒤의 장들에서, 우리는 정리를 해 내는데 사용된 메모 작업에 앞서갈 것이다. 그러나 이것은 바로 당신이 어떻게 증명들이 구성되는지 이해하도록 도와 줄 것이다. 이 단계들의 어떤 것은 문제들이 변형된 것을 가리키는 문장들이다(보통 목표의 논리적 형식에 근거한 어떤 증명 전략에 따른다): 어떤 단계들은 가설로부터의 추론에 의해서 정당화되는 주장일 것이다(가끔 주어진 논리적 형식에 근거한 어떤 증명 전략을 사용한다). 그러나 보통은 수학자들이 이 변형들과 추론들을 어떻게 생각했는지에 대한 설명은 거의 없다. 예를 들어, 예 3,1.2 의 증명은 “만약 $0 < a < b$이면”이라는 문장으로 시작하여, 그 문제는 우리의 전략에 따라 변형된 문제를 가리키고, 그리고 $a^2 < b^2$라는 결론을 유도하는 일련의 추론들을 앞서 간다. 마지막 결론을 정당화하는 필요한 설명은 없다. 마지막 문장은, 만약 $0 < a < b$이면 $a^2 < b^2$이다.

비록 설명의 부족은 가끔 증명들을 읽기 어렵게 할 수도 있으나, 두 개의 형용사들이 서로 다르다는 것을 간직하는 목표를 제공한다.: 당신의 사고과정의 설명과 당신의 결론의 정당화이다. 처음은 심리학이다; 두 번째는 수학이다. 증명의 주된 목표는 결론이 가정으로부터 나온다는 주장을 정당화하는 것이다. 그리고 이 주장의 적절한 정당화에 대해 대치할 수 있는 당신의 사고과정의 설명은 없다. 증명에서 극소화할 사고과정의 논의를 계속하는 것은 이 구별을 명확히 하도록 도와준다. 가끔, 아주 복잡한 증명에서, 수학자들은 증명을 읽기 쉽게 만드는 정리의 배후에 있는 전략에 대한 약간의 논의를 포함할 수 있다. 보통으로, 그러나, 그것은 그들 자신을 위해 알아내는 것은 독자들에게 달려있다. 당신이 읽고 있는 증명의 배후 작전을 즉각 이해하지 못하더라도 걱정할 것은 없다. 단지 단계별 정당화를 따라가려고 노력하고, 그리고 그 작전은 결국에 명확하게 될 것이다. 만약 그렇지 않으면, 그 증명을 두 번 읽는 것이 도움이 될 수 있다.

그 증명과 그 증명을 명확히 하는 배후의 작전과의 구별을 하기위해서, 미래에 증명 작전을 이야기할 때 우리는 가끔 증명을 해낼 때 사용할 수 있는 메모 작업과 증명이 되어야하는 최종적인 양식 두 가지를 설명한다. 예를 들어, 앞에서 논의한 증명 작전을 이제부터 증명 작전을 나타내는데 사용하는 양식으로 다시 언급하겠다.

> **$P \to Q$ 형식의 목표를 증명하기 위해서:**
> P가 참이라고 가정하고 Q가 참임을 증명한다.

메모 작업

작전을 사용하기 전:

가설	목표
________	$P \to Q$
________	

작전을 사용한 후:

가설	목표
________	Q
________	
P	

마지막 증명의 양식:

P를 가정하자.
　[Q의 증명이 여기 있다.]
그러므로 $P \to Q$이다.

마지막 증명에 대해 제시된 형식은 당신에게 증명의 출발과 끝이 어떻게 될 것인지를 말해준다는 것에 주목 하여라, 그러나 더 많은단계들이 중간에 추가될 것이다. “작전의 사용 후”의 표기 아래의 가설과 목표는 당신에게 알려지거나 또는 가정될 수 있는 것과 그리고 증명에서 이 간극을 채우기 위해 증명되는데 필요한 것을 말해준다. 우리의 많은 증명 전략들은 증명의 처음 또는 끝을 어떻게 쓸 것인지를 말해주고, 더 논증하는데 채워야 할 간격을 남겨둔다.

명제 $P \rightarrow Q$ 의 형식의 목표를 증명하는데 가끔 사용되는 두 번째 방법이 있다. 왜냐하면 임의의 조건 명제 $P \rightarrow Q$ 는 그것의 대우명제 $\neg Q \rightarrow \neg P$ 와 동등하기 때문에, 당신은 앞에서 논의했던 작전을 사용하여, $P \rightarrow Q$ 을 증명하는데 $\neg Q \rightarrow \neg P$ 을 대신 증명한다. 환언하면:

$P \rightarrow Q$ **형식의 목표를 증명하기 위해서:**
Q 가 거짓이라고 가정하고 P가 거짓임을 증명한다.

메모 작업

작전을 사용하기 전:

가설	목표
________	$P \rightarrow Q$
________	

작전을 사용한 후:

가설	목표
________	$\neg P$
________	
$\neg Q$	

마지막 증명의 양식:

Q가 거짓이라 가정하자.

[$\neg P$ 의 증명이 여기 있다.]

그러므로 $P \rightarrow Q$ 이다.

예 3.1.3. a, b 그리고 c가 실수들이고 $a > b$라 가정하자. 만약 $ac \leq bc$이면 $c \leq 0$임을 증명하여라.

메모 작업

가설	목표
a, b, 그리고 c는 실수들이다.	$(ac \leq bc) \rightarrow (c \leq 0)$
$a > b$	

목표의 대우명제는 $\neg(c \leq 0) \rightarrow \neg(ac \leq bc)$이다. 또는 즉 $(c > 0) \rightarrow (ac > bc)$이다. 따라서 우리는 그것을 가설의 목록에 $c > 0$을 추가하여 증명할 수 있다.

가설	목표
a, b, 그리고 c는 실수들이다.	$ac \leq bc$
$a > b$	
$c > 0$	

우리는 이제 역시 그 증명의 첫 번째와 마지막 문장들을 쓸 수있다. 작전에 따라, 마지막 증명은 이런 형식이 되어야한다:

$c > 0$이라 가정하자.

[$ac > bc$ 의 증명이 여기 있다.]

그러므로 만약 $ac \leq bc$이면 $c \leq 0$이다.

새로운 가설 $c > 0$을 사용하여, 우리는 주어진 $a > b$의 양변에 양수 c를 곱하여 바로 나오는 목표 $ac \geq bc$가 된다. 처음과 마지막 문장 사이에 이 단계를 끼워 넣으면 증명이 완성된다.

풀이

정리. a, b그리고 c가 실수들이고 $a > b$라 가정하자. 만약 $ac \leq bc$이면 $c \leq 0$이다.

증명. 대우명제를 증명할 것이다. $c > 0$이라 가정하자. 그러면 주어진 부등식 $a > b$의 양변에 양수 c를 곱할 수 있고 그리고 $ac \geq bc$라 결정할 수 있다. 그러므로 만약 $ac \leq bc$이면 $c \leq 0$이다. ■

비록 메모 작업에서 자유롭게 논리기호들을 사용하여, 증명의 마지막을 써두는 데는 그것들을 사용하지 않음을 주지하여라. 비록 증명에서 논리 기호들의 사용이 틀린 것이 아니라 해도, 수학자들은 보통 그것을 기피하려고 한다. 표기법과 논리 규칙들의 사용은 당신이 증명에 대한 전략을 알아내는 것은 매우 도움이 될 수 있지만, 그러나 마지막을 써두는 데는 가능하면 보통 영어를 고수한다.

독자들은 예 3.1.3.에서 어떻게 우리가 $P \rightarrow Q$ 형식의 목표를 증명하는데 첫 번째 보다는 두 번째 방법을 사용해야만 하는지 의심할 수도 있다. 그 해답은 단순하다: 우리는 두 방법들을 다 시도해서, 두 번째를 해낸 것이다. 한 특별한 형식의 목표를 증명하는 한 방법보다 많은 것들이 있을 때는, 당신은 잘 되는 하나를 정하기 전에 몇 가지의 다른 작전들을 시도할 수도 있다. 실제로, 당신은 특별한 증명에 대하여 잘 해 낼 수 있을 것 같은 작전을 많은 추측을 할 것이다.

각각의 예들에 대하여 우리는 문제를 더 쉽게 만들려고 가설과 목표에서 변화를 만들어 내도록 간여하는 작전을 사용했다. 증명의 처음과 마지막에, 증명기술에 대한 명제에서 우리에게 제공된 것은, 이런 변화가 만들어지고 이 개정된 문제가 원래의 문제를 어떻게 해결하는 증명을 독자에게 말해준다. 증명의 나머지는 더 쉬운 수정된 문제의 풀이를 포함한다.

이장의 대부분의 다른 증명기술들은 역시 당신이 어떤 방법으로 당신의 가설과 목표를 개정하는가를 제안한다. 이 개정들은 새로운 증명문제가 되고, 그리고 모든 경우에 개정들은 새로운 문제를 풀도록 마련된다. 이 개정들을 설명하는 어떤 처음과 끝의 문장들로 결합할 때, 역시 원래의 문제를 해결 할 것이다. 이것은 당신이 이 작전들 중 하나를 사용할 때 당신은 정리의 처음과 끝에 한두 문장을 쓰고, 그리고 원래의 문제에 대한 것은 잊고 대신에 보통 더 쉬운 새로운 문제를 푼다. 가끔 당신은 이 장에서 당신의 가설과 목표를 반복적으로 개정하는 기술들을 사용하여 증명을 해낼 것이다. 나머지 문제를 가설에서 나온 목표가 완전히 선명하게 되는 지점에 도달할때 까지 점점 더 쉬워지게 만든다.

연습문제

*1. 다음 정리들을 고려해보자.(이 정리는 도입으로 증명한 것이다.)

정리. n이 1보다 큰 정수이고 n은 소수가 아니라 가정하자. 그러면 2^n-1은 소수가 아니다.

(a) 이 정리의 가정들과 결론을 확인해보자. $n=6$일 때 가정은 참인가? 이 사례에서 이 정리는 당신에게 무엇을 말해주는가? 그것은 올바른가?

(b) $n=15$인 경우 정리로부터 당신은 무엇을 결정할 수 있는가? 이 결정이 옳다는 것을 직접 확인하여라.

(c) $n=11$인 경우 정리로부터 당신은 무엇을 결정할 수 있는가?

2. 다음 정리들을 고려해보자.(정리가 옳다. 그러나 우리는 그것을 여기서 증명하도록 요구하지는 않을 것이다.)

정리. $b^2 > 4ac$라 가정하자. 그러면 이차방정식 $ax^2+bx+c=0$은 꼭 두 개의 실근을 가진다.

(a) 이 정리의 가정들과 결론을 확인해보자.

(b) 정리의 한 사례를 주기 위해, 당신은 $a, b,$ 와 c에 대한 값들을 지정하고, x는 정하지 않아야한다. 왜 그런가?

(c) 이 정리에서 $a=2, b=-5, c=3$인 경우에 당신은 무엇을 결정할 수 있는가? 그 결론이 옳다는 것을 직접 확인하여라.

(d) 이 정리에서 $a=2, b=4, c=3$인 경우에 당신은 무엇을 결정할 수 있는가?

3. 다음 올바르지 않는 정리를 고려해보자:

올바르지 않는 정리. n이 2보다 큰 자연수이고, n은 소수가 아니라 가정하자. 그러면 $2n+13$은 소수가 아니다.

이 정리의 가정들과 결론은 무엇인가? 한 반례를 들어 그 정리가 올바르지 않다는 것을 보여라.

*4. 예 3.1.2.에서 정리의 다음의 다른 정리를 완성하여라.

증명. $0 < a < b$라 가정하자. 그러면 $b-a > 0$이다.
[여기에 $b^2-a^2 > 0$의 증명을 채운다.]
$b^2-a^2 > 0$이므로, $a^2 < b^2$이 된다. 그러므로 만약 $0 < a < b$이면 $a^2 < b^2$이 된다. ■

5. a와 b가 실수들이라 가정하자. 만약 $a < b < 0$이면 $a^2 < b^2$임을 증명하여라.

6. a와 b가 실수들이라 가정하자. 만약 $0 < a < b$이면 $1/b < 1/a$임을 증명하여라.

7. a가 실수라 가정하자. 만약 $a^3 > a$이면 $a^5 > a$임을 증명하여라.(힌트: 한 접근방법은 다음 방정식을 완성함으로써 시작하자: $a^5-a=(a^3-a)\cdot ?$)

*8. $A \setminus B \subseteq C \cap D$이고 $x \in A$라 가정하자. 만약 $x \notin D$이면 $x \in B$임을 증명하여라.

9. $A \cap B \subseteq C \setminus D$라 가정하자. 만약 $x \in A$이면 그러면 $x \notin B$임을 증명하여라.

*10. a와 b가 실수들이라 가정하자. 만약 $a < b$이면 $\frac{a+b}{2} < b$임을 증명하여라.

11. x가 실수이고 그리고 $x \neq 0$이라 가정하자. 만약 $\frac{\sqrt[3]{x}+5}{x^2+6}=\frac{1}{x}$이면 $x \neq 8$임을 증명하여라.

*12. a, b, c,와 d를 실수들이라 가정하고, $0 < a < b$, 그리고 $d > 0$라 가정하자. 만약 $ac \geq bd$이면 $c > d$임을 증명하여라.

13. x와 y가 실수들이다. 그리고 $3x+2y \leq 5$이라 가정하자. 만약 $x > 1$이면 $y < 1$임을 증명하여라.

14. x와 y가 실수들이라 가정하자. 만약 $x^2+y=-3$이고 $2x-y=2$이면 $x=-1$임을 증명하여라.

*15. 예 3.1.1.의 첫째 정리를 증명하여라.(힌트: 당신이 예 3.1.2.오부터의 정리를 적용 하면 그것이 유용하다는 것을 발견할 것이다.)

16. 다음 정리를 고려하자.

정리. x가 한 실수이고 그리고 $x \neq 4$라 가정하자. 만약 $\dfrac{2x-5}{x-4}=3$이면 $x=7$이다.

(a) 위 정리의 다음 증명은 무엇이 잘못되었는가?

증명. $x=7$이라 가정하자. 그러면 $\dfrac{2x-5}{x-4}=\dfrac{2(7)-5}{7-4}=\dfrac{9}{3}=3$이다. 그러므로 만약 $\dfrac{2x-5}{x-4}=3$이면 $x=7$이다. ■

(b) 그 정리의 올바른 증명을 하여라.

17. 다음 올바르지 않는 정리를 고려하라.

올바르지 않는 정리. x가 실수이고 그리고 $x \neq 3$이라 가정하자. 만약 $x^2y=9y$이면 $y=0$이다.

(a) 그 정리의 다음 증명은 무엇이 잘못되었는가?

증명. $x^2y=9y$이라 가정하자. 그러면 $(x^2-9)y=0$이다. $x \neq 3, x^2 \neq 9$이므로, 따라서 $x^2-9 \neq 0$이다. 그러므로 우리는 다음 방정식 $(x^2-9)y=0$의 양변을 x^2-9로 나누면, 그것은 결론 $y=0$가 유도된다. 따라서 만약 $x^2y=9y$ 이면 $y=0$이다. ■

(b) 그 정리가 한 반례를 들어 올바르지 않음을 보여라.

3.2. 부정명제들과 조건문들이 포함된 증명들 Proofs Involving Negations and Conditionals.

이제 목표가 $\neg P$ 형식을 갖는 증명들로 돌아가자. 보통 부정적인 명제보다는 긍정적인 것이 더 쉽다. 따라서 그것은 가끔은 증명하기 전에 $\neg P$ 형식의 목표로 표현하는 것이 도움이 된다. 참이 되어서는 않된다고 말하는 목표를 사용하는 대신에, 만약 당신이 무엇이 참이 되어야한다고 말하는 목표로 그것을 바꿔 말할 수 있는가를 보여라. 다행이, 우리는 이 표현이 도움이 될 것이라는 여러 가지 동등들에 대하여 이미 공부했다. 따라서 우리의 부정적인 명제로 증명하는 최초의 전략은 이것이다:

> **$\neg P$형식의 목표의 증명에 대해서:**
> 만약 가능하면, 어떤 다른 형식의 목표를 표현하고 그때에 이 다른 목표형식에 대한 증명작전들 중 하나를 사용한다.

예 3.2.1. $A \cap C \subseteq B$이고 그리고 $a \in C$ 라 가정하자. $a \notin A \setminus B$임을 증명하여라.

메모 작업

가설	**목표**
$A \cap C \subseteq B$	$a \notin A \setminus B$
$a \in C$	

목표를 증명하기 위해서, 우리는 $a \in A$이고 $a \notin B$인 경우가 될 수 없음을 보여야만 한다. 왜냐하면 목표가 부정적인 명제이므로, 그것을 다시 표현하도록 한다.

$a \notin A \setminus B$는 $\neg(a \in A \wedge a \notin B)$와 동등하다. ($A \setminus B$의 정의).
이것은 $a \notin A \vee a \in B$와 동등하다. (드모르간의 정리).
이것은 $a \in A \rightarrow a \in B$와 동등하다. (조건문의 법칙).

이 방법으로 목표를 다시 쓰면 다음과 같다:

가설	**목표**
$A \cap C \subseteq B$	$a \in A \rightarrow a \in B$
$a \in C$	

이제 이 새로운 형식의 목표를 3.1장의 첫 번째 작전을 사용하여 증명한다. 따라서 우리

는 가설들의 목록에 $a \in A$를 추가하고 우리의 목표를 $a \in B$로 만든다.

가설	목표
$A \cap C \subseteq B$	$a \in B$
$a \in C$	
$a \in A$	

증명은 이제 쉬워졌다: 가설의 $a \in A$와 $a \in C$로 부터 우리는 $a \in A \cap C$라 결정할 수 있고, 그리고, $A \cap C \subseteq B$이기 때문에, $a \in B$ 가 된다.

풀이

정리. $A \cap C \subseteq B$이고 $a \in C$ 라 가정하자. 그러면 $a \notin A \setminus B$이다.

증명. $a \in A$라 가정하자. 그러면 $a \in C$이므로, $a \in A \cap C$이다. 그러나 $A \cap C \subseteq B$이므로 $a \in B$가 된다. 따라서 a가 A의 원소로써 B의 원소가 아닌 경우는 있을 수 없다. 따라서$a \notin A \setminus B$이다. ■

어떤 때는 $\neg P$ 형식의 목표를 긍정적인 명제로 표현할 수가 없을 수 있다. 그러므로 이 전략을 사용할 수가 없다. 이 경우에는 보통 모순에 의한 증명 proof by contradiction을 사용하는 것이 가장 좋다. P가 참이라고 가정해서 출발해서, 그리고 이 가정을 사용하여 당신이 알고 있는 어떤 것이 거짓임을 증명한다. 가끔은 가설들의 하나에 모순되는 명제를 증명함으로 해낼 수도 있다. 왜냐하면 당신은 당신이 증명한 명제가 거짓임을 알기 때문에, P가 참이었다는 가정은 올바른 것이 될 수 없다. 단지 남은 가능성은 P가 거짓일 뿐이다.

> $\neg P$ **형식의 목표의 증명에 대해서:**
> P를 참이라고 가정하여 모순에 도달하도록 힘쓴다. 단지 당신이 한 모순에 도달하면, 당신은 P가 거짓이라고 결정할 수 있다.

메모 작업

작전을 사용하기 전:

가설	목표
——	$\neg P$
——	

작전을 사용한 후:

가설	목표
——	모순
——	
P	

마지막 증명의 양식:

P 가 참이라고 가정하자.

[모순의 증명이 여기 있다.]

따라서 P가 거짓이다.

예 3.2.2. 만약 $x^2+y=13$이고 $y\neq 4$이면 $x\neq 3$임을 증명하여라.

메모 작업

목표가 조건부 명제이다. 따라서 3.1장의 첫 번째 증명 작전에 따라서 전항을 사례로 취급하고 결과를 우리의 새로운 목표로 할 수 있다:

가설	목표
$x^2+y=13$	$x\neq 3$
$y\neq 4$	

이 증명 작전은 역시 마지막 증명이 어떤 형식이 되어야 하는지를 제시해준다. 작전에 따라서 증명은 다음과 같이 되어야한다:

$x^2+y=13$이고 $y \neq 4$이라고 가정하자.

[$x \neq 3$의 증명이 여기 있다]

따라서 만약 $x^2+y=13$이고 $y \neq 4$이면 $x \neq 3$이다.

환언하면, 마지막 증명의 처음과 마지막 문장은 이미 써져있고, 풀어저야할 남은 문제는 이 문장 사이에 $x \neq 3$으로 증명 안에 채우는 것이다.

가설-목표 목록은 이 문제를 풀기 위해서 알고 있는 것과 무엇을 증명할 것인가를 요약해준다.

목표 $x \neq 3$은 $\neg(x=3)$을 의미하지만, $x=3$은 그것 안에 논리적 연결사를 갖고 있지 않기 때문에, 긍정적인 형식의 이 목표를 다시 표현하는데 사용될 수 있는 동치들이 아무것도 없다. 그러므로 모순에 의한 증명을 시도하여 그 문제를 다음과 같이 변형시킨다:

가설	**목표**
$x^2+y=13$	모순
$y \neq 4$	
$x=3$	

다시 한번, 이 변환이 제시하는 증명 전략은 역시 마지막 증명의 몇 가지 더 많은 문장을 어떻게 채울 것인가를 말해준다. 앞에서 지적한 바와 같이, 이 문장들은 증명의 처음과 마지막 문장들 사이에 있다. 그것은 전에도 썼다.

$x^2+y=13$이고 $y \neq 4$이라고 가정하자.

$x=3$이라 가정하자.

[모순에 의한 증명이 여기 있다]

그러므로 $x \neq 3$이다.

따라서 만약 $x^2+y=13$이고 $y \neq 4$이면 $x \neq 3$이다.

증명에서 이 줄거리의 들여쓰기는 마지막 증명의 한 부분이 아닐 것이다. 증명의 구조의 의미를 확실하게 만들기 위해서 그것을 한 것이다. 처음과 마지막 줄들은 함께 가서 전항을 가정하고 결과를 증명하는 것으로 조건부 명제를 증명하고 있다. 이 줄들 사이가 결과에 대한 증명이다. $x \neq 3$, 이것이 우리가 그것을 들여쓰기에 의해서 처음과 마지막 줄을 돋보이게 했다. 그 내부의 증명은 처음과 마지막에서 지적한 바와 같이 모순에 의한 증명의 형식을 가진다. 이 줄들 사이에 아직도 모순에 의한 증명을 채울 필요가 있다.

이런 관점에서 우리의 목표에서와 같이 특별한 명제를 갖고 있지는 않다;

어떤 불가능한 결론이 해낼 것이다. 그러므로 가설들을 더 면밀하게 더 검토하여 그것들의 어떤 것이 다른 것과 모순되는지 알아봐야만 한다. 이 경우, 처음과 세 번째가 함께 $x=4$를 유도한다. 그것은 두 번째와 모순된다.

풀이

정리. 만약 $x^2+y=13$이고 $y\neq 4$이면 $x\neq 3$이다.

증명. $x^2+y=13$이고 $y\neq 4$이라고 가정하자. $x=3$이라 가정하자. 이것을 방정식 $x^2+y=13$에 대입하면, 우리는 $9+y=13$을 얻는다. 따라서 $y=4$이다. 그러나 이것은 $y\neq 4$라는 사실에 모순된다. 그러므로 $x\neq 3$이다. 따라서 만약 $x^2+y=13$이고 $y\neq 4$이면 $x\neq 3$이다. ■

당신은 이 점에서 왜 우리가 결정하는데 정당화해야 하는지, 그 증명에서 $x\neq 3$이라는 한 모순에 도달할 때 의심 할 수도 있다. 결국, 메모 작업에서 가설중 두 번째 목록은 3가지 가설에 포함된다. 모순에 도달했을 때, 우리는 어떻게 범인이 3번째 가설 $x=3$이라고 확신할 수 있는가? 이 질문에 대한 해답으로, 처음 가설을 돌아보고 이 예에 대한 목표를 분석한다. 그 분석에 따라서, 두 가지 가설, $x^2+y=13$와 $y\neq 4$이 있어서, 이것으로부터 목표 $x\neq 3$을 증명해야만 한다. 증명은 단지 만약 가설들이 참이면 목표도 참이라는 보장을 해야 함을 기억하여라. 따라서 단지 만약 $x^2+y=13$이고 $y\neq 4$이면 $x\neq 3$이므로, $x\neq 3$을 보일 필요가 없다. 우리가 모순에 도달했을 때, 우리는 사례들의 두 번째 목록에서 3가지 명제중 하나가 거짓이 되어야한다는 것을 알고 있다. 우리는 확실히 처음 두 개가 범인이 아니라면, 3번째가 되어야하고, 증명을 끝마치기 위해 요구되는 모든 것을 결정하는 것으로 정당화된다.

모순에 의해서 목표를 증명하는 것은, 당신이 해낼 수 있는 다른 가설을 갖고 있다면, 당신이 당신의 결론이 거짓이라고 가정하도록 하는 이점을 갖고 있다. 그러나 그것은 당신이 다소 막연한 목표를 갖도록 하는 불리한 점도 있다. 당신이 거짓이라고 알고 있는 어떤 것을 증명함으로써 모순을 만든다. 왜나하면 지금까지 논의했던 모든 증명의 작전들은 목표의 논리적 형식을 분석하는데 의존하고 있기 때문에, 그것은 당신이 모순을 만드는 목표를 성취하도록 그것들의 어떤 것도 돕지 않을 것으로 나타난다. 앞에서의 증명에서 우리는 우리들의 가설들이 모순을 찾는데 더 면밀하게 보도록 강요받았다. 이 경우에 우리는 그것을 $y=4$임을 증명함으로써 주어진 $y \neq 4$에 모순된다고 했다. 이것은 모순에 의한 증명들에서 가끔 나타나는 한 패턴을 설명해준다: 만약 가설들 중 하나가 $\neg P$형식 이면, 그러면 당신은 P를 증명함으로써 모순을 만들어 낼 수 있다. 한 가설의 논리적 형식에 근거한 우리들의 첫 번째 작전이다.

$\neg P$ 형식의 가설의 사용에 대해서:
만약 당신은 모순에 의해 증명을 한다면, P를 당신의 목표로 만들어 시도하여라. 만약 당신이 P를 증명 할 수 있다면, 그러면 그 증명은 끝날 것이다. 왜나하면 P는 사례 $\neg P$에 모순되기 때문이다.

메모 작업

작전을 사용하기 전:

가설	**목표**
$\neg P$	모순
——	
——	

작전을 사용한 후:

가설	**목표**
$\neg P$	P
——	
——	

마지막 증명의 양식:

[P의 증명이 여기 있다.]

이미 $\neg P$임을 알기 때문에, 이것은 모순이다.

비록 $\neg P$형식의 목표들을 증명하는데 모순에 의한 증명을 추천했지만, 그것은 임의의 목표에서도 사용될 수 있다. 보통 그것은 만약 그것들 중 어떤 것이 적용될 때 먼저 다른 전략들을 시도하는 것이 최선이다; 그러나 만약 당신이 막히면, 당신은 임의의 증명에서도 모순에 의한 증명을 시도해 볼 수 있다.

다음 예는 이것을 설명해주고 역시 증명을 쓰는 또 다른 중요한 규칙이다: 많은 경우에 한 명제의 논리적 형식은 그 명제 나와 있는 어떤 수학적 용어나 기호들의 정의를 완전히 써 봄으로써 writing out the definition 발견 될 수 있다. 이런 이유로, 모든 수학적 용어들의 정의들의 분명한 명제들을 안다는 것은 당신이 증명을 쓸 때 지극히 중요한 것이다.

예 3.2.3. $A, B,$ 그리고 C가 집합들이라 가정하자. $A \setminus B \subseteq C$ 이고, x가 임의의 원소라 하자. 만약 $x \in A \setminus C$ 이면 $x \in B$임을 증명하여라.

메모 작업

$A \setminus B \subseteq C$ 를 가설로 하고, 그리고 $x \in A \setminus C \to x \in B$를 목표로 하자. 왜냐하면 그 목표가 조건문 명제이기 때문에, 우리의 첫 단계는 $x \in A \setminus C$ 를 두 번째 가설로 추가하고 $x \in B$를 목표로 문제를 변형하자:

가설	**목표**
$A \setminus B \subseteq C$	$x \in B$
$x \in A \setminus C$	

마지막 증명의 형식은 그러므로 다음과 같이 될 것이다:

$x \in A \setminus C$라 가정하자.

[$x \in B$의 증명이 여기 있다]

따라서 만약 $x \in A \setminus C$ 이면 $x \in B$ 이다.

목표 $x \in B$는 논리적 연결사들이 없다. 따라서 지금까지 적용한 기술들은 없다. 그리고 그것은 가설들로부터 왜 목표가 분명하지는 않다. 해야 할 어떤것도 부족함으로, 모순에 의한 증명을 시도한다:

가설	**목표**
$A \setminus B \subseteq C$	모순
$x \in A \setminus C$	
$x \notin B$	

전과 같이, 그 문제에 대한 이 변환은 그 증명에 약간의 문장을 채워 넣을 수 있게 한다:

$x \in A \setminus C$ 라 가정하자.
  $x \notin B$ 라 가정하자.
    [모순에 의한 증명이 여기 있다]
  그러므로 $x \in B$ 이다
따라서 만약 $x \in A \setminus C$ 이면 $x \in B$이다.

왜냐하면 모순에 의해 증명하고 있고, 그리고 마지막 가설이 이제 부정명제로 되어 있기 때문에, $\neg P$형식의 가설들을 사용하는 우리의 전략을 이용하도록 힘 쓸 수 있다. 불행하게도, 이 전략은 목표를 $x \in B$로 만들게 제시해준다. 그것은 바로 출발한 곳으로 돌아가게 해준다. 우리는 모순을 찾도록 시도하는 다른 가설들을 봐야만 한다.

이 경우에, 두 번째 가설의 정의를 쓰는 것은 증명의 핵심이고, 이 정의가 역시 부정명제를 품고 있기 때문이다. 정의에 의해서, $x \in A \setminus C$ 는 $x \in A$이고 $x \notin C$ 임을 의미한다. 그것의 정의에 의해서 이 가설을 대치하면 다음과 같다:

가설	**목표**
$A \setminus B \subseteq C$	모순
$x \in A$	
$x \notin C$	
$x \notin B$	

이제 3번째 가설은 역시 $\neg P$ 형식을 가진다. 여기서 P 는 $x \in C$ 라는 명제이다. 따라서 우리는 $\neg P$ 형식의 가설들을 사용하고 $x \in C$ 를 우리의 목표로 만드는 작전을 적용할 수 있다. $x \in C$ 를 보이면 증명이 끝날 것이다. 왜냐하면 그것은 가설 $x \notin C$에 모순되기 때문이다.

가설	**목표**
$A \setminus B \subseteq C$	$x \in C$
$x \in A$	
$x \notin C$	
$x \notin B$	

다시 한번, $x \in C$ 를 증명함으로써 우리의 모순을 유도할 것을 계획한 사실을 채워서 점진적으로 쓴 약간의 많은 증명들을 추가 할 수 있다.

우리는 역시 증명에 $x \in A \setminus C$ 의 정의에 추가로, $x \in A \setminus C$ 라 말한 오른쪽 뒤에, 그것을 논리적 자리에 있음직한 곳에 끼워넣는다:

$x \in A \setminus C$ 라 가정하자. 이것은 $x \in A$이고 $x \notin C$ 임을 의미한다.
　　$x \notin B$ 라 가정하자.
　　　　[$x \in C$ 의 증명이 여기 있다]
　　이것은 $x \notin C$ 라는 사실에 모순이다.
　그러므로 $x \in B$ 이다
따라서 만약 $x \in A \setminus C$ 이면 $x \in B$ 이다.

마침내 목표가 가설들로부터 용이하게 따라올 수 있는 지점에 도달했다.

$x \in A$이고 $x \notin B$ 이므로 우리는 $x \in A \setminus B$ 라 할 수 있다. $A \setminus B \subseteq C$ 이므로 $x \in C$ 가 된다.

풀이

정리. A, B, 그리고 C 가 집합들이라 가정하자. $A \setminus B \subseteq C$ 이고, x가 임의의 원소라 하자. 만약 $x \in A \setminus C$ 이면 $x \in B$ 이다.

증명. $x \in A \setminus C$ 라 가정하자. 이것은 $x \in A$이고 $x \notin C$ 임을 의미한다. $x \notin B$ 라 가정하자. 그러면 $x \in A \setminus B$ 이다. 따라서 $A \setminus B \subseteq C$ 이므로, $x \in C$ 이다. 그러나 이것은 $x \notin C$ 라는 사실에 모순된다. 그러므로 $x \in B$ 이다. 따라서 만약 $x \in A \setminus C$ 이면 $x \in B$ 이다. ■

추천한 $\neg P$ 형식의 가설들을 이용하는 작전은 단지 모순에 의한 증명을 할 때뿐이다. 다른 종류의 증명에 대해서는, 다음 작전이 사용될 수 있다. 이 작전은 이 작전은 $\neg P$ 형식의 가설들이라는 사실에 근거하고 있어서, 이 형식의 목표들과 같이, 만약 그것들이 긍정적인 명제들로 다시 표현되면 더 용이하게 해낼 수 있다.

$\neg P$ 형식의 가설의 사용에 대해서:
만약 가능하면, 이 가설을 어떤 다른 형식으로 다시 표현한다.

가설들과 목표들 양쪽 다 $\neg P$ 형식인 것으로 해가는 작전들을 논의 했다. 그러나 단지 $P \to Q$ 형식의 목표에 대한 작전일 뿐이다. 이제 $P \to Q$ 형식의 가설들의 사용에 대한 두 가지 작전들을 주어서 이 간격을 채울 것이다. 우리가 전에 말한바와 같이 가설들을 사용한 많은 작전들이 가설들로부터 추론들을 이끌어 내는 방법들을 제시한다. 그런 작전들을 추론규칙들 rules of inference이라 부른다. $P \to Q$ 형식의 가설들을 사용한 작전들은 둘 다 추론규칙들의 예들이다.

$P \to Q$ 형식의 가설의 사용에 대해서:
만약 당신이 역시 P 가 주어지거나, 또는 만약 당신이 P 가 참이라는 것을 증명 할 수 있다면, 그러면 당신은 Q 가 참이라는 것을 결정하는데 이 가설을 사용할 수가 있다. 그것은 $\neg Q \to \neg P$ 와 동치이므로, 만약 당신이 Q 가 거짓이라고 증명 할 수 있다면, 당신은 이 가설을 사용하여 P 가 거짓이라고 결정할 수 있다.

이 추론규칙들의 첫 번째 것은 만약 당신이 P 와 $P \to Q$ 둘 다 참인 것을 알고 있다면, 당신은 Q 역시 참이 되어야 한다고 결정 할 수 있다. 논리학자들은 이 규칙을 긍정논법 modus ponens라 부른다. 우리는 이 규칙이 1장의 예 1.1.1의 논의2에서 유효한 연역적 논증의 처음 예 중 하나에 사용된 것을 보았다. 이 논증 형식의 유효성은 1.5장의 조건부 연결사에 대한 진리표를 사용하여 확인했다.

두 번째 규칙은, 부정논법 modus tollens이라 부르며, 만약 당신이 $P \to Q$ 이 참이고 Q 가 거짓임을 안다면, 당신은 P 역시 거짓이 되어야 한다는 것을 결정할 수 있다. 이 규칙의 유효성은 역시 진리표로 확인할 수 있다. 당신이 연습문제 14에서 보이라는 요청이 있다.

당신은 보통 당신이 P 또는 $\neg Q$ 를 증명 할 수 있을 때까지 $P \to Q$ 형식이 많이 이용되는 가설을 찾지 못할 것이다. 하지만, 만약 당신이 P 가 참이라고 결정하는 당신의 증명의 한 지점에 도달했다면, 아마도 Q 가 참이라고 즉각 결정하는 가설을사용해야만 한다. 유사하게, 만약 $\neg Q$ 가 성립한다고 하면, 즉각 $\neg P$ 를 결정하는데 이 가설을 사용한다.

비록 우리의 대부분의 예들이 특별한 수학적 명제들이 관련될 것이지만, 가끔 우리는 비 특정화된 명제들을 나타내는 문자들을 포함하는 증명들의 예들을 만나게 된다. 나중에 이 장에서 우리는 전에 직관적인 근거에서 단지 정당화될 수 있는 2장으로부터 약간의 동치들을 밝히는 방법을 사용할 수 있을 것이다. 여기에 이 종류의 한 예가 있고, 긍정논법과 부정논법을 사용하는 것을 설명해 준다.

예 3.2.4. $P \to (Q \to R)$이라 가정하자. $\neg R \to (P \to \neg Q)$임을 증명하여라.

메모 작업

연습문제 14에서 보여주라고 요청된 것과 같이, 이것은 실제적으로 진리표에 의해서 해 낼 수 있다. 그러나 논의 해왔던 증명전략들을 사용하여 그것을 해보자. 우리는 다음 상황에서 시작해보자:

가설	**목표**
$P \to (Q \to R)$	$\neg R \to (P \to \neg Q)$

우리의 단 하나의 가설은 한 조건문이다. 방금 논의한 추론규칙에 따라, 만약 우리가 P를 안다면 우리는 $Q \to R$ 을 결정하는 긍정논법을 사용 할 수 있고, 그리고 만약 우리가 $\neg(Q \to R)$이라면 $\neg P$ 를 결정하는데 부정논법을 사용할 수 있다. 왜냐하면 우리가 이 지점에서, 이것의 어느 것도 알 수 없다면, 우리는 이 가설로 어떤 것도 아직은 할 수가 없다. 만약 P 또는 $\neg(Q \to R)$을 사설들 목록에 추가하면, 그러면 긍정논법과 부정논법을사용하는 것을 고려해야 한다. 당분간, 목표에 집중할 필요가 있다.

그 목표는 역시 조건문이이고, 따라서 우리는 새로운 목표로 전항과 결론의 집합을 가정한다.:

가설	**목표**
$P\to(Q\to R)$	$P\to\neg Q$
$\neg R$	

역시 이제 그 증명의 약간을 쓸 수 있다:

$\neg R$ 이라 가정하자.

[$P\to\neg Q$ 의 증명이 여기 있다.]

그러므로 $\neg R\to(P\to\neg Q)$이다.

아직 그 가설들로 아무것도 할 수가 없다. 그러나 그 목표는 다른 조건문이다. 따라서 우리는 똑 같은 작전을 사용 한다:

가설	**목표**
$P\to(Q\to R)$	$\neg Q$
$\neg R$	
P	
$Q\to R$	

역시 그 증명에 한 줄을 추가한다:

$\neg R$ 이라 가정하자.

P 를 가정하자.

P와 $P\to(Q\to R)$이기 때문에, 그것은 $Q\to R$이 된다.

[$\neg Q$의 증명이 여기있다.]

그러므로 $P\to\neg Q$이다.

그러므로 $\neg R\to(P\to\neg Q)$이다.

마침내, 우리의 마지막 단계는 부정논법을 사용한 것이다. 이제 $Q\to R$이고 $\neg R$임을 안다.

따라서 부정논법에 의해서 우리는 $\neg Q$ 을 결정할 수가 있다. 이것이 우리의 목표이고, 따라서 증명이 끝났다.

풀이

정리. $P \to (Q \to R)$이라 가정하자. 그러면 $\neg R \to (P \to \neg Q)$이다.

증명. $\neg R$이라 가정하고, P를 가정하자. P와 $P \to (Q \to R)$이기 때문에, 그것은 $Q \to R$이 된다. 그러나 $\neg R$이므로, $\neg Q$이라 결정할 수 있다. 따라서 $P \to \neg Q$이다. 그러므로 $\neg R \to (P \to \neg Q)$이다. ■

가끔 만약 당신이 고집하면 추론규칙들을 거꾸로 적용할 수도 있다. 예를 들어, 가설들 중 하나가 $P \to Q$ 형식을 갖고 목표가 Q 라 가정하자. 만약 단지 P 를 증명하고, 목표에 도달하도록 긍정논법을 사용할 수 있다. 이것은 당신의 목표로 Q 대신에 P 를 취급할 것을 제안한다. 만약 당신이 P를 증명 할 수 있다면, 당신은 바로 원래의 목표 Q 에 도달하기 위해서 증명에 한 단계를 더 추가 해야만 한다.

예 3.2.5. $A \subseteq B$, $a \in A$ 그리고 $a \notin B \setminus C$ 라 가정하자. $a \in C$임을 증명하여라.

메모 작업

가설	목표
$A \subseteq B$	$a \in C$
$a \in A$	
$a \notin B \setminus C$	

우리의 3번째 가설은 부정적인 명제이다. 따라서 그것을 긍정적인 명제인 동치로 바꾸어 표현해서 시작할 수 있다. 두 집합의 차에 대한 정의에 따라서 이 가설은 $\neg(a \in B \wedge a \notin C)$를 의미한다. 그리고 드모르간의 법칙 중 한 가지에 의해서, 이것은 $a \notin B \vee a \in C$ 와 동치이다. 왜냐하면 우리들의 목표가 $a \in C$ 이므로, 그것은 아마도 이것과 동치인 형식 $a \in B \to a \in C$

로 다시 쓰는 것이 더 편리할 것이다:

가설	**목표**
$A \subseteq B$	$a \in C$
$a \in A$	
$a \in B \rightarrow a \in C$	

이제 $P \rightarrow Q$ 형식의 가설들을 이용한 우리의 작전을 사용할 수 있다. 우리들의 목표는 $a \in C$ 이고, $a \in B \rightarrow a \in C$ 이 주어졌다. 만약 $a \in B$임을 증명할 수 있다면, 우리의 목표에 도달하기 위해 긍정논법을 사용할 수 있다. 따라서 우리의 목표로 $a \in B$ 을 취급하도록 힘쓰고, 그리고 만약 그것이 그 문제를 더 쉽게 하는지 알아 봐라:

가설	**목표**
$A \subseteq B$	$a \in B$
$a \in A$	
$a \in B \rightarrow a \in C$	

이제 그것은 어떻게 목표에 도달하는지가 명확하다. $a \in A$이고 $A \subseteq B$ 이므로, $a \in B$이다.

풀이

정리. $A \subseteq B$, $a \in A$ 그리고 $a \notin B \setminus C$ 라 가정하자. 그러면 $a \in C$ 이다.

증명. $a \in A$, $A \subseteq B$ 이므로, 우리는 그리고 $a \in B$ 임을 결정할 수 있다. 그러나 $a \notin B \setminus C$ 이다. 따라서 $a \in C$ 가 된다. ■

연습문제

*1. 이 문제는 진리표들을 사용하여 풀 수도 있다. 그러나 그 방법으로 하지 말고, 대신에, 이 장에서 지금까지 논의한 증명쓰기 방법을 사용하여라.(예 3.2.4. 참조)

(a) $P \to Q$와 $Q \to R$이 모두 참이라 가정하자. $P \to R$이 참임을 증명하여라.
(b) $\neg R \to (P \to \neg Q)$이 참이라 가정하자. $P \to (Q \to R)$이 참임을 증명하여라.

2. 이 문제는 진리표들을 사용하여 풀 수도 있다. 그러나 그 방법으로 하지 말고, 대신에, 이 장에서 지금까지 논의한 증명쓰기 방법을 사용하여라.(예 3.2.4. 참조)
(a) $P \to Q$ 와 $R \to \neg Q$ 이 모두 참이라 가정하자. $P \to \neg R$ 이 참임을 증명하여라.
(b) P 가 참이라 가정하자. $Q \to \neg (Q \to \neg P)$이 참임을 증명하여라.

3. $A \subseteq C$ 이고 B 와 C 가 서로소라 가정하자. 만약 $x \in A$이면 $x \not\in B$임을 증명하여라.

4. $A \setminus B$ 와 C 가 서로소이고 $x \in A$라 가정하자. 만약 $x \in C$이면 $x \in B$임을 증명하여라.

*5. $x \in A \setminus B$ 이고 $x \in B \setminus C$ 이 될 수 없음을 증명하여라.

*6. 모순에 의한 증명방법을 사용하여 예 3.2.1.에 있는 정리를 증명하여라.

7. 모순에 의한 증명방법을 사용하여 예 3.2.5.에 있는 정리를 증명하여라.

8. $y + x = 2y - x$이고, x와 y는 둘다 0이 아니라 가정하자. $y \neq 0$임을 증명하여라.

*9. a와 b가 0이 아닌 실수들이라 가정하자. 만약 $a < 1/a < b < 1/b$이면 $a < -1$임을 증명하여라.

10. x와 y가 실수들이라 가정하자. 만약 $x^2 y = 2x + y$이면, 그러면 만약 $y \neq 0$이면 $x \neq 0$임을 증명하여라.

11. x와 y가 실수들이라 가정하자. 만약 $x \neq 0$이면, 그러면 만약 $y = \dfrac{3x^2 + 2y}{x^2 + 2}$이면 $y = 3$임을 증명하여라.

*12. 다음 올바르지 않는 정리를 고려하라.

올바르지 않는 정리. x와 y가 실수이고 그리고 $x + y = 10$이라 가정하자.

그러면 $x \neq 3$이고 $y \neq 8$이다.

(a) 그 정리의 다음 증명은 무엇이 잘못되었는가?

증명. 정리의 결론이 거짓이라 가정하자. 그러면 $x = 3$이고 $y = 8$이다. 그러면 $x + y = 11$ 이므로, 그것은 주어진 정보 $x + y = 10$에 모순된다. 그러므로 결론은 참이어야 한다. ■

(b) 그 정리가 한 반례를 들어 올바르지 않음을 보여라.

13. 다음 올바르지 않는 정리를 고려하라.

올바르지 않는 정리. $A \subseteq C$, $B \subseteq C$ 이고 $x \in A$이라 가정하자. 그러면 $x \in B$이다.

(a) 그 정리의 다음 증명은 무엇이 잘못되었는가?

증명. $x \notin B$ 라 가정하자. $x \in A$이고 $A \subseteq C$ 이므로, $x \in C$ 이다. $x \notin B$ 이고 $B \subseteq C$ 이므로, $x \notin C$ 이다. 그러나 이제 우리는 $x \in C$ 이고 $x \notin C$ 임을 증명한 것이 되었다. 따라서 우리는 모순에 도달하였다. 그러므로 $x \in B$ 이다. ■

(b) 그 정리가 한 반례를 들어 올바르지 않음을 보여라.

14. 진리표를 이용하여 부정논법이 한 유효한 추론규칙임을 보여라.

*15. 진리표를 이용하여 예 3.2.4.에 있는 정리의 올바름을 확인하여라.

16. 진리표를 이용하여 연습문제1이 올바름을 확인하여라.

17. 진리표를 이용하여 연습문제2가 올바름을 확인하여라.

18. 예 3.2.2의 증명이 만약 $x^2 + y = 13$이고 $x \neq 3$이면 $y \neq 4$임을 증명하는 것으로 변형될 수 있는가? 설명하여라.

3.3 한정작용소가 관련된 증명들
Proofs Involving Quantifiers

다시 예 3.2.3.를 보자. 그 예에서 x가 아무것이나 될 수 있다고 말했다. 그리고 명제 $x \in A \setminus C \rightarrow x \in B$ 를 증명하였다. 왜냐하면 우리가 사용했던 논증은 x가 무엇이냐에 관계없이 적용했기 때문에, 우리의 증명은 실제로 모든 x에 대하여 $x \in A \setminus C \rightarrow x \in B$ 임을 보인 것이다. 즉, $\forall x(x \in A \setminus C \rightarrow x \in B)$임을 결정 할 수 있다.

이것이 $\forall xP(x)$형식의 목표를 증명하는 가장 쉽고 가장 똑 바른 방법이라 설명해준다. 만약 당신이 한 목표 $P(x)$의 증명을 x가 무엇이냐에 관계없이 할 수 있다면, 당신은 $\forall xP(x)$가 참이 되어야한다고 결정할 수 있다. 당신의 증명이 x의 임의의 값에 대하여 된다고 확실하게 하기 위해서, 당신의 증명을 x에 대한 아무런 가정 없이 시작하는 것이 중요하다. 수학자들은 이것을 x가 임의로 arbitrary 되어야 한다는 것을 말하는 것으로 표현한다. 특히, x가 증명에서 이미 논의된 임의의 다른 대상과 같다고 가정하지 말아야 한다. 따라서 만약 문자 x가 어떤 특별한 대상을 나타내는 증명에서 이미 사용되었다면, 그러면 그것이 임의의 대상을 나타내는 것으로 사용할 수 없다. 이 경우에 증명에서 이미 사용되지 않는 다른 변수를 택해야한다. 예를 들어 y로 택한다. 목표 $\forall xP(x)$를 동치인 명제 $\forall yP(y)$로 대치한다. 이제 당신은 y가 임의의 대상을 나타낸다고 하고 $P(y)$를 증명하는 것으로 진행한다.

$\forall xP(x)$**형식의 목표의 증명에 대해서:**

x가 임의의 대상을 나타내고 $P(x)$를 증명한다고 하자. 문자 x는 그 증명에서 새로운 변수이어야한다. 만약 x가 어떤 것을 나타내는 증명에 사용된 것이라면, 그러면 당신은 사용되지 않은 예를 들어 y를 변수로 임의의 대상을 나타내는 것으로 택해야만 한다. 그리고 $P(y)$를 증명한다.

메모 작업

작전을 사용하기 전:

가설 **목표**

____ $\forall xP(x)$

____

작전을 사용한 후:

가설 **목표**

____ $P(x)$

____

마지막 증명의 양식:

x를 임의의 것이라 하자.

[$P(x)$의 증명이 여기 있다.]

x가 임의의 것이므로, 우리는 .$\forall xP(x)$를 결정할 수 있다.

예 3.3.1. A, B, 그리고 C가 집합들이고, 그리고 $A \setminus B \subseteq C$ 라 가정하자. $A \setminus C \subseteq B$임을 증명하여라.

메모 작업

가설 **목표**

$A \setminus B \subseteq C$ $A \setminus C \subseteq B$

보통처럼, 처음에 우리의 작전을 계획한 목표의 논리적 형식을 보아야한다. 이 경우에 우리는 $\subseteq$의 정의를 목표의 논리적 형식을 정하기 위해서 써야만 한다.

가설 **목표**

$A \setminus B \subseteq C$ $\forall x(x \in A \setminus C \rightarrow x \in B)$

왜냐하면 목표가 $\forall xP(x)$형식을 갖고 있으므로, 여기서 $P(x)$는 $x \in A \setminus C \rightarrow x \in B$ 이라는 명제이다. 임의의 대상에 대해 나타내는 증명에 새로운 변수 x을 소개할 것 이고 그리고

$x \in A \setminus C \to x \in B$ 의 증명을 시도할 것이다. 증명에서 x는 새로운 변수이다. 그것은 종속변수로써 목표의 논리적 형식으로 나타난다. 그러나 종속변수는 특별히 어떤 것을 나타내지는 않음을 기억하여라. 아직 임의의 명제에서 x를 자유변수로 사용하지 않았다. 따라서 그것은 어떤 특별한 대상을 나타내는데 사용되지 않았다. x가 임의의 것임을 확신하기 위해서 주어진 열에 x에 대한 임의의 가정을 추가하지 않도록 주의해야 한다.

하지만, 우리는 목표를 변경하자:

가설	**목표**
$A \setminus B \subseteq C$	$\forall x \in A \setminus C \to x \in B$

작전에 따라서 마지막 증명은 이와 같이 보여야 한다:

> x를 임의의 것이라 하자.
>
> [$x \in A \setminus C \to x \in B$의 증명이 여기 있다.]
>
> x가 임의의 것이므로, 우리는 $\forall x(x \in A \setminus C \to x \in B)$를 결정할 수 있다. 따라서 $A \setminus B \subseteq C$ 이다.

그 문제는 이제 예 3.2.3.에서와 똑 같다. 따라서 그 풀이의 나머지도 역시 똑 같다. 즉, 단순히 우리가 예 3.2.3.에서 여기에서 쓴 증명의 처음과 마지막 문장들 사이에 적은 증명을 끼워 넣수 있다.

풀이

정리. $A, B,$ 그리고 C가 집합들이고, 그리고 $A \setminus B \subseteq C$ 라 가정하자. 그러면 $A \setminus C \subseteq B$ 이다.

증명. x를 임의의 것이라 하자. $x \in A \setminus C$ 라 가정하자. 이것은 $x \in A$이고 $x \notin C$ 를 의미한다. $x \notin B$ 라 가정하자. 그러면 $x \in A \setminus B$ 이다. 따라서 $A \setminus B \subseteq C$ 이므로, $x \in C$이다. 그러나 이것은 $x \notin C$ 라는 사실에 모순된다. 그러므로 $x \in B$이다. 따라서 만약
[$x \in A \setminus C \to x \in B$ 의 증명이 여기 있다.]
x가 임의의 것이므로, $\forall x(x \in A \setminus C \to x \in B)$를 결정할 수 있다. 따라서 $A \setminus B \subseteq C$ 이다.
$x \in A \setminus C$이면 $x \in B$이다. x가 임의의 것이므로, $\forall x(x \in A \setminus C \to x \in B)$임을 결정할 수 있

다. 따라서 $A \setminus C \subseteq B$ 이다. ■

그것에 주의 하여라, 비록 이 증명이 $A \setminus C$ 의 모든 원소가 역시 B의 원소임을 보이지만, 그것은 "$A \setminus C$ 의 각각의 원소가" 또는 "$A \setminus C$ 의 모든 원소들이"와 같은 구절을 포함하고 있지는 않다. 증명의 대부분에 대해서 단순히 x에 대해서만 추론한다. 그것은 $A \setminus C$ 의 고정된, 한 원소로 취급된다. 우리는 x가 $A \setminus C$ 의 어떤 특별한 원소를 나타내는 것 같이 한다. 그 원소가 어떤 것에 대한 가정이 전혀 없음을 주의해야 한다. 그것은 x가 임의이기 때문에, x에 대한 결론이 x가 무엇이든지 관계없이 참일 것 이라고 관찰한 것은 그 증명의 마지막에서 뿐이다. 이것은 $\forall xP(x)$형식의 목표를 증명하는 작전을 사용하는데 중요한 이점이다. 그것은 당신이 그 대상이 임의의 것인, 단지 한 대상에 대해서만 논증함으로써 모든 대상들에 대한 목표를 증명할 수 있게 해준다. 만약 당신이 $\forall xP(x)$형식의 목표를 증명하고 당신은 자신이 "모든 x들" 또는 " 각각의 x"에 대한 많은 것을 이야기한다면, 당신은 아마도 당신의 증명에 이 작전을 사용하지 않음으로써 복잡하게 될 필요가 없다.

2장에서 본 것과 같이, $\forall x(P(x) \rightarrow Q(x))$ 형식의 명제들은 수학에서 아주 보편화 되어 있다. 그러므로 우리가 논의 했던 작전들을 어떻게 고려할 것인지 이 형식의 목표의 증명에 결합하는 것이 보람이 있을 것이다. 왜냐하면 그 목표는 $\forall x$로 시작한다. 첫 번째 단계는 x를 임의로 하고 $P(x) \rightarrow Q(x)$을 증명하려고 시도하는 것이다. 이 목표를 증명하기 위해서, 당신은 아마도 $P(x)$가 참이라고 가정하고 그리고 $Q(x)$를 증명하기를 원 할 것이다. 따라서 그 증명은 아마도 이와 같이 출발할 것이다: " x가 임의라 하고, $P(x)$라 가정하자" 그것은 그러면 목표 $Q(x)$에 도달하는데 필요한 단계들로 진행할 것이다. 가끔 x가 임의라는 것을 빼고 명제의 증명의 양식이 단순히 "$P(x)$라 가정하자"로 증명을 시작한다. 새로운 변수 x가 이 방법으로 증명에 소개될 때, 그것은 x가 임의라고 이해된다. 즉, x에 대한 아무런 가정 없이 $P(x)$가 참이라고 말한다.

이런 종류의 증명의 한 중요한 예는 그 목표가 $\forall x \in A\, P(x)$형식을 갖는 증명이다. $\forall x \in A\, P(x)$은 $\forall x(x \in A \rightarrow P(x))$과 같은 것을 의미함을 기억 하여라, 따라서 우리의 작전에 따라 그 증명은 "$x \in A$라 가정하자"로 시작하고 $P(x)$가 참임을 결정하는 단계로 진행해야한다. 다시 한번, $x \in A$라는 가정을 말하는 대신에 x에 대해서는 아무 가정이 없는 것으로 이해된다. 따라서 x는 A의 임의의 원소를 나타낸다.

수학자들은 가끔 자신들이 그것들을 채울 수 있다고 예상되면, 증명에서 다른 단계를 생략한다. 특히, 우리의 많은 증명전략들은 증명에 주어진 논증이 왜 바라는 결론을 이끄는지 종합해서 한 문장으로 증명을 마치는 제안을 한다.

이 작전들이 여러 가지가 증명에서 연결되고, 문장들을 종합하는 여러 가지가 정리 끝까지, 차례대로 있다. 수학자들은 가끔 한 문장으로 종합해서 압축한다. 또는 그것을 완전히 생략하기도 한다. 당신이 다른 사람이 쓴 증명을 읽을 때는, 당신은 이 생략된 단계를 채워보는 것이 도움이 될 것이다.

예 3.3.2. A와 B를 집합들이라 가정하자. 만약 $A\cap B=A$이면 $A\subseteq B$임을 증명하여라.

메모 작업

목표는 $A\cap B=A\rightarrow A\subseteq B$ 이다. 왜냐하면 목표가 조건명제이므로, 우리는 전항을 가설에 추가하여 목적의 결과를 만들 수 있다. 역시 새로운 목적에 있는 $\subseteq$의 정의로 그것의 논리적 형식을 다음과 같이 쓸 수 있다.

가설	**목표**
$A\cap B=A$	$\forall x(x\in A\rightarrow x\in B)$

이제 목표는 $\forall x(P(x)\rightarrow Q(x))$형식을 가진다. 여기서 $P(x)$는 명제 $x\in A$이고 $Q(x)$는 명제 $x\in B$이다. 그러므로 x를 임의라 하자. $x\in A$라 가정하자. 그리고 $x\in B$임을 증명한다.

가설	**목표**
$A\cap B=A$	$x\in B$
$x\in A$	

우리가 사용하는 증명 작전들과 결합하면, 마지막 목표가 다음 형식을 갖게 됨을 알게 된다:

$A\cap B=A$라 가정하자.

  x를 임의라 하자

    $x\in A$라 가정하자.

[$x \in B$의 증명이 여기 있다.]

그러므로 $x \in A \rightarrow x \in B$ 이다.

x를 임의 이므로, $\forall x(x \in A \rightarrow x \in B)$라 고 결정 할 수가 있다. 따라서 $A \subseteq B$이다

그러므로 만약 $A \cap B = A$이면 $A \subseteq B$이다.

앞에서 논의한 바와 같이, 마지막 증명을 쓸 때 우리는 "x가 임의이다"의 문장을 생략할 수 있다. 그리고 역시 약간 또는 마지막 3문장들을 생략 할 수 있다.

이제 더 이상 목표의 형식의 분석을 하지 않을 지점에 도달하였다. 다행하게, 우리가 가설들을 보면, 목표가 용이하게 따라온다는 것을 발견하게 된다.

$x \in A$이고 $A \cap B = A$이므로, $x \in A \cap B$ 가 된다. 따라서 $x \in B$ 이다.(이 마지막 단계에서 $\cap$의 정의를 사용한다: $x \in A \cap B$ 는 $x \in A$이고 $x \in B$ 라는 의미이다.)

풀이

정리. A와 B를 집합들이라 가정하자. 만약 $A \cap B = A$이면 $A \subseteq B$이다.

증명. $A \cap B = A$라 가정하자. 그리고 $x \in A$라 가정하자. 그러면 $A \cap B = A$이므로, $x \in A \cap B$이다. 따라서 $x \in B$이다. x가 A의 임의의 원소이므로, $A \subseteq B$ 라고 결정 할 수 있다. ■

$\exists x P(x)$형식의 목표를 증명할 때는 역시 증명에 새로운 변수 x를 도입하는 것과 $P(x)$를 증명하는 것이 관련된다. 그러나 이 경우에 x는 임의의 것이 아니다. 왜냐하면 당신은 단지 적어도 한 x에 대해서만 $P(x)$가 참이 되는 것을 증명할 필요가 있다. 그것은 특별한 x값을 배정하고 x값에 대해 $P(x)$를 증명하면 충분하다.

$\exists x P(x)$**형식의 목표의 증명에 대해서:**

당신이 생각하기에 $P(x)$가 참이 되는 x의 값을 찾아보자. 그러면 당신의 증명은 다음과 같이 시작한다. "$x =$ (당신이 결정해야 할 값)라 하자"그리고 이 x값에 대한 $P(x)$의 증명을 시작한다. 다시 한번, x는 새로운 변수가 되어야한다. 만약 문자 x가 이미 약간의 다른 목적에 대한 증명에 사용되었다면, 그러면 당신은 사용하지 않은 변수, 예를 들어 y를 택해야 한다. 그리고 동치인 $\exists y P(y)$ 형식 의로 목표를 다시 써야한다. 이제 당신의 증명을 "$y =$ (당신이 결정해야 할 값)라

하자”로 시작해서 전과 같이 진행하고 $P(y)$를 증명한다.

메모 작업

작전을 사용하기 전:

가설	**목표**
——	$\exists x P(x)$
——	

작전을 사용한 후:

가설	**목표**
——	$P(x)$
——	

$x =$ (당신이 결정해야 할 값)

마지막 증명의 양식:

$x =$ (당신이 결정해야 할 값)이라 하자.

[$P(x)$의 증명이 여기 있다.]

따라서 $\exists x P(x)$이다.

x에 대해 사용할 올바른 값을 찾는 것은 어떤 경우에는 어려울 수 있다. 가끔 도움이 되는 한 방법은 $P(x)$가 참이라 가정하고, 만약 당신이 이 가정에 근거해서, x가 무엇이 되어야 하는지 알아낼 수 있는지를 아는 것이다. 만약 $P(x)$가 x가 관련된 한 방정식이라면, 이것은 x에 대한 방정의 해를 구하는 것이 된다. 하지만. 만약 이것이 되지 않으면, 당신은 x에 대해 사용할 값을 찾기 위해 힘써서 당신이 좋아하는 시행착오나 추측을 포함한 어떤 다른 방법을 사용해야한다. 이 단계에서 당신이 갖는 자유로움의 이유는 x에 대한 값을 찾을

때 사용하는 추론들은 마지막 증명에 나타나지 않을 것이기 때문이다.the reasoning you use to find a vale for x will not appear in the final proof. 이것은 증명은 단지 증명의 결론을 정당화하는데 필요한 추론을 포함해야만 우리의 규칙 때문이다. 어떻게 당신이 그 추론을 생각할 것인가 설명하는 것이 아니다.

$\exists xP(x)$이 참이라는 결론을 정당화하기 위해서 그것은 단지 x가 특별한 값이 주어질 때 $P(x)$가 참이 된다는 것을 확인하는데 필요하다. 당신은 그 값이 당신 자신만의 일이라고 생각되겠는가, 그리고 결론을 정당화시키는 한 부분만은 아니다.

예 3.3.3. 임의의 실수 x에 대하여, 만약 $x > 0$이면 한 실수 y가 존재하여 $y(y+1) = x$가 성립하는가를 증명하여라.

메모 작업

기호화하면, 목표는 $\forall x(x > 0 \rightarrow \exists y[y(y+1) = x])$이다. 여기서 이 명제서 나오는 변수들 x와 y는 R의 원소이다. 그러므로 x를 임의의 실수라 하고 시작하자. 그리고 $x > 0$이라 가정하고 그리고 $\exists y[y(y+1) = x]$를 증명해보자. 따라서 이제 다음과 같은 가설괴 목표를 가진다:

가설	**목표**
$x > 0$	$\exists y[y(y+1) = x]$

왜냐하면 목표는 $\exists yP(y)$형식을 갖기 때문에, 여기서 $P(y)$는 $y(y+1) = x$라는 명제이다. 우리의 작전에 따라서 우리는 $P(y)$가 참이 되는 y값을 찾으려고 시도해야한다. 이 경우 우리는 y에 대한 방정식 $y(y+1) = x$를 풀어서 그것을 구할 수 있다. 그것은 이차방정식이고 근의 공식을 이용하여 구할 수 있다:

$$y(y+1) = x \iff y^2 + y - x = 0 \iff y = \frac{-1 \pm \sqrt{1+4x}}{2}$$

우리는 가설에 $x > 0$이므로, $\sqrt{1+4x}$는 정의된다. 실제로 y에 대한 2개의 해를 찾았지만, $\exists y[y(y+1) = x]$을 증명하기 위해서는 단지 y의 한 값으로 방정식 $y(y+1) = x$가 참이 된다는 것을 보이면 된다. 두 해중 어느 것이나 다 같이 증명에 사용될 수 있다. 우리는 해 $y=(-1+\sqrt{1+4x})/2$를 사용할 것이다.

y에 대해 해를 구하는 단계는 마지막 증명에 나타나 있지 않다. 마지막 증명에서 단순히 "$y=(-1+\sqrt{1+4x})/2$라 하자"라고 말하고 $y(y+1)=x$을 증명할 뿐이다. 즉, 환언하면, 마지막 증명은 다음 형식이 될 것이다:

x를 임의의 실수라 하자.

  $x>0$이라 가정하자.

    $y=(-1+\sqrt{1+4x})/2$라 하자.

      [$y(y+1)=x$의 증명이 여기 있다.]

    따라서 $\exists y[y(y+1)=x]$.

  그러므로 $x>0 \rightarrow \exists y[y(y+1)=x]$이다.

x가 임의이므로, 우리는 $\forall x(x>0 \rightarrow \exists y[[y(y+1)=x])$를 결정할 수가 있다.

그 증명에서 남은 간격을 채우기 위해서 무엇을 해야만 하는지 알기 위해서, 가설의 목록에 $y=(-1+\sqrt{1+4x})/2$를 추가하여 목표 $y(y+1)=x$을 만든다.

가설	**목표**
$x>0$	$y(y+1)=x$
$y=(-1+\sqrt{1+4x})/2$	

이제 y대신에 단순히 $y=(-1+\sqrt{1+4x})/2$를 방정식 $y(y+1)=x$에 대입하여 그 결과 방정식이 참임을 확인하여 증명할 수 있다.

풀이

정리. 임의의 실 수 x에 대하여, 만약 $x>0$이면 한 실수 y가 존재하여 $y(y+1)=x$가 성립한다.

증명. x를 임의의 실수라 하자. 그리고 $x>0$이라 가정하자.

$y=(-1+\sqrt{1+4x})/2$라 하자.

이것은 $x>0$이므로 정의된다. 그러면,

$$y(y+1)=\left(\frac{-1+\sqrt{1+4x}}{2}\right)\cdot\left(\frac{-1+\sqrt{1+4x}}{2}+1\right)$$

$$=\left(\frac{\sqrt{1+4x}-1}{2}\right)\cdot\left(\frac{\sqrt{1+4x}+1}{2}\right)$$

$$=\frac{1+4x-1}{4}=\frac{4x}{4}=x$$

■

가끔 당신이 $\exists yP(y)$형식의 목표를 증명할 때 당신은 명제 $Q(y)$에 당신이 y에 어떤 값을 대입해야 할지 찾기 위해서 바로 말할 수 없을 것이다. 이 경우 당신은 만약 그들이 y에 대해 사용할 값을 제시해 주는지 알게 하는 가설들에 한층 가깝게 찾는 것을 원 할 수 있다. 특히, $\exists xP(x)$형식의 한 가설은 이 상황에서 도움이 될 것이다. 이 가설은 어떤 성질을 갖는 대상이 존재함을 말한다. 그것은 아마도 이 성질을 갖는 특별한 대상이 선택되고 새로운 변수, 예를 들어 x_0를, 이 대상을 나타내는 증명 안에 소개해주는 것을 상상하게 하는 좋은 생각이다. 따라서 그 증명의 나머지 부분에서는 당신은 어떤 특별한 대상을 나타내는 x_0를 사용할 것이다. 그리고 당신은 이 대상을 나타내는 x_0라 하고 $P(x_0)$이 참이라고 가정할 수 있다. 즉, 당신은 $P(x_0)$를 당신의 가설목록에 추가 할 수 있다. 이 대상 x_0, 또는 그것과 관련되는 어떤 것은 y를 대입하여 $Q(y)$가 참이 되는 올바른 것이라 밝혀질 것이다.

$\exists xP(x)$**형식의 가설의 사용에 대해서:**
증명에서 한 새로운 변수 x_0가 $P(x_0)$가 참이 되는 대상으로 소개하자. 이것은 당신이 이제 $P(x_0)$가 참이라고 가정할 수 있음을 의미하는 것이다. 논리학자들은 이 추론규칙을 존재구상화 existential instantiation이라 부른다.

$\exists xP(x)$형식의 가설로 사용하는 것은 $\exists xP(x)$형식의 목표를 증명하는 것은 전혀 다르다는 것을 주지하자. 왜냐하면 $\exists xP(x)$형식을 가설로 사용할 때는, 당신은 x에 대입할

특별한 값을 선택할 수가 없다. 당신은 x_0를 $P(x_0)$가 참이 되는 어떤 대상을 나타낸다고 가정할 수 있으나, 그러나 당신은 x_0에 대하여 어떤 다른 것으로 가정 할 수가 없다. 한편, $\forall xP(x)$형식의 가설은 $P(x)$가 x에 어떤 값을 대입할지라도 참이 된다. 당신은 그러므로 x에 당신이 바라는 임의의 값을 택하여 이것을 사용하여 $P(x)$가 참이 되도록 결정할 수가 있다.

$\forall xP(x)$**형식의 가설의 사용에 대해서:**

임의의 값, 예를 들어 a를 x에 대입하여 그리고 이 가설을 사용하여 $P(a)$가 참이라 결정할 수 있다. 이것을 전칭구상화 universal instantiation이라 부른다.

보통, 만약 당신이 $\exists xP(x)$형식의 가설을 갖고 있다면, 즉각 그것에 존재 구상화를 적용해야만 한다. 한편, 당신은 만약 당신이 x에 특별한 값 a를 대입하지 않는다면 $\forall xP(x)$형식의 가설에 전칭구상화를 적용할 수가 없다. 따라서 그 증명에서 a로 적당한 선택이 튀어나올 때까지 기다려야 할 것이다. 예를 들어, $\forall x(P(x)\to Q(x))$형식의 가설을 고려해보자. 이 가설을 이용하여 임의의 a에 대하여 $P(a)\to Q(a)$임을 결정한다. 그러나 조건부 명제들로 된 가설들에 따라서 이 결론은 아마도 만약 당신이 $P(a)$ 또는 $\neg Q(a)$인지를 알지 못한다면 아주 유용한것은 못될 것이다. 아마도 당신이 $P(a)$ 또는 $\neg Q(a)$인지 알고 있는 증명에 한 대상 a가 나타날 때 까기 기다려야만 한다.

이미 $A\subseteq B$ 형식의 가설들을 취급할 때 우리의 앞의 증명들의 어떤 것에서 이 기술을 사용했다. 용 예로, 예 3.2.5에서 우리는 가설들 $A\subseteq B$ 와 $a\in A$를 사용하여 $a\in B$를 결정하였다. 이 추론에 대한 정당화는 $A\subseteq B$ 가 $\forall x(x\in A\to x\in B)$를 의미하고, 따라서 전칭구상화에 의하여 x에 a를 대입할 수 있고 $a\in A\to a\in B$ 를 결정한다. 역시 $a\in A$이므로, 그것은 긍정논법에 의해서 $a\in B$가 된다.

예 3.3.4. $\mathcal{F}$와 $\mathcal{G}$가 집합족들이고 $\mathcal{F}\cap\mathcal{G}=\phi$이라 가정하자. $\cap\mathcal{F}\subseteq\cup\mathcal{G}$를 증명하여라.

메모 작업

그 목표의 논리적 형식의 분석에서 첫 번째 단계는 부분집합 기호의 의미를 완전히 다 쓰는 것이다. 그것은 명제 $\forall x(x \in \cap \mathcal{F} \to x \in \cup \mathcal{G})$이 된다. 우리는 합집합과 교집합의 정의들을 다 써서 분석함으로 더 나아갈 수 있다. 그러나 우리가 이미 했던 분석 부분은 증명에서 어떻게 출발할 것인가를 결정하도록 하는데 충분하다. 합집합과 교집합의 정의들은 증명의 후반부에 필요할 것이다. 그러나 그것들을 채우기 전에 그것들이 필요할 때까지 기다릴 것이다. 증명을 다 쓰기 위해서 가설들과 목표들의 논리적 형식들을 분석할 때, 보통 증명의 다음 단계를 결정하는데 필요한 만큼 분석해 가는 것이 최선이다.

논리적 분석을 더 해가면 보통 아무런 이득이 없는 단지 불필요한 복잡한 것을 소개한다.

목표가 $\forall x(x \in \cap \mathcal{F} \to x \in \cup \mathcal{G})$을 의미함으로, x가 임의이고, $x \in \cap \mathcal{F}$ 라 가정하고, $x \in \cup \mathcal{G}$의 증명을 시도한다.

가설	**목표**
$\mathcal{F} \cap \mathcal{G} = \phi$	$x \in \cup \mathcal{G}$
$x \in \cap \mathcal{F}$	

그 새로운 목표는 $\exists A \in \mathcal{G}\,(x \in A)$을 의미한다. 따라서 그것을 증명하기 위해서 우리는 A에 대해서 "작용 work"하는 값을 찾는 시도를 해야 한다. 목표를 보는것 만으로는 A를 찾는 것이 분명하지 않다. 따라서 가설들을 더 면밀히 봐야한다. 논리적 기호들로 그것들을 다 써서 시작하자:

가설	**목표**
$\exists A(A \in \mathcal{F} \cap \mathcal{G})$	$\exists A \in \mathcal{G}(x \in A)$
$\forall A \in \mathcal{F}\,(x \in A)$	

두 번째 가설은$\forall A$로 시작한다. 따라서 이 가설을 증명하는 도중에 생겨나서 A에 대입해도 좋을 때 까지는 이 가설을 사용 할 수가 없다. 특히, 우리는 만약 우리가 증명을 알아내려고 시도하는 동안에 $\mathcal{F}$의 한 원소로 우연히 만난다면, 우리는 두 번째 가설의 A에 대입할 수 있고 그것이 x를 한 원소로 포함한다고 결정할 수 있음을 명심해야한다. 첫 번째 가설은, 하지만, $\exists A$로 시작해서, 따라서 그것을 즉각 사용해야한다. 그것은 $\mathcal{F} \cap \mathcal{G}$의 한

원소인 어떤 대상이 존재함을 말한다. 존재 구상화에 의해서, 우리는 $\mathcal{F} \cap \mathcal{G}$ 의 한 특별한 원소로 예를 들어 A_0라는 이름을 소개할 수 있다. 가설의 명제 $\exists A(A \in \mathcal{F} \cap \mathcal{G})$ 를 계속 논의가 불필요하게 되고, 따라서 우리의 가설들의 목록에서 생략할 것이다. 새로운 가설 $A_0 \in \mathcal{F} \cap \mathcal{G}$은 $A_0 \in \mathcal{F}$ 와 $A_0 \in \mathcal{G}$를 의미함으로, 이제 다음 상황이 된다:

가설	**목표**
$A_0 \in \mathcal{F}$	$\exists A \in \mathcal{G}(x \in A)$
$A_0 \in \mathcal{G}$	
$\forall A \in \mathcal{F}(x \in A)$	

만약 당신이 면밀한 주의를 기울리면, 당신은 다음 단계가 무엇이 되어야 하는지 알아야 한다. 우리는 전에 증명하는 동안 나타날 수 있는 $\mathcal{F}$의 임의의 원소에 대하여 눈을 뜨고 보면서 결정해야 한다. 왜냐하면 우리는 마지막 가설의 A에 대하여 그것들을 대입하기를 원하기 때문이다. $\mathcal{F}$의 한 원소가 나왔다: A_0이다! 마지막 가설에 A에 대하여 A_0를 대입하면, $x \in A_0$임을 결정 할 수가 있다. 임의의 결정들이 가설들에서와 같이 취급 될 수 있다. 따라서 당신은 만약 당신이 좋아하면 가설들의 열에 이 명제를 추가 할 수 있다.

목표에 있는 A에 어떤 값을 대입할지 모르기 때문에, 가설들을 관찰할 것을 결정한 것을 기억하여라. 필요한 것은 $\mathcal{G}$안에 있는 A의 값이고 그리고 명제 $x \in A$만들 것은 참이 되는 것이다. 가설들에 대한 이 고려는 A에 대해 사용될 값을 제시해 주는가? 그렇다! $A = A_0$를 사용한다.

비록 주어진 명제들 $x \in \cap \mathcal{F}$, $x \in \cup \mathcal{G}$그리고 $\mathcal{F} \cap \mathcal{G} = \phi$을 증명에서 그것들을 어떻게 사용하는지 알아내기 위해서 논리적 기호들로 변역하지만, 이 변역들은 증명이 마지막 형식으로 써질 때 통상적으로 써지지는 않는다. 마지막 증명에서 우리는 바로 이 명제들을 그들의 원래 형식으로 써서 그리고 추론을 따라가기 위해서 그들의 논리적 형식들을 알아내는 증명을 독자에게 남긴다.

풀이

정리. $\mathcal{F}$와 $\mathcal{G}$가 집합족들이고 $\mathcal{F} \cap \mathcal{G} = \phi$이라 가정하자. 그러면 $\cap \mathcal{F} \subseteq \cup \mathcal{G}$ 이다.

증명. $x \in \cap \mathcal{F}$라 가정하자. $\mathcal{F} \cap \mathcal{G} = \phi$이므로, 우리는 A_0를 $\mathcal{F} \cap \mathcal{G}$ 의 한 원소라 하자. 따라서 $A_0 \in \mathcal{F}$이고 $A_0 \in \mathcal{G}$이다. $x \in \cap \mathcal{F}$이고 $A_0 \in \mathcal{F}$이므로, $x \in A_0$가 된다. 그러나 역시 $A_0 \in \mathcal{G}$임을 안다. 따라서 $x \in \cup \mathcal{G}$를 결정할 수 있다. ■

전칭명제 for all 과 존재 명제 there exists에 대한 한정작용소들이 관련된 증명들은 가끔 그들에게 어려울 수 있다. 그 마지막 문장은 당신을 혼란스럽게 할 것이다. 그렇지 않는가? 당신은 아마도 "그들이 누구일까? 하고 의심할 것이다. 당신의 증명들의 독자들은 만약 당신이 그것이 무엇을 나타내는지 설명 없이 새로운 변수들을 사용한다면 같은 종류의 혼란을 경험할 것이다. 증명쓰기 초보자들은 가끔 이것에 대하여 주의가 부족하다. 그리고 그것이 전칭명제과 존재명제에 대한 한정작용소들이 관련된 증명들이 그들에게 가끔 어려운 이유이다. (그것은 그때보다 더 말이 통한다. 그렇지 않는가?) 당신이 이 장에서 논의한 작전들을 이용할 때, 당신은 당신의 증명에 새로운 변수들을 소개 할 것이고, 그리고 이렇게 할 때, 그들이 무엇을 나타내는지 독자들에게 명료하게 하도록 항상 주의해야만 한다.

예를 들어, 만약 당신이 $\forall x \in AP(x)$형식의 목표를 증명하고자 하면, 아마도 A의 임의의 원소를 나타내는 한 변수 x를 소개해서 시작할 것이다. 하지만, 만약 당신이 당신의 증명을 "x를 A의 임의의 원소라 하자" 또는 "$x \in A$라 가정하자"로 시작하지 않는다면, 독자들은 x가 의미하는 것을 알지 못할 것이다. 특히, x가 임의의 것이기 때문에, $x \in A$라는 사실을 제외하고 x에 대해 어떤 것도 가정하지 않도록 주의해야 한다. x가 다른 사람에 의해서 선택된 어떤 것으로 생각하는 것이 도움이 될 수도 있다: 당신은 그들이 찍은 A의 어느 쪽 원소가 될지 억제할 수가 없다.

$\exists xP(x)$형식의 가설의 사용도 유사하다. 이 가설은 $P(x_0)$가 참이 되는 어떤 대상을 나타내기 위해서 증명에서 새로운 변수 x_0를 소개할 수 있음을 말해준다. 그러나 x_0에 대해 다른 것을 가정할 수가 없다. 한편, 만약 $\exists xP(x)$를 증명하고 있다면, 증명은 아마도 "$x = \cdots$라 가정하자"로 시작할 것이다. 이 때 x의 값을 선택하고, 독자들에게 x의 값을 선택하고 그 선택한 값이 무엇인지 명확하게 말해야 한다.

새로운 변수 x를 소개 할 때도, x가 어떤 종류의 대상인지 확실히 하는 것이 역시 중요하다. 그것이 수인가? 한 집합인가? 한 함수인가? 한 행렬인가? 예를 들어, X가 한 집합이 아니면 $a \in X$라고 쓰지 않는 것이 좋다. 만약 이것에 주의하지 않으면, 당신은 논리적으로 맞지 않는 결론을 쓰게 될 수도 있다. 당신은 역시 어떤 때에는 그 변수가 관련된 명제의 논리적 형식을 알아내기 위해 나타내는 변수가 어떤 종류의 것인지 알 필요가 있다. 예를 들어, $A=B$는 A와 B가 집합일 때는 $\forall x(x\in A\leftrightarrow x\in B)$를 의미한다. 그러나 만약 그들이 수들이면 그렇지 않다.

증명에서 변수들을 소개할 때 명심해야 할 가장 중요한 것은 단순히 그들이 사용되기 전에 변수들이 항상 소개되어야 한다는 사실이다. 만약 당신이 x에 대한 한 명제를 만든다면(i.e.x가 독립변수로 되는 한 명제) x가 무엇을 나타내는지 처음 설명에 설명하지 않으면, 당신의 증명을 읽는 독자는 당신이 무엇에 대해서 말하는지 알지 못할 것이다- 그리고 당신 자신도 역시 당신이 무엇을 말하고 있는지 알 수 없는 좋은 기회가 생긴다.

왜냐하면 한정작용소들이 관련된 증명들은 지금까지 논의했던 증명들 보다 더 많은 연습을 요구할 수 있다. 이 장을 두 개의 예들을 추가하며 끝낸다.

예 3.3.5. B 가 한 집합이고 $\mathcal{F}$를 한 집합족이라 가정하자. 만약 $\cup\mathcal{F}\subseteq B$ 이면 $\mathcal{F}\subseteq\mathscr{P}(B)$임을 증명하여라.

메모 작업

$\cup\mathcal{F}\subseteq B$라 가정하고 $\mathcal{F}\subseteq\mathscr{P}(B)$의 증명을 해보자. 왜냐하면 이 목표는 $\forall x(x\in\mathcal{F}\to x\in\mathscr{P}(B))$를 의미하기 때문에, x가 임의이고, $x\in\mathcal{F}$라 가정하고, 우리의 목표로 $x\in\mathscr{P}(B)$라 놓자. $\mathcal{F}$가 한 집합족임을 상기하자. 따라서 $x\in\mathcal{F}$이므로, x는 한 집합이다. 따라서 이제 다음 가설들과 목표를 가진다:

가설	**목표**
$\cup\mathcal{F}\subseteq B$	$\mathcal{F}\subseteq\mathscr{P}(B)$
$x\in\mathcal{F}$	

이 목표를 어떻게 증명할지 알아내기 위해서, 멱집합의 정의를 사용해야 한다. 명제 $x\in P(B)$의 의미는 $x\subseteq B$이다. 또는 즉 $\forall y(y\in x\to y\in B)$이다. 그러므로 그 증명에서 또

다른 임의의 대상을 소개해야만 한다. y를 임의라라고, $y \in x$라 가정하자. 그리고 $y \in B$을 증명하려고 시도한다.

가설	**목표**
$\cup \mathcal{F} \subseteq B$	$y \in B$
$x \in \mathcal{F}$	
$y \in x$	

목표를 더 이상 분석할 수가 없다. 따라서 가설들을 더 면밀히 관찰해야 한다. 목표는 $y \in B$ 이다. 그리고 심지어 언급한 단 하나의 가설은 B 뿐이다. 사실상, 처음 가설은 만약 우리가 단지 $y \in \cup \mathcal{F}$ 임을 알기만 하면 이 목표에 도달하게 해줄 것이다. 이것은 우리의 목표로 $y \in \cup \mathcal{F}$ 를 취급할 것을 제시해 준다. 만약 우리가 이 목표에 도달할 수 있다면, 그러면 첫 번째 가설을 적용하여, 한 단계 더 추가해서 바로 할 수가 있다. 그리고 그 증명이 끝날 것이다.

가설	**목표**
$\cup \mathcal{F} \subseteq B$	$y \in \cup \mathcal{F}$
$x \in \mathcal{F}$	
$y \in x$	

다시 한번, 우리는 논리적 형식이 분석될 수 있는 한 목표를 갖고 있다. 따라서 우리의 전략을 안내해주는 목표의 형식을 사용한다. 그 목표는 $\exists A \in \mathcal{F}(y \in A)$를 의미한다. 따라서 그것을 증명하기 위해서 우리는 $A \in \mathcal{F}$이고 $y \in A$인 한 집합 A를 찾아야만 한다. 가설들을 관찰해보면, x가 그와 같은 집합이고, 따라서 증명은 끝났다.

풀이

정리. B 가 한 집합이고 $\mathcal{F}$를 한 집합족이라 가정하자. 만약 $\cup \mathcal{F} \subseteq B$이면 $\mathcal{F} \subseteq \mathscr{P}(B)$이다.

증명. $\cup \mathcal{F} \subseteq B$라 가정하자. x를 $\mathcal{F}$의 임의의 원소라 하자. y를 x의 임의의 원소라 하자. $y \in x$이고 $x \in \mathcal{F}$임으로, 분명히 $y \in \cup \mathcal{F}$이다. 그러나 $\cup \mathcal{F} \subseteq B$ 이므로, $y \in B$ 이다. y가 x의 임의의 원소이므로, $x \subseteq B$ 라 결정 할 수 있다. 따라서 $x \in \mathscr{P}(B)$이다. 그러나 x는 F의 임의의 원소이다. 따라서 이것은 요망된, $\mathcal{F} \subseteq \mathscr{P}(B)$를 보인 것이다. ■

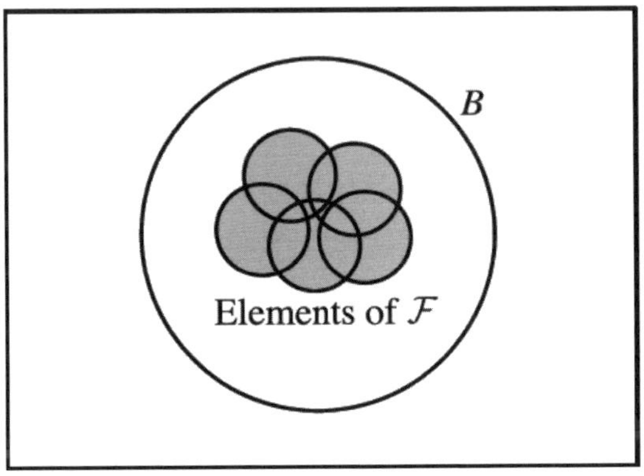

그림 3.1. **작은 원들은 $\mathcal{F}$의 원소들을 표현한다.**
그리고 빗금친 영역이 $\cup \mathcal{F}$이다. 큰 원은 B를 표현한다.

그림 3.1의 벤다이어그램은 예 33.5안에 있는 정리가 왜 참인가를 알 수 있도록 도와 줄 것이다. 그리고 당신은 그 증명을 다시 읽음에 따라서 그림으로 언급하는 것이 편리할 것이다. 그러나 이 그림에 의한 설명함으로써 정리를 증명할 수 없음을 주시하라: 그 증명은 우리가 논의했던 증명작전들에 따라서 구성된다. 많은 방법들이 있는데, 그림을 그리거나 또는 예들을 보이므로, 왜 정리가 참인가를 이해하도록 도와 줄 것이다. 그러나 이렇게 이해하는 한 설명은 증명은 아니다.

예 3.3.5의 증명은 아마도 지금까지 했던 가장 복잡한 증명이다. 그것을 다시 읽고 그것의 구조와 각 문장의 목적을 이해했는지 확인하자. 그것은 단 몇 줄로 응축된 그렇게 많은 논리적 복잡성을 갖는 것이 놀랍지않는가?

그것은 그와 같이 풍부한 논리적 구조를 갖는 짧은 증명은 흔한 것은 아니다. 이 설명의 유효성은 증명들의 가장 매력적인 특징들 중의 하나이다. 그러나 그것은 또한 그것들을 읽기 어렵게 만든다. 비록 우리가 지금까지 증명들을 쓰는데 집중하였지만, 그것은 다른 사람이 쓴 증명들을 어떻게 읽을 것인가를 배우는 것도 중요하다. 당신에게 약간의 연습을 주기 위해, 우리는 메모 작업 없이 이장의 마지막 증명을 제공한다. 당신이 그것을 읽어서 증명의 구조를 따라 갈 수 있는지 알아 봐라.

이 증명을 위해서 우리는 다음 정의가 필요하다:

정의 3.3.6. 임의의 정수 x와 y에 대하여, x가 y를 나눈다(또는 y가 x에 의해서 나누어진다)라고 말하는 것은 만약 $\exists k \in \mathbb{Z}\,(kx = y)$일 때 이다. 기호 $x|y$를 " x가 y를 나눈다"로 사용한다.

예를 들어, $5 \cdot 4 = 20$이므로 $4|20$이다.

정리 3.3.7. 모든 정수들 $a, b,$ 그리고 c에 대하여, 만약 $a|b$이고 $b|c$이면 $c|c$이다.

증명. 모든 정수들 $a, b,$ 그리고 c가 임의의 정수들이고 그리고 $a|b$이고 $b|c$이라 가정하자. $a|b$이므로, 우리는 어떤 정수 m을 택하여 $ma = b$이다. 유사하게, $b|c$이므로, 우리는 어떤 정수 n을 택하여 $nb = c$이다. 그러므로 $c = nb = nma$이다. 따라서 nm이 정수이므로, $a|c$이다. ■

해설: 그 정리는 $\forall a \in \mathbb{Z}\ \forall b \in \mathbb{Z}\ \forall c \in \mathbb{Z}\,(a|b \wedge b|c \rightarrow a|c)$를 말한다. 따라서 진행해가는 가장 자연스런 방법은 임의의 정수들 $a, b,$ 그리고 c에 대하여, $a|b$이고 $b|c$를 가정하고, 그리고 $a|c$를 증명한다. 그 증명의 처음 문장은 이 작전이 사용됨을 지적하고 있다. 따라서 그 증명의 나머지에 대한 목표는 명확하게 설명되지 않았다. 당신은 당신의 증명작전들의 지식을 사용하여 당신자신이 해낼 것으로 예상 되었다. 당신은 심지어 가설들과 목표 목록을 만들어 당신이 알고 있는 것과 당신이 그 증명 읽기를 계속하여 증명되기로 남은 것의 과정을 유지하여 도와줄 수 있을 것이다. 이 시점에서, 그 목록은 이와 같이 보일 것이다:

가설	**목표**
$a, b,$ 그리고 c는 정수들이다	$a|c$
$a|b$	
$b|c$	

왜냐하면 새로운 목표는 $\exists k \in \mathbb{Z}(ka = c)$를 의미한다. 그 증명은 아마도 $ka = c$가 되는

한 정수 k를 찾는 것으로 진행된다. 존재성 명제들의 많은 증명들과 같이, 그와 같은 k를 찾는 첫 단계는 가설들을 더 면밀하게 관련시킨다. 그 증명의 다음 문장은 가설 $a|b$를 사용하여 우리가 $ma=b$가 되는 한 정수 m을 선택할 수 있다는 것을 결정한다. 그 증명은 어떤 추론규칙이 이것을 정당화 할이지 말하지 않는다. 가설 명제 $a|b$의 논리적 형식은 나눈다는 정의를 사용하여 해낼 수 있다는 것은 당신한테 달려있다. 이 가설은 $\exists k \in \mathbb{Z}(ka=b)$를 의미하기 때문에, 당신은 추론규칙은 존재성구상화가 사용됨을 인식해야한다. 존재성구상화는 $nb=c$가 되는 한 정수 n의 선택을 정당화하는 증명 다음 문장에서 사용된다. 방정식들 $ma=b$와 $nb=c$는 이제 가설들의 목록에 추가된다.

어떤 단계들이 역시 증명의 마지막 문장에서 생략된다. 우리는 목표 $a|c$는 $ka=c$가 되는 한 정수 k를 찾아서 증명됨을 예상한다. 방정식 $c=nma$과 nm이 한 정수라는 사실로부터, 그것은 $k=nm$이 역할을 하게 된다. 그러나 그 증명은 사용된 이 k값이 명확하게 말해주지 않는다.: 사실상, 변수 k는 그 정리의 증명의 명제 안에서 역시 언급되지 않는다. 물론, 변수 k는 그 증명의 명제 안에서 역시 나타나지 않는다. 증명의 한 독자는 우리가 $a|c$를 증명하는데 한 정수를 찾아서 a에 곱하여 값 c가 될 것을 예상할 것이다. 그러나 그 정리의 명제를 읽는 기저에는, 독자는 이 정수가 주어진 이름 k를 예상하는 아무 이유가 없을 것이다. 이 이름을 정수 nm에 붙이는 것이 증명을 더 쉽게 이해하도록 만드는것은 아니고, 따라서 우리는 그것을 하지 않았다.

연습문제

주석: 기호 P_d가 있는 연습문제들은 Proof Designer로 될 수 있는 것이다. 그것은 인터넷상에서 무료로 사용할 수 있는 컴퓨터 소프트웨어이다.

*1. 2.2장 연습문제 7에서 당신은 논리적 동치들을 이용하여 $\exists x(P(x) \to Q(x))$가 $\forall x P(x) \to Q(x)$와 동치임을 보여라. 이제 이장의 방법을 이용하여 만약 $\exists x(P(x) \to Q(x))$이 참이면 $\forall x P(x) \to Q(x)$이 참임을 증명하여라.(주석: 이 동치의 역방향은 증명하기에 훨씬 더 어렵다. 3.5장 연습문제 29 참조).

2. 만약 A와 $B \setminus C$ 가 서로소이면, 그러면 $A \cap B \subseteq C$ 임을 증명하여라.

*3. 만약 $A \subseteq B \setminus C$이면 A와 c는 서로소임을 증명하여라.

P_d 4. $A \subseteq \mathscr{P}(A)$라 가정하자. $\mathscr{P}(A) \subseteq \mathscr{P}(\mathscr{P} A)$임을 증명하여라.

5. 연습문제4에서 증명된 정리의 가정은 $A \subseteq \mathscr{P}(A)$이다.

(a) 이 가정이 참이 되는 집합 A를 생각할 수 있는가?

(b) 당신은 또 다른 것을 생각 할 수 있는가?

6. x가 실수라고 가정하자.

(a) 만약 $x \neq 1$이면 한 실수 y가 존재하여 $\dfrac{y+1}{y-2} = x$이 성립할 수 있는지 증명하여라.

(b) 만약 실수 y가 존재하여 $\dfrac{y+1}{y-2} = x$이면 $x \neq 1$임을 증명하여라.

*7. 임의의 실수 x에 대하여, 만약 $x > 2$이면 한 실수 y가 존재하여 $y + 1/y = x$가 성립함을 증명하여라.

P_d 8. 만약 $\mathcal{F}$가 한 집합족이고 $A \in \mathcal{F}$이면, 그러면 $A \subseteq \cup \mathcal{F}$임을 증명하여라.

*9. 만약 $\mathcal{F}$가 한 집합족이고 $A \in \mathcal{F}$이면, 그러면 $A \subseteq \cup \mathcal{F}$임을 증명하여라. $A \in \mathcal{F}$이면, 그러면 $\cap \mathcal{F} \subseteq A$임을 증명하여라.

10. 만약 $\mathcal{F}$가 공집합이 아닌 한 집합족이고, B가 한 집합이고, 그리고 $\forall A \in \mathcal{F} (B \subseteq A)$라 가정하자. $B \subseteq \cap \mathcal{F}$임을 증명하여라.

11. $\mathcal{F}$가 한 집합족이라 가정하자. 만약 $\phi \in \mathcal{F}$이면 $\cap \mathcal{F} = \phi$임을 증명하여라.

P_d*12. $\mathcal{F}$와 $\mathcal{G}$를 집합족들이라 가정하자. 만약 $\mathcal{F} \subseteq \mathcal{G}$ 이면 $\cup \mathcal{F} \subseteq \cup \mathcal{G}$ 임을 증명하여라.

13. $\mathcal{F}$와 $\mathcal{G}$를 집합족들이라 가정하자. 만약 $\mathcal{F} \subseteq \mathcal{G}$이면 $\cap \mathcal{F} \subseteq \cap \mathcal{G}$임을 증명하여라.

14. $\{A_i | i \in I\}$를 첨자가 붙은 집합족들이라 가정하자. $\cup_{i \in I} \mathscr{P}(A_i) \subseteq \mathscr{P}(\cup_{i \in I} A_i)$ 임을 증명하여라.(참조: 먼저 당신이 모든 기호들이 무엇을 의미하는지 확인바란다!)

15. $\{A_i | i \in I\}$를 첨자가 붙은 집합족들이고 그리고 $I \neq \phi$이라 가정하자.
$\cap_{i \in I} A_i \in \cap_{i \in I} \mathscr{P}(A_i)$임을 증명하여라.

P_d16. 예 3.3.5.에서 증명된 명제의 역을 증명하여라. 즉, 만약 $\mathcal{F} \subseteq \mathscr{P}(B)$이면 $\cup \mathcal{F} \subseteq B$ 임을 증명하여라.

*17. $\mathcal{F}$와 $\mathcal{G}$를 공집합이 아닌 집합족들이고, 그리고 $\mathcal{F}$의 임의의 원소들은 $\mathcal{G}$의 임의의 원소의 부분집합이라 가정하자. $\cup \mathcal{F} \subseteq \cap \mathcal{G}$를 증명하여라.

18. 이 문제에서 모든 변수들은 정수의 집합 $\mathbb{Z}$이다.
(a) 만약 $a|b$이고 $a|c$이면, 그러면 $a|(b+c)$임을 증명하여라.
(b) 만약 $ac|bc$이고 $c \neq 0$이면, 그러면 $a|b$임을 증명하여라.

19. (a) 모든 실수들 x와 y에 대하여 한 실수 z가 존재하여 $x+z=y+z$임을 증명하여라.
(b) (a)부분의 명제에서 만약 "실수"가 "정수"로 바꾸면 올바른가? 당신의 답을 정당화 하여라.

*20. 다음 정리를 고려하여라:

정리. 임의의 실수 x에 대하여, $x^2 \geq 0$이다.

그 정리의 다음 증명은 무엇이 잘못된 것인가?

증명. 그렇지 않다고 가정하자. 그러면 임의의 실수 x에 대하여, $x^2 < 0$이다. 특히, $x=3$를 대입하면 $9 < 0$이 된다. 그것은 분명히 거짓이다. 이 모순은 임의의 실수 x에 대하여, $x^2 \geq 0$임을 보여준다. ■

21. 다음 잘못된 정리를 고려하여라.:

옳바르지 않은 정리. 만약 $\forall x \in A(x \neq 0)$이고 $A \subseteq B$ 이면 $\forall x \in B(x \neq 0)$이다.

(a) 그 정리의 다음 증명은 무엇이 잘못된 것인가?

증명. x를 A의 임의의 원소라 하자. $\forall x \in A(x \neq 0)$이므로, 우리는 $x \neq 0$라 결정 할 수 있다. 또한, $A \subseteq B$이므로, $x \in B$ 이다. $x \in B$, $x \neq 0$, 그리고 x가 임의이기 때문에, 우리는 $\forall x \in B(x \neq 0)$을 결정 할 수 있다.

(b) 그 증명의 반례를 찾아라. 즉, 정리의 가정들이 참이고 결론이 거짓이 되는 집합들 A와 B 의 예를 찾아라.

*22. 다음 잘못된 정리를 고려하여라:

올바르지 않은 정리. $\exists x \in \mathbb{R}\ \forall y \in \mathbb{R}\,(xy^2 = y - x)$.

그 정리의 다음 증명은 무엇이 잘못된 것인가?

증명. $x = y/(y^2+1)$라 하자. 그러면

$$y - x = y - \frac{y}{y^2+1} = \frac{y^3}{y^2+1} = \frac{y}{y^2+1} \cdot y^2 = xy^2 \qquad \blacksquare$$

23. 다음 잘못된 정리를 고려하라:

올바르지 않은 정리. $\mathcal{F}$와 $\mathcal{G}$ 를 집합족들이라 가정하자. 만약 $\cup\mathcal{F}$ 와 $\cup\mathcal{G}$ 가 서로소라면, $\mathcal{F}$와 $\mathcal{G}$도 서로 소이다.

(a) 그 정리의 다음 증명은 무엇이 잘못된 것인가?

증명. $\cup\mathcal{F}$ 와 $\cup\mathcal{G}$ 가 서로소라 가정하자. $\mathcal{F}$와 $\mathcal{G}$ 가 서로소가 아니라 가정하자. 그러면 우리는 $A \in \mathcal{F}$ 이고 $A \in \mathcal{G}$ 인 어떤 집합 A을 선택 할 수 있다. $A \in \mathcal{F}$

이므로, 연습문제8에 의해서, 임의의 A의 원소는 $\cup\mathcal{G}$ 에 속한다. 그러나 A의 임의의 원소는 $\cup\mathcal{F}$ 와 $\cup\mathcal{G}$ 에 다 속한다. 그리고 이것은 $\cup\mathcal{F}$ 와 $\cup\mathcal{G}$ 가 서로소이므로 불가능하다. 따라서 우리는 모순에 도달하였다. 따라서 $\mathcal{F}$ 와 $\mathcal{G}$ 는 서로소가 되어야한다. ■

(b) 그 정리의 반례를 찾아라.

24. 다음 추정하는 정리를 고려하여라:

정리. 모든 실수들 x와 y에 대하여, $x^2+xy-2y^2=0$이다.

(a) 그 정리의 다음 증명은 무엇이 잘못된 것인가?

증명. x와 y가 어떤 임의의 실수 r과 같다고 하자.
그러면 $x^2+xy-2y^2=r^2+r\cdot r-2r^2=0$이다. x와 y가 둘 다 임의의 수 이므로, 이것은 모든 실수들 x와 y에 대하여,
$x^2+xy-2y^2=0$이다. ■

(b) 정리가 올바른가? 증명하거나 또는 반례를 들어 당신의 답을 정당화하여라.

*25. 임의의 실수 x에 대하여 한 실수 y가 존재하여 모든 실수 z에 대하여,
$yz=(x+z)^2-(x^2+z^2)$이 됨을 증명하여라.

26. (a) 증명들에서 한정작용소들을 취급할 때 다양한 규칙들을 비교하여, 당신은 $\forall xP(x)$형식의 목적들과 $\exists xP(x)$형식의 가설들 사이의 유사성을 알아야 한다. 이 유사성은 무엇일까? $\exists xP(x)$형식의 목적들과 $\forall xP(x)$형식의 가설들의 규칙들에 대한 것은 무엇인가?

(b) 당신은 이런 유사성들을 예상할 수 있는 이유를 생각할 수 있는가?(참조:목표가 한 한정작용소로 출발할 때 모순으로 어떻게 증명하는지 생각하여라.)

3.4 논리곱(합접)과 쌍조건문이 관련된 증명들 Proofs Involving Conjunctions and Biconditionals

$P \wedge Q$ 형식의 한 목표를 증명하는 방법은 아주 간단하여 언급할 가치가 없어 보인다.

$P \wedge Q$ **형식의 한 목표를 증명하기:**
P 와 Q 를 분리해서 증명하여라.

즉, $P \wedge Q$ 형식의 한 목표는 두 가지의 분리된 목표들로 취급된다: P 와 Q 이다. $P \wedge Q$형식의 가설들에서도 같이 참이다:

$P \wedge Q$ **형식의 한 가설을 사용하기:**
두 가지의 분리된 가설들로 이 가설을 취급 한다: P, 그리고 Q이다.

우리는 이미 이 생각들을 우리들의 앞의 어떤 예들에서 말할 것도 없이 사용했다. 예를 들어, 예 3.2.3의 가설 $x \in A \setminus C$ 의 정의에서 $x \in A \wedge x \notin C$ 가 예이다. 그러나 우리는 그것을 분리된 가설들: $x \in A$,그리고 $x \notin C$ 로 취급했다.

예 3.4.1 $A \subseteq B$,그리고 A와 C 가 서로소라 가정하자. $A \subseteq B \setminus C$ 임을 증명하여라.

메모 작업

가설	**목표**
$A \subseteq B$	$A \subseteq B \setminus C$
$A \cap C = \phi$	

목표의 논리적 형식을 분석하여, 우리는 그것은 $\forall x(x \in A \rightarrow x \in B \setminus C)$형식이다. 따라서 우리는 x를 임의로 하고, $x \in A$라 가정한다. 그리고 $x \in B \setminus C$ 의 증명을 시도한다. 새로운 목표 $x \in B \setminus C$ 은 $x \in B \wedge x \notin C$ 를 의미한다. 따라서 우리의 작전에 따라서 우리는 두 개의 목표로 분리해야 한다. $x \in B$ 그리고 $x \notin C$ 이다. 그리고 그것들을 분리해서 증명한다.

가설	**목표**
$A \subseteq B$	$x \in B$
$A \cap C = \phi$	$x \notin C$
$x \in A$	

마지막 증명은 다음 형식을 가질 것이다:

x는 임의이다.

$x \in A$라 가정하자.

[$x \in B$의 증명이 여기 있다]

[$x \notin C$의 증명이 여기 있다]

따라서 $x \in B \wedge x \notin C$, 따라서 $x \in B \setminus C$.

그러므로 $x \in A \rightarrow x \in B \setminus C$.

x는 임의 이므로, $\forall x(x \in A \rightarrow x \in B \setminus C)$이다. 따라서 $A \subseteq B \setminus C$ 이다.

첫 번째 목표, $x \in B$ 는 $x \in A$이고 $A \subseteq B$ 라는 사실에서 분명하게 된다. 두 번째 목표, $x \notin C$ 는 $x \in A$이고 $A \cap C = \phi$로부터 이다. 당신은 이것을 명제 $A \cap C = \phi$의 논리적 형식을 분석하여 알 수 있다. 그것은 부정적인 명제이다. 그러나 그것은 동치인 긍정적인 명제로 다시 표현할 수 있다.:

$A \cap C = \phi$은 $\neg \exists y(y \in A \wedge y \in C)$와 동치이다($\cap$와 ϕ의 정의)

그것은 $\forall y \neg(y \in A \wedge y \in C)$와 동치이다(한정작용소 부정 법칙)

그것은 $\forall y \neg(y \notin A \vee y \notin C)$와 동치이다(드모르간의 법칙)

그것은 $\forall y \neg(y \in A \rightarrow y \notin C)$와 동치이다(조건부 법칙).

y에 x를 이 마지막 명제에 대입하면, 우리는 $x \in A \rightarrow x \notin C$ 가 되고, 그리고 우리가 이미 $x \in A$임을 알고 있으므로, 우리는 $x \notin C$ 임을 결정할 수 있다.

풀이

정리. $A \subseteq B$, 그리고 A와 C가 서로소라 가정하자. 그러면 $A \subseteq B \setminus C$ 이다.

증명. $x \in A$라 가정하자. $A \subseteq B$ 이므로, $x \in B$가 된다. 그리고 A와 C가 서로소이므로, 우리는 $x \notin C$ 이어야 한다. 따라서 $x \in B \setminus C$ 이다. x가 A의 임의의 원소이므로, 우리는 $A \subseteq B \setminus C$ 임을 결정할 수 있다. ■

논리곱들의 작용에 대한 우리의 작전들을 사용하여, 우리는 이제 증명들에서 $P \leftrightarrow Q$ 형식의 명제들을 취급하는 정당한 방법을 해낼 수 있다. 왜냐하면 $P \leftrightarrow Q$는 $(P \rightarrow Q) \wedge (Q \rightarrow P)$와 동치이기 때문에, 우리의 작전들에 따라서 $P \leftrightarrow Q$ 형식의 한 가설 또는 목표는 두 개의 분리된 가설들 또는 목표들로 취급되어야한다: $P \rightarrow Q$ 이고 $Q \rightarrow P$이다.

$P \leftrightarrow Q$ 형식의 한 목표를 증명하기:
$P \rightarrow Q$ 이고 $Q \rightarrow P$ 를 분리해서 증명하여라.

$P \leftrightarrow Q$ 형식의 한 가설을 사용하기:
이것을 두 개의 분리된 가설들을 다룬다: $P \rightarrow Q$ 이고 $Q \rightarrow P$ 이다.

이것은 다음 예에서 설명된다. 여기서 우리는 다음 정의들을 사용한다.

정의 3.4.2. 만약 $\exists k \in \mathbb{Z}\,(x = 2k)$이면 한 정수 x를 짝수라 하고, 만약 $\exists k \in \mathbb{Z}\,(x = 2k+1)$이면 한 정수 x를 홀수라 한다.

우리는 또한 임의의 정수가 짝수 이거나 홀수라는 사실을 사용한다. 우리는 6.1장 연습문제 16에서 이 사실의 증명을 보게 될 것이다.

예 3.4.3. x가 정수라 가정하자. x가 짝수일 필요충분조건은 x^2이 짝수이다.

메모 작업

그 목표는 (x 짝수) $\leftrightarrow$ (x^2이 짝수)이다. 따라서 우리는 두 가지의 목표들 (x 짝수) $\rightarrow$

(x^2이 짝수)와 (x^2 짝수) → (x이 짝수)을 분리해서 증명한다. 첫째에 대해서, 우리는 x를 짝수라 가정하고 x^2이 짝수임을 증명한다.

가설	**목표**
$x \in \mathbb{Z}$	x^2은 짝수
x는 짝수	

가설과 목표 양쪽에 짝수의 쓰는 것은 그들의 논리적 형식들을 밝히는 것이다.

가설	**목표**
$x \in \mathbb{Z}$	x^2은 짝수
x는 짝수	$\exists k \in \mathbb{Z}\,(x^2 = 2k)$
$\exists k \in \mathbb{Z}\,(x = 2k)$	

왜냐하면 두 번째 가설은 $\exists k$이므로, 우리는 즉각 그것을 사용하고 k는 명제 $x = 2k$가 참인 것에 대한 어떤 특별한 정수를 나타낸다. 따라서 우리는 새로운 두 가지의 명제들을 가진다: $k \in Z$이고 $x = 2k$이다.

가설	**목표**
$x \in \mathbb{Z}$	x^2은 짝수
$k \in \mathbb{Z}$	$\exists k \in \mathbb{Z}\,(x^2 = 2k)$
$x = 2k$	

그 목표는 $\exists k$로 시작한다. 그러나 k가 이미 한 특별한 수를 나타내는데 사용되고 있기 때문에, 우리는 목표를 증명하려고 새로운 변수 k를 대입할 수가 없다.

우린 그러므로 한 다른 문자. 예를 들어 j로 바꿔야 한다. 이것을 이해하는 한 가지 방법은 동치인 명제 형식 $\exists j \in Z(x^2 = 2j)$으로 목표를 다시 써서 생각한다. 이 목표를 증명하기 위해서 우리는 j에 대하여 한 값의 대입을 고안해내야 한다. 그것은 한 정수이고, 그리고 방정식 $x^2 = 2j$를 만족해야 한다.

주어진 방정식 $x=2k$를 사용하여, 우리는 $x^2=(2k)^2=4k^2=2(2k^2)$임을 안다.

따라서 그것은 $j=2k^2$인 j로 택하는 것이 올바른 값인 것 같아 보인다. 분명히 $2k^2$은 정수이다. 따라서 j에 대한 이 선택은 우리의 첫 번째 목표의 증명을 완성하는 역할을 한다.

두 번째 목표 (x^2 짝수) → (x이 짝수)를 증명하기 위해서, 그 대우명제 (x가 짝수가 아니다) ↔ (x^2이 짝수가 아니다)를 증명하자. 임의의 정수는 짝수 이거나 또는 홀수이고 둘 다는 될 수가 없음으로, 이것은 명제는 (x가 홀수이다) ↔ (x^2이 홀수이다)가 된다.

가설	**목표**
$x\in\mathbb{Z}$	x^2은 홀수
x는 홀수	

단계들은 이제 증명의 첫 부분과 매우 유사하다. 전과 같이, 두 번째의 가설과 목적 둘 다에서 홀수의 정의를 써서 시작한다. 이번에는, 증명의 첫 부분에 충돌하는 변수 이름들의 혼란을 피하기 위해서, 두 번째 명제에서의 종속변수들에 다른 이름들을 사용한다.

가설	**목표**
$x\in\mathbb{Z}$	$\exists j\in\mathbb{Z}\,(x^2=2j+1)$
$\exists k\in\mathbb{Z}\,(x=2k+1)$	

다음에 두 번째 가설을 인용하여 그리고 k가 $x=2k+1$에 대한 한 특별한 정수를 나타낸다고 하자.

가설	**목표**
$x\in\mathbb{Z}$	$\exists j\in\mathbb{Z}\,(x^2=2j+1)$
$k\in\mathbb{Z}$	
$x=2k+1$	

이제 $x^2=2j+1$이 되는 한 정수 j를 찾아야 한다. x대신에 $2k+1$을 대입하여 $x^2=(2k+1)^2=4k^2+4k+1=2(2k^2+2k)+1$이다. 따라서 $j=2k^2+2k$는 잘 선택된 것 같다.

정리의 마지막 쓰기를 마치기 전에, 몇 마디의 설명하는 언급을 하고자 한다. 증명했던 두 가지의 조건 명제들은 원래 목적의 쌍 조건문 $\leftrightarrow$의 양방향 $\rightarrow$와 $\leftarrow$을 표현하는 것으로 생각할 수가 있다. 그 증명의 두 부분들은 가끔 기호들 $\rightarrow$와 $\leftarrow$로 표시된다. 각 부분에서, 특정 성질을 갖는 한 수의 존재성을 주장하는 명제를 증명하는 것으로 끝낸다. 검색작업에서 수 j라 불렀다. 그러나 j는 그 문제의 명제에서 명확히 언급되지 않음을 주지하자. 정리 3.3.6의 증명에서와같이, 마지막 정리에서도 역시 j를 명확히 언급 없이 선택했다.

풀이

정리. x가 정수라 가정하자. x가 짝수일 필요충분조건은 x^2이 짝수이다.

증명. ($\rightarrow$) x를 짝수라 가정하자. 그러면 어떤 정수 k에 대하여 $x=2k$이다. 그러므로 $x^2=4k^2=2(2k^2)$이다. 따라서 $2k^2$은 정수이므로 x^2이 짝수이다. 따라서 x가 짝수이면 x^2이 짝수이다.

($\leftarrow$) x를 홀수라 가정하자. 그러면 어떤 정수 k에 대하여 $x=2k+1$이다. 그러므로 $x^2=(2k+1)^2=4k^2+4k+1=2(2k^2+2k)+1$이다. 따라서 $2k^2+2k$은 정수이므로 x^2이 홀수이다. 따라서 x^2이 짝수이면 x가 짝수이다. ■

전개했던 증명 기술들을 사용하여, 이제 우리가 2장에서 직관적인 근거들로 단지 정당화했던 어떤 동치들을 실증할 수 있게 되었다. 이 예에서와같이, 공식들 $\forall x \neg P(x)$와 $\neg \exists x P(x)$이 동치임을 증명해보자. 이 공식들이 동치라고 말하는 의미는 그들이 항상 같은 진리값을 가진다는 것이다. 즉, $P(x)$가 나타내는 것에 상관없이, 명제 $\forall x \neg P(x) \leftrightarrow \neg \exists x P(x)$가 참이다. 쌍 조건문의 증명에 대한 기술을 사용하여 증명할 수 있다.

예3.4.4. $\forall x \neg P(x) \leftrightarrow \neg \exists x P(x)$를 증명하여라.

메모 작업

($\rightarrow$) 우리는 $\forall x \neg P(x) \rightarrow \neg \exists x P(x)$를 증명해야 한다. 따라서 $\forall x \neg P(x)$를 가정하고

$\neg\exists x P(x)$의 증명을 시도해야 한다. 목표는 이제 한 부정적인 명제이다. 그리고 그것은 증명하고자 하는 바로 그 동치를 사용하기를 요망하고 있음을 다시 표현하고 있다! 그러므로 모순에 의해서 증명하는 부정적인 목표를 취급하는 단 하나의 작전으로 되돌아간다. 이제 다음 상황에 있다:

가설	**목적**
$\forall x \neg P(x)$	모순
$\exists x P(x)$	

두 번째 가설은 한 존재 한정작용소로 시작한다. 따라서 그것을 즉각 사용하여 x_0를 명제 $P(x_0)$가 참이 되는 어떤 대상을 나타낸다. 그러나 이제 첫 번째 가설에 x대신에 x_0를 대입하면 $\neg P(x_0)$를 결정할 수 있고, 그것은 우리가 필요한 모순을 가져다 준다.

($\leftarrow$) 쌍 조건문의 이 방향에 대해서는 $\neg\exists x P(x)$를 가정하여 $\forall x \neg P(x)$를 증명해야 한다. 왜냐하면 이 목표는 전칭 한정작용소로 시작하기 때문에, x를 임의로 하고 $\neg P(x)$의 증명을 시도한다. 다시 한번, 이제 다시 표현될 수 없는 한 부정적인 목표를 갖고 있다. 따라서 모순에 의한 증명을 사용한다.:

가설	**목적**
$\forall x \neg P(x)$	모순
$P(x)$	

우리의 첫 번째 가설도 역시 부정적인 명제이다. 그리고 이것은 $\exists x P(x)$를 증명하는데 필요한 모순을 얻을 수 있다는 것을 제시한다. 그러므로 이것을 위의 목표로 둘 수 있다.

가설	**목적**
$\forall x \neg P(x)$	$\exists x P(x)$
$P(x)$	

두 번째 가설의 한 독립변수로 나오는 x와 (이 정리의 앞에 소개된 임의의 x) 목적에서

종속변수로 나오는 x의 혼란을 피하기 위해서, 당신은 $\exists yP(y)$형식과 동치인 목표를 다시 쓰기를 원할 것이다. 이 목표를 증명하기 위해서 $P(y)$를 참의로 만드는 y값을 찾아야 한다. 그러나 이것은 쉽다! 두 번째 가설, $P(x)$, 우리의 임의의 x가 우리가 필요한 값임을 말해준다.

풀이

정리. 명제 $\forall x \neg P(x) \leftrightarrow \neg \exists x P(x)$..

증명. $(\rightarrow)$ $\forall x \neg P(x)$라 가정하자. 그리고 $\exists x P(x)$라 가정하자. 그러면 $P(x_0)$가 참이 되는 어떤 x_0를 택할 수 있다. 그러나 $\forall x \neg P(x)$이므로, $\neg P(x_0)$를 결정할 수 있다. 그리고 이것은 모순이다. 그러므로 $\forall x \neg P(x) \rightarrow \neg \exists x P(x)$이다.

$(\leftarrow)$ $\neg \exists x P(x)$라 가정하자. x를 임의라 하고, 그리고 $P(x)$라 가정하자. 우리는 $P(x)$가 참이 되는 한 특별한 x가 있어서, $\exists x P(x)$가 되고, 그것은 모순이 된다. 그러므로 $\neg P(x)$이다. x가 임의이므로, $\forall x \neg P(x)$를 결정할 수 있다. 따라서 $\neg \exists x P(x) \rightarrow \forall x \neg P(x)$이다.

■

어떤 때는 $P \leftrightarrow Q$ 형식의 목표의 증명에서 $Q \rightarrow P$의 증명에 사용된 단계들과 역 순서로 $P \rightarrow Q$ 의 증명에 사용된 단계들이 똑 같다. 이 경우에 당신은 P에서 출발해서 Q 로 끝나는 ,일련의 동치들로 그것을 써서 증명을 단순화 할 수 있다. 예를 들어, 당신이 먼저 P 를 가정하여 $P \rightarrow Q$ 를 증명하는 것을 발견했다고 가정하자. 그러면 P 를 이용하여 어떤 다릉 명제 R 을 추론한다. 그리고 R을 이용하여 Q를 유도한다. 그리고 $Q \rightarrow P$ 를 증명하기 위해 역순서로도, 똑같이 가정해서 같은 단계들이 사용될 수 있다.

즉, 당신은 Q 를 가정하고, 이 가정을 이용하여 R 이 참이었다고 결정한다. 그래서 R 을 이용하여 P를 증명한다. 당신이 $P \rightarrow R$이고 $R \rightarrow P$ 둘 다를 주장하였기 때문에, 당신은 이 두 단계들을 합해서 $P \leftrightarrow Q$ 라 말할 수 있다. 유사하게, 그 증명의 다른 두 단계들도 당신에게 $R \leftrightarrow Q$ 를 말해준다. 이 두 명제들은 목표 $P \leftrightarrow Q$ 를 의미한다.

수학자들은 가끔 동치들의 끈으로 단순히 써서 이 종류의 증명을 발표한다.

P iff R iff Q .

당신은 이것을 "P iff R iff Q "의 축약으로 쓴 것이다 (그러므로P iff Q이다) 이것이 다음 예에서 설명된다.

예 3.4.5. A, B 그리고 C 가 집합들이라 가정하자. $A\cap(B\setminus C)=(A\cap B)\setminus C$임을 증명하여라.

메모 작업

2장에서 본 바와 같이, 방정식 $A\cap(B\setminus C)=(A\cap B)\setminus C$은 $\forall x(x\in A\cap(B\setminus C)\leftrightarrow x\in(A\cap B)\setminus C)$를 의미한다.

그러나 그것은 역시 명제 $[A\cap(B\setminus C)\subseteq(A\cap B)\setminus C]\wedge[(A\cap B)\setminus C\subseteq A\cap(B\setminus C)]$와 동치이다.

이것은 그 증명에 두 가지의 접근을 제시해 준다.

x를 임의라 하고 $x\in A\cap(B\setminus C)\leftrightarrow x\in(A\cap B)\setminus C$ 를 증명하거나, 또는 두 가지 명제들 $A\cap(B\setminus C)\subseteq(A\cap B)\setminus C$와 $(A\cap B)\setminus C\subseteq A\cap(B\setminus C)$를 증명하는 것이다. 사실상, 두 집합이 같다는 대부분의 모든 증명은 이 두 접근중의 하나와 관련될 것이다. 이 경우에 첫 번째 접근을 사용할 것이다. 따라서 한번 우리가 임의의 x를 소개하고, 우리는 iff 목표를 가질 것이다.

증명의 절반인($\rightarrow$)에 대하여 $x\in A\cap(B\setminus C)$라 가정하고 그리고 $x\in(A\cap B)\setminus C$ 의 증명을 시도하자:

가설	**목표**
$x\in A\cap(B\setminus C)$	$x\in(A\cap B)\setminus C$

가설과 목표의 논리적 형식들을 보기 위해서, 다음과 같이 그들의 정의들을 쓴다:

$x\in A\cap(B\setminus C)$ iff $x\in A\wedge x\in B\setminus C$ iff $x\in A\wedge x\in B\wedge x\notin C$:

$x\in A\cap B\wedge x\notin C$ iff $x\in A\cap B\wedge x\notin C$ iff $x\in A\wedge x\in B\wedge x\notin C$.

이 지점에서 가설이 목표를 유도한다는 것은 분명하다. 마지막 단계의 동치들의 두 끈들이 똑 같은것이 되어있기 때문이다. 사실상, 그것은 증명의 ($\leftarrow$)방향에 관련된 논증이 완전히 똑 같다는 것이 확실하다. 그러나 가설과 목표의 열들이 뒤집어 진 것이다. 따라서 그것을 동치들의 끈으로 $x \in A \cap (B \setminus C)$에서 출발해서 $x \in (A \cap B) \setminus C$ 로 끝나게 써서 증명을 단축시킬 수 있다. 이 경우에, 만약 $x \in A \cap (B \setminus C)$ 에서 출발하고 그리고 위에 나타난 동치들의 첫째 끈을 따라, 우리는 두 번째 동치들의 끈에 있는 마지막 명제와 같은 명제가 된다. 그러면 동치들의 두 번째 끈을 거꾸로 따라가 $x \in (A \cap B) \setminus C$ 로 끝나게 할 수가 있다.

풀이

정리. A, B 그리고 C가 집합들이라 가정하자. 그러면 $A \cap (B \setminus C) = (A \cap B) \setminus C$이다.

증명. x가 임의라 하자. 그러면

$$
\begin{aligned}
x \in A \cap (B \setminus C) \quad &\text{iff} \quad x \in A \wedge x \in B \setminus C \\
&\text{iff} \quad x \in A \wedge x \in B \wedge x \notin C \\
&\text{iff} \quad x \in A \cap B \wedge x \notin C \\
&\text{iff} \quad x \in A \cap B \wedge x \notin C
\end{aligned}
$$

따라서 $\forall x (x \in A \cap (B \setminus C) \leftrightarrow x \in (A \cap B) \setminus C)$, 즉 $A \cap (B \setminus C) = (A \cap B) \setminus C$ 이다. ■

한 순서에 따라 일련의 동치들을 알아내고 그것을 역순서로 그것을 쓰는 기술은 증명들에서 아주 자주 사용된다. 마지막 증명에서 써지는 단계들의 순서는 그것이 정당화될 때까지 주장은 결코 만들어지지 않는 규칙에 의해서 결정된다. 특히, 만약 당신이 $P \leftrightarrow Q$ 를 증명하려고 한다면, 정당화 되지 않은 명제$P \leftrightarrow Q$ 와 그리고 두 측면 P 와 Q 의 의미들로 그것들이 같다는 것을 보여서 증명을 당신이 다 쓰려는 것은 잘못이다. 당신은 대신에 당신이 정당화할 수 있는 동치들과 당신이 목표를 주장하기 전에 목표 $P \leftrightarrow Q$ 의 정당화가 될 수 있도록 그것들을 함께 연결해야만 한다. 한 유사한 기술이 가끔 다음 예가 보여주는 것과 같이 방정식들의 증명들에서 해낼 수 있다.

예 3.4.6. 임의의 실수들 a와 b에 대하여 다음을 증명하여라.

$(a+b)^2 - 4(a-b)^2 = (3b-a)(3a-b)$

메모 작업

그 목표는 $\forall a \forall b((a+b)^2-4(a-b)^2=(3b-a)(3a-b))$형식이다. 따라서 a와 b가 임의의 실수들이라 출발하고 방정식을 증명해보자.

양변들을 곱하여 구하면:

$$\begin{aligned}(a+b)^2-4(a-b)^2 &= a^2+2ab+b^2-4(a^2-2ab+b^2) \\ &=-3a^2+10ab-3b^2\end{aligned}$$

$$(3b-a)(3a-b)=9ab-3a^2-3b^2+ab=-3a^2+10ab-3b^2$$

분명히 양변이 같다. 이것의 증명을 쓰는 가장 간단한 방법은 $(a+b)^2-4(a-b)^2$에서 시작해서 $(3b-a)(3a-b)$로 끝나는 한 등식들의 끈을 써가는 것이다. 우리는 이것을 위쪽에 전개된 첫 번째 등식들의 끈을 복사하여 할 수 있다. 그리고 그것을 따라 둘째 줄은 거꾸로 쓴다.

풀이

정리. 임의의 실수들 a와 b에 대하여 다음이 성립한다.

$$(a+b)^2-4(a-b)^2=(3b-a)(3a-b)$$

증명. a와 b가 임의의 실수들이라 하자. 그러면

$$\begin{aligned}(a+b)^2-4(a-b)^2 &= a^2+2ab+b^2-4(a^2-2ab+b^2) \\ &=-3a^2+10ab-3b^2 \\ &=9ab-3a^2-3b^2+ab=(3b-a)(3a-b)\end{aligned}$$ ■

이 단원을 예비의 메모작업없이 또 다른 증명을 제시하면서 끝마친다. 그러나 해설이 당신이 읽고 증명하는데 도움을 줄 것이다.

정리 3.4.7. 임의의 정수 n에 대하여, $6|n$ iff $2|n$이고 $3|n$이다.

증명. n을 임의의 정수라 하자.

($\rightarrow$) $6|n$이라 가정하자. 그러면 $6k=n$이 되는 한 정수 k를 택할 수 있다. 그러므로 $n=6k=2(3k)$이다. 따라서 $2|n$이다. 그리고 유사하게 $n=6k=3(2k)$ 이다. 따라서 $3|n$이다.

($\leftarrow$) $2|n$이고 $3|n$이라 가정하자. 그러면 정수들 j와 k를 택하여 $n=2j$이고 $n=3k$가 된다. 그러므로 $6(j-k)=6j-6k=3(2j)-2(3k)=3n-2n=n$이다. 따라서 $6|n$이다. ■

해설. 증명된 명제는 $\forall n \in \mathbb{Z}(6|n \leftrightarrow (2|n \wedge 3|n))\mathbb{Z}$이다. 그리고 이 형식의 목적을 증명하는 가장 자연스러운 작전은 n을 임의라 하고 그리고 쌍 조건문을 분리해서 양방향으로 증명하는 것이다. 그것은 이것이 증명에서 쓰이고 있는 작전임을 분명히 해야 한다. 쌍 조건문의 왼쪽에서 오른쪽방향에 대해서, $6|n$이라 가정하고 $2|n$이고 $3|n$을 이것을 두 개의 분리된 목표들로 취급하여 증명한다. 정수 k의 도입은 존재성구상화에 의해서 정당화된다. 가정 $6|n$이 $\exists k \in \mathbb{Z}(6k=n)$을 의미하기 때문이다. 증명의 이 지점에서 다음의 가설들과 목표들을 가진다.:

가설	목표
$n \in \mathbb{Z}$	$2\|n$
$k \in \mathbb{Z}$	$3\|n$
$6k=n$	

첫 번째 목표, $2|n$은 $\exists j \in \mathbb{Z}(2j=n)$을 의미한다. 따라서 $2j=n$이 되는 한 정수 j를 찾아야 한다. 비록 증명이 그렇게 명확하게 말하고 있지는 않지만, 방정식 $n=2(3k)$, 증명에서 유도된 것으로, $j=3k$인 j에 대하여 사용된 값임을 제시해 준다. 분명히 $3k$는 정수이고 (이 증명의 다른 단계는 생략한다), 따라서 j의 선택이 해낸다. $3|n$의 증명도 유사하다.

오른쪽에서 왼쪽방향에 대해서 $2|n$이고 $3|n$이라 가정하고 $6|n$을 증명한다.

다시 한번, j와 k의 도입은 존재성구상화에 의해서 정당화된다. 우리가 계산한 $6(j-k)$를 왜 해야만 했는지에대한 주어진 설명은 없다. 그러나 증명에서 그런 설명들을 제공할 필요는 없다. 계산에 의한 논증은 명확해지고, 놀랍게도, 그것은 $6(j-k)=n$으로 된다. 그와 같은 놀라움들은 증명들을 해가는 즐거움의 한 부분이기도 하다. 증명의 처음 중간에서, $j-k$가 정수이므로, 이것이 $6|n$을 보인 것이다.

연습문제

*1. 이장의 방법들을 사용하여 $\forall x(P(x) \wedge Q(x))$가 $\forall xP(x) \wedge \forall xQ(x)$가 동치임을 증명하여라.

P_b2. 만약 $A \subseteq B$ 이고 $A \subseteq C$ 이면 $A \subseteq B \cap C$ 임을 증명하여라.

P_b3. $A \subseteq C$ 라 가정하자. 임의의 집합 C에 대하여, $C \setminus B \subseteq C \setminus A$임을 증명하여라.

P_b*4. 만약 $A \subseteq B$ 이고 $A \not\subseteq C$이면 $B \not\subseteq C$ 임을 증명하여라.

P_b5. 만약 $A \subseteq B \setminus C$ 이고 $A \neq \phi$이면 $B \not\subseteq C$ 임을 증명하여라.

6. 임의의 집합 $A, B,$ 그리고 C 에 대하여, $A \setminus (B \cap C) = (A \setminus B) \cup (A \setminus C)$를 $x \in A \setminus (B \cap C)$에서 시작해서 $x \in (A \setminus B) \cup (A \setminus C)$로 끝나는 동치들의 끈을 찾아서 증명하여라.(예 3.4.4. 참조)

P_b*7. 이장의 방법들을 사용하여 임의의 집합들 A와 B 에 대하여,

$\mathscr{P}(A \cap B) = \mathscr{P}(A) \cap \mathscr{P}(B)$임을 증명하여라.

P_b8. $A \subseteq B$ iff $\mathscr{P}(A) \subseteq \mathscr{P}(B)$를 증명하여라.

*9. 만약 x와 y가 홀수들이면, 그러면 xy가 홀수임을 증명하여라.

10. 만약 x와 y가 홀수들이라면, 그러면 $x-y$가 짝수임을 증명하여라.

11. 임의의 정수 n에 대하여, "n^3이 짝수이다 iff n이 짝수이다"를 증명하여라.

12. 다음 추정하는 정리를 고려하여라.:

정리? m이 짝수이고 n이 홀수라 가정하자. 그러면 $n^2 - m^2 = n + m$이다.

(a) 정리에 대한 다음 증명은 무엇이 잘못되었는가?

증명. m이 짝수이므로, 우리는 어떤 정수 k를 택해서 $m=2k$라 할 수 있다. 유사하게, n이 홀수이므로 우리는 $n=2k+1$이 된다. 그러므로

$$\begin{aligned} n^2-m^2 &= (2k+1)^2-(2k)^2 = 4k^2+4k+1-4k^2 = 4k+1 \\ &= (2k+1)+2k = n+m \end{aligned}$$ ■

(b) 그 정리는 올바른가? 증명을 하거나 아니면 반례를 들어서 당신의 답을 정당화하다.

*13. $\forall x \in \mathbb{R}\,[\exists y \in \mathbb{R}\,(x+y=xy) \leftrightarrow x \neq 1]$을 증명하여라.

14. $\exists z \in \mathbb{R}\ \forall x \in \mathbb{R}^+[\exists y \in \mathbb{R}\,(y-x=y/x) \leftrightarrow x \neq z]$를 증명하여라.

P_b15. B가 한 집합이고 $\mathcal{F}$를 한 집합족이라 가정하자.
$\cup\{A \setminus B \mid A \in \mathcal{F}\} \subseteq \cup(\mathcal{F} \setminus P(B))$를 증명하여라.

*16. $\mathcal{F}$와 $\mathcal{G}$가 공집합이 아닌 집합족들이라 가정하고 $\mathcal{F}$의 임의의 원소가 $\mathcal{G}$의 어떤 원소와 서로소라고 가정하자. $\cup\mathcal{F}$와 $\cap\mathcal{G}$가 서로소임을 증명하여라.

P_b17. 임의의 집합 A에 대하여, $A=\mathscr{P}(A)$임을 증명하여라.

P_b*18. $\mathcal{F}$와 $\mathcal{G}$가 집합족들이라 가정하자.
(a) $\cup(\mathcal{F} \cap \mathcal{G}) \subseteq (\cup\mathcal{F}) \cap (\cup\mathcal{G})$임을 증명하여라.
(b) 다음 $(\cup\mathcal{F}) \cap (\cup\mathcal{G}) \subseteq \cup(\mathcal{F} \cap \mathcal{G})$의 증명에서 무엇이 잘못 되었는가?

증명. $x \in (\cup\mathcal{F}) \cap (\cup\mathcal{G})$라 가정하자. 이것은 $x \in \cup\mathcal{F}$ 이고 $x \in \cup\mathcal{G}$를 의미한다. 따라서 $\exists A \in \mathcal{F}(x \in A)$이고 $\exists A \in \mathcal{G}(x \in A)$이다. 따라서 우리는 한 집합 A를 택하여 $A \in \mathcal{F}$이고 $A \in \mathcal{G}$ 이다. 그리고 $x \in A$ 이다. $A \in \mathcal{F}$ 이고 $A \in \mathcal{G}$ 이기 때문에, $A \in \mathcal{F} \cap \mathcal{G}$이다.
그러므로 $\exists A \in \mathcal{F} \cap \mathcal{G}(x \in A)$이다. 따라서 $x \in \cup(\mathcal{F} \cap \mathcal{G})$이다. x는 임의이므로, 우리는

$(\cup \mathcal{F}) \cap (\cup \mathcal{G}) \subseteq \cup(\mathcal{F} \cap \mathcal{G})$를 결정할 수 있다. ■

(c) 집합족들 $\mathcal{F}$ 와 $\mathcal{G}$ 가 존재하여 $\cup(\mathcal{F} \cap \mathcal{G}) \neq (\cup \mathcal{F}) \cap (\cup \mathcal{G})$되는 한 예를 찾아라.

P_b19. $\mathcal{F}$ 와 $\mathcal{G}$ 가 집합족들이라 가정하자.

$(\cup \mathcal{F}) \cap (\cup \mathcal{G}) \subseteq \cup(\mathcal{F} \cap \mathcal{G})$ iff $\forall A \in \mathcal{F}\ \forall B \in \mathcal{G}(A \cap B \subseteq \cup(\mathcal{F} \cap \mathcal{G}))$ 임을 증명하여라.

P_b20. $\mathcal{F}$ 와 $\mathcal{G}$ 가 집합족들이라 가정하자.

$\cup \mathcal{F}$ 와 $\cup \mathcal{G}$ 가 서로소 iff 모든 $A \in \mathcal{F}$ 와 $B \in G$ 에 대하여, A 와 B 가 서로소이다.

P_b21. $\mathcal{F}$와 $\mathcal{G}$가 집합족들이라 가정하자.

(a) $(\cup \mathcal{F}) \setminus (\cup \mathcal{G}) \subseteq \cup(\mathcal{F} \setminus \mathcal{G})$를 증명하여라.

(b) $\cup(\mathcal{F} \setminus \mathcal{G}) \subseteq (\cup \mathcal{F}) \setminus (\cup \mathcal{G})$의 다음 증명은 무엇이 잘못되었을까?

증명. $x \in \cup(\mathcal{F} \setminus \mathcal{G})$라 하자. 그러면 우리는 $x \in A$인 어떤 $A \in \mathcal{F} \setminus \mathcal{G}$를 택할 수 있다. $A \in \mathcal{F} \setminus \mathcal{G}$이므로, $A \in F$ 이고 $A \notin \mathcal{G}$이다. $x \in A$이고 $A \in F$이므로, $x \notin \cup \mathcal{G}$ 이다. 그러므로 $x \in (\cup \mathcal{F}) \setminus (\cup \mathcal{G})$이다. ■

(c) $\cup(\mathcal{F} \setminus \mathcal{G}) \subseteq (\cup \mathcal{F}) \setminus (\cup \mathcal{G})$ iff

$\forall A \in \cup(\mathcal{F} \setminus \mathcal{G}) \forall B \in \mathcal{G}(A \cap B = \phi)$임을 증명하여라.

(d) 집합족들 $\mathcal{F}$와 $\mathcal{G}$가 존재하여 $\cup(\mathcal{F} \setminus \mathcal{G}) \neq (\cup \mathcal{F}) \setminus (\cup \mathcal{G})$되는 한 예를 찾아라.

P_b*22. $\mathcal{F}$ 와 $\mathcal{G}$ 가 집합족들이라 가정하자. 만약 $\cup \mathcal{F} \not\subseteq \cup \mathcal{G}$이면, $A \in \mathcal{F}$가 존재하고 모든 $B \in \mathcal{G}$에 대하여, $A \not\subseteq B$임을 증명하여라.

23. B가 한 집합이라 가정하자. $\{A_i | i \in I\}$를 첨자가 붙은 한 집합족이고, 그리고 $I \neq \phi$이라 가정하자.

(a) 다음 $B \cap (\cup_{i \in I} A_i) = \cup_{i \in I}(B \cap A_i)$을 증명 하는데 어떤 증명작전들을 사용했는가?

증명. x가 임의라 하자.
$x \in B \cap (\cup_{i\in I} A_i)$라 가정하자. 그러면 $x \in B$이고 $x \in \cup_{i\in I} A_i$라 가정하자. 따라서 우리는 어떤 $i_0 \in I$ 를 선택하여 $x \in A_{i_0}$이다. $x \in B$이고 $x \in A_{i_0}$이므로, $x \in B \cap A_{i_0}$이다. 그러므로 $x \in \cup_{i\in I}(B \cap A_i)$이다.
이제 $x \in \cup_{i\in I}(B \cap A_i)$라 가정하자. 그러면 우리는 $i_0 \in I$ 를 선택하여 $x \in B \cap A_{i_0}$이다. 그러므로 $x \in B$이고 $x \in A_{i_0}$이다.
$x \in A_{i_0}$이므로, $x \in \cup_{i\in I} A_i$이다. $x \in B$이고 $x \in \cup_{i\in I} A_i$이므로,
$x \in \cup_{i\in I}(B \cap A_i)$이다. x가 임의이므로, 우리는
$\forall x[x \in B \cap (\cup_{i\in I} A_i) \leftrightarrow x \in \cup_{i\in I}(B \cap A_i)]$ 를 보였다.
따라서 $B \cap (\cup_{i\in I} A_i) = \cup_{i\in I}(B \cap A_i)$이다. ■

(b) $B \setminus (\cup_{i\in I} A_i) = \cap_{i\in I}(B \setminus A_i)$를 증명하여라.
(c) 당신은 $B \setminus (\cap_{i\in I} A_i)$에 대한 유사한 정리를 발견하고 증명할 수 있는가?
(참조: 정리를 생각해보고, 그리고 그것을 증명해 봐라. 만약 당신이 증명을 마칠 수 없으면, 그것은 아마도 당신의 추측이 잘못되었을 것이다. 당신의 추측을 바꾸어 다시 시도해 봐라.)

*24. $\{A_i | i \in I\}$와 $\{B_i | i \in I\}$를 첨자가 붙은 집합족들이고 그리고 $I \neq \phi$이라 가정하자.
(a) $\cup_{i\in I}(A_i \setminus B_i) \subseteq (\cup_{i\in I} A_i) \setminus (\cap_{i\in I} B_i)$를 증명하여라.
(b) $\cup_{i\in I}(A_i \setminus B_i) \neq (\cup_{i\in I} A_i) \setminus (\cap_{i\in I} B_i)$에 대한 한 예를 찾아라.

25. $\{A_i | i \in I\}$와 $\{B_i | i \in I\}$를 첨자가 붙은 집합족들이라 가정하자.
(a) $\cup_{i\in I}(A_i \cap B_i) \subseteq (\cup_{i\in I} A_i) \cap (\cup_{i\in I} B_i)$를 증명하여라.
(b) $\cup_{i\in I}(A_i \cap B_i) \neq (\cup_{i\in I} A_i) \cap (\cup_{i\in I} B_i)$에 대한 한 예를 찾아라.

26. 임의의 정수들 a와 b에 대하여 한 정수 c가 존재하여 $a|c$이고 $b|c$임을 증명하여라.

27. (a) 임의의 정수 n에 대하여, $15|n$ iff $3|n$이고 $5|n$임을 증명하여라.
(b) 임의의 정수 n에 대하여, $60|n$ iff $6|n$이고 $10|n$임이 참이 아님을 증명하여라.

3.5. 이접(논리합)이 관련된 증명들 Proofs Involving Disjunctions

한 증명에서 당신의 가설들 중 하나가 $P \vee Q$ 형식을 가졌다고 가정하자. 이 가설은 P 또는 Q가 참이라는 것을 말해준다. 그러나 그것은 당신에게 어느쪽 인지 말해주지 않는다. 따라서 당신이 고려해야 할 것은 두 가지 가능성들이 있다. 증명하는 한 방법은 이 두 가지 가능성들을 차례로 고려해 보는 것이다. 즉, 먼저 P 를 참이라 가정하고 그리고 이 가정을 이용하여 당신의 목표를 증명한다. 그러면 Q 가 참이라고 기정하고 그리고 그 목표가 참이라고 또 다른 증명을 가진다. 비록 당신이 이 가정들 중 어느 것이 옳을지는 알 수 없으나, 가설 $P \vee Q$ 는 당신에게 그것들 중 하나가 옳다는 것을 말해준다. 그것이 어느 쪽 하나가 되더라도, 당신은 그것은 목표을 유도했다고 볼 수 있다. 따라서 목표는 참이다. P 가 참이 될 가능성과 Q 가 참이 될 가능성의 이 증명 양식에서 분리해서 고려하는 두 가지 가능성들을 경우들 cases라 부른다. 가설 $P \vee Q$ 는 이 경우들이 모든 가능성들을 포함하여 보증함으로써 이 두 가지 경우들을 정당화한다. 수학자들은 이 상황에서 경우들이 완전하다 exhaustive 라 말한다. 임의의 증명에서 어느 때나 둘 또는 더 많은 경우들로 완전하게 나누어진다.

$P \vee Q$ **형식의 가설을 사용하기:**

당신의 증명을 경우들로 나누어라. 경우1에 대해서, P 를 참이라고 가정하고 이것을 이용하여 목표를 증명한다. 경우2에 대해서는, Q 를 참이라고 가정하고 이것을 이용하여 목표를 증명한다.

메모 작업

작전을 사용하기 전:

가설	**목표**
$P \vee Q$	——
——	

작전을 사용한 후:

경우1: 가설 **목표**

P ___

___

경우2: 가설 **목표**

Q ___

___

마지막 증명의 형식:

경우1. P 가 참이다.

[목표의 증명이 여기 있다.]

경우2. Q 가 참이다.

[목표의 증명이 여기 있다.]

$P \vee Q$ 를 알기 때문에, 이 경우들은 모든 가능성들을 포함한다. 그러므로 그 목표는 참이어야 한다.

예 3.5.1 A, B, 그리고 C 가 집합들이라 가정하자. 만약 $A \subseteq C$ 이고 $B \subseteq C$ 이면 $A \cup B \subseteq C$ 임을 증명하여라.

메모 작업

$A \subseteq C$ 이고 $B \subseteq C$ 라 가정하고 $A \cup B \subseteq C$ 임을 증명하자. 논리적 기호들을 사용하여 목표를 쓰면 우리에게 가설들과 목표가 다음과 같다:

가설	**목표**
$A \subseteq C$	$\forall x(x \in A \cup B \rightarrow x \in C)$
$B \subseteq C$	

목표를 증명하기 위해서 x를 임의라 하자. $x \in A \cup B$ 라 가정하자. 그리고 $x \in C$ 임을 증명해보자. 따라서 이제 한 새로운 가설 $x \in A \cup B$을 얻는다. 그것을 $x \in A \vee x \in B$ 로 쓴다.

그리고 목표는 이제 $x \in C$ 이다.

가설	**목표**
$A \subseteq C$	$x \in C$
$B \subseteq C$	
$x \in A \vee x \in B$	

왜냐하면 목표는 이 지점에서 더 이상은 분석될 수가 없다. 가설들을 더 면밀히 관찰하자. 첫 번째 가설은 만약 A의 한 원소인 대상을 우연히 만난다면 유용하다. 그것은 우리들이 이 대상이 역시 C의 원소이어야 하기 때문이다. 유사하게, 두 번째 가설도 만약 우리가 B의 한 원소를 우연히 만나면 유용할 것이다. 다가오는 A나 B의 임의의 원소들에 조심해야한다는 것을 마음에 간직하고, 세 번째 가설로 움직인다. 이 가설은 $P \vee Q$ 형식을 갖기 때문에, 우리는 경우들에 의해서 증명하게 된다. 경우1에 대해서 우리는 $x \in A$라 가정하고, 경우2에 대해서는 $x \in B$ 라 가정하자. 경우1에서 우리는 그러므로 다음 가설들과 목표를 가진다.:

가설	**목표**
$A \subseteq C$	$x \in C$
$B \subseteq C$	
$x \in A$	

우리는 이미 만약 우리가 A의 한 원소를 우연히 만난다면 결정했고, 우리는 첫째의 가설을 이용하여 그것이 역시 C 의 원소가 된다고 결정할 수 있다. 우리가 이제 가설에서와 같이 $x \in A$이므로, $x \in C$ 라고 결정할 수 있다. 이것이 우리의 목표이다. 종류2의 논증은 첫 번째를 제외하고 두 번째 가설을 사용하여 아주 유사하다.

풀이

정리. A, B, 그리고 C 가 집합들이라 가정하자. 만약 $A \subseteq C$ 이고 $B \subseteq C$ 이면 $A \cup B \subseteq C$ 이다.

증명. $A \subseteq C$ 이고 $B \subseteq C$ 이라 가정하자. 그리고 x가 $A \cup B$ 의 임의의 원소라 하자. 그러면

$x \in A$ 또는 $x \in B$ 이다.

경우1. $x \in A$. 그러면 $A \subseteq C$ 이므로, $x \in C$ 이다.

경우2. $x \in B$. 그러면 $B \subseteq C$ 이므로, $x \in C$ 이다.

$x \in A$ 또는 $x \in B$ 임을 알기 때문에, 이 경우들은 모든 가능성들을 포함한다. 따라서 우리는 $x \in C$ 라고 결정할 수 있다. x가 $A \cup B$의 임의의 원소였기 때문에, 이것은 $A \cup B \subseteq C$ 을 의미한다. ■

이 증명의 경우들은 배재적 exclusive이 아님을 주지하자. 즉, 그것은 $x \in A$ 와 $x \in B$ 둘 다 참임이 가능하다. 따라서 x의 어떤 값들이 두 경우에 해당될 것이다. 이것에 잘못된 것은 전혀 없다. 경우들에 의한 증명에서 경우들은 모든 가능성들을 포함한다. 그러나 한번 이상 더 많이 어떤 가능성들을 포함하는데 해가 없다. 즉, 경우들은 완전해야만 한다. 그러나 그들은 완전함이 필요하지 않다.

경우들에 의한 증명은 가끔 만약 당신이 $P \vee Q$ 형식의 목표를 증명하려고 하면 역시 도움이 된다. 만약 당신은 어떤 경우에 P 를 그리고 다른 경우에 Q 를 증명할 수 있다면, 그러면 당신의 경우들이 완전한 때에는 당신은 $P \vee Q$ 가 참이라는 것을 결정 할 수가 있다. 이 방법은 만약 가설들 중 하나가 역시 논리합의 형식을 가지면 특별히 유용하다. 왜냐하면 당신은 이 가설에 의해 제안된 경우들을 사용할 수 있다.

$P \vee Q$ 형식의 목표를 증명하기:

당신의 증명을 경우들로 나눈다. 각 경우에, P 를 증명하거나 또는 Q 를 증명한다.

예 3.5.2. $A, B,$ 그리고 C가 집합들이라 가정하자. $A \setminus (B \setminus C) \subseteq (A \setminus B) \cup C$ 임을 증명하여라.

메모 작업

왜냐하면 목표가 $\forall x(x \in A \setminus (B \setminus C) \rightarrow x \in (A \setminus B) \cup C)$이다. 우리는 x를 임의라 하자. $x \in A \setminus (B \setminus C)$라 가정하고, 그리고 $x \in (A \setminus B) \cup C$ 의 증명을 시도한다. 이 명제들을 논리적 기호들로 쓰면 다음과 같다:

가설 **목표**

$x \in A \wedge \neg(x \in B \wedge x \not\in C)$ $(x \in A \wedge x \not\in B) \vee x \in C$

가설을 두 개의 분리된 가설들로 분할한다. $x \in A$ 그리고 $\neg(x \in B \wedge x \not\in C)$ 이다. 그리고 두 번째가 부정적인 명제이므로 위는 드모르간법칙의 하나를 이용하여 그것을 긍정적인 명제 $x \not\in B \vee x \in C$ 로 다시 표현할 수 있다.

가설 **목표**

$x \in A$ $(x \in A \wedge x \not\in B) \vee x \in C$

$x \not\in B \vee x \in C)$

이제 두 번째 가설과 목적은 둘 다 논리합들이다. 따라서 우리는 두 번째 가설에 의해 제안된 가지 경우들 $x \not\in B$ 와 $x \in C$ 를 고려하는 것을 시도할 것이다. $P \vee Q$ 형식의 목표들을 증명하기 위한 우리의 작전에 따라서 만약 각 경우에 우리는 $x \in A \wedge x \not\in B$ 를 증명 하거나 또는 $x \in C$ 를 증명하면, 그러면 그 증명은 완성될 것이다. 첫 번째 경우는 우리는 $x \not\in B$ 라 가정하자.

가설 **목표**

$x \in A$ $(x \in A \wedge x \not\in B) \vee x \in C$

$x \not\in B$

이 경우에 그 목표는 분명히 참이다. 왜냐하면 사실은 우리가 $x \in A \wedge x \not\in B$ 를 결정할 수 있기 때문이다. 두 번째 경우는 우리가 $x \in C$ 라 가정하면, 그리고 단 한번 그 목표는 명확히 참이다.

풀이

정리. A, B, 그리고 C 가 집합들이라 가정하자. 그러면 $A \setminus (B \setminus C) \subseteq (A \setminus B) \cup C$ 이다.

증명. $x \in A \setminus (B \setminus C)$라 가정하자. 그러면 $x \in A$이고 $x \not\in B \setminus C$ 이다. $x \not\in B \setminus C$ 이므로, 그것은 $x \not\in B$ 이거나 또는 $x \in C$ 가 된다. 우리는 이 경우들을 분리해서 고려 할 것이다.
경우1. $x \not\in B$. 그러면 $x \in A$이고, $x \in (A \setminus B)$이므로, 따라서 $x \in (A \setminus B) \cup C$ 이다.
경우2. $x \in C$. 그러면 분명히 $x \in (A \setminus B) \cup C$ 이다.

x가 $A\setminus(B\setminus C)$의 임의의 원소이므로, $A\setminus(B\setminus C)\subseteq(A\setminus B)\cup C$ 임을 결정 할 수 있다.

■

가끔 당신은 그것이 비록 $P\vee Q$ 형식의 가설들에 의해서 제안되지 않은 경우들이라 해도 한 증명을 경우들로 나누는 것이 유용함을 발견할 수 있다. 어떤 증명도 그 경우들이 모든 경우들에 완전하기만 하면, 어떤 때나 경우들을 분리해서 할 수 있다.

예 3.5.3. x를 임의의 정수라 하고 x^2을 4로 나누면 나머지가 0이거나 또는 1임을 증명하여라.

메모 작업

x를 임의의 정수라 하고 시작하고 그리고 x^2을 4로 나누면 나머지가 0이거나 또는 1임의 증명을 시도하자.

가설	**목표**
$x\in Z$	$(x^2\div 4$의 나머지는 $0)\vee(x^2\div 4$의 나머지는 $1)$

왜냐하면 그 목표는 한 진리 합이다. 그 증명을 경우들로 분리하는 것이 좋은 접근같다. 그러나 어떤 경우들을 사용할 것을 제안하는 가설은 없다. 하지만, 몇 가지의 x값에 대해 올바른 경우들이 제안되게 시도해보자:

x	x^2	$x^2\div 4$의 몫	$x^2\div 4$의 나머지
1	1	0	1
2	4	1	0
3	9	2	1
4	16	4	0
5	25	6	1
6	36	9	0

그것은 x가 짝수일 때는 나머지가 0이고 x가 홀수일 때는 나머지가 1로 나타난다. 이것들이 우리가 사용할 경우들이다. 따라서 경우1로 우리는 x가 짝수라고 가정하고 그 나머지

가 0이 된다고 증명 할 것이다. 그리고 경우2에 대해서는 우리는 x가 홀수라고 가정하고 그 나머지가 1이 된다고 증명 할 것이다. 왜냐하면 임의의 정수는 짝수 이거나 홀수이기 때문에, 이 경우들은 배타적이다.

짝수의 정의를 넣어서, 경우1에 대한 우리의 가설과 목표가 여기 있다.

가설	**목표**
$x \in Z$ $\exists k \in Z(x = 2k)$	$x^2 \div 4$의 나머지는 0이다

우리는 즉시 두 번째의 가설을 이용하여 k를 어떤 특별한 정수 $x = 2k$를 나타낸다고 하자. 그러면 $x^2 = (2k)^2 = 4k^2$이다. 따라서 분명히 x^2를 4로 나눌 때 몫은 k^2이고 그리고 나머지는 0이다.

경우2는 아주 유사하다:

가설	**목표**
$x \in Z$ $\exists k \in Z(x = 2k + 1)$	$x^2 \div 4$의 나머지는 1이다

다시한번 두 번째 가설을 즉각 사용하고 k를 어떤 특별한 정수 $x = 2k + 1$를 나타낸다고 하자. 그러면 $x^2 = (2k+1)^2 = 4k^2 + 4k + 1 = 4(k^2 + k) + 1$ 이다. 따라서 x^2를 4로 나눌 때 몫은 $k^2 + k$이고 그리고 나머지는 1이다.

풀이

정리. x를 임의의 정수에 대하여, x^2을 4로 나누면 나머지가 0이거나 또는 1이다.

증명. x를 한 정수라 가정하자. 우리는 두 가지 경우들을 고려하자.

경우1. x가 짝수이다. 그러면 어떤 정수 k에 대하여 $x = 2k$이다. 따라서 $x^2 = 4k^2$이다. 분명히 x^2를 4로 나눌 때 몫은 k^2이고 그리고 나머지는 0이다.

경우2. x가 홀수이다. 그러면 어떤 정수 k에 대하여 $x = 2k + 1$이다. 따라서

$x^2 = 4k^2 + 4k + 1 = 4(k^2 + k) + 1$이다. 분명히 x^2를 4로 나눌 때 나머지는 1이다. ■

가끔 $P \vee Q$ 형식을 갖는 목표가 증명에서 어떻게 증명을 경우들로 분할 해내는 것은 어렵다. 여기에 가끔은 도움이 되는 한 방법이 있다. 단순히 P 가 경우1에서는 참이라 가정하고 경우2에서는 그것이 거짓이라고 가정하자. 확실히 P 는 참이거나 거짓이다. 따라서 이 이 경우들은 배타적이다. 첫째 경우는 당신은 P 가 참이라고 가정한다. 따라서 확실히 목표 $P \vee Q$ 는 참이다. 따라서 경우1에는 더 이상의 논증은 필요가 없다. 두 번째 경우는 당신은 P 가 거짓이라 가정하자. 따라서 만약 Q 가 참이면 그 목표 $P \vee Q$ 는 단지 참이다. 따라서 그 경우를 완성하기 위해서 당신은 Q 의 증명을 시도해야 한다.

$P \vee Q$ **형식의 목표를 증명하기:**
만약 P 가 참이면, 그러면 분명히 목표 $P \vee Q$ 이 참이다. 따라서 당신은 단지 P 가 거짓인 경우에 대하여 염려할 필요할 필요가 있다. 당신은 Q 가 참이라고 증명하여 이 경우에 증명을 완성 할 수 있다.

메모 작업

작전을 사용하기 전:

가설	**목표**
——	$P \vee Q$
——	

작전을 사용한 후:

가설	**목표**
——	Q
——	
$\neg P$	

마지막 증명의 형식:

만약 P가 참이라면, 그러면 물론 $P \vee Q$는 참이다. 이제 P는 거짓이라 가정하자.
  [Q의 증명이 여기 있다.]
$P \vee Q$는 참이다.

따라서 $P \vee Q$ 를 증명하기 위한 작전은 당신은 새로운 가설로 $\neg P$ 를 추가하여 그 문제를 변환하여 목표를 Q로 변할 것을 제한한다. 그것은 이것이 확실히 만약 당신이 목표 $\neg P \rightarrow Q$ 를 증명하려면 당신이 사용할 수 있는 변환과 똑 같은 것 임을 아는 것이 흥미롭다! 이것은 참말로 놀라운 것은 없습니다. 왜냐하면 우리는 이미 명제들 $P \vee Q$ 와 $\neg P \leftrightarrow Q$ 가 동치임을 알기 때문이다. 그러나 우리는 조건문의 연결사에 대한 진리표로부터 전에 이 동치를 유도했다. 그리고 이 진리표는 처음에는 이해하기 어려울 수도 있다. 아마도 우리에게 주어진 논증은 동치를 만들고, 그리고 그러므로 조건문의 연결사에 대한 진리표가 더 자연스럽게 보인다.

물론, P 와 Q의 역할은 이 정책을 사용하여 뒤바뀔 수도 있다. 따라서 당신은 $P \vee Q$ 를 증명하는데 역시 Q 를 거짓이라 가정하여 P를 증명할 수도 있다.

예 3.5.4. 임의의 실수 x에 대하여, 만약 $x^2 \geq x$이면 $x \leq 0$이거나 또는 $x \geq 1$임을 증명하여라.

메모 작업

목표는 $\forall x(x^2 \geq x \rightarrow (x \leq 0 \vee x \geq 1))$이다. 따라서 x를 임의의 실수라 가정하는 것으로 시작하자. $x^2 \geq x$라 가정하고, $x \leq 0 \vee \ x \geq 1$을 목표로 놓자.

가설	**목표**
$x^2 \geq x$	$x \leq 0 \vee \ x \geq 1$

작전에 따라, 이 목적을 증명하기 위해서 $x > 0$을 가정하여 $x \geq 1$임을 증명하거나 또는 $x < 1$라 가정하여 $x \leq 0$임을 증명한다. x가 양수라는 가정이 부등식들을 증명할 때 더 유용하게 보인다. 따라서 첫 번째 접근을 택한다.

가설	**목표**

$$x^2 \geq x \qquad\qquad x \geq 1$$
$$x > 0$$

그 증명은 이제 용이하다. $x > 0$이므로, 우리는 가설의 부등식 $x^2 \geq x$의 양변을 x로 나누어 $x \geq 1$을 결정할 수 있다. 따라서 $x \leq 0$이거나 $x \geq 1$다.

$P \vee Q$와 $\neg P \leftrightarrow Q$ 의 동치는 또한 $P \vee Q$ 형식의 한 가설 명제를 제안하는 것을 이용한 논리합의 삼단논법 disjunctive syllogism이라 부르는 추론규칙이다.

$P \vee Q$ **형식의 가설을 사용하기:**
만약 당신이 역시 $\neg P$ 이 주어지고, 또는 당신이 P 가 거짓임을 증명할 수 있다면, 그러면 당신은 이 가설을 이용하여 Q 가 참임을 결정할 수가 있다. 유사하게, 만약 당신이 $\neg Q$ 가 주어지면 또는 Q 가 거짓임을 증명할 수가 있다면, 그러면 당신은 P 가 참임을 결정할 수 가 있다.

사실상, 이 규칙은 우리의 첫 째번 예는 1장에서의 연역적인 논증에서 사용했던 것의 하나이다. 다시 한번, 우리는 앞 페이지의 메모 작업 분석의 유리함 없이 당신이 증명을 읽는 것으로 이 장을 마치려 한다.

정리 3.5.5. m과 n이 정수들이라 가정하자. 만약 mn이 짝수이면, 그러면 m이 짝수이거나 또는 n이 짝수이다.

증명. mn이 짝수라 가정하자. 그러면 한 정수 k가 존재하여 $mn = 2k$이다. 만약 m이 짝수이면 그러면 증명할 것이 없고, 따라서 m이 홀수라고 가정하자. 그러면 어떤 j가 존재하여 $m = 2j+1$이다. 이것을 방정식 $mn = 2k$에 대입하면, 우리는 $(2j+1)n = 2k$이다. 따라서 $2jk + n = 2k$, 그리고 그러므로 $n = 2k - 2jn = 2(k - jn)$이다. $k - jn$이 정수이므로, 그것은 n이 짝수가 된다. ■

해설. 증명의 모든 것은 다음과 같다:

mn이 짝수라 가정하자.

만약 m이 짝수이면, 그러면 분명히 m이 짝수이거나 또는 n이 짰ㄱ수이다. 이제 m이 짝수가 아니라고 가정하자. 그러면 m이 홀수이다.

[n이 짝수라는 증명이 여기 있다.]

그러므로 m이 짝수거나 또는 n이 짝수이다.

그러므로 만약 mn이 짝수이면, 그러면 m이 짝수이거나 또는 n이 짝수이다.

mn이 짝수이고 m이 홀수라는 가정들은 다음을 유도한다. 존재성 구상화에 의해서, 방정식들 $mn=2k$이고 $m=2j+1$이다. 비록 그 증명은 그렇게 명확하게 말해주지 않는다. 당신은 당신자신이 n이 짝수라고 증명하기 위해서 단지 $n=2c$가 되는 한 정수 c를 찾으면 충분하다는 것을 예상한다. 똑바로 계산하면 방정식은 $n=2(k-jn)$이 되고, 따라서 $c=k-jn$로 택하면 된다.

연습문제

P_b*1. A, B, 그리고 C가 집합들이라 가정하자. $A\cap(B\cup C)\subseteq(A\cap B)\cup C$ 임을 증명하여라.

P_b2. A, B, 그리고 C가 집합들이라 가정하자. $(A\cup B)\setminus C\subseteq A\cup(B\setminus C)$임을 증명하여라.

P_b3. A와 B가 집합들이라 가정하자. $A\setminus(A\setminus B)=A\cap B$ 임을 증명하여라.

P_b4. A, B, 그리고 C가 집합들이라 가정하자. $A\setminus(B\setminus C)=(A\setminus B)\cup(A\cap C)$임을 증명하여라.

P_b*5. $A\cap C\subseteq B\cap C$ 이고 $A\cup C\subseteq B\cup C$ 라 가정하자. $A\subseteq B$ 임을 증명하여라.

P_b6. 1.4장을 기억하면 두 집합 A와 B의 대칭 차는
$A\triangle B=(A\setminus B)\cup(B\setminus A)=(A\cup B)\setminus(A\cap B)$이다.

만약 $A \triangle B \subseteq A$이면 그러면 $B \subseteq A$임을 증명하여라.

P_b7. $A, B,$ 그리고 C 가 집합들이라 가정하자. $A \cup C \subseteq B \cup C$ iff $A \setminus C \subseteq B \setminus C$ 임을 증명하여라.

P_b*8. 임의의 집합들 A와 B에 대하여, $P(A) \cup P(B) \subseteq P(A \cup B)$임을 증명하여라.

P_b9. 임의의 집합들 A와 B에 대하여, 만약 $P(A) \cup P(B) = P(A \cup B)$이면 $A \subseteq B$이거나 또는 $B \subseteq A$이다.

10. x와 y가 실수들이고 $x \neq 0$이라 가정하자. $y + 1/x = 1 + y/x$ iff $x = 1$이거나 또는 $y = 1$임을 증명하여라.

11. 임의의 실수 x에 대하여, 만약 $|x-3| > 3$이면 그러면 $x^2 > 6x$이다.(참조: $|x-3|$의 정의에 따라서 만약 $x-3 > 0$이면 $|x-3| = x-3$이고, 그리고 만약 $x-3 < 0$이면 $|x-3| = 3-x$ 이다. 가장 쉬운 방법은 당신의 증명을 경우들로 나누어서 사실을 이용한다.
경우1에서는 $x-3 > 0$로 가정하고, 그리고 경우2에서는 $x-3 < 0$로 가정한다.)

*12. 임의의 실수 x에 대하여, $|2x-6| > x$ iff $|x-4| > 2$임을 증명하여라. (참조: 연습문제10의 참조를 보여라.)

13. (a) 임의의 실수a와 b에 대하여, $|a| \leq b$ iff $-b \leq a \leq b$임을 증명하여라.
(b) 임의의 실수 x에 대하여, $-|x| \leq x \leq |x|$를 증명하여라.(참조: (a)부분을 사용하여라.)
(c) 모든 실수들 x와 y에 대하여, $|x+y| \leq |x| + |y|$를 증명하여라.(이것은 삼각부등식이라 부른다. 이것을 증명하는 한가지 방법은 (a) 와 (b) 부분들을 결합한다. 그러나 당신은 역시 수들의 경우들을 고려해서 그것을 할 수도 있다.)

14. 임의의 실수 x에 대하여, $x^2 + x$는 짝수임을 증명하여라.

15. 임의의 실수 x에 대하여, x^4를 8로 나눌 때 나머지들은 0이거나 또는 1임을 증명하여라.

*16. $\mathcal{F}$와 $\mathcal{G}$ 가 공집합이 아닌 집합족들이라 가정하자.

(a) $\cup(\mathcal{F} \cup \mathcal{G}) = (\cup \mathcal{F}) \cup (\cup \mathcal{G})$임을 증명하여라.

(b) $\cap(\mathcal{F} \cup \mathcal{G})$에 대한 유사한 정리를 발견하고 증명할 수 있는가?

17. $\mathcal{F}$가 공집합이 아닌 집합족이고 그리고 B 가 한 집합이라 가정하자.

(a) $B \cup (\cup \mathcal{F}) = \cup(\mathcal{F} \cup \{B\})$임을 증명하여라.

(b) $B \cup (\cup \mathcal{F}) = \cap_{A \in \mathcal{F}} (B \cup A)$임을 증명하여라.

(c) $B \cap (\cap \mathcal{F})$에 대한 유사한 정리를 발견하고 증명할 수 있는가?

18. $\mathcal{F}$, $\mathcal{G}$, 그리고 $\mathcal{H}$가 공집합이 아닌 집합족들이고 그리고 임의의 $A \in \mathcal{F}$ 이고 그리고 임의의 $B \in \mathcal{G}$ 이면, $A \cup B \in \mathcal{H}$라 가정하자. $\cap \mathcal{H} \subseteq (\cap \mathcal{F}) \cup (\cap \mathcal{G})$를 증명하여라.

P_b19. A와 B가 집합들이라 가정하자. $\forall x(x \in A \triangle B \leftrightarrow (x \in A \leftrightarrow x \notin B))$임을 증명하여라.

P_b*20. $A, B,$ 그리고 C 가 집합들이라 가정하자. $A \triangle B$ 가 C 와 서로소이다 iff $A \cap C = B \cap C$임을 증명하여라.

P_b21. $A, B,$ 그리고 C 가 집합들이라 가정하자. $C \subseteq A \triangle B$ iff $A \cup C = B \cup C$ 임을 증명하여라.

P_b22. $A, B,$ 그리고 C 가 집합들이라 가정하자. $C \subseteq A \triangle B$ iff $C \subseteq A \cup B$ 이고 $A \cap B \cap C = \phi$임을 증명하여라.

P_b*23. $A, B,$ 그리고 C 가 집합들이라 가정하자.

(a) $A \setminus C \subseteq (A \setminus B) \cup (B \setminus C)$임을 증명하여라.

(b) $A \triangle C \subseteq (A \triangle B) \cup (B \triangle C)$임을 증명하여라.

P_b*24. $A, B,$ 그리고 C 가 집합들이라 가정하자.

(a) $(A \cup B) \triangle C \subseteq (A \triangle C) \cup (B \triangle C)$임을 증명하여라.

(b) A, B, 그리고 C 가 집합들로써 $(A\cup B)\triangle C\neq(A\triangle C)\cup(B\triangle C)$인 한 예를 찾아라.

P_b25. A, B, 그리고 C 가 집합들이라 가정하자.

(a) $(A\triangle C)\cap(B\triangle C)\subseteq(A\cap B)\triangle C$ 임을 증명하여라.

(b) $(A\cap B)\triangle C\subseteq(A\triangle C)\cap(B\triangle C)$ 이 항상 참인가? 증명을 하던지 또는 한 반례를 들어라.

P_b26. A, B, 그리고 C 가 집합들이라 가정하자. 집합들 $(A\setminus B)\triangle C$ 와 $(A\triangle C)\setminus(B\triangle C)$ 를 고려하라. 어떤 것이 다른 것의 부분집합이 될 수 있는지 증명하여라. 증명을 하던지 그렇지 않으면 한 반례를 들어 정당화하여라.

*27. 다음 추정하는 정리를 고려하여라.

정리? 임의의 실수 x에 대하여, 만약 $|x-3|<3$이면 그러면 $0<x<6$이다.

다음 증명은 참인가? 만약 그렇다면, 그것은 어떤 증명작전들을 사용하는가? 민약 그렇지 않다면, 그것을 고칠 수 있는가? 그 정리는 올바른가?

증명. x가 임의의 실수라 하자. 그리고 만약 $|x-3|<3$라 가정하자. 우리는 두 가지 경우들을 고려하자:

경우1. $x-3\geq 0$. 그러면 $|x-3|=x-3$이다. $|x-3|<3$이라는 가정에 대입하면, 우리는 $x-3<3$이, 따라서 분명히 $x<6$이다.

경우2. $x-3<0$. 그러면 $|x-3|=3-x$이다. $|x-3|<3$은 $3-x<3$을 의미한다. 따라서 $3<3+x$이다. 따라서 $0<x$이다.

우리는 $0<x$와 $x<6$ 둘 다 증명하였으므로, 우리는 $0<x<6$라 결정할 수 있다. ■

28. 다음 추정하는 정리를 고려하여라.

정리? 임의의 집합들 A, B, 그리고 C 에 대하여, 만약 $A\setminus B\subseteq C$이고 $A\not\subseteq C$라 하면 그러면 $A\cap B\neq\phi$이다.

다음 증명은 참인가? 만약 그렇다면, 그것은 어떤 증명작전들을 사용하는가? 만약 그렇지 않다면, 그것을 고칠 수 있는가? 그 정리는 올바른가?

증명. $A \not\subseteq C$이므로, 우리는 어떤 x를 택하여 $x \in A$이고 $x \notin C$ 이다. $x \notin C$이고 $A \setminus B \subseteq C$이므로, $x \notin A \setminus B$ 이다. 그러므로 $x \notin A$이거나 또는 $x \in B$ 이다. 그러나 우리는 이미 $x \in A$임을 안다. 따라서 그것은 $x \in B$ 이다. $x \in A$이고 $x \in B$ 이므로, $x \in A \cap B$ 이다. 그러므로 $A \cap B \neq \phi$이다. ■

*29. 다음 추정하는 정리를 고려하라.

정리? $\forall x \in \mathbb{R}\ \exists y \in \mathbb{R}\ (xy^2 \neq y - x)$

다음 증명은 참인가? 만약 그렇다면, 그것은 어떤 증명작전들을 사용하는가? 민약 그렇지 않다면, 그것을 고칠 수 있는가? 그 정리는 올바른가?

증명. x가 임의의 실수라 하자.

경우1. $x = 0$. $y = 1$이라 하자. 그러면 $xy^2 = 0$이고 $y - x = 1 - 0 = 1$이다. 따라서 $xy^2 \neq y - x$이다.

경우2. $x \neq 0$. $y = 0$이라 하자. 그러면 $xy^2 = 0$이고 $y - x = -x \neq 0$이다. 따라서 $xy^2 \neq y - x$이다.

이 경우들은 배타적이므로, 우리는 $\exists y \in R(xy^2 \neq y - x)$을 보였다. x가 임의의 이므로, 이것으로 $\forall x \in R \exists y \in R(xy^2 \neq y - x)$를 보였다0 ■

30. 만약 $\forall x P(x) \rightarrow \exists x Q(x)$이면 그러면 $\exists x(P(x) \rightarrow Q(x))$이다..(참조: $P \rightarrow Q$는 $\neg P \vee Q$임을 기억하여라).

*31. 다음 추정하는 정리를 고려하여라.

정리. A, B, 그리고 C 가 임의의 집합들이고 그리고 $A \subseteq B \cup C$ 이라고 가정하자. 그러면 $A \subseteq B$ 이거나 또는 $A \subseteq C$ 이다. 다음 증명은 참인가? 만약 그렇다면, 그것은 어떤 증명작전들을 사용하는가? 만약 그렇지 않다면, 그것을 고칠 수 있는가? 그 정리는 올바른가?

증명. x가 A의 임의의 원소라 하자. $A \subseteq B \cup C$ 이므로, 그것은 $x \in B$ 이거나 또는 $x \in C$ 이다.

경우1. $x \in B$. x가 A의 임의의 원소 이므로, 그것은 $\forall x \in A(x \in B)$이다. 그것은 $A \subseteq B$ 임을 의미한다.

경우2. $x \in C$. 유사하게, x가 A의 임의의 원소이므로, 우리는 $A \subseteq C$ 라 결정할 수 있다. 따라서 $A \subseteq B$ 이거나 또는 $A \subseteq C$ 이다. ■

P_b32. A, B, 그리고 C 가 임의의 집합들이고 그리고 $A \subseteq B \cup C$ 이라고 가정하자. 그러면 $A \subseteq B$ 이거나 또는 $A \cap C \neq \phi$임을 증명하여라.

33. $\exists x(P(x) \rightarrow \forall y P(y))$임을 증명하여라.

3.6 존재성과 유일성의 증명들 Existence and Uniqueness Proofs

이 장에서 $\exists ! x P(x)$형식을 갖는 목표에서의 증명들을 고려하자. 2.2장에서 본바와 같이, 이것은 공식 $\exists x(P(x) \wedge \neg \exists y(P(y) \wedge y \neq x))$에 대한 축약으로 생각될 수 있다. 앞장들에서 논의된 증명작전들에 따라서 그러므로 우리는 $P(x)$와 $\neg \exists y(P(y) \wedge y \neq x)$둘 다 증명할 수 있는 특별한 x값을 찾아서 이 목표를 증명한다. 이 증명의 마지막 부분은 부정적인 명제의 증명에 관련된다. 그러나 우리는 동치인 긍정적인 명제로 다시 쓸 수 있다:

$\neg \exists y(P(y) \wedge y \neq x)$는

$\forall y \neg(P(y) \wedge y \neq x)$와 동치이다. (한정작용소 부정법칙),

$\forall y(\neg P(y) \wedge y = x)$와 동치이다. (드 르간의 법칙),

$\forall y(P(y) \rightarrow y = x)$와 동치이다. (조건법칙).

따라서, $\exists ! x P(x)$은 또한 $\exists x(P(x) \wedge \forall y(P(y) \rightarrow y = x))$와 같이 쓸 수 있음을 알았다.

사실상, 다음 예에서 보는 바와 같이. 여러 가지 다른 공식들이 $\exists !xP(x)$와 역시 동치이다. 그리고 그들은 이 형식의 목표들을 증명하는 다른 접근들을 제안해 준다.

예 3.6.1. 다음 공식들이 동치임을 증명하여라:

1. $\exists x(P(x) \wedge \forall y(P(y) \rightarrow y = x))$.
2. $\exists x \forall y(P(y) \leftrightarrow y = x)$.
3. $\exists xP(x) \wedge \forall y \forall z((P(y) \wedge P(z)) \rightarrow y = z)$.

메모 작업

만약 우리가 직접적으로 각각의 이 명제들이 다른 명제들과 동치임을 증명한다면, 그러면 우리는 증명해야할 세 가지 쌍 조건문을 갖게 된다: 명제1 iff 명제2, 명제1 iff 명제3, 그리고 명제2 iff 명제3이다. 만약 각각의 쌍 조건문을 3.4장의 방법으로 증명한다면, 그러면 각각이 두 가지 조건문 증명들이므로, 전부해서 6개의 조건문 증명들을 할 필요가 있다. 다행이도, 쉽게 하는 방법이 있다. 우리는 명제1이 명제2를 유도하고, 명제2가 명제3을 유도하고, 그리고 명제3이 명제1을 유도함을 증명할 것이다-단지 세 조건문들이다. 비록 명제2가 명제1을 유도하는 별도의 증명을 하지는 않았지만, 그것은 명제2가 명제3을 유도하고 그리고 명제3이 명제1을 유도한다는 사실로부터 증명될 것이다. 유사하게, 다른 두 개의 조건문들도 우리가 증명하려고 하는 세 가지로부터 유도된다. 수학자들은 대체적으로 항상 여러 가지 명제들이 동치임을 증명할 때는 그와 같은 첩경을 사용한다. 왜냐하면 우리가 세 가지의 조건명제들을 증명할 것이기 때문에, 증명은 세 부분들이 될 것이다. 그것은 $1 \rightarrow 2$, $2 \rightarrow 3$, 그리고 $3 \rightarrow 1$이라 이름 붙인다. 우리는 세 가지 부분들을 분리해서 전략들을 시행해야 할 필요가 있다.

$1 \rightarrow 2$. 명제1를 가정하고 명제2를 증명하자. 왜냐하면 명제1은 존재성 한정작용소로 시작함으로, 소위 x_0를 대상으로 택하여, $P(x_0)$와 $\forall y(P(y) \rightarrow y = x_0)$ 둘 다 참이 된다. 따라서 이제 다음 상황을 가진다.:

가설	**목표**
$P(x_0)$	$\exists x \forall y(P(y) \leftrightarrow y = x)$
$\forall y(P(y) \rightarrow y = x_0)$	

우리의 목표는 역시 존재성 한정작용소로 시작한다. 따라서 그것을 증명하려면 우리는 그 명제의 나머지를 참이 되게 만드는 x의 값을 찾아야만 한다. 물론, 분명한 선택은 $x = x_0$이다. x대신에 x_0를 대입하면, 이제 $\forall y(P(y) \leftrightarrow y = x_0)$를 증명해야한다는 것을 알 수 있다. y를 임의라 하고 그 쌍 조건문의 양방향을 증명한다. →방향은 두 번째 가설에서 분명하다. ←방향에 대해서는, $y = x_0$로 가정한다. 우리는 역시 가설로 $P(x_0)$을 갖고 있다. 그리고 x_0에 y를 대입하면 우리는 $P(y)$를 얻는다.

2→3. 명제2는 존재성 명제이고, 따라서 x_0을 $\forall y(P(y) \leftrightarrow y = x_0)$인 어떤 대상이라 하자. 명제3의 목표는 한 논리곱이고, 따라서 두 개의 분리된 목표로 취급할 수 있다.

가설	**목표**
$\forall y(P(y) \rightarrow y = x_0)$	$\exists x P(x)$
	$\forall y \forall z((P(y) \wedge P(z)) \rightarrow y = z)$

첫 번째 목표를 증명하기 위해서 x에 대한 한 값을 택해야하고, 물론 다시 분명한 값은 $x = x_0$이다. 따라서 $P(x_0)$를 증명해야 한다. 우리의 단 하나인 가설의 자연스러운 사용은 y에 어떤 것을 대입한 것이다; 그리고 그 목표 $P(x_0)$를 증명하기 위해서, 분명한 것은 x_0를 대입하는 것이다. 이것은 우리에게 $P(x_0) \leftrightarrow x_0 = x_0$ 을 준다. 물론, $x_0 = x_0$는 참이다. 따라서 그 쌍 조건문의 ←방향에 의해서, 우리는 $P(x_0)$를 얻는다. 두 번째 목표에 대해서는, y와 z가 임의라 하고, $P(y)$와 $P(z)$를 가정하고, 그리고 $y = z$의 증명을 시도한다.

가설	**목표**
$\forall y(P(y) \leftrightarrow y = x_0)$	$y = z$
$P(y)$	
$P(z)$	

첫 번째 가설에서 각각의 y와 z에 대입하면 우리는 $P(y) \leftrightarrow y = x_0$ 그리고 $P(z) \leftrightarrow z = x_0$를 얻는다. 우리는 $P(y)$와 $P(z)$를 가정했으므로, 이번에 우리는 쌍 조건문의 →방향을 사용하여 $y = x_0$ 그리고 $z = x_0$를 결정한다. 우리의 목표는 $y = z$가 분명하게 된다.

3→1. 왜냐하면 명제3은 한 논리곱이므로, 그것을 두 개의 분리된 가설들로 취급한다. 첫째는 한 존재성명제이다. 따라서 x_0는 $P(x_0)$가 참이 되는 어떤 대상을 나타낸다고 하자. 명제1을 증명하기 위해서 다시 $x = x_0$라 하고, 따라서 우리는 이 상황을 가진다:

가설	목표
$P(x_0)$	$P(x_0) \wedge \forall y(P(y) \to y = x_0)$
$\forall y \forall z((P(y) \wedge P(z)) \to y = z)$	

이미 가설의 첫 번째 전반부를 알고 있고, 따라서 단지 두 번째를 증명해야 할 필요가 있다. 이것에 대해서 y를 임의라 하고, $P(y)$를 가정하고, 우리의 목표 $y = y_0$을 만든다.

가설	목표
$\forall y \forall z((P(y) \wedge P(z)) \to y = z)$	$y = x_0$
$P(y)$	

그러나 이제 우리는 $P(y)$와 $P(x_0)$ 둘 다 알고 있고, 따라서 그 목표 $y = x_0$ 는 두 번째 가설로부터 나온다.

풀이

정리. 다음 명제들은 동치이다:

1. $\exists x(P(x) \wedge \forall y(P(y) \to y = x))$.
2. $\exists x \forall y(P(y) \leftrightarrow y = x)$.
3. $\exists x P(x) \wedge \forall y \forall z((P(y) \wedge P(z)) \to y = z)$.

증명. 1→2. 명제1에 의해서, 우리는 $P(x_0)$와 $\forall y(P(y) \to y = x_0)$이 되는 어떤 대상 x_0라 할 수 있다. 명제2를 증명하기 위해서 $\forall y(P(y) \leftrightarrow y = x)$을 보일 것이다. y를 임의라하자. 우리는 이미 쌍조건문의 →방향을 알고 있다. ←방향에 대해서는, $y = x_0$라 가정하자. 그러면 $P(x_0)$를 알고 있으므로, 우리는 $P(y)$라 결정할 수 있다.

2→3. 명제2에 의해서, 우리는 $\forall y(P(y) \leftrightarrow y = x_0)$가 되는 원소 x_0를 택한다. 그러면, 특히, $P(x_0) \leftrightarrow x_0 = x_0$이고, $x_0 = x_0$는 분명함으로, $P(x_0)$는 참이다. 따라서 $\exists x P(x)$이다. 명제3의 두 번째 절반을 증명하기 위해서, y와 z를 임의라 하고 $P(y)$와 $P(z)$를 가정하자. 그러면 x_0의 선택에 의해서($\forall y(P(y) \leftrightarrow y = x_0)$이 참인 어떤 것과 같다), 그것은 $y = x_0$ 그리고 $z = x_0$가 되고, 따라서 $y = z$이다.

3→1. 명제3의 처음 절반부에 의해서, x_0를 $P(x_0)$인 어떤 대상이라 하자. 명제1은 만약 우리가 ($\forall y(P(y) \leftrightarrow y = x_0)$을 보일 수만 있다면 따라올 것이다. 따라서 $P(y)$라 가정하자. 우리는 이제 $P(x_0)$와 $P(y)$ 둘 다 갖고 있음으로, 명제3의 두 번째 절반부에 의해서 우리는 요구되는 $y = x_0$를 결정할 수 있다. ■

이 정리의 3개의 모든 명제들은 $\exists ! x P(x)$와 동등하기 때문에, 우리는 이 정리의 3개의 명제들 중 임의의 것을 증명함으로써 이 형식의 목표를 증명할 수 있다. 아마도 $\exists ! x P(x)$ 형식의 목표를 증명하는 가장 통상적인 기법은 정리의 3번째 명제를 증명하는 것이다.

$\exists ! x P(x)$**형식의 목표를 증명하기:**

$\exists x P(x)$이고 $\forall y \forall z((P(y) \wedge P(z)) \rightarrow y = z)$를 증명하자. 이 목표들의 처음은 $P(x)$가 참인 x가 존재한다는 것이고, 그리고 두 번째는 그것이 유일함을 보인다. 그 증명의 두 부분들은 가끔 존재성 existence과 유일성 uniqueness라 칭한다. 각 부분은 앞에서 논의한 작전들을 이용하여 증명된다.

마지막 증명의 형식:

존재성: [$\exists x P(x)$의 증명이 여기 있다.]

유일성: [$\forall y \forall z((P(y) \wedge P(z)) \rightarrow y = z)$의 증명이 여기 있다.]

예 3.6.2. 한 유일한 집합 A가 존재하여 임의의 집합 B 에 대하여, $A \cup B = B$ 임을 증명하여라.

메모 작업

우리의 목표는 $\exists ! A P(A)$이다. 여기서 $P(A)$는 명제 $\forall B(A \cup B = B)$이다. 작전에 따라

서 이것을 존재성과 유일성을 분리해서 증명 할 수 있다. 그 증명의 절반인 존재성에 대해서 우리는 $\exists AP(A)$를 증명해야 한다. 따라서 $P(A)$가 참이 되는 A의 값을 찾도록 해야 한다. 이 집합 A를 찾는 공식은 없다. 그러나 만약 당신이 명제 $P(A)$가 무엇을 의미하는지에 대하여 생각한다면, 당신은 올바른 선택이 $A=\phi$이라는 것을 깨닫게 될 것이다. A에 이 값을 대입하면, 증명의 절반인 존재성은 $\forall B(\phi \cup B = B)$을 보여야만 됨을 알 것이다. 이것은 분명히 참이다.(만약 당신이 이것이 분명하지 않다면, 증명을 해봐라!).

그 증명의 절반인 유일성에 대해서 $\forall C \forall D((P(C) \wedge P(D)) \rightarrow C = D)$를 증명하자. 이것을 하기 위해서, C 와 D 를 임의라 하자. $P(C)$와 $P(D)$를 가정하자. 그리고 $C = D$ 를 증명한다. 명제들 $P(C)$와 $P(D)$가 무엇을 의미하는지 쓰고, 다음의 가설들과 목표를 가진다:

가설	**목표**
$\forall B(C \cup B = B)$	$C = D$
$\forall B(D \cup B = B)$	

가설을 사용하여, 그들 각각에 B 에 어떤 것을 대입하여 찾도록 시도해야한다. 그 증명의 나머지를 쉽게 하는 한 현명한 선택이 있다: 첫 번째 가설에는 B 에 D 를 대입하고, 두 번째는 B 대신에 C 를 대입한다. 이것은 우리에게 $C \cup D = D$ 이고 그리고 $D \cup C = C$ 가 된다. 그러나 분명히 $C \cup D = D \cup C$ 이다. 목표 $C = D$ 이 즉각 된다.

풀이

정리. 한 유일한 집합 A가 존재하여 임의의 집합 B에 대하여, $A \cup B = B$이다.

증명. 존재성: 분명히 $\forall B(\phi \cup B = B)$이다. 따라서 ϕ이 요구하는 성질을 만족한다.
유일성: $\forall B(C \cup B = B)$이고 $\forall B(D \cup B = B)$라 가정하자. 이 가정을 첫 번째에 D를 적용하면 $C \cup D = D$ 이고, 그리고 두 번째는 C 를 적용하면 $D \cup C = C$ 이다. 그러나 $C \cup D = D \cup C$ 이다. 따라서 $C = D$ 이다. ■

가끔 $\exists ! x P(x)$형식의 한 명제는 예 3.6.1로부터 명제1를 증명함에 따라서 에 의해 증명되었다. 이것은 다음 증명작전을 유도한다.

$\exists!xP(x)$**형식의 목표를 증명하기:**
$\exists x(P(x) \wedge \forall y(P(y) \to y = x))$를 앞장으로부터 작전들을 사용하여 증명하여라.

예 3.6.3. 임의의 실수 x에 대하여, 만약 $x \neq 2$이면 그러면 유일한 실수 y가 유일하게 존재하여 $2y/(y+1) = x$임을 증명하여라.

메모 작업

우리의 목표는 $\forall x(x \neq 2 \to \exists!y(\ 2y/(y+1) = x))$이다. 그러므로 x가 임의라 하자. $x \neq 2$이라 가정하자. 그리고 $\exists!y(\ 2y/(y+1) = x)$임을 증명하자. 앞의 작전에 따라서 우리는 동치명제 $\exists y(2y/(y+1) = x \wedge \forall z(2z/(z+1) = x \to z = y))$의 증명에 의해서 그 목표를 증명할 수 있다. 방정식 $2y/(y+1) = x$이 참이되는 y의 한 값을 찾기 위해 힘쓸 것이다. 즉, y에 대한 이 방정식을 풀어보자:

$$\frac{2y}{y+1} = x \Rightarrow 2y = x(y+1) \Rightarrow y(2-x) = x \Rightarrow y = \frac{x}{2-x}$$

우리는 한 가설로 $x \neq 2$임을 주목 하여라, 따라서 마지막 단계에서 $2-x$로 나누면 의미를 가진다. 물론, 이 단계들은 증명에서 나타나지 않는다. 우리는 단순히 $y = x/(2-x)$라 하고 $2y/(y+1) = x$와 $\forall z(2z/(z+1) = x \to z = y)$둘 다를 증명할 것이다.

가설	**목표**
$x \neq 2$	$\frac{2y}{y+1} = x$
$y = \frac{x}{2-x}$	$\forall z(\frac{2z}{z+1} = x \to z = y)$

마지막 목표는 y에 $x/2-x$를 단순히 대입하여 확인하기가 쉽다. 두 번째에 대해서는, z가 임의이고, $2z/(z+1) = x$라 가정하자. 그리고 $z = y$를 증명한다:

가설	목표
$x \neq 2$	$z = y$
$y = \dfrac{x}{2-x}$	
$\dfrac{2z}{z+1} = x$	

세 번째 가설에서 z에 대한 풀어 이제 $z = y$임을 보일 수 있다:

$$\frac{2z}{z+1} = x \Rightarrow 2z = x(z+1) \Rightarrow z(2-x) = x \Rightarrow z = \frac{x}{2-x} = y$$

여기서 사용한 단계들은 일찍이 y에 대해서 풀 때 사용했던 단계들과 똑 같음을 주목하여라. 이것이 증명들의 존재성과 유일성의 한 공통된 양식이다. 비록 존재의 증명을 알아내는 메모 작업이 그 증명에서 잘 나타나지 않지만, 이 메모작업이나 또는 그것을 유사하게 논증하는 것은 때때로 본 대상이 유일함을 증명하는데 사용된다.

풀이

정리. 임의의 실수 x에 대하여, 만약 $x \neq 2$이면 그러면 유일한 실수 y가 유일하게 존재하여 $2y/(y+1) = x$이다.

증명. x를 임의의 실수라 하자. $x \neq 2$이라 가정하자. $y = x/(2-x)$라 하고, 이것은 $x \neq 2$이므로 정의된다. 그러면

$$\frac{2y}{y+1} = \frac{\dfrac{2x}{2-x}}{\dfrac{x}{2-x}+1} = \frac{\dfrac{2x}{2-x}}{\dfrac{2}{2-x}} = \frac{2x}{2} = x$$

이 풀이가 유일함을 보기 위해서, $2z/(z+1) = x$라 가정하자. 그러면 $2z = x(z+1)$이다.

따라서 $z(2-x)=x$이다. $x \neq 2$이므로 양변을 $2-x$로 나누면 $z=x/(2-x)=y$를 얻는다.

■

예 3.6.1의 정리는 역시 $\exists ! x P(x)$형식의 가설들의 사용에 대한 작전들을 공식화하는데 사용될 수 있다. 다시 한번, 그 정리의 명제3은 가장 가끔 사용했던 것이다.

$\exists ! x P(x)$**형식의 사례를 사용하기:**

이것을 두 가지 가설 명제들 $\exists x P(x)$과 $\forall y \forall z((P(y) \wedge P(z)) \rightarrow y=z)$으로 취급하자. 첫 번째 명제를 사용하기 위해서 당신은 아마도 $P(x_0)$가 참이 되는 어떤 대상을 나타내는 x_0라고 하는 이름을 선택해야한다. 두 번째는 만약 당신이 $P(y)$와 $P(z)$가 둘 다 참이 되는 두개의 대상들 y와 z을 우연히 만날 수 있을지 당신에게 말해준다. 당신은 $y=z$임을 결정할 수 있다.

예 3.6.4. $A, B,$ 그리고 C가 임의의 집합들이고, A와 B는 서로소가 아니고, A와 C는 서로소가 아니고, 그리고 A는 한 원소만 갖는 집합이라 가정하자. B와 C가 서로소가 아님을 증명하여라.

메모 작업

가설	**목표**
$A \cap B \neq \phi$	$B \cap C \neq \phi$
$A \cap C \neq \phi$	
$\exists ! x(x \in A)$	

마지막 가설을 우리의 작전에 의해서 제안 된 것과 같이 두 개의 분리된 가설들로 취급한다. 다른 가설들과 목표의 의미를 쓰면, 다음 상황을 가진다:

가설	**목표**
$\exists x(x \in A \wedge x \in B)$	$\exists x(x \in B \wedge x \in C)$
$\exists x(x \in A \wedge x \in C)$	
$\exists x(x \in A)$	
$\forall y \forall z((y \in A \wedge z \in A) \rightarrow y = z)$	

목표를 증명하기 위해서, B 와 C 에 둘 다 속하는 한 원소인 어떤 것을 찾아야 한다. 이것을 위해서, 우리는 가설들로 돌아온다. 첫 번째 가설은 우리에게 A와 B 에 속하는 어떤 원소 b를 택하자. 유사하게, 두 번째 가설에서 A와 C 에서 c를 택하자. 이 지점에서 세 번째 가설은 불필요하다. 이미 A에 어떤 것이 있다는 것을 알고있다. 왜냐하면 사실상 이미 $b \in A$이고 $c \in A$임을 알기 때문이다. 마지막 가설은 생략해도 된다. 그것은 만약 A의 원소들로 두 대상들이 우연히 있다는 것을 말하는 것으로, 우리는 그것들이 같다는 것을 결정할 수 있다. 그러나 방금 알아본 것과 같이, $b \in A$이고 $c \in A$임을 알았다! 그러므로 $b = c$로 결정할 수 있다. $b \in B$ 이고 $b = c \in C$ 이므로, 그 목표를 증명하는데 요구되는, B와 C 둘 다에 속하는 어떤 원소를 찾는다.

풀이

정리. A, B, 그리고 C 가 임의의 집합들이고, A와 B 는 서로소가 아니고, A 와 C 는 서로소가 아니고, 그리고 A는 한 원소만 갖는 집합이라 가정하자. B 와 C 가 서로소가 아니다.

증명. A와 B 가 서로소가 아니므로, $b \in A$이고 $b \in B$ 가 되는 한 원소 b라 할 수 있다. 유사하게, A와 C 가 서로소가 아니므로, $c \in A$이고 $c \in C$ 가 되는 한 원소 c라 할 수 있다. A 는 한 원소만 가짐으로, $b = c$이어야 한다. 따라서 $b = c \in B \cap C$ 이고 그러므로 B 와 C 가 서로소가 아니다. ■

연습문제

*1. 임의의 실수 x에 대하여 유일한 실수 y가 존재하여 $x^2 y = x - y$가 됨을 증명하여라.

2. 한 유일한 실수 x가 존재하여 모든 실수 y에 대하여, $xy+x-4=4y$임을 증명하여라.

3. 임의의 실수 x에 대하여, 만약 $x\neq 0$이고 $x\neq 1$이면 그러면 유일한 실수 y가 존재하여 $y/x=y-x$임을 증명하여라.

*4. 임의의 실수 x에 대하여, 만약 $x\neq 0$이면 임의의 실수 z에 대하여$zy=z/x$인 유일한 실수 y가 존재함을 증명하여라.

5. 만약 $\mathcal{F}$가 한 집합족이면, $\cup\mathcal{F}=\{x|\exists A(A\in\mathcal{F}\wedge x\in A)\}$임을 상기하자. 우리가 새로운 집합 $\cup!\mathcal{F}$를 다음 공식 $\cup!\mathcal{F}=\{x|\exists!A(A\in\mathcal{F}\wedge x\in A)\}$으로 정의한다고 가정하자.

(a) 임의의 한 집합족 $\mathcal{F}$에 대하여, $\cup!\mathcal{F}\subseteq\cup\mathcal{F}$

(b) 한 집합족 $\mathcal{F}$가 만약 $\mathcal{F}$의 임의의 서로 다른 모든 쌍의 원소들이 서로소이면 상호간에 서로소 pairwise disjoint라 말한다; 즉,
$\forall A\in\mathcal{F}\ \forall B\in\mathcal{F}\ (A\neq B\rightarrow A\cap B=\varnothing)$이다. 임의의 한 집합족 $\mathcal{F}$에 대하여, $\cup!\mathcal{F}=\cup\mathcal{F}$ iff $\mathcal{F}$ 가 모두 서로소이다.

P_b*6. U가 한 집합이라 하자.

(a) 한 유일한 $A\in\mathscr{P}(U)$가 존재하여 임의의 $B\in\mathscr{P}(U)$에 대하여, $A\cup B=B$임을 증명하여라.

(b) 한 유일한 $A\in\mathscr{P}(U)$가 존재하여 임의의 $B\in\mathscr{P}(U)$에 대하여, $A\cup B=A$임을 증명하여라.

P_b7. U가 한 집합이라 하자.

(a) 한 유일한 $A\in\mathscr{P}(U)$가 존재하여 임의의 $B\in\mathscr{P}(U)$에 대하여, $A\cap B=B$임을 증명하여라.

(b) 한 유일한 $A\in\mathscr{P}(U)$가 존재하여 임의의 $B\in\mathscr{P}(U)$에 대하여, $A\cap B=A$임을 증명하여라.

P_b8. U가 한 집합이라 하자.

(a) 한 유일한 $A\in\mathscr{P}(U)$에 대하여 유일한 $B\in\mathscr{P}(U)$가 존재하여 모든

$C \in \mathscr{P}(U)$에 대하여, $C \setminus A = C \cap B$임을 증명하여라.

(b) 한 유일한 $A \in \mathscr{P}(U)$에 대하여 유일한 $B \in \mathscr{P}(U)$가 존재하여 모든 $C \in \mathscr{P}(U)$에 대하여, $C \cap A = C \setminus B$임을 증명하여라.

P_b9. 당신은 1.4장 의 연습문제12에서 본 바와 같이 대칭 차가 결합법칙이 성립함을 상기 하자: 즉, 모든 집합들 $A, B,$그리고 C 에 대하여 $A \triangle (B \triangle C) = (A \triangle B) \triangle C$ 이다. 당신은 또한 대칭 차가 명백히 교환법칙이 성립함을 주목하는 것이 문제에서 유용함을 알 수 있을 것이다; 즉, 모든집합들 A와 B 에 대하여, $A \triangle B = B \triangle A$이다.

(a) 대칭 차에 대하여 유일한 항등원이 존재함을 증명하여라. 즉, 유일한 집합 X가 존재하여 모든집합 A에 대하여, $A \triangle X = A$이다.

(b) 임의의 집합은 대칭 차 이항연산에 대하여 유일한 역원을 가짐을 증명하여라. 즉, 임의의 집합 A에 대하여 유일한 집합 B 가 존재하여 $A \triangle B = X$이다. 여기서 X 는 (a)에서의 항등원이다.

(c) 임의의 집합들 A와 B 에 대하여 한 유일한 집합 C 가 존재하여 $A \triangle C = B$ 가 됨을 증명하여라.

(d) 임의의 집합 A에 대하여 한 유일한 집합 $B \subseteq A$ 가 존재하여 임의의 집합 $C \subseteq A$에 대하여, $B \triangle C = A \setminus C$ 가 됨을 증명하여라.

P_b10. A가 집합이라 가정하고, 임의의 집합족 $\mathcal{F}$에 대하여, 만약$\cup \mathcal{F} = A$이면 $A \in \mathcal{F}$이다. A는 정확히 한 원소만 가짐을 증명하여라.(참조: 증명의 존재성과 유일성 두 가지에 대해서, 모순에 의해서 증명을 시도하여라.)

P_b*11. $\mathcal{F}$ 가 한 집합족이고 임의의 $G \subseteq \mathcal{F}$에 대하여, $\cup G \in \mathcal{F}$라는 성질을 가진다고 가정하자. 한 유일한 집합 A가 존재하여 $A \in \mathcal{F}$이고 $\forall B \in \mathcal{F}$ $(B \subseteq A)$임을 증명하여라.

12. (a) $P(x)$가 한 독립변수 x를 갖는 한 명제라 가정하자. 우리가 공부한 논리적 기호들을 사용하여, " $P(x)$가 참이 되는 단지 x의 두 개의 값들이 존재한다"는 의미의 공식을 찾아라.

(b) (a) 부분의 답에 기초하여, "$P(x)$가 참이 되는 단지 x의 두 개의 값들이 존재

한다"는 형식의 명제를 증명하는 증명작전을 구상하여라.

(c) 방정식 $x^3 = x^2$은 단지 두 개만의 해를 가짐을 증명하여라.

13. (a) $x^2+3x+c=0$가 되는 한 유일한 실수 x가 존재하는 한 유일한 실수 c가 존재함을 증명하여라.(환언하면, 한 유일한 실수 c가 존재하여 방정식 $x^2+3x+c=0$가 단 하나의 해를 가진다.)

(b) 한 유일한 실수 x가 존재하여 $x^2+3x+c=0$가 되는 한 유일한 실수 c가 존재할 경우가 없음을 보여라.(힌트: 모든 실수 x에 대하여 $x^2+3x+c=0$가 되는 유일한 실수 c가 존재할 수 있음을 증명할 수 있다.)

3.7 증명들에 대한 추가 예들
More Examples of Proofs

지금까지, 대부분의 증명들은 우리가 논의했던 증명기술들과 상당히 직접적인 적용들에 관련되어있다. 이 장에서 약간 더 어려운 증명들의 몇 가지 예들로 마치겠다. 이 증명들은 이장의 기술들을 사용한다. 그러나 여러가지 이유들로 그것들은 앞의 대부분의 증명들보다 좀 더 어렵다. 어떤 것은 단순히 사용할 작전들의 현명한 선택들이 요구된다. 어떤 경우에는 어떤 작전을 사용해야 하는지가 명확하다. 그러나 그것을 정확히 어떻게 사용할 것인가를 알아내는 것은 약간의 탐색이 요구된다. 초기 예들에서, 그것들은 증명기술들을 단순히 설명하고 명확히 하도록 의도된 것으로, 증명쓰기가 기계적이고 무미건조할 수도 있다. 이 더 어려운 예들을 연구함으로써 수학적 논증을 역시 놀랍고 아름답게 보기 시작하기를 바란다.

약간의 증명기술들은 적용하기에 특별히 어렵다. 예를 들어, 당신이 $\exists x P(x)$형식의 목표를 증명할 때, 진행해가는 분명한 방법은 명제 $P(x)$가 참이 되도록 하는 x값 찾기를 시도하는 것이다. 그러나 어떤 때는 어떻게 x값을 찾을 것인지가 분명하지 않다. $\forall x P(x)$형식의 가설을 사용할 때도 유사하다. 당신은 아마도 x에 특별한 값을 대입하기를 바랄 것이다. 그러나 증명을 마치기 위해서 당신은 무엇을 대입할 것인지 현명한 선택을 해야만 한다. 경우들로 분할해야만 하는 증명들은 해내기가 어렵다. 어떤 때는 경우들을 사용할 때와 어떤 경우들을 사용할지 알기가 어렵다.

도입에서부터 증명들을 다시금 관찰함으로써 시작한다. 이 증명들의 어떤 측면들은 아마도 도입에서 그것들을 읽을 때 약간 신비스러울 수도 있다. 만약 당신이 증명들이 어떻게 구성되었는지 당신이 더 좋은 이해를 하기 위해서는 그것을 더 잘 이해되도록 관찰해야 한다. 우리는 각 증명에 정확한 그것이 소개에서 나타난 그대로 소개하고 그것을 따라 사용된 증명기술들을 논의하는 해설을 수반할 것이다.

정리 3.7.1. n이 1보다 큰 한 정수이고 그리고n이 소수가 아니라고 가정하자. 그러면 2^n-1은 소수가 아니다.

증명. n이 소수가 아니므로, 양의 정수들 a와 b가 존재하여 $a<n, b<n$이고, $n=ab$이다. $x=2^b-1$그리고 $y=1+2^b+2^{2b}+\cdots+2^{(a-1)b}$라 하자. 그러면

$$
\begin{aligned}
xy &= (2^b-1)\cdot(1+2^b+2^{2b}+\cdots+2^{(a-1)b}) \\
&= 2^b\cdot(1+2^b+2^{2b}+\cdots+2^{(a-1)b}) - (1+2^b+2^{2b}+\cdots+2^{(a-1)b}) \\
&= (2^b+2^{2b}+2^{3b}+\cdots+2^{ab}) - (1+2^b+2^{2b}+\cdots+2^{(a-1)b}) \\
&= 2^{ab}-1 \\
&= 2^n-1
\end{aligned}
$$

$b<n$이므로, $x=2^b-1<2^n-1$라 결정할 수 있다. 또한, $ab=n>a$이므로, $b>1$이 된다. 그러므로 $x=2^b-1>2^1-1=1$이다. 따라서 $y<xy=2^n-1$이다. 따라서 2^n-1은 두 양의 정수들 x와 y의 곱으로 쓸 수 있음을 보였다. 둘 다 2^n-1보다 작은 수들이다. 따라서 2^n-1은 소수가 아니다. ■

해설. n이 소수가 아니라고 하고, 그리고 2^n-1은 소수가 아니라는 것을 증명해야 한다. 둘 다 이것들은 부정적인 명제들이다. 그러나 다행히 그것들을 긍정적인 명제들로 다시 표현하는 것이 용이하다. 1보다 더큰 한 정수가 소수가 아니라는 것을 말하는 것은 그것이 두 개의 더 작은 양의 정수들의 한 곱으로 쓸 수 있다는 의미이다.

따라서 n이 소수가 아니라는 가설은 $\exists a\in\mathbb{Z}^+\exists b\in\mathbb{Z}^+(ab=n\wedge a<n\wedge b<n)$을 의미한다.

그리고 2^n-1이 소수가 아니라는 것을 증명해야 하는 것은

$$\exists x \in \mathbb{Z}^+ \exists y \in \mathbb{Z}^+ (xy = 2^n - 1 \wedge x < 2^n - 1 \wedge y < 2^n - 1)$$

임을 의미한다.

증명의 두 번째 문장에서 n이 소수가 아니라는 가설에 존재성 구상화를 적용한다. 그리고 증명의 나머지는 수들 x와 y가 2^n-1이 소수가 아니라는 증명이 요구하는 성질들을 갖는 것을 보이는데 바친다.

존재성 명제들의 증명들에서 통상적으로, 증명은 x와 y의 값들이 어떻게 선택되는지 설명해주지 않는다. 그것은 단순히 이 값들이 작용하는 것을 보여줄 뿐이다. x와 y의 값들이 주어진 후에, 증명해야할 목표는 $xy = 2^n - 1 \wedge x < 2^n - 1 \wedge y < 2^n - 1$이다. 물론, 이것은 세 개의 분리된 목표들로 취급된다. 그것은 한 번에 하나씩 증명된다. 이 세 가지 목표들의 증명들은 단지 기초대수에 관련되어있다.

이 증명의 매력적인 특색들의 하나는 $xy = 2^n - 1$을 보여주는 계산이다. x와 y에 대한 공식들은 약간 복잡했다. 그리고 처음에 그들의 곱은 훨씬 더 복잡하게 보인다. 이 곱의 대부분의 항들이 삭제되고, 마법같이, 그 답 2^n-1이 나타날 때 한 즐거운 놀라움이었다. 물론, x와 y를 동기부여 해주는 이 계산이었다는 가늠자로 볼 수 있다. 하지만, 여기에 당신을 성가시게 하는 계산의 한 측면이 있다. 공식에서 "…"의 사용은 그 증명이 또박또박 말할 수 없는 계산에서 한 패턴에 의존된다는 것을 지적한다. 우리는 6장에서 수학적귀납법에 의한 증명방법을 소개한 후에 $xy = 2^n - 1$의 한층 더 엄밀한 증명을 할 것이다. (정리 6.5.2 참조)

정리 3.7.2. 무한히 많은 소수들이 있다.

증명. 소수들이 단지 유한개만 있다고 가정하자. 모든소수들의 목록을 $p_1, p_2, \cdots, p_n$라 하자. $m = p_1 \cdot p_2 \cdot \cdots \cdot p_n + 1$라 하자. m은 p_1에 의해서 나누어지지 않음을 주목하자. 왜냐하면 m를 p_1에 의해서 나누면 몫이 $p_2 \cdot p_3 \cdots \cdot p_n$이고 그리고 나머지는 1이기 때문이다.

유사하게, m은 임의의 $p_2, p_3, \cdots, p_n$에 의해서 나누어지지 않는다.

이제 1보다 더 큰 정수는 한 소수이거나 또는 소수들의 곱으로 쓸 수 있다는 사실을 사용한다.(6장 정리 6.4.2에서 이 사실의 증명을 볼 것이다.)

분명히 m은 1보다 더 크다. 따라서 m은 한 소수이거나 또는 한 소수들의 곱이다. 먼저

m이 소수라 가정하자. m은 $p_1, p_2, \cdots, p_n$의 목록에 있는 모든 수들보다 더 크다는 것에 주목 하여라, 따라서 이 목록에 없는 한 소수를 발견하게 되었다. 그러나 이것은 이것이 모든 소수들의 목록이라는 우리의 가정에 모순된다.

이제 m이 소수들의 곱이라 가정하자. 이 곱에서 소수들 중 하나를 q라 하자. 그러면 m은 q에 의해서 나누어진다. 그러나 이미 m은 $p_1, p_2, \cdots, p_n$의 목록에 있는 모든 수들로 나누어지지 않는다는 것을 알고 있다. 따라서 다시 한번 우리는 이 목록에 모든 소수들을 포함하고 있다는 가정에 모순이다.

유한개의 많은 소수가 있다는 가정이 모순을 유도함으로, 무한히 많은 소수들이 있어야 한다.

■

해설. 무한이라는 의미는 유한이 아니라는 것이기 때문에. 정리의 명제는 부정적인 명제로 고려할 수 있다. 그것은 그러므로 모순에 의해서 증명하는 것은 놀라운 것이 아니다. 유한개의 많은 소수들이 있단 가정은 한 자연수 n이 존재하여 n개의 소수들이 있다는 의미이다. 그리고 n개의 소수들이 있다는 명제는 그 목록의 모든 원소들이 소수인 서로 다른 수들 $p_1, p_2, \cdots, p_n$ 의 한 목록이 있다는 의미이다. 그리고 이 목록에 없는 소수는 존재하지 않는다. 따라서 증명의 두 번째 문장은 수 n와 증명에 $p_1, p_2, \cdots, p_n$을 소개하는 존재성 구상화를 적용한다. 증명에서 이 지점에 우리는 다음 상황이된다:

가설	**목표**
$p_1, p_2, \cdots, p_n$는 모두 소수들이다.	모순
$\neg\exists q(q\text{는 소수} \wedge q \notin \{p_1, p_2, \cdots, p_n\})$	

두 번째 가설은 긍정적인 명제로 다시 표현 할 수 있다. 그러나 우리는 모순에 의해서 증명함으로, 또 다른 논리적인 접근은 $\exists q(q\text{는 소수} \wedge q \notin \{p_1, p_2, \cdots, p_n\})$을 증명함으로써 한 모순에 도달하도록 시도하는 것이다. 따라서 증명의 나머지에 대한 목표는 한 소수가 목록 $p_1, p_2, \cdots, p_n$안에 없는 것으로 존재한다는 것을 보이는 것이다.- "목록에 없는 소수"이다.

왜냐하면 목표는 이제 존재성 명제이기 때문에, 증명의 다음 단계는 m이 어떻게 선택되었는지 아무 설명이 없이 새로운 수 m을 소개한다. m이 우리가 찾고 있는 목록에 없는 소수인지 또는 아닌지가 놀랍지않는가? 문제는 m이 소수가 아닐 수도 있다는 것이다. 확신할 수 있는 것은 m이 소수이거나 또는 소수들의 한 곱이라는 것이다. 왜냐하면 이 명제는 한 논리합이므로, 그것은 경우들에 의한 증명을 제안한다. 그리고 이것은 증명의 나머지에서 사용되는 방법이다. 비록 경우들이 증명에서 경우들 같이 명확하게 분류되지는 않지만, 증명의 나머지가 경우들에 의한 증명의 형식을 가진다는것을 깨닫는 것이 중요하다. 경우1에서 우리는 m이 소수라고 가정하자. 그리고 경우2에서 우리는 그것이 소수들의 곱이라고 가정하자. 두 가지 경우 다 우리는 증명을 끝마칠 수 있도록 요구되는 한 목록 밖의 소수를 생성할 수 있다.

우리의 다음 증명은 계승표기를 사용한다. 임의의 양의 정수 n에 대한, n계승은 $n! = 1 \cdot 2 \cdot \cdots \cdot n$임을 상기하자.

정리 3.7.3. 임의의 양의 정수 n에 대하여, 소수들을 포함하지 않는 n개의 연속된 양의 정수들이 존재한다.

증명. n이 한 양의 정수라 가정하자. $x = (n+1)! + 2$라 하자.

우리는 $x, x+1, x+2, \cdots, x+(n-1)$중 어떤 수도 소수가 되지 않음을 보일 것 이다. 이것은 n개의 연속된 양의 정수들의 한 수열이므로, 이것이 정리를 증명할 것이다.

x가 소수가 아님을 보이기 위해서,

$$x = 1 \cdot 2 \cdot 3 \cdot \cdots \cdot (n+1) + 2$$
$$= 2 \cdot (1 \cdot 3 \cdot 4 \cdots \cdot (n+1) + 1)$$

임을 주목하여라. 따라서 x는 두 개의 더 작은 양의 정수들의 곱으로 써진다. 따라서 x는 소수가 아니다. 유사하게, 우리는

$$x+1 = 1 \cdot 2 \cdot 3 \cdot \cdots \cdot (n+1) + 3$$
$$= 3 \cdot (1 \cdot 2 \cdot 4 \cdots \cdot (n+1) + 1)$$

이다. 따라서 $x+1$는 소수가 아니다. 일반적으로, 임의의 수 $x+i$를 고려하자. 여기서

$0 \le i \le n-1$이다. 그러면 우리는

$$x+i = 1 \cdot 2 \cdot 3 \cdot \cdots \cdot (n+1) + (i+2)$$
$$= (i+2) \cdot (1 \cdot 2 \cdot 3 \cdots \cdot (i+1) \cdot (i+3) \cdot \cdots \cdot (n+1) + 1)$$

이다. 따라서 $x+i$는 소수가 아니다. ■

해설. n개의 연속된 양의 정수들의 수열은 $x, x+1, x+2, \cdots, x+(n-1)$형식의 한 수열이다. 여기서 x는 한 양의 정수이다. 따라서 증명되어야 할 이 명제의 논리적 형식은 $\forall n > 0 \exists x > 0 \forall i (0 \le i \le n-1) \rightarrow x+i$은 소수가 아니다)이다. 여기서 모든 변수들은 정수들이다. 증명의 전체적인 계획은 정확하게 우리가 예상하는 이 형식의 명제에 대한 증명으로 예상한 것은: $n > 0$임의라 하자. 한 값 x를 특정화한다. i는 임의라 하고, 그리고 $0 \le i \le n-1$이라 가정하고 $x+i$가 소수가 아님을 증명한다. 정리 3.7.1.의 증명에서와 같이, $x+i$가 소수가 아님을 증명하기 위해서 우리는 그것을 더 작은 정수들의 곱으로 어떻게 쓸 수 있을지 보이는 것이다.

$x+i$가 소수가 아님을 보이기 전에, 여기서 i는 임의의 정수로 0과 $n-1$사이의 수이다. 증명은 x와 $x+i$가 소수가 아님을 밝히는 것을 포함한다. 이것들은 완전히 불필요하고 증명을 읽기에 더 쉽게 만드는 것을 단지 포함된다.

예 3.7.4. 다음 두 가지 성질들을 갖는 한 유일한 실수 m이 존재함을 증명하여라:

1. 임의의 실수 x에 대하여, $x^2+2x+3 \ge m$이다.
2. 만약 y가 임의의 실수 x에 대하여, $x^2+2x+3 \ge y$이면, 그러면 $m > y$이다.

메모 작업

성질 1에 대한 한 가지 이름을 갖는 것이 편리할 것이다. 만약 성질 1이 성립하면 표현 x^2+2x+3에 대한 하계 lower bound라 말 할 것이다; 즉, 만약 임의의 실수 x에 대하여, $x^2+2x+3 \ge m$이다. 성질 2는 그러면 만약 y가 x^2+2x+3에 대한 하계이면, 그러면 $m \ge y$임을 말한다. 환언하면, 어떤 하계도 m보다 더 클 수는 없다. 따라서 m이 최대하계 greatest lower bound이다. (우리는 4장 4.4절에서 하계와 최대하계에 대해서 더 많은 논의를 할 것이다.)

수 m에 대한 존재성과 유일성 둘 다 증명할 것이다. 그 증명의 절반인 존재성에 대해서는, 가장 어려운 부분은 m에 대한 올바른 값을 생각해 내는 것이다. 완전제곱에 의해서 m을 어떻게 택할 것인지 한 힌트를 얻을 수 있다:

$$x^2+2x+3=x^2+2x+1+2=(x+1)^2+2$$

$(x+1)^2$은 음수가 될 수 없으므로, 임의의 실수 x에 대하여 우리는

$x^2+2x+3=(x+1)^2+2\geq 2$이 된다. 따라서 $m=2$가 성질 1를 성립한다‥환언하면, 2가 x^2+2x+3에 대한 한 하계이다. 물론, 임의의 더 작은 수도 역시 한 하계가 될 것이다. 그러나 성질 2는 m이 최대하계가 되어야만 한다. 따라서 m은 2보다 더 작을 수가 없다. 아마도 $m=2$가 올바른 선택이 될 것이다. 이와 같은 m의 선택으로 성질 2를 증명할 수 있을지 알아보자.

$m=2$일 때 성질 2가 성립한다는 것을 증명하기 위해서,

$\forall y[\forall x(x^2+2x+3\geq y)\rightarrow 2\geq y]$를 증명해야만 한다. 분명한 방법으로 y를 임의라 하고 진행하자. $\forall x(x^2+2x+3\geq y)$라 가정하고, 그래서 $2\geq y$을 증명하자. 그것은 우리에게 다음과 같은 상황을 제공한다:

가설	**목표**
$\forall x(x^2+2x+3\geq y)$	$2\geq y$

가설을 사용하는 자연스러운 방법은 x에 어떤 것을 대입하는 것이다. 목표를 보고, 만약 $x^2+2x+3=2$ 이 되는 한 x값이 존재하기만 하면, 그러면 가설에 이 x값을 대입하면 곧 바로 그 목표에 도달한다. 방정식 $x^2+2x+3=2$를 풀면, 우리는 $x=-1$라 하면 증명이 끝남을 알 수 있다.

아직 m의 유일성을 증명해야 한다. 이것을 위해서 우리는 m_1과 m_2가 성질들 1과 2갖는 두 수들이라고 가정하고 $m_1=m_2$를 증명해야만 한다. 이것은 다음과 같은 가설들과 목표를 가진다:

가설	목표
$\forall x(x^2+2x+3 \ge m_1)$	$m_1 = m_2$
$\forall x(x^2+2x+3 \ge m_2)$	
$\forall y[\forall x(x^2+2x+3 \ge y) \rightarrow m_1 \ge y]$	
$\forall y[\forall x(x^2+2x+3 \ge y) \rightarrow m_2 \ge y]$	

아마도 하나 또는 그 이상의 가설들에 전칭 인스턴스화를 적용해야한다. 그러나 어느 것을, 그리고 무슨 값을 대입해야 할까? 그 핵심 관찰은 처음 두 가지의 가설들이 세 번째와 네 번째 가설들의 y에 대해서 m_1이나 또는 m_2를 대입하는 것이 유용할 것으로 제안한다. 사실상 세 번째 가설에 $y=m_2$라 하고 그리고 네 번째에 $y=m_1$라 할 것이다. (당신은 이것을 예 3.6.2,의 유일성의 증명에 대해 사용한 작전에 비교하기를 바란다.) 이것은 우리에게 $m_1 \ge m_2$ 그리고 $m_2 \ge m_1$이 되고, 그래서 목표 $m_1 = m_2$이 된다.

풀이

정리. 다음 두 가지 성질들을 갖는 한 유일한 실수 m이 존재한다:

1. 임의의 실수 x에 대하여, $x^2+2x+3 \ge m$이다.
2. 만약 y가 임의의 실수 x에 대하여, $x^2+2x+3 \ge y$이면, 그러면 $m > y$이다.

증명. 존재성:$m=2$라 하자. 성질 1을 증명하기 위해서, x를 임의의 한 실수라고 하자. 그러면

$$x^2+2x+3=(x+1)^2+2 \ge 2=m$$

와 같이 된다. 이것은 2가 x^2+2x+3에 대한 한 하계임을 보여준다.

성질 2에 대해서는, y를 한 임의의 수로 모든 x에 대하여 $x^2+2x+3 \ge y$성질을 가진다고 하자. 특히, $x=-1$라 하면 우리는 다음을 알 수 있다:

$$y \le (-1)^2+2(-1)+3=2=m.$$

y가 임의이므로, 이것은 성질 2를 증명한다.

유일성: m_1과 m_2가 성질들 1과 2갖는 두 수들이라고 가정하자. 환언하면, m_1과 m_2가 둘 다 x^2+2x+3에 대한 하계들이다. 그리고 또한 만약 y가 임의의 하계라 하면, 그러면 $m_1 \geq y$이고 $m_2 \geq y$이다. 이 마지막 사실을 $y=m_1$과 $y=m_2$에 적용하면 우리는 $m_1 \geq m_2$과 $m_2 \geq m_1$을 얻는다. 따라서 $m_1 = m_2$이다. ■

미적분으로부터 극한의 정의에 친숙한 독자들에게는, 하나 더 많은 예를 들겠다. 이장의 기술들을 사용하여 극한이 관련된 증명들이 어떻게 작용하는지 보일 것이다. 이 정의에 친숙하지 못한 독자는 이 예를 생략해도 된다.

예 3.7.5. 다음 $\lim_{x\to 3}\frac{2x^2-5x-3}{x-3}=7$을 보여라.

메모 작업

극한의 정의에 따라서 목표는 임의의 양수 ϵ에 대하여 한 양수 δ가 존재하여 만약 x가 임의의 수로 $0<|x-3|<\delta$이면, $\left|\frac{2x^2-5x-3}{x-3}-7\right|<\epsilon$을 의미한다. 논리적 기호로 변역하면, 다음과 같다:

$$\forall\epsilon>0\,\exists\delta>0\,\forall x\left(0<|x-3|<\delta\rightarrow\left|\frac{2x^2-5x-3}{x-3}-7\right|<\epsilon\right)$$

그러므로 ϵ을 임의의 양수라 하고 시작해서 그리고 한 양수 δ를 찾도록 힘써서 우리가 다음을 증명할 것이다.

$$\forall x\left(0<|x-3|<\delta\rightarrow\left|\frac{2x^2-5x-3}{x-3}-7\right|<\epsilon\right)$$

물론, δ 를 찾는 데 관련된 메모 작업은 증명에 나타나지 않는다. 마지막 증명에서 다음과 같이 바로 쓸 것이다 “ $\delta=$(어떤 양수)” 그리고 증명을 진행한다.

$$\forall x\left(0<|x-3|<\delta\rightarrow\left|\frac{2x^2-5x-3}{x-3}-7\right|<\epsilon\right)$$

δ의 값을 진행하기 전에, 증명의 나머지가 어찌 될 것 같은지를 알아보자. 이 지점에서 목표의 형식에 근거해서, 우리는 x를 임의라 하여 진행해야 한다. $0 < |x-3| < \delta$를 가정하고, 그리고 $\left|\frac{2x^2-5x-3}{x-3}-7\right| < \epsilon$을 증명한다. 따라서 전체적인 증명은 다음 형식을 가질 것이다:

> ϵ을 임의의 양수라 하자.
>
> $\delta =$(어떤 양수)라 하자.
>
> x는 임의라 하자.
>
> $0 < |x-3| < \delta$라 가정하자.
>
> [$\left|\frac{2x^2-5x-3}{x-3}-7\right| < \epsilon$의 증명이 여기 있다]
>
> 그러므로 $0 < |x-3| < \delta \rightarrow \left|\frac{2x^2-5x-3}{x-3}-7\right| < \epsilon$
>
> x가 임의이므로, $\forall x\left(0 < |x-3| < \delta \rightarrow \left|\frac{2x^2-5x-3}{x-3}-7\right| < \epsilon\right)$를 결정하자.
>
> 그러므로 $\exists \delta > 0 \forall x\left(0 < |x-3| < \delta \rightarrow \left|\frac{2x^2-5x-3}{x-3}-7\right| < \epsilon\right)$.
>
> ϵ이 임의이므로, $\forall \epsilon > 0 \exists \delta > 0 \forall x\left(0 < |x-3| < \delta \rightarrow \left|\frac{2x^2-5x-3}{x-3}-7\right| < \epsilon\right)$이 된다.

해야 할 것이 두 단계가 남았다. 우리는 δ에 어떤 값을 부과할 것을 결정해야 한다. 그리고 우리는 $\left|\frac{2x^2-5x-3}{x-3}-7\right| < \epsilon$의 증명에서 채워야 한다. 먼저 이 단계들의 두 번째에서 진행해야 한다. 그리고 이 단계를 해 내는 과정에서 그것은 δ에 우리가 사용해야할 값이 명확해진다. 두 번째 단계의 가설들과 목표는 다음과 같다:

가설	**목표**
$\epsilon > 0$	$\left\|\frac{2x^2-5x-3}{x-3}-7\right\| < \epsilon$
$\delta =$(어떤 양수)	
$0 < \|x-3\| < \delta$	

무엇보다 먼저, 우리는 한 가설 $0<|x-3|$을 주목하자. 따라서 $x \neq 3$이고 그러므로 분수식 $\dfrac{2x^2-5x-3}{x-3}$이 정의된다. 분모를 곱하여, 다음을 얻는다.

$$\left|\frac{2x^2-5x-3}{x-3}-7\right|=\left|\frac{(2x+1)(x-3)}{x-3}-7\right|$$

$$=|2x+1-7|=|2x-6|=2|x-3|$$

이제 역시 가설로써 $|x-3|<\delta$이다. 따라서 $2|x-3|<2\delta$이다. 이것을 앞의 방정식과 결합하여, 우리는 $\left|\dfrac{2x^2-5x-3}{x-3}-7\right|<2\delta$을 얻는다.

그리고 목표는 $\left|\dfrac{2x^2-5x-3}{x-3}-7\right|<\epsilon$이다. 따라서 만약 우리가 $2\delta=\epsilon$인 δ을 선택하면, 결과를 얻는다. 즉, $\delta=\epsilon/2$라 해야된다. $\forall\epsilon$에 주목하여라, 이것이 요망하는 양수이다.

풀이

정리. $\displaystyle\lim_{x\to 3}\frac{2x^2-5x-3}{x-3}=7.$

증명. $\epsilon>0$라 가정하자. $\delta=\epsilon/2$라 하자. 그것은 역시 양수이다. x를 임의의 실수라 하고, 그리고 $0<|x-3|<\delta$라 가정하자. 그러면

$$\left|\frac{2x^2-5x-3}{x-3}-7\right|=\left|\frac{(2x+1)(x-3)}{x-3}-7\right|$$ ■

$$=|2x+1-7|=|2x-6|=2|x-3|<2\delta=2\left(\frac{\epsilon}{2}\right)=\epsilon$$

연습문제

P_b*1. $\mathcal{F}$가 한 집합족이라 가정하자. 한 유일한 집합 A가 존재하여 다음 두 성질

들을 갖음을 증명하여라:

(a) $\mathcal{F} \subseteq \mathscr{P}(A)$.

(b) $\forall B(\mathcal{F} \subseteq \mathscr{P}(A) \to A \subseteq B)$.

(참조: 먼저 한 예를 시도해보자. $\mathcal{F} = \{\{1,2,3\}, \{2,3,4\}, \{3,4,5\}\}$라 하자. 당신은 (a)와 (b)성질들을 갖는 집합 A를 찾을 수 있는가?)

2. 한 유일한 양의 실수 m이 존재하여 다음 두 가지 성질들을 가짐을 증명하여라.:

(a) 임의의 양의 실수 x 에 대하여, $\dfrac{x}{x+1} < m$.

(b) 만약 y는 임의의 양의 실수로 임의의 양의 실수 x에 대하여 $\dfrac{x}{x+1} < y$라는 성질을 가지면, 그러면 $m \leq y$이다.

P_b3. A와 B가 집합들이라 가정하자. $P(A \setminus B) \setminus (P(A) \setminus P(B))$에 대하여 무엇을 증명할 수 있는가?(없다. 그것은 $\varnothing$은 아니다. 예들을 들어서 무엇을 얻을 수 있는지 알아 보아라.)

P_b4. $A, B,$ 그리고 C가 집합들이라 가정하자. 다음 명제들이 동치임을 증명하여라:

(a) $(A \triangle C) \cap (B \triangle C) = \varnothing$

(b) $A \cap B \subseteq C \subseteq A \cup B$

(c) $A \triangle C \subseteq A \triangle B$

*5. $\{A_i | i \in I\}$를 한 집합족이라 가정하자. 만약 $\mathscr{P}(\cup_{i \in I} A_i) \subseteq \cup_{i \in I} \mathscr{P}(A_i)$이면, 그러면 어떤 $i \in I$가 존재하여 $\forall j \in I(A_j \subseteq A_i)$임을 증명하여라.

6. $\mathcal{F}$가 공집합이 아닌 한 집합족이라 가정하자. $I = \cup \mathcal{F}$이고 $J = \cap \mathcal{F}$라 하자. 또한 $J \neq \varnothing$이라 가정하자. 그리고 그것은 모든 $X \in \mathcal{F}$에 대하여 $X \neq \varnothing$임을 알고, 그리고 역시 $I \neq \varnothing$이다. 마지막으로, $\{A_i | i \in I\}$를 한 첨자가 붙은 집합족이라 가정하자.

(a) $\cup_{i \in I} A_i = \cup_{X \in \mathcal{F}} (\cup_{i \in X} A_i)$를 증명하여라.

(b) $\cap_{i \in I} A_i = \cap_{X \in \mathcal{F}} (\cup_{i \in X} A_i)$를 증명하여라.

(c) $\cup_{i \in J} A_i \subseteq \cup_{X \in \mathcal{F}} (\cup_{i \in X} A_i)$를 증명하여라.

$\cup_{i \in J} A_i = \cup_{X \in \mathcal{F}} (\cup_{i \in X} A_i)$가 항상 참일까?

증명하거나 또는 반례를 들어 당신의 답을 정당화하여라

(d) $\cap_{i \in J} A_i$와 $\cup_{X \in \mathcal{F}}(\cup_{i \in X} A_i)$를 관련시키는 정리를 발견하고 증명하여라.

7. $\lim\limits_{x \to 2} \dfrac{3x^2 - 12}{x - 2} = 12$임을 증명하여라.

*8. 만약 $\lim\limits_{x \to c} f(x) = L$이고 $L > 0$이면, 그러면 모든 x에 대하여 어떤 수 $\delta > 0$가 존재하여, 만약 $0 < |x - c| < \delta$이면 $f(x) > 0$ 임을 증명하여라.

9. 만약 $\lim\limits_{x \to c} f(x) = L$이면 $\lim\limits_{x \to c} 7f(x) = 7L$임을 증명하여라.

*10. 다음 추정하는 정리를 고려하여라.

정리. 무리수들 a와 b가 존재하여 a^b가 유리수가 된다.

다음 정리는 올바른가? 만약 그렇다면, 무슨 증명전략을 그것은 사용했는가?

만약 그렇지 않다면, 그것을 고칠 수 있는가? 그 정리는 올바른가?(참조: 증명은 $\sqrt{2}$가 무리수라는 사실을 이용한다. 그것은 6장에서 증명할 것이다.)

증명. ${\sqrt{2}}^{\sqrt{2}}$는 유리수이거나 또는 무리수이다.

경우1. ${\sqrt{2}}^{\sqrt{2}}$ 는 유리수.

$a = b = \sqrt{2}$라 하자. 그러면 a와 b는 무리수이다. 그리고

$a^b = {\sqrt{2}}^{\sqrt{2}}$이다. 이것은 이 경우1의 가정에서 유리수이다.

경우2. ${\sqrt{2}}^{\sqrt{2}}$ 는 무리수.

$a = {\sqrt{2}}^{\sqrt{2}}$이고 $b = \sqrt{2}$라 하자. 그러면 a는 경우2의 가정에서 무리수이고, 그리고 우리는 b도 역시 무리수임을 알고 있다. 또한,

$a^b = ({\sqrt{2}}^{\sqrt{2}})^{\sqrt{2}} = {\sqrt{2}}^{\sqrt{2}\sqrt{2}} = 2$이다. 이것은 유리수이다. ■

Chapter 4

관계

Relations

4.1 순서쌍과 곱집합 Ordered Pairs and Cartesian Products

4.2. 관계 Relations

4.3 더 많은 관계들 More about Relations

4.4 순서 관계들 Ordering Relations

4.5 동치관계 Equivalence Relations

4.1 순서쌍과 곱집합 Ordered Pairs and Cartesian Products

1장에서 단 하나의 독립변수를 포함하는 명제들에 대한 진리집합들을 논의하였다. 이 장에서 우리는 이 생각을 한 독립변수보다 더 많은 것을 포함하는 명제들로 확장한다.

예를 들어, $P(x,y)$는 두 독립변수 x와 y로 된 한 명제라 가정하자. 이 명제가 두 값들을 하나는 x에 대한 것 그리고 다른 하나는 y에 대한 것으로 지정할 때 참인지 또는 거짓인지 말할 수가 없다. 따라서 만약 독립변수들의 값들의 선정이 명제를 참이 되도록 만드는것을 식별하는 진리집합을 원한다면, 그 진리집합은 개별적인 값들이 아니고, 값들의 쌍을 포함해야 할 것이다. 괄호 안에 분리해서 두 값들을 콤마를 써서 값들의 한 쌍으로 지정할 것이다. 예를 들어, $D(x,y)$가 "x가 y를 나눈다"를 의미한다고 하자. 그러면 $6|18$이므로, $D(6,18)$은 참이다. 따라서 값들의 쌍 (6,18)은 명제 $D(x,y)$가 참이 되게 하는 x와 y 변수들의 값들의 한 선택이다. 18은 6을 나누지 않음을 주목하여라, 따라서 값들의 쌍 (18,6)은 명제 $D(x,y)$가 거짓이 된다. 그러므로 쌍들 (18,6)과 (6,18)사이를 구별해야한다. 왜냐하면 쌍의 값들의 순서는 차이를 만들기 때문에, 한쌍 (a,b)를 순서쌍 ordered pair라 칭하고, a를 첫 번째 좌표 first coordinate 그리고 b를 두 번째 좌표 second coordinate라 한다.

당신은 아마도 전에 xy평면에서 점들을 공부할 때 순서쌍들을 보았을 것이다. 평면위의 점들을 식별하기 위해서 x와 y의 좌표들을 사용하는 것은 평면위의 각 점을 한 순서쌍으로 선정함으로써 해낼 수 있다. 그것의 좌표들은 그 점의 x와 y의 좌표들이다. 그 쌍들은 순서가 있어야한다. 왜냐하면, 예를 들어, 점들 (2,5)와 (5,2)는 평면에서 서로 다른 점들이다. 이 경우에 순서쌍의 좌표들은 실수들이다. 그러나 순서쌍들은 그들의 좌표로 어떤 것도 될 수 있다. 예를 들어, $C(x,y)$가 "x는 y명의 자식들을 갖고 있다"라는 명제를 나타낸다고 가정하자. 이 명제에서 변수 x는 모든사람들의 집합에 대한 범위이고, 그리고 y는 모든 수집합의 범위에 있다. 따라서 그것이 고려하기에 의미를 갖는 것은 단지 순서쌍들이 그 명제에서 첫째 좌표가 한 사람을 그리고 둘째는 한 자연수인 쌍들을 변수로 x와 y로 선정할 때이다. 예를 들어, 한 선정 (*Dharles*왕자, 2)은 명제 $C(x,y)$를 참이 되게 한다. 왜냐하면 찰스왕자가 두 자녀를 갖기 때문이다. 반면에 선정(조니칼슨, 37)은 명제를 거짓으로 만든다. 기선정 (2, 찰스왕자)는 무의미하다. 왜냐하면 그것은 말이 안되는 명제이기 때문이다. 왜냐하면 명제"2가 찰스왕자 어린이를 가진다"가 무의미하기 때문이다.

일반적으로, 만약 $P(x,y)$는 한 명제로 x는 어떤 집합 A의 범위에 있고 y는 한 집합 B 범위에 있다면, 그러면 $P(x,y)$에서 의미를 가질 x 와 y의 선정은 단지 첫 번째 좌표는 A의 한 원소이고 두 번째는 좌표는 B로 부터 나온 순서쌍이다. 그러므로 다음 정의를 하자.

정의 4.1.1. A와 B 가 집합들이라 가정하자. 그러면 A와 B 의 곱집합 Cartesian product, $A\times B$ 은 첫 번째 좌표는 A의 한 원소이고 두 번째는 좌표는 B의 원소로 된 모든 순서쌍들의 집합이다. 즉,

$$A\times B=\{(a,b)|a\in A,\ b\in B\}$$

예 4.1.2.

1. 만약 $A=\{red,\ green\}$이고 $B=\{2,3,5\}$라 하면
   그러면 $A\times B=\{(red,2),(red,3),(red,5),(green,2),(green,3),(green,5)\}$이다.
2. 만약 $P=$모든 사람들의 집합이면
   $P\times N=\{(p,n)|p\text{는 사람이고}, n\text{는 자연수이다}\}$
   $=\{(\text{찰스왕자},0), (\text{찰스왕자},1),(\text{찰스왕자},2),\cdots,(\text{조니칼슨},0),(\text{조니칼슨},1),\cdots\}$이다.
   이것은 명제 $C(x,y)$에서 독립변수들 x와 y를 값들로 선정하는 것이 의미를 갖는 순서쌍들이다.
3. $R\times R=\{(x,y)|x,y\text{는 실수}\}$이다. 이것은 평면상의 모든 점들의 좌표들이다. 확실한 이유로, 이 집합은 가끔 R^2으로 쓴다.

한 새로운 수학적 개념의 소개는 우리들에게 새로운 개념의 어떤 기본적인 성질들을 증명함으로써 우리들의 증명-쓰기 기술들을 연습할 한 기회를 준다. 여기에 곱집합들의 어떤 기본적인 성질들을 갖는 한 정리가 있다.

정리 4.1.3. A, B, C, 그리고 D 가 집합들이라 가정하자.

1. $A\times(B\cap C)=(A\times B)\cap(A\times C)$

2. $A\times(B\cup C)=(A\times B)\cup(A\times C)$

3. $(A\times B)\cap(C\times D)=(A\cap C)\times(B\cap D)$

4. $(A\times B)\cup(C\times D)\subseteq(A\cup C)\times(B\cup D)$

5. $A\times\varnothing=\varnothing\times A=\varnothing$

1의 증명. p를 $A\times(B\cap C)$의 임의의 한 원소라 하자. 그러면 곱집합의 정의에 의해서, p는 한 순서쌍으로 첫 번째 좌표는 A의 원소이고 두 번째 좌표는 $B\cap C$ 의 원소이다. 즉, $p=(x,y)$로 $x\in A$이고 $y\in B\cap C$ 이다. $y\in B\cap C$ 이므로, $y\in B$이고 $y\in C$이다. $x\in A$이고 $y\in B$이므로, $p=(x,y)\in A\times B$이다. 그리고 유사하게 $p\in A\times C$ 이다. 따라서 $p\in(A\times B)\cap(A\times C)$이다. p가 $A\times(B\cap C)$의 임의의 한 원소이므로, 그것은 $A\times(B\cap C)\subseteq(A\times B)\cap(A\times C)$가 된다.
이제 p를 $(A\times B)\cap(A\times C)$의 임의의 원소라 하자. 그러면 $p\in A\times B$이다. 따라서 $p=(x,y)$이다. 여기서 $x\in A$이고 $y\in B$이다. 또한, $(x,y)=p\in A\times C$ 이므로, 따라서 $y\in C$이다. $y\in B$이고 $y\in C$이므로, $y\in B\cap C$이다. 따라서 $p=(x,y)\in A\times(B\cap C)$이다.
p가 $(A\times B)\cap(A\times C)$의 임의의 원소이므로 우리는 $(A\times B)\cap(A\times C)\subseteq A\times(B\cap C)$를 결정할 수 있다. 따라서 $A\times(B\cap C)=(A\times B)\cap(A\times C)$이다. ■

해설. 다른 부분들의 증명들을 계속해가기 전에, 방금 주어진 증명에 대해 간략한 해설을 하고자 한다. 명제1은 두 집합들 사이의 한 방정식이다. 따라서 우리가 예 3.4.4.에서 본 바와 같이, 그것을 증명하기 위해서 택할 수 있는 두 가지의 자연스런 접근들이 있다.
우리는 $\forall p[p\in A\times(B\cap C)\leftrightarrow p\in(A\times B)\cap(A\times C)]$를 증명하거나 또는
$A\times(B\cap C)\subseteq(A\times B)\cap(A\times C)$와 $(A\times B)\cap(A\times C)\subseteq A\times(B\cap C)$둘 다 증명할 수 있다. 이 증명에서, 우리는 두 번째 접근을 택했다. 첫 번째 문단은
$A\times(B\cap C)\subseteq(A\times B)\cap(A\times C)$를 증명한 것이고 두 번째는
$(A\times B)\cap(A\times C)\subseteq A\times(B\cap C)$를 증명한 것이다.

이 증명들의 처음에 보통 접근으로 p를 $(A\times B)\cap(A\times C)$의 임의의 원소라 하고 그리고 $p\in(A\times B)\cap(A\times C)$를 증명한다.

왜냐하면 $p\in A\times(B\cap C)$가 $\exists x\exists y(x\in A\wedge y\in B\cap C\wedge p=(x,y))$를 의미한다. 즉각 변수들 x와 y를 존재성구상화에 의해서 소개한다. 증명의 나머지는 단순히 집합론 연산들에 관련된 정의들로 잘 되어진다. 두 번째 문단의 반대방향 포함관계의 증명은 유사하다.

이 증명의 양쪽 부분들에서 우리는 임의의 대상 p를 소개했고 그것은 순서쌍들이었고, 그러므로 어떤 대상들 x와 y에 대한 $p=(x,y)$로 말할 수 있다.

곱집합들이 관련된 대부분의 증명들에서 수학자들은 이 단계를 억제한다. 만약 그것이 시작부터 명확하다면 한 대상이 한 순서쌍이 될 것이다. 그것은 통상적으로 다만 처음부터 (x,y)라 부른다. 위의 증명들에서 이 관행을 따를 것이다.

명제들 2와3은 연습문제5로 남긴다.

4의 증명. (x,y)를 $(A\times B)\cup(C\times D)$의 임의의 원소라 하자. 그러면 $(x,y)\in A\times B$이거나 또는 $(x,y)\in C\times D$이다.

경우1. $(x,y)\in A\times B$. 그러면 $x\in A$이고 $y\in B$이다. 따라서 분명히 $x\in A\cup C$이고 $y\in B\cup D$이다. 그러므로 $(x,y)\in(A\cup C)\times(B\cup D)$이다.

경우2. $(x,y)\in C\times D$. 한 유사한 논거로 $(x,y)\in(A\cup C)\times(B\cup D)$를 보인다.

(x,y)가 $(A\times B)\cup(C\times D)$의 임의의 원소이므로,

$(A\times B)\cup(C\times D)\subseteq(A\cup C)\times(B\cup D)$가 된다. ■

5의 증명. $A\times\varnothing\neq\varnothing$라 가정하자. 그러면 $A\times\varnothing$는 적어도 한 원소를 가진다. 그리고 곱집합의 정의에 따라서 이 원소는 한 순서쌍 (x,y)로 $x\in A$이고 $y\in\varnothing$이 되어야한다. 그러나 이것은 불가능하다. 왜냐하면 $\varnothing$은 원소를 갖지 못하기 때문이다. 따라서 $A\times\varnothing=\varnothing$이다. $\varnothing\times A=\varnothing$의 증명도 유사하다. ■

해설. 명제4는 한 집합이 다른 집합의 부분집합을 말하고 있다. 그리고 그 증명은 이 형식의 명제들에 대한 통상적인 패턴을 따른다: 처음 집합의 임의의 원소들로 시작하고 그러면 그것이 두 번째의 원소임을 증명한다. 처음 집합의 임의의 원소는 순서쌍이 되어야한다는 것은 명료하다. 따라서 그것을 시작부터 순서쌍으로 쓴다.

따라서 그 증명의 나머지에 대해서는 가설로 $(x,y)\in(A\times B)\cup(C\times D)$라 쓰고, 증명할 목표는 $(x,y)\in(A\cup C)\times(B\cup D)$이다. 그 가설은 $(x,y)\in A\times B\vee(x,y)\in C\times D$를 의미하며 따라서 경우들에 따른 증명이 정당한 작전이다. 각 경우는 목표를 증명하기가 용이하다.

명제5는 $A\times\varnothing=\varnothing\wedge\varnothing\times A=\varnothing$를 의미한다. 따라서 이것을 두 개의 목표로 취급하고 $A\times\varnothing\neq\varnothing$와 $\varnothing\times A=\varnothing$를 분리해서 증명한다. 한 집합이 공집합과 같다고 말하는 것은

실제로 한 부정적인 명제로, 비록 그것이 피상적으로 그것은 그렇게 보이지 않겠지만, 그것은 그 집합이 아무런 원소를 갖지 않는다는 것을 의미한기 때문이다. 따라서 모순에 의해서 진행된 $A\times\varnothing=\varnothing$의 증명은 놀라운 것은 아니다. $A\times\varnothing\neq\varnothing$라는 가정의 의미는 $\exists p(p\in A\times\varnothing)$을 말하며, 따라서 우리의 다음 단계는 $A\times\varnothing$의 한 원소에 대한 이름을 소개한다. 다시 한번, 증명에서 소개되고 있는 새로운 대상은 한 순서쌍임이 명확하고, 따라서 우리는 그것을 시작에서부터 한 순서쌍 (x,y)으로 쓸 수 있다. $(x,y)\in A\times\varnothing$의 의미를 쓴다는 것은 즉각적으로 모순을 유도한다.

$\varnothing\times A=\varnothing$의 증명도 유사하다. 따라서 증명은 연습문제로 남긴다. 당신은 이 정리를 당신 머리로 자세하게 증명의 처음 절반에서 했던 증명과 유사한 증명임을 확신할 수 있도록 해 내야만 한다.

왜냐하면 순서쌍에서 좌표의 순서는 문제가 된다. $A\times B$와 $B\times A$의 의미는 다른것이다. $A\times B=B\times A$가 되는 일이 있을까? 자. 이렇게 되는 한 방법은 만약 $A=B$이면 $A\times B=A\times A=B\times A$ 이다. 어떤 다른 가능성은 없을까?

여기에 $A=B$의 필요조건이 $A\times B=B\times A$이라는 옳지 않는 증명이 있다: $A\times B$의 순서쌍들의 첫 번째 좌표는 A로부터 나온다. 그리고 $B\times A$의 순서쌍들의 첫 번째 좌표는 B로부터 나온다. 그러나 만약 $A\times B=B\times A$이면, 그러면 이 두 집합의 첫 번째 좌표들이 같아야 한다. 따라서 $A=B$이다.

이것은 왜 우리가 그럴듯하게 보이는 어떤 논증에 의해서 당신 자신이 확신하는 것을 허용하는 것 보다 당신이 공부한 증명쓰기의 규칙들에 집착하는 것이 중요하다는 한 좋은 예이다. 앞의 문단에서의 비형식적인 논증은 옳지 않다. 그리고 우리는 이 논증을 형식적인 증명으로 재구성해 보면 잘못을 찾을 수 있다.

$A\times B=B\times A$라 가정하자. $A=B$를 증명하기 위해서 x를 임의로 택하여 $x\in A\to x\in B$이고 $x\in B\to x\in A$를 증명해야한다. 이것의 처음에 대해서 $x\in A$를 가정하고 $x\in B$를 증명하자. 이제 옳지않는 증명은 x가 $A\times B$에서 어떤 순서쌍의 첫 번째 좌표임을 보이고 $A\times B=B\times A$라는 사실을 이용하여 이것을 해나갈 것을 제안한다. 어떤 대상 $y\in B$를 찾아내서 그리고 순서쌍 (x,y)로 이것을 해낼 수 있다.

그러면 우리는 $(x,y)\in A\times B$ 이고 $A\times B=B\times A$가 된다. 그리고 그것은 $(x,y)\in B\times A$가 되고 그러므로 $x\in B$ 가 된다. 그러나 한 대상 $y\in B$ 를 어떻게 발견했는가? 우리는 B에 대한 $A\times B=B\times A$라는 사실을 제외하고 아무런 주어진 정보가 없다. 사실상, B 는 공집합이 될 수도 있다! 이것이 이 증명에서의 결점이다. 만약 $B=\varnothing$이면, 그러면 그것은 $y\in B$ 를 찾는 것이 불가능할 것이다. 그리고 그 증명은 결렬될 것이다. 유사한 이유로부터, 증명의 다른 절반은 만약 $A=\varnothing$이면 해낼 수가 없다.

그 증명에서 결점을 발견할 수 없을 뿐만 아니라, 이제 그것에 대해서 무엇을 해낼 수 있을까? 우리는 A 또는 B 가 공집합이 될 수도 있다는 가능성을 고려해야만 한다.

정리 4.1.4. A와 B 가 집합들이라 가정하자. 그러면 $A\times B=B\times A$ iff $A=\varnothing$, $B=\varnothing$이거나 또는 $A=B$ 이다.

증명. $(\rightarrow)$ $A\times B=B\times A$라 가정하자. 만약 $A=\varnothing$, $B=\varnothing$이거나 또는 $A=B$ 이라면, 그러면 더 이상 증명할 것이 없다. 따라서 $A\neq\varnothing$, $B\neq\varnothing$라 가정하자. 우리는 $A=B$ 를 보일 것이다. x가 임의로, 그리고 $x\in A$라 가정하자. $B\neq\varnothing$이므로 우리는 어떤 $y\in B$ 를 선택할 수 있다. 그러면 $(x,y)\in A\times B=B\times A$이다. 따라서 $x\in B$ 이다.
이제 $x\in B$ 라 가정하자. $A\neq\varnothing$이므로 우리는 어떤 $z\in A$를 선택할 수 있다. 그러므로 $(x,z)\in B\times A=A\times B$ 이다. 따라서 $x\in A$이다. 따라서 우리가 구하는 $A=B$ 가 된다.

$(\leftarrow)$ $A=\varnothing$, $B=\varnothing$이거나 또는 $A=B$이라고 가정하자.

경우1. $A=\varnothing$. 그러면 $A\times B=\varnothing\times B=\varnothing=B\times\varnothing=B\times A$.

경우2. $B=\varnothing$. 경우1과 유사하다.

경우3. $A=B$. 그러면 $A\times B=A\times A=B\times A$. ■

해설. 물론, 증명된 명제는 한 iff 명제이다. 따라서 양 방향을 분리해서 증명한다. →방향에 대해서는, 목표는 $A=\varnothing\vee B=\varnothing\vee A=B$ 이다. 그것은 $(A=\varnothing\vee B=\varnothing)\vee A=B$ 로 쓸 수도 있다. 따라서 3장의 논리합에 대한 우리들의 작전들 중 하나에 의해서 우리는 $\neg(A=\varnothing\vee B=\varnothing)$라 가정할 수 있고 $A=B$ 를 증명한다. 드모르간 법칙들의 하나에 의해서, $\neg(A=\varnothing\vee B=\varnothing)$는 $A\neq\varnothing\wedge B\neq\varnothing$와 동치임을 주목 하여라, 따라서 우리는 이것을 두 가지의 가정들, $A\neq\varnothing$과 $B\neq\varnothing$으로 취급한다. 물론 우리는 또한 다르게 해 갈 수도 있고, 예를 들어 $A\neq\varnothing$과 $B\neq\varnothing$라 가정하고 나서 $A=\varnothing$을 증명한다. 그러나 정리 4.1.3의 5번째 부분의 해설로부터 $A=\varnothing$, $B=\varnothing$인 것은 실제로 부정적인 명제들임을 상기하고, 따라서 일반적으로 부정적인 것 보다는 긍정적인 명제들로 해가는것이 더 좋기 때문에, 우리는 그것들을 부정하여 $A \neq \varnothing$과 $B \neq \varnothing$인 가정들을 얻어 더 좋게 되어, 그래서 긍정적인 명제 $A=B$ 를 증명한다. $A \neq \varnothing$과 $B \neq \varnothing$인 가정들은 존재성 명제들이고, 따라서 그들은 그 증명에서 y와 z의 소개로 정당화되어 사용된다. $A=B$ 의 분명한 방법에 따른 증명은, 한 임의의 대상 x의 소개에 의해서 $x \in A \leftrightarrow x \in B$ 로 증명된다.
그 증명의 ←에 대해서는, 우리는 한 가설로 $A=\varnothing \vee B=\varnothing \vee A=B$ 이고, 따라서 그것은 각 경우들에 의한 증명을 이용하는 것이 자연스럽다. 각 경우, 그 목표는 증명이 쉽다.

이 정리는 지금까지 봐왔던 대부분의 예들보다 어떻게 수학을 정말로 해낸 한 더 좋은 사례이다. 보통 수학적 질문에 대답을 찾으려 할 때 그 답이 무엇이 되어야 할지 사전에 알지 못할 것이다. 당신은 그 해답을 추측할 수도 있고 그 증명이 어떻게 되어 갈지에 대한 생각을 가질 수도 있다. 그러나 당신의 추측이 틀릴 수도 있고 증명에 대한 생각에 결점이 있을 수도 있다. 제3장의 규칙들에 따라, 당신의 생각을 단지 한 형식적인 증명으로 바꾸어 하는 것이 당신의 답을 확신할 수 있게 할 것이다. 가끔 한 형식적인 증명을 구성하는 과정에서 당신은 당신의 논증에 한 결함을 발견할 것이고, 일찍이 했던 바와 같이, 그 결점을 극복하기 위해서 당신의 생각을 변경해야만 할 것이다. 최종적인 정리와 증명은 가끔 반복된 잘못들과 교정들의 결과이다. 물론, 수학자들이 그들의 정리들과 증명들을 쓸 때, 그들은 증명들이 정리들을 정당화하는 규칙을 따르고, 따라서 그들은 그들이 했던 모든 잘못들은 적지 않는다. 그러나 바로 수학자들이 그들의 증명에서 그들의 잘못들을 설명하지 않기 때문에, 당신은 그들이 아무런 잘못이 없었다고 생각하여 속지 말아야 할 것이다!

이제 순서쌍들과 곱집합들을 사용해서 독립변수들에 값들을 선정하는 것을 알기 때문에, 두 개의 독립변수들을 포함하는 명제들에 대한 진리집합들을 정의 할 수가 있다.

정의 4.1.5 $P(x,y)$를 x는 한 집합 A 범위에 있고 y는 다른 집합 B 범위에 있는 두 개의 독립변수들로 된 한 명제라하자. 그러면 $A \times B$는 명제 $P(x,y)$가 의미를 갖는 x와 y로 선정된 모든 집합이다. $P(x,y)$의 진리집합 truth set은 그 명제를 참으로하는 그들의 선정들로 구성된 $A \times B$의 부분집합이다. 즉, $P(x,y)$의 진리집합$=\{(a,b) \in A \times B \mid P(a,b)\}$이다.

예 4.1.6. 다음 명제들의 진리집합들은 무엇인가?

1. "x는 y명의 자녀를 갖고 있다" 여기서 x는 모든사람들의 집합 P의 범위에 있고 y는 자연

수 N의 범위에 있다.

2. "x는 y안에 놓여있다" 여기서 x는 모든 도시들의 집합 C의 범위에 있고 y는 모든 나라들의 집합 N의 범위에 있다.

3. "$y=2x-3$", 여기서 x와 y는 R의 범위에 있다.

풀이

1. $\{(p,n)\in P\times N|$ 사람 p가 n사람을 갖는다$\}=\{($찰스왕자$, 2),\cdots\}$.

2. $\{(c,n)\in C\times N|$ 도시 c는 n의 나라에 위치한다$\}$
   $=\{($뉴욕, 미국$)$, $($도쿄, 일본$)$, $($파리, 프랑스$),\cdots\}$

3. $\{(x,y)\in R\times R|y=2x-3\}=\{(0,-3), (1,-1), (2,1),\cdots\}$ 당신은 아마도 이미 이 집합의 순서쌍들이 방정식 $y=2x-3$의 그래프라 부르는 직선이 있는 평면위의 점들의 좌표들이라는 사실에 익숙할 것이다. 따라서 당신은 방정식의 그래프를 그것의 진리집합의 그림으로 생각 할 수 있다!

1장에서 논의한 한 독립변수의 명제들의 진리집합들에 대한 많은 사실들은 두 개의 독립변수들의 명제들에 대한 진리집합들로 미치게 된다. 예를 들어, T를 한 명제 $P(x,y)$의 진리집합이라고 가정하자. 여기서 x는 어떤 집합 A범위에 있고 그리고 y는 B범위에 있다. 그러면 임의의 $a\in A$와 $b\in B$에 대하여 $(a,b)\in T$ 라는 명제는 $P(a,b)$와 같은 의미이다. 또한, 만약 $P(x,y)$가 임의의 $x\in A$와 $y\in B$에 대하여 참이면, 그러면 $T=A\times B$ 이다. 그리고 만약 임의의 $x\in A$와 $y\in B$에 대하여 거짓이면, 그러면 $T=\varnothing$이다. 만약 S가 다른 명제 $Q(x,y)$의 진리집합이라 하면, 그러면 명제 $P(x,y)\wedge Q(x,y)$의 진리집합은 $T\cap S$이다. 그리고 명제 $P(x,y)\vee Q(x,y)$의 진리집합은 $T\cup S$이다.

비록 이장의 나머지에서 순서쌍들에 집중하겠지만, 그것은 순서3쌍, 순서4쌍, 등등에서도 작동가능하다. 이것들은 3개 또는 그 이상의 독립변수들에 대한 명제들의 진리집합들에 대한 이야기에서도 사용될 수 있다. 예를 들어, $L(x,y,z)$를 명제 "x는 y에서 z년 살았다"라 하자. 여기서 x는 모든 사람들의 집합 P 범위에 있고, y는 모든 도시들의 집합 C 범위에 있고, z는 N 범위에 있다. 그러면 이 명제에서 의미를 갖는 독립변수들에 값들을 선정은 순서3쌍 (p, c, n)이 될 것이다. 여기서 p는 사람이고, c는 도시이고, 그리고 n은 한 자연수이다. 모든 그와 같은 순서3쌍들의 집합은 $P\times C\times N$이라 쓰고, 그리고 그 명제의 진리집합 $L(x,y,z)$는

집합$\{(p,c,n)\in P\times C\times N \mid p$사람들이 c도시에서 n년간 살았다.$\}$이다.

연습문제

*1. 다음 명제들의 진리집합들은 무엇인가? 각 진리집합의 몇 개의 원소들을 나열하여라.

(a) "x는 y의 부모이다" 여기서 x와 y는 모든 사람들의 집합 P의 범위에 있다.

(b) " x에서 살고 그리고 y에 다니는 어떤 사람이 있다" 여기서 x는 모든 도시들의 집합 C의 범위에 있고 그리고 y는 모든 대학교들의 집합 U의 범위에 있다.

2. 다음 명제들의 진리집합들은 무엇인가? 각 진리집합의 몇 개의 원소들을 나열하여라.

(a) "x는 y에서 살고 있다" 여기서 x는 모든 사람들의 집합 P의 범위에 있고 그리고 y는 모든 도시들의 집합 C 의 범위에 있다.

(b) "x의 인구수는 y이다" 여기서 x는 모든 도시들의 집합 C 의 범위에 있고 그리고 y는 N범위에 있다.

3. 다음 명제들의 진리집합들은 $\mathbb{R}^2$의 부분집합들이다. 각 진리집합의 몇 개의 원소들을 나열하여라. 그 좌표들이 진리집합 안에 있는 평면안의 모든점들을 보여주는 그림을 그려라.

(a) $y=x^2-x-2$

(b) $y<x$

(c) $y=x^2-x-2$이거나 또는 $y=3x-2$

(d) $y<x$, 그리고 $y=x^2-x-2$이거나 또는 $y=3x-2$

*4. $A=\{1,2,3\}, B=\{1,4\}, C=\{3,4\}, D=\{5\}$라 하자. 정리 4.1.3에서 언급한 모든 집합들을 계산하고 그리고 정리의 모든부분들이 참인가 확인하여라.

5. 정리 4.1.3.의 2와 3부분들을 증명하여라.

*6. 임의의 집합 A, B, C 그리고 D에 대한 $(A\cup C)\times(B\cup D)\subseteq(A\times B)\cup(C\times D)$

의 다음 증명은 무엇이 잘못된 것일까? (이것은 정리 4.1.3.의 부분4의 포함관계를 역으로 한 것임을 주목하여라.)

증명. $(x,y)\in(A\cup C)\times(B\cup D)$라 하자. 그러면 $x\in A\cup C$ 이고 $y\in B\cup D$ 이다. 따라서 $x\in A$이거나 또는 $x\in C$ 이고, 그리고 $y\in B$이거나 또는 $y\in D$ 이다. 우리는 이 경우들을 분리해서 고려한다.

경우1. $x\in A$이고 $y\in B$. 그러면 $(x,y)\in A\times B$ 이다.

경우2. $x\in C$이고 $y\in D$. 그러면 $(x,y)\in C\times D$ 이다.

따라서 $(x,y)\in A\times B$ 이거나 또는 $(x,y)\in C\times D$ 이다. 따라서 $(x,y)\in(A\times B)\cup(C\times D)$이다. ■

7. 만약 A가 m개의 원소를 갖고 그리고 B는 n개의 원소를 가진다면, $A\times B$는 몇 개의 원소를 가질까?

P_b*8. 임의의 집합 $A, B,$ 그리고 C 에 대하여, $A\times(B\setminus C)=(A\times B)\setminus(A\times C)$는 참인가?
당신의 답을 정당화하는 증명이나 또는 반례를 들어라.

P_b9. 임의의 집합 $A, B,$ 그리고 C 에 대하여, $A\times(B\triangle C)=(A\times B)\triangle(A\times C)$임을 증명하여라.

P_b*10. 임의의 집합 A, B, C 그리고 D 에 대하여,
$(A\setminus C)\times(B\setminus D)\subseteq(A\times B)\setminus(C\times D)$임을 증명하여라.

P_b11. 임의의 집합 A, B, C 그리고 D 에 대하여,
$(A\times B)\setminus(C\times D)=[A\times(B\setminus D)]\cup[(A\setminus C)\times B]$를 증명하여라.

P_b12. 임의의 집합 A, B, C 그리고 D 에 대하여, 만약 $A\times B$ 와 $C\times D$ 가 서로소이면, 그러면 A 와 C 가 서로소이거나 또는 B 와 D 가 서로소임을 증명하여라.

13. $I\neq\varnothing$라 가정하자. 임의의 색인 집합족 $\{A_i | i\in I\}$와 임의의 집합 B 에 대하여,

$(\cap_{i\in I}A_i)\times B=\cap_{i\in I}(A_i\times B)$임을 증명하여라. $I\neq\varnothing$라는 가정은 증명 어디에서 사용되는가?

14. $\{A_i|i\in I\}$와 $\{B_i|i\in I\}$를 첨자가 붙은 집합족들이라 가정하자.
   (a) $\cup_{i\in I}(A_i\times B_i)\subseteq(\cup_{i\in I}A_i)\times(\cup_{i\in I}B_i)$임을 증명하여라.
   (b) 각 (i,j)에 대하여, $C_{(i,j)}=A_i\times B_j$라 하자. 그리고 $P=I\times J$라 하자. $\cup_{p\in P}C_p=(\cup_{i\in I}A_i)\times(\cup_{i\in I}B_i)$임을 증명하여라.

*15. 이 문제는 Prof. Alan Taylor of Union College로부터 제안받은 것이다. 다음 추정하는 정리를 고려하라.

정리? 임의의 집합 A, B, C 그리고 D 에 대하여, 만약 $A\times B\subseteq C\times D$ 이면 $A\subseteq C$ 이고 $B\subseteq D$ 이다.

다음 증명은 옳은가? 만약 그렇다면, 그것이 사용한 증명작전은 무엇인가? 만약 그렇지 않다면, 그것은 교정할 수 있겠는가? 그 정리는 옳은가?

증명. $A\times B\subseteq C\times D$ 라 가정하자. a를 A의 임의의 원소라 하고 b를 B의 임의의 원소라 하자. 그러면 $(a,b)\in A\times B$ 이다. 따라서 $A\times B\subseteq C\times D$ 이므로, $(a,b)\in C\times D$ 이다. 그러므로 $a\in C$이고 $b\in D$ 이다. a와 b가 각각 A와 B 의 임의의 원소들이다. 이것은 $A\subseteq C$ 이고 $B\subseteq D$ 임을 알 수 있다. ■

4.2. 관계
Relations

$P(x,y)$를 두 독립변수 x와 y를 갖는 한 명제라 가정하자. 가끔 그와 같은 명제를 x와 y 사이의 한 관계를 표현하는 것으로 생각할 수 있다. 명제 $P(x,y)$의 진리집합은 이 관계가 성립할 때 기록되는 순서쌍들의 집합이다. 사실상, 임의의 순서쌍들의 집합을 어떤 관계가 성립할 때 기록하는 것과 같이, 이런 방법으로 생각하는 것이 가끔 유용하다. 이것이 다음

정의의 배경이 되는 동기이다.

정의 4.2.1. A와 B 가 집합들이라 가정하자. 그러면 한 집합 $R \subseteq A \times B$ 를 A에서 B 로 가는 한 관계라 부른다.

만약 x가 A범위에 있고 y가 B범위에 있다면, 그러면 분명히 명제 $P(x,y)$의 진리집합은 A에서 B로 가는 한 관계일 것이다. 하지만, 정의 4.2.1은 한 순서쌍들의 집합이 한 관계가 되는 집합에 대한 어떤 명제의 진리집합으로 정의되는것을 요구하지 않음을 주목하여라. 비록 진리집합들을 생각하는 것이 이 정의의 동기이지만, 그 정의는 진리집합들에 대해서는 아무것도 명확히 말해주지 않는다. 정의에 따라서 $A \times B$의 임의의 부분집합을 A에서 B 로 가는 한 관계라 부른다.

예 4.2.2 여기에 한 집합에서 다른 집합으로 가는 관계들의 약간의 예들이 있다.

1. $A = \{1,2,3\}$, $B = \{3,4,5\}$, 그리고 $R = \{(1,3), (1,5), (3,3)\}$ 라 하자. 그러면 $R \subseteq A \times B$이다. 따라서 R 는 A에서 B 로 가는 한 관계이다.
2. $G = \{(x,y) \in \mathbb{R} \times \mathbb{R} \mid x > y\}$라 하자. 그러면 G 는 $\mathbb{R}$에서 $\mathbb{R}$로 가는 한 관계이다.
3. $A = \{1,2\}$ 그리고 $B = \mathscr{P}(A) = \{\varnothing, \{1\}, \{2\}, \{1,2\}\}$라 하자.
   $E = \{(x,y) \in A \times B \mid x \in y\}$라 하자. 그러면 E 는 A 에서 B 로 가는 한 관계이다. 이 경우에,
   $E = \{(1,\{1\}), (1,\{1,2\}), (2,\{2\}), (2,\{1,2\})\}$이다.
   다음 3개의 예들에 대해서는, S 는 당신 학교의 모든 학생들의 집합이고, R 은 모든 기숙사 방들의 집합이고, P 는 모든 교수들의 집합이고, 그리고 C 는 모든 교과목들의 집합이라 하자.
4. $L = \{(s,r) \in S \times R \mid$ 학생 s가 기숙사 방 r에서 산다.$\}$라 하면, L은 S 에서 R 로 가는 한 관계이다.
5. $E = \{(s,c) \in S \times C \mid$ 학생 s는 교과목 c에 등록했다.$\}$라 하면, E은 S에서 C로 가는 한 관계이다.
6. $T = \{(c,p) \in C \times P \mid$ 교과목 c는 교수 p가 강의한다.$\}$라 하면, T 은 C 에서 P 로 가는 한 관계이다.

지금까지 우리는 대부분 당신의 증명쓰기기술들의 개발에 대하여 집중했다. 수학에서 다른 중요한 기술은 새로운 정의들을 이해하고 적용하는 능력이다. 여기에 관계들이 관련된 여러 가지 새로운 개념들에 대한 정의들이 있다. 우리는 곧 이들 개념들을 설명하는 예들을 들것이다. 그러나 먼저 당신이 그들의 정의들에 기초한 개념들을 이해할 수 있는지 관찰하여라.

정의 4.2.3. R 는 A 에서 B 로 가는 한 관계라 가정하자. 그러면 R의 정의역 domain은 집합

$$Dom(R) = \{a \in A \mid \exists b \in B((a,b) \in R)\} \text{이다.}$$

R의 치역 range은 집합

$$Ran(R) = \{b \in B \mid \exists a \in A((a,b) \in R)\} \text{이다.}$$

R의 역 inverse은 R^{-1}로 B 에서 A로 가는 관계로 다음과 같이 정의 된다:

$$R^{-1} = \{(b,a) \in B \times A \mid (a,b) \in R\}.$$

마지막으로, R 는 A 에서 B 로 가는 한 관계이고 S 는 B 에서 C 로 가는 한 관계라 가정하자. 그러면 S 와 R 의 합성 composition은 A 에서 C 로 가는 관계 $S \circ R$ 로 다음과 같이 정의된다:

$$S \circ R = \{(a,c) \in A \times C \mid \exists b \in B((a,b) \in R \text{ 이고 } (b,c) \in S)\}.$$

우리는 R 의 순서쌍들의 두 번째 좌표와 S 의 순서쌍들의 첫 번째 좌표가 둘 다 같은 집합 B 에서 나온 것으로 가정했음에 주의하자. 만약 이 집합들이 같지 않다면, 그 합성 $S \circ R$ 은 정의되지 않는다.

정의 4.2.3에 따라서 A에서 B 로 가는 한 관계의 정의역은 그 관계의 모든 순서쌍의 첫 번째 좌표들을 포함하는 집합이다. 이것은 일반적으로 A의 한 부분집합일 것이다. 그러나 그것은 모든 A가 될 필요는 없다. 예를 들어, 예 4.2.2의 부분4로부터 관계 L 을 고려하자.

그것은 그들이 살고있는 기숙사 방들과 학생들의 순서쌍들이다. L의 정의역은 L 안의 어떤 순서쌍의 첫 번째 좌표로 나타나는 모든학생들을 포함할 것이다. - 즉, 어떤 기숙사 방에 살고있는 모든 학생들이다 - 그러나 예를 들어, 학교 밖에 있는 숙소에 살고있는 학생들은 포함하지 않는다. 언급한대로 정의로부터 더 면밀히 한다면,

$$\begin{aligned} Dom(L) &= \{s \in S \mid \exists r \in R((s,r) \in L)\} \\ &= \{s \in S \mid \exists r \in R(\text{학생 } s\text{가 } r\text{기숙사 방에 산다})\} \\ &= \{s \in S \mid \text{학생 } s\text{가 어떤 기숙사 방에 산다}\} \end{aligned}$$

유사하게, 한 관계의 치역은 그것의 순서쌍들의 모든 두 번째 좌표들을 포함하는 집합이다. 예를 들어, 관계 L의 치역은 어떤 학생들이 살고 있는 모든 기숙사 방들의 집합이다. 임의의 빈 기숙사 방들은 L의 치역에 있지 않다.

한 관계의 역은 원래의 관계로 똑 같은 순서쌍들을 포함한다. 그러나 각 순서쌍의 좌표들의 순서가 거꾸로 된다. 따라서 관계 L의 경우에, 만약 조 스미스가 213데이빗 홀에 산다면, 그러면 (조 스미스, 213데이빗 홀)$\in L$ 이고 (213데이빗 홀, 조 스미스)$\in L^{-1}$이다.

일반적으로, 임의의 학생 s와 기숙사 방 r에 대하여, 우리는 $(r,s) \in L^{-1}$ iff $(s,r) \in L$이다. 다른 한 예로, 예 4.2.2.의 부분2로부터 관계 G 를 고려하자. 그것은 x가 y보다 큰 모든 실수들의 순서쌍 (x,y)을 품는다. 우리는 그것을 "보다 더 크다" 관계로 부른다. 그것은 역은

$$\begin{aligned} G^{-1} &= \{(x,y) \in R \times R \mid (y,x) \in G\} \\ &= \{(x,y) \in R \times R \mid y > x\} \\ &= \{(x,y) \in R \times R \mid x < y\} \end{aligned}$$

즉, 보다크다는 관계의 역은 보다작다는 관계이다!

정의 4.2.3에서 소개한 가장 어려운 개념은 두 관계의 합성의 개념이다. 이 개념의 한 예로, 예 4.2.2의 부분들 5와 6으로부터 관계들 E 와 T 를 고려하자. E 는 모든학생들의 집합 S 에서 모든교과목들의 집합 C 로 가는 한 관계이고, 그리고 T 는 C 로부터 모든 교수들의

집합 P 로 가는 한 관계임을 상기하자. 정의 4.2.3.에 따라, 합성 $T \circ E$ 는 다음과 같이 정의되는 S 에서 P 로 가는 관계이다:

$$T \circ E = \{(s,p) \in S \times P \mid \exists c \in C((s,c) \in E \wedge (c,p) \in T\}$$
$$= \{(s,p) \in S \times P \mid \exists c \in C(\text{학생}s\text{가 교과목 }c\text{를 등록하고, 교과목}c\text{는 교수}p\text{가 강의한다.}\}$$
$$= \{(s,p) \in S \times P \mid \text{학생}s\text{는 교수 }p\text{가 강의하는 어떤 교과목을 등록했다.}\}$$

따라서 만약 조 스미스가 생물학12를 등록하고 생물학12는 애번스 교수가 강의한다고 하면, 그러면 (조 스미스, 생물학12)$\in E$이고 (생물학12, 애번스 교수)$\in T$이다. 그러므로 (조 스미스, 애번스 교수)$\in T \circ E$ 이다. 일반적으로, 만약 s가 어떤 특별한 학생이고 그리고 p가 한 특별한 교수라 하면, 그러면 $(s,p) \in T \circ E$ iff 어떤 교과목 c가 존재하여 $(s,c) \in E$ 이고 $(c,p) \in T$ 라는 것이다. 표기가 처음에는 거꾸로 된 것으로 보인다. 만약 $(s,c) \in E$ 이고 $(c,p) \in T$ 이면, 그러면 당신은 $(s,p) \in E \circ T$ 로 쓰려는 유혹을 받을 것이다. 그러나 우리의 정의에 따르면 , 올바른 표기는 $(s,p) \in T \circ E$ 이다. 사실상, $E \circ T$는 잘 정의되지 않는다. 왜냐하면 T 의 순서쌍들의 두 번째 좌표와 E 의 순서쌍들의 첫 번째 좌표들이 같은 집합에 나온 것이 아니기 때문이다. 우리가 이런 방법으로 관계들의 합성을 쓰는것을 선택한 이유는 5장에서 분명해질 것이다. 잠시동안, 당신은 바로 관계들의 합성에 대하여 적용할 때는 이 자세한 표기에 유의해야 할 것이다.

예 4.2.4. $S, R, C,$ 그리고 P 를 전과 같이, 학생들, 기숙사 방들, 교과목들, 그리고 교수들의 집합들이라 하자. 그리고 $L, E,$ 그리고 T 를 예 4.2.2의 4-6 부분들에서 정의한 관계들이라 하자. 다음 관계들을 설명하여라.

1. E^{-1}
2. $E \circ L^{-1}$
3. $E^{-1} \circ E$
4. $E \circ E^{-1}$
5. $T \circ (E \circ L^{-1})$
6. $(T \circ E) \circ L^{-1}$

풀이

1. $E^{-1} = \{(c,s) \in C \times S | (s,c) \in E\} = \{(c,s) \in C \times S |$ 학생 s가 교과목 c를 등록했다.$\}$ 예를 들어, 만약 조 스미스가 생물학 12를 등록했다면, 그러면 (조 스미스, 생물학12)$\in E$ 이고 (생물학12, 조 스미스)$\in E^{-1}$이다.

2. 왜냐하면 L^{-1}은 R 에서 S 로 가는 한 관계이고 그리고 E 는 S 에서 C 로 가는 관계이므로, $E \circ L^{-1}$는 R 에서 C 로 가는 관계로 다음과 같아 정의된다.

$$
\begin{aligned}
E \circ L^{-1} &= \{(r,c) \in R \times C \mid \exists s \in S((r,s) \in L^{-1} \text{ and } (s,c) \in E\} \\
&= \{(r,c) \in R \times C \mid \exists s \in S((s,r) \in L \text{ and } (s,c) \in E\} \\
&= \{(r,c) \in R \times C \mid \exists s \in S(\text{학생 } s\text{가 기숙사 방 } r\text{에서 살고 교과목 } c\text{를 등록했다.}\} \\
&= \{(r,c) \in R \times C \mid \text{방 } r\text{에서 사는 어떤 학생 } s\text{는 교과목 } c\text{를 등록했다.}\}
\end{aligned}
$$

친해하는 학생 조 스미스로 돌아가서, 그는 생물학12를 등록하고 213데이빗 홀에서 살고 있다. 우리는 (213데이빗 홀, 조 스미스)$\in L^{-1}$이고 (조 스미스, 생물학12)$\in E$이다. 그리고 그러므로 (213데이빗 홀, 생물학12)$\in E \circ L^{-1}$이다.

3. 왜냐하면 E 는 S 에서 C 로 가는 한 관계이고 그리고 E^{-1}은 C 에서 S 로 가는 한 관계이기 때문에, $E^{-1} \circ E$ 는 S 에서 S 로 가는 관계로 다음과 같이 정의된다.

$$
\begin{aligned}
E^{-1} \circ E &= \{(s,t) \in S \times S \mid \exists c \in C((s,c) \in E \text{ 그리고 } (c,t) \in E^{-1})\} \\
&= \{(s,t) \in S \times S \mid \exists c \in C(\text{학생 } s\text{가 교과목 } c\text{를 등록했다, 그리고 학생 } t\text{도 그랬다.})\} \\
&= \{(s,t) \in S \times S \mid \text{학생들 } s\text{와 } t\text{가 등록한 같은 교과목이 있다.}\}
\end{aligned}
$$

($S \times S$의 임의의 한 원소를 (s,s)가 아니고 (s,t)로 쓴다. 왜냐하면 우리는 두 좌표들이 같다고 가정하기를 원하지 않기 때문임을 주목하여라.)

4. 이것은 마지막 예와 같지 않다! 왜냐하면 E^{-1}는 C 에서 S 로 가는 한 관계이고 그리고 E 는 S 에서 C 로 가는 한 관계이기 때문에, $E \circ E^{-1}$는 C 에서 C 로 가는 관계이다. 그것은 다음과 같이 정의된다.

$E \circ E^{-1} = \{(c,d) \in S \times S \mid \exists s \in S((c,s) \in E^{-1}$ 그리고 $(s,d) \in E)\}$

$= \{(c,d) \in S \times S \mid \exists s \in S($학생 s는 교과목 c를 등록했다, 그리고 또한 교과목 d를 등록했다.$)\}$

$= \{(c,d) \in S \times S \mid$ 두 교과목들 c와 d를 둘 다 등록한 어떤 학생이 있다.$\}$

5. 부분 2에서 $E \circ L^{-1}$는 R 에서 C 로 가는 한 관계이고, 그리고 T 는 C 에서 P 로 가는 한 관계임을 알았다. 따라서 $T \circ (E \circ L^{-1})$는 R 에서 P 로 가는 관계로 다음과 같이 정의된다.

$T \circ (E \circ L^{-1}) = \{(r,p) \in R \times P \mid \exists c \in C((r,c) \in E \circ L^{-1}$ 그리고 $(c,p) \in T)\}$

$= \{(r,p) \in R \times P \mid \exists c \in C($방 c에 사는 어떤 학생이 교과목 c를 등록하였고, c는 교수 p한테 배운다.$)\}$

$= \{(r,p) \in R \times P \mid$ 방 r에 사는 어떤 학생이 p가 가르치는 어떤 교과목을 등록하였다.$\}$

6. $(T \circ E) \circ L^{-1} = \{(r,p) \in R \times P \mid \exists s \in S((r,s) \in L^{-1}$ and $(s,p) \in T \circ E)\}$

$= \{(r,p) \in R \times P \mid \exists s \in S($학생 s는 방 r에서 살고, 교수 p가 가르치는 어떤 교과목을 등록하였다.$)\}$

$= \{(r,p) \in R \times P \mid$ 방 r에 살고있는 어떤 학생은 p교수가 가르치는 어떤 교과목을 등록하였다. $\}$

예 4.2.4의 부분 3과 4에 대한 우리의 답이 서로 같지 않음을 주목하여라, 따라서 관계들의 합성은 교환법칙이 성립하지 않는가. 그러나, 부분 5와 6의 우리의 해답은 똑 같다. 이것은 우연일치인가, 또는 일반적으로 관계들에 관한 합성들은 결합법칙이 성립하는가? 가끔, 한 새로운 개념의 예들을 관찰은 그것을 적용할 수 있는 일반적인 규칙들을 제시해 준다. 비록 하나의 반례로 한 규칙이 옳지 않다는 것을 보이는데 충분하고, 우리는 증명 없이 한 규칙을 옳은 것으로 받아드릴 수 없다. 다음 정리는 우리가 소개한 새로운 개념들의 기초 성질들의 약간을 요약한다.

정리 4.2.5. R 는 A 에서 B 로 가는 한 관계이고, S 는 B 에서 C 로 가는 한 관계이고, 그리고 T 는 C 에서 D 로 가는 한 관계라 가정하자. 그러면:

1. $(R^{-1})^{-1} = R$
2. $Dom(R^{-1}) = Ran(R)$
3. $Ran(R^{-1}) = Dom(R)$
4. $T \circ (S \circ R) = (T \circ S) \circ R$
5. $(S \circ R)^{-1} = R^{-1} \circ S^{-1}$

증명. 우리는 1, 2, 그리고 4의 반을 증명 할 것이고, 그리고 나머지는 연습문제로 남긴다.(연습문제 6번 참조.)

1. 우선, R^{-1}은 B 에서 A 로 가는 한 관계임을 주목하여라, 따라서 $(R^{-1})^{-1}$은 A 에서 B 로 가는 한 관계이다. 바로 R 과 유사하다. $(R^{-1})^{-1}=R$ 를 알아보기 위해서, (a,b)를 $A\times B$ 안에서 한 임의의 순서쌍이라 하자. 그러면

$$(a,b)\in(R^{-1})^{-1}\quad\text{iff}\quad(b,a)\in R^{-1}\quad\text{iff}\quad(a,b)\in R$$

2. 처음에 $Dom(R^{-1})$과 $Ran(R)$는 둘 다 B의 부분집합들임에 주목하여라. 이제 b는 B의 임의의 한 원소라 하자. 그러면

$$\begin{aligned}b\in Dom(R^{-1})\ \text{iff}\ &\exists a\in A((b,a)\in R^{-1})\\ \text{iff}\ &\exists a\in A((a,b)\in R^{-1})\ \text{iff}\ \ b\in Ran(R)\end{aligned}$$

4. $T\circ(S\circ R)$와 $(T\circ S)\circ R$ 는 둘 다 A에서 D 로 가는 관계들임은 분명하다. (a,d)를 $A\times D$의 임의의 한 원소리 하자.
첫 째로, $(a,d)\in T\circ(S\circ R)$라 가정하자. 합성의 정의에 의해서, 이것은 우리가 어떤 $c\in C$ 를 택하여 $(a,c)\in S\circ R$ 이고 $(c,d)\in T$ 를 의미한다. $(a,c)\in S\circ R$ 이므로, 우리는 합성의 정의를 다시 사용하고 그리고 어떤 $b\in B$ 를 택하여 $(a,b)\in R$ 이고 $(b,c)\in S$ 이다. 이제 $(b,c)\in S$ 이고 $(c,d)\in T$ 이므로, 우리는 $(b,d)\in T\circ S$ 를 결정할 수 있다. 유사하게, $(a,b)\in R$ 이고 $(b,d)\in T\circ S$ 이므로, 그것은 $(a,d)\in(T\circ S)\circ R$ 이다.
이제 $(a,d)\in(T\circ S)\circ R$ 라 가정하자. 유사한 논증으로, 그것은 독자에게 남기고, $(a,d)\in T\circ(S\circ R)$ 임을 보일 수 있다. 따라서 $T\circ(S\circ R)=(T\circ S)\circ R$ 이다. ■

해설. 명제1은 $\forall p(p\in(R^{-1})^{-1}\leftrightarrow p\in R)$을 의미한다. 따라서 그 증명은 임의의 대상 p를 소개해서 $p\in(R^{-1})^{-1}\leftrightarrow p\in R$ 를 증명해야만 한다. 그러나 왜냐하면 R 와 $(R^{-1})^{-1}$은 둘 다 A에서 B 로 가는 한 관계이기 때문에, 우리는 p가 $A\times B$ 의 범위에서 전체에 속한 것으로 생각할 수 있다. 따라서 p는 한 순서쌍 이어야 한다. 따라서 앞 증명에서 우리는 그것을 시작부터 한 순

서쌍 (a,b)로 쓴다. 쌍 조건문 명제 $(a,b)\in(R^{-1})^{-1}\leftrightarrow(a,b)\in R$ 의 증명은 그 방법을 사용한다. 그것은 예 3.4.4.에서 한 동치들의 배열을 실로 꿰어 달아 멘 것 같다.
명제4에 대한 쌍 조건문 증명을 제외하면 명제2와 4의 증명들도 유사함으로, 동치들을 실로 꿰어 달아메서 증명하는 것이 쉽지않아서, 우리는 양방향으로 분리해서 증명한다. 단지 한 방향만 증명했다. 이 증명의 핵심은 주어진 $(a,d)\in T\circ(S\circ R)$가 존재성 명제라는 것을 인식하는 것이다. 그것은 $\exists c\in C((a,c)\in S\circ R \text{ and } (c,d)\in T)$를 의미함으로, 따라서 우리는 증명에서 $(a,c)\in S\circ R$ 이고 $(c,d)\in T$ 가 되는 C의 한 원소를 나타내는 한 새로운 변수 c를 소개해야만 한다. 유사하게, $(a,c)\in S\circ R$ 은 존재성 명제이다. 따라서 그것은 변수 b를 소개한다. 다시 이 새로운 변수들이 소개되고, 그것은 용이하게 목표인 $(a,d)\in(T\circ S)\circ R$ 을 증명한다.

정리 4.2.5의 명제5는 아마도 약간의 언급할만하다. 무엇보다도, $S^{-1}\circ R^{-1}$이 아니고 오른편의 방정식 $R^{-1}\circ S^{-1}$을 알아채야한다; 관계의 순서가 뒤바꾸어졌다. 당신은 명제5의 증명은 연습문제6에 나온다. 그러나 먼저 한 예를 잠간동안 들어 보자. 우리는 이미 그것을 예 4.2.2의 부분들 5와 6으로부터 E 와 T 의 관계들에서 봤다.

$T\circ E=\{(s,p)\in S\times P \mid \text{학생}s\text{는 교수}p\text{가 강의하는 어떤 교과목을 등록했다.}\}$

그것은 다음과 같다;

$(T\circ E)^{-1}=\{(p,s)\in P\times S \mid \text{학생}s\text{는 교수}p\text{가 강의하는 어떤 교과목을 등록했다.}\}$

$E^{-1}\circ T^{-1}$을 계산하기 위해서, 먼저 T^{-1}는 P 에서 C 로 가는 한 관계이고 그리고 E^{-1}은 C 에서 S 로 가는 한 관계임에 주목 하여라, 따라서 $E^{-1}\circ T^{-1}$은 P 에서 S 로 가는 한 관계이다. 이제, 합성의 정의를 적용하여, 우리는 다음을 얻는다;

$$
\begin{aligned}
E^{-1}\circ T^{-1}&=\{(p,s)\in P\times S \mid \exists c\in C((p,c)\in T^{-1} \text{ and } (c,s)\in E^{-1}\}\\
&=\{(p,s)\in P\times S \mid \exists c\in C((c,p)\in T \text{ and } (s,c)\in E\}\\
&=\{(p,s)\in P\times S \mid \exists c\in C(\text{교과목}c\text{는 }p\text{교수가 가르치고 학생}s\text{는 교과목}c\text{을 등록했다.}\}\\
&=\{(p,s)\in P\times S \mid \text{학생}s\text{는 }p\text{교수가 가르치는 어떤 교과목을 등록했다.}\}
\end{aligned}
$$

따라서 $(T \circ E)^{-1} = E^{-1} \circ T^{-1}$이다.

연습문제

*1. 다음 관계들의 정의역들과 치역들을 찾아라.

(a) $\{(p,q) \in P \times P \mid$ 사람p는 사람q의 부모이다$\}$, 여기서 P는 모든 살아있는 사람들의 집합이다.

(b) $\{(x,y) \in \mathbb{R}^2 \mid y > x^2\}$

2. 다음 관계들의 정의역들과 치역들을 찾아라.

(a) $\{(p,q) \in P \times P \mid$ 사람p는 사람q의 형제이다$\}$, 여기서 P는 모든 살아있는 사람들의 집합이다.

(b) $\{(x,y) \in \mathbb{R}^2 \mid y^2 = 1 - 2/(x^2+1)\}$

3. L과 E는 예 4.2.2.의 부분들 4와 5에서 정의된 관계들이라 하자.
다음 관계들을 설명 하여라:

(a) $L^{-1} \circ L$

(b) $E \circ (L^{-1} \circ L)$

4. E와 T는 예 4.2.2의 부분들 5, 6에서 정의된 관계들이라고 하자. 또한, 예에서와 같이, C를 당신의 학교의 모든 교과목들의 집합이고 그리고
$D = \{$월, 화, 수, 목, 금$\}$이라고 하자.
$M = \{(c,d) \in C \times D \mid$ 교과목 c는 d요일에 있다.$\}$ 라 하자. 다음 관계들을 설명하여라.

(a) $M \circ E$

(b) $M \circ T^{-1}$

*5. $A = \{1, 2, 3\}$, $B = \{4, 5, 6\}$, $R = \{(1,4), (1,5), (2,5), (3,6)\}$이고
$S = \{(4,5), (4,6), (5,4), (6,6)\}$라 가정하자.
R는 A에서 B 로 가는 한 관계이고, S는 B 에서 B 로 가는 한 관계임에 주목하여라.
다음 관계들을 찾아라:

(a) $S \circ R$

(b) $S \circ S^{-1}$

6. $A = \{1, 2, 3\}$, $B = \{4, 5\}$, $C = \{6, 7, 8\}$, $R = \{(1,7), (3,6), (3,7)\}$이고 $S = \{(4,7), (4,8), (5,6)\}$라 가정하자. R는 A에서 B로 가는 한 관계이고, S는 B에서 C로 가는 한 관계임에 주목하여라. 다음 관계들을 찾아라:

(a) $S^{-1} \circ R$

(b) $R^{-1} \circ S$

7. (a) 정리 4.2.5의 부분3을 부분2의 증명을 모방하여 증명하여라.

(b) 정리 4.2.5의 부분3의 또 따른 증명을 부분들 1과 2를 따라서 보임으로써 하여라.

(c) 정리 4.2.5의 부분4의 증명을 완성하여라.

(d) 정리 4.2.5의 부분5를 증명하여라.

*8. $E = \{(p,q) \in P \times P \mid$ 사람p는 사람q의 한 적이다$\}$, 그리고 $F = \{(p,q) \in P \times P \mid$ 사람p는 사람q의 한 친구이다$\}$라 하자. 여기서 P는 모든 사람들의 집합이다. "어떤 사람의 적의 적은 친구이다"라는 말의 의미를 E 와 F 의 관계들로는 무엇일까?

9. R는 A에서 B 로 가는 한 관계이고, S 는 B 에서 C 로 가는 한 관계라 가정하자.

(a) $Dom(S \circ R) \subseteq Dom(R)$을 증명하여라.

(b) 만약 $Ran(R) \subseteq Dom(S)$이면 $Dom(S \circ R) = Dom(R)$임을 증명하여라.

(c) $Ran(S \circ R)$에 대한 유사한 정리들을 공식화하고 증명하여라.

10. R 과 S 는 A 에서 B 로 가는 한 관계들이라 가정하자. 다음 명제들은 참이 되어야 하는가? 당신의 답을 증명하거나 또는 반례를 들어 정당화하여라.

(a) $R \subseteq Dom(R) \times Ran(R)$

(b) 만약 $R \subseteq S$ 이면 $R^{-1} \subseteq S^{-1}$이다

© $(R \cup S)^{-1} = R^{-1} \cup S^{-1}$

*11. R 는 A에서 B 로 가는 한 관계이고, S 는 B 에서 C 로 가는 한 관계라 가정하자. $S \circ R = \varnothing$ iff $Ran(R)$와 $Dom(S)$가 서로소임을 증명하여라.

P_b*12. R 은 A에서 B 로 가는 한 관계이고, S 와 T 가 B 에서 C 로 가는 한 관계라 가정하자.

(a) $(S \circ R) \setminus (T \circ R) \subseteq (S \setminus T) \circ R$

(b) $(S \setminus T) \circ R \subseteq (S \circ R) \setminus (T \circ R)$의 다음 증명은 무엇인 잘못 되었을까?

증명: $(a,c) \in (S \setminus T) \circ R$ 라 가정하자. 그러면 우리는 어떤 $b \in B$ 를 $(a,b) \in R$ 이고 $(b,c) \in S \setminus T$ 되도록 택할 수 있다. 따라서 $(b,c) \in B$ 이고 $(b,c) \not\in T$ 이다. $(a,b) \in R$ 그리고 $(b,c) \in S$이므로, $(a,c) \in S \circ R$ 이다. 유사하게, $(a,b) \in R$이고 $(b,c) \not\in T$ 이므로 $(a,c) \not\in T \circ R$ 이다.

그러므로 $(a,c) \in (S \circ R) \setminus (T \circ R)$이다. (a,c)는 임의이므로, 이것은 $(S \setminus T) \circ R \subseteq (S \circ R) \setminus (T \circ R)$을 보인다. ■

(c) $(S \setminus T) \circ R \subseteq (S \circ R) \setminus (T \circ R)$이 참이 되어야만 하는가? 당신의 답을 증명하거나 또는 반례를 들어 정당화하여라.

13. R 과 S 는 A 에서 B 로 가는 한 관계들이고 그리고 T 는 B 에서 C 로 가는 한 관계라 가정하자. 다음 명제들은 참이 되어야 하는가? 당신의 답을 증명하거나 또는 반례를 들어 정당화하여라.

(a) 만약 R 과 S 가 서로소이면, R^{-1}과 S^{-1}도 그렇다.

(b) 만약 R 과 S 가 서로소이면, $T \circ R$과 $T \circ S$도 그렇다.

(c) 만약 $T \circ R$ 과 $T \circ S$ 가 서로소이면, R과 S도 그렇다

P_b14. R 는 A에서 B 로 가는 한 관계이고, S 와 T 가 B 에서 C 로 가는 한 관계라 가정하자. 다음 명제들은 참이 되어야만 하는가? 당신의 답을 증명하거나 또는 반례를 들어 정당화하여라.

(a) 만약 $S \subseteq T$ 이면 $S \circ R \subseteq T \circ R$ 이다

(b) $(S \cap T) \circ R \subseteq (S \circ R) \cap (T \circ R)$

(c) $(S \cap T) \circ R = (S \circ R) \cap (T \circ R)$

(d) $(S \cup T) \circ R = (S \circ R) \cup (T \circ R)$

15. R 는 A 에서 B 로 가는 한 관계이고, S 는 B 에서 C 로 가는 한 관계라 가정

하자. 한 집합 E가 존재해서 R 는 A에서 E 로 가는 한 관계이고, S 는 E 에서 D 로 가는 한 관계가 된다. 그러므로 정의 4.2.3에서 $S \circ R$ 정의를 적용할 수 있다. 그러므로 어떤 집합 E 가 사용되더라도 그 정의는 같은 결과가 될 것이다.

4.3 더 많은 관계들
More about Relations

비록 관계들을 순서쌍들의 집합들로 정의하지만, 그것은 가끔 다른 방법들로 그것들에 대하여 생각할 수 있다는 것이 유용하다. 가끔은 비록 표기에서 조그마한 변화가 다르게 관찰할 수 있도록 도와준다. 수학자들이 가끔 관계들로 사용하는 한 다른 표기는 수학에서 우리가 가끔 두 대상들 x와 y사이의 한 관계를 그들 사이에 어떤 새로운 기호를 넣어서 표현하는 사실에 의해서 동기유발 되었다. 예를 들어, 그 표기들은 $x=y, x<y, x \in y$ 그리고 $x \subseteq y$는 두 대상들 x와 y사이의 4개의 중요한 수학적 관계들을 나타낸다. 이런 표기들을 모방해서, 만약 R는 A에서 B로 가는 한 관계이고, $x \in A$이고 $y \in B$라 하면, 수학자들은 가끔 $(x,y) \in R$라는 의미로 xRy라 쓴다.

예를 들어, 만약 L이 예 4.2.2.의 부분4에서 정의된 관계라 하면, 그러면 임의의 학생 s와 기숙사 방 r에 대해서, sLr은 $(s,r) \in L$을 의미한다. 또는 즉, 학생 s가 기숙사 방 r에서 산다는 것이다. 유사하게, 만약 E와 T가 예 4.2.2.의 부분들 5와 6에 정의된 관계들이라면, 그러면 sEc는 학생 s가 교과목 c에 등록했다는 의미이다. 그리고 cTp는 교과목 c가 교수 p가 가르친다는 의미이다. 관계들의 합성의 정의는 만약 R는 A에서 B로 가는 한 관계이고, S 와 T 가 B 에서 C로 가는 한 관계라고 말해서 서술하기도 한다.

그러면 $S \circ R = \{(a,c) \in A \times C \mid \exists b \in B(aRb$ 그리고 $bSc)\}$이다.

관계들에 대한 생각하는 또 다른 방법은 그들의 그림들을 그리는 것이다. 그림1은 예 4.2.2의 부분1로부터 관계 $R=\{(1,3), (1,5), (3,3)\}$의 한 그림을 보여준다. 이것은 집합 $A=\{1,2,3\}$에서 집합 $B=\{3,4,5\}$로 가는 한 관계였음을 상기하여라. 그림에서, 이 집합들은 한 타원에 의해서 표현되어, 집합의 원소들은 타원 안에 점들로 되어 있다. 각 순서쌍 $(a,b) \in R$은 a를 나타내는 점에서 b를 나타내는 점으로 가는 한 화살로 나타낸다. 예를 들어, 왜냐하면 순서쌍 (1,5)가 R의 원소이기 때문에 A안의 1번 점에서 B안의 5번 점으로 가는 화살이 있다.

일반적으로, 집합 A에서 집합 B 로 가는 임의의 관계 R 은 그와 같은 그림으로 표현될 수 있다. 그림에서 A와 B 의 원소들을 나타내는 점들을 꼭짓점들 vertices이라 부르고, 그리고 R 에서의 순서쌍들을 나타내는 화살들을 변들 edges이라 부른다. A와 B 의 원소들을 나타내는 점들을 꼭짓점들이 면 위에 정확히 어떻게 배열되느냐는 문제가 안 된다: 중요한 것은 R의 변들이 정확하게 순서쌍들에 대응하는 것이다. 이런 그림을 그리는 것이 마지막 장에서 논의했던 개념들을 이해하는데 도움을 줄 것이다. 예를 들어, 당신은 변들이 그들로부터 나가고 있는 A의 꼭짓점들의 위치에 의해서 R의 정의역을 찾을 수 있다는 것을 당신은 당신자신이 확신할 수 있어야만 한다. 유사하게, R의 치역도 변들이 그들로 향해있는 B의 꼭짓점들의 원소들로 구성된다. 그림1에서 보는 관계 R에 대하여, $Dom(R) = \{1, 3\}$이고 $Ran(R) = \{3, 5\}$이다. R^{-1}의 그림은 R의 그림과 바로 똑같다 그러나 모든 화살들의 방향들은 뒤바뀐 것이다.

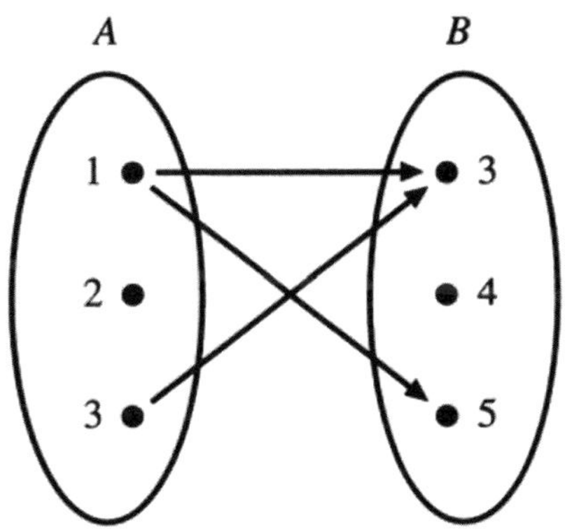

그림4.1

두 개의 관계들의 합성을 설명해주는 그림들을 이해하는데 조금 더 어렵다. 예를 들어, 예 4.2.2.의 부분 5와 6으로부터 관계들 E 와 T 를 다시 고려해보자. 그림4.2는 두 관계들이 어떻게 보일지 알려준다.(전체 그림은 만약 당신 학교에 많은 학생들, 교과목들, 그리고 교수들이 있다면, 아주 클 수도 있다.) 우리는 이 그림에서, 예를 들어, 조 스미스는 생물학12와 수학21을 등록하고, 생물학12는 애반스교수가 가르친다. 그리고 수학21은 앤드류교수가 가르친다. 따라서 합성의 정의를 적용하면, 우리는 순서쌍들 (조 스미스, 애번스교수)와 (조 스미스, 앤드류교수) 둘 다 관계 $T \circ E$의 원소이다.

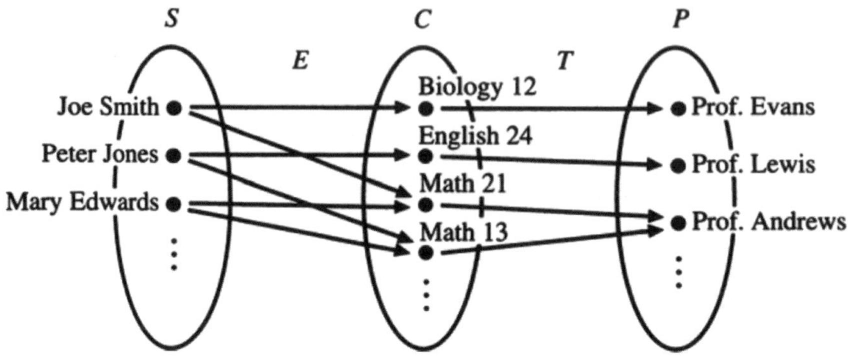

그림4.2

합성 $T \circ E$ 가 이 그림에서 어떻게 표현하는 것을 더 명확히 관찰하기 위해서, 먼지 임의의 학생 s, 교과목 c, 그리고 교수 p에 대하여, s에서 c로 가는 화살이 있다 iff $s\,Ec$이다. 그리고 c에서 p로 가는 화살이 있다 iff $c\,Tp$이다. 따라서 합성의 정의에 따라서

$$T \circ E = \{(s,p) \in S \times P \mid \exists c \in C\,(sEc \text{ and } cTp)\}$$

$$= \{(s,p) \in S \times P \mid \exists c \in C(\text{그림2에서, } s\text{에서 } c\text{로 가는 화살이 있고, } c\text{에서 } p\text{로 가는 화살이 있다.})\}$$

$$= \{(s,p) \in S \times P \mid \text{그림2에서, 당신은 화살들에 의해서 } s\text{에서 } p\text{로 가는 두 단계가 있다.}\}$$

예를 들어, 매리 애드워드 표가 붙은 꼭짓점에서 시작해서, 우리는 앤드류교수로 두 단계(수학21 또는 수학13을 따라서 간다)가 있다. 따라서 (매리 애드워드, 앤드류교수)$\in T \circ E$이다.

어떤 상황에서 관계들의 그림들을 약간 다른 방법으로 그릴수 있다. 예를 들어, 만약 A가 한 집합이고 그리고 $R \subseteq A \times A$이면, 그러면 정의 4.2.1에 따라서 R은 A에서 A로 가는 한 관계라 부른다. 그와 같은 관계를 또한 가끔A위에서의 관계(또는 A위에서의 이항관계 binary relation이라 한다). 이 타입의 관계들은 가끔 수학에 나온다: 사실상, 이미 그것들을 몇 가지 보았다. 예를 들어, 우리는 에 4.2.2의 부분2에서 관계 G에서 R에서 R로 가는 한 관계로 설명했다. 그러나 새로운 용어로 그것을 R위에서의 관계라 부른다. 예 4.2.4의 관계 $E^{-1} \circ E$ 는 S위에서의 관계였고, 그리고 $E \circ E^{-1}$는 C위에서의 관계였다.

예 4.3.1 여기에 집합위에서의 관계들의 약간 더 많은 예들이 있다.

1. 예 4.2.2의 부분3에서와 같이 $A=\{1,2\}$이고 $B=\mathscr{P}(A)=\{\varnothing, \{1\}, \{2\}, \{1,2\}\}$라 하자.

$S=\{(x,y)\in B\times B | x\subseteq y\}$
$=\{(\varnothing,\varnothing),(\varnothing,\{1\}),(\varnothing,\{2\}),(\varnothing,\{1,2\}),(\{1\},\{1\}),(\{1\},\{1,2\}),(\{2\},\{2\}),(\{2\},\{1,2\}),(\{1,2\},\{1,2\}$
$(\{2\},\{2\}),(\{2\},\{1,2\}),(\{1,2\},\{1,2\})\}$
그러면 S는 B위에서의 한 관계이다.

2. A를 한 집합이라 가정하자. $i_A=\{(x,y)\in A\times A | x=y\}$라 하자. 그러면 i_A는 A위에서의 한 관계이다. (그것은 가끔 A위에서의 항등관계 identity relation라 부른다.)
예를들어, 만약 $A=\{1,2,3\}$이면, 그러면 $i_A=\{(1,1), (2,2), (3,3)\}$이다. i_A는 또한 $i_A=\{(x,x) | x\in A\}$로 써서 정의된다.

3. 임의의 양의 실수 r에 대하여,
$D_r=\{(x,y)\in\mathbb{R}\times\mathbb{R} \mid x$와 y의 차는 r보다 작다, 즉 $|x-y|<r\}$라 하자. 그러면 D_r은 $\mathbb{R}$ 위에서의 한 관계이다.

ℝ를 한 집합 A위에서의 한 관계라 가정하자. 만약 우리가 일찍이 ℝ의 한 그림을 그려서 설명하는 방법을 사용한다면, 그러면 집합 A의 두 개의 복사본을 그려야한다 그리고 A의 한 복사본에서 다른 것으로 ℝ에서의 순서쌍들을 표현하기 위해서 모서리들을 그린다. 그림을 그리는 한 가지 쉬운 방법은 A의 단 하나의 복사본을 그리고 나서 그러면 ℝ에 있는 순서쌍들을 나타내는 모서리들로 A의 원소들을 나타내는 꼭짓점들을 연결한다. 예를 들어, 그림 4.3은 예4.3.1.의 부분1로부터 관계 S의 그림을 보여준다. 그림4.3과 같은 그림들을 유향그래프 directed graphs 라 부른다.

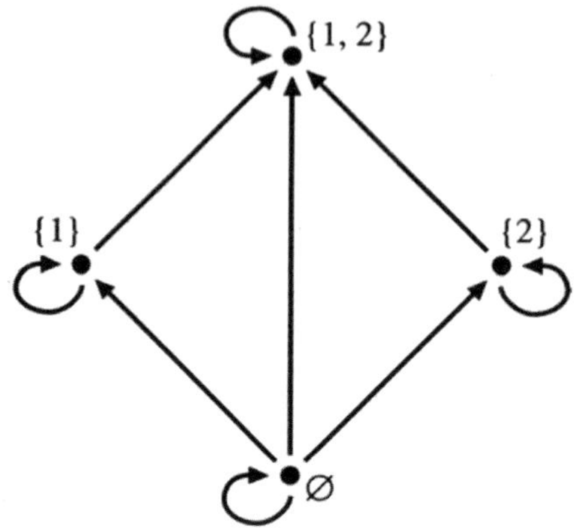

그림4.3

이 유향그래프에서 $\varnothing$에서 자기 자신으로 가는 모서리가 있음에 주목하여라, 왜냐하면 $(\varnothing,\varnothing)\in S$ 이기 때문이다. 한 꼭짓점에서 자기 자신으로 가는 모서리들을 고리 loops라 부른다. 사실상, 그림3은 모든 꼭짓점에 고리가 있다. 왜냐하면 S가 $\forall x\in B((x,x)\in S)$성질을 갖기 때문이다. 이 상황을 S 가 반사적 reflexive이라고 설명한다.

정의 4.3.2 R을 A위에서의 한 관계라고 가정하자.

1. R이 A위에서 반사적 reflexive이라 말하는 것은 만약 $\forall x\in A(xRx)$, 또는 즉, $\forall x\in A((x,x)\in R)$일 때이다.
2. R이 대칭적 symmetric이라는 것은 만약 $\forall x\in A\forall y\in A(xRy\to yRx)$일 때이다.
3. R이 추이적 transitive라는 것은 만약 $\forall x\in A\forall y\in A\forall z((xRy\wedge yRz)\to xRz)$일 때이다.

예 4.3.1.에서 본바와 같이, 만약 R 이 A위에서 반사적이면, 그러면 R 를 표현하는 유향그래프는 모든 꼭짓점에서 고리를 가질 것이다. 만약 R 이 대칭적이라면, 그러면 x에서 y로 가는 한 모서리가 있을 때는 언제나, 역시 y에서 x로 가는 모서리도 있을 것이다. 만약 x와 y가 서로 다르면, 그것은 x와 y를 연결하는 두 개의 모서리들이 있다. 각 방향으로 향하는 하나이다. 따라서 만약 R이 대칭적연 그러면 고리를 제외한 모든 모서리들은 그런 쌍들이 된다. 만약 R이 추이적이면, 그러면 x에서 y로 가고 그리고 y에서 z로 가는 모서리가 있으면, 언제나 x에서 z로 가는 모서리가 역시 있다.

예 4.3.3. 예 4.2.2의 부분2로부터 관계G 는 반사적인가? 그것은 대칭적인가? 추이적인가? 예 4.3.1에서의 관계는 반사적, 대칭적, 또는 추이적인가?

풀이

예4.2.2로부터 관계G 가 R 위에서의 한 관계이고 그리고 임의의 실수들 x와 y에 대하여, xGy는 $x > y$임을 상기하여라. 따라서 G 가 반사적이라 말하는 의미는 $\forall x \in R(xGx)$ 이다. 즉 $\forall x \in R(x > x)$ 이다. 이것은 분명히 거짓이다.

G 가 대칭적이라 말하는 의미는 $\forall x \in R \forall y \in R(x > y \rightarrow y > x)$이다. 이것은 분명히 거짓이다. 마지막으로, G 가 추이적이라 말하는 의미는$\forall x \in R \forall y \in R \forall z \in R((x > y \wedge y > z) \rightarrow x > z)$ 이다. 이것은 참이다. 따라서 G 는 추이적이고, 그러나 반사적도 아니고 대칭적이 아니다.

예 4.3.1에서 관계의 분석도 유사하다. 부분1의 관계S에 대해서 우리는 B 의 임의의 x와 y에 대하여, xSy는 $x \subseteq y$라는 의미함을 사용한다. 우리가 이미 관찰했던 바와 같이, $\forall x \in B(x \subseteq x)$이므로, S는 반사적이다. 그러나 $\forall x \in B \forall y \in B(x \subseteq y \rightarrow y \subseteq x)$은 거짓이다. 예를 들어, $\{1\} \subseteq \{1,2\}$이지만 $\{1,2\} \not\subseteq \{1\}$이다. 당신은 이것을 그림3에서 $\{1\}$에서 $\{1,2\}$로 가는 모서리가 있으나 $\{1,2\}$에서 $\{1\}$로 가는 것은 없다. 따라서 S 는 대칭적이 아니다.

$\forall x \in B \forall y \in B \forall z \in B((x \subseteq y \wedge y \subseteq z) \rightarrow x \subseteq z)$이므로, S는 추이적이다.

임의의 집합 A에 대하여 항등관계 i_A는 반사적, 대칭적, 그리고 추이적이다. 왜냐하면 명제들 $\forall x \in A(x = x)$, $\forall x \in A \forall y \in A(x = y \rightarrow y = x)$, 그리고 $\forall x \in A \forall y \in A \forall z \in A((x = y \wedge y = z) \rightarrow x = z)$가 모두 분명히 참이기 때문이다.

마지막으로, r을 한 양의 실수라 가정하고 관계D_r을 고려하자. 임의의 실수 x에 대하여, $|x - x| = 0 < r$이다. 따라서 $(x,x) \in D_r$이다. 따라서 D_r는 반사적이다. 또한, 임의의 실수들 x와 y에 대하여, $|x - y| = |y - x|$이다. 따라서 만약 $|x - y| < r$이면 $|y - x| < r$이다. 그러므로 만약 $(x,y) \in D_r$이면 $(y,x) \in D_r$이다. 따라서 D_r는 대칭적이다. 그러나 D_r는 추이적은 아니다. 그 이유를 알아보기 위해서, x를 임의의 실수라 하자.

$y = x + 2r/3$ 그리고 $z = y + 2r/3 = x + 4r/3$이라 하자. 그러면 $|x - y| = 2r/3 < r$그리고

$|y-z|=2r/3 < r$ 이다. 그러나 $|x-z|=4r/3 > r$이다. 따라서 $(x,y)\in D_r$이고 $(y,z)\in D_r$ 이지만, 그러나 $(x,z)\notin D_r$이다.

아마도 당신은 이미 정의 4.3.2에서 정의된 관계들의 성질들이 정의 4.2.3에서 정의된 연산들과 연결됨을 추측했을 것이다. 관계R 이 대칭적이라고 말하는 것은 당신이 R^{-1}의 정의를 보면 두변수들이 뒤바뀌어 관련됨을 상기하게 될 것이다. 관계의 추이적의 정의는 두개의 순서쌍들을 끈으로 꿰매는 것과 관련된다. 바로 관계들의 합성의 정의와 같다. 다음 정리가 연결성들을 더 면밀하게 말해준다.

정리 4.3.4. R을 한 집합 A 위에서의 한 관계라 가정하자.

1. R이 반사적이다 iff $i_A \subseteq R$, 여기서 전과 같이 i_A는 A 위에서 항등관계이다.
2. R이 대칭적이다 iff $R=R^{-1}$.
3. R이 추이적이다 iff $R\circ R\subseteq R$.

증명. 2번만 증명하고 1번과 3번의 증명들은 연습문제로 남긴다.(연습문제 7과 8 참조)
2($\rightarrow$) R이 대칭적이라고 가정하자. (x,y)가 R의 임의의 원소라 하자. 그러면 xRy이다. 따라서 R이 대칭적이므로, yRx이다. 따라서 $(y,x)\in R$ 이다. R^{-1}의 정의에 의해서, $(x,y)\in R^{-1}$ 이다. (x,y)가 임의의 원소 이므로, $R\subseteq R^{-1}$이다.
이제 (x,y)가 R^{-1}의 임의의 원소라 하자. 그러면 $(y,x)\in R$ 이다. 따라서 R 이 대칭적이므로, $(x,y)\in R$ 이다. 따라서 $R^{-1}\subseteq R$이다. 따라서 $R=R^{-1}$.
($\leftarrow$) $R=R^{-1}$라 가정하자. 그리고 x와 y가 A의 임의의 원소라 하자. xRy이라 가정하자. 그러면 $(x,y)\in R$ 이다. 따라서 $R=R^{-1}$이므로, $(x,y)\in R^{-1}$ 이다. R^{-1}의 정의에 의해서 이것은 $(y,x)\in R$ 이다. 따라서 yRx이다. 따라서 $\forall x\in A\,\forall y\in A(xRy\rightarrow yRx)$이다. 따라서 R 이 대칭적이다. ∎

해설. 이 증명은 아주 직선적이다. 증명된 명제는 iff 명제이다. 따라서 우리가 양방향으로 분리해서 증명한다. →에서 우리는 $R=R^{-1}$을 증명해야 한다. 그리고 이것은 $R\subseteq R^{-1}$와

$R^{-1} \subseteq R$ 을 증명하여 진행했다. 각각의 이 목표들은 처음집합의 임의의 원소를 택하여 두 번째 집합에 포함됨을 보인다. ←에서 우리는 R이 대칭적임을 증명해야 한다. 그것은 $\forall x \in A \forall y \in A(xRy \rightarrow yRx)$를 의미한다. 우리는 x와 y가 A의 임의의 원소라 하는 분명한 작전을 사용한다. xRy이라 가정하고 yRx를 증명한다.

연습문제

*1. $L = \{a, b, c, d, e\}$이고 $W = \{bad, bed, cab\}$라 하자.
$R = \{(l, w) \in L \times W \mid$ 문자 l이 단어 w에 나타난다$\}$라 하자. R 의 한 다이어그램을 그려라.(그림1과 같이).

2. $A = \{cat, dog, bird, rat\}$라 하자.
그리고 $R = \{(x, y) \in A \times A \mid$ 단어들 x와 y 둘 다에 적어도 한 문자가 나타난다$\}$라 하자. 관계 R 에 대한 한 유향그래프를 그려라(그림3에서의 하나와 같다). R 이 반사적인가? 대칭적인가? 추이적인가?

*3. $A = \{1, 2, 3, 4\}$라 하자. A 위에서의 항등관계 i_A에 대한 한 유향그래프를 그려라.

4. 다음 그림4.4에서 유향그래프에 의해서 표현되는 관계들의 순서쌍들을 나열하여라. 각 관계가 반사적, 대칭적, 또는 추이적인가를 결정하여라.

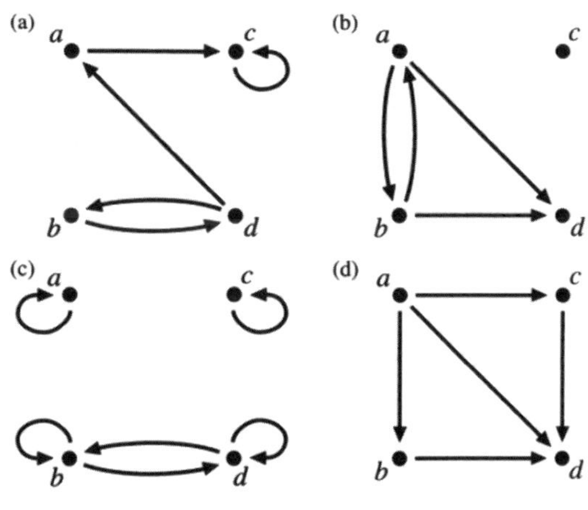

그림 4.4

*5. 다음 다이어그램은 두 가지 관계들 R 과 S 를 보여준다. $S \circ R$ 을 찾아라.

6. r과 s를 두 양의 실수들이라고 가정하자. D_r과 D_s를 예 4.3.1.의 부분3과 같이 정의하자. $D_r \circ D_s$는 무엇인가? 당신의 답을 한 증명으로 정당화 하여라.(힌트: 당신의 증명에서, 당신은 삼각부등식을 사용하는 것이 도움이 될 것을 알게 될 것이다. 3.5장의 연습문제12(c)를 참조).

*7. 정리 4.3.4.의 부분1을 증명하여라.

8. 정리 4.3.4.의 부분3을 증명하여라.

9. A와 B를 두 집합들이라고 가정하자
   (a) A에서 B로 가는 임의의 관계 R에 관하여, $R \circ i_A = R$ 임을 보여라.
   (b) A에서 B로 가는 임의의 관계 R에 관하여, $i_B \circ R = R$ 임을 보여라.

*10. S를 A 위에서의 한 관계라 가정하자. $D = Dom(S)$이고 $R = Ran(S)$라 하자. $i_D \subseteq S^{-1} \circ S$이고 $i_R \subseteq S \circ S^{-1}$임을 증명하여라.

11. R 을 A 위에서의 한 관계라 가정하자. 만약 R이 반사적이면 $R \subseteq R \circ R$ 임을 증명하여라.

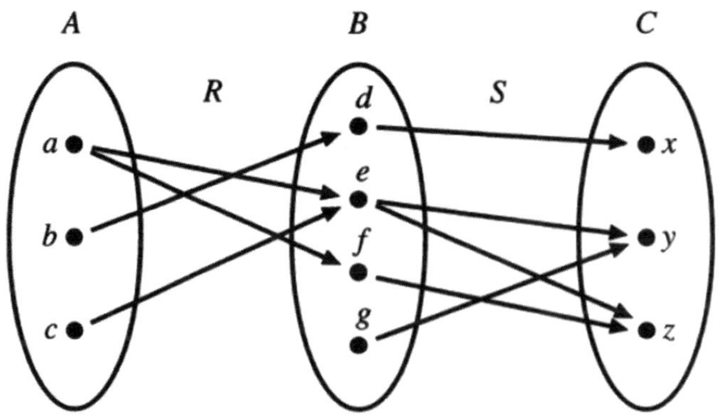

그림 4.5

12. R을 A 위에서의 한 관계라 가정하자.

(a) R이 반사적이면, 그러면 R^{-1}도 그렇다.

(b) R이 대칭적이면, 그러면 R^{-1}도 그렇다.

(c) R이 추이적이면, 그러면 R^{-1}도 그렇다.

13. R_1과 R_2가 A 위에서의 한 관계라 가정하자. 각 부분에 대하여, 당신의 답을 증명하거나 또는 반례를 들어 정당화 하여라.

(a) 만약 R_1과 R_2가 반사적이면, $R_1 \cup R_2$가 반사적이 되어야 하는가?

(b) 만약 R_1과 R_2가 대칭적이면, $R_1 \cup R_2$가 대칭적이 되어야 하는가?

(c) 만약 R_1과 R_2가 추이적이면, $R_1 \cup R_2$가 추이적이 되어야 하는가?

14. R_1과 R_2가 A 위에서의 한 관계라 가정하자. 각 부분에 대하여, 당신의 답을 증명하거나 또는 반례를 들어 정당화 하여라.

(a) 만약 R_1과 R_2가 반사적이면, $R_1 \cap R_2$가 반사적이 되어야 하는가?

(b) 만약 R_1과 R_2가 대칭적이면, $R_1 \cap R_2$가 대칭적이 되어야 하는가?

(c) 만약 R_1과 R_2가 추이적이면, $R_1 \cap R_2$가 추이적이 되어야 하는가?

15. R_1과 R_2가 A 위에서의 한 관계라 가정하자. 각 부분에 대하여, 당신의 답을 증명하거나 또는 반례를 들어 정당화 하여라.

(a) 만약 R_1과 R_2가 반사적이면, $R_1 \setminus R_2$가 반사적이 되어야 하는가?

(b) 만약 R_1과 R_2가 대칭적이면, $R_1 \setminus R_2$가 대칭적이 되어야 하는가?

(c) 만약 R_1과 R_2가 추이적이면, $R_1 \setminus R_2$가 추이적이 되어야 하는가?

16. R 과 S 가 A 위에서의 반사적 관계들이라 가정하자. $R \circ S$ 가 반사적임을 증명하여라.

*17. R과 S가 A 위에서의 대칭적 관계들이라 가정하자. $R \circ S$가 대칭적이다 iff $R \circ S = S \circ R$임을 증명하여라.

18. R 과 S 가 A 위에서의 추이적 관계들이라 가정하자. 만약 $S \circ R \subseteq R \circ S$ 이면

$R \circ S$가 추이적임을 증명하여라.

19. 다음 추정하는 정리를 고려하라.

정리? R 을 A 위에서의 한 관계라 가정하자. 그리고 $\mathscr{P}(A)$ 위에서 한 관계S를 다음과 같이 정의하자:

$$S=\{(X, Y)\in \mathscr{P}(A)\times \mathscr{P}(A) \mid \exists x\in X \exists y\in Y(xRy)\}$$

만약 R이 추이적 이면, S도 그렇다.

(a) 그 정리의 다음 증명은 무엇이 잘못 되었을까?

증명. R 을 추이적이라 가정하자. $(X, Y)\in S$ 이고 $(Y, Z)\in S$ 라 가정하자. 그러면 S 의 정의에 의해서, xRy이고 yRz이다. 여기서 $x\in X$, $y\in Y$, $z\in Z$ 이다. xRy이고 yRz이므로, 그리고 R 이 추이적이므로, xRz이다. 그러나 $x\in X$, $z\in Z$ 이므로, 그것은 S의 정의로부터 $(X, Z)\in S$ 이다. 따라서 S 는 추이적이다. ■

(b) 그 정리는 올바른가? 당신의 답을 증명하거나 또는 반례를 들어 정당화 하여라.

*20. R 을 A 위에서의 한 관계라 가정하자. $B=\{X\in P(A) | X\neq \varnothing\}$이라 하자. 그리고 B 위에 한 관계S 를 다음과 같이 정의한다:

$$S=\{(X, Y)\in B\times B | \exists x\in X \exists y\in Y(xRy)\}$$

만약 R 이 추이적이면, S 도 그렇다는 것을 증명하여라. 집합 B 로부터 왜 공집합을 이 증명이 되도록 제외 시켜야 하는가?

21. R 을 A 위에서의 한 관계라 가정하고, $P(A)$위에서 한 관계 S 를 다음과 같이 정의하자:

$$S=\{(X, Y)\in \mathscr{P}(A)\times \mathscr{P}(A) \mid \forall x\in X \exists y\in Y(xRy)\}$$

각 부분에 대하여, 당신의 답을 증명하거나 또는 반례를 들어 정당화 하여라.

(a) 만약 R 이 반사적이면, S 가 반사적이어야만 하는가?

(b) 만약 R 이 대칭적이면, S 가 대칭적이어야만 하는가?

(c) 만약 R 이 추이적이면, S 가 추이적이어야만 하는가?

22. 다음 추정하는 정리를 고려하라.

정리? R 을 A 위에서의 한 관계라 가정하자. 만약 R 이 대칭적이고 그리고 추이적이면, 그러면 R 이 반사적이다.

다음 정리는 올바른가? 만약 그렇다면, 그것은 무슨 증명전략을 사용하는가? 만약 그렇지 않다면, 수정할 수 있는가? 그 정리는 올바른가?

증명. x를 A의 임의의 원소라 하자. y를 A의 어떤 원소로 xRy가 성립한다고 하자. R 이 대칭적이므로, 그것은 yRx이된다. 그러나 추이성에 의해서, xRy이고 yRx이므로 우리는 xRx 를 결정할 수 있다. x가 임의이므로, 우리는 $\forall x \in A(xRx)$을 보였다. 따라서 R 이 반사적이다. ■

*23. 이 문제는 유니온대학의 William Zwicker교수가 제안한 것이다.

A를 한 집합이고, 그리고 $F \subseteq \mathscr{P}(A)$ 라 하자.

$R = \{(a,b) \in A \times A |$ 임의의 $X \subseteq A \setminus \{a,b\}$, 만약 $X \cup \{a\} \in \mathcal{F}$ 이면 $X \cup \{b\} \in \mathcal{F}\}$

라 하자. R이 추이적임을 보여라.

24. $R = \{(m,n) \in \mathbb{N} \times \mathbb{N} \,||m-n| \leq 1\}$라 하자. 그것은 $\mathbb{N}$ 위에서 한 관계이다. $R \subseteq \mathbb{Z} \times \mathbb{Z}$ 임을 주목하자. 따라서 R은 역시 $\mathbb{Z}$ 위에서 한 관계이다. 이 연습문제는 정의 4.3.2.의 부분 1에서 왜 "R 이 A위에서 반사적이다"라는 구절 대신에 단순히 "R 이 반사적이다"라는 구절을 사용하는지를 설명할 것이다.

(a) R이 N위에서 반사적인가?

(b) R이 $\mathbb{Z}$ 위에서 반사적인가?

4.4 순서 관계들

Ordering Relations

관계 $L=\{(x,y)\in R\times R|x\leq y\}$를 고려하자. 당신은 당신자신이 그것이 반사적이고 추이적이지만, 그러나 대칭적이 아님을 확인 할 수 있어야한다. 그것은 다소 극단적인 방법으로 많은 순서쌍들이 xLy는 참이지만 그러나 yLx가 거짓이 되는 것이 존재하기 때문에 대칭적이 아니다. 사실상, 만약 $x\leq y$이고 $y\leq x$이면 xLy와 yLx가 동시에 참이 되는 단 한 방법뿐이다. 그리고 따라서 $x=y$이다 우리는 그러므로 L을 반 대칭적 antisymmetric이라 말한다. 여기 일반적인 정의가 있다.

정의 4.4.1. R을 한 집합A 위에서의 한 관계라 가정하자.

그러면 만약 $\forall x\in A\forall y\in A((xRy\wedge yRx)\rightarrow x=y)$ 이면 R이 반 대칭적이라 말한다.

이미 L과 같이 많은 같은 성질들을 갖는 한 관계를 봐왔다. 예 4.3.1의 부분1에서 정의된 관계S를 다시 보자. 그 예에서 우리는 $A=\{1,2\}$, $B=P(A)$,

그리고 $S=\{(x,y)\in B\times B|x\subseteq y\}$ 라고 하는 예를 상기하자.

따라서 만약 x와 y가 B의 원소들로, 그러면 xSy는 $x\subseteq y$를 의미한다. 마지막 장에서 S가 반사적이고 추이적이지만 대칭적이 아님을 확인했다. 사실상, S는 역시 반 대칭적이다. 왜냐하면 임의의 집합들 x와 y에 대하여, 만약 $x\subseteq y$이고 $y\subseteq x$이면 $x=y$이기 때문이다. 당신은 그것을 마지막장에서 S를 표현하는 유향그래프 그림3을 되돌아보는 것이 편리함을 알게 될 것이다.

직관적으로, L 과 S 는 두 가지의 대상들의 크기를 비교하는 것에 관련한 것들의 두 가지 관계들이다. 명제들 $x\leq y$와 $x\subseteq y$의 각각은 어떤 의미로, y가 적어도 x만큼 크다 라 말하는 것으로 생각할 수 있다. 당신은 이런 명제들의 각각에 x와 y에 순서가 도입된 것을 지적한다고 말 할 수 있다. 이것이 다음 정의를 동기 유발한다.

정의 4.4.2. R을 한 집합A 위에서의 한 관계라 가정하자. 그러면 R을 만약 그것이 반사적, 추이적이고 반 대칭적이면 A 위에서 한 준순서 partial order라고 말한다.(또는 만약 A이 내용이 확실할 때는 바로 준 순서라 한다) 그것이 만약 한 준순서이고, 추가적으로 다음 성질:

$$\forall x \in A \forall y \in A(xRy \vee yRx)$$

을 갖고 있으면 A위에서 한 전순서 total order(또는 만약 A의 내용이 확실할 때는 바로 전 순서라 한다)라고 말한다.

바로 고려했던 관계들 L 과 S 는 둘 다 준 순서들이다. S 는 전 순서가 아니다. 왜냐하면 그것은 $\forall x \in B \forall y \in B(x \subseteq y \vee y \subseteq x)$가 참이 아니기 때문이다. 예를 들어, 만약 우리가 $x = \{1\}$ 그리고 $y = \{2\}$라 하자. 그러면 $x \not\subseteq y$이고 $y \not\subseteq x$이다. 따라서 비록 우리가 관계 S를 B의 한 원소가 다른 것 보다 크기가 작다는 의미를 나타내는 것을 생각하지만, 그것은 우리에게 B의 모든 쌍의 원소들을 비교할 방법을 주지 못한다. 어떤 쌍에 대해, $\{1\}$와 $\{2\}$에서, S 는 한 원소가 다른 것 보다 크기가 작다는 의미로 택할 수가 없다. 이것이 순서가 부분적이라는 의미 이다. 한편, L은 전 순서이다. 왜냐하면 x와 y가 임의의 두 실수라면, $x \le y$이거나 또는 $y \le x$이다. 따라서 L 은 두 실수를 비교하는 방법으로 우리에게 가르쳐 주고 있다.

예 4.4.3 다음 관계들 중에서 어느 것이 준 순서인가? 어느 것이 전 순서인가?

1. A를 임의의 한 집합이라 하자. $B = \mathscr{P}(A)$ 그리고 $S = \{(x,y) \in B \times B \mid x \subseteq y\}$라 하자.
2. $A = \{1, 2\}$ 그리고 전과 같이 $B = \mathscr{P}(A)$라 하자.
 $R = \{(x,y) \in B \times B \mid y$는 x보다 적어도 더 많은 원소를 갖는다$\}$
 $= \begin{Bmatrix} (\varnothing,\varnothing),(\varnothing,\{1\}),(\varnothing,\{2\}),(\varnothing,\{1,2\}),(\{1\},\{1\}),(\{1\},\{2\}), \\ (\{1\},\{1,2\}),(\{2\},\{1\}),(\{2\},\{2\}),(\{2\},\{1,2\}),(\{1,2\},\{1,2\}) \end{Bmatrix}$
3. $D = \{(x,y) \in \mathbb{Z}^+ \times \mathbb{Z}^+ \mid x \mid y\}$
4. $G = \{(x,y) \in \mathbb{R} \times \mathbb{R} \mid x \ge y\}$

풀이

1. 이것은 바로 일찍이 논의했던 예들의 하나를 일반화한 것이다. 그리고 그것이 준 순서라는 것

은 쉽게 확인된다. A가 적어도 두 개의 원소를 갖고 있다면, 그것은 전 순서는 될 수 없다. 그 이유는, 단지 만약 a와 b가 A의 서로 다른 원소들이라면, 그러면 B의 원소들 $\{a\}$와 $\{b\}$는 $\{a\}\not\subseteq\{b\}$이고 $\{b\not\subseteq\{a\}\}$이다.

2. $(\{1\},\{2\})\in R$이고 $(\{2\},\{1\})\in R$임을 주목하여라, 그러나 물론 $\{1\}\neq\{2\}$이다. 따라서 R은 반대칭적이 아니다. 따라서 그것은 준순서가 아니다. 비록 R이 순서쌍들 (x,y)를 y가 어떤 의미에서, 크기가 x보다 더 작지 않게 찍어서 정의했지만, 그것은 준순서의 정의를 만족하지 못한다. 이 예는 관계들로 준순서에 대한 우리의 설명은 한 대상이 다른 것 보다 크기로 더 작지 않다는 의미는 너무 심각하게 받아들이지 않아야 한다는 것을 가리키고 있다.

이것이 준순서의 정의에 대한 동기유발이다. 그러나 그것이 그자신의 정의는 아니다.

3. 분명히 모든 정수는 그 자신으로 나누어진다. 따라서 D 는 반사적이다. 또한, 우리가 정리 3.3.6에서 본 것과 같이, 만약 $x|y$이고 $y|z$이면 $x|z$이다. 따라서 만약 $(x,y)\in D$ 이고 $(y,z)\in D$ 이면 $(x,z)\in D$ 이다. 따라서 D 는 추이적이다. 마지막으로, $(x,y)\in D$이고 $(y,x)\in D$ 이라 가정하자. 그러면 $x|y$이고 $y|x$이다. x와 y가 양수이기 때문에, $x\leq y$이고 $y\leq x$이다. 따라서 $x=y$이다. 따라서 D 는 반 대칭적이다. 따라서 그것은 준순서이다. D 가 전순서가가 아님을 설명하는 예를 찾는 것은 용이하다. 예를 들어, $(3,5)\not\in D$ 이고 $(5,3)\not\in D$ 이다.

아마도 당신이 D 가 한 준순서라는 발견에 놀랐을 것이다. 그것은 우리가 봤던 다른 준순서들과 같이. 어떤 것들의 크기를 비교하는 것이 관련되지 않은 것이다. 그러나 우리는 그것이 반사율, 추이율, 그리고 반대칭율의 중요한 성질들의 이런 다른 관계들을 공유하고 있음을 보았다. 사실상, 이것이 정의 4.4.2와 같은 정의들을 공식화한 이유들 중 하나이다. 그들은 우리를 외관상으로, 전혀 유사할 것 같지 않는 것들 사이의 유사성들을 관찰하는데 도움을 주고 있다.

4. 당신 자신이 G 가 전순서임을 확인할 수 있어야 한다. 이 경우 그것은 xGy를 적어도 만큼 크다는 것은 보다는 y가 적어도 x만큼 작다는 의미로 생각하는 것이 더 합리적인 것 같음을 주지하라. 준순서의 정의는, 비록 한 방향으로 가는 순서에 대한 생각으로 동기유발 되었지만, 실제로 양쪽 방향의 순서로 적용될 수 있다. 사실상, 이 예는 당신을 만약 R 이 A 위에서 한 준순서이면, R^{-1}도 준순서라는 것과 같은 문제를 유도 할 것이다. 당신은 연습문제 13에서 이 문제를 증명하게 요청받는다.

지금까지 우리는 통상적으로 우리의 관계들에 대한 이름을 문자들을 사용했다. 그러나 가끔 수학자들은 문자들 보다는 기호로 관계들을 표현한다. 예를 들어, 예 4.4.3의 부분4에서 우리는 한 관계에 대한 이름으로 문자 G 를 사용했다. 그러나 그 예에서, 모든 실수들 x와 y에 대해서, xGy는 $x \geq y$와 같은 것을 의미한다. 이것은 우리가 꼭 문자 G 를 소개할 필요는 없다. 우리는 단순히 기호 $\geq$를 관계에 대한 것으로 취급한다. 이 표기를 사용해서, 우리는 $\geq$이 R위에서 전순서라 말할 수 있다.

여기에 한 준순서의 또 다른 예가 있다. A를 영어에서 모든 단어들의 집합이라고 하자. 그리고 $R = \{(x,y) \in A \times A \mid$단어$x$안에 있는 모든 문자들이 단어 y안에, 연속적으로 올바른 순서로 나타난다.$\}$ 이라 하자. 예를 들어, $(can, cannot)$, $(tar, atart)$, 그리고 $(ball, ball)$은 모두 R의 원소이다. 그러나 $(can, anchor)$ 그리고 $(can, carnival)$은 아니다. 당신은 R이 반사적, 추이적, 그리고 반 대칭적임을 확인 할 수 있다. 따라서 R는 준순서이다. 이제 집합 $B = \{me, men, tame, mental\} \subseteq A$를 고려해보자. 분명히 관계$R$안에 B안의 단어들로 된 많은 순서쌍들이 있다. 그러나 특히 순서쌍들 $(me, me), (me, men), (me, tame), (me, mental)$이 모두 R 안에 있음에 주목하여라. 만약 우리가 xRy를 y가 어떤 의미로 적어도 x만큼 크다 라는 의미로 생각한다면, 그러면 우리는 me가 B 의 가장 작은 원소라고 말 할 수 있다. 이런 의미로 그것은 그 집합 안에서 다른 어떤 것보다도 가장 작다.

임의의 단어들로 된 집합이 이런 의미로 최소 원소를 갖지는 않는다. 예를 들어, 집합 $C = \{a, me, men, tame, mental\} \subseteq A$를 고려해 보자. 단어들 $men, tame, mental$의 각각은 이 집합에서 적어도 하나의 다른 원소 보다는 더 크다. 그러나 a와 me는 이 집합에서 다른 어떤 원소보다 전혀 크지 않다. 우리는 a와 me를 C 의 극소원소들 min*imal elements*라 부른다. 그러나 a와 me는 마지막 문장에서 설명한 의미로 C 의 최소 원소는 전혀 아님에 주목하여라, 왜냐하면 전혀 다른 것 보다 작지 않기 때문이다. 집합 C 는 두 개의 극소원소를 갖지만 최소 원은 하나도 없다.

이런 예들은 당신 생각에 최소 원과 극소원소에 대한 많은 질문들을 야기 할 것이다. 집합 C 는 두 개의 극소원소를 가진다. 그러나 B 는 단 하나의 최소 원소를 가진다. 한 집합에서 한 개 이상 최소 원소를 가질 수 있을까?
우리가 이 의문이 해결될 때까지, 한 집합의 하나의 최소 원으로 한 대상에 대해서만 이야기해야지, 하나뿐인 최소 원소라고 말할 수 없다. 만약 한 집합이 단 하나의 극소원소를 가진다면, 그것은 한 최소 원소가 되어야 할까? 한 집합이 한 최소 원소와 한 극소원소를 서로 다르게 가질 수 있을까? 만약 우리가 모든 준순서가 아닌 전순서들로 제한한다면 이 질문에 대한 답은 달라질까?

우리가 임의의 이런 질문들의 답을 시도하기 전에, 우리는 최소 원소와 극소원소에 대한 용어들의 정의를 더 면밀히 기술해야만 한다.

정의 4.4.4 R을 한 집합A 위에서의 한 준순서라 하고, $B \subseteq A$, 그리고 $b \in B$ 라 가정하자. 그러면 b를 만약 $\forall x \in B(bRx)$이면 B의 $R-$최소 smallest 원소라 부른다.(또는 만약 R이 문맥으로 분명하면 단지 최소 원소라 한다.) 그것을 만약 $\neg \exists x \in B(xRb \wedge x \neq b)$이면 한 $R-$극소 minimal 원소라 부른다.(또는 만약 R이 문맥으로 분명하면 단지 극소원소라 한다.)

예 4.4.5.

1. 전과 같이 $L = \{(x,y) \in \mathbb{R} \times \mathbb{R} \mid x \leq y\}$라 하자. $B = \{x \in \mathbb{R} \mid x \geq 7\}$라 하자. B 는 임의의 $L-$최소 원소 또는 $L-$극소원소를 갖는가? 집합 $C = \{x \in \mathbb{R} \mid x > 7\}$에 대해서는 무엇일까?
2. D 를 예 4.4.3.의 부분3에서 정의된 배수판정 divisibility 관계라 하자.
$B = \{3, 4, 5, 6, 7, 8, 9\}$라 하자. B 는 임의의 $D-$최소 원소 또는 $D-$극소원소를 갖는가?
3. $S = \{(X, Y) \in \mathcal{G}(N) \times \mathscr{P}(\mathbb{N}) \mid X \subseteq Y\}$라 하자. 그것은 집합 $\mathscr{P}(\mathbb{N})$위에서의 한 준순서이다. $F = \{X \in \mathscr{P}(\mathbb{N}) \mid 2 \in X \text{그리고 } 3 \in X\}$라 하자. F 의 원소는 자연수들이 아니고, 자연수들의 집합들임을 주목하여라. 예를 들어, $\{1, 2, 3\}$ 와 $\{n \in \mathbb{N} \mid n\text{은 소수이다}\}$는 둘 다 F의 원소들이다. F는 임의의 $S-$최소 원소 또는 $S-$극소원소를 갖는가? 집합 $\mathcal{G} = \{X \in \mathscr{P}(\mathbb{N}) \mid 2 \in X\text{이거나 또는 } 3 \in X\}$에 대해서는 무엇일까?

풀이

1. 분명히 모든 $x \in B$ 에 대하여 $7 \leq x$이다. 따라서 $\forall x \in B(7Lx)$ 그리고 그러므로 7이 B 의 한 최소 원소이다. 그것은 B에서 7보다 더 작은 것이 없으므로, 또한 한 극소원소이다. 따라서 $\neg \exists x \in B(x \leq 7 \wedge x \neq 7)$이다. 다른 최소 원소나 또는 극소원소가 없다. $7 \notin C$ 이므로, 7은 C 의 최소 원소가 아니고 극소원소도 아님에 주목하여라. 정의 4.4.4.에 따라서 한 집합의 한 최소 원소나 또는 극소원소는 실제로 그 집합의 한 원소가 아니다. 사실상, C 는 아무런 최소 원소와 극소원소를 갖지 않는다.

2. 무엇보다도 먼저, 6과 9는 극소원소가 아닌것은 둘 다 3에 의해서 나누어지기 때문이고, 8은 극소원소가 아닌것은 4에 의해서 나누어지기 때문임에 주목하여라. B의 다른 모든원소들은 극소원소들이다. 그러나 어떤 것도 최소원소가 아니다.

3. 2와 3이 $\mathcal{F}$ 안에 있는 임의의 집합의 원소들이므로, 집합 $\{2,3\}$은 $\mathcal{F}$의 한 최소 원소이다. 그리고 그러므로 $\forall X \in F(\{2,3\} \subseteq X)$이다. $\mathcal{F}$의 다른 원소가 그것의 한 부분집합이 될 수 없으므로, 그것은 역시 한 극소원소이다.

집합 G는 두 개의 극소원소들 $\{2\}$와 $\{3\}$을 가진다. G안의 모든 다른 집합은 이들 둘 중 하나를 한 부분집합으로 포함해야만 한다. 따라서 어떤 원소도 극소원이 될수 없다. 어떤 것도 다른 것의 부분집합이 될 수 없으므로, 어떤 집합도 최소가 아니다.

우리는 이제 정의 4.4.4. 전에 우리가 제기했던 약간의 질문들에 합할 준비가 되었다.

정리 4.4.6. R 을 한 집합A 위에서의 한 준순서이고 그리고 $B \subseteq A$라 가정하자.

1. 만약 B 가 한 최소 원소를 가지면, 이 최소 원은 유일하다. 따라서 우리는 B 의 한 최소 원소가 아니고 B 의 유일한 최소 원소라고 말할 수 있다.

2. b를 B 의 유일한 최소 원소라고 가정하자. 그러면 b는 역시 B 의 한 극소원소이다. 그리고 그것은 유일한 극소원소이다.

3. 만약 R 이 한 전순서이고 그리고 b가 B 의 한 극소원소라면, b는 B 의 유일한 최소원소이다.

메모 작업

이런 증명들은 이장의 처음 몇 가지들 보다 약간 더 어렵다. 따라서 증명들을 하기 전에 약간의 메모 작업을 하자.

1. 물론, B 가 한 최소 원소를 갖고 있음을 가정하고 시작하자. 그리고 이것은 한 존재성 명제이기 때문에, 우리는 즉각적으로 B 의 한 최소 원소에 대하여, b라는 이름으로 소개한다. 우리는 b가 단 하나의 최소 원소임을 증명해야한다. 우리가 3.6장에서 본 바와 같이,
이것은 $\forall c$(c는 B의 한 최소원소$\rightarrow b=c$)와 같이 쓸 수 있다. 따라서 우리의 다음 단계는 c를 임의라고 해야만 한다. 그것이 역시 한 최소 원소라 가정한다. 그리고 $b=c$임을 증명한다.

이 지점에서, b와 c에 대하여 많은 것을 알고 있지 못하다. 우리는 그것들이 둘 다 B의 원소들이고, 그러나 B 에서 어떤 종류의 대상들인지 전혀 알지 못한다.- 그것들이 수들인지, 또는 집합들인지, 또는 어떤 다른 타입의 대상인지- 따라서 $b=c$를 어떻게 증명할지를 결정하는데 많은 도움이 되지 못한다. 우리가 b와 c에 대하여 알고 있는 단 한 가지 다른 사실은 그들이 둘 다 B 의 최소 원소들이라는 것이다. 그것은 $\forall x \in B(bRx)$이고 그리고 $\forall x \in B(cRx)$를 의미한다. 이 명제들을 사용하는 가장 바람직한 방법은 각각의 명제에 x에 어떤 것을 대입하는 것이다. 우리가 대입 할 수 있는 원소들은 B의 원소여야만 함으로, 그리고 우리는 단지 이 시점에, b와 c만 알고 있다. 그들을 각각의 명제에 대입하여, 우리는 bRb, bRc, cRb,그리고 cRc를 얻는다. 물론, R이 반사적이므로, 우리는 이미 bRb와 cRc는 알고 있다. 그러나 당신이 bRc와 cRb를 봤을 때, 당신은 반 대칭성을 생각해야만 한다. R이 한 준순서 이므로, 그것은 반 대칭적이다. 따라서 bRc와 cRb로부터 $b=c$가 된다.

2. 첫 번째 목표는 b가 B의 한 극소원소임을 증명하는 것이다. 그것은 $\neg\exists x \in B(xRb \wedge x \neq b)$를 의미한다. 이것이 한 부정명제이기 때문에, 그것을 동치인 긍정적인 명제로 다시 표현하는 것이 도움이 될 것이다:

$$\neg\exists x \in B(xRb \wedge x \neq b) \text{ iff } \neg\exists x \in B(xRb \wedge x \neq b)$$

$$\text{iff } \forall x \in B(\neg xRb \vee x = b)$$

$$\text{iff } \forall x \in B(xRb \rightarrow x = b)$$

따라서 b가 극소임을 증명하기 위해서 우리는 x를 B의 임의의 한 원소라 하고, xRb를 가정하고, 그리고 $x=b$를 증명해야한다.

다시 한번, 이 시점에서 b와 x에 대하여 무엇을 알고 있는지 되짚어 보는 것이 좋은 생각일 것이다. 우리는 xRb를 안다. 그리고 우리는 b가 B 의 단 하나의 최소 원소임을 알고 있다. 그것은 $\forall x \in B(bRx)$를 의미한다. 만약 우리가 이 마지막 사실을 우리의 임의의 x에 적용하면, 그러면 부분1에서와 같이 우리는 증명을 마치기 위해서 반대칭성을 사용할 수 있다.

아직 b가 B 의 단 하나의 극소원소임을 증명해야만 한다. 그리고 부분1에서와 같이 이것은 $\forall c$(c는 B의 한 극소원소$\rightarrow b=c$)를 의미한다. 따라서 우리는 c가 임의라 하고 그리고 c가 B

의 한 극소원소임을 가정하자. 그리고 우리는 $b=c$를 증명해야한다. c가 B 의 한 극소원소라는 가정은 $c \in B$ 이고 그리고 $\neg\exists x \in B(xRc \wedge x \neq c)$를 의미한다. 그러나 전과 같이, 우리는 이 마지막 명제를 동치인 긍정적인 형식 $\forall x \in B(xRc \rightarrow x=c)$로 다시 표현할 수 있다. 이 명제를 이용하기 위해서 우리는 x에 어떤 것을 대입해야 한다. 그리고 왜냐하면 목표가 $b=c$임을 보이는 것이기 때문에, x에 b를 대입하는 것이 좋은 생각 같아 보인다. 이것은 위에게 $bRc \rightarrow b=c$를 주고, 따라서 만약 우리가 bRc을 보일 수 있었으면 좋을 것이다. 긍정논법을 사용하여 $b=c$를 결정하여 증명을 완성할 수 있다. 그러나 b가 B 의 최소 원소임을 안다. 따라서 물론 bRc는 참이다.

3. 물론, R 이 한 전준서라 하고 b가 B 의 한 극소원소라 가정하고 시작하자. b가 B 의 최소 원소임을 증명해야 한다. 그것은 $\forall x \in B(bRx)$를 의미한다. 따라서 x를 B 의 임의의 한 원소라 하고, bRx의 증명을 시도한다.

예들로 부터 우리는 준순서 집합에서 극소원소가 항상 최소 원소가 되는 것은 아님을 관찰했다. 따라서 R이 전순서라는 가정이 결정적인 것이다.

R이 전순서라는 가정은 $\forall x \in A \forall y \in A(xRy \vee yRx)$를 의미한다. 따라서 그것을 사용하여 x와 y에 대하여 어떤 것을 대입할 수 있다. 무엇을 대입할 그럴듯한 후보는 b와 우리가 임의의 대상 x 뿐이다. 그리고 이것들을 대입하여 우리는 $xRb \vee bRx$를 얻는다. 목표는 bRx이다. 따라서 이것은 틀림없이 진전된 것 같다. 만약 단지 xRb의 가능성을 제외시킬 수만 있다면, 끝마친 것이다. 따라서 만약 우리가 $\neg xRb$를 증명해보자.

왜냐하면 이것이 한 부정적인 명제이기 때문에, 우리는 모순에 의해서 증명해보자. xRb라고 가정하자. 무슨 주어진 명제를 우리가 모순으로 할 수 있을까? 우리가 아직 사용하지 않은 단 하나의 가설은 b가 극소라는 사실이다. 그리고 이것이 부정적인 명제이므로, 그것은 한 모순을 찾는 자연스러운 곳이다. b가 극소라는 사실에 모순되기 위해서, $\exists x \in B(xRb \wedge x \neq b)$임을 보이도록 해야만 한다. 그러나 이미 xRb를 가정했다. 따라서 $x \neq b$를 보이기만 하면 끝이다.

당신은 이 시점에서 $x \neq b$의 증명을 해야만 하다. 당신은 어디에서도 얻을 수가 없다. 사실은, x를 B 의 임의의 한 원소라 하고 시작한다. 그리고 이것은 b를 포함해서, B 의 임의의 원소가 될 수 있다. 그래서 xRb라 가정한다. 그러나 R 이 반서적 이므로, 이것은 아직 $x=b$의 가능성을 배제하지 않는다. 참말로 $x \neq b$를 증명할 아무런 희망도 없다. 딱 막혀있는 것 같다.

증명에 대한 종합적인 계획을 검토해보자. $\forall x \in B(bRx)$를 보이는 것이 필요했다. 따라서 x를 B의 임의의 한 원소라 하자. 그리고 우리는 bRx를 보이자. 우리는 이제 $x=b$가 된다는 가능성 때문에 문제들로 뛰어들었다. 그러나 만약 궁극적인 목표가 bRx를 증명하는 것 이라면, 그러면 $x=b$가 된다는 가능성은 참말로 결국은 문제가 되지 않는다. R 이 반사적 이므로, 만약 $x=b$이면 물론 bRx는 참이 될 것이다!

이제, 어떻게 증명의 마지막 기록을 구성할까? 그것은 $x=b$인지 또는 아닌지에 의존해 서로 다르게 bRx를 수립해야할 이유가 있어 보인다. 이것은 경우에 의한 증명 proof by cases을 제안한다. 경우1로 $x=b$라 가정하고, 그리고 R 이 반사적이라는 사실을 이용하여 증명을 끝낸다. 경우2는 $x \neq b$라 가정하고, 그러면 우리의 원래의 공격선을 사용할 수 있다. R이 전순서라는 사실로 시작하자.

증명.

1. b가 B의 한 최소 원소라 가정하고, 그리고 c 역시 B의 한 최소 원소라 가정하자. b가 한 최소원소 이므로, $\forall x \in B(bRx)$이다. 따라서 특히 bRc이다. 유사하게, c가 한 최소원소 이므로, cRb이다. 그러나 이제 R이 한 준순서 이므로, 그것은 반 대칭적이 되어야한다. 따라서 bRc와 cRb로부터 우리는 $b=c$라 결정할 수 있다.

2. x를 B의 임의의 한 원소라 하고 그리고 xRb라 가정하자. b가 B의 유일한 최소 원소 이므로, bRx를 가져야한다. 그리고 이제 반대칭성에 의해서 $x=b$가 된다. 따라서 b는 한 극소원소가 되어야한다.

그것이 단하나 뿐임을 보이기 위해서, c가 역시 한 극소원소라 가정하자. b가 B의 유일한 최소 원소 이므로, bRc이다. 그러나 c가 극소이므로, $b=c$가 되어야한다. 따라서 b는 B의 유일한 극소원소이다.

3. R이 한 전준서라 하고 그리고 b가 B의 한 극소원소라 가정하자. x를 B의 임의의 한 원소라 하자. 만약 $x=b$이면, 그러면 R이 반사적이므로, bRx이다. 이제 $x \neq b$라 가정하자. R이 한 전순서 이므로, xRb 이거나 또는 bRx임을 안다. 그러나 xRb는 참이 될 수 없다. 그 이유는 xRb와 $x \neq b$라는 가정을 결합하여 b가 극소가 아님을 결정할 수 있다. 그것 때문에 그것이 극소라는 가정에 모순된다. x가 임의이므로, $\forall x \in B(bRx)$를 결정할 수 있다. 따라서 b가 B의 한 최소 원소이다. ■

어떤 집합 A의 부분집합들을 비교 할 때, 수학자들은 가끔

준순서 $S=\{(x, Y) \in \mathscr{P}(A) \times \mathscr{P}(A) \mid X \subseteq Y\}$를 사용한다. 비록 이것이 항상 명확하지는

않다. 만약 $\mathcal{F} \in \mathscr{P}(A)$이고 $X \in \mathcal{F}$이면, 그러면 정의4.4.4.에 의해서, X는 $\mathcal{F}$ 의 $S-$최소 원소 iff $\forall Y \in \mathcal{F}(X \subseteq Y)$임을 상기하여라. 즉, $\mathcal{F}$ 의 한 원소가 최소 원소라는 말은 그것이 $\mathcal{F}$ 의 임의의 원소의 부분집합이라는 의미이다. 유사하게, 수학자들은 가끔 한 특정한 성질을 갖는 최소 원소로 한 집합을 말하기도 한다. 일반적으로 이것은 문제가 되는 성질을 갖는 집합이고, 더욱이 그것이 그 성질을 갖는 모든 집합들의 한 부분집합임을 의미한다. 예를 들어, 우리는 예 4.4.5의 부분3에서 우리의 결론은 $\{2,3\}$이 $2 \in X$이고 $3 \in X$인 성질을 갖는 최소 원소 $X \subseteq \mathbb{N}$라고 말한다. 다음 장과 그리고 그다음 장들에서 이 생각의 더 많은 예들을 보게 될 것이다.

예 4.4.7.

1. 실수들의 집합 X가 $5 \in X$이고 그리고 모든 실수들 x와 y에 대하여, 만약 $x \in X$이고 $x < y$이면 그러면 $y \in X$이 성립하는 최소집합을 찾아라.
2. 실수들의 집합 X가 $X \neq \varnothing$이고 그리고 모든 실수들 x와 y에 대하여, 만약 $x \in X$이고 $x < y$이면 그러면 $y \in X$이 성립하는 최소집합을 찾아라.

풀이

1. 질문을 문장화하는 다른 방법은 우리가 집합족
$\mathcal{F} = \{X \subseteq R | 5 \in X$이고 $\forall x \forall y((x \in X \wedge x < y) \rightarrow y \in X)\}$의 최소 원소를 찾는다고 말하는 것이다. 여기서 최소의 의미는 부분집합의 준순서에 관해서 최소라는 것으로 이해해야한다. 이제 임의의 집합 $X \in \mathcal{F}$에 대하여 우리는 $5 \in X$임을 알고, 그리고
$\{\forall x \forall y((x \in X \wedge x < y) \rightarrow y \in X)\}$를 알고 있다. 특히, $5 \in X$이므로 $\forall y(5 < y \rightarrow y \in X)$라 말할 수 있다. 따라서 만약 $A = \{y \in \mathbb{R} | 5 \leq y\}$라 하면, 그러면 $\forall X \in \mathcal{F}(A \subseteq X)$라 결정할 수 있다. 그러나 그것은 $A \in \mathcal{F}$임을 아는 것은 용이하다. 따라서 A는 F의 최소 원소이다.

2. 집합족 $\mathcal{F} = \{X \subseteq R | X \neq \varnothing$이고 $\forall x \forall y((x \in X \wedge x < y) \rightarrow y \in X)\}$의 최소 원소를 찾아야한다. 부분1에서 집합 $A = \{y \in \mathbb{R} | 5 \leq y\}$은 F의 한 원소이다. 그러나 그것은 최소 원소가 아니다. 또한 심지어 한 극소원소도 아니다. 왜냐하면 $A' = \{y \in \mathbb{R} | 6 \leq y\}$이 더 작다- 즉, $A' \subseteq A$이고 $A' \neq A$이다. 그러나 A'도 역시 최소 원소가 아니다. $A'' = \{y \in \mathbb{R} | 7 \leq y\}$가 아

직도 더 작기 때문이다. 사실상, 이 집합족은 최소 원소가 없고, 심지어 극소원소도 갖지 않는다. 당신은 연습문제12에서 이것을 확인하게 될 것이다.

이 예는 어떤 성질을 갖는 최소 원소에 대하여 이야기 할 때 주의해야함을 보여준다. 그와 같이 최소 원소가 없을 수도 있다!

당신은 아마도 이미 준순서 집합들에서 극대와 최대원소들을 어떻게 정의 할지 예상했을 것이다. R 를 A 위에서의 한 준순서라 하고, $B \subseteq A$이고, $b \in B$ 라고 가정하자. 만약 $\forall x \in B(xRb)$이면 b를 B 의 최대 largest원소라고 말한다. 그리고 만약 $\neg x \in B(bRx \wedge b \neq x)$이면 그것을 B 의 극대 maximal 원소라고 말한다. 물론, 이런 정의들은 정의 4.4.4.의 것들과 아주 유사하다. 당신은 연습문제14에서 이런 생각들에서의 어떤 관계들을 취급할 것이다. 또 다른 관련된 생각들은 한 집합의 상계와 하계의 개념들이다.

정의 4.4.8. R 를 A위에서의 한 준순서라 하고, $B \subseteq A$이고, $a \in B$ 라고 가정하자. 그러면 만약 $\forall x \in B(aRx)$이면 a를 B 에 대한 한 하계 lower bound라 부른다. 유사하게, $\forall x \in B(xRa)$이면 a를 B에 대한 한 상계 upper bound라 부른다.

B 에 대한 한 하계가 B 의 한 원소가 될 필요는 없음에 주목하여라. 이것이 하계들과 그리고 최소 원소들 사이의 단 하나의 차이점이다. B 의 한 최소 원소는 역시 B 의 한 원소로써 단지 한 하계이다. 예를 들어, 예 4.4.5 의 부분1에서, 우리는 $7 \notin C$이기 때문에 집합 $C = \{x \in R | x > 7\}$의 한 최소 원소가 아니라고 결정했다. 그러나 7은 C 에 대한 한 하계이다. 사실상, 7보다 작은 모든 실수는 다 그렇다. 그러나 7보다 큰 모든 수는 그렇지 않다. 따라서 C 의 모든 하계들의 집합은 $\{x \in \mathbb{R} | x \leq 7\}$이다. 그리고 7이 그것의 최대원소이다. 7을 C 에 대한 하한 greatest lower bound이라 한다.

정의 4.4.9. R를 A위에서의 한 준순서이고, $B \subseteq A$라 가정하자. U를 B에 대한 모든 상계들의 집합이고, 그리고 L를 모든 하계들의 집합이라고 하자. 만약 U가 한 최소 원소를 가지면, 그러면 이 최소 원소를 B의 상한 least upper bound라 말한다. 만약 L은 한 최대원소를 가지면, 그러면 이 최대원소를 B의 하한이라 말한다. 상한과 하한이라는 단어들을 가끔 축약해서 $l.u.b$그리고 $g.l.b$라 한다.

예 4.4.10.

1. $L=\{(x,y)\in\mathbb{R}\times\mathbb{R}\,|\,x\le y\}$을 $\mathbb{R}$ 위에서 한 전순서라 하자.

$B=\{1/n|n\in Z^{+}\}=\{1,1/2,1/3,\cdots\}\subseteq\mathbb{R}$ 라 하자. B 는 어떤 상계나 또는 하계를 갖는가? 그것은 한 상한과 하한을 갖는가?

2. A를 모든 영어 단어들의 집합이라 하고, $\mathbb{R}$을 예 4.4.3 두에 설명한 A 위에서의 준순서 라 하자. $B=\{house, boat\}$라 하자. B 는 어떤 상계나 또는 하계를 갖는가? 그것은 한 상한과 하한을 갖는가?

풀이

1. 분명히 B 의 최대원소는 1이다. 그것은 또한 B 에 대한 한 상계이다. 1보다 더 큰 수들도 그렇다. 정의에 의해서, B 에 대한 상계는 B 의 임의의 원소들보다 적어도 더 커야만 한다. 따라서 특히 그것은 1보다는 적어도 같거나 더 커야한다. 따라서 1보다 작은 수는 B 의 상계가 될수 없다. 따라서 B 의 상계들의 집합은 $\{x\in\mathbb{R}\,|\,x\ge 1\}$이다. 분명히 이 집합의 최소 원소는 1이다. 따라서 1이 B 의 $l.u.b$이다.

분명히 0은 B 에 대한 한 하계이다. 임의의 음수들도 같이 그렇다. 즉, a를 한 양수라 가정하자. 그러면 한 충분히 큰 정수 n이 존재하여 $1/n<a$가 될 것이다.(당신은 $1/a$보다 더 큰정수 n가 그렇게 됨을 확인해야만 한다.) 따라서 그것은 $\forall x\in B(a\le x)$인 경우가 아니다. 그리고 그러므로 a는 B 에 대한 한 하계가 아니다. 따라서 B에 대한 모든 하계들의 집합은 $\{x\in\mathbb{R}\,|\,x\le 0\}$이다. 그리고 B의 $g.l.b$는 0이다.

2. 분명히 $houseboat$와 $boathouse$는 B 에 대한 상계들이다. 사실상, 더 짧은 단어는 한 상계가 될 수 없다. 따라서 그들은 둘 다 모든 상계들의 집합의 극소원소들이다. 정리 4.4.6의 부분 2에 따라서 한 개 이상의 극소원소를 갖는 집합은 최소 원소를 갖을 수 없다. 따라서 B 에 대한 모든 상계들의 집합은 한 최소 원소를 갖지 않는다. 그리고 그러므로 B 는 $l.u.b$를 갖지 않는다. 단어들 $house$와 $boat$가 공통으로 갖고 있는 문자는 o이다. 그것은 영어로 단어가 아니다. 따라서 B 는 하계들을 갖지 못한다.

예 4.4.10의 부분1에서, B의 최대원소는 역시 그것의 상한이 됨을 상기하여라. 당신은 최대원소들이 항상 상한들이 될지 의심하고 그리고 최소 원소들이 항상 하한들이 될지 의심할 것이다. 당신은 그것들을 연습문제20에서 증명하게 될 것이다. 이 예의 다른 재미있는 사실은 , 비록 B가 최소 원소를 갖지 않았지만, 그것은 한 하한을 가진다. 이것은 우연한 일치가 아니었다. 실수들은 임의의 공집합이 아닌 실수들의 집합이 한 하계를 가지면 한 하한을 갖으며 그리고, 유사하게, 임의의 공집합이 아닌 실수들의 집합이 한 상계를 가지면 한 상한을 가진다는 것은 중요한 사실이다. 이 사실의 증명은 이 책의 범위를 벗어난다. 그러나 그것은 실수들에 대한 특별한 사실임을 깨닫는 것이 중요하다: 그것은 모든 준순서들과 또는 심지어 모든 전순서들에 적용되지 않는다. 예를 들어, 예 4.4.10의 두 번째 부분에서 집합 B가 상계를 갖지만 상한을 갖지 않는다.

이장을 임의의 집합 A에 대하여, 한번 더 이 새로운 개념들이 부분집합 준순서에 $P(A)$위에서 어떻게 적용되는지 관찰하며 끝마친다. 그것은 준순서에서, 상한과 하한은 오래된 친구들인 합집합들과 교집합들로 밝혀진다.

정리 4.4.11. A를 한 집합이고, $\mathcal{F} \subseteq P(A)$, 그리고 $\mathcal{F} \neq \varnothing$라 가정하자. 그러면 $\mathcal{F}$의 상한(부분집합의 준순서에서)는 $\cup \mathcal{F}$ 이고 그리고 $\mathcal{F}$ 의 하한은 $\cap \mathcal{F}$이다.

증명. 연습문제 23 참조.

연습문제

*1. 각 경우에, R 이 A 위에서 한 준순서인지 아닌지 말하여라. 만약 이라면, 그것은 전순서인가?

(a) $A = \{a, b, c\}$, $R = \{(a,a), (b,a), (b,b), (b,c), (c,c)\}$

(b) $A = \mathbb{R}$, $R = \{(x,y) \in \mathbb{R} \times \mathbb{R} \mid |x| \leq |y|\}$

(c) $A = \mathbb{R}$, $R = \{(x,y) \in \mathbb{R} \times \mathbb{R} \mid |x| < |y|$ 또는 $x = y\}$

2. 각 경우에, R이 A위에서 한 준순서인지 아닌지 말하여라. 만약 이라면, 그것은 전순서인가?

(a) $A =$영어로 된 모든 단어들의 집합,

$R = \{(x,y) \in A \times A \mid$ 단어 y가 적어도 단어 x의 알파벳에서 늦게 나타난다.$\}$

(b) $A =$영어로 된 모든 단어들의 집합,

$R=\{(x,y)\in A\times A|$ 단어 y의 첫번째 문자가 적어도 단어 x의 알파벳에서 늦게 나타난다.$\}$

(c) $A=$세계의 모든 국가들의 집합,

$R=\{(x,y)\in A\times A|$ 국가 y의 인구들은 적어도 국가 x의 인구들이 적어도 같은 크기이다.$\}$

3. 각 경우에 B 의 모든 극소 그리고 극대원소들을 찾아라. 또한 , 만약 그것들, B 의 최대원소 와 최소 원소들, 그리고 B의 최소하계와 최대상계가 존재하면, 찾아라.

(a) $R=$ 다음 그림 4.6에서 유향그래프가 보여주는 관계, $B=\{2,3,4\}$이다.

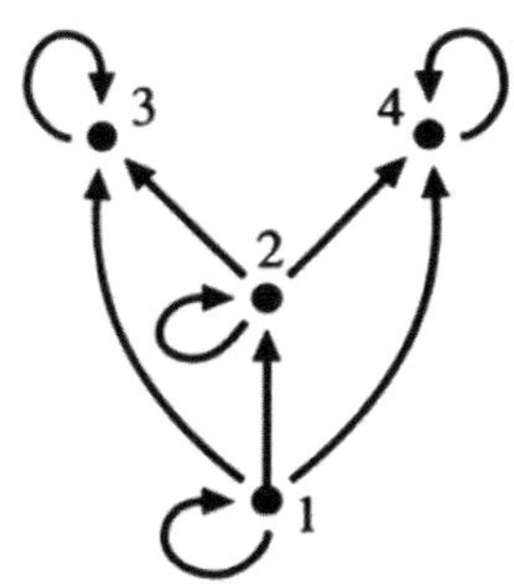

그림 4.6

(b) $R=\{(x,y)\in \mathbb{R}\times\mathbb{R}\,|x\le y\}$, $B=\{x\in\mathbb{R}\,|1\le x\le 2\}$

(c) $R=\{(x,y)\in \mathscr{P}(\mathbb{N})\times\mathscr{P}(\mathbb{N})\ |x\subseteq y\}$,

$B=\{x\in \mathscr{P}(\mathbb{N})|x$는 기껏해야 5 개의 원소들을 갖는다$\}$

4. R이 A위에서 한 관계라 가정하자. 당신은 R이 반 대칭적이고 또한 대칭적일수가 없다고 생각하는데, 그것은 참이 아니다. R이 반 대칭적이고 대칭적이다 iff $R\subseteq i_A$이다.

5. R을 A위에서 한 준순서라 하고 그리고 $B\subseteq A$라 가정하자. $R\cap(B\times B)$는 B위에서 한 준순서임을 증명하여라.

6. R_1과 R_2을 A위에서 준순서들 이라고 가정하자. 각 부분에 대하여, 당신의 답을 증명하거나 또는 반례를 들어 정당화 하여라.

(a) $R_1\cap R_2$는 A위에서 준순서이어야 하는가?

(b) $R_1 \cup R_2$는 A위에서 준순서이어야 하는가?

7. R_1는 A_1위에서 한 준순서이고, R_2는 A_2위에서 한 준순서이고, 그리고 $A_1 \cap A_2 = \varnothing$이라 가정하자.
   (a) $R_1 \cup R_2$는 $A_1 \cup A_2$위에서 준순서임을 증명하여라.
   (b) $R_1 \cup R_2 \cup (A_1 \times A_2)$는 $A_1 \cup A_2$위에서 준순서임을 증명하여라.
   (c) R_1과 R_2을 A위에서 전순서들 이라고 가정하자. (a)부분과 (b)부분의 준순서들은 역시 전순서인가?

*8. R 을 A위에서 한 준순서이고 S 을 B 위에서 한 준순서라고 가정하자. 한 관계 T를 $A \times B$ 위에 다음과 같이 정의하자:
$T = \{((a,b),(a',b')) \in (A \times B) \times (A \times B) | aRa'$ 이고, 만약 $a = a'$ 이면 bSb' 이다 $\}$
T는 $A \times B$ 위에서 한 준순서임을 보여라. 만약 R과 S가 둘 다 전순서라고 하면, T도 역시 한 전순서일 것인가?

9. R 을 A 위에서 한 준순서 그리고 S 을 B 위에서 한 준순서라고 가정하자. 한 관계 L를 $A \times B$위에 한 관계를 다음과 같이 정의하자:
$L = \{((a,b),(a',b')) \in (A \times B) \times (A \times B) | aRa'$ 이고, 만약 $a = a'$이면 bSb' 이다$\}$
L는 $A \times B$ 위에서 한 준순서임을 보여라. 만약 R 과 S 가 둘 다 전순서라면, L도 역시 한 전순서일 것인가?

10. R을 A위에서 한 준순서라 가정하자. 각 $x \in A$에 대하여, $P_x = \{a \in A | aRx\}$라 하자.
$\forall x \in A \forall y \in A(xRy \leftrightarrow P_x \subseteq P_y)$임을 증명하여라.

*11. D를 예 4.4.3의 부분3에 정의된 배수판정관계라 하자. $B = \{x \in \mathbb{Z} | x > 1\}$라 하자. B 는 어떤 극소원소를 갖는가? 만약 그렇다면, 그들은 무엇일까? B 는 한 최소 원소를 갖는가? 만약 그렇다면, 그것은 무엇일까?

12. 예 4.4.7.의 부분2에서 언급한 것과 같이
$\{X \subseteq \mathbb{R} | X \neq \varnothing$ 이고, $\forall x \forall y((x \in X \wedge x < y) \rightarrow y \in X\}$는 아무런 극소원소를 갖

지 않음을 보여라.

13. R 을 A위에서 한 준순서라 가정하자. R^{-1}이 역시 A위에서 한 준순서임을 증명하여라.

만약 R 이 한 전순서라면. R^{-1}이 역시 A위에서 한 전순서 일까?

*14. R 을 A위에서 한 준순서라 하고, $B \subseteq A$, 그리고 $b \in B$ 라고 가정하자. 연습문제13에서 R^{-1}이 역시 A위에서 한 준순서임을 보았다.

(a) b가 B 위의 $R-$최대원소 iff 그것이 B위의 $R^{-1}-$최소 원소임을 증명하여라.

(b) b가 B 위의 $R-$극대원소 iff 그것이 B위의 $R^{-1}-$극소원소임을 증명하여라.

15. R_1과 R_2을 A 위에서 준순서들 이고, $R_1 \subseteq R_2$, $B \subseteq A$, 그리고 $b \in B$ 라고 가정하자.

(a) 만약 b가 B 의 R_1-최소 원소라면, 그러면 그것은 역시 B 의 R_2-최소 원소임을 증명하여라.

(b) 만약 b가 B 의 R_1-극소원소라면, 그러면 그것은 역시 B 의 R_2-극소원소임을 증명하여라.

16. R 을 A위에서 한 준순서라 하고, $B \subseteq A$, 그리고 $b \in B$ 라고 가정하자. 만약 b가 B 의 유일한 최대원소라면, 그러면 b는 B 의 한 극대원소이다. 그리고 그것은 단 하나의 극대원소임을 증명하여라.

*17. 만약 한 준순서 집합이 하 부분집합이 단하나의 극소원소를 가지면, 그 원소는 한 최소 원소가 되어야하는가? 당신의 답을 증명하거나 또는 반례를 들어 정당화 하여라.

18. R을 A위에서 한 준순서라 하고, $B_1 \subseteq A$, $B_2 \subseteq A$, $\forall x \in B_1 \exists y \in B_2 (xRy)$, 그리고 $\forall x \in B_2 \exists y \in B_1 (xRy)$라고 가정하자.

(a) 모든 $x \in A$에 대하여, x가 B_1의 한 상계이고 iff x가 B_2의 한 상계임을 증명하여라.

(b) 만약 B_1과 B_2가 서로소이면 그러면 그들은 둘 다 한 극대원소를 갖지 않음을 증명하여라.

19. 다음 추정하는 정리를 고려하라.

정리? R 을 A 위에서 한 전순서라 하고, $B \subseteq A$라고 가정하자. 그러면 B 의 임의의 원소는 B 의 최소 원소가 되거나 또는 B 의 최대원소가 된다.

(a) 정리에 대한 다음 증명은 무엇이 잘못되었는가?

증명. $b \in B$ 라 가정하자. x가 B 의 임의의 한 원소라 하자. R이 전순서이므로, bRx이거나 또는 xRb이다.

경우1. bRx. x가 임의의 한 원소이므로, 우리는 $\forall x \in B(bRx)$이다. 따라서 b는 R 의 최소 원소가 된다.

경우2. xRb. x가 임의의 한 원소이므로, 우리는 $\forall x \in B(xRb)$이다. 따라서 b는 R 의 최대원소가 된다.

따라서 b는 B 의 최소 원소가 되거나 또는 B 의 최대원소가 된다. b가 임의의 한 원소이므로, B 의 임의의 원소는 최소 원소가 되거나 또는 최대 원소가 된다. ■

(b) 정리가 올바른가? 증명하거나 또는 반례를 들어 당신의 답을 정당화 하여라.

20. R을 A위에서 한 준순서라 하고, $B \subseteq A$, 그리고 $b \in B$ 라고 가정하자.

(a) 만약 b가 B의 최소 원소라 하면, 그것은 역시 B의 하한임을 증명하여라.

(b) 만약 b가 B의 최대원소라 하면, 그것은 역시 B의 상한임을 증명하여라.

*21. R 을 A위에서 한 준순서라 하고 그리고 $B \subseteq A$라고 가정하자. U 를 B 에 대한 상계들의 집합이라 하자.

(a) U 는 위쪽으로 닫혀있다 closed upward임을 증명하여라: 즉, 만약 $x \in U$ 이고 xRy이면 $y \in U$이다.

(b) B 의 임의의 원소는 U 에 대한 하계임을 증명하여라.

(c) 만약 x가 U의 하한이면, 그러면 x는 B 의 상한임을 증명하여라.

22. R 을 A위에서 한 준순서라 하고, $B_1 \subseteq A$, $B_2 \subseteq A$, x_1이 B_1의 상한이고, 그리고 x_2가 B_2의 상한이라 가정하자. 만약 $B_1 \subseteq B_2$이면 그러면 $x_1 R x_2$임을 증명하여라.

23. 정리 4.4.11을 증명하여라.

*24. R 을 A 위에서 한 관계라 하자. $S=R\cup R^{-1}$이라 하자.

(a) S 가 A 위에서 한 대칭적관계이고 그리고 $R\subseteq S$ 임을 보여라.

(b) 만약 T 가 A위에서 한 대칭적관계이고 그리고 $R\subseteq T$ 이면 $S\subseteq T$ 임을 보여라. 이 연습문제는 S 가 집합 $F=\{T\subseteq A\times A|R\subseteq T$이고 T는 대칭적이다.$\}$의 최소 원임을 보여 준다: 환언하면, 그것은 R 을 한 부분집합으로 포함하는 A 위에서의 최소대칭관계이다. 이 관계 S 를 R 의 대칭적 폐포 symmetric closure라 부른다.

25. R을 A위에서 한 관계라 하자.

$\mathcal{F}=\{T\subseteq A\times A|R\subseteq T$이고 T는 추이적이다.$\}$라 하자.

(a) $\mathcal{F}\neq\varnothing$임을 보여라.

(b) $\cap\mathcal{F}$는 A 위에서 한 추이적관계이고 그리고 $R\subseteq\cap\mathcal{F}$ 임을 보여라.

(c) $\cap\mathcal{F}$는 R 을 한 부분집합으로 포함하는 A 위에서의 최소추이관계임을 보여라. 그 관계 $\cap\mathcal{F}$ 는 R 의 추이적 폐포 transitive closure라 부른다.

26. R_1과 R_2는 A위에서 관계들이고 그리고 $R_1\subseteq R_2$라고 가정하자.

(a) S_1과 S_2 는 각각 R_1과 R_2의 대칭적 폐포들이라 하자. $S_1\subseteq S_2$임을 증명하여라.(대칭적 폐포에 대한 정의는 연습문제 24를 보라.)

(b) T_1과 T_2 는 각각 R_1과 R_2의 추이적 폐포들이라 하자. $T_1\subseteq T_2$임을 증명하여라.(추이적 폐포에 대한 정의는 연습문제 25를 보라.)

*27. R_1과 R_2는 A위에서 관계들이고, 그리고 $R=R_1\cup R_2$라고 가정하자.

(a) S_1, S_2 그리고 S 는 각각 R_1, R_2 그리고 R 의 대칭적 폐포들이라 하자. $S_1\cup S_2=S$ 임을 증명하여라. (대칭적 폐포에 대한 정의는 연습문제 24를 보라.)

(b) T_1, T_2 그리고 T는 각각 R_1, R_2 그리고 R의 추이적 폐포들이라 하자. $T_1\cup T_2\subseteq T$ 임을 증명하여라, 그리고 한 예를 들어 $T_1\cup T_2\neq T$ 이 될 수 있음을 보여라. (추이적 폐포에 대한 정의는 연습문제 25를 보라.)

28. A를 한 집합이라고 가정하자.

(a) 만약 A가 적어도 두 개의 원소를 가지면 그러면 A위에 최대의 반대칭관계가 있을 수 없음을 증명하여라. 환언하면, R 이 반대칭인 A위에서 관계가 존재하지 않는다. 그리고 임의의 A위에서의 반대칭관계 S에 대하여, $S \subseteq R$ 이다.

(b) R 을 A위에서의 한 전순서라 가정하자. R 이 A위에서 한 극대 반대칭관계임을 증명하여라. 환언하면, $R \subseteq S$ 이고 $R \neq S$ 인 A위에서의 반대칭관계 S 가 존재하지 않는다.

29. R 을 A 위에서 한 관계라 가정하자. 우리는 R을 만약 $\forall x \in A((x,x) \notin R)$이면 무반사적 irreflexive라고 말한다. 그것은 만약 엄격한 준순서이고 그리고 추가하서 $\forall x \in A \forall y \in A(xRy \vee yRx \wedge x = y)$이면 한 엄격한 전순서 strict total order라고 말한다.(여기서 용어가 약간 오해될 여지가 있음에 주목하여라, 왜냐하면 한 엄격한 준순수는 준순서의 한 특별한 경우가 아니기 때문이다. 그것은 반사적이 아니므로, 전혀 준순서가 되지 못한다!)

(a) $L = \{(x,y) \in \mathbb{R} \times \mathbb{R} \mid x < y\}$라 하자. L 이 $\mathbb{R}$ 위에서 한 엄격한 전순서임을 보여라.

(b) 만약 R 이 A 위에서 한 준순서이면, 그러면 $R \setminus i_A$는 A 위에서 한 엄격한 준순서이고, 그리고 만약 R 이 A 위에서 한 전순서이면, 그러면 $R \setminus i_A$는 A 위에서 한 엄격한 전순서임을 보여라.

(c) 만약 R 이 A 위에서 한 엄격한 준순서이면, 그러면 $R \cup i_A$는 A 위에서 한 준순서이고, 그리고 만약 R 이 A 위에서 한 엄격한 전순서이면, 그러면 $R \cup i_A$는 A 위에서 한 전순서임을 보여라.

30. R 을 A위에서 한 관계이고, 그리고 T 를 R 위에서 추이적 폐포라고 가정하자. 만약 R이 대칭적이면, 그러면 T 도 그렇다는 것을 증명하여라.
(힌트: R 이 대칭적이라고 가정하자. $R \subseteq T^{-1}$이고 그리고 T^{-1}이 추이적임을 증명하여라. 당신은 T와 T^{-1}에 대해서 무엇을 결정할 수 있는가? 추이적 폐포에 대한 정의는 연습문제 25를 보라.)

4.5. 동치 관계
Equivalence Relations

예 4.3.3에서 임의의 집합 A위에서 항등관계 i_A는 항상 반사적, 대칭적, 그리고 추이적임을 봤다. 이런 성질들의 결합을 갖는 관계들은 가끔 수학에서 보인다. 그리고 그들은 이 단원에서 탐구할 어떤 중요한 성질들을 가진다. 이런 관계들을 동치관계 equivalence relations 라 부른다.

정의 4.5.1. R 은 한 집합 A위에서 한 관계라 가정하자. 그러면 만약 그것이 반사적, 대칭적, 그리고 추이적이면, R 은 A위에서 한 동치관계라 부른다.(또는 만약 문맥상 A가 명확하면 바로 한 동치관계라 한다).

일찍이 알아본 것과 같이, 항등관계 i_A는 한 동치관계이다. 또 다른 예로, T를 모든 삼각형들의 집합이라 하자. 그리고 C를 합동 삼각형들의 관계라 하자. 환언하면,

$C=\{(s,t)\in T\times T \mid$삼각형 s와 t가 합동이다.$\}$이다. (한 삼각형이 다른 삼각형과 합동이다는 것은 비틀림 없이 이동하여 서로 일치시킬 수 있다는 것을 상기하여라.) 분명히 임의의 삼각형은 자기자신과 합동이다. 따라서 C 는 반사적이다. 또한, 만약 삼각형 s와 t가 합동이면, 그러면 t도 s와 합동이다. 따라서 C 는 대칭적이다. 그리고 만약 r이 s와 합동이고 그리고 s와 t가 합동이면, 그러면 r와 t는 합동이다. 따라서 C 는 추이적이다. 따라서 C 는 T위에서 한 동치관계이다.

다른 예로, P를 모든 사람들의 집합이라 하자.

그리고 $B=\{(p,q)\in P\times P \mid p$는 q와 같은 생일을 갖는다.$\}$라 하자.("같은 생일"의 의미는 같은 달과 같은 날이라는 의미이고 같은 해를 말하지는 않는다.) 모든 사람은 자기 자신과 같은 생일을 가진다. 따라서 B 는 반사적이다. 만약 p가 q와 같은 생일이라면, 그러면 q는 p와 같은 생일을 가진다. 따라서 B 는 대칭적이다. 그리고 만약 p이 q와 합동이고 그리고 q와 r가 합동이면, 그러면 p와 r는 합동이다. 따라서 B 는 추이적이다. 따라서 B 는 P 위에서 한 동치관계이다.

관계 B 를 더 면밀히 관찰하는 것이 교훈적일 것이다. 우리는 이 관계를 모든 사람들의

집합 P를 366범주들로 분할하는 것으로 생각할 수 있다.(어떤 사람들은 2월29일에 태어날 수도 있음을 상기 하여라!) 사람들의 순서쌍은 만약 사람들이 같은 범주에서 나오면 B 의 한 원소이다. 그러나 만약 사람들이 다른 범주에 속하면 B 의 원소가 다를 것이다. 우리는 이 범주들을 P의 부분집합들의 족으로 구성하는 범주들로 생각할 수 있다. 그것은 다음과 같이 첨자가 붙은 집합족으로 쓸 수 있다. 무엇보다도 먼저, D 를 모든 가능한 생일들의 집합이라고 하자. 환언하면, $D = \{Jan.1, Jan.2, Jan.3, \cdots, Dec.30, Dec.31\}$이다.

이제 각 $d \in D$ 에 대하여, $P_d = \{p \in P | p\text{는 } d\text{날짜에 태어났다.}\}$라 하자. 그러면 집합족 $F = \{P_d | d \in D\}$는 P의 부분집합들의 첨자가 붙은 한 집합족이다. F 의 원소들을 관계B에 대한 동치류 equivalence classes라 부른다. 그리고 모든 사람은 이런 동치류들의 단 하나에 속한다. 관계B는 사람 p와 q가 같은 동치류에 있다는 것은 쌍들 $(p,q) \in P \times P$ 로 구성된다. 환언하면,

$$\begin{aligned} B &= \{(p,q) \in P \times P \mid \exists d \in D(p \in P_d \text{ 그리고 } q \in P_d)\} \\ &= \{(p,q) \in P \times P \mid \exists d \in D((p,q) \in P_d \times P_d)\} \\ &= \cup_{d \in D}(P_d \times P_d) \end{aligned}$$

이 집합족 $\mathcal{F}$를 P 의 한 분할 partition이라 부를 것이다. 왜냐하면 그것은 집합 P 를 서로소인 조각들로 나누기 때문이다. 한 집합 A 위에서 모든 동치관계는 A의 한 분할을 결정한다고 밝혀진다. 그 원소들은 동치관계에 대한 동치류들이다. 그러나 이것이 참이 되는 이유를 자세하게 설명하기 전에, 분할과 동치류의 용어들을 더 면밀히 정의해야 한다.

정의 4.5.2 A가 한 집합이고 $\mathcal{F} \subseteq P(A)$라 가정하자. F가 만약 F의 임의의 서로 다른 쌍들의 원소들이 서로소일 때, 상호 서로소 pairwise disjoint라 한다.
또는 환언하면, $\forall X \in \mathcal{F}\ \forall Y \in \mathcal{F}\ (X \neq Y \rightarrow X \cap Y = \varnothing)$이다. (이 개념은 3.6장의 연습문제에서 논의된 것이다.) $\mathcal{F}$는 만약 다음 성질들을 가지면 A의 한 분할이라 부른다:

1. $\cup \mathcal{F} = A$
2. $\mathcal{F}$는 상호서로소이다.

3. $\forall X \in \mathcal{F}(X \neq \varnothing)$

예를 들어, $A=\{1,2,3,4\}$이고, $\mathcal{F}=\{\{2\},\{1,3\},\{4\}\}$라 가정하자.

그러면 $\cup \mathcal{F}=\{2\} \cup \{1,3\} \cup \{4\}=\{1,2,3,4\}=A$이다. 따라서 $\mathcal{F}$는 분할 정의의 첫 번째 절을 만족한다. 또한, F의 어떤 두 집합들도 공통인 원소를 갖지 않는다. 따라소 F는 상호서로소이다. 그리고 F의 모든 집합들은 분명히 공집합이 아니다. 따라서 F는 A의 한 분할이다.

한편으로, 집합족 $G=\{\{1,2\},\{1,3\},\{4\}\}$는 상호서로소가 아니다. 왜냐하면 $\{1,2\} \cap \{1,3\}=\{1\} \neq \varnothing$이기 때문이다. 따라서 그것은 A의 한 분할이 아니다. 집합족 $\mathcal{H}=\{\varnothing,\{2\},\{1,3\},\{4\}\}$도 역시 한 분할이 아니다. 왜냐하면 그것은 정의에서 세 번째 조건을 만족하지 못하기 때문이다.

정의 4.5.3. R 는 한 집합 A위에서 한 동치관계이고, 그리고 $x \in A$라 가정하자. 그러면 R에 관한 x의 동치류 equivalence classes는 다음 집합이다:

$$[x]_R=\{y \in A \mid yRx\}$$

만약 R이 문맥상 분명하면, 그러면 우리는 바로 $[x]_R$ 대신에 $[x]$라고 쓴다. A의 모든 동치류들의 집합을 A 모듈러 R이라고 부른다. 그리고 A/R로 표기한다. 따라서

$$A/R=\{[x]_R \mid x \in A\}=\{X \subseteq A \mid \exists x \in A(X=[x]_R)\}$$

같은 생일 관계B 의 경우에서, 만약 p가 임의의 사람이고, 정의 4.6.3에 따라서

$$\begin{aligned}[p]_B &= \{q \in P \mid qBp\} \\ &= \{q \in P \mid q\text{는 } p\text{와 생일이 같다.}\}\end{aligned}$$

예를 들어, 만약 John은 8월10일 태어났다면, 그러면

$$[John]_B = \{q \in P | q\text{는 } John\text{과 생일이 같다.}\}$$
$$= \{q \in P | q\text{는 8월10일 태어났다.}\}$$

앞에서 소개한 표기에서, 이것은 바로 집합 P_d이다. d=8월10일이기 때문이다. 사실상, 어떤 사람 p에 대하여, 만약 d가 p의 생일이라면, 그러면 $[p]_B = P_d$임이 분명해진다. 이것은 집합들 P_d는 동치관계B에 대한 동치류들이다는 것은 앞에서 우리들의 명제와 부합된다. 정의 4.6.3에 따라서 이 동치류들의 집합은 P 모듈러 B라 부른다:

$$P/B = \{[p]_B | p \in P\} = \{P_d | d \in D\}$$

당신은 연습문제5에서 이 방정식에 대한 한 많은 주의 깊은 증명을 주도록 요청받을 것이다. 우리가 전에 알아본 것과 같이, 이 집합족은 P의 한 분할이다.

하나 더 예를 들어보자. $\mathbb{R}$ 위의 관계S 를 다음과 같이 정의하자:

$$S = \{(x,y) \in \mathbb{R} \times \mathbb{R} \mid x - y \in \mathbb{Z}\}$$

예를 들어, $(5.73, 2.73) \in S$ 이고 $(-1.27, 2.73) \in S$이다. 왜냐하면 $5.73 - 2.73 = 3 \in \mathbb{Z}$ 이고 $-1.27 - 2.73 = -4 \in \mathbb{Z}$이기 때문이다. 그러나 $1.27 - 2.73 = -1.46 \notin \mathbb{Z}$이므로, $(1.27, 2.73) \notin S$이다. 분명히 임의의 $x \in \mathbb{R}$에 대하여, $x - x = 0 \in \mathbb{Z}$이므로, $(x,x) \in S$이다. 그리고 그러므로 S는 반사적이다. S 가 대칭적인가를 보기 위해서, $(x,y) \in S$이라 가정하자. S 의 정의에 의해서, 이것은 $x - y \in \mathbb{Z}$ 라는 의미이다. 그러나 역시 $y - x = -(x-y) \in \mathbb{Z}$이다. "어떤 정수의 음수도 정수이기 때문이다. 따라서 $(y,x) \in S$ 이다. (x,y)가 S 의 임의의 원소이므로, 이것은 S가 대칭적임을 보여준다. 마지막으로, S가 추이적인가를 보기 위해서, $(x,y) \in S$ 이고 $(y,z) \in S$아라 가정하자. 그러면 $x - y \in \mathbb{Z}$ 그리고 $y - z \in \mathbb{Z}$ 이다. 임의의 두 정수들의 합은 한 정수가 되기 때문에, 이것은 $x - z = (x-y) + (y-z) \in \mathbb{Z}$ 이 된다. 따라서 S 는 R위에서 한 동치관계이다.

이 동치관계에 대해서 동치류들은 무엇이 될까? 우리는 이미 $(5.73, 2.73) \in S$ 이고 $(-1.27, 2.73) \in S$임을 알았다. 따라서 $5.73 \in [2.73]$ 이고 $-1.27 \in [2.73]$ 이다. 사실상, 이 동치류의 다른 원소들이 무엇이 될지 알아보는 것은 어렵지 않다:

$$[2.73] = \{\cdots, -1.27, -0.27, 0.73, 1.73, 2.73, 3.73, \cdots\}$$

환언하면, 그 동치류는 "__.73"형식의 모든 양의 실수들과 "−__.27"형식의 모든 음의 실수들을 포함하고 있다. 일반적으로, 임의의 실수 x에 대하여, x의 동치류는 x로부터 한 정수만큼 차이가 나는 모든 실수들을 포함한다:

$$[x] = \{\cdots, x-3, x-2, x-1, x, x+1, x+2, x+3, \cdots\}.$$

여기에 당신자신에게 증명하는 것을 보여줄 이 동치류들에 대한 몇가지 시실들이 있다. 당신이 마지막 방정식에서 볼 수 있는바와 같이, x는 항상 $[x]$의한 원소이다. 만약 임의의 수 $x \in [2.73]$ 택하면, 그러면 $[x]$는 $[2.73]$와 똑 같은 것이 될 것이다. 예를 들어, $x = 4.73$을 택하면 우리는 다음을 찾게 된다:

$$[4.73] = \{\cdots, -1.27, -0.27, 0.73, 1.73, 2.73, 3.73, \cdots\} = [2.73]$$

따라서 $[4.73]$과 $[2.73]$은 같은 집합에 대한 바로 두 개의 다른 이름이다. 그러나 만약 우리가 $x \not\in [2.73]$를 택하면, 그러면 $[x]$와 $[2.73]$ 다를 것이다. 예를 들어,

$$[1.3] = \{\cdots, -1.7, -0.7, 0.3, 1.3, 2.3, 3.3, \cdots\}$$

사실상, 당신은 이 방정식들로 부터 $[1.3]$과 $[2.73]$는 공통인 원소들을 갖지 않는다는 것을 알 수 있다. 환언하면, $[1.3]$과 $[2.73]$는 실제로 서로소이다. 일반적으로, 임의의 두 실수들 x와 y에 대하여, 동치류들 $[x]$와 $[y]$는 서로 일치하거나 또는 서로소이다. $[x]$는 항상 x를 그 원소로 갖기 때문에, 모든 동치류들은 공집합이 아니다. 그리고 모든 실수 x는 단 하나의 동치류, 즉 $[x]$에 속한다. 환언하면, 모든 동치류들의 집합, $\mathbb{R}/S$는 $\mathbb{R}$의 한 분할이다. 이것이 한 동치관계에 의해서 결정되는 동치류들이 항상 한 분할을 구성한다는 사실을 설명해주는 또 다른 설명이다.

정리 4.5.4. R는 한 집합 A위에서 한 동치관계라 가정하자. 그러면 A/R은 A의 한 분할이다.

정리 4.6.4의 증명은 만약 우리가 먼저 동치류들에 대한 몇가지 사실들을 증명하면 이해하는데 더 쉬울 것이다. 한 증명을 증명하기 위해 그들을 사용할 목적으로 우선적으로 증명한 사실들을 보조정리들 lemmas이라 부른다.

보조정리 4.5.5. R는 A위에서 한 동치관계라 가정하자. 그러면:

1. 임의의 $x \in A$에 대하여, $x \in [x]$이다.
2. 임의의 $x \in A$와 $y \in A$에 대하여, $y \in [x]$ iff $[y] = [x]$.

증명.

1. $x \in A$ 가 임의라 하자. R 이 반사적이므로, xRx이다. 그러므로 동치류의 정의에 의해서, $x \in [x]$이다.
2. ($\rightarrow$) $y \in [x]$가 가정하자. 그러면 동치류의 정의에 의해서, yRx이다. 이제 $z \in [y]$라 가정하자. 그러면 zRy이다. zRy이고 yRx이므로, R 의 추이성에 의해서 zRx라 결정할 수 있다. 따라서 $z \in [x]$이다. z가 임의이므로, 이것은 $[y] \subseteq [x]$임을 보여준다.
이제 $z \in [x]$라 가정하자. 따라서 zRx이다. 이미 yRx임을 알고 있다. 그리고 R 이 대칭적이므로 xRy라 결정할 수 있다. 추이율을 zRx와 xRy에 적용하면, zRy이라 결정할 수 있다. 따라서 $z \in [y]$이다. 그러므로 $[x] \subseteq [y]$이다. 따라서 $[x] = [y]$이다.
($\leftarrow$)만약 $[y] = [x]$라 가정하자. 부분1에 의해서 $y \in [y]$임을 안다. 따라서 $[y] = [x]$이므로, 그것은 $y \in [x]$가 된다. ■

해설.

1. 동치류들의 정의에 따라서 $x \in [x]$는 xRx를 의미한다. 이것은 R이 반사적이라는 사실을 적용하여 우리가 유도할 수 있는 것이다.
2. 물론, 그 목표에 대한 iff 형식은 분리해서 양 방향으로의 증명을 유도한다. $\rightarrow$방향에 대해서, 그 목표는 $[y] = [x]$이다. $[y]$와 $[x]$는 집합들이므로, $[y] \subseteq [x]$이고 $[x] \subseteq [y]$를 증명함으로써 증명할 수 있다. 이 명제들을 통상적인 방법으로 한 집합의 임의의 원소를 택하여 그것이 다른것에 속하는 것을 증명한다. 증명을 통해서 우리가 명제1의 증명에서 했던바와 같이 동치류의 정의를 반복적으로 사용한다.

정리 4.5.4의 증명. A/R은 A의 한 분할임을 증명하기 위해서, 정의 4.6.2의 세 가지 성질들을 증명해야만 한다. 첫 번째로, $\cup(A/R) = A$를 보여야 한다. 바꿔 말하면 $\cup_{x\in A}[x] = A$이다. 이제 임의의 A/R 안의 동치류는 A의 한 부분집합이다. 따라서 그들의 합집합은 역시 A의 한 부분집합임이 확실하다. 따라서 $\cup(A/R) \subseteq A$이다. 따라서 증명을 마치기 위해 보여야 하는 것은 $A \subseteq \cup(A/R)$이다. 이것을 증명하기 위해서, $x \in A$라 가정하자. 그러면 보조정리 4.6.5에 의해서, $x \in [x]$이다. 그리고 물론 $[x] \in A/R$이다. 따라서 $x \in \cup(A/R)$이다. 따라서 $\cup(A/R) = A$이다.

A/R 이 상호서로소임을 보이기 위해서, X 와 Y 를 A/R의 두 원소들이고, $X \cap Y \neq \varnothing$이라 가정하자. A/R 의 정의에 의해서, X 와 Y 는 동치류들이다. 따라서 어떤 $x, y \in A$가 존재하여 $X = [x]$이고 $Y = [y]$이어야 한다. $X \cap Y \neq \varnothing$이므로, $z \in X \cap Y = [x] \cap [y]$인 어떤 z를 택할 수 있다. 이제 보조정리 4.6.5에 의해서 $z \in [x]$이고 $z \in [y]$이므로, 그것은 $[x] = [z] = [y]$가 된다. 따라서 $X = Y$이다. 이것은 만약 $X \neq Y$이면 $X \cap Y = \varnothing$이다. 따라서 A/R이 상호서로소이다.

끝으로, 분할의 정의의 마지막 절에 대해서, $X \in A/R$ 이라 가정하자. 전과 같이, 이것은 어떤 $x \in A$에 대하여 $X = [x]$이다. 이제 보조정리 4.6.5,에 의해서, $x \in [x] = X$이다. 따라서 요구되는 $X \neq \varnothing$이다. ■

해설. 왜 $\cup(A/R) \subseteq A$인가의 한 직관적인 이유를 준다. 그러나 당신이 왜 그것이 옳은지 확신이 없다면, 당신은 한 형식적인 증명을 써야만 한다.(당신은 역시 3.3장 연습문제 16에서 봤을 수도 있다.) $A \subseteq \cup(A/R)$의 증명은 곧바로 된다.

상호서로소의 정의는 A/R 이 상호서로소를 증명하기 위해서 X 와 Y 를 A/R 의 임의의 두 원소들이라 하고 그래서 $X \neq Y \rightarrow X \cap Y \neq \varnothing$을 증명할 것을 제안한다. 한 집합이 공집합이라는 명제는 참말로 한 부정적인 명제임을 상기하여라, 따라서 이 조건문의 가설과 결론은 둘 다 부정적이다. 이것은 아마도 그것을 대우명제로 증명하는 것이 쉬울 것임을 제안해 준다. 따라서 $X \cap Y \neq \varnothing$ 을 가정하고 $X = Y$임을 증명한다. 가설들 $X \in A/R$, .4는 만약 그리고, $X \cap Y \neq \varnothing$은 모두 존재성 명제들이다. 따라서 우리는 변수들 $x, y,$그리고 z를 소개하여 사용할 수 있다. 보조정리 4.6.5는 이제 $X = Y$ 의 증명뿐만 아니라 분할의 정의의 마지막 구절의 증명을 도와준다.

정리4.5.4는 R 이 A위에서 한 동치관계이면 A/R 은 A 의 한 분할임을 보인다. 사실상, 그것은 A의 임의의 분할이 이와 같은 방법으로 생긴다고 밝혀진다.

정리 4.5.6. A 가 한 집합이고 $\mathcal{F}$ 를 A의 한 분할이라 가정하자. 그러면 $A/R=\mathcal{F}$ 가 되는 A위에서의 한 동치관계 R 이 존재한다.

이 정리를 증명하기 전에, 그 증명의 작전에 대하여 간략하게 논의하는 것이 보람이 있을 것이다. 왜냐하면 증명의 결론이 존재성 명제이기 때문에, $A/R=\mathcal{F}$ 가 되는 동치관계 R 을 찾아야 한다. F 의 다른 선택에 대해서는 분명히 R 을 다르게 선택할 필요가 있을 것이다. 따라서 R 의 정의는 어떤 방법에 있어서 F 에 의존해야 한다. 같은 생일의 예를 되돌아 보는 것은 당신이 어떻게 진행해갈지를 도와 줄 것이다. 그 예에서 동치관계B는 p와 q가 분할 $\{P_d|d\in D\}$에서 같은 집합에 속하는 모든 사람들의 순서쌍(p,q)으로 구성된 것을 상기하여라. 사실상, 우리는 또한 이것을 $B=\cup_{d\in D}(P_d\times P_d)$라 말하는것으로 표현할 수 있다는 것을 찾았다. 이것은 우리가 R를 정리 4.6.6의 증명에서 우리는 x와 y가 분할 $\mathcal{F}$ 의 같은 집합에 속하는 모든 순서쌍들 $(x,y)\in A\times A$이 되어야한다. 한 이것을 쓰는 또 다른 방법은

$R=\cup_{X\in\mathcal{F}}(X\times X)$이다.

예를 들어, 정의4.6.2 뒤에 주어진 한 분할의 예를 다시 고려하자. 그 예에서 우리는 $A=\{1,2,3,4\}$과 $F=\{\{2\},\{1,3\},\{4\}\}$였다. 이제 A위의 한 관계R 를 마지막 문장에서 제안된 것과 같이 정의하자. 이것은 우리에게 다음을 마련해준다:

$$
\begin{aligned}
R &= \cup_{X\in\mathcal{F}}(X\times X) \\
&= (\{2\}\times\{2\})\cup(\{1,3\}\times\{1,3\})\times(\{4\}\times\{4\}) \\
&= \{(2,2)\}\cup\{(1,1),(1,3),(3,1),(3,3)\}\cup\{(4,4)\} \\
&= \{(2,2),(1,1),(1,3),(3,1),(3,3),(4,4)\}
\end{aligned}
$$

이 관계에 대한 유향그래프는 그림4.7로 보여준다. 우리는 당신이 R 이 한 동치관계임을 확인하고 동치류들은 다음과 같다.

$$[2]=\{2\},\ [1]=[3]=\{1,3\},\ [4]=\{4\}$$

따라서 모든 동치류들의 집합은 $A/R=\{\{2\},\{1,3\},\{4\}\}$이다. 그것은 우리가 시작했던 분할 $\mathcal{F}$와 분명히 같은 것이다.

물론, 우리에게 공식 $R=\cup_{X\in\mathcal{F}}(X\times X)$를 유도하는 논증은 정리 4.6.6.의 증명의 한 부분은 아니다. 증명을 쓸 때, 단순히 이와 같은 방법으로 R을 정의하고 그래서 A위에서 한 동치관계이고 그리고 $A/R=\mathcal{F}$ 임을 밝힌다. 그것은 만약 다시 한번 먼저 약간의 보조정리들을 증명하여 그 증명을 더 쉽게 만들들 수 있다.

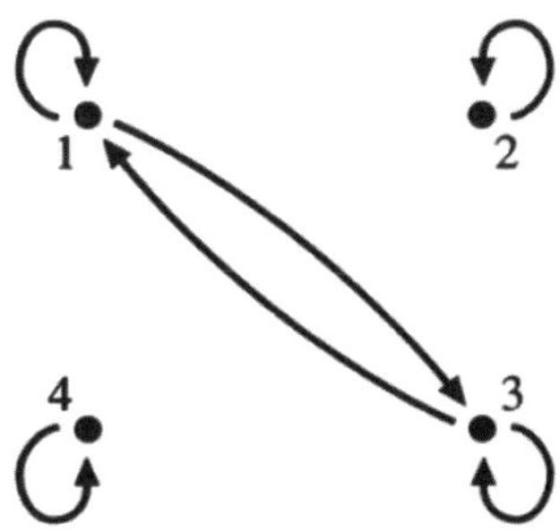

그림 4.7

보조정리 4.5.7. A가 한 집합이고 $\mathcal{F}$를 A의 한 분할이라 가정하자. $R=\cup_{X\in\mathcal{F}}(X\times X)$라 하자. R은 A 위에서의 한 동치관계이다. 우리는 R을 $\mathcal{F}$에 의해서 정해지는 동치관계라 부른다.

증명. R이 반사적임을 증명하고 나머지는 연습문제8에서 해결하도록 남겨둘 것이다. x를 A의

임의의 한 원소라 하자. $\mathcal{F}$는 A의 한 분할이고, $\cup F=A$이므로, 따라서 $x\in\cup\mathcal{F}$이다. 따라서 우리는 $x\in X$가 되는 어떤 $X\in\mathcal{F}$ 를 선택할 수 있다. 그러면 $(x,x)\in X\times X$가 되고, 따라서 $(x,x)\in\ \cup_{X\in\mathcal{F}}(X\times X)=R$ 이다. 그러므로 R 이 반사적이다. ■

해설. x를 A의 임의의 한 원소라고 한 후에, $(x,x)\in R$ 를 증명해야 한다. $R=\cup_{X\in\mathcal{F}}(X\times X)$이기 때문에, 이것은 $\exists X\in\mathcal{F}((x,x)\in X\times X)$을 증명해야 한다는

것을 의미한다. 그러나 이것은 바로 $x \in \cup \mathcal{F}$ 임을 의미한다. 따라서 이것은 분할 정의의 첫 번째 구절의 사용을 제안한다. 그것은 $\cup \mathcal{F} = A$임을 말한다.

보조정리 4.5.8. A 가 한 집합이고 $\mathcal{F}$를 A의 한 분할이라 가정하자. R은 F 에 의해서 정해진 한 동치관계라 하자. $X \in \mathcal{F}$ 이고 $x \in X$라 가정하자. 그러면 $[x]_R = X$이다.

증명. $y \in [x]_R$라 가정하자. 그러면 $(y,x) \in R$이다. 따라서 R 의 정의에 의해서 $(y,x) \in Y \times Y$ 인 어떤 $Y \in F$ 가 존재한다. 그리고 그러므로 $y \in Y$ 이고 $x \in Y$ 이다. $x \in X$ 이고 $x \in Y$ 이므로, $X \cap Y \neq \varnothing$ 이다. 그리고 F 는 상호서로소이므로 그것은 $X = Y$ 가 된다. 따라서 $y \in Y$이므로, $y \in X$이다. y가 $[x]_R$ 의 임의의 원소이므로, 우리는 $[x]_R \subseteq X$ 라 결정할 수 있다. 이제 $y \in X$라 가정하자. 그러면 $(y,x) \in X \times X$이다. 따라서 $(y,x) \in R$ 이다 그러므로 $y \in [x]_R$ 이다. 따라서 $X \subseteq [x]_R$이다. 즉 $[x]_R = X$이다. ■

해설. $[x]_R = X$ 를 증명하기 위해서 우리는 $[x]_R \subseteq X$과 $X \subseteq [x]_R$을 증명한다. 먼저 임의의 원소 $y \in [x]_R$ 에서 시작하여 그리고 $y \in X$를 증명한다. $[x]_R$의 정의를 쓰면 우리는 $(y,x) \in R$을 얻는다. 그리고 R을 $\cup_{X \in \mathcal{F}} (X \times X)$로 표시했기 때문에, 이것은 $\exists Y \in \mathcal{F} ((y,x) \in Y \times Y)$를 의미한다. 물론, 이것이 한 존재성 명제이므로 우리는 존재성의 추상화에 의해서 새 변수 Y 를 즉각 소개할 수 있다. 이것이 우리에게 $y \in Y$를 주고 우리의 목표는 $y \in X$이기 때문에, 그것은 그 증명을 $Y = X$의 증명으로 완성된다는 것이 놀랍지 않다.

$X \subseteq [x]_R$을 증명하기 위해서 역시 $[x]_R$와 R의 정의들을 사용한다. 그러나 더 직선적이다.

정리 4.5.6.의 증명. $R = \cup_{X \in \mathcal{F}} (X \times X)$라 하자. 이미 R 이 한 동치관계임을 보았다. 따라서 우리는 단지 $A/R = \mathcal{F}$ 임을 확인할 필요가 있다. 이것을 보기 위해서, $X \in A/R$이라 가정하자. 이것은 어떤 $x \in A$에 대하여 $X = [x]$를 의미한다. $\mathcal{F}$ 가 한 분할이므로, $\cup F = A$임을 안다. 따라서 $x \in \cup \mathcal{F}$ 이다. 그래서 우리는 $x \in Y$인 어떤 $Y \in \mathcal{F}$ 를 택할 수 있다. 그러나 보조정리 4.5.8.에 의해서, $[x] = Y$ 이고, 따라서 $X = Y \in \mathcal{F}$ 이다. 따라서 $A/R \subseteq \mathcal{F}$ 이다.

이제 $X \in \mathcal{F}$ 라 가정하자. 그러면 $\mathcal{F}$는 한 분할이므로, $X \neq \varnothing$ 이다. 따라서 우리는 어떤

$x\in X$ 를 택할 수 있다. 그러므로 보조정리 4.5.8.에 의해서, $X=[x]\in A/R$이다. 따라서 $\mathcal{F}\subseteq A/R$이다. 따라서 $A/R=\mathcal{F}$ 이다. ■

해설. 우리는 $A/R=\mathcal{F}$를 $A/R\subseteq\mathcal{F}$와 $\mathcal{F}\subseteq A/R$ 을 증명함으로써 증명한다. 먼저, 우리는 한 임의의 $X\in A/R$ 을 택하여 그리고 $X\in\mathcal{F}$ 를 증명한다. $X\in A/R$ 가 $\exists x\in A(X=[x])$를 의미하기 때문에, 우리는 즉각적으로 새로운 변수 x를 $X=[x]$가 되는 A의 한 원소를 나타내는 것으로 소개한다. $X\in\mathcal{F}$ 의 증명은 이제 $X=Y$ 가 되는 한 집합 $Y\in\mathcal{F}$ 를 발견하는 다소 회전교차로에 의해서 진행한다. 이것은 보조정리 4.5.8에 의해서 동기유발 된다. 그것은 $\mathcal{F}$의 한 원소가 $[x]=X$ 와 같다는 것을 보여주는 한 방법을 제안한다. $\mathcal{F}\subseteq A/R$ 의 증명은 역시 보조정리 4.5.8.에 의존한다.

한 집합 A위에서 한 동치관계R 가 어떻게 A의 한 분할 A/R을 정의하는데 사용될 수 있고 그리고 A의 한 분할 $\mathcal{F}$가 어떻게 A위에서의 한 동치관계 $\cup_{X\in\mathcal{F}}(X\times Y)$를 정의하는데 사용되는지 보았다. 정리 4.6.6의 증명은 이 연산들 사이의 한 재미있는 관계를 입증해 준다. 만약 당신이 A의 한 분할 $\mathcal{F}$로 출발하면, $\mathcal{F}$를 사용하여 동치관계 $\cup_{X\in\mathcal{F}}(X\times X)$를 정의하고 그래서 R을 사용하여 한 분할 A/R 를 정의하면, 그러면 당신은 당신이 출발한 곳으로 되돌아가 끝낸다. 즉, 그 마지막 분할 A/R 은 원래의 분할 $\mathcal{F}$ 와 똑같다. 당신은 만약 다른 방향으로 해도 같은 생각이 작용할지 의심할 수도 있다. 환언하면, 당신이 A위에서 한 동치관계 R 에서 시작한다고 가정하자. R 을 사용하여 한 분할 $\mathcal{F}=A/R$ 을 정의한다. 그래서 $\mathcal{F}$를 사용하여 한 동치관계 $S=\cup_{X\in\mathcal{F}}(X\times X)$를 정의한다. 마지막 동치관계$S$는 원래의 동치관계 R와 같은 것이 될까? 당신은 연습문제9에서 그 답이 옳다는 것이 요구되고 있다.

이 장을 동치관계의 몇 가지 더 많은 예들을 고려하며 마무리한다. 한 아주 유용한 동치관계들의 집합족이 다음 정의에 의해서 주어진다.

정의 4.5.9. m을 한 양의 정수라 가정하자. 임의의 정수들 x와 y에 대하여, 우리는 만약 $\exists k\in\mathbb{Z}\,(x-y=km)$을 만족하면 x는 y와 m을 법으로 합동 congruent 이라 말할 것이다. 환

언하면, x는 y와 m을 법으로 합동이다 iff $m|(x-y)$이다. 우리는 표기 $x \equiv y(\mathrm{mod}\ m)$는 x는 y와 m을 법으로 합동이라는 의미이다.

예를 들어, $12-27=-15=(-3)\cdot 5$이므로, $12 \equiv 27(\mathrm{mod}\,5)$인할 것이다. 이제 임의의 양의 정수 m에 대하여 우리는 관계 $\{(x,y)\in \mathbb{Z}\times\mathbb{Z}|x \equiv y(\mathrm{mod}\ m)\}$를 고려할 수 있다. 마지막 장에서 언급한 바와 같이, 수학자들은 종종 관계들에 대한 이름으로 문자들 보다는 기호들을 사용한다. 이 경우에, 정의 4.5.9,의 표기에 의해서 동기유발로, 우리는 이 관계에 대한 이름으로 기호 $\equiv_m$을 사용할 것이다. 따라서 임의의 정수들 x와 y에 대하여 $x\equiv_m y$는 $x \equiv y(\mathrm{mod}\,m)$와 같은 의미이다. 그것은 이 관계가 한 동치관계의 또 다른 예가 된다.

정리 4.5.10. 임의의 양의 정수 m에 대하여, $\equiv_m$은 $\mathbb{Z}$위에서 한 동치관계이다.

증명. 우리는 $\equiv_m$에 대한 추이적임을 확인할 것이다. 그리고 당신이 반사와 대칭성은 연습문제11에서 확인 하도록 하겠다. 추이적임을 보기 위해서,$x\equiv_m y$이고 $y\equiv_m z$라 가정하자. 이것은 $x \equiv y(\mathrm{mod}\,m)$이고 $y \equiv z(\mathrm{mod}\,m)$을 의미한다. 또는 환언하면, $m|(x-y)$이고 $m|(y-z)$이다. 그러므로 3.3장의 연습문제 18(a)에 의해서, $m|[(x-y)+(y-z)]$이다. 그러면 $(x-y)+(y-z)=x-z$이다. 따라서 그것은 $m|(x-z)$이 된다. 그러므로 $x\equiv_m z$이다. ■

우리는 이 책의 7장에서 특별히 이런 동치관계들에 대하여 더 많은 이야기를 할 것이다.

동치관계들은 어떤 공통점을 갖는 한 집합의 원소들을 함께 묶기를 원할 때 자주 나타난다. 예를 들어, 만약 당신이 한 예비 수학과목이나 아마도 물리학과목에서 벡터들을 배웠다면, 그러면 당신은 화살표들로 생각할 수 있는 벡터들을 이야기했을 수도 있을 것이다. 그러나 당신은 아마도 같은 방향과 같은 길이를 갖는 서로 다른 화살표들이 같은 벡터를 표현한다고 생각해야만 한다고 역시 말한다. 여기에 벡터들과 화살표들 사이의 관계에 대한 훨씬 빛나는 설명이 있다.

A를 모든 화살표들의 집합이라 하고,

그리고 $R=\{(x,y)\in A\times A|$화살표들 x와 y는 같은 방향과 같은 길이를 갖는다.$\}$라 하자. 당신이 스스로 R이 A위에서 한 동치관계임을 확인하기를 바란다. 각 동치류는 같은 길이를 갖고 같은 방향으로 가는 화살표들로 구성된다. 이제 벡터들을 화살표들에 의해서로만 표현 되는 것이 아니고, 화살표들의 동치류들에 의해서 구성된다.

컴퓨터 프로그램에 익숙한 학생들은 다음 예에 흥미로울 수 있다. 우리가 P를 모든

컴퓨터 프로그램들의 집합이라 가정하자. 그리고 임의의 컴퓨터 프로그램들 p와 q에 대하여 우리가 p와 q가 동등하다는 것은 만약 그들이 항상 같은 입력을 했을 때 같은 출력을 가질 때이다. $R=\{(p,q)\in P\times P|$ 프로그램들 p와 q가 동등하다.$\}$라 하자. 그것은 R이 P위에서 한 동치관계임을 확인하는 것은 어렵지 않다. 동치류들은 같은 입력을 주었을 때 같은 출력이 나오는 프로그램을 함께 묶는다.

연습문제

*1. 집합 $A=\{1,2,3\}$의 모든 분할들을 찾아라.

2. 집합 $A=\{1,2,3\}$의 모든 동치관계들을 찾아라.

*3. $W=$영어로 된 모든 단어들의 집합 이라 하자. W위의 다음 관계들 중에 동치관계인 것은 어느 것인가? 동치관계인 것들에 대하여, 동치류들은 무엇인가?
(a) $R=\{(x,y)\in W\times W|$ 단어들 x와 y들은 같은 문자로 시작한다.$\}$
(b) $S=\{(x,y)\in W\times W|$ 단어들 x와 y들은 공통으로 적어도 한 문자를 갖는다.$\}$
(c) $T=\{(x,y)\in W\times W|$ 단어들 x와 y들은 같은 개수의 문자를 갖는다.$\}$

4. $\mathbb{R}$ 위의 다음 관계들 중에 동치관계인 것은 어느 것인가? 동치관계인 것들에 대하여, 동치류들은 무엇인가?
(a) $R=\{(x,y)\in\mathbb{R}\times\mathbb{R}\,|\,x-y\in\mathbb{N}\}$
(b) $S=\{(x,y)\in\mathbb{R}\times\mathbb{R}\,|\,x-y\in\mathbb{Q}\}$
(c) $T=\{(x,y)\in\mathbb{R}\times\mathbb{R}\,|\,\exists n\in\mathbb{Z}\,(y=x\cdot 10^n)\}$

5. L을 평면에서 모든 서로 수직이 되지 않는 직선들의 집합이라고 하자. L위에서 다음 관계들 중에 동치관계인 것은 어느 것인가? 동치관계인 것들에 대하여, 동치류들은 무엇인가?
(a) $R=\{(k,l)\in L\times L|$ 직선들 k와 l은 기울기가 같다.$\}$
(b) $S=\{(k,l)\in L\times L|$ 직선들 k와 l은 수직이다.$\}$
(c) $T=\{(k,l)\in L\times L|\ k\cap x=l\cap x$이고 $k\cap y=l\cap y\}$, 여기서 x와 y는 $x-$축과 $y-$축이다.(우리는 직선들은 여기서 점들의 집합들로 간주한다.)

*6. 정의 4.5.3에 따른 같은 생일 동치관계B의 논의에서, 우리는 $P/B=\{P_d|d\in D\}$가 됨을 주장하였다. 이 주장에 대한 한 주의 깊은 증명을 하여라. 당신은 증명해낼 때 당신이 사람들의 생일에 대해서 만들어야할 한 가정(한 아주 합리적인 가정)이 있다는 것을 발견할 것이다. 이 가정이 무엇일까?

7. T를 모든 삼각형들의 집합이라 하자.
그리고 $S=\{(s,t)\in T\times T|$ 삼각형 s와 t는 닮음이다.$\}$라 하자. (두 삼각형들이 닮음이라는 것은 두 삼각형의 대응하는 각들이 같다는 것이다.) S는 한 동치관계임을 확인하여라.

8. 보조정리 4.6.7,의 증명을 완성하여라.

9. R 과 S 가 A 위에서 동치관계들이고 그리고 $A/R=A/S$ 라 가정하자. $R=S$ 임을 증명하여라.

*10. R 이 A 위에서 한 동치관계라 가정하자. $\mathcal{F}=A/R$이고, 그리고 S 를 $\mathcal{F}$에 의해서 결정되는 동치관계라 하자. 즉, $S=\bigcup_{\mathcal{F}\in}(X\times X)$이다. $S=R$임을 증명하여라.

11. C_m은 한 양의 정수 m에 대하여, 이 책에서 정의된 m을 법으로 합동이라 하자.
   (a) C_m이 Z 위에서 한 동치관계라는 것을 그것이 반사적이고 대칭적임을 보임으로써 증명을 완성하여라.
   (b) C_2와 C_3에 대한 모든 동치류들을 찾아라. 각 영우에 얼마나 많은 동치류들이 있는가? 일반적으로, C_m에 대한 당신은 얼마나 많은 동치류들이 있는지 생각해봐라.

12. 임의의 정수 n에 대하여, $n^2\equiv 0(\bmod 4)$이거나 또는 $n^2\equiv 1(\bmod 4)$이 됨을 증명하여라.

*13. m이 한 양의 정수라 가정하자. 임의의 정수들 a, b, c, d에 대하여, 만약 $a\equiv c(\bmod m)$이고 $b\equiv d(\bmod m)$이면 그러면 $a+b\equiv c+d(\bmod m)$이고 $ab\equiv cd(\bmod m)$임을 증명하여라.

14. R 이 A 위에서 한 동치관계라 하고 $B \subseteq A$라 가정하자. $S = R \cap (B \times B)$라 하자.

(a) S 가 B 위에서 한 동치관계임을 증명하여라.

(b) 모든 $x \in B$ 에 대하여, $[x]_S = [x]_R \cap B$ 임을 증명하여라.

15. $B \subseteq A$ 이고, 한 동치관계 R을 $\mathscr{P}(A)$위에 다음과 같이 정의한다:

$$R = \{(X, Y) \in \mathscr{P}(A) \times \mathscr{P}(A) \mid (X \triangle Y) \subseteq B\}$$

(a) R 을 $\mathscr{P}(A)$위에서 한 동치관계임을 증명하여라.

(b) 임의의 $X \in \mathscr{P}(A)$에 대하여 $Y \cap B = \varnothing$이 되는 단 하나의 $Y \in [X]_R$이 존재함을 증명하여라.

*16. $\mathcal{F}$ 가 A 위의 한 분할이고, $\mathcal{G}$ 가 B 위의 한 분할이고, A 와 B 는 서로소라 가정하자. $\mathcal{F} \cup \mathcal{G}$는 $A \cup B$ 의 한 분할임을 증명하여라.

17. R 이 A위에서 한 동치관계라 하고, S 가 B 위에서 한 동치관계라 하고, A 와 B 는 서로소라 가정하자.

(a) $R \cup S$ 는 $A \cup B$ 의 한 동치관계임을 증명하여라.

(b) 모든 $x \in A$에 대하여, $[x]_{R \cup S} = [x]_R$이고, 그리고 모든 $y \in B$에 대하여, $[y]_{R \cup S} = [y]_S$임을 증명하여라.

(c) $(A \cup B)/(R \cup S) = (A/R) \cup (B/S)$임을 증명하여라.

18. $\mathcal{F}$와 $\mathcal{G}$가 한 집합 A위의 분할들이라 가정하자. 우리는 새로운 한 집합족 $\mathcal{F} \cdot \mathcal{G}$ 를 다음과 같이 정의하자:

$$\mathcal{F} \cdot \mathcal{G} = \{Z \in P(A) \mid Z \neq \varnothing \text{이고 } \exists X \in F \exists Y \in G (Z = X \cap Y)\}.$$

$\mathcal{F} \cdot \mathcal{G}$ 가 A위의 분할임을 증명하여라.

19. $\mathcal{F}=\{\mathbb{R}^-, \mathbb{R}^+, \{0\}\}$이고 그리고 $\mathcal{G}=\{\mathbb{Z}, \mathbb{R}\setminus\mathbb{Z}\}$이라 하고, 그리고 $\mathcal{F}$와 $\mathcal{G}$ 둘 다 $\mathbb{R}$ 위의 분할들임을 주목하여라. $\mathcal{F}\cdot\mathcal{G}$의 원소들을 나열하여라. (여기에서 사용하는 표기의 의미는 연습문제 18 참조.)

*20. R 과 S 가 한 집합 A 위에서 동치관계들이라 가정하자. $T=R\cap S$ 라 하자.

(a) T 가 A 위에서 한 동치관계임을 증명하여라.

(b) 모든 $x\in A$에 대하여, $[x]_T=[x]_R\cap[x]_S$임을 증명하여라.

(c) $A/T=(A/R)\cdot(A/S)$임을 증명하여라.(여기에서 사용하는 표기의 의미는 연습문제 18 참조.)

21. $\mathcal{F}$가 A 위의 한 분할이고, $\mathcal{G}$ 가 B 위의 한 분할이라고 가정하자. 우리가 새로운 한 집합족 $\mathcal{F}\otimes\mathcal{G}$ 를 다음과 같이 정의하자:

$$\mathcal{F}\otimes\mathcal{G}=\{\mathbb{Z}\in\mathscr{P}(A\times B)\mid\exists X\in\mathcal{F}\ \exists Y\in\mathcal{G}(Z=X\times Y)\}$$

$\mathcal{F}\otimes\mathcal{G}$ 가 $A\times B$ 의 한 분할임을 증명하여라.

*22. $\mathcal{F}=\{\mathbb{R}^-, \mathbb{R}^+, \{0\}\}$라 하자. 이것은 $\mathbb{R}$의 한 분할이다. $\mathcal{F}\otimes\mathcal{F}$ 의 원소들을 나열하고, 그리고 그들을 기하학적으로 $xy-$평면의 부분집합들로 설명 하여라. (여기에서 사용하는 표기의 의미는 연습문제21 참조.)

23. R 이 A 위에서 한 동치관계라 하고, S 가 B 위에서 한 동치관계라 가정하자. 한 관계 T 를 $A\times B$ 위에 다음과 같이 정의하자:

$$T=\{((a,b),(a',b'))\in(A\times B)\times(A\times B)\mid aRa' \text{ 그리고 } bSb'\}$$

(a) T가 $A\times B$ 위에서 한 동치관계임을 증명하여라.

(b) 만약 $a\in A$이고 $b\in B$ 이라면 $[(a,b)]_T=[a]_R\times[b]_S$임을 증명하여라.

(c) $(A\times B)/T=(A/R)\times(B/S)$임을 증명하여라.(여기에서 사용하는 표기의 의미는 연습문제21 참조.)

*24. R 과 S 가 한 집합 A 위에서 관계들이고, 그리고 S 가 한 동치관계라 가정하자. 우리는 R 이 S 와 양립할 수 있다 compatible고 말하는 것은 만약 임의의

x, y, x', y'에 대하여, xSx' 이고 ySy'이면 그러면 xRy iff $x'Ry'$임을 증명하여라.

(a) 만약 R 이 S 와 양립할 수 있다면, 그러면 한 유일한 관계 T 가 A/S 위에서 A 안에 임의의 x와 y에 대해서, $[x]_S T[y]_S$ iff xRy임을 증명하여라.

(b) T 가 A/S 위에서 한 유일한 준순서가 존재하여 그리고 A 안에 임의의 x와 y에 대해서, $[x]_S T[y]_S$ iff xRy이다. R 이 S 와 양립할 수 있다는 것을 증명하여라.

25. R 이 A위에서 한 관계이고 그리고 R 이 반사적이고 추이적이라고 가정하자. (그와 같은 관계를 A위에서 한 원순서 preorder라 부른다.). $S = R \cap R^{-1}$라 하자.

(a) S 이 A위에서 한 동치관계임을 증명하여라.

(b) 관계 T 가 A/S 위에서 유일하게 존재하여 A안에 임의의 x와 y에 대해서, $[x]_S T[y]_S$ iff xRy임을 증명하여라.

(c) T 가 A/S 위에서 한 준순서임을 증명하여라, 여기서 T 는 (b)부분에서의 관계이다.

26. $I = \{1, 2, 3, \cdots, 100\}$, $A = \mathscr{P}(I)$ 그리고
$R = \{(X, Y) \in A \times A \mid Y$는 적어도 X만큼 원소들을 갖고있다.$\}$라 하자.

(a) R이 A위에서 한 원순서임을 증명하여라. (원순서의 정의는 연습문제 25 참조.)

(b) S와 T는 연습문제 25에서와 같이 정의되었다고 하자. A/S의 원소들과 준순서 T를 설명하여라. A/S는 얼마나 많은 원소들을 갖고 있는가? T는 한 전순서인가?

27. A를 한 집합이라 가정하자. $\mathcal{F}$와 $\mathcal{G}$ 가 A 위의 분할들이라면, 그러면 우리는 만약 $\forall X \in \mathcal{F}\ \exists Y \in \mathcal{G}(X \subseteq Y)$이면 $\mathcal{F}$가 $\mathcal{G}$ 를 정제한다고 말한다. P 를 A의 모든 분할들의 집합이라 하자.
그리고 $R = \{(\mathcal{F}, \mathcal{G}) \in P \times P \mid F$가 G를 정제한다.$\}$라 하자.

(a) R 이 P 위에서 한 준순서임을 증명하여라.

(b) S 와 T 가 A위에서 동치관계들이라 가정하자. $\mathcal{F} = A/S$이고 $\mathcal{G} = A/T$ 라 하자. $S \subseteq T$ iff $\mathcal{F}$가 $\mathcal{G}$ 를 정제한다를 증명하여라.

(c) $\mathcal{F}$와 $\mathcal{G}$가 A 위의 분할들이라 가정하자. $\mathcal{F} \cdot \mathcal{G}$가 준순서 R에서 집합 $\{\mathcal{F}, \mathcal{G}\}$의 하한 임을 증명하여라. (여기서 사용하는 표기의 의미는 연습문제 18참조.)

Chapter 5

함수

Functions

5.1 함수

Functions

P 를 모든 사람들의 집합이라 가정하고,
$H=\{(p,n)\in P\times\mathbb{N}\,|\,p$는 n명 자녀를 갖고 있다.$\}$라 하자. 그러면 H 는 P 로 부터 $\mathbb{N}$ 으로 가는 한 관계이다. 그리고 그것은 다음 중요한 성질을 갖고 있다. 임의의 $p\in P$ 에 대하여, $(p,n)\in H$가 되는 정확하게 하나의 $n\in N$이 존재한다. 수학자들은 이것을 H 가 P 로부터 $\mathbb{N}$ 으로 가는 한 함수 function라 말하는 것으로 표현한다.

정리 5.1.1. F 가 A 로부터 B 로 가는 한 관계라 가정하자. 그러면 만약 임의의 $a\in A$ 에 대하여 $(a,b)\in F$ 가 성립하는 정확하게 한 원소 $b\in B$ 가 존재하면 F 를 A 로부터 B 으로 가는 한 함수라 부른다. 환언 하면, F 를 A 로부터 B 로 가는 함수라 말하는 것의 의미는:

$$\forall a\in A\,\exists!b\in B((a,b)\in F)$$

F 가 A 로부터 B 으로 가는 함수라는 것을 나타내기 위해, 우리는 $F: A\rightarrow B$ 라 쓸 것이다.

예 5.1.2.
1. $A=\{1,.2,3\}$, $B=\{4,5,6\}$ 그리고 $F=\{(1,5),(2,4),(3,5)\}$라 하자. F 는 A 로부터 B 으로 가는 함수인가?
2. $A=\{1,.2,3\}$, $B=\{4,5,6\}$ 그리고 $G=\{(1,5),(2,4),(1,6)\}$라 하자. G는 A로부터 B으로 가는 함수인가?
3. C 는 모든 도시들의 집합이고, N는 모든 나라들의 집합이고, 그리고
$L=\{(c,n)\in C\times N|$ 도시 c는 나라 n에 있다.$\}$라 하자. L은 C로부터 N으로 가는 함수인가?
4. P는 모든 사람들의 집합이고, 그리고 $C=\{(p,q)\in P\times P|p$는 q의 부모이다.$\}$라 하자. C은 P에서 P로 가는 함수인가?
5. P는 모든 사람들의 집합이고, $D=\{(p,x)\in P\times\mathscr{P}(P)|x=p$의 모든 자녀들의 집합$\}$라 하자. D는 P로부터 $\mathscr{P}(P)$으로 가는 함수인가?

6. A는 임의의 집합이라 하자. $i_A = \{(a,a) | a \in A\}$를 A위에서 항등관계라 부르는 것을 상기하여라. 그것은 A에서 A로 가는 함수인가?

7. $f = \{(x,y) \in \mathbb{R} \times \mathbb{R} \mid y = x^2\}$이라 하자. f는 $\mathbb{R}$에서 $\mathbb{R}$로 가는 한 함수인가?

풀이

1. 그렇다. 1은 5와 관계 F안에서 쌍이 된다. 그러나 B의 그 밖의 다른 원소들과는 쌍이 되지 않는다. 유사하게, 2는 단지 4와 쌍이 되고, 그리고 3은 5와 된다. 환언하면, A의 각 원소는 F의 단 하나의 순서쌍의 첫 번째 좌표로 나타난다. 그러므로 F는 A로부터 B으로 가는 함수이다. 함수의 정의는 B의 각 원소는 A의 정확히 한 원소와 쌍이 될 것을 요구하지는 않는다는 것에 주목하여라. 따라서 그것은 5가 F에서 두 개의 다른 순서쌍들의 두 번째 좌표에 나타난 것과 6은 어떤 순서쌍들에도 전혀 나타나지 않은 것은 문제가 되지 않는다.

2. 안 된다. G는 두 가지 이유로 A로부터 B으로 가는 함수가 되지 못한다. 첫째로, 3이 관계G에서 B의 어떤 원소와도 쌍이 되지 않았다. 그것은 A의 임의의 원소가 B의 어떤 원소와 쌍이 되어야한다는 조건을 위반하고 있다. 둘째로, 1이 B의 두 개의 서로 다른 원소들 5와 6과 쌍이 되어 있다. 그것은 A의 각 원소가 B의 단 하나의 원소와 쌍이 되어야한다는 조건을 위반하고 있다.

3. 만약 모든 도시가 정확히 한 나라에 있다는 합당한 가정을 하면, 그러면 L은 C로부터 N으로 가는 함수가 된다.

4. 어떤 사람들은 자녀가 없고 그리고 어떤 사람은 한명보다 많은 자녀를 갖기도 하기 때문에, C은 P에서 P로 가는 함수가 안 된다.

5. 그렇다. D는 P로부터 $\mathscr{P}(P)$으로 가는 함수이다. 각 사람 p는 정확히 한 집합 $x \subseteq P$와 쌍을 이룬다. 그것은 p의 모든 자녀들의 집합이다. 이 관계D에서, 한 사람 p는 p의 모든 자녀들로 구성된 집합과 쌍을 이루고, 그들 자신의 자녀들로 되는 것이 아님을 주목하여라. 비록 p가 정확히 한 자녀를 갖지 않더라도, 그것은 역시 p의 자녀만 품고 있는 정확히 한 집합이므로 참이다.

6. 그렇다. 각 $a \in A$는 관계i_A에서 A의 한 원소 a자신과 쌍을 이룬. 환언하면, $(a,a) \in i_A$이다. 그러나 모든 $a' \neq a$에 대하여 , $(a,a') \notin i_A$이다. 따라서 우리는 i_A를 A위에서의 항등함수

identity function이라 부른다.

7. 그렇다. 각 실수 x에 대하여 정확히 한 값 y가 존재하여, 즉 $y=x^2$, $(x,y)\in f$가 된다.

$f: A \to B$라 가정하자. 만약 $a\in A$이면, 그러면 정확히 한 $b\in B$가 존재하여 $(a,b)\in f$가 된다는 것을 알고 있다. 이 유일한 b를 "a에서의 f의 값" 또는 "a의 f아래에서의 상" 또는 "a에 f를 적용한 결과" 또는 간단히 "a의 f"라 말하고, 그리고 그것은 $f(a)$로 쓴다. 환언하면, 임의의 $a\in A$에 대하여, $b=f(a)$ iff $(a,b)\in f$이다.

예를 들어, 지난번 예의 부분1에서 함수 $F=\{(1,5),(2,4),(3,5)\}$에서, 우리는 $(1,5)\in F$이므로, $F(1)=5$라 말할 수 있다. 유사하게, $F(2)=4$이고 $F(3)=5$이다.

만약 L이 부분3의 함수라면 그리고 c가 임의의 도시이면, 그러면 $L(c)$는 $(c,n)\in L$이 되는 유일한 나라 n이 될 것이다.. 환언하면, $L(c)=c$가 위치한 나라이다. 예를 들어, $L(Paris)=France$이다. 부분5의 함수 D에 대해서, 우리는 임의의 사람 p에 대하여, $D(p)=p$의 모든 자녀들의 집합이다. 만약 A가 임의의 집합이고 $a\in A$이면, 그러면 $(a,a)\in i_A$이다. 따라서 $i_A(a)=a$이다. 그리고 만약 f가 부분7에서의 함수라 하면, 그러면 임의의 실수x에 대하여, $f(x)=x^2$이다.

한 집합 A로부터 다른 집합 B로 가는 한 함수f는 가끔 임의의 $a\in A$에 대하여 $f(a)$를 결정할 수 있는 한 규칙으로 지정될 수 있다. 예를 들어, 만약 A가 모든 사람들의 집합이라 하고 그리고 $B=\mathbb{R}^+$라 하면, 그러면 우리는 A로부터 B로 가는 한 함수f가 임의의 $a\in A$에 대하여 $f(a)=a$인치의 키라는 규칙으로 정해진다. 비록 이 정의는 어떤 순서쌍들이 f의 원소들인지는 분명하지는 않지만, 우리는 모든 $a\in A$에 대한 우리의 규칙을 이용하여 이것을 결정한다. 그리고 $b\in B$이고, $(a,b)\in f$ iff $b=f(a)$이다. 따라서

$$\begin{aligned} f &= \{(a,b)\in A\times B \mid b=f(a)\} \\ &= \{(a,b)\in A\times B \mid b=a\text{의 키의 인치}\} \end{aligned}$$

예를 들어, 만약 $Joe\ Smith$가 68인치 크기라면, 그러면 $(Joe\ Smith, 68)\in f$이고 $f(Joe\ Smith)=68$이다.

그것은 가끔은 A로부터 B로 가는 한 함수f를 임의의 $a\in A$에 대하여, 어떤 대응하는 대

상 $b=f(a)\in B$로 연관되는 한 규칙을 표현하는 것을 생각하는 것이 유용하다. 하지만, 그것은 비록 한 함수가 그런 한 규칙으로 주어저서 정의될 수 있지만, 그것은 이 방법으로만 정의될 필요는 없다. 임의의 $A\times B$의 부분집합으로써, 정의 5.1.로 주어진 조건들을 만족하면 A로부터 B로 가는 한 함수이다.

예 5.1.3. 여기에 규칙들에 의해서 정의되는 약간의 더 많은 예들이 있다.

1. 임의의 학생에게 한 교수를 지도교수로 지정한다고 가정하자. S를 학생들의 집합 그리고 P를 교수들의 집합이라고 하자. 그러면 우리는 S에서 P로 가는 한 함수 f를 임의의 학생 s에 대하여, $f(s)=s$의 지도교수 로 정의 할 수 있다. 환언하면,

$$\begin{aligned} f &= \{(s,p)\in S\times P | p=f(s)\} \\ &= \{(s,p)\in S\times P | \text{교수}p\text{는 학생}s\text{의 지도교수이다.}\} \end{aligned}$$

2. 한 함수 g를 $\mathbb{Z}$로부터 $\mathbb{R}$로 가는 한 함수로 임의의 $x\in\mathbb{Z}$에 대하여, $g(x)=2x+3$의 규칙에 의해 정의한다. 그러면

$$\begin{aligned} g &= \{(x,y)\in \mathbb{Z}\times\mathbb{R} \,|\, y=g(x)\} \\ &= \{(x,y)\in \mathbb{Z}\times\mathbb{R} \,|\, y=2x+3\} \\ &= \{\cdots, (-2,-1), (-1,1), (0,3), (1,5), (2,7), \cdots\} \end{aligned}$$

3. h를 $\mathbb{R}$로부터 $\mathbb{R}$로 가는 한 함수로 임의의 $x\in\mathbb{R}$에 대하여, $h(x)=2x+3$의 규칙에 의해 정의한다고 하자. $h(x)$에 대한 공식은 부분2의 $g(x)$의 공식과 똑 같음을 주목하여라. 하지만, h와 g는 같은 함수가 아니다. 당신은 예를 들어, $(\pi, 2\pi+3)\in h$이지만 $\pi\notin\mathbb{Z}$이므로 $(\pi, 2\pi+3)\notin g$이다.(g와 h 사이의 관계에 대한 더 많은 것은 연습문제 7 참조.)

A로부터 B로 가는 한 함수f가 $f(a)$를 찾는 한 규칙에 의해 주어짐으로 지정될 때, 그 규칙은 임의의 $a\in A$에 대해서 $f(a)$의 값을 결정하는 규칙임을 상기해야 한다. 가끔 수학자들은 그와 같은 규칙을 시작할 때 그들은 모든 $a\in A$를 적용할 규칙을 명확히 말하지 않는다. 예를 들어, 한 수학자가 " f가 $\mathbb{R}$로부터 $\mathbb{R}$로 가는 공식 $f(x)=x^2+7$로 정의된다고 하

자" 라 말 할 수 있다. 그것은 이 경우 비록 그것이 명확하지는 않지만 모든 $x \in R$을 방정식 $f(x) = x^2 + 7$ 에 적용하는 것으로 이해된다. 이것은 당신이 이 방정식에서 x에 임의의 실수를 대입할 수 있다는 의미이다. 그리고 그 결과의식은 참일 것이다. 예를 들어, 당신은 $f(3) = 3^2 + 7 = 16$을 결정할 수 있다. 유사하게, 만약 w가 실수라면, 그러면 당신은 $f(w) = w^2 + 7$로 쓸 수 있고, 또는 심지어 $f(2w-3) = (2w-3)^2 + 7 = 4w^2 - 12w + 16$이다.

A로부터 B로 가는 한 함수f가 $f(a)$를 찾는 규칙에 의해서 완전히 결정되기 때문에, 두 함수들이 동치인 규칙들에 의해서 정의되면 같게된다. 더울 명확하게는 , 우리는 다음 정리를 가진다:

정리 5.1.4. f와 g가 A로부터 B로 가는 함수들이라 가정하자. 만약 $\forall a \in A \in f(a) = g(a))$이면 그러면 $f = g$이다.

증명. $\forall a \in A \in f(a) = g(a))$라 가정하자. 그리고 (a,b)가 f의 한 임의의 원소라 하자. 그러면 $b = f(a)$이다. 그러나 가정 $f(a) = g(a)$에 의해서, 따라서 $b = g(a)$이고 그리고 그러므로 $(a,b) \in g$이다. 따라서 $f \subseteq g$이다. 한 유사한 논증으로 $g \subseteq f$을 보인다. 따라서 $f = g$이다. ■

해설. f와 g가 집합들이기 때문에, $f \subseteq g$와 $g \subseteq f$를 증명해야 $f = g$이다. 이 목표들은 한 집합의 임의의 원소가 다른 것의 원소이어야 한다는 것을 증명하는 것이다. 이제 우리가 정리 5.1.4를 증명하면, 두 함수들 f와 g가 한 집합 A로부터 다른 집합 B로 가는 함수들이 같다는 것을 증명하는 또 다른 방법이 있음에 주목하여라.

장래에, $f = g$를 증명하기 위해 우리는 보통 $\forall a \in A(f(a) = g(a))$을 증명 할 것이고 그리고 나서 정리 5.1.4를 적용한다.

함수들은 단지 한 특별한 종류의 관계들이기 때문에, 4장에서 소개된 관계들에 대한 개념들은 역시 함수들에도 적용될 수 있다. 예를 들어, $f : A \to B$라 가정하자. 그러면 f는 A로부터 B로 가는 한 관계들이다. 따라서 f의 정의역은 A의 부분집합으로, 그리고 f의 치역은 B의 부분집합으로 으로 이야기하는 것이 의미를 가는다. 함수의 정의에 따라서 A의 모든 원소들은 f의 어떤 순서쌍의 첫 번째 좌표로 나타나야한다. 따라서 f의 정의역은 실제로 A의 모든 원소가 된다. 그러나 f의 치역은 B 전체일 필요는 없다. f의 치역의 원소들은 f의 모든 순서쌍들의 두 번째 좌표들이다. 그리고 f의 순서쌍의 두 번째 좌표는 소위 첫 번째 좌표의 상이라 부른다. 따라서 f의 치역은 f아래에서 A원소들의 모든 상들의 집합으로 역시 설명될 수 있다:

$$Ran(f) = \{f(a) \mid a \in A\}$$

예를 들어, 예 5.1.3의 부분1에서 정의된 함수에 대해서,
$Ran(f) = \{f(s) \mid s \in S\}$ = 학생들의 모든 지도교수들의 집합이다.

함수들의 다이어그램들을 4장에서 관계들에 대한 다이어그램들을 그렸던 똑 같은 방법으로 그릴 수 있다. 만약 $f : A \to B$이면, 그러면 전과 같이, 모든 순서쌍들 $(a,b) \in f$는 다이어그램에서 a와 b를 연결하는 한 모서리에 의해서 표현될 수 있다. 함수의 정의에 의해서, 모든 $a \in A$는 f에서의 정확히 한 순서쌍의 첫 번째 좌표로 나타난다. 그리고 이 순서쌍의 두 번째 좌표는 $f(a)$이다. 예를 들어, 그림 5.1은 예 5.1.2의 부분3에서 정의된 함수 L에 대한 다이어그램이 되는 것을 보여준다.

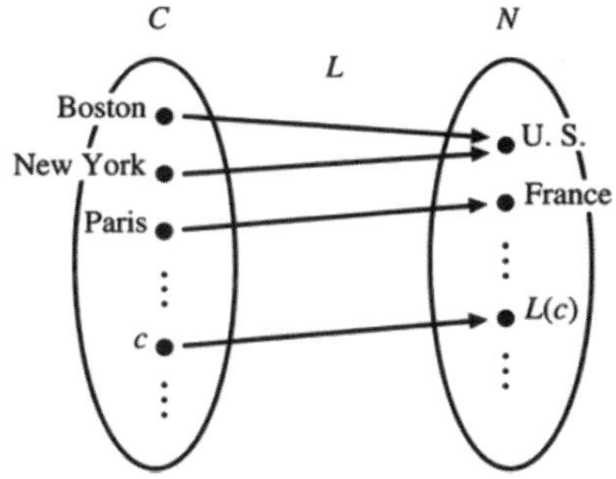

그림 5.1

관계들의 합성의 정의는 함수들에도 역시 적용될 수 있다. 만약 $f : A \to B$이고 $g : B \to C$ 라 하면, 그러면 f는 A에서 B로 가는 한 관계이고 그리고 g는 B에서 C로 가는 한 관계이다. 따라서 $g \circ f$에 대해서 이야기하는 것은 의미를 가진다. 그것은 A에서 C로 가는 한 관계이다. 사실상, 그것은 $g \circ f$가 A에서 C로 가는 한 함수가 되고, 다음 정리에서 보일 것이다.

정리 5.1.5. $f : A \to B$이고 $g : B \to C$라 가정하자. 그러면 $g \circ f : A \to C$이고, 임의의 $a \in A$에 대하여, a의 $g \circ f$의 값은 공식 $(g \circ f)(a) = g(f(a))$로 주어진다.

메모 작업

이 증명을 하기 전에, 그것은 그 증명을 위하여 메모 작업을 논의 하는 것이 도움이 될 것이다. 함수의 정의에 따라서 $g \circ f: A \to C$임을 보이기 위해서 $a \in A \exists ! c \in C((a,c) \in g \circ f)$를 증명해야 한다. 따라서 a를 A의 임의의 원소라고 하여 시작하여 그리고 나서 $\exists ! c \in C((a,c) \in g \circ f)$을 증명할 것이다. 우리가 3.6장에서 본바와 같이, 이 명제를 존재성과 유일성을 분리해서 증명 할 수 있다. 존재성을 증명하기 위해서, 우리는 $(a,c) \in g \circ f$가 되는 $c \in C$를 찾아야만 한다. 유일성을 위해서는, 우리는 $(a,c_1) \in g \circ f$이고 $(a,c_2) \in g \circ f$라 가정하고, $c_1 = c_2$의 증명을 시도한다.

증명. a를 A의 임의의 원소라 하자. 우리는 $(a,c) \in g \circ f$가 되는 한 유일한 $c \in C$가 존재함을 보여야 한다.
존재성: $b = f(a) \in B$라 하자. $c = g(b) \in C$라 하자. 그러면 $(a,b) \in f$이고 $(b,c) \in g$이다. 따라서 관계들의 합성의 정의에 의해서 $(a,c) \in g \circ f$이다. 따라서 $\exists c \in C((a,c) \in g \circ f)$이다.
유일성: $(a,c_1) \in g \circ f$이고 $(a,c_2) \in g \circ f$라 가정하자. 그러면 합성의 정의에 의해서, 우리는 $(a,b_1) \in f$이고 $(b_1,c_1) \in g$인 $b_1 \in B$를 택할 수 있고, 그리고 우리는 $(a,b_2) \in f$이고 $(b_2,c_2) \in g$인 $b_2 \in B$를 역시 택할 수 있다. f가 함수이므로, $(a,b) \in f$가 되는 단 하나의 $b \in B$가 있다. 따라서 (a,b_1)와 (a,b_2)가 둘 다 f의 원소들이므로, 그것은 $b_1 = b_2$이다. 그러니 이제 같은 논증을 g에 적용하면, $(b_1,c_1) \in g$이고 $(b_1,c_2) = (b_2,c_2) \in g$이므로, 그것은 구하고자하는, $c_1 = c_2$가 된다.
이것이 $g \circ f$가 A로부터 C로 가는 한 함수임의 증명을 완성했다. 끝으로, $(g \circ f)(a)$에 대한 공식을 유도하기 위해, 우리는 증명의 절반인 존재성에서 임의의 $a \in A$에 대하여, 만약 $b = f(a)$이고 $c = g(b)$라 하자. 그러면 $(a,c) \in g \circ f$이다. 따라서

$$(g \circ f)(a) = c = g(b) = g(f(a)).$$

■

처음 4장에서 두 관계들의 합성의 생각을 소개 할 때, 이 장에서의 표기에 대한 이유를 설명하는 것은 약간 이상하고 가망이 있는 표기를 지적한다. 우리는 이제 이 설명을 제공할

수 있다. 관계들의 합성에 대해 사용한 표기에 대한 이유는 정리 5.1.5.에서 유도되는 편리한 공식 $(g \circ f)(x) = g(f(x))$을 유도한다. 함수들은 단지 한 특별한 종류의 관계들이기 때문에, 우리가 증명한 관계들의 합성에 대한 모든 것은 함수들의 합성에 적용된다. 특히, 정리 4.2.5.에 의해서, 함수들의 합성이 결합법칙이 성립함을 알고 있다.

예 5.1.6. 여기에 함수들의 합성들에 대한 약간의 예들이 있다.

1. C와 N을 각각 모든 도시들과 나라들의 집합들이라 하자. 그리고 $L: C \to N$을 예 5.1.2.의 부분3에서 정의된 함수라 하자. 따라서 임의의 도시 c에 대하여, $L(c) = c$가 위치한 나라이다. B를 도시들에 위치하고 있는 모든 건물들의 집합이라 하자., 그리고 함수 $F: B \to C$ 를 공식 $F(b) =$건물 b가 위치해 있는 도시라 정의하자. 그러면 $L \circ F: B \to N$이다.
예를 들어, F(Eiffel Tower) = Paris, 따라서 정리 5.1.5에서 유도된 공식에 따라서

$$\begin{aligned}(L \circ F)(\text{Eiffel Tower}) &= L(F(\text{Eiffel Tower})) \\ &= L(\text{Paris}) = \text{France}.\end{aligned}$$

일반적으로, 임의의 건물 $b \in B$에 대하여,
$(L \circ F)(b) = L(F(b)) = L(b$가 위치해 있는 도시$)$
$= b$가 위치해 있는 나라
이 함수의 한 다이어그램은 그림 5.2에서 볼 수 있다.

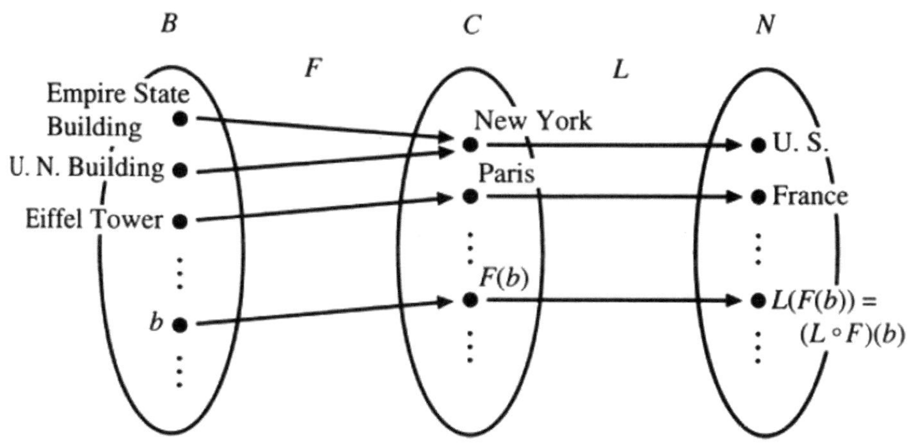

그림 5.2

2. $g: \mathbb{Z} \to \mathbb{R}$는 함수로 예 5.1.3.의 부분2의 것이라 하자. 그것은 다음 공식 $g(x)=2x+3$으로 주어졌다. $f: \mathbb{Z} \to \mathbb{Z}$는 공식 $f(n)=n^2-3n+1$로 정의된다. 예를 들어, $f(2)=2^2-3 \cdot 2+1=-1$, 따라서 $(g \circ f)(2)=g(f(2))=g(-1)=1$. 일반적으로, 임의의 $n \in \mathbb{Z}$에 대하여,

$$(g \circ f)(n)=g(f(n))=g(n^2-3n+1)=2(n^2-3n+1)+3$$
$$=2n^2-6n+5$$

연습문제

*1. (a) $A=\{1,2,3\}$, $B=\{4\}$이고 $f=\{(1,4), (2,4), (3,4)\}$라 하자. f는 A로부터 B로 가는 함수인가?

(b) $A=\{1\}$, $B=\{2,3,4\}$, 그리고 $f=\{(1,2), (1,3), (1,4)\}$라 하자. f는 A로부터 B로 가는 함수인가?

(c) C는 당신의 주에 등록된 모든 자동차들의 집합이고, 그리고 S는 문자들과 숫자들의 모든 유한 수열들의 집합이라 하자.
$L=\{(c,s) \in C \times S |$ 자동차 c의 면허증 번호판은 s이다$\}$라 하자. L는 C로부터 S로 가는 함수인가?

2. (a) f는 다음 그림 5.3 그래프에 의해서 표현되는 관계라 하자. f는 A로부터 B로 가는 함수인가?

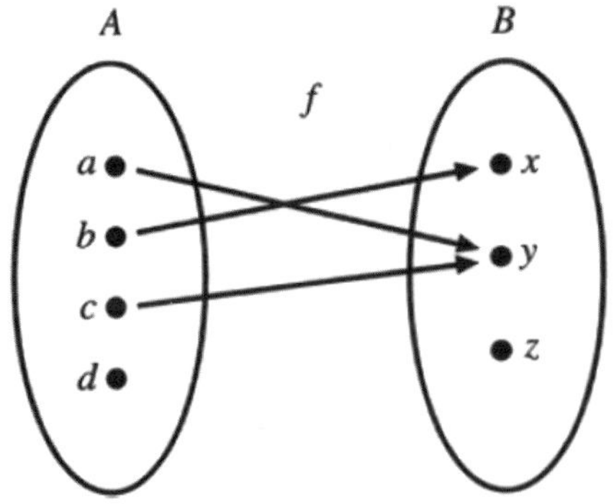

그림 5.3

(b) W는 모든 영어 단어들의 집합이라 하자. 그리고 A를 알파벳의 모든 문자들의

집합이라 하자. $f=\{(w,a)\in W\times A|$문자 a가 단어 w에 나타난다.$\}$라 하고, $g=\{(w,a)\in W\times A|$문자 a는 단어 w의 처음 문자이다.$\}$라 하자. f는 W로부터 A로 가는 함수인가? g에 대해서는 어떤가?

(c) *Jonn, Mary, Susan,* 그리고 *Fred*가 저녁식사를 하러 둥근 식탁에 둘러앉았다.

$P=\{Jonn, Mary, Susan, Fred\}$라 하고,

$R=\{(p,q)\in P\times P|$사람 p가 사람 q의 바로 옆에 앉는다.$\}$.

R는 P로부터 P로 가는 함수인가?

*3. (a) $A=\{a,b,c\}$, $B=\{a,b\}$, 그리고 $f=\{(a,b),(b,b),(c,a)\}$라 하자.
그러면 $f: A\to B$이다.
$f(a), f(b)$그리고 $f(c)$는 무엇인가?

(b) $f:R\to R$는 함수로써 다음 공식 $f(x)=x^2-2x$으로 정의된다고 하자. $f(2)$는?

(c) $f=\{(x,n)\in\mathbb{R}\times\mathbb{Z}\mid n\le x<n+1\}$라 하자. 그러면 $f:\mathbb{R}\to\mathbb{Z}$ 이다. $f(\pi)$는 무엇인가? $f(-\pi)$는 무엇인가?

4. (a) N은 모든 나라들의 집합이고 그리고 C는 모든 도시들의 집합이라 하자. $H: N\to C$는 임의의 나라 n에 대하여 $H(n)=$나라 n의 수도 로 정의하는 함수라 하자. $H(Italy)$는 무엇인가?

(b) $A=\{1,2,3\}$이고 $B=P(A)\mathscr{P}(A)$라 하자. $F: B\to B$는 $F(X)=A\setminus X$로 정의된 함수라 하자. $F(\{1,3\})$는 무엇인가?

(c) $f:\mathbb{R}\to\mathbb{R}\times\mathbb{R}$은 $f(x)=(x+1,x-1)$로 정의된 함수라 하자. $f(2)$는 무엇인가?

*5. L은 예 5.1.2의 부분3에서 정의된 함수라 하자 그리고 H를 연습문제 4(a)에서 정의된 함수라 하자. $L\circ H$와 $H\circ L$을 설명하여라.

6. f와 g가 $\mathbb{R}$에서 $\mathbb{R}$로 가는 다음 공식들에 의하여 정의된 함수들이다:

$$f(x)=\frac{1}{x^2+2},\quad g(x)=2x-1$$

$(f\circ g)(x)$와 $(g\circ f)(x)$의 공식들을 찾아라.

*7. $f: A \to B$그리고 $C \subseteq A$라 가정하자. 집합 $f \cap (C \times B)$는, 그것은 C 로부터 B로 가는 한 관계로, f의 C 에로의 제한함수 restriction이라 부른다. 그리고 가끔 $f \upharpoonright C$ 로 표시한다. 환언하면,

$$f \upharpoonright C = f \cap (C \times B)$$

(a) $f \upharpoonright C$ 는 C 로부터 B로 가는 한 함수이고 그리고 모든 $c \in C$에 대하여 $f(c) = (f \upharpoonright C)(c)$임을 증명하여라.

(b) $g: C \to B$ 라 가정하자. $g = f \upharpoonright C$ iff $g \subseteq f$를 증명하여라.

(c) g와 h가 예 5.1.3의 부분들 2와 3에서 정의된 함수들이라 하자. $g = h \upharpoonright Z$임을 보여라.

8. $f: A \to B$ 그리고 $g \subseteq f$라 가정하자. $g: A' \to B$가 되는 한 집합 $A' \subseteq A$가 존재함을 증명하여라.

9. $f: A \to B$, $B \neq \varnothing$, 그리고 $A \subseteq A'$라 가정하자. $f \subseteq g$가 되는 한 함수 $g: A' \to B$가 존재함을 증명하여라.

*10. f와 g가 A로부터 B로 가는 함수들이고 $f \neq g$라 가정하자. $f \triangle g$는 한 함수가 아님을 보여라.

11. A를 한 집합이라 가정하자. i_A는 A위에서의 단 하나의 관계이고 그것이 한 동치관계도 되고 또한 A로부터 A로 가는 한 함수가 됨을 보여라.

12. $f: A \to C$ 이고 $g: B \to C$ 라 가정하자.

(a) 만약 A와 B 가 서로소이면, 그러면 $f \cup g: A \cup B \to C$ 임을 증명하여라.

(b) 더 일반적으로, $f \cup g: A \cup B \to C$ iff $f \upharpoonright (A \cap B) = g \upharpoonright (A \cap B)$임을 증명하여라.(여기서 사용하는 표기의 의미에 대한 것은 연습문제7 참조.)

*13. R는 A로부터 B로 가는 한 관계이고, S 는 B 로부터 C 로 가는 한 관계이고, $Ran(R) = Dom(S) = B$, 그리고 $S \circ R: A \to C$ 라 가정하자.

(a) $S: B \to C$ 임을 증명하여라.

(b) $R: A \to C$ 이 될 필요가 없는 한 예를 들어 보여라.

14. $f: A \to B$이고 S는 B위에서 한 관계라 가정하자. 한 관계R를 A위에서 다음과 같이 정의한다:

$$R = \{(x,y) \in A \times A | (f(x), f(y)) \in S\}$$

(a) 만약 S가 반사적이면, 그러면 R도 그렇게 됨을 증명하여라.
(b) 만약 S가 대칭적이면, 그러면 R도 그렇게 됨을 증명하여라.
(c) 만약 S가 추이적이면, 그러면 R도 그렇게 됨을 증명하여라.

*15. $f: A \to B$이고 R는 A위에서 한 관계라 가정하자. 한 관계 S를 B위에 다음과 같이 정의하자:

$$S = \{(x,y) \in B \times B | \exists u \in A \exists v \in A (f(u) = x \wedge f(v) = y \wedge (u,v) \in R)\}.$$

다음 질문들에 대하여 증명들이나 또는 반례들을 들어 당신의 답을 정당화하여라.
(a) 만약 R이 반사적이면, 틀림없이 S가 반사적인가?
(b) 만약 R이 대칭적이면, 틀림없이 S가 대칭적인가?
(c) 만약 R이 추이적이면, 틀림없이 S가 추이적인가?

16. A와 B가 집합들이고, 그리고 $\mathcal{F} = \{f \mid f: A \to B\}$라 가정하자. 또한, R는 B 위에서 한 관계라 가정하고, 그리고 $\mathcal{F}$ 위에 한 관계 S를 다음과 같이 정의하자:

$$S = \{(f,g) \in . \mathcal{F} \times \mathcal{F} \mid \forall x \in A((f(x), g(x)) \in R)\}$$

다음 질문들에 대하여 증명들이나 또는 반례들을 들어 당신의 답을 정당화하여라.
(a) 만약 R 이 반사적이면, 틀림없이 S가 반사적인가?
(b) 만약 R 이 대칭적이면, 틀림없이 S가 대칭적인가?
(c) 만약 R 이 추이적이면, 틀림없이 S가 추이적인가?

17. A는 공집합이 아니고 $f: A \to A$라 가정하자.

(a) 어떤 $a\in A$가 존재하여 $\forall x\in A(f(x)=a)$라 가정하자.(이 경우, f는 상수 constant함수라 부른다.) 모든 $g: A\to A$에 대하여 $f\circ g=f$임을 증명하여라.

(b) 모든 $g: A\to A$에 대하여 $f\circ g=f$라 가정하자. f가 상수함수임을 증명하여라.(힌트: 만약 g가 한 상수함수이면 어떻게 될까?)

18. $\mathcal{F}=\{f\,|\,f:\mathbb{R}\to\mathbb{R}\}$이라 하고,

$R=\{(f,g)\in\mathcal{F}\times\mathcal{F}\,|\,\exists a\in\mathbb{R}\ \forall x>a(f(x)=g(x))\}$리 하자.

(a) $f:\mathbb{R}\to\mathbb{R}$와 $g:\mathbb{R}\to\mathbb{R}$를 다음 공식들로 정의된 함수들이 하자:
$f(x)=|x|, g(x)=x$. $(f,g)\in R$임을 보여라.

(b) R이 한 동치관계임을 증명하여라.

*19. $\mathcal{F}=\{f\,|\,f:\mathbb{Z}^+\to\mathbb{R}\}$라 하자. $g\in\mathcal{F}$에 대하여, 우리는 집합 $O(g)$를 다음과 같이 정의한다:

$$O(g)=\{f\in\mathcal{F}\,|\,\exists a\in\mathbb{Z}^+\exists c\in\mathbb{R}^+\forall x>a(|f(x)|\le c|g(x)|)\}.$$

(만약 $f\in O(g)$이면, 그러면 수학자들은 "f가 g의 $big-oh$"라고 말한다.)

(a) $f:\mathbb{Z}^+\to\mathbb{R}$와 $g:\mathbb{Z}^+\to\mathbb{R}$를 다음 공식들로 정의된 함수들이 하자:
$f(x)=7x+3$이고 $g(x)=x^2$이다. $f\in O(g)$이고, $g\notin O(f)$임을 증명하여라.

(b) $S=\{(f,g)\in\mathcal{F}\times\mathcal{F}\,|\,f\in O(g)\}$라 하자. S는 전순서이고, 그러나 한 준순서가 아님을 증명하여라.(전순서의 정의에 대해서는 4.6장의 연습문제 24 참조.)

(c) $f_1\in O(g)$, $f_2\in O(g)$이고, 그리고 s와 t가 임의의 실수들이라 가정하자. 한 함수 $f:\mathbb{Z}^+\to\mathbb{R}$을 공식 $f(x)=sf_1(x)+tf_2(x)$라 정의하자. $f\in O(g)$임을 증명하여라.(힌트: 당신은 삼각부등식을 찾는 것이 도움이 될 것이다. 3.5장의 연습문제 12(c) 참조.)

20. (a) $g: A\to B$라 가정하고, $R=\{(x,y)\in A\times A|g(x)=g(y)\}$라 하자. R이 A위에서 한 동치관계임을 보여라.

(b) R은 A위에서 한 동치관계라 가정하고, 그리고 $g: A\to A/R$를 공식 $g(x)=[x]_R$에 의해서 정의된 함수라 하자. $R=\{(x,y)\in A\times A|g(x)=g(y)\}$임을 보여라.

*21. $f: A \to B$이고 R은 A위에서 한 동치관계라 가정하자. 우리는 f가 R과 만약 $\forall x \in A \forall y \in A(xRy \to f(x) = f(y))$이면 양립할 수 있다고 말할 것이다. (당신은 이 연습문제를 4.5장의 연습문제 24와 비교하기 바란다.)

(a) f가 R과 호환할 수 있다고 가정하자. 유일한 함수 $h: A/R \to B$가 존재하여, 모든 $x \in A$에 대하여 $h([x]_R) = f(x)$이 됨을 증명하여라.

(b) 모든 $x \in A$에 대하여 함수 $h: A/R \to B$가 존재하여 $h([x]_R) = f(x)$이라 가정하자. f가 R과 호환할 수 있음을 증명하여라.

22. $R = \{(x,y) \in \mathbb{N} \times \mathbb{N} | x \equiv y (\bmod 5)\}$라 하자. 우리가 4.6장에서 R이 Z위에서 한 동치관계를 본 것을 주목하여라.

(a) 모든 정수 x에 대하여 $h([x]_R) = [x^2]_R$ 가 되는 한 유일한 함수 $h: \mathbb{N}/R \to \mathbb{N}/R$가 존재함을 보여라.(힌트: 연습문제 21 사용.)

(b) 모든 정수 x에 대하여 $h([x]_R) = [2^x]_R$ 가 되는 함수 $h: \mathbb{N}/R \to \mathbb{N}/R$가 존재하지 않음을 보여라.

5.2. 일대일 함수와 위에로의 함수 One-to-one and Onto

지난번 장에서 두 함수들의 합성이 역시 한 함수가 됨을 보았다. 역함수들에 대해서는 어떻게 될까? 만약 $f: A \to B$이면 그러면 f는 A로부터 B로 가는 한 관계이다. 따라서 f^{-1}은 B로부터 A로 가는 한 관계이다. 그것이 B로부터 A로 가는 한 함수가 될까? 다음 장에서 이 질문에 대한 답을 할 것이다. 우리가 보는 것과 같이, 그 답은 다음 함수들에 대한 두 개의 성질들에 따라 정해진다.

정의 5.2.1 $f: A \to B$라 가정하자. 우리는 f가 만약

$$\neg a_1 \in A \exists a_2 \in A(f(a_1) = f(a_2) \wedge a_1 \neq a_2)$$

이면, 일대일 one-to-one함수라 말 할 것이다. 우리는 f가 만약

$$\forall b \in B \exists a \in A (f(a) = b)$$

이면, 위로의 onto 함수 라 말한다.

일대일함수들을 가끔 단사함수 injection라 말하고, 그리고 위로의 함수들을 전사함수 surjection라 말한다.

일대일함수의 정의는 부정기호 ¬으로 시작함에 주목하여라. 환언하면, f가 일대일이라 말하는 것의 의미는 어떤 특정한 상황이 일어나지 않는다는 것을 말한다. 일어나지 않을 상황은 f의 정의역의 두 개의 서로 다른 원소들, a_1과 a_2가 존재하여, $f(a_1) = f(a_2)$가 된다는 것이다. 이 상황은 그림 5.4(a)에서 설명된다. 따라서 그림 5.4(a)에서의 함수는 일대일이 아니다. 그림 5.4(b)는 일대일이 되는 함수를 보여준다.

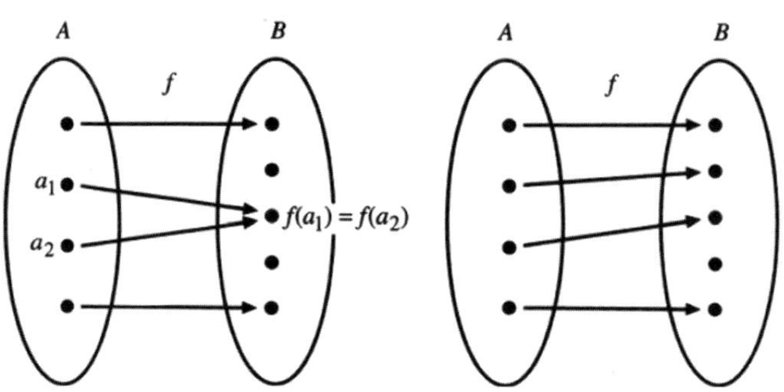

(a) f는 일대일이 아니다. (b) f는 일대일이다.

그림 5.4

만약 $f: A \to B$라면, 그러면 f가 위로의 함수라는 의미는 임의의 B의 원소가 어떤 A의 원소의 f 아래서의 상이 된다는 것을 말한다. 환언하면, f의 다이어그램에서, 임의의 B의 원소는 그것으로 향하는 한 모서리를 가진다. 그림1의 함수들은 위로의 함수들이 아니다. 왜냐하면 두 경우 다 그들 자신으로 향하지 않는 모서리들이 B의 원소들이 있기 때문이다. 그림 5.5는 위로의 함수들이 됨을 보여준다.

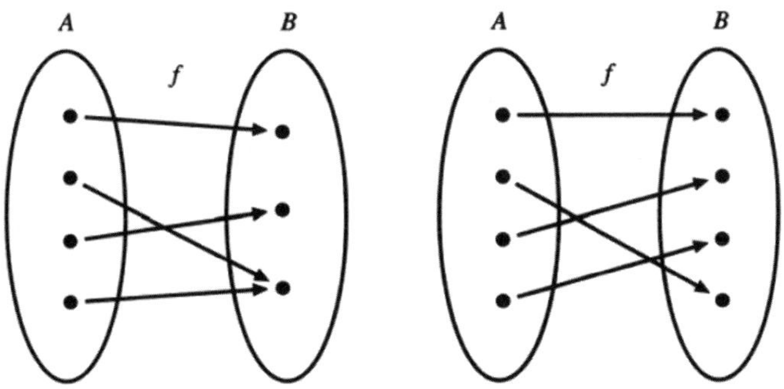

(a) f는 위로의 함수이고 일대일이 아니다.　　(b) f는 일대일이고 또한 위로의 함수이다.

그림 5.5

예 5.2.2 다음 함수들은 일대일인가? 그들은 위로의 함수인가?

1. 예 5.1.2의 부분1의 함수 F.
2. 예 5.1.2의 부분3의 함수 L.
3. 임의의 집합 A에 대한, 항등함수 i_A.
4. 예 5.1.3의 부분2의 함수 g.
5. 예 5.1.3의 부분3의 함수 h.

풀이

1. $F(1)=5=F(3)$이기 때문에 F는 일대일이 아니다. 그것은 역시 위로의 함수가 아니다. 왜냐하면 $6 \in B$이고 그러나 $F(a)=6$이 되는 $a \in A$이 존재하지 않기 때문이다.
2. L은 일대일이 아니다 왜냐하면 $L(c_1)=L(c_2)$가 되는 많은 쌍들의 서로 다른 도시들 c_1그리고 c_2들이 있기 때문이다. 예를 들어, $L(Chicago)= Unite\,States = L(Seattle)$이다.
L이 위로의 함수라는 의미는 $\forall n \in N \exists c \in C\,(L(c)=n)$이다. 또는 환언하면, 임의의 나라 n에 대하여 한 도시 c가 존재하여 그 도시 c가 그 나라 n에 위치해있다는 것이다. 도시들이 전혀 없는 나라는 없을 것 같기때문에, 이것은 아마도 참일 것이다. 따라서 L은 아마도 위로의 함수이다.
3. i_A가 일대일인지 결정하려면 A의 두 원소들 a_1과 a_2가 존재하여 $i_A(a_1)=i_A(a_2)$이고

$a_1 \neq a_2$인지 결정해야만 한다. 그러나 5.1장에서 본 것과 같이, 임의의 $a \in A$에 대하여, $i_A(a)=a$이다. 따라서 $i_A(a_1)=i_A(a_2)$이면 $a_1=a_2$이다. 따라서 A의 두 원소들 a_1과 a_2가 $i_A(a_1)=i_A(a_2)$이고 $a_1 \neq a_2$인 원소들이 존재할 수 없다. 따라서 i_A가 일대일이다.

i_A가 위로의 함수라는 것은 임의의 원소 $a \in A$에 대하여, 어떤 $b \in A$에 대하여 $a=i_A(b)$가 된다는 의미이다. 이것은 분명히 참이다 왜냐하면, 사실상, $a=i_A(a)$이다. 따라서 i_A는 위로의 함수이다.

4. 풀이 3에서와 같이, g가 일대일인지 결정 하려면 정수들 n_1과 n_2가 존재하여 $g(n_1)=g(n_2)$이고 그리고 $n_1 \neq n_2$인지 결정해야만 한다. g의 정의에 따라서 우리는

$$\begin{aligned} g(n_1)=g(n_2) \ &\text{iff} \ 2n_1+3=2n_2+3 \\ &\text{iff} \ 2n_1=2n_2 \\ &\text{iff} \ n_1=n_2. \end{aligned}$$

따라서 $g(n_1)=g(n_2)$이고 그리고 $n_1 \neq n_2$인 정수들 n_1과 n_2가 존재할 수가 없다. 환언하면, g는 일대일이다. 하지만, g는 위에로가 아니다 왜냐하면, 예를 들어, $g(n)=0$인 정수 n가 없기 때문이다. 그 이유를 알기 위해서, n이 정수이고 그리고 $g(n)=0$라 가정하자. 그러면 g의 정의에 의해서 우리는 $2n+3=0$이다. 따라서 $n=-3/2$이다. 그러나 이것은 n이 정수라는 사실에 모순이다. g의 정의역이 $\mathbb{Z}$ 임에 주목하여라, 따라서 g가 위로의 함수라면 그것은 모든 실수 y에 대하여 한 정수 n이 존재하여 $g(n)=y$가 되어야만 한다. 우리는 $g(n)=0$가 되는 정수 n가 없다는 것을 알기 때문에, 우리는 g가 위로의 함수가 아니라고 결정할 수가 있다.

5. 이 함수는 일대일이고 위로의 함수이다. h가 일대일임을 밝히는 것은 풀이4에서 g가 일대일임을 밝히는 것과 유사하다. 그리고 그것은 독자들에게 맡긴다. h가 위로의 함수임을 밝히기 위해서, 우리는 $\forall y \in \mathbb{R}\ \exists x \in r(h(x)=y)$를 보여야 한다. 여기에 이 명제에 대한 간략한 증명이 있다. y를 임의의 실수라 하자.

$x=(y-3)/2$라 하자. 그러면 $g(x)=2x+3=2 \cdot ((y-3)/2)+3=y-3+3=y$. 따라서 $\forall y \in \mathbb{R}\ \exists x \in r(h(x)=y)$이다. 따라서 h는 전사이다.

비록 단사의 정의가 한 부정적인 명제로 서술될 때 이해하기 가장 쉬운 것은, 정의

5.2.1에서와 같이, 단원3으로부터 그 정의를 그것과 동등한 긍정적인 명제로 다시 표현하면 증명들이 더 쉬워질 것을 알고 있다. 다음 정리는 이것을 어떻게 하는지 보여준다. 그것은 역시 전사의 정의에 대해서도 한 유용한 동치를 주고 있다.

정리 5.2.3. $f: A \to B$라 가정하자.

1. f가 단사이다 iff $\forall a_1 \in A \forall a_2 \in A(f(a_1) = f(a_2) \to a_1 = a_2)$.
2. f가 전사이다 iff $Ran(f) = B$.

증명.

1. 1과 2장으로부터 부정적인 명제들을 긍정적인 것으로 다시 표현하는 규칙들을 사용한다.

$$\begin{aligned} f\text{가 단사이다 } &\text{iff } \neg a_1 \in A \exists a_2 \in A(f(a_1) = f(a_2) \wedge a_1 \neq a_2) \\ &\text{iff } \forall a_1 \in A \forall a_2 \in A \neg(f(a_1) = f(a_2) \wedge a_1 \neq a_2) \\ &\text{iff } \forall a_1 \in A \forall a_2 \in A(f(a_1) \neq f(a_2) \vee a_1 = a_2) \\ &\text{iff } \forall a_1 \in A \forall a_2 \in A(f(a_1) = f(a_2) \to a_1 = a_2) \end{aligned}$$

2. 먼저 전사의 정의를 치역의 정의와 관련시킨다.

$$\begin{aligned} f\text{가 전사이다 } &\text{iff } \forall b \in B \exists a \in A(f(a) = b) \\ &\text{iff } \forall b \in B \exists a \in A((a,b) \in f) \\ &\text{iff } \forall b \in B(b \in Ran(f)) \\ &\text{iff } B \subseteq Ran(f). \end{aligned}$$

이제 그 정리의 부분2를 증명할 준비가 되었다.
($\to$) f가 전사라 가정하자. 방금 보았던 동치명제 $B \subseteq Ran(f)$에 의해서, 그리고 치역의 정의에 의해서 우리는 $Ran(f) \subseteq B$이다. 따라서 $Ran(f) = B$이 된다.
($\leftarrow$) $Ran(f) = B$라 가정하자. 그러면 분명히 $B \subseteq Ran(f)$이다. 따라서 동치에 의해서, f는 전사이다. ■

해설. 가끔 가장 효율적인 것은 한 iff 명제를 만약 이것이 될 수 있다면, 동치명제들의 한 끈으로 연결하여 쓰는 것이다. 명제1의 경우에 논리 규칙들을 사용하면 이것은 용이하다. 명제2에 대해서는 이 작전은 잘 작용하지 않는다. 그러나 그것은 우리에게 증명에서 유용한 것이 되는 한 동치를 마련해준다.

예 5.2.4. $A = \mathbb{R} \setminus \{-1\}$이라 하자. 그리고 $f : A \to \mathbb{R}$을 다음 공식으로 정의하자:

$$f(a) = \frac{2a}{a+1}$$

f가 단사이고 전사가 아님을 증명하여라.

메모 작업

정리 5.2.3의 부분1에 의해서, 우리는 f가 단사임을 동치명제 $\forall a_1 \in A \forall a_2 \in A(f(a_1) = f(a_2) \to a_1 = a_2)$을 증명함으로써 증명 할 수 있다. 따라서 우리는 a_1과 a_2가 A의 임의의 두 원소들이라 하자. $f(a_1) = f(a_2)$라 가정하면, 그리고 나서 $a_1 = a_2$임을 증명한다. 이것이 한 함수가 단사임을 증명할 때 대체적으로 항상 사용되는 작전이다. 그 증명의 남은 상세한 것은 단순히 나중에 주어지는 대수가 관련된다.
f가 전사가 아님을 보이기 위해서는 $\neg \forall x \in \mathbb{R}\ \exists a \in A(f(a) = x)$를 증명해야한다.
이것을 한 긍정적인 명제로 다시 표현하면, $\exists x \in \mathbb{R}\ \forall a \in A(f(a) \neq x)$를 증명해야 한다. 따라서 $\forall a \in A(f(a) \neq x)$가 성립하는 한 특별한 실수 x를 찾도록 힘써야 한다. 불행하게도, 그것은 x에 대하여 어떤 값을 사용해야 할지 전혀 분명하지는 않다. 이 어려움을 극복하기 위해서 약간 특이한 과정을 사용할 것이다.
f가 전사가아님을 증명하려고 힘쓰는 대신에, 그것이 전사임을 증명하도록 힘쓰자! 물론, 이 증명이 잘 되지 않을것을 예상할 것이지만, 그러나 아마도 왜 그것이 되지 않을까를 보면 f가 전사가 않되는 증명에 사용한 x값을 계산해 내는데 도움을 줄 것이다.
f가 전사임을 증명하기 위해서 우리는 $\forall x \in \mathbb{R}\ \exists a \in A(f(a) = x)$를 증명해야 한다. 따라서 x를 임의의 실수라 하고 어떤 $a \in A$를 찾아서 $f(a) = x$가 되어야 한다. f의 정의에 채우기 위해, 우리는

$$\frac{2a}{a+1} = x$$

가 성립하는 어떤 $a \in A$를 찾아야 함을 안다.
a의 이 값을 찾기 위해, 우리는 단순히 a에 대한 방정식으로 푼다:

$$\frac{2a}{a+1} = x \Rightarrow 2a = ax + x \Rightarrow a(2-x) = x \Rightarrow a = \frac{x}{2-x}$$

아하! 이 유도식의 마지막 단계에서 만약 $x=2$가 되면 성립하지 않는다. 왜냐하면 0으로 나누기 때문이다. 이것은 $f(a)=x$가 되는 a 값을 찾으려 할 때 어려움이 야기되는 x값 뿐이다. 아마도 $x=2$가 f가 전사가 아니라는 증명에 사용되는 값이다.

이제 f가 전사가 아니라는 증명으로 되돌아가자. 만약 우리가 $x=2$라 하자. 그러면 증명을 완성하기 위해서 $\forall a \in A(f(a) \neq 2)$를 보여야한다. a를 A의 한 임의의 원소라고 해서 이것을 할 것이다. $f(a)=2$라 가정하고, 한 모순을 유도해간다. 증명의 상세한 남은 것은 어렵지 않다.

풀이

증명. f가 단사임을 보기 위해서, a_1과 a_2를 A의 임의의 원소들이라 하자 그리고 $f(a_1)=f(a_2)$라 가정하자. f의 정의을 적용하여, 그것은 $\frac{2a_1}{a_1+1} = \frac{2a_2}{a_2+1}$이 된다.
따라서 $2a_1(a_2+1) = 2a_2(a_1+1)$이다. 양변을 곱하여 전개하면, $2a_1a_2 + 2a_1 = 2a_1a_2 + 2a_2$이다. 따라서 $2a_1 = 2a_2$이다. 그러므로 $a_1 = a_2$이다.
f가 전사가 아님을 보이기 위해서 우리는 $\forall a \in A(f(a) \neq 2)$를 증명할 것이다. $a \in A$ 그리고 $f(a)=2$라 가정하자. f의 정의를 적용하여, 우리는 $\frac{2a}{a+1} = 2$를 얻는다. 따라서 $2a = 2a+2$이다. 그것은 분명히 불가능하다. 따라서 $2 \notin Ran(f)$이다. 따라서 $Ran(f) \neq R$이고 그리고 그러므로 f는 전사가 아니다. ■

이전의 예에서 본 바와 같이, 한 함수가 단사임을 증명할 때 정리 5,2,3의 부분1에서 주어진 동치명제 $\forall a_1 \in A \forall a_2 \in A(f(a_1)=f(a_2) \rightarrow a_1 = a_2)$를 증명하는 것이 보통은 가장 쉽다. 물론, 이것은 부정적인 명제 보다는 긍정적인 것을 증명하는 것이 일반적으로 더 쉽다는 사실의 바로 한 예이다. 이 동치는 당신이 다음 정리의 부분1의 증명에서 보는 바와 같이, 한 함수가 단사임이 주어진 증명들에 역시 가끔 사용된다.

정리 5.2.5. $f : A \to B$이고 $g : B \to C$ 라 가정하자. 정리 5.1.5에서 본 바와 같이, $g \circ f : A \to C$가 된다.

1. 만약 f와 g가 둘 다 단사라면, 그러면 $g \circ f$도 그렇다.
2. 만약 f와 g가 둘 다 전사라면, 그러면 $g \circ f$도 그렇다.

증명

1. f와 g가 둘 다 단사라고 가정하자. a_1과 a_2를 A의 임의의 원소들이라 하자. 그리고 $(g \circ f)(a_1) = (g \circ f)(a_2)$라 가정하자. 정리 5.1.5에 의해서 이것은 $g(f(a_1)) = g(f(a_2))$을 의미한다. g가 단사이므로 그것은 $f(a_1) = f(a_2)$가 된다. 그리고 유사하게 f가 단사이므로 우리는 그래서 $a_1 = a_2$를 결정한다. 따라서 $g \circ f$는 단사이다.

f와 g가 둘 다 전사라고 가정하자. 그리고 c를 C의 임의의 원소라 하자. g가 전사이므로, 우리는 어떤 $b \in B$를 찾아서 $g(b) = c$가 된다. 유사하게, f가 전사이므로, 어떤 a가 존재하여 $f(a) = b$가 된다. 그러면. $(g \circ f)(a) = g(f(a)) = g(b) = c$가 된다. 따라서 $g \circ f$가 전사이다.

■

해설

1. 예 5.2.4에서와 같이, 우리는 $g \circ f$가 단사임을 증명하려고 $\forall a_1 \in A \forall a_2 \in A((g \circ f)(a_1) = (g \circ f)(a_2) \to a_1 = a_2)$을 증명한다. 따라서 우리는 a_1과 a_2를 A의 임의의 원소들이라 하자. 그리고 $(g \circ f)(a_1) = (g \circ f)(a_2)$라 가정하자. 이것은 $g(f(a_1)) = g(f(a_2))$을 의미한다. 그리고 나서 $a_1 = a_2$를 증명한다. 증명의 다음 문장은 g가 단사임이 사용된 가정을 말하고 있다. 이 단계를 이해하기 위해서, g가 단사라고 말하는 의미를 써보자. 전에 관찰한 바와 같이, 원래의 정의가 한 부정적인 명제이므로 바로 사용하기 보다는, 우리가 아마도 동치인 긍정적인 명제 $\forall b_1 \in B \forall b_2 \in B(g(b_1) = g(b_2) \to b_1 = b_2)$ 를 사용하는

것이 더 낫다. 이 형식의 한 가설을 사용하는 자연스러운 방법은 b_1과 b_2에 어떤 것을 대입하는 것이다. $f(a_1)$과 $f(a_2)$을 대입하여, 우리는 $g(f(a_1))=g(f(a_2))\to f(a_1)=f(a_2)$을 얻는다. 우리가 $g(f(a_1))=g(f(a_2))$을 알기 때문에, 그것은 긍정논법에 따라서 $f(a_1)=f(a_2)$가 된다. 이것은 증명에 설명되지 않았다: 증명하는 독자들이 자신들이 해내기를 기대한다. 당신이 어떻게 했는지 확인 바란다. 유사한 추론을 사용하여, 당신은 $f(a_1)=f(a_2)$로부터 f가 단사임을 적용하여 $a_1=a_2$얻는다.

2. f와 g가 둘 다 전사라고 가정한 후에, 증명의 나머지 형식은 완전히 $g\circ f$가 전사임을 증명하는 목표의 논리적 형식에 의해서 안내된다. 이것은 $\forall c\in C\exists a\in A((g\circ f)(a)=c)$를 의미하기 때문에, c를 C의 한 임의의 원소라 하고 그리고 나서 어떤 $a\in A$를 찾아서 우리는 $(g\circ f)(a)=c$를 증명할 수 있다.

단사이고 전사인 함수들은 수학에서 특별히 중요하다. 그런 함수들을 가끔 일대일대응one-to-one correspondences 또는 전단사 bijection이라 부른다. 그림2(b)는 일대일대응의 한 예를 보여준다. 그 그림에서 A와 B는 둘 다 4개의 원소들을 갖고있음을 상기하여라. 사실상, 만약 두 유한집합 사이에 일대일대응이 존재하면, 그 집합들은 같은 개수의 원소들을 가짐을 당신자신이 확신할 수 있도록 해야 한다. 이것이 일대일대응이 그렇게 중요한 이유 중 하나이다. 우리는 7장에서 무한집합 사이의 일대일대응을 논의할 것이다.

여기에 또 다른 일대일대응의 한 예가 있다. A를 한 매진된 음악회의 모든 관객들의 집합이라 하고 S를 음악회관의 모든 좌석들의 집합이라 가정하자. $f:A\to S$를

$$f(a)=a\text{가 앉은 좌석}$$

의 규칙으로 정의된 함수라 하자. 서로 다른 사람이 같은 좌석에 앉지 않기 때문에, 모든 자리는 채워지고, 따라서 f는 전사이다. 따라서 f는 한 일대일대응이다. 비록 사람들이나 좌석들을 셈하지 않고, 관객들의 수와 음악회관의 좌석수가 같다는 것을 말할 수 있다.

연습문제

1. 5.1 장의 연습문제1의 함수들 중 어떤 것이 단사인가? 어떤 것이 전사인가?

*2. 5.1 장의 연습문제2의 함수들 중 어떤 것이 단사인가? 어떤 것이 전사인가?

3. 5.1 장의 연습문제3의 함수들 중 어떤 것이 단사인가? 어떤 것이 전사인가?

4. 5.1 장의 연습문제4의 함수들 중 어떤 것이 단사인가? 어떤 것이 전사인가?

*5. $A=\mathbb{R}\setminus\{1\}$라 하고, 그리고 $f: A \to A$를 다음과 같이 정의한다고 하자:

$$f(x)=\frac{x+1}{x-1}$$

(a) f가 단사이고 전사임을 보여라.

(b) $f \circ f = i_A$임을 보여라.

6. a와 b가 실수들이고 그리고 $a \neq 0$이라 가정하자. $f:\mathbb{R} \to \mathbb{R}$을 공식 $f(x)=ax+b$로 정의한다. f는 전단사임을 보여라.

7. $f: \mathbb{R}^+ \to \mathbb{R}$을 공식 $f(x)=1/x-x$로 정의한다.

(a) f는 단사임을 보여라.(힌트: 당신은 먼저 만약 $0 < a < b$이면 그러면 $f(a) > f(b)$임을 증명하는 것이 유용함을 알 것이다.)

(b) f는 전사임을 보여라.

(c) $g:\mathbb{R}^+ \to \mathbb{R}$을 공식 $f(x)=1/x+x$로 정의한다. g는 단사인가? 그것은 전사인가?

8. $A=\mathscr{P}(\mathbb{R})$이라 하자. $f: \mathbb{R} \to A$를 공식 $f(x)=\{y \in \mathbb{R} \mid y^2 < x\}$라 정의하자.

(a) $f(2)$를 찾아라.

(b) f는 단사인가? 그것은 전사인가?

*9. $A=\mathscr{P}(\mathbb{R})$이고 $B=\mathscr{P}(A)$라 하자. $f: B \to A$를 공식 $f(\mathcal{F})=\cup\mathcal{F}$로 정의한다.

(a) $f(\{\{1,2\},\{3,4\}\})$를 찾아라.

(b) f는 단사인가? 그것은 전사인가?

10. $f: A \to B$이고 $g: B \to C$라 가정하자.

(a) 만약 $g \circ f$가 전사이면 g가 전사임을 증명하여라.

(b) 만약 $g \circ f$가 단사이면 g가 단사임을 증명하여라.

11. $f: A \rightarrow B$이고 $g: B \rightarrow C$라 가정하자.

(a) 만약 f가 전사이고 그리고 g가 단사가 아니면, 그러면 $g \circ f$는 단사가 아님을 증명하여라.

(b) 만약 f가 전사가 아니고 g가 단사가 아니면, 그러면 $g \circ f$는 전사가 아님을 증명하여라.

12. $f: A \rightarrow B$라 가정하자. 한 함수 $g: B \rightarrow P(A)$를 공식 $g(b) = \{a \in A | f(a) = b\}$로 정의한다. 만약 f가 전사이면 그러면 g가 단사임을 증명하여라. 만약 f가 전사가 아니면 무엇이 될까?

*13. $f: A \rightarrow B$이고 $C \subseteq A$라 가정하자. 5.1장 연습문제7에서 우리는 $f|C$ 를 정의했다.(f의 C에서의 제한함수이다), 그리고 당신은 $f|C: C \rightarrow B$를 보였다.

(a) f가 단사이면 $f|C$도 그렇다.

(b) $f|C$가 전사이면 f도 그렇다.

(c) (a)와 (b)부분들의 역명제들이 참이 아님을 보여주는 예들을 들어라.

14. $f: A \rightarrow B$이고 $\forall x \in A(f(x) = b)$가 되는 어떤 $b \in B$가 존재한다고 가정하자.(따라서 f는 한 상수함수이다.)

(a) 만약 A가 한 개보다 더 많은 원소를 가지면 f는 단사가 아님을 증명하여라.

(b) 만약 B가 한 개보다 더 많은 원소를 가지면 f는 전사가 아님을 증명하여라.

15. $f: A \rightarrow B$, $g: B \rightarrow C$, 그리고 A와 B가 서로소라 가정하자. 5.1장의 연습문제 12(a)에서 당신은 $f \cup g: A \cup B \rightarrow C$를 증명하여라. 이제 추가로 f와 g가 둘 다 단사르 가정하자.

$f \cup g$가 단사 iff $Ran(f)$와 $Ran(g)$가 서로소임을 증명하여라.

16. R는 A에서 B로 가는 한 관계이고, S는 B에서 B로 가는 한 관계이고, $Ran(R) = Dom(S) = B$이고, 그리고 $S \circ R: A \rightarrow C$라 가정하자.5.1장의 연습문제13(a)에서 당신은 $S: B \rightarrow C$를 증명하였다.

이제 만약 s가 단사이면 $R: A \to B$임을 증명하여라.

*17. $f: A \to B$이고 그리고 R은 A위에서 한 관계라 가정하자. 5.1장의 연습문제15에서와 같이, 한 관계 S를 B위에서 다음과 같이 정의하자:

$$S = \{(x,y) \in B \times B | \exists u \in A \exists v \in A (f(u) = x \wedge f(v) = y \wedge (u,v) \in R\}.$$

(a) 만약 R이 반사적이고 그리고 f가 전사이면 그러면 S가 반사적임을 증명하여라.

(b) 만약 R이 추이적이고 그리고 f가 단사이면 그러면 S가 추이적임을 증명하여라.

18. R은 A위에서 한 동치관계라 가정하고, 그리고 $g: A \to A/R$를 공식 $g(x) = [x]_R$에 의해서 정의된다고 하자. 이것은 5.1장 연습문제20(b)과 같다.

(a) g가 전사임을 증명하여라.

(b) g가 단사 iff $R = i_A$임을 보여라.

19. $f: A \to B$이고, R은 A위에서 한 관계이고, 그리고 f가 R와 양립할 수 있다고 가정하자.
(양립할 수 있는 정의는 5.1장의 연습문제21참조.) 5.1장의 연습문제21(a)에서 당신은 유일한 함수 $h: A/R \to B$가 존재하여, 모든 $x \in A$에 대하여 $h([x]_R) = f(x)$이 됨을 증명하였다. 이제 h가 단사 iff $\forall x \in A \forall y \in A (f(x) = f(y) \to xRy)$임을 증명하여라.

*20. A, B, 그리고 C 가 집합들이고 그리고 $f: A \to B$라 가정하자.

(a) 만약 f가 전사이고, $g: B \to C$, $h: B \to C$이고, $g \circ f = h \circ f$이면 $g = h$임을 증명하여라.

(b) C는 적어도 두 개의 원소들을 갖고, 그리고 B로부터 C로 가는 모든 함수들 g와 h에 대하여, 만약 $g \circ f = h \circ f$이면 $g = h$이다고 가정하자. f가 전사임을 증명하여라.

21. A, B, 그리고 C가 집합들이고 그리고 $f: B \to C$라 가정하자.

(a) 만약 f가 단사이고, $g : A \to B$, $h : A \to B$이고, $f \circ g = f \circ h$이면 $g = h$임을 증명하여라.

(b) $A \neq \varnothing$이고, 그리고 $g : A \to B$, $h : A \to B$에 대하여, 만약 $f \circ g = f \circ h$이면 $g = h$이라 가정하자. f가 단사임을 증명하여라.

22. $\mathcal{F} = \{f \mid f : \mathbb{R} \to \mathbb{R}\}$라 하고, 그리고 한 관계 R을 $\mathcal{F}$ 위에 다음과 같이 정의한다:

$$R = \{(f, g) \in \mathcal{F} \times \mathcal{F} \mid \exists h \in \mathcal{F}\,(f = h \circ g)\}$$

(a) f, g, 그리고 h는 $\mathbb{R}$로부터 $\mathbb{R}$로 가는 함수들로 다음 공식들로 정의되었다 하자:

$f(x) = x^2 + 1$, $g(x) = x^3 + 1$, 그리고 $h(x) = x^4 + 1$.

hRf은 성립하고, 그러나 gRf는 성립하지 않음을 증명하여라.

(b) R이 한 전순서임을 증명하여라.(전순서에 대한 정의는 4.5장의 연습문제 25 참조.)

(c) 모든 $f \in \mathcal{F}$에 대하여, $fRi_{\mathbb{R}}$ 을 증명하여라.

(d) 모든 $f \in \mathcal{F}$에 대하여, $i_{\mathbb{R}}Rf$ iff f는 단사임을 증명하여라. (오른쪽에서 왼쪽 방향으로의 힌트: f가 단사라 가정하자. $A = Ran(f)$, 그리고 $h = f^{-1} \cup ((\mathbb{R} \setminus A) \times \{0\})$라 하자. 이제 $h : \mathbb{R} \to \mathbb{R}$이고 $i_{\mathbb{R}} = h \circ f$임을 증명한다.)

(e) $g \in \mathcal{F}$의 한 상수함수라 가정하자: 환언하면, 어떤 실수 c가 존재하여 $\forall x \in R(g(x) = c)$를 말한다. 모든 $f \in \mathcal{F}$에 대하여, gRf를 증명하여라.(힌트: 5.1장의 연습문제 17 참조.)

(f) $g \in \mathcal{F}$의 한 상수함수라 가정하자. 모든 $f \in \mathcal{F}$에 대하여, gRf iff f는 상수함수 임을 증명하여라.

(g) 4.5장의 연습문제 25에서와 같이, 만약 우리는 $S = R \cap R^{-1}$라 하자. 그러면 S는 $\mathcal{F}$ 위에서의 한 동치관계이다. 또한, 모든 $\mathcal{F}$의 원소들 f와 g에 대하여 한 유일한 관계 T가 $\mathcal{F}/S$위에 있어서, $[f]_S T [g]_S$ iff fRg이고, 그리고 T는 $\mathcal{F}/S$위에서 한 준순서이다. R로부터 R로 가는 모든 단사함수들의 집합은 준순

서 T에서 F/S의 최대원소이고, 그리고 $\mathbb{R}$로부터 $\mathbb{R}$로 가는 모든 상수함수들의 $\mathcal{F}/S$의 최소 원소임을 증명하여라.

23. $f:\mathbb{N}\to\mathbb{N}$이 공식 $f(n)=n$로 정의한다. 우리는 또한 $f:\mathbb{N}\to\mathbb{Z}$라 말할 수 있다. 이 연습문제는 정의 5.2.1에서, 우리가 단순히 "f가 전사이다."라고 말하기 보다는 구 "f가 B위로 사상된다."고 정의하는 이유를 설명해 줄 것이다.
   (a) f는 $\mathbb{N}$위에로의 사상인가?
   (b) f는 $\mathbb{Z}$위에로의 사상인가?

5.3 역함수
Inverses of Functions

이제 A로부터 B로 가는 한 함수의 역이 항상 B로부터 A로 가는 한 함수가 될지 어떨지의 질문으로 돌아갈 준비가 되어있다. 예 5.1.2의 부분1로부터 함수 F를 다시 고려해보자. 그 예에서 우리는 $A=\{1,.2,3\}$, $B=\{4,5,6\}$ 그리고 $F=\{(1,5),(2,4),(3,5)\}$임을 상기하자. 예 5.1.2에서 본 바와 같이 F는 A로부터 B으로 가는 함수이다. 한 관계의 역의 정의에 따라서 $F^{-1}=\{(5,1),(2,4),(3,5)\}$이다. 그것은 분명히 B로부터 A로 가는 한 관계이다. 그러나 F^{-1}은 B로부터 A로 가는 함수가 두 가지 이유로 될 수가 없다. 무엇보다도 먼저, $6\in B$이다. 그러나 6은 관계 F^{-1}에서 A의 모든 원소와 쌍이 되지 않는다. 두 번째는, 5가 A의 두 원소, 1과 3과 쌍이 되고 있다. 따라서 이 예는 A로부터 B으로 가는 한 함수의 역은 항상 B로부터 A로 가는 함수가 아니다. 당신은 왜 F^{-1}가 B로부터 A로 가는 함수가 되지 않는 이유들이 왜 F가 단사도 아니고 전사도 아닌 이유와 관련된다는 것에 주목해야한다. 그것은 예 5.2.2의 부분1에서 논의되었다. 이것은 다음 정리를 제안한다.

정리 5.3.1. $f:A\to B$ 라 가정하자. 만약 f가 단사이고 전사이면, 그러면 $f^{-1}:B\to A$이다.

증명. 만약 f가 단사이고 전사이라 가정하자. 그리고 b를 B의 임의의 한 원소라 하자. f^{-1}가 B로부터 A로 가는 한 함수를 보이기 위해서, $\exists! a \in A((b,a) \in f^{-1})$을 증명해야 한다. 따라서 존재성과 유일성을 분리해서 증명한다.

존재성: f가 전사이므로, 어떤 $a \in A$가 존재하여 $f(a) = b$가 성립한다. 따라서 $(a,b) \in f$이다. 따라서 $(b,a) \in f^{-1}$이다.

유일성: 어떤 $a_1, a_2 \in A$에 대한 $(b,a_1) \in f^{-1}$와 $(b,a_2) \in f^{-1}$라 가정하자. 그러면 $(a_1,b) \in f$ 그리고 $(a_2,b) \in f$이다. 따라서 $f(a_1) = b = f(a_2)$이다. f는 단사이므로, 그것은 $a_1 = a_2$이 된다. ■

해설. 그 증명의 형식은 $f^{-1}: B \to A$의 명제의 논리적 형식에 의해서 안내된다. 왜냐하면 이것은 $\forall b \in B \exists! a \in A((b,a) \in f^{-1})$을 의미하기 때문에, 우리는 b를 B의 한 임의의 원소라 하고 그래서 요구되는 $a \in A$에 대하여 분리해서 존재성과 유일성을 증명한다. f가 전사라 하는 가정이 증명의 절반인 존재성의 열쇠가 됨을 주목하여라. 그리고 f가 단사라는 가정이 절반의 유일성의 열쇠가 된다.

f가 집합 A로부터 집합B으로 가는 임의의 한 함수라 가정하자. 정리 5.3.1은 f^{-1}가 B로부터 A로 가는 함수가 될 충분조건은 f가 단사이고 전사이다. 그것은 또한 한 필요조건인가? 환언하면, 정리 5.3.1의 역이 참인가?(만약 당신이 단어들 충분 sufficient, 필요 necessary, 그리고 역 converse의 의미를 기억하지 못한다면, 당신은 1.5장을 검토해야 한다!) 정리 5.3.4에서 이 질문에 대한 해답은 성립한다는 것을 보여 줄 것이다. 환언하면, 만약 f^{-1}가 B로부터 A로 가는 한 함수이면, f가 단사이고 전사이어야 한다.

만약 $f^{-1}: B \to A$이면 그러면, 함수의 정의에 의해서, 임의의 $b \in B$에 대하여 정확히 하나의 $a \in A$가 존재하여 $(b,a) \in f^{-1}$이다. 그리고

$$f^{-1}(b) = \text{유일한 } a \in A\text{가 } (b,a) \in f^{-1}\text{이다.}$$
$$= \text{유일한 } a \in A\text{가 } (a,b) \in f\text{이다.}$$
$$= \text{유일한 } a \in A\text{가 } f(a) = b\text{이다.}$$

이것은 f^{-1}에 대하여 생각하는 편리한 방법을 제공해 준다. 만약 f^{-1}가 B로부터 A로 가는 한 함수이면, 그러면 그것은 각 $b \in B$에 대하여 정확히 하나의 $a \in A$가 존재하여 $f(a)=b$가 배정되는 함수이다. 정리 5.3.1에서의 가정은 f가 단사이고 전사임은 정확히 하나의 그와 같은 a가 존재함을 보장한다.

한 예로, f가 한 매진된 음악회의 모든 관객들로 부터 관객들이 앉았던 좌석으로 가는 함수를 다시 고려해 보자. 우리가 지난 장의 마지막에서 본 바와 같이, f는 단사이고, 전사인 함수로 한 매진된 음악회의 모든 관객들의 집합A으로부터 음악회관의 모든 좌석들의 집합 S로 가는 함수이다. 따라서 f^{-1}는 S로부터 A로 가는 한 함수이어야한다. 그리고 각 $s \in S$에 대하여,

$$
\begin{aligned}
f^{-1}(s) &= \text{유일한 } a \in A\text{가 존재하여 } f(a)=s\text{이다.} \\
&= \text{앉아있는 좌석이 } s\text{가 되는 유일한 사람 } a\text{이다.} \\
&= \text{좌석이 } s\text{에 앉은 사람이다.}
\end{aligned}
$$

환언하면, 함수 f는 각 사람을 그 사람이 앉아있는 좌석으로 배정한다. 그리고 함수 f^{-1}는 각 좌석을 그 좌석에 앉아있는 사람으로 배정한다.

왜냐하면 $f: A \to S$이고 $f^{-1}: S \to A$ 이기 때문에, 정리 5.1.5에 따라서 $f^{-1} \circ f: A \to A$이고 $f \circ f^{-1}: S \to S$이다. 이 함수들은 무엇일까? 첫 번째 함수가 무엇인지 알아보기 위해서, a를 A의 임의의 한 원소라 하고 $(f^{-1} \circ f)(a)$를 계산해 보자.

$$
\begin{aligned}
(f^{-1} \circ f)(a) &= f^{-1}(f(a)) \\
&= f^{-1}(a\text{가 앉아 있는 좌석}) \\
&= a\text{가 앉아 있는 좌석에 앉은 사람} \\
&= a.
\end{aligned}
$$

그러나 임의의 $a \in A$에 대하여, $i_A(a)=a$이다.

따라서 우리는 $\forall a \in A((f^{-1} \circ f)(a)=i_A(a))$를 보았다. 따라서 정리 5.1.4에 의하여, $f^{-1} \circ f = i_A$이다. 유사하게, 당신은 $f \circ f^{-1} = i_S$임을 확인할 수 있을 것이다.

수학자들은 이 예에서 이와 같은 한 특이한 현상을 발견할 때, 그들은 보통 그것이 바로 한 우연한 것인지 또는 그것이 더 일반적인 패턴의 한 부분인지 의심한다. 환언하면, 이 예에서 발생한 것이 역시 다른 예에서도 발생할 것이라 말해주는 정리를 증명할 수 있을까?

이 경우, 그것은 우리가 할 수 있는 것으로 밝혀진다.

정리 5.3.2. f가 A로부터 B로 가는 한 함수라 가정하고, 그리고 f^{-1}를 B로부터 A로 가는 한 함수라 가정하자. 그러면 $f^{-1} \circ f = i_A$이고 $f \circ f^{-1} = i_B$이다.

증명. a를 A의 임의의 원소라 하자. $b = f(a) \in B$라 하자. 그러면 $(a,b) \in f$이다. 따라서 $(b,a) \in f^{-1}$이다 그리고 그러므로 $f^{-1}(b) = a$이다. 따라서

$$(f^{-1} \circ f)(a) = f^{-1}(f(a)) = f^{-1}(b) = a = i_A(a).$$

a가 임의이므로, $\forall a \in A((f^{-1} \circ f)(a) = i_A(a))$를 보았다. 따라서 $f^{-1} \circ f = i_A$이다.
그 증명의 두 번째 절반에 대한 증명은 유사함으로, 연습문제8로 남긴다. ■

해설. 두 함수들이 같다는 것을 증명하기 위해서, 우리는 보통 정리 5.1.4.를 적용한다. 따라서 $f^{-1} \circ f$와 i_A는 둘 다 A로부터 A로 가는 함수들이므로, 그들이 같다는 것을 증명하기 위해서 우리는 $\forall a \in A((f^{-1} \circ f)(a) = i_A(a))$를 증명한다.

정리 5.3.2는 만약 $f : A \to B$이고 $f^{-1}: B \to A$ 이면, 그러면 각 함수는 다른것의 결과를 원상태로 돌리다. 임의의 $a \in A$에 대하여, 함수 f를 적용하여 $f(a) \in B$를 얻는다. 정리 5.3.2에 따라서 $(f^{-1} \circ f)(a) = f^{-1}(f(a)) = i_A(a) = a$ 이다. 따라서 $f(a)$에 f^{-1}를 적용하여 f에 적용한 결과를 원상태로 돌려서, 원래의 원소 a로 되돌아간다. 유사하게, 임의의 $b \in B$에 대해서, f^{-1}를 적용하여 우리는 $f^{-1}(b) \in A$를 얻는다. 그리고 $f(f^{-1}(b)) = b$이므로, 우리는 f를 적용하여 f^{-1}가 적용한 결과를 원상태로 돌릴 수 있다.

예를 들어, $f: \mathbb{R} \to \mathbb{R}$을 공식 $f(x) = 2x$에 의해 정의한다. 당신은 f가 단사이고 전사임을 확인할 수 있어야 한다. 따라서 $f^{-1}: \mathbb{R} \to \mathbb{R}$이다. 그리고 임의의 $x \in \mathbb{R}$에 대하여,

$$f^{-1}(x) = f(y) = x\text{가 되는 유일한 } y$$

왜냐하면 $f^{-1}(x)$가 방정식 $f(y)=x$의 y에 대한 유일한 해이기 때문에, 우리는 이 방정식을 y에 대해서 풀어서 $f^{-1}(x)$에 대한 한 공식을 발견 할 수 있다. 우리에게 주어진 방정식 $2y=x$에서 f의 정의로 작성한다. 따라서 $y=x/2$이다. 따라서 임의의 $x \in R$에 대하여, $f^{-1}(x)=x/2$이다. 임의의 수에 f를 적용하는 것은 그 수를 두 배로 하는 것이고 f^{-1}을 적용하는 것은 그 수를 절반으로 하는 것임에 주목하여라, 이 연산들의 각각은 다른 것의 결과를 원상태로 돌리는 것이다. 환언하면, 만약 당신이 한 수를 두 배로 해서 그리고 나서 그 결과를 반으로 하면, 당신은 처음 시작했던 수로 돌아간다. 유사하게, 임의의 수를 절반으로 해서 그 결과를 두 배하면 처음 수로 돌아간다.

두 함수들의 합성이 항등함수와 같다는 다른 상황들이 있는가? 이 질문에 대한 탐구가 다음 정리를 유도한다.

정리 5.3.3. $f : A \to B$ 라 가정하자.

1. 만약 한 함수 $g : B \to A$가 존재하여 $g \circ f = i_A$이면 그러면 f는 단사이다.
2. 만약 한 함수 $g : B \to A$가 존재하여 $f \circ g = i_B$이면 그러면 f는 전사이다.

증명

1. 만약 한 함수 $g : B \to A$가 존재하여 $g \circ f = i_A$이라 가정하자. a_1과 a_2가 A의 임의의 원소들이라 하자. 그리고 $f(a_1)=f(a_2)$라 가정하자. 이 방정식에 양변에 g를 적용하여 우리는 $g(f(a_1))=g(f(a_2))$을 얻는다. $g(f(a_1))=(g \circ f)(a_1)=i_A(a_1)=a_1$이다 그리고 유사하게, $g(f(a_2))=a_2$이다. 따라서 우리는 $a_1=a_2$라 결정할 수가 있다. 그리므로 f는 단사이다.
2. 연습문제 9를 보아라. ■

해설. 함수 $g : B \to A$가 존재하여 $g \circ f = i_A$이라는 가정은 한 존재성 명제이다. 따라서 우리는 즉각적으로 한 특별한 함수 g가 선택된다고 상상한다. f가 단사라는 증명은 정리 5.2.3에 근거한, 그런 증명들에 대한 통상적인 패턴으로 된다.

우리는 완전한 원에 도달했다. 정리 5.3.1에서 우리는 만약 f가 B로 부터 A로 가는 단사이고 전사이면, 그러면 f^{-1}은 B로 부터 A로 가는 한 함수이다. 이 결론으로부터 우리가 정리 5.3.2에서 본 바와 같이, 이것은 f와 그것의 역의 합성은 항등함수가 되어야한다. 그리고 정리 5.3.3에서 우리는 두 개의 함수들의 합성이 항등함수일 때, 우리는 단사이고 전사인 성질들로 되돌아가는 것을 발견했다! 따라서 정리들 5.3.1-5.3.3를 결합하면, 우리는 다음 정리를 얻는다.

정리 5.3.4. $f : A \to B$ 라 가정하자. 그러면 다음 정리들은 동치이다.

1. f는 단사이고 전사이다.
2. $f^{-1} : B \to A$는 함수이다.
3. 한 함수 $g : B \to A$가 존재하여 $g \circ f = i_A$이고 $f \circ g = i_B$이다.

증명. 1→2. 이것은 정확히 정리 5.3.1이 말하는 것이다.
2→3. $f^{-1} : B \to A$이라 가정하자. $g = f^{-1}$라 하고 정리 5.3.2를 적용한다.
3→1. 정리 5.3.3을 적용한다. ■

해설. 3.6장에서 본 바와 같이, 여러 가지 명제들이 동치임을 증명하는 가장 쉬운 방법은 함의들의 한 원을 증명하는 것이다. 이 경우에 원 1→2→3→1을 증명했다. 이 함의들 implications의 증명들은 아주 개략적인 것임에 주목하여라. 당신은 어떻게 모든 것을 상세하게 채울 것인지 알도록 확인해야 한다.

예를 들어, f와 g가 $\mathbb{R}$로부터 $\mathbb{R}$로 가는 함수들로 다음 공식들로 정의되었다 하자:

$$f(x) = \frac{x+7}{5}, \quad g(x) = 5x - 7.$$

그러면 임의의 실수 x에 대하여,

$$(g \circ f)(x) = g(f(x)) = g(\frac{x+7}{5}) = 5 \cdot \frac{x+7}{5} - 7 = x.$$

따라서 $g \circ f = i_R$이다. 한 유사한 계산은 $f \circ g = i_R$을 보인다. 따라서 그것은 정리 5.3.4로부터 f는 단사이고 전사이어야 하고, 그리고 f^{-1}도 역시 $\mathbb{R}$로부터 $\mathbb{R}$로 가는 함수이어야 함이 따라온다. f^{-1}는 무엇일까? 물론, 한 논리적 추측은 $f^{-1} = g$일 것이다. 그러나 이것은 우리가 증명했던 정리로부터 실제로 되지는 않는다. 당신은 그것을 직접적으로 $f^{-1}(x)$는 방정식 $f(y) = x$에서 y에 대한 유일한 해가 되어야함을 사용하여 $f^{-1}(x)$에 대한 풀이로 확인할 수 있다. 다음 정리는 f^{-1}가 g와 같다는 것을 보여준다.

정리 5.3.5. $f : A \to B$, $g : B \to A$, $g \circ f = i_A$이고 $f \circ g = i_B$이라 가정하자.
그러면 $g = f^{-1}$이다.

증명. 정리 5.3.4에 의해서, $f^{-1} : B \to A$이다. 그러므로 정리 5.3.2에 의해서 $f^{-1} \circ f = i_A$이다. 따라서

$$
\begin{aligned}
g &= i_A \circ g && \text{(4.3장의 연습문제9)} \\
&= (f^{-1} \circ f) \circ g \\
&= f^{-1} \circ (f \circ g) && \text{(정리 4.2.5)} \\
&= f^{-1} \circ i_B \\
&= f^{-1} && \text{(4.3 장의 연습문제 4.3장).}
\end{aligned}
$$

■

해설. 이 증명은 이전의 증명들과 연습문제들을 영리하게 사용하여 빠르게 바라는 결론을 얻을 수 있다. 한 가지 더 직접적이지만 약간 긴 증명에 대해서는, 연습문제10을 보아라.

예 5.3.6 각 부분에서, f가 단사이고 전사가 되는지 또는 그렇지 않는지 결정하여라. 만약 그것이 그렇다면, f^{-1}을 찾아라.

1. $A = R \setminus \{0\}$ 그리고 $B = \mathbb{R} \setminus \{2\}$이고, 그리고 $f : A \to B$를 공식

$$f(x) = \frac{1}{x} + 2$$

로 정의한다고 하자.
(임의의 $x \in A$에 대하여, $1/x$이 정의되고 영이 아님에 주목하여라, 따라서 $f(x) \neq 2$이다. 그리고 그러므로 $f(x) \in B$이다.)
2. $A = \mathbb{R}$이고 $B = \{x \in \mathbb{R} \mid x \geq 0\}$이라 하자. 그리고 $f : A \to B$를 공식

$$f(x) = x^2$$

으로 정의한다고 하자.

풀이

1. 당신은 f가 단사이고 그리고 전사임을 직접 확인 할 수기 있다. 그러나 우리는 확인 하려고 성가실 필요가 없다. 대신에 단순히 $g \circ f = i_A$이고 $f \circ g = i_B$가 성립하는 한 함수 $g : B \to A$를 찾기만 하면 된다. 정리 5.3.4와 5.3.5에서 만약 그와 같은 g를 찾기만 하면, 그러면 우리는 f가 단사이고 그리고 전사이고 그리고 $g = f^{-1}$임을 알고 있다.
왜냐하면 $g = f^{-1}$을 바라고 있기 때문에, 임의의 $x \in B = \mathbb{R} \setminus \{2\}$에 대하여, $g(x)$는 $f(y) = x$가 되는 유일한 $y \in A$가 되어야 한다. 따라서 $g(x)$에 대한 한 공식을 찾기 위해, 방정식 $f(y) = x$를 y에 관해서 풀어야한다. f의 정의를 채워서, 그 방정식을 보고 풀어서,

$$\frac{1}{y} + 2 = x$$

이 방정식을 풀어서 다음을 얻는다.

$$\frac{1}{y} + 2 = x \;\Rightarrow \frac{1}{y} = x - 2 \;\Rightarrow y = \frac{1}{x-2}$$

g가 요구되는 성질들을 갖는지 확인해보자. 임의의 $x \in A$에 대하여,

$$g(f(x)) = g(\frac{1}{x}+2) = \frac{1}{1/x+2-2} = \frac{1}{1/x} = x$$

따라서 $g \circ f = i_A$이다. 유사하게, 임의의 $x \in B$에 대하여,

$$f(g(x)) = f(\frac{1}{x-2}) = \frac{1}{1/(x-2)} + 2 = x-2+2 = x$$

따라서 $f \circ g = i_B$이다. 그러므로 일찍이 관찰한 바와 같이, f가 단사이고 그리고 전사이고 그리고 $g = f^{-1}$이다.

2. 부분1의 풀이를 모방하여, $g \circ f = i_A$이고 $f \circ g = i_B$가 성립하는 한 함수 $g: B \to A$를 찾아보자. 왜냐하면 한 수에 f를 적용하는 것은 그 수를 제곱하는 것이기 때문에 그리고 우리는 f의 결과를 원상태로 되돌리는 g를, 한 합리적인 추측으로 $g(x) = \sqrt{x}$라 하자. 그것이 작동하는가 알아보자.

임의의 $x \in B$에 대하여

$$F(g(x)) = f(\sqrt{x}) = (\sqrt{x})^2 = x$$

따라서 $f \circ g = i_B$이다. 그러나 $x \in A$에 대하여

$$g(f(x)) = g(x^2) = \sqrt{x^2}$$

그리고 이것은 항상 x와 같지는 않다. 예를 들어, $g(f(-3)) = \sqrt{(-3)^2} = \sqrt{9} = 3 \neq -3$. 따라서 $g \circ f \neq i_A$이다. 이 예는 당신은 $f \circ g = i_B$와 $g \circ f = i_A$ 둘 다를 확인해야함을 설명해준다. 하나는 성립하고 그러나 다른 하나는 성립하지 않을 수도 있다.

무엇이 잘 못 됐을까? 만약 f^{-1}가 B로 부터 A로 가는 함수라면, $f^{-1}(x)$는 방정식 $f(y) = x$에서 y에 대한 유일한 해가 되어야 한다. f의 정의를 적용하면 $y^2 = x$가 된다.

따라서 $y=\pm\sqrt{x}$ 이다. 따라서 방정식 $f(y)=x$에서 y에 대한 해가 유일한 해가 존재하지 않고, 두 개의 해들이 있다. 예를 들어, $x=9$일때 우리는 $y=\pm 3$을 얻는다. 환언하면, $f(3)=f(-3)=9$이다. 그러나 이것은 f가 단사가 아님을 의미한다! 따라서 f^{-1}는 B로부터 A로가는 함수가 아니다.

각기 서로 원상태로 되돌리는 함수들이 수학에는 가끔 나타난다. 예를 들어, 만약 당신이 록에 익숙하다면, 그러면 당신은 공식들 $10^{\log x}=x$와 $\log 10^x=x$를 인지할 것이다. (우리는 여기서 밑이 10인 대수를 사용했다.) 이 공식들을 이장의 언어로 바꿔 함수들 $f:\mathbb{R}\to\mathbb{R}^+$와 $g:\mathbb{R}^+\to\mathbb{R}$로 다음과 같이 정의할 수 있다:

$$f(x)=10^x,\ g(x)=\log x$$

그러면 임의의 $x\in\mathbb{R}$ 에 대하여 우리는 $g(f(x))=\log 10^x=x$를 얻고, 그리고 임의의 $x\in R^+$에 대하여 우리는 $f(g(x))=10^{\log x}=x$이다. 따라서 $f\circ g=i_{R^+}$와 $g\circ f=i_R$ 이다. 따라서 $g=f^{-1}$이다. 환언하면, 대수함수는 "10을 밑으로 한 지수"함수의 역이다.

우리는 4.6장에서 각각 서로 원상태로 돌리는 또 다른 함수들의 예를 보았다.

A를 임의의 집합이라 하자. $\mathcal{E}$를 A위에서의 모든 동치관계들의 집합이고, 그리고 P 를 A위에서의 모든 분할들의 집합이라 하자. 한 함수 $f:\mathcal{E}\to\mathscr{P}$ 를 $f(R)=A/R$ 의 공식으로, 그리고 또 다른 함수 $g:\mathscr{P}\to\mathcal{E}$를 다음 공식으로 정의한다.

$g(\mathcal{F})=\mathcal{F}$에 의해서 정해지는 동치관계

$\quad = \cup_{X\in\mathcal{F}}(X\times X)$

당신은 정리4.5.6의 증명에서 $f\circ g=i_P$임을 보았고, 그리고 4.5장의 연습문제9에서 $g\circ f=i_{\varepsilon}$임을 보았다. 따라서 f가 단사이고 그리고 전사이고 그리고 $g=f^{-1}$이다. 이것의 한 흥미로운 결과는 만약 A가 유한개의 원소를 가진다면, 그러면 우리는 비록 이 수가 무엇인지 몰라도 A위에서의 모든 동치관계들의 개수를 정확하게 A위에서의 모든 분할들의 개수와 같다고 말할 수 있다.

연습문제

*1. R을 5.1장의 연습문제 2(c)에서 정의된 함수라 하자. 5.2장의 연습문제 2에서, 당신은 R이 단사이고 전사임을 보였다. 따라서 $R^{-1}: P \to P$이다. 만약 $p \in P$이면 $R^{-1}(p)$는 무엇인가?

2. F을 5.1장의 연습문제 4(b)에서 정의된 함수라 하자. 5.2장의 연습문제 4에서, 당신은 F이 단사이고 전사임을 보였다. 따라서 $F^{-1}: B \to B$ 이다. 만약 $X \in B$ 이면 $F^{-1}(X)$는 무엇인가?

*3. f가 $\mathbb{R}$로부터 $\mathbb{R}$로 가는 함수로 다음 공식으로 정의되었다 하자:

$$f(x) = \frac{2x+5}{3}$$

f가 단사이고 그리고 전사임을 보이고, 그리고 한 공식 $f^{-1}(x)$를 찾아라.(당신은 정리 5.3.2 뒤의 예나 또는 예 5.3.6.에서 사용한 방법을 모방할 수 도 있다.)

4. f가 $\mathbb{R}$ 로부터 $\mathbb{R}$ 로 가는 함수로 다음 공식 $f(x) = 2x^3 - 3$으로 정의되었다 하자:
f가 단사이고 그리고 전사임을 보이고, 그리고 한 공식 $f^{-1}(x)$를 찾아라.

*5. f가 $\mathbb{R}$ 로부터 $\mathbb{R}$ 로 가는 함수로 다음 공식 $f(x) = 10^{2-x}$으로 정의되었다 하자:
f가 단사이고 그리고 전사임을 보이고, 그리고 한 공식 $f^{-1}(x)$를 찾아라.

6. $A = \mathbb{R} \setminus \{2\}$라 하자. 그리고 f는 정의역A에서 다음 공식으로 정의된 함수라 하자.

$$f(x) = \frac{3x}{x-2}$$

(a) f가 A 로부터 어떤 집합 $B \subseteq \mathbb{R}$ 에 대한 B 로 가는 한 단사이고, 전사함수임을 보여라. 집합 B는 무엇인가?

(b) $f^{-1}(x)$에 대한 한 공식을 찾아라.

7. 정리 5.3.4뒤의 예에서, 우리는 $f(x)=\frac{x+7}{5}$이고 $f^{-1}(x)=5x-7$임을 알았다. f_1과 f_2가 $\mathbb{R}$ 로부터 $\mathbb{R}$ 로 가는 다음 공식들로 정의된 함수들이라고 하자:

$$f_1(x)=x+7,\ f_2(x)=\frac{x}{5}$$

(a) $f=f_2\circ f_1$을 보여라.

(b) 정리 4.2.5의 부분5에 따라서 우리는 $f^{-1}=(f_2\circ f_1)^{-1}=(f_1)^{-1}\circ(f_2)^{-1}$이 되어야 한다. $(f_1)^{-1}\circ(f_2)^{-1}$을 직접 계산하여 이것을 확인하여라.

8. (a) 정리 5.3.2의 두 번째 절반을 처음 절반의 증명을 본떠서 증명하여라.

(b) 정리 5.3.2의 두 번째 절반의 또 다른 증명을 처음 절반에 f^{-1}을 적용해서 구하여라.

*9. 정리 5.3.3의 부분2를 증명하여라.

10. 다음 작전을 사용하여 정리 5.3.5의 한 또 다른 증명을 하여라: (b,a)는 $B\times A$의 한 임의의 원소라 하자. $(b,a)\in g$라 가정하고 $(b,a)\in f^{-1}$을 증명하여라.

*11. $f:A\to B$ 이고 $g:B\to A$라 가정하자.

(a) 만약 f가 단사이고 그리고 $f\circ g=i_B$이면, 그러면 $g=f^{-1}$임을 증명하여라.

(b) 만약 f가 전사이고 그리고 $g\circ f=i_A$이면, 그러면 $g=f^{-1}$임을 증명하여라.

(c) 만약 $f\circ g=i_B$ 이고 그러나 $g\circ f\neq i_A$라면, 그러면 f가 전사이고 그러나 단사가 아니다. 그리고 g는 단사이고 그러나 전사가 아님을 증명하여라.

12. $f:A\to B$ 이고 그리고 f가 단사라 가정하자. 어떤 집합 $B'\subseteq B$ 가 존재하여 $f^{-1}:B'\to A$임을 증명하여라.

13. $f:A\to B$ 이고 그리고 f가 전사라 가정하자. $R=\{(x,y)\in A\times A|f(x)=f(y)\}$

라 하자. 5.1장의 연습문제 20(a)에 의해서, R은 A위에서 한 동치관계이다.

(a) 한 함수 $h: A/R \to B$ 가 존재하여 모든 $x \in A$에 대하여 $h([x]_R) = f(x)$임을 증명하여라.(힌트: 5.1장 의 연습문제 21 참조.)

(b) h가 단사이고 그리고 전사임을 증명하여라.(힌트: 5.2장의 연습문제 19 참조.)

(c) 부분 (b)로부터 $h^{-1}: B \to A/R$ 이 된다.

모든 $b \in B$ 에 대하여 $h^{-1}(b) = \{x \in A | f(x) = b\}$임을 증명하여라.

(d) $g: B \to A$라 가정하자. $f \circ g = i_B$ iff $\forall b \in B(g(b) \in h(b))$임을 증명하여라.

*14. $f: A \to B$, $g: B \to A$, 그리고 $f \circ g = i_B$라 가정하자. $A' = Ran(g) \subseteq A$라 하자.

(a) 모든 $x \in A'$에 대하여, $(g \circ f)(x) = x$임을 증명하여라.

(b) $\upharpoonright$ A'는 A'로부터 B로 가는 단사이고, 전사함수이다. $\upharpoonright$ 그리고 $g = (f \quad A')^{-1}$임을 증명하여라.(여기서 사용하는 기호의 의미에 대해서는 5.1장의 연습문제 7를 참조.)

15. $B = \{x \in \mathbb{R} | x \geq 0\}$라 하자. $f: R \to B$이고 $g: B \to \mathbb{R}$은 다음 공식들 $f(x) = x^2$과 $g(x) = \sqrt{x}$로 정의된다고 하자. 예 5.3.6의 부분 2에서 본 바와 같이, $g \neq f^{-}$ $\upharpoonright$ㅣ다. $g = (f \quad B')^{-1}$임을 보여라.(힌트: 연습문제 14 참조.)

*16. $f: \mathbb{R} \to \mathbb{R}$가 공식 $f(x) = 4x - x^2$으로 정의된다고 하자. $B = Ran(f)$라 하자.

(a) B를 찾아라.

(b) 집합 $A \subseteq R$을 A로부터 B로 가는 함수 $f \upharpoonright A$가 단사이고, 전사가 되는 것을 찾아라.

그리고 한 공식 $(f \upharpoonright A)^{-1}(x)$을 찾아라.(힌트: 연습문제 14 참조.)

17. A를 임의의 집합이라 하자. $\mathcal{F} = \{f | f: A \to A\}$이고 $P = \{f \in \mathcal{F} | f$는 단사이고 전사이다.$\}$라 하자. 한 관계 R을 $\mathcal{F}$ 위에서 다음과 같이 정의하자:

$$R = \{(f, g) \in \mathcal{F} \times \mathcal{F} \mid \exists h \in P(f = h^{-1} \circ g \circ h)\}$$

(a) R이 동치관계임을 증명하여라.

(b) 만약 fRg이면 그러면 $(f \circ f)R(g \circ g)$임을 증명하여라.

(c) 임의의 $f \in \mathcal{F}$와 $a \in A$에 대하여, 만약 $f(a) = a$이면 그러면 우리는 a를 f의 한 부동점 fixed point이라 말 한다. 만약 f가 한 부동점을 갖고 그리고 fRg이면 , 그러면 g도 역시 한 부동점이 됨을 증명하여라.

*18. $f: A \to C$, $g: B \to C$이고, g가 전단사라고 가정하자. 한 함수 $h: A \to B$가 존재하여 $g \circ h = f$임을 증명하여라.

5.4. 폐포들

Closures

수학에서 가끔 우리는 한 집합으로 부터 자기 자신으로 가는 함수를 만난다. 그 상황에서, 다음 개념이 유용하게 쓰인다.

정의 5.4.1. F: $A \to A$이고 $C \subseteq A$라 가정하자. 만약 $\forall x \in C\ (f(x) \in C)$이면 C가 f아래에서 닫혀있다 closed고 말할 것이다.

예 5.4.2.

1. $A = \{a, b, c, d\}$이고 $f = \{(a,c), (b,b), (c,d), (d,c)\}$라 하자. 그러면 $f: A \to A$이다. $C_1 = \{a, c, d\}$이고 $C_2 = \{a, b\}$라 하자. C_1은 f아래에서 닫혀있는가? C_2는 어떠한가?
2. $f: \mathbb{R} \to \mathbb{R}$와 $g: \mathbb{R} \to \mathbb{R}$는 다음과 같은 공식들 $f(x) = x + 1$과 $g(x) = x - 1$로 정의되었다고 하자. N은 f아래에서 닫혀있는가? 그것은 g아래에서 닫혀있는가?
3. $f: \mathbb{R} \to \mathbb{R}$는 공식 $f(x) = x^2$로 정의되었다고 하자. $C_1 = \{x \in \mathbb{R} \mid 0 < x < 1\}$이고 $C_2 = \{x \in \mathbb{R} \mid 0 < x < 2\}$라 하자. C_1은 f아래에서 닫혀있는가? C_2는 어떠한가?

풀이

1. C_1은 f아래에서 닫혀있다. 왜냐하면 $f(a)=f(d)=c\in C_1$이고 $f(c)=d\in C_1$이기 때문이다. 그러나, C_2가 f아래에서 닫혀있지 않는 것은, $a\in C_2$이지만 $f(a)=c\notin C_2$이기 때문이다.
2. 임의의 자연수 n에 대하여 $n+1$은 역시 자연수이므로, 따라서 $\mathbb{N}$은 f아래에서 닫혀있다. 그렇지만, $\mathbb{N}$은 g아래에서 닫혀있지 않는 것은, $0\in\mathbb{N}$이지만 $g(0)=-1\notin\mathbb{N}$이기 때문이다.
3. 임의의 실수 x에 대하여, 만약 $0<x<1$이면 그러면 $0<x^2<1$이므로(예 3.1.2를 보여라), 따라서 C_1은 f아래에서 닫혀있다. 그러나 $1.5\in C_2$이고 $f(1.5)=1.5^2=2.25\notin C_2$이므로, 따라서 C_2은 f아래에서 닫혀있지 않다.

예 5.4.2의 부분2에서 $\mathbb{N}$은 함수 $g:\mathbb{R}\to\mathbb{R}$을 공식 $g(x)=x-1$에 의해서 정의할 때 닫혀있지 않다. $\mathbb{N}$에 원소들을 추가하여 g아래에서 닫혀있는 한 집합을 얻기를 원한다면, $g(0)=-1$을 추가할 필요가 있다. 그러나 만약 -1를 그 집합에 추가하면, 역시 $g(-1)=-2$를 포함해야하고, 만약 우리가 -2를 집어 넣으면 역시 $g(-2)=-3$을 추가해야한다. 이 방법으로 계속하면, 그것은 우리가 $\mathbb{N}$에 모든 음의 정수들을 추가해서, 모든 정수의 집합, $\mathbb{Z}$를 얻는 것이 분명하다. 그러나 임의의 정수 n에 대하여, $n-1$도 역시 한 정수이기 때문에 $\mathbb{Z}$가 g 아래에서 닫혀있음을 알 수 있다. 따라서 우리는 g아래에서 닫혀있는 한 집합을 얻기 위한 $\mathbb{N}$을 확장하는 과제를 성공하게 되었다.

$\mathbb{N}$을 $\mathbb{Z}$로 확장할 때, 추가한 -음의 정수들은-만약 g 아래에서 닫혀있는 결과의 집합을 구하기를 원한다면 추가해야만 하는 수들이다. 그것은 $\mathbb{Z}$는 g아래에서 닫혀있는 N을 포함하는 최소집합이 된다. 여기서 사용하는 최소라는 단어는 4.4절에서 정의한 것과 똑 같다. 만약 $\mathcal{F}=\{C\subseteq\mathbb{R}\,|\,\mathbb{N}\subseteq C$이고 C는 g 아래에서 닫혀있다.$\}$라면, $\mathbb{Z}$ 는 $\mathcal{F}$ 의 최소 원이고, 여기서 통상적으로 그것은 부분집합의 준순서의 의미로 최소를 나타낸다. 환언하면, $\mathbb{Z}$는 $\mathcal{F}$ 의 임의의 원소들의 한 부분집합이고, 그것은 $\mathcal{F}$의 임의의 원소의 부분집합이다. 우리는 $\mathbb{Z}$ 를 g아래서의 $\mathbb{N}$의 폐포 closure라 말할 것이다.

정의 5.4.3. $f:A\to A$이고 $B\subseteq A$라 가정하자. 그러면 f아래서의 B의 폐포 closure는 $B\subseteq C$이고 C는 f아래서 닫혀있는 최소집합$C\subseteq A$로, 만약 그와 같은 최소 집합이 존재할 때를 말한다. 환언하면, 한 집합 $C\subseteq A$는 만약 다음 성질들을 갖는 B 의 폐포이다:

1. $B \subseteq C$.
2. C 는 f아래서 닫혀있다.
3. 임의의 집합 $D \subseteq A$에 대하여, 만약 $B \subseteq D$ 이고 D 가 f아래에서 닫혀있으면 $C \subseteq D$이다.

정리 4.4.6.에 따라서 만약 집합이 최소 원소를 가지면, 그것은 단 하나의 최소 원을 가진다. 따라서 만약 집합 B가 함수 f아래에서 한 폐포를 가진다면, 이 폐포는 유일해야만 하고, 따라서 그것은 한 폐포라기 보다는 유일한 폐포라고 부른 것이 의미를 가진다. 그렇지만, 예 4.4.7.에서 본 바와 같이, 어떤 집합족들은 최소 원소들을 갖고 않지 않는다. 따라서 그것은 만약 집합들이 항상 함수들 아래서 폐포들을 갖는가는 즉각적으로 분명하지는 않다. 그들은 사실상 정리 5.4.5의 아래에서 우리의 증명에서 보여주는 바와 같이 할 수 있다. 그러나 먼저 폐포들의 몇 가지 더 많은 예들을 찾아보자.

예 5.4.4.

1. 예 5.4.2.의 부분1에서, 집합 $C_2 = \{a, b\}$은 f아래서 닫혀있지않다. f아래서 C_2의 폐포는 무엇일까?
2. $f: \mathbb{R} \to \mathbb{R}$ 는 공식들 $f(x) = x + 1$로 정의되었다고 하고, $B = \{0\}$라 하자. f아래에서 B의 폐포는 무엇인가?

풀이

1. $a \in C_2$이므로, f아래에서 닫혀있는 한 집합을 얻기 위해서 우리는 $f(a) = c$를 추가할 필요가 있을 것이다. 그래서 우리는 역시 우리는 $f(c) = d$를 추가해야할 것이다. 그것은 우리에게 전체 집합 $A = \{a, b, c, d\}$가 된다. 분명히 A는 f아래에서 닫혀있다. 따라서 f아래서 C_2의 폐포는 A이다.
2. $0 \in B$이므로, f아래에서 B의 폐포는 $f(0) = 1$을 포함해야 할 것이다. 그래서 그것은 역시 $f(1) = 2, f(2) = 3, f(3) = 4$, 그리고 모든 양의 정수들을 포함해야만 한다. B 에 모든 양의 정수들을 추가하면 집합 N을 얻는다. 그것은 우리는 예 5.4.2의 부분 2로부터 f아래에서 닫혀있다

는 것을 이미 알고 있다. 따라서 f아래에서 $\{0\}$의 폐포는 $\mathbb{N}$이다.

여기에 우리가 논의한 개념들의 유용성을 설명해주는 한 예가 있다. P 를 사람들의 한 집합이라고 하자. 그리고 그 집합 P 의 각 사람들은 역시 P안에 있는 가장 친한 한 친구를 갖고 있다고 가정하자. 그러면 우리는 한 함수 $f: P \to P$를 $f(p) = p$의 가장 친한 친구로 정의 할 수 있다. 그 집합 P 에서 어떤 사람이 한 가십거리를 듣기만하면 그나 또는 그녀의 가장 친한 친구에게 말해준다고 가정하자.(그러나 다른 사람에게는 말하지 않는다.) 이제 임의의 집합 $C \subseteq P$ 를 고려하자. 그리고 f에 의해서 닫혀있다고 가정하자. 그러면 임의의 사람 $p \in C$ 에 대하여, p의 가장 친한 친구도 역시 C 안에 있다. 따라서 만약 C 안에 임의의 사람이 가십거리를 들었다면 그나 또는 그녀가 가십을 말할 사람은 단지 C 안에만 있다. C 안에 있는 사람은 아무도 그 가십거리를 C 안에 있지 않은 사람에게 전달하지 않을 것이다. 따라서 만약 우리가 가십거리를 C 안의 어떤 사람에게 말했다면, 그것은 C 안의 다른 사람에게 전달되고, 그것은 결코 C 밖으로 나가지 않을 것이다. 만약 당신이 이 집단에서 가십의 전파하는 궤적을 알기를 원한다면, 당신은 f아래에서 닫혀있는 P 의 부분집합들을 확인하는 것에 관심을 가져야 한다.

우리가 가십거리를 어떤 집합 $B \subseteq P$의 모든 사람들에게 말했다고 가정하자. 가십이 어떻게 전파될까? B 안에 있는 사람들은 그들의 가장 친한 친구들에게 이야기 할 것이고, 그래서 그들은 가장 친한 친구들과 이야기 할 것이고, 그들의 친한 친구들에게 이야기하고 등등. 우리의 앞의 예들에 근거해서, 당신은 결과적으로 그 가십을 들을 사람들의 집합 H 는 f아래서의 B 의 폐포가 될 것이다. 우리가 H 가 정의 5.4.3에서 나열한 3가지 성질들을 가짐을 주의 깊게 증명할 수 있는지 알아보자.

분명히 $B \subseteq H$ 인 것은, B안에 있는 사람들이 과정의 출발에서 가십을 들었기 때문이다. 이것은 정의 5.4.3.의 성질1를 확인한다. 만약 p가 H 의 임의의 원소라면, p는 종국적으로 그 가십을 들었다. 그러나 p가 가십을 듣자마자. 그 또는 그녀는 $f(p)$에게 말할 것이므로, 따라서 역시 $f(p) \in H$ 이다. 따라서 H 는 f아래서 닫혀있다. 이것은 정의의 성질 2를 만족한다. 끝으로, $B \subseteq C \subseteq P$ 이고 그리고 C 는 f아래서 닫혀있다고 가정하자. 그러면 우리가 일찍이 관찰한 바와 같이, B 안의 사람들에게 알려진 어떤 가십이나 C 안의 다른 사람들에게 전파될 것이다. 그러나 그것은 C 를 결코 밖으로 나오지 않을 것이다. 따라서 그 가십을 들은 어떤 사람이던지 C 에 속해야만 한다. 그것은 $H \subseteq C$ 임을 의미한다. 이것이 성질 3을 확인한 것이다. 따라서 H 는 f아래서 B 의 폐포이다.

이제 폐포들이 항상 존재함을 증명해보자. $f: A \to A$이고 $B \subseteq A$라 가정하자. f아래서 B 의 폐포의 존재를 증명하는 한 가지 방법은 B 에다 f아래에서 닫혀있는 것들을 추가하는 것이다. 비록 이것의 자세한 증명은 수학적 귀납법의 방법이 요구되지만, 그것은 아직 논의되지 않았다. 수학적 귀납법을 논의한 후에 6.5장에서 이 증명을 할 것이다. 그러나 이미 우리가 배운 생각만으로도 그 증명의 또 다른 접근방법이 있다. f아래서 B 의 폐포는, 만약 그것이 존재한다면, 집합족 $\mathcal{F} = \{C \subseteq A \mid B \subseteq C$이고 C는 f 아래서 닫혀있다.$\}$의 최소 원이어야 한다. 4.4장 연습문제 20에 따라서 한 집합의 최소 원은 항상 그 집합의 최대하계 greatest lower bound이다. 그리고 정리 4.4.11에 의해서, 임의의 공집합이 아닌 집합족 $\mathcal{F}$ 의 $g.l.b$는 $\cap \mathcal{F}$ 이다. 이것이 우리의 다음 정리에 대한 동기유발이다.

정리 5.4.5. $f: A \to A$이고 $B \subseteq A$라 가정하자. 그러면 B 는 f아래에서 한 폐포를 가진다.

증명. $\mathcal{F} = \{C \subseteq A \mid B \subseteq C$이고 C는 f아래서 닫혀있다.$\}$라 하자. 당신은 $A \in \mathcal{F}$임을 확인할 수 있어야만 한다. 그러므로 $\mathcal{F} \neq \varnothing$이다. 따라서 우리는 $C = \cap \mathcal{F}$ 라 할 수 있고, 그리고 3.3장 연습문제9에 의해서, $C \subseteq A$이다. 우리는 정의 5.4.3.의 3가지 성질들을 증명하여 C 가 f아래서 B의 폐포임을 밝힐 것이다.

첫 번째 성질을 증명하기 위해서, $x \in B$라 가정하자. D를 F의 임의의 원소라 하자. 그러면 F의 정의에 의해서, $B \subseteq D$ 이다. 따라서 $x \in D$이다. D가 임의이므로, 이것은 $\forall D \in \mathcal{F}\,(x \in D)$임을 보여준다. 따라서 $x \in \cap \mathcal{F} = C$이다. 따라서 $B \subseteq C$이다.

다음은, $x \in C$ 라 가정하고 다시 D 를 $\mathcal{F}$의 임의의 원소라 하자. 그러면 $x \in C = \cap \mathcal{F}$ 이므로, $x \in D$이다. 그러나 $D \in F$이므로, D는 f아래서 닫혀있고, 따라서 $f(x) \in D$ 이다. D가 임의이므로, $\forall D \in \mathcal{F}\,(f(x) \in D)$라 결정할 수 있고, 따라서 $f(x) \in \cap \mathcal{F} = C$ 이다. 따라서 우리는 C 가 f아래서 닫혀있음을 보였고, 그것은 정의 5.4.3의 두 번째 성질이다.

끝으로, 세 번째 성질을 증명하기 위해서, $B \subseteq D \subseteq A$이고 D는 f아래서 닫혀있다고 가정하자. 그러면 $D \in \mathcal{F}$이고, 3.3장 연습문제9를 다시 적용하여 $C = \cap \mathcal{F} \subseteq D$라 결정할 수 있다. ■

해설. 우리의 목표는 $\exists C$ (C는 f 아래서 B의 폐포이다)이므로, C를 정의하는 것으로부터 시작해야 한다. 그렇지만, 정의 $C = \cap \mathcal{F}$는 $\mathcal{F} \neq \varnothing$라는 것을 알지 못하면 의미를 갖지 못하므로, 따라서 우리는 이것은 맨 처음에 증명해야만 했다. $F \neq \varnothing$은 $\exists D(D \in \mathcal{F})$임을 의미하기 때문에, 그것을 $\mathcal{F}$의 한 원소의 예를 들어 증명한다. 그 예는 A이고, 따라서 $A \in \mathcal{F}$임을 증명해야 한다. 그 증명에서 "당신은 확인할 수 있어야한다"라는 명제는 $A \in \mathcal{F}$가 참말로 당신이 확인을 해야만 한다는 것을 의미한다. $\mathcal{F}$의 정의에 따라서 $A \in \mathcal{F}$의 의미는 $A \subseteq A$, $B \subseteq A$이고, A가 f아래에서 닫혀있다는 의미이다. 당신은 이 3가지 명제들이 모두 참인가를 확인 해야만 한다.

C를 정의하고 $C \subseteq A$임을 밝히고, C가 f아래서 B의 폐포의 정의에 있는 3가지 성질들을 갖고 있음을 증명해야한다. 처음 명제 $B \subseteq C$를 증명하기 위해서, $x \in B$의 임의의 원소라 하고 $x \in C$을 증명한다. $C = \cap \mathcal{F}$ 이므로, 그 목표 $x \in C$는 $\forall D \in \mathcal{F}(x \in D)$를 의미하고, 따라서 그것을 증명하기 위해서 D를 F의 한 임의의 원소라 하고 $x \in D$을 증명한다. C가 f아래서 닫혀있음을 증명하기 위해서, $x \in C$라 가정하고 $f(x) \in C$를 증명한다. 다시 한번, C의 정의에 의해서 이 목표는 $\forall D \in \mathcal{F}(f(x) \in D)$를 의미하고, 따라서 D를 의 임의의 원소라 하고 $f(x) \in D$를 증명한다. 끝으로, 세 번째 목표를 증명하기 위해서 우리는 $D \subseteq A$, $B \subseteq D$, 그리고 D가 f아래서 닫혀있다고 가정하고 $C \subseteq D$를 증명한다. 다행하게도, 앞장의 한 연습문제로 이 증명을 다루었다.

폐집합들과 폐포들은 일변수 보다 더 많은 함수들에서도 연구된다. 만약 $f: A \times A \to A$이면, 그러면 f는 한 두변수의 함수 functions of two variables 라 부른다. f의 정의역의 한 원소는 한 순서쌍 (x,y)이다. 여기서 $x, y \in A$이다. f에 이 쌍을 적용한 결과는 $f((x,y))$로 써야만하지만, 그러나 그것을 보통 한 쌍의 괄호를 생략하고 바로 $f(x,y)$로 쓴다.

정의 5.4.6. $f: A \times A \to A$이고 $C \subseteq A$라 가정하자. 우리는 만약 $\forall x \in C \forall y \in C(f(x,y) \in C)$이면 C는 f아래서 닫혀있다고 말할 것이다.

예 5.4.7.

1. $f:\mathbb{R}^+\times\mathbb{R}^+\rightarrow\mathbb{R}^+$이고 $g:\ \mathbb{R}^+\times\mathbb{R}^+\rightarrow\mathbb{R}^+$를 다음 공식으로 정의하자;

   $f(x,y)=x/y,\ g(x,y)=x^y.$

   $\mathbb{Q}^+$는 f아래에서 닫혀있는가? $\mathbb{Q}^+$는 g아래에서 닫혀있는가?

2. $f:\mathscr{P}(\mathbb{N})\times\mathscr{P}(\mathbb{N})\rightarrow\mathscr{P}(\mathbb{N})$이고 $g:\ \mathscr{P}(\mathbb{N})\times\mathscr{P}(\mathbb{N})\rightarrow\mathscr{P}(\mathbb{N})$를 다음 공식으로 정의하자;

   $f(X,Y)=X\cup Y,\ \ g(X,Y)=X\cap Y.$

   $I=\{X\in\mathscr{P}(\mathbb{N})|X$는 무한집합이다.$\}$

   I 는 f아래에서 닫혀있는가? I 는 g아래에서 닫혀있는가?

풀이

1. 만약 $x,y\in\mathbb{Q}^+$이면, 그러면 양의 정수들 $p,q,r,$ 그리고 s가 존재하여 $x=p/q,y=r/s$ 이다. 그러므로

$$f(x,y)=\frac{x}{y}=\frac{p/q}{r/s}=\frac{p}{q}\bullet\frac{s}{r}=\frac{ps}{qr}\in Q^+.$$

   이것은 $\mathbb{Q}^+$는 f아래에서 닫혀있다. 그렇지만, 2와 1/2는 $\mathbb{Q}^+$의 원소들이고 그리고 $g(2.1/2)=2^{1/2}=\sqrt{2}\not\in\mathbb{Q}^+$이다.(정이 6.4.5를 보여라.), 따라서 $\mathbb{Q}^+$는 g아래에서 닫혀있지 않다.

2. 만약 X 와 Y 를 자연수들의 무한집합들이라 하면, 그러면 $f(X,Y)=X\cup Y$는 역시 무한집합이다. 따라서 I 는 f아래에서 닫혀있다. 한편, E를 짝수 자연수들의 집합이라 하고 그리고 P 를 소수들의 집합이라고 하자. 그러면 E 와 P 는 둘 다 무한집합들이다. 그러나 $g(E,P)=E\cap P=\{2\}$이다. 그것은 유한집합이다. 그러므로 I 는 g아래에서 닫혀있지않다.

전과 같이, 우리는 두 변수의 한 함수아래서 한 집합의 폐포를 그것을 포함하는 최소 폐집합으로 정의할 수 있다. 그리고 우리는 그와 같은 폐포들이 항상 존재함을 증명할 수 있다.

정의 5.4.8. $f:A\rightarrow A$이고 $B\subseteq A$라 가정하자. 그러면 f아래에서 B의 한 폐포는 $B\subseteq C$ 이고 C 가 f 아래서 닫혀있고, 만약 그와 같은 한 최소의 집합이 존재하면 최소의 집합 $C\subseteq A$를 말한다. 환언하면, 한 집합 $C\subseteq A$가 만약 다음 성질들을 만족하면 f아래에서 B의 폐포라 한다:

1. $B \subseteq C$.
2. C는 f아래서 닫혀있다.
3. 임의의 집합 $D \subseteq A$에 대하여, 만약 $B \subseteq D$이고 D가 f아래에서 닫혀있으면 그러면 $C \subseteq D$이다.

정리 5.4.9. $f: A \times A \to A$이고 $B \subseteq A$라 가정하자. 그러면 B는 f아래에서 한 폐포를 가진다.

증명. 연습문제 11을 보여라. ■

$A \times A$로부터 A로 가는 한 함수는 한 순서쌍의 대상들 $(x,y) \in A \times A$을 A의 다른 원소를 만들어 내는 한 연산으로 생각하게 된다. 수학에 종종 한 연산은 한 쌍의 수학적 대상들 (x,y)이 x와 y사이에 기호들로 표현된다. 예를 들어, 만약 x와 y가 실수들이라면 그러면 $x+y$는 다른 수를 나타내고, 그리고 만약 x와 y가 집합들이라면 그러면 $x+y$는 다른 집합을 나타낸다. 이 표기를 본따서, 수학자들이 $A \times A$로부터 A로 가는 함수를 정의할 때 그들은 가끔 그것은 한 문자 보다는 한 기호를 사용한다. 그리고 그들은 한 쌍 (x,y)를 함수에 적용한 결과를x와 y사이에 문자를 넣지 않고 x와 y사이에 기호를 넣어서 쓴다.. 이와 같이 $A \times A$로부터 A로 가는 한 함수를 쓸 때, 그것을 보통 A위에서의 한 이항연산 binary operation이라 부른다.

예를 들어, 예 5.4.7의 부분2에서 우리는 $g: \mathscr{P}(\mathbb{N}) \times \mathscr{P}(\mathbb{N}) \to \mathscr{P}(\mathbb{N})$를 공식 $g(X, Y) = X \cap Y$으로 정의한다. 이 함수에서 이름을 g로 소개하는 대신에, 우리는 $\cap$을 $\mathscr{P}(\mathbb{N})$위에서의 한 이항연산으로 이야기할 수도 있다. 우리는 이 예에서 $\mathbb{N}$의 모든 무한부분집합 I가 g아래에서 닫혀있지않음을 보였다. 다르게 말하면 이것은 I가 이항연산 $\cap$에 대하여 닫혀있지 않다는 것이다. I의 $\cap$에 대한 폐포는 무엇일까? 그 답에 대해서는, 연습문제 16을 보여라.

여기에 한 다른 예가 있다. 우리는 Z위에서 한 이항연산 $*$를 임의의 정수들 x와 y에 대하여, $x * y = x^2 - y^2$으로 정의할 수 있다. 집합 $\{0,1\}$은 이항연산 $*$아래에서 닫혀있는가? 그 답은 아니오 이다. 왜냐하면 $0 * 1 = 0^2 - 1^2 = -1 \notin \{0,1\}$이기 때문이다. 따라서 $*$아래서의 $\{0,1\}$의 폐포는 -1를 포함해야 한다. 그러나 당신이 쉽게 확인할 수 있는 바와 같이 $\{-1, 0, 1\}$은 $*$아래에서 닫혀있다. 그러므로 $*$아래서의 $\{0,1\}$의 폐포는 $\{-1, 0, 1\}$이다.

연습문제

*1. $f: \mathbb{R} \to \mathbb{R}$ 은 공식 $f(x) = (x+1)/2$에 의해서 정의된다고 하자. 다음 집합들은 f아래에서 닫혀있는가?

(a) $\mathbb{Z}$

(b) $\mathbb{Q}$

(c) $\{x \in \mathbb{R} \mid 0 \le x < 4\}$

(d) $\{x \in \mathbb{R} \mid 2 \le x < 4\}$

2. $f: \mathscr{P}(\mathbb{N}) \to \mathscr{P}(\mathbb{N})$은 공식 $f(X) = X \cup \{17\}$에 의해서 정의된다고 하자. 다음 집합들은 f아래에서 닫혀있는가?

(a) $\{X \subseteq \mathbb{N} \mid X$는 무한집합이다.$\}$

(b) $\{X \subseteq \mathbb{N} \mid X$는 유한집합이다.$\}$

(c) $\{X \subseteq \mathbb{N} \mid X$는 기껏해야 100개의 원소를 갖는다.$\}$

(d) $\{X \subseteq \mathbb{N} \mid 16 \in X\}$

*3. $f: \mathbb{Z} \to \mathbb{Z}$은 공식 $f(n) = n^2 - n$에 의해서 정의된다고 하자. 다음 $\{-1, 1\}$의 f아래의 폐포를 찾아라.

4. 임의의 집합 A에 덧여, A위에서의 모든 관계들의 집합은 $\mathscr{P}(A \times A)$이다. $f: \mathscr{P}(A \times A) \to \mathscr{P}(A \times A)$은 공식 $f(R) = R^{-1}$에 의해서 정의된다고 하자. A위에서의 반사적 관계들의 집합은 f아래에서 닫혀있는가? 대칭적 관계들의 집합과 추이적 관계들의 집합에 대해서는 어떠한가?(힌트: 4.3절의 연습문제 12를 보여라.)

5. $f: A \to A$라 가정하자. $\varnothing$은 f아래에서 닫혀있는가?

6. $f: A \to A$라 가정하자.

(a) 만약 $Ran(f) \subseteq C \subseteq A$이면 그러면 C는 f아래에서 닫혀있음을 증명하여라.

(b) 임의의 집합 $B \subseteq A$에 대하여, f아래에서 B의 폐포는 $B \cup Ran(f)$의 한 부분집합임을 증명하여라.

*7. $f : A \to A$이고 f가 전단사라 가정하자. 그러면 정리 5.3.1에 의해서, $f^{-1} : A \to A$이다. 만약 $C \subseteq A$이고 그리고 C 는 f아래서 닫혀있다면, 그러면 $A \setminus C$는 f^{-1}아래에서 닫혀있음을 증명하여라.

8. $f : A \times A \to A$이고 $C \subseteq A$라 가정하자. C 가 f아래에서 닫혀있다 iff C의 f아래에서의 폐포는 C임을 증명하여라.

9. $f : A \times A \to A$이고 C_1, C_2는 A의 부분집합들로 f아래에서 닫혀있다고 가정하자.
   (a) $C_1 \cup C_2$는 f아래에서 닫혀있음을 증명하여라.
   (b) $C_1 \cap C_2$는 f아래에서 닫혀있어야만 하는가? 당신의 답을 정당화 하여라.
   (c) $C_1 \setminus C_2$는 f아래에서 닫혀있어야만 하는가? 당신의 답을 정당화 하여라.

10. $f : A \times A \to A$이고 $B_1 \subseteq A$, 그리고 $B_2 \subseteq A$라 가정하자. C_1는 f아래에서 B_1의 폐포이고, C_2는 f아래에서 B_2의 폐포라 하자.
   (a) 만약 $B_1 \subseteq B_2$ 이면 $C_1 \subseteq C_2$임을 증명하여라.
   (b) f아래에서 $B_1 \cup B_2$의 폐포는 $C_1 \cup C_2$임을 증명하여라.
   (c) $B_1 \cap B_2$의 폐포는 $C_1 \cap C_2$이어야 하는가? 당신의 답을 정당화 하여라.
   (d) $B_1 \setminus B_2$의 폐포는 $C_1 \setminus C_2$이어야 하는가? 당신의 답을 정당화 하여라.

11. 정리 5.4.9를 증명하여라.

*12. 만약 $\mathcal{F}$ 를 A로부터 A로 가는 함수들의 한 집합이고 그리고 $C \subseteq A$라 가정하면, 그러면 우리는 만약 $\forall f \in \mathcal{F}\ \forall x \in C (f(x) \in C)$이면 C가 $\mathcal{F}$ 아래서 닫혀있다. 환언하면, C 는 $\mathcal{F}$ 아래에서 닫혀있다 iff 모든 $f \in \mathcal{F}$에 대하여, C는 f 아래에서 닫혀있다. 만약 $B \subseteq A$이면, 그러면 $\mathcal{F}$아래에서 B의 폐포는 $B \subseteq C$이고 C가 F아래에서 닫혀있는 최소집합 $C \subseteq A$이다.(당신은 폐포가 항상 존재한다는 다음 연습문제에서 증명하도록 요청받는다.)
   (a) f와 g는 $\mathbb{R}$로부터 $\mathbb{R}$로 가는 함수들로 공식들 $f(x) = x + 1$ 그리고 $g(x) = x - 1$로 정의되었다고 하자. $\{0\}$의 $\{f, g\}$아래서의 폐포를 찾아라.
   (b) 각 자연수 n에 대하여, $f_n : \mathscr{P}(\mathbb{N}) \to \mathscr{P}(\mathbb{N})$를 공식 $f_n(X) = X \cup \{n\}$으로

정의한다. 그리고 $\mathcal{F}=\{f_n | n\in \mathbb{N}\}$라 하자. $\{\varnothing\}$은 $\mathcal{F}$아래에서 폐포를 찾아라.

13. 만약 $\mathcal{F}$ 를 A로부터 A로 가는 함수들의 한 집합이고 그리고 $B\subseteq A$라 가정하자. B 의 F 아래에서의 폐포에 대한 정의는 앞의 연습문제를 보여라.

(a) B 는 $\mathcal{F}$ 아래에서 한 폐포를 가짐을 증명하여라.

각 $f\in\mathcal{F}$ 에 대하여, C_f는 B의 f아래에서 한 폐포라 하고, 그리고 C 는 B 의 $\mathcal{F}$아래에서 한 폐포라 하자.

(b) $\cup_{f\in\mathcal{F}} C_f \subseteq C$ 임을 증명하여라.

(c) $\cup_{f\in\mathcal{F}} C_f$는 $\mathcal{F}$ 아래에서 닫혀 있어야만 하는가? 한 증명을 하거나 또는 반례를 들어 당신의 답을 정당화 하여라.

(d) $\cup_{f\in F} C_f = C$ 이어야 하는가? 한 증명을 하거나 또는 반례를 들어 당신의 답을 정당화 하여라.

*14. $f:\mathbb{R}\times\mathbb{R}\to\mathbb{R}$ 은 공식 $f(x,y)=x-y$에 의해서 정의된다고 하자. $\mathbb{N}$의 f아래에서 폐포는 무엇인가?

15. $f:\mathbb{R}^+\times\mathbb{R}^+\to\mathbb{R}^+$ 은 공식 $f(x,y)=x/y$에 의해서 정의된다고 하자. $\mathbb{Z}^+$의 f 아래에서 폐포는 무엇인가?

16. 예 5.4.7의 부분2에서와 같이, $\mathcal{I}=\{X\in\mathscr{P}(\mathbb{N}) | X$는 무한집합이다.$\}$

(a) 임의의 집합 $X\subseteq N$에 대하여 $Y, Z\in\mathcal{I}$가 존재하여 $Y\cap Z=X$ 임을 증명하여라.

(b) 이항연산 $\cap$아래서의 $\mathcal{I}$ 의 폐포는 무엇인가?

*17. $\mathcal{F}=\{f | f:\mathbb{R}\to\mathbb{R}\}$라 하자. 그러면 임의의 $f, g\in\mathcal{F}$에 대하여 $f\circ g\in\mathcal{F}$이다. 따라서 $\circ$은 F 위에서 한 이항연산이다. 다음 집합들은 $\circ$아래서 닫혀있는가?

(a) $\{f\in\mathcal{F} | f$는 단사이다.$\}$ (힌트: 정리 5.2.5를 보여라.)

(b) $\{f\in\mathcal{F} | f$는 전사이다.$\}$

(c) $\{f\in\mathcal{F} | f$는 엄격히 증가한다.$\}$.

(한 함수 $f:\mathbb{R}\to\mathbb{R}$는 만약 $\forall x\in\mathbb{R}\ \forall y\in\mathbb{R}\,(x<y\to f(x)<f(y)).$)이면 엄격히 증가한다고 한다).

(d) $\{f\in F\,|\,f$는 엄격히 감소한다.$\}$.

(한 함수 $f:\mathbb{R}\to\mathbb{R}$는 만약 $\forall x\in\mathbb{R}\ \forall y\in\mathbb{R}\,(x<y\to f(x)>f(y)).$)이면 엄격히 감소한다고 한다).

18. $\mathcal{F}=\{f|f:\mathbb{R}\to\mathbb{R}\}$라 하자. 그러면 임의의 $f,g\in\mathcal{F}$에 대하여 $f+g:\ \mathbb{R}\to\mathbb{R}$을 공식$(f+g)(x)=f(x)+g(x)$에 의해서 정의한다. $+$는 F위에서 한 이항연산이다. 다음 집합들은 $+$아래서 닫혀있는가?

(a) $\{f\in\mathcal{F}\,|\,f$는 단사이다.$\}$

(b) $\{f\in\mathcal{F}\,|\,f$는 전사이다.$\}$

(c) $\{f\in.\mathcal{F}\,|\,f$는 엄격히 증가한다.$\}$ (만약 엄격한 증가함수에 대한 정의는 앞 정의를 보기 바람.)

(d) $\{f\in.\mathcal{F}\,|\,f$는 엄격히 감소한다.$\}$ (만약 엄격한 감소함수에 대한 정의는 앞 정의를 보기 바람.)

19. 임의의 집합 A에 대하여, A위에서의 모든 관계들의 집합은 $P(A\times A)$이다. 그리고 $\circ$는 $\mathscr{P}(A\times A)$위에서의 한 이항연산이다. A위에서의 반사적관계들의 집합은 $\circ$아래에서 닫혀있는가? 대칭적 관계들의 집합과 추이적 관계들의 집합에 대해서는 어떠한가?

*20. 나눗셈은 $\mathbb{R}$위에서 한 이항연산이 아니다. 왜냐하면 당신은 0으로 나눌 수 없기 때문이다. 그러나 우리는 이 문제를 수정할 수 있다. 우리는 $\mathbb{R}$에 한 새로운 원소을 첨가하여 시자과자. 우리는 새로운 원소를 “NaN”라 부를 것이다.("Not a Number"). $\overline{\mathbb{R}}=\mathbb{R}\cup\{NaN\}$라 하자. 그리고 $f:\overline{\mathbb{R}}\times\overline{\mathbb{R}}\to\overline{\mathbb{R}}$을 다음과 같이 정의하자:

$$f(x,y)=\begin{cases}x/y, & \text{만일 } x,y\in R\text{이고 } y\neq 0\\ NaN, & \text{그 밖의 경우}\end{cases}$$

이 표기는 만약 $x,y\in\mathbb{R}$이고 $y\neq 0$이면 $f(x,y)=x/y$이고, 그리고 다른 경우는 $f(x,y)=NaN$이다. 따라서 예를 들어, $f(3,7)=3/7$, $f(3,0)=NaN$, 그리고 $f(NaN,7)=NaN$이다. 다음 집합들 중 어떤것인 f아래에서 닫혀있는가?

(a) $\mathbb{R}$

(b) $\mathbb{R}^+$

(c) $\mathbb{R}^-$
(d) $\mathbb{Q}$
(e) $\mathbb{Q} \cup \{NaN\}$

21. 만약 $\mathcal{F}$ 가 $A \times A$로부터 A로 가는 함수들의 한 집합이고 그리고 $C \subseteq A$라 하면, 그러면 우리는 만약 $\forall f \in \mathcal{F}\ \forall x \in C \forall y \in C(f(x,y) \in C)$이면 C는 F 아래에서 닫혀있다고 말할 것이다. 환언하면, C가 F아래서 닫혀있다 iff 모든 $f \in F$에 대하여, C 가 f아래에서 닫혀있다. 만약 $B \subseteq A$이면, 그러면 F아래에서의 B의 폐포는 $B \subseteq C$ 이고 C 가 F아래에서 닫혀있는 최소집합 $C \subseteq A$이다.(연습문제 12의 정의들에 이 정의들을 비교하라.)
   (a) F아래에서 B의 폐포가 존재함을 증명하여라.
   (b) $f : \mathbb{R} \times \mathbb{R} \to \mathbb{R}$ 이고 $g : \mathbb{R} \times \mathbb{R} \to \mathbb{R}$ 를 다음 공식으로 정의하자;
   $f(x,y) = x + y,\ g(x,y) = xy.$
   $\{f, g\}$아래에서 $\mathbb{Q} \cup \{\sqrt{2}\}$의 폐포는 집합 $\{a + b\sqrt{2} | a, b \in \mathbb{Q}\}$이다.(이 집합을 $\mathbb{Q}$에다 $\sqrt{2}$를 붙였다고 말한다. 그리고 $\mathbb{Q}(\sqrt{2})$로 표기한다.)
   (c) f와 g가 부분 (b)에서 정의한 것으로, $\{f, g\}$아래에서 $\mathbb{Q} \cup \{\sqrt[3]{2}\}$의 폐포는 무엇인가?

5.5. 상과 역상 Images and Inverse Images: 한 연구 계획 A Research Project

$f : A \to B$라 가정하자. 이미 우리는 f를 A의 각 원소에 대하여 B의 정확히 단 하나의 원소에 어울리는 것으로 생각할 수 있다. 이 장에서 f가 역시 A의 부분집합들과 B의 부분집합들이 서로 어울리고, 그리고 그 반대도 마찬가지로 어울린다는 생각을 할 수 있음을 보게 될 것이다.

정의 5.5.1. $f : A \to B$라 하고 그리고 $X \subseteq A$라 가정하자. 그러면 X의 f아래에서의 상 image은 집합 $f(X)$은 다음과 같이 정의된다:

$$f(X) = \{f(x) | x \in X\}$$

$$= \{b \in B \mid \exists x \in X(f(x) = b)\}.$$

(전체 정의역 A의 f아래에서의 상 $\{f(a) \mid a \in A\}$은, 5.1장에서 본 바와 같이 이것은 f의 치역과 같음을 주목하여라.) 만약 $Y \subseteq B$이면, 그러면 Y의 f아래에서의 역상 inverse image은 집합 $f^{-1}(Y)$은 다음과 같이 정의된다.:

$$f^{-1}(Y) = \{a \in A \mid f(a) \in Y\}$$

정의 5.4.1에서 함 수 f가 단사나 전사가 아닐 수도 있다. 그리고 한 결과 f^{-1}는 B로부터 A로 가는 한 함수가 아닐 수도 있다. 그리고 $y \in B$에 대하여, 표기 "$f^{-1}(y)$"는 의미가 없을 수도 있다. 하지만, 비록 정의 5.4.1의 경우에 여전히 $Y \subseteq B$에 대한 표기 "$f^{-1}(Y)$"는 한 의미를 할당하고 있다. 만약 이 놀라움을 발견한다면, $f^{-1}(Y)$의 정의를 다시금 관찰하고, 그리고 그것은 f^{-1}를 한 함수로 취급한 것이 아님을 알아야 한다.

그 정의는 A의 원소들에 f를 적용하는 결과뿐만 아니라, B의 원소들에 f^{-1}을 적용하는 결과를 언급하고 있다.

예를 들어, L을 예 5.1.2의 부분3에서 정의된 함수라 하자. 거기서 각 도시에 그 도시가 위치한 나라를 배정한다. 예 5.1.2에서와 같이, C는 모든 도시들의 집합이고 그리고 N는 모든 나라들의 집합이다. 만약 B를 인구가 적어도 일백만 명 이상 되는 모든 도시들의 집합이라 하면, 그러면 B는 C의 한 부분집합이다. 그리고 B의 L아래에서의 상은 다음 집합이 된다.:

$$L(B) = \{L(b) \mid b \in B\}$$
$$= \{n \in N \mid \exists b \in B(L(b) = n)\}$$
$=\{n \in N \mid$ n 나라에 위치한 어떤 도시가 있어서 인구가 적어도 일백만 명 이상 된다.$\}$

따라서 $L(B)$는 어떤 도시가 있어서 인구가 적어도 일백만 명 이상 되는 모든 나라들의 집합이다. 이제 A를 N의 부분집합으로 아프리카에 있는 모든 나라들로 구성된다고 하자. 그러면 A의 L아래에서의 역상은 다음 집합이 된다.:

$$L^{-1}(A) = \{c \in C \mid L(c) \in A\}$$
$= \{c \in C \mid c$는 아프리카에 위치해 있는 나라이다.$\}$

따라서 $L^{-1}(A)$는 아프리카에 있는 나라들의 모든 도시들의 집합이다.

한 가지 더 예를 들어보자. $f:\mathbb{R}\to\mathbb{R}$ 을 공식 $f(x)=x^2$의 정의한다고 하자. 그리고 $X=\{x\in\mathbb{R}\,|\,0\le x<2\}$라 하자. 그러면

$$f(X)=\{f(x)\,|\,x\in X\}=\{x^2|0\le x<2\}$$

따라서 $f(X)$는 0과 2사이의 모든 실수들의 제곱수들의 집합이다.(0은 포함하고 2는 포함하지 않는다.) 다시 잠깐 생각해보면 당신은 이 집합이 $\{x\in\mathbb{R}\,|\,0\le x<4\}$임을 확신시켜야 한다. 이제 $Y=\{x\in\mathbb{R}\,|\,0\le x<4\}$라 하자. 그리고 $f^{-1}(Y)$를 계산해보자. 역상의 정의에 따라서

$$\begin{aligned}f^{-1}(Y)&=\{x\in\mathbb{R}\,|\,f(x)\in Y\}\\&=\{x\in\mathbb{R}\,|\,0\le f(x)<4\}\\&=\{x\in\mathbb{R}\,|\,0\le x^2<4\}\\&=\{x\in\mathbb{R}\,|\,-2<x<2\}.\end{aligned}$$

이제까지 당신은 충분한 증명 쓰기 경험을했으므로 당신은 당신의 증명 쓰기 기술들을 수학적 질문들에 적용할 준비를 해야만 한다. 따라서 이장의 대부분은 상들과 역상들에 대한 기본적인 수학적 질문들에 당신 자신에 대답하는 한 연구 계획에 몰두 할 거이다. 당신이 출발로, 우리는 첫 번째 질문에 답할 것이다.

$f:A\to B$, 그리고 W와 X를 A의 부분집합들이라 가정하자. 한 자연스런 질문은 $f(W\cap X)$가 $f(W)\cap f(X)$와 같을지 그렇지 않을지 묻는 것이다. 그것은 이 질문에 그렇다고 하는 것이 타당할것 같아보인다. 따라서 만약 그것을 증명할 수 있다면 그것을 알아보자. 따라서 목표는 $f(W\cap X)=f(W)\cap f(X)$를 증명하는 것이 될 것이다. 이것은 두 집합 사이의 방정식이기 때문에, 우리는 각 집합의 임의의 원소를 택하여 다른 집합의 원소가 됨을 증명해야만 하다.

첫째로 y가 $f(W\cap X)$의 임의의 원소라 가정하자.

$f(W\cap X)$의 정의에의해서, 이것은 어떤 $x\in W\cap X$에 대하여 $y=f(x)$를 의미한다. $x\in W\cap X$이므로, 그것은 $x\in W$이고 $x\in X$가 된다. 그러나 이제 우리는 $y=f(x)$이고 $x\in W$이다. 따라서 우리는 $y\in f(W)$라 결정 할 수 있다. 유사하게, $y=f(x)$이고 $x\in X$이므로, 그것은 $y\in f(X)$가 된다. 따라서 $y\in f(W)\cap f(X)$이다. 이것이 그 증명의 처음 절반

의 증명을 완성했다.

이제 $y \in f(W) \cap f(X)$라 가정하자. 그러면 $y \in f(W)$이다. 따라서 어떤 $w \in W$가 존재하여 $f(w) = y$이다. 그리고 역시 $y \in f(X)$이다. 따라서 어떤 $x \in X$가 존재하여 $y = f(x)$이다. 만약 단지 w와 x가 같다면, $w = x \in W \cap X$를 결정할 수가 있다. 따라서 $y = f(x) \in f(W \cap X)$이다. 그러나 우리가 할 수 잇는 최선은 $f(w) = y = f(x)$라 말할 수 있다. 이것은 당신에게 단사의 정의를 생각나게 한다. 만약 우리가 f가 단사라면, $f(w) = f(x)$라는 사실로부터 $w = x$를 결정할 수가 있다. 그리고 그 증명이 된 것이다. 그러나 이 정보가 없이는 꼼짝 못 할 것이다.

우리가 논의한 것들을 요약해보자. 무엇보다 먼저, 증명의 처음 절반은 잘 된다. 따라서 우리는 확실히 일반적으로 $f(W \cap X) \subseteq f(W) \cap f(X)$라 말 할 수 있다. 두 번째 절반은 만약 우리가 f가 단사라는 것을 안다면 잘 된다. 따라서 우리는 역시 만약 f가 단사이면, 그러면 $f(W \cap X) = f(W) \cap f(X)$이라고 말할 수 있다. 그러나 만약 f가 단사가 아니라면 무엇일까? 비록 f가 단사가 아니지만 방정식 $f(W \cap X) = f(W) \cap f(X)$이 아직도 참이 된다는 것을 보이는 증명을 고정시켜 주는 어떤 방법이 있을 것이다. 따라서 아마도 우리는 제기된 정리가 바르지 않다는 것을 보이려고 애쓰는 약간의 시간을 가져야만 할 것이다. 환언하면, 만약 한 반례를 찾도록 하자—한 함수 f와 그리고 $f(W \cap X) \neq f(W) \cap f(X)$인 집합들 W와 X의 예를 찾는 것이다.

다행히, 우리는 임의로 한 예를 들어서 해보는것 보다 더 좋게 할 수가 있다. 물론, 우리가 단사가 되지 않는 한 예를 사용하는 것이 좋다는 것을 알고 있다. 그러나 한 증명에서 우리의 시도를 검토하면, 우리는 그것보다 더 많은 것을 이야기 할 수 있다. 시도된 증명은 $f(W \cap X) = f(W) \cap f(X)$가 W 와 X 가 원소들 w와 x를 품고 $w \neq x$이지만 $f(w) = f(x)$일 때 단지 곤란에 빠진다는 것이다. 따라서 우리는 이것이 일어나는 한 예를 택해야 된다. 환언하면, f가 단사가 아닐 뿐만 아니라, 우리는 f 가 단사가 아님을 보여주는 W 와 X 가 원소들을 포함하고 있음을 확인시켜야만 한다.

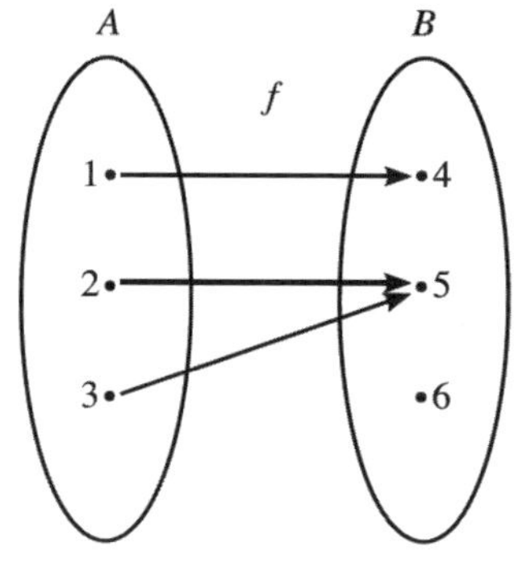

그림 5.6

그림5.6의 그래프는 단사가 아닌 한 단순한 함수를 보여준다. 그것을 순서쌍들의 집합으로 쓰면, 우리는 $f=\{(1,4),(2,5),(3,5)\}$라 말할 수 있다. 그리고 $f:A\to B$, 여기서 $A=\{1,2,3\}$이고 $B=\{4,5,6\}$이다. f가 단사가 아님을 보여주는 A의 두 원소들은 2와 3이다. 따라서 이들은 각각 W와 X의 원소들이 되어야 한다. $W=\{2\}$이고 $X=\{3\}$라 하고 시도해보면 어떨까? 이 선택으로 우리는 $f(W)=\{f(2)\}=\{5\}$이고 $f(X)=\{f(3)\}=\{5\}$이다. 따라서 $f(W)\cap f(X)=\{5\}\cap\{5\}=\{5\}$이다. 그러나 $f(W\cap X)=f(\varnothing)=\varnothing$이다. 따라서 $f(W\cap X)\neq f(W)\cap f(X)$이다.(만약 당신이 왜 $f(\varnothing)=\varnothing$인지 확신이 없다면, 그것은 정의 5.4.1로 설명하면 된다!) 만약 당신이 $W\cap X\neq\varnothing$인 한 예를 원한다면, $W=\{1,2\}$와 $X=\{1,3\}$로 시도하여라.

이 예는 $f(W\cap X)$와 $f(W)\cap f(X)$가 항상 같을 것 이라고 말하는 명제는 옳지 않다는 것을 보여준다. 그러나 다음 정리가 보여주는 우리의 증명은 옳다:

정리 5.5.2. $f:A\to B$, 그리고 W와 X를 A의 부분집합들이라 가정하자.

그러면 $f(W\cap X)\subseteq f(W)\cap f(X)$ 이다.

더욱, 만약 f가 단사이면, 그러면 $f(W\cap X)=f(W)\cap f(X)$이다.

이제, 여기에 당신이 대답해야 할 약간의 질문들이 있다. 각 경우에, 당신이 할 수 있는 한 많이 밝혀라. 증명을 해서 정당화하거나 그렇지 않으면 반례를 들어라.

1. $f:A\to B$이고 W와 X를 A의 부분집합들이라 가정하자.
   (a) $f(W\cup X)=f(W)\cup f(X)$는 항상 참일 것인가?

(b) $f(W\setminus X)=f(W)\setminus f(X)$는 항상 참일 것인가?

(c) $W\subseteq X \leftrightarrow f(W)\subseteq f(X)$는 항상 참일 것인가?

2. $f:A\rightarrow B$이고 Y와 Z를 B의 부분집합들이라 가정하자.

(a) $f^{-1}(Y\cap Z)=f^{-1}(Y)\cap f^{-1}(Z)$는 항상 참일 것인가?

(b) $f^{-1}(Y\cup Z)=f^{-1}(Y)\cup f^{-1}(Z)$는 항상 참일 것인가?

(c) $f^{-1}(Y\setminus Z)=f^{-1}(Y)\setminus f^{-1}(Z)$는 항상 참일 것인가?

(d) $Y\subseteq Z\leftrightarrow f^{-1}(Y)\subseteq f^{-1}(Z)$는 항상 참일 것인가?

3. $f:A\rightarrow B$이고 $X\subseteq A$라 가정하자. $f^{-1}(f(X))=X$는 항상 참일 것인가?

4. $f:A\rightarrow B$이고 $Y\subseteq B$라 가정하자. $f(f^{-1}(Y))=Y$는 항상 참일 것인가?

5. $f:A\rightarrow B$이고 $X\subseteq A$라 가정하자. 다음 명제들이 동치임을 증명하여라.

(a) C는 f아래에서 닫혀있다.

(b) $f(C)\subseteq C$.

(c) $C\subseteq f^{-1}(C)$.

6. $f:A\rightarrow B$ 이고 $g:B\rightarrow C$ 라 가정하자. 당신은 $g\circ f$아래에서 상들와 역상들에 대한 어떤 흥미로운 정리들을 증명 할 수 있는가?

적요: 한 관찰력 있는 독자는 우리의 상들과 역상들에 대한 표기상의 모호성을 알아챌 수 있을 것이다. 만약 $f:A\rightarrow B$ 이고 $Y\subseteq B$ 이면, 그러면 우리는 표기 $f^{-1}(Y)$는 f 아래서 Y의 역상을 나타낸다. 그러나 만약 f가 단사이고 전사이면, 우리가 5.3장에서 본 바와 같이, f^{-1}은 B로부터 A로 가는 한 함수이다. 따라서 $f^{-1}(Y)$는 역시 f^{-1} 아래서 Y의 상으로 해석될 수도 있다. 다행하게도, 이 모호함은 다음 문제가 보여주는 것과 같이 해가 없다.

7. $f:A\rightarrow B$ 이고, f는 단사이고 전사이다. 그리고 $Y\subseteq B$ 라 가정하자. f 아래서 Y의 역상과 f^{-1} 아래서 Y 의 상이 같음을 보여라.(힌트: 먼저 두 집합들의 정의들을 면밀히 써 보자!)

Chapter 6

수학적 귀납법
Mathematical Induction

6.1. 수학적 귀납법에 의한 증명
Proof by Mathematical Induction

3장에서 우리는 임의의 수학적 주제에 대하여 추론하는데 사용될 수 있는 증명 기법들을 연구하였다. 이 장에서 또 다른 증명 기법으로, 수학적 귀납법 Mathematical Induction이라 일컫는 것으로, 그것은 수학적 구조들 중에서 아마도 가장 근본적인, 자연수들에 대한 명제들을 증명하는데 설계된 것이다. 모든 자연수들의 집합은 $\mathbb{N}=\{0,1,2,3,\cdots\}$임을 상기하여라.

모든 자연수들이 어떤 성질 P를 갖고 있음을 증명하기를 원한다고 가정하자. 환언하면, 당신은 $0,1,2,3,\cdots$이 모두 그 성질 P를 가진다는 것을 보이기를 원한다. 물론, 이 목록에는 무한히 많은 수들이 존재하고, 따라서 그들이 모두 성질 P를 가진다고 하나씩 다 확인할 수는 없다. 수학적 귀납법의 배경이 되는 요점은 0에서 출발해서 반복적으로 1씩을 더해가서 모든 자연수들을 열거하는 것이다. 따라서 모든 자연수가 성질 P를 가진다는 것을 0이 성질 P를 갖고 있음을 보이고, 한 수에서 1을 더할 때마다 언제나 성질 P를 가짐을 보여서, 그 결과로 모든 수가 역시 성질 P를 가진다는 것을 보일 수 있다. 이것은 당신이 모든 자연수들의 목록을 관통하여, 0에서 출발하여 그리고 반복적으로 1씩 더해서, 만나는 모든 수가 성질 P를 가져야 한다는 것을 보증하고 있다. 환언하면, 모든 자연수들은 성질 P를 가진다. 그러면, 수학적 귀납법의 방법이 어떻게 작용하는지 여기에 있다.

$\forall n \in \mathbb{N}\, P(n)$ **형식의 한 목표의 증명:**
첫째로 $P(0)$을 증명하고, 다음에 $\forall n \in \mathbb{N}\,(P(n) \rightarrow P(n+1))$을 증명한다. 이 증명의 처음을 가끔 초기조건 base case이라 부르고 두 번째를 귀납법 단계 induction step라 부른다.

마지막 증명의 형식:

초기조건:[$P(0)$의 증명이 여기에 있다.]
귀납법 단계:[$\forall n \in \mathbb{N}\,(P(n) \rightarrow P(n+1))$의 증명이 여기 있다.]

우리는 나중에 수학적 귀납법의 방법에 대한 정당화에 대해서 더 많이 이야기할 것이다. 그러나 먼저 수학적 귀납법을 사용한 한 증명의 한 예를 관찰해보자. 다음 계산들의 목록은 한 놀라운 패

턴을 제시해 준다:

$$2^0 = 1 = 2^1 - 1$$
$$2^0 + 2^1 = 1 + 2 = 3 = 2^2 - 1$$
$$2^0 + 2^1 + 2^2 = 1 + 2 + 4 = 7 = 2^3 - 1$$
$$2^0 + 2^1 + 2^2 + 2^3 = 1 + 2 + 4 + 8 = 15 = 2^4 - 1$$

일반적인 패턴은 이렇게 될 것이다:

$$2^0 + 2^1 + \cdots + 2^n = 2^{n+1} - 1$$

이 패턴이 모든 n값에 대하여 성립할까? 만약 그것을 증명할 수 있는지 알아보자.

예 6.1.1. 임의의 자연수 n에 대하여, $2^0 + 2^1 + \cdots + 2^n = 2^{n+1} - 1$이 성립함을 증명하여라.

메모 작업

목표는 명제 $\forall n \in \mathbb{N}\, P(n)$을 증명하는 것이다. 여기서 $P(n)$은 명제 $2^0 + 2^1 + \cdots + 2^n = 2^{n+1} - 1$이다. 작전에 따라서 두 개의 다른 명제들을 증명함으로써 이것을 해낼 수 있다. 그것은 $P(0)$와 $\forall n \in \mathbb{N}\,(P(n) \to P(n+1))$이다.

n에 0을 대입하면, $P(0)$는 단순히 명제 $2^0 = 2^1 - 1$이다. 계산 목록 안에 있는 첫 번째 것이다. 이것의 증명은 용이하다—단지 계산을 해서 양변이 1과 같다는 것을 확인하면 된다. 가끔 한 귀납법 증명에서 초기조건은 아주 용이하고, 증명을 해내는데 단지 어려운 작업은 귀납적 단계를 수행해가는 것이다.

귀납법 단계에 대해서, 우리는 $\forall n \in \mathbb{N}\,(P(n) \to P(n+1))$을 증명해야만 한다. 물론, 3장에서 논의한 모든 증명기법들을 수학적 귀납법 증명들에 사용될 수 있다.

따라서 임의의 자연수를 n이라 하고, $2^0 + 2^1 + \cdots + 2^n = 2^{n+1} - 1$을 가정하여,

그리고 나서 $2^0 + 2^1 + \cdots + 2^{n+1} = 2^{n+2} - 1$을 증명한다. 이것은 우리에게 다음 가설들과 목표를 준다:

가설들	**목표**
$n \in \mathbb{N}$	$2^0 + 2^1 + \cdots + 2^{n+1} = 2^{n+2} - 1$
$2^0 + 2^1 + \cdots + 2^n = 2^{n+1} - 1$	

분명히 두 번째 가설은 목표와 유사하다. 두 번째 가설에서 출발해서 그리고 대수적 단계들을 사용하여 목표를 유도하는 어떤 방법이 있을까? 그 증명의 핵심은 목표의 방정식의 좌변이 정확하게 두 번째 가설의 좌변에, 추가한 항 2^{n+1}을 더하면 같아진다는 것을 인식하는 것이다. 따라서 두 번째 가설의 양변에 2^{n+1}을 더해보자. 이것은

$$(2^0 + 2^1 + \cdots + 2^n) + 2^{n+1} = (2^{n+1} - 1) + 2^{n+1}$$

이 되고, 환언하면,

$$2^0 + 2^1 + \cdots + 2^{n+1} = 2 \cdot 2^{n+1} - 1 = 2^{n+2} - 1$$

이것이 그 목표이다. 따라서 우리는 해냈다!

풀이

정리. 임의의 자연수 n에 대하여, $2^0 + 2^1 + \cdots + 2^n = 2^{n+1} - 1$이다.

증명. 수학적 귀납법을 사용한다.

초기 조건: $n = 0$이라 놓으면, 구하고자 하는 $2^0 = 1 = 2^1 - 1$을 얻는다.

귀납법 단계: n을 임의의 자연수라 하고 $2^0 + 2^1 + \cdots + 2^n = 2^{n+1} - 1$이라 가정하자. 그러면

$$\begin{aligned} 2^0 + 2^1 + \cdots + 2^{n+1} &= (2^0 + 2^1 + \cdots + 2^n) + 2^{n+1} \\ &= (2^{n+1} - 1) + 2^{n+1} \\ &= 2 \cdot 2^{n+1} - 1 \\ &= 2^{n+2} - 1 \end{aligned}$$

■

예 6.1.1에서의 증명은 당신에게 방정식 $2^0+2^1+\cdots+2^n=2^{n+1}-1$, 메모 작업에서 말한 $P(n)$이 모든 자연수들 n에 대하여 참이 된다고 확신시켜주는가? 자. 확실히 $P(0)$는 증명의 초기조건에서 명확하게 확인했음으로 참이다. 귀납법 단계에서 $\forall n \in \mathbb{N}(P(n) \rightarrow P(n+1))$을 보였다. 따라서 모든 자연수 n에 대하여 $P(n) \rightarrow P(n+1)$ 이 됨을 안다. 예를 들어 $n=0$을 대입하면 $P(0) \rightarrow P(1)$ 을 결정할 수 있다. 그러나 이제 $P(0)$와 $P(0) \rightarrow P(1)$가 둘다 참임을 알게 된다. 따라서 긍정논법을 적용하면 $P(1)$가 역시 참이라 결정할 수가 있다. 유사하게, 귀납법 단계에 $n=1$을 대입하면 $P(1) \rightarrow P(2)$을 얻는다. 따라서 긍정논법을 명제들 $P(1)$와 $P(1) \rightarrow P(2)$에 적용하면 $P(2)$가 참이라 결정할 수가 있다. 귀납법 단계에 $n=2$을 대입하면 $P(2) \rightarrow P(3)$을 얻는다. 따라서 긍정논법을 적용하면, $P(3)$이 참이다. 이 방법을 계속하면, 당신은 귀납법 단계의 적용을 반복하여 모든 자연수 n에 대하여 $P(n)$이 참이라는 것을 보일 수 있다. 환언하면, 그 증명은 정말로 $\forall n \in NP(n)$을 보인 것이다.

지난 예에서 본 바와 같이, 수학적 귀납법에 의한 증명에서 가장 어려운 부분은 보통은 귀납법 단계이다. 거기에서 명제 $\forall n \in \mathbb{N}(P(n) \rightarrow P(n+1))$을 증명해야만 한다. 그것은 보통 n을 임의의 자연수라 하고, $P(n)$이 참이라 가정하고, 다음에 $P(n+1)$이 참임을 증명하는 것으로 이것을 수행해가는 것이 제일 좋을 것이다. $P(n)$이 참이라는 가정을 가끔 귀납적 가설 inductive hypothesis이라 부른다. 그리고 그 증명의 핵심은 보통은 귀납적 가설 $P(n)$과 목표 $P(n+1)$사이의 어떤 관계를 알아내는 것이다.

여기에 수학적 귀납법에 의한 한 증명의 또 다른 예가 있다.

예 6.1.2. $\forall n \in \mathbb{N}\,(3 \mid (n^3-n))$을 증명하여라.

메모 작업

보통으로, 초기조건은 확인하기가 쉽다. 상세한 것은 다음 증명에서 주어진다. 귀납법 단계에 대해서는, n을 임의의 자연수라 하고 $3 \mid (n^3-n)$을 가정하고, 우리는 $3 \mid ((n+1)^3-(n+1))$을 증명해야만 한다. 나눈다 divides의 정의를 넣어서, 우리는 다음과 같이 상황을 요약한다:

가설들	목표
$n \in \mathbb{N}$	$\exists j \in Z(3j = (n+1)^3 - (n+1)$
$\exists k \in Z(3k = n^3 - n)$	

두 번째 가설은 귀납적 가설이고, 그것이 어떻게 그 목표를 세우는데 사용되는가를 알아내는 것이 필요하다.

증명들에서 존재작용소들의 취급에 대한 기법들에 따라서, 처음으로 해야 할 가장 좋은 것은 두 번째 가설을 사용하고 한 특별한 정수 k가 $3k = n^3 - n$을 나타낸다고 하자. 증명을 완성하기 위해서 한 정수 j(그것은 아마도 어떤 방법으로 k와 관련될 것이다)를 $3j = (n+1)^3 - (n+1)$가 되도록 찾을 필요가 있다. 이 방정식의 우변을 전개하여, 주어진 방정식 $3k = n^3 - n$과 관련되는 어떤 방법을 관찰한다.

$$\begin{aligned}(n+1)^3 - (n+1) &= n^3 + 3n^2 + 3n + 1 - n - 1 \\ &= (n^3 - n) + 3n^2 + 3n \\ &= 3k + 3n^2 + 3n \\ &= 3(k + n^2 + n)\end{aligned}$$

그것은 이제 $j = k + n^2 + n$라 하면 그 증명을 완성할 수 있음이 분명해진다. 앞선 증명들에서와 같이, 증명에서 j를 언급하는 것에 신경 안 쓴다.

풀이

정리. 임의의 자연수 n에 대하여, $3|(n^3 - n)$이다.

증명. 수학적 귀납법을 사용한다.

초기 조건: 만약 $n = 0$이라면, 그러면 $n^3 - n = 0 = 3 \cdot 0$이다. 따라서 $3|(n^3 - n)$이다.

귀납법 단계: n을 임의의 자연수라 하고 $3|(n^3 - n)$을 가정하자. 그러면 $3k = n^3 - n$가 성립하는 한 정수 k를 택할 수 있다. 따라서

$(n+1)^3 - (n+1) = n^3 + 3n^2 + 3n + 1 - n - 1$

$$
\begin{aligned}
&= (n^3 - n) + 3n^2 + 3n \\
&= 3k + 3n^2 + 3n \\
&= 3(k + n^2 + n)
\end{aligned}
$$

그러므로 요구되는, $3|((n+1)^3 - (n+1))$을 얻는다. ■

한번 왜 수학적 귀납법이 작용하는 것을 이해한다면, 귀납법의 방법에 작은 변형들이 관련된 증명들을 이해 할 수 있어야 한다. 다음 예는 한 변형을 설명해 준다. 이 예에서 n^2과 2^n 중에 어느 쪽이 큰지 알아보려 한다. 약간의 n값에 대하여 시도해보자:

n	n^2	2^n	어느쪽이 더 클까?
0	0	1	2^n
1	1	2	2^n
2	4	4	같다
3	9	8	n^2
4	16	16	같다
5	25	32	2^n
6	36	64	2^n

처음에 그것은 한 근접한 경주 같지만, 그러나 $n=5$로 출발하면, 그것은 2^n이 n^2를 추월하여 결정적인 선행할 것 같아 보인다. n의 큰 값들에 대하여 앞설것임을 증명할 수 있는가?

예 6.1.3. $\forall n \geq 5(2^n > n^2)$를 증명하여라.

메모 작업

단지 $n \geq 5$에 대하여 부등식 $2^n > n^2$를 증명하는데 흥미를 갖고 있다. 따라서 귀납법 증명에 초기조건으로 $n=0$을 사용하는 것은 무의미할 것이다. 귀납법의 초기조건으로 $n=0$보다는 $n=5$를 택할 것이다. 한번 $n=5$일때 그 부등식이 성립한다는 것을 확인하면, 그 귀납법 단계에서 만약 n에 1을 반복해서 더하면 그 부등식이 계속 성립해야 한다는 것을 보일 것이다. 따라서 그것은 역시 $n=6,7,8,\cdots$에 대해서 성립해야 한다. 환언하면, $n \geq 5$에 대하여 부등식이 성립한다고 결정할 수가 있을 것이다.

초기조건 $n=5$는 이미 표에서 확인되었다. 귀납법 단계에 대해서, 임의의 $n \geq 5$이라 하

자. $2^n > n^2$를 가정하여, $2^{n+1} > (n+1)^2$를 증명해 보자. 귀납적 가설을 목표와 연결시킬 수 있을까? 아마도 가장 단순한 관계가 두 개의 부등식들의 좌변들에 관련되어 있다: $2^{n+1} = 2 \cdot 2^n$이다. 따라서 귀납적 가설 $2^n > n^2$의 양변에 2를 곱하여, $2^{n+1} > 2n^2$이라 결정할 수 있다. 이제 이 부등식을 목표와 비교하여, $2^{n+1} > (n+1)^2$를 얻는다. 만약 $2n^2 \geq (n+1)^2$를 증명할 수 있다면, 그 목표는 용이하게 될 것이다. 따라서 원래의 목표를 잊어버리고 $2n^2 \geq (n+1)^2$를 증명할 수 있을지 알아보자.

새로운 목표의 오른편을 곱셈을 해서 우리는 $2n^2 \geq n^2 + 2n + 1$을 증명해야만 함을 볼 수 있다. 또는 환언하면 $n^2 \geq 2n+1$이다. 이것은 증명하기에 어렵지않다: $n \geq 5$라 가정했기 때문에, 그것은 $n^2 \geq 5n = 2n + 3n > 2n + 1$이 된다.

풀이

정리. 임의의 $n \geq 5$에 대하여, $2^n > n^2$이다.

증명. 수학적 귀납법을 사용한다.

초기 조건: $n = 5$일 때 $2^n = 32 > 25 = n^2$이다.

귀납법 단계: 임의의 $n \geq 5$라 하자. 그리고 $2^n > n^2$라 가정하자. 그러면

$$\begin{aligned}
2^{n+1} &= 2 \cdot 2^n \\
&> 2n^2 \quad (\text{귀납적 가설에 의해서}) \\
&= n^2 + n^2 \\
&\geq n^2 + 5n \quad (n \geq 5\text{이므로}) \\
&= n^2 + 2n + 3n \\
&> n^2 + 2n + 1 = (n+1)^2.
\end{aligned}$$

■

연습문제

*1. 모든 $n \in \mathbb{N}$에 대하여, $0+1+2+3+\cdots+n=n(n+1)/2$임을 증명하여라.

2. 모든 $n \in \mathbb{N}$에 대하여, $0^2+1^2+2^2+3^2+\cdots+n^2=n(n+1)(2n+1)/6$임을 증명하여라.

*3. 모든 $n \in \mathbb{N}$에 대하여, $0^3+1^3+2^3+3^3+\cdots+n^3=[n(n+1)/2]^2$임을 증명하여라.

4. $n \geq 1$에 대하여, $1+3+5+\cdots+(2n-1)$에 대한 한 공식을 찾아라, 그리고 당신의 공식이 옳다는 것을 증명하여라.(힌트: n의 어떤 특별한 값으로 시도해보고 한 패턴을 찾아라.)

5. 모든 $n \in \mathbb{N}$에 대하여, $0 \cdot 1+1 \cdot 2+2 \cdot 3+\cdots+n(n+1)=n(n+1)(n+2)/3$임을 증명하여라.

6. 모든 $n \in \mathbb{N}$에 대하여, $0 \cdot 1 \cdot 2+1 \cdot 2 \cdot 3+2 \cdot 3 \cdot 4+\cdots+n(n+1)(n+2)$에 대한 한 공식을 찾아라, 그리고 당신의 공식이 옳다는 것을 증명하여라.(힌트: 이 연습문제를 연습문제 1과 5와 비교하고 공식을 추측하도록 하여라.)

*7. $n \geq 0$에 대하여, $3^0+3^1+3^2+\cdots+3^n$에 대한 한 공식을 찾아라, 그리고 당신의 공식이 옳다는 것을 증명하여라.(힌트: 당신의 추측을 예 6.1.1에 기초해서, 공식을 추측하여라. 그러면 만약 어떤 n값으로 시도해보고 필요하면 당신의 추측을 조절하여라.)

8. 모든 $n \geq 1$에 대하여,

$$1-\frac{1}{2}+\frac{1}{3}-\frac{1}{4}+\cdots+\frac{1}{2n-1}-\frac{1}{2n}=\frac{1}{n+1}+n+\frac{1}{n+2}+\frac{1}{n+3}+\cdots+\frac{1}{2n}$$

임을 증명하여라.

9. (a) 모든 $n \in \mathbb{N}$에 대하여, $2|(n^2+n)$임을 증명하여라.

(b) 모든 $n \in \mathbb{N}$에 대하여, $6|(n^3-n)$임을 증명하여라.

*10. 모든 $n \in \mathbb{N}$에 대하여, $64|(9^n-8n-1)$임을 증명하여라.

11. 모든 $n \in N$에 대하여, $9|(4^n+6n-1)$임을 증명하여라.

*12. (a) 모든 $n \in \mathbb{N}$에 대하여, 7^n-5^n은 짝수임을 증명하여라.

(b) 모든 $n \in \mathbb{N}$에 대하여, $24|(2 \cdot 7^n - 3 \cdot 5^n + 1)$임을 증명하여라.

13. 모든정수들 a와 b그리고 모든 $n \in \mathbb{N}$에 대하여, $(a-b)|(a^n-b^n)$임을 증명하여라.(힌트: 임의의 정수들 a와 b에 대하여 그리고 나서 귀납법에 의해서 $\forall n \in \mathbb{N}\,[(a-b)|(a^n-b^n)]$임을 증명한다. 귀납법 단계에서, 당신은 $a^{n+1}-b^{n+1}$과 a^n-b^n를 연결해야 한다. 당신은 다음 방정식 $a^{n+1}-b^{n+1}=a(a^n-b^n)+?$을 끝 마쳐서 시작하는 것이 유용함을 알 것이다.)

14. 모든정수들 a와 b그리고 모든 $n \in N$에 대하여, $(a+b)|(a^{2n+1}+b^{2n+1})$을 증명하여라.

*15. 모든 $n \geq 10$에 대하여, $2^n > n^3$임을 증명하여라.

16. (a) 모든 $n \in \mathbb{N}$에 대하여, n이 짝수이거나 또는 n이 홀수이거나, 둘 다는 될 수 없음을 증명하여라.

(b) 3.4장에서 주장한 바와 같이, 임의의 정수는 짝수이거나 또는 홀수이거나, 둘 다는 될 수 없음을 증명하여라.(힌트: 음의 정수 n을 증명할때는 부분 (a)에 $-n$를 대입한다.)

17. 모든 $n \geq 1$에 대하여, $2 \cdot 2^1 + 3 \cdot 2^2 + 4 \cdot 2^3 + \cdots + (n+1)2^n = n2^{n+1}$임을 증명하여라.

18. (a) 모든 $n \in \mathbb{N}$에 대하여, $1 \cdot 3^0 + 3 \cdot 3^1 + 5 \cdot 3^2 + \cdots + (2n+1)3^n = n3^{n+1}$의 다음

증명은 무엇이 잘못되었을까?

증명. 우리는 수학적귀납법을 사용한다. n를 임의의 한 자연수라 하고, 그리고 $1 \cdot 3^0 + 3 \cdot 3^1 + 5 \cdot 3^2 + \cdots + (2n+1)3^n = n3^{n+1}$라 가정하자.
그러면,

$$\begin{aligned} 1 \cdot 3^0 + 3 \cdot 3^1 + 5 \cdot 3^2 + \cdots + (2n+1)3^n + (2n+3)3^{n+1} \\ &= n3^{n+1} + (2n+3)3^{n+1} \\ &= (3n+3)3^{n+1} \\ &= (n+1)3^{n+2} \text{ 이다.} \end{aligned}$$

■

(b) $1 \cdot 3^0 + 3 \cdot 3^1 + 5 \cdot 3^2 + \cdots + (2n+1)3^n$에 대한 한 공식을 찾아라, 그리고 당신의 공식이 옳다는 것을 증명하여라.

19. a가 한 실수이고 그리고 $a < 0$라 가정하자. 모든 $n \in N$에 대하여, 만약 n이 짝수이면 그러면 $a^n > 0$이다. 그리고 만약 n이 홀수이면 그러면 $a^n < 0$이다.

*20. a와 b가 실수들이고 그리고 $0 < a < b$라 가정하자.

(a) 모든 $n \geq 1$에 대하여, $0 < a^n < b^n$임을 증명하여라.(이것은 정리 3.1.2를 일반화 한 것임을 상기하여라.)

(b) 모든 $n \geq 2$에 대하여, $0 < \sqrt[n]{a} < \sqrt[n]{b}$임을 증명하여라.

(c) 모든 $n \geq 1$에 대하여, $ab^n + ba^n < a^{n+1} + b^{n+1}$임을 증명하여라.

(d) 모든 $n \geq 2$에 대하여,

$$\left(\frac{a+b}{2}\right)^n < \frac{a^n + b^n}{2}$$

임을 증명하여라.

6.2. 더 많은 예들
More Examples

모든 자연수들이 어떤 성질을 갖고 있음을 증명하기위한 한 방법으로 바로 전 장에서 수학적 귀납법을 소개하였다. 하지만, 수학적 귀납법의 활용들은 자연수들의 연구보다 훨씬 멀리 확대된다. 이 장에서 귀납법의 사용들의 넓은 범위를 설명해주는 수학적 귀납법에 의한 증명들의 약간의 예들을 주목할 것이다.

예 6.2.1. R을 한 집합 A위에서의 한 준순서라 가정하자. 임의의 유한이고, 공집합이 아닌 집합 $B\subseteq A$는 한 $R-$극소원소를 가진다.

메모 작업

당신은 처음에 이 증명에 대하여 수학적 귀납법이 적절하지 않을 수도 있다고 생각 할 것이다. 왜냐하면 그 목표가 $\forall n\in NP(n)$형식을 갖고 있지않는것 같기 때문이다. 사실상, 그 목표가 자연수들에 대하여 전혀 명확하게 언급하지 않는다. 그러나 우리는 우리가 B가 유한이고 그리고 공집합이 아니라는 의미가 그것이 어떤 $n\geq 1$인 $n\in N$개의 원소들을 가진다는 것을 말하고 있음을 인식하면 자연수들이 그 문제에 들어 있음을 알게 된다. (우리는 7장에서 한 유한집합에서에서 원소들의 개수에 대한 더 많은 주의 깊은 정의를 할 것이다. 당분간, 이 개념에 대한 한 직관적인 이해가 충분할 것이다.) 따라서 그 목표는$\forall n\geq 1\forall B\subseteq A$($B$ 가 n개의 원소를 갖는다$\rightarrow B$ 는 극소원소를 갖는다)를 의미한다. 우리는 이제 이 명제를 증명하기 위해서 귀납법을 사용한다.

초기조건의 경우 우리는 $n=1$을 가질 것이다. 따라서 우리는 만약 B가 한 원소만 가진다면, 그러면 그것은 한 극소원소를 갖는 것을 증명해야 한다. 그것은 이 경우 B의 한 원소가 극소이므로 쉽게 확인이 된다.

귀납법 단계에 대해서는 우리는 $n\geq 1$인 임의라 하자.

$\forall B\subseteq A$(B 가 n개의 원소를 갖는다$\rightarrow B$ 는 극소원소를 갖는다)라 가정하고,

$\forall B\subseteq A$(B 가 $n+1$개의 원소를 갖는다$\rightarrow B$ 는 극소원소를 갖는다) 를 증명해야 한다.

목표의 형식에 의해서 안내되면, 우리는 B를 A의 임의의 부분집합으로, B가 $n+1$개의 원소들을 가지면, B가 한 극소원소를 갖고 있음을 증명한다.

우리는 목표에 도달하기 위해 귀납적 가설을 어떻게 사용할 수 있는가? 귀납적 가설은 만약

우리가 n개의 원소들을 갖는 A의 한 부분집합을 가지면, 그러면 그것은 한 극소원소를 가진다는 것을 우리에게 말해준다. 그것을 적용하기 위해, 우리는 n개의 원소들을 갖는 A의 한 부분집합을 찾을 필요가 있다. 우리의 임의의 집합 B가 A의 한 부분집합이다. 그리고 우리는 그것이 $n+1$개의 원소들을 가진다고 가정하자. 따라서 n개의 원소들을 갖는 A의 한 부분집합을 만드는 한 단순한 방법은 B로부터 한 원소를 제거하는 것이다. 어디로 이 추론이 이끌어 갈지 분명하지는 않다. 그러나 그것은 귀납적 가설을 사용하는 가장 단순한 것으로 보인다. 그것의 한 시도를 해보자.

b를 B의 임의의 한 원소라 하자. 그리고 $B' = B \setminus \{b\}$라 하자. 그러면 B'는 n개의 원소들을 갖는 A의 한 부분집합이다. 따라서 귀납적 가설에 의해서, B'는 한 극소원소를 가진다. 이것은 한 존재성 명제이다. 따라서 우리는 즉각적으로 B'의 한 극소원소를 나타내는 한 새로운 변수 c를 도입한다.

우리의 목표는 B가 한 극소원소를 갖고 있음을 증명하는 것이다. 그것도 역시 한 존재성 명제이다. 따라서 우리는 B의 한 극소원소를 찾아내야 한다. 우리는 단지 이 시점에 b와 c 두 원소들에 대해서만 B의 원소임을 알고 있다. 따라서 우리는 아마도 이들 중 하나가 B의 한 극소원소가 된다는 것을 증명해야만 한다. 어느 쪽일까? 자. 준순서 R에 따라서 그것은 그들 중 어느 것이 다른 것보다 더 작을 것인지 의존된다. 이것은 우리가 경우들에 의한 증명을 사용할 필요를 제안한다. 우리 증명에서 우리는 경우들 bRc와 $\neg bRc$을 사용한다. 첫 번째의 경우 우리는 b가 B의 한 극소원소임을 증명하고, 그리고 두 번째 경우에는 c가 B의 한 극소원소임을 증명한다. 어떤 것이 B의 한 극소원소라고 말하는 것은 한 부정명제임을 주목하고, 따라서 두 경우 모두 우리는 모순에 의한 증명을 사용한다.

풀이

정리. R을 한 집합 A위에서의 한 준순서라 가정하자. 그러면 임의의 유한이고 공집합이 아닌 집합 $B \subseteq A$는 한 R−극소원소이다.

증명. 귀납법이 의해서 임의의 자연수 $n \geq 1$에 대하여, n개의 원소들을 갖는 A의 한 부분집합은 한 극소원소를 갖고 있음을 보일 것이다.

초기조건: $n=1$이라 하자. $B \subseteq A$이고 B의 원소가 한 개라 가정하자.

그러면 어떤 $b \in A$에 대하여 $B = \{b\}$이다. 분명히 $\neg \exists x \in B\,(x \neq b)$이다. 따라서 확실히 $\neg \exists x \in B\,(x R b \wedge x \neq b)$이다. 따라서 b는 극소이다.

귀납법 단계: $n \geq 1$이라 가정하자. 그리고 만약 우리가 n개의 원소를 갖는 A의 한 부분집합은 한 극소원소를 가진다. 이제 집합 B를 A의 한 임의의 부분집합으로 $n+1$개의 원소들이라 하자.

b를 B의 임의의 한 원소라 하자. 그리고 $B' = B \setminus \{b\}$는 n개의 원소를 갖는 A의 한 부분집합이다. 귀납적 가설에 의해서, 우리는 한 극소원소 $c \in B'$를 택할 수 있다.

경우1. bRc. 우리는 b가 B의 한 극소원소임을 주장한다. 왜 그런가를 알기 위해서, 그것이 아니라고 가정해보자. 그러면 우리는 xRb이고 $x \neq b$인 어떤 $x \in B$ 를 택할 수 있다.

$x \neq b$이므로, $x \in B'$이다. 또한, xRb 이고 bRc이므로, R 의 추이율에 의해서 그것은 xRc가 된다. 따라서 c가 B'의 한 극소원소이므로, $x = c$가 되어야 한다. 그러나 그때 xRb이므로 cRb가 된다. 그리고 역시 bRc를 알고 있다. 따라서 R 의 반대칭성에 의해서 그것은 $b = c$가 된다. 이것은 분명히 불가능하다. 그 이유는 $c \in B' = B \setminus \{b\}$이기 때문이다. 따라서 b가 B의 한 극소원소가 되어야 한다.

경우2. $\neg bRc$. 이 경우에는 c가 B의 한 극소원소임을 주장한다. 왜 그런가를 알기 위해서, 그것이 아니라고 가정해보자. 그러면 xRc이고 $x \neq c$인 어떤 $x \in B$를 택할 수 있다. c가 B'의 한 극소원소이므로, $x \in B'$라 할 수 없다. 따라서 단지 다른 가능성은 $x = b$이다. 그러나 그때 xRc이므로 bRc가 된다. 그것은 가정 $\neg bRc$에 모순된다. 따라서 c가 B의 한 극소원소이다. ■

한 준순서 집합의 한 무한 부분집합은 예 4.4.5의 부분1에서 본 바와 같이 한 극소원소를 가질 필요가 없음에 주목하여라. 따라서 지난 정리에서 B 가 유한이라는 가정이 필요했다. 이 정리는 준순서들에 대한 또 다른 흥미로운 사실을 다시 수학적 귀납법을 사용하여 증명하는데 사용될 수 있다.

예 6.2.2. A는 한 유한 집합이고 그리고 R을 A위에서의 한 준순서라 가정하자. R 는 A 위에서의 한 전순서로 확대될 수 있음을 증명하여라. 환언하면, A위에서 $R \subseteq T$ 가 되는 한 전순서 T 가 존재함을 증명하여라.

메모 작업

단지 증명의 개요를 서술할 것이다. 많은 상세한 것은 연습문제들로 남긴다.

그 생각은 귀납법으로

$\forall n \in N \forall A \forall R$[($A$는 n개의 원소를 갖는다 그리고 R은 A위에서 한 준순서이다.)

$\rightarrow \exists T$(T는 A위에서의 한 전순서 이고 $R \subseteq T$이다.)]을 증명한다.

그 귀납법 단계는 지난 예의 귀납법 단계와 유사하다. 만약 R을 한 집합 A위에서의 한 준순서로 $n+1$개의 원소들을 가진다고 하면, 그러면 우리는 a라고 부르는, 한 원소를 A로 부터 제거하고, 그리고 귀납적 가설을 남은 집합 $A' = A \setminus \{a\}$에 적용한다. 이것이 우리에게 A'위에서의 한 전순서 R'를 줄 것이다. 그리고 그 증명을 완성하기 위해서 어떻게든지 이것을 A위에서 $R \subseteq T$가 되는 한 전순서 T 안으로 돌려야만 한다. 관계 T'는 항상 A'의 임의의 두 원소들을 어떻게 비교할지 말해준다. 그러나 그것은 a를 A'의 원소들과 어떻게 비교할지 우리에게 말해주지 않는다. 이것이 우리가 T를 정의하기 위해서 결정해야 할 것이다. 그리고 증명의 이 단계에서의 중요한 어려움은 우리가 $R \subseteq T$로 끝나는 그런 방식으로 결정을 해야만 하는 것이다. 다음 증명에서 이 어려움의 해결은 처음에 a를 면밀히 선택하는 것에 관련이 있다. 우리는 a를 A의 한 $R-$극소원소가 되도록 선택하고, 다음은 우리가 T를 정의할 때, a를 A'의 임의의 원소보다 순서를 더 작게 만든다. 우리는 지난 예의 정리를 사용하여, $B = A$라하고, A가 한 $R-$극소원소를 가도록 보장하도록 한다.

풀이

정리. A는 한 유한집합이고 그리고 R을 A위에서의 한 준순서라 가정하자. 그러면 A위에서 $R \subseteq T$가 되는 한 전순서 T가 존재한다.

증명. n에 관한 귀납법에 의해서 한 집합위의 임의의 준순서는 한 전순서로 확대 될 수 있음을 보일 것이다. 분명히 이것은 그 정리를 증명하면 충분하다.

초기조건: $n=0$. R을 A위에서 한 준순서이고 그리고 A는 공집합이라 가정하자. 그러면 명백히 $A = R = \varnothing$이다. 그것은 $\varnothing$이 A위에서 한 전순서임을 확인하는 것은 용이하다. 따라서 우리는 잘 되었다.

귀납법 단계: n을 임의의 한 자연수라 하자. 그리고 n개의 원소들을 갖는 한 집합위에 임의의 준순서가 한 전순서로 확대될 수 있다고 가정하자. 이제 A가 $n+1$개의 원소들을 갖고 R을 A위에서 한 준순서라 가정하자. 지난 예의 정리에 의해서, a가 A의 $R-$극소원소가

되는 어떤 $a \in A$가 있어야 한다. $A' = A \setminus \{a\}$라 하고 그리고 $R' = R \cap (A' \times A')$라 하자. 연습문제1에서 R'가 A'위에서 한 준순서라는 것을 보이도록 되어있다. 귀납적 가설에 의해서, T'가 A'위에서 한 전순서이고 $R' \subseteq T'$라 할 수 있다. 이제 $T = T' \cup (\{a\} \times A)$라 하자. 역시 연습문제1에서 요구받은 데로, T가 A위에서 한 전순서이고 $R \subseteq T$임을 보이도록 되어있다. ■

마지막 예에서의 정리는 무한집합들 위에서의 준순서들의 적용까지 확대될 수 있다. 이 방향에서 한 단계로, 7.1장의 연습문제 17을 보여라.

예 6.2.3. 모든 $n \geq 3$에 대하여, 만약 한 원 위에 n개의 서로 다른 점들이 직선들로 연속적인 순에 따라 연결되어 있다면, 그러면 생긴 다각형의 내각들은 합한 것이 $(n-2)180^0$임을 증명하여라.

풀이

그림6.1은 $n=4$일 때의 한 예를 보여준다. 우리는 이 증명에 대하여 별도로 메모 작업을 하지 않겠다.

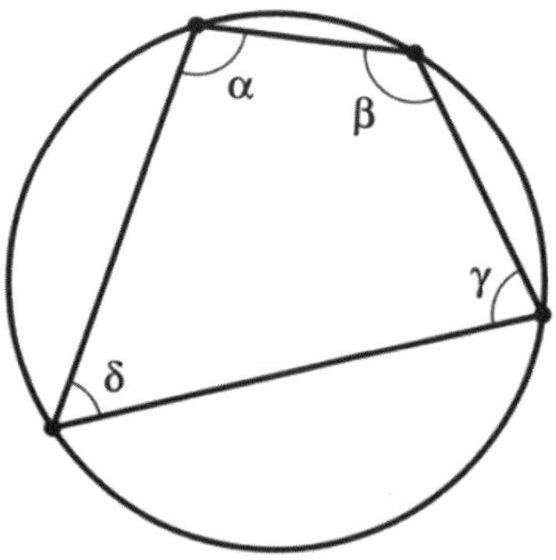

$\alpha + \beta + \gamma + \delta = (4-2)180^\circ = 360^\circ$

그림 6-1

정리. 모든 $n \geq 3$에 대하여, 만약 한 원 위에 n개의 서로 다른 점들이 직선들로 연속적인 순에 따라 연결되어 있다면, 그러면 생긴 다각형의 내각들은 합한 것이 $(n-2)180^0$이다.

증명. n에 대한 귀납법을 사용한다.

초기조건: $n=3$이라 가정하자. 그러면 그 다각형은 한 삼각형이다. 그리고 한 삼각형의 내각들의 합은 180^0이다.

귀납법 단계: n을 임의의 한 자연수로 $n \geq 3$이고, 그리고 n에 대하여 그 명제가 참이라고 가정하자. 이제 한 원 위에 $n+1$개의 서로 다른 점들 $A_1, A_2, \cdots, A_{n+1}$으로 연결하영 마들어진 다각형 P를 고려하자. 만약 마지막 점 A_{n+1}을 빼먹으면, 그러면 단지 n개의 꼭짓점으로 된 한 다각형 P'를 얻는다. 그리고 귀납적 가설에 의해서 다각형의 내각들은 합한 것이 $(n-2)180^0$이다. 그러나 이제 그림6.2에서 보는 바와 같이, P의 내각들은 합은 P'의 내각들은 합에다 삼각형 $A_1A_nA_{n+1}$의 내각을 합과 같다. 삼각형의 내각들의 합은 180^0임으로, P의 내각들은 합은 요구하는 것과 같이,

$$(n-2)180^0 + 180^0 = ((n+1)-2)180^0 \text{이다.}$$

■

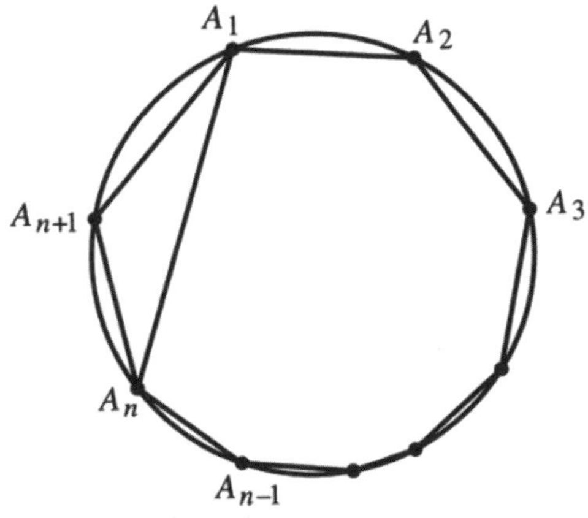

그림 6-2

예 6.2.4. 임의의 양의 정수 n에 대하여, 한 $2^n \times 2^n$정사각형들의 격자에서 한 개의 정사각형을 제거한 것은 $L-$모양의 타일들에 의해서 덮을 수 있음을 증명하여라.

메모 작업

그림 6.3은 $n=2$인 경우에 대한 한 예를 보여준다. 이 경우 $2^n=4$이다. 따라서 우리는 한 4×4격자를 가진다. 그리고 제거된 정사각형은 음영처리 되었다. 굵은 선들은 나머지 정사각형들

이 어떻게 5개의 $L-$모양의 타일들로 덮어지는가를 보여준다.

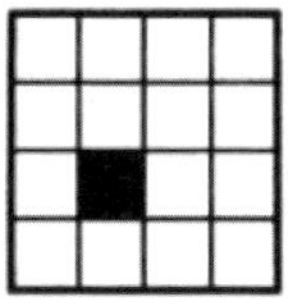

한 정사각형이 제거된 4×4 격자

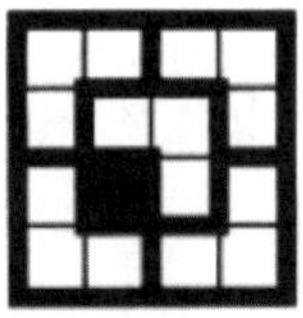

L-모양의 타일들로 덮어진 격자

그림 6.3

증명에서 귀납법을 사용할 것이다. 그리고 단지 양수 n에 관심이 있기 때문에, 초기조건은 $n=1$이 될 것이다. 이 경우 한 2×2격자에서 한 정사각형을 제거한 것이 된다. 그리고 이것은 분명하게 한 개의 $L-$모양의 타일로 덮어진다(그림을 그려 보여라!)

귀납법 단계에 대해서, n은 임의의 양의 정수라 하고 한 개의 정사각형을 제거한 한 $2^n\times2^n$격자들이 $L-$모양을 갖는 타일들에 의해서 덮을 수 있다고 가정하자. 이제 한 개의 정사각형을 제거한 한 $2^{n+1}\times2^{n+1}$격자들을 갖고 있다고 가정하자. 귀납적 가설을 사용하기 위해서 이것을 $2^n\times2^n$격자들과 어떻게든 연결을 시켜야 한다. $2^{n+1}=2^n\cdot2$이므로, $2^{n+1}\times2^{n+1}$격자는 $2^n\times2^n$격자들을 폭을 두 배하고 그리고 높이에서 두 배가 되는 것이다. 환언하면, $2^{n+1}\times2^{n+1}$격자를 수평으로 그리고 수직으로 절반으로 해서, 4개의 $2^n\times2^n$ 부분격자들로 그것을 분할할 수 있다. 이것은 그림 6.4에서 설명되어있다. 제거된 한 정사각형이 4개의 부분격자들 중 한곳에 있다; 그림 6.4에서, 그것은 오른쪽 위에 있다.

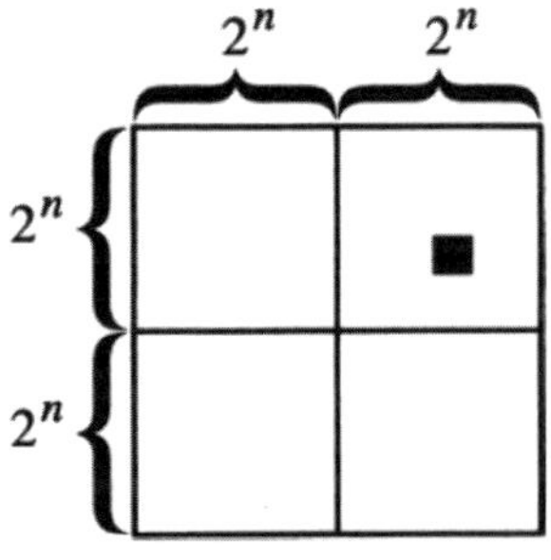

그림 6.4

귀납적 가설은 우리에게 $L-$모양의 타일들로 그림4의 오른쪽 위에 있는 부분격자를 덮는 것이 가능함을 말해준다. 그러나 다른 세 개의 부분격자들은 무엇이 될까? 격자 위에 한 개의 타일을 위치하는 한 영리한 방법으로 귀납법 가설이 사용될 수 있도록 나머지 부분격자들을 덮어질 수 있음을 보여 주는데 사용된다는 것이 밝혀진다. 만약 다음 증명에서 그 답을 읽기 전에 그것을 알아낼 수 있는지 보여라.

풀이

정리. 임의의 양의 정수 n에 대하여, 한 $2^n \times 2^n$정사각형들의 격자에서 한 개의 정사각형을 제거한 것은 $L-$모양의 타일들에 의해서 덮을 수 있다.

증명. n에 대한 귀납법을 사용한다.

초기조건: $n=1$이라 가정하자. 그러면 그 격자는 한 정사각형을 제거된 한 2×2격자이다. 그것은 분명하게 한 개의 $L-$모양의 타일로 덮어진다.

귀납법 단계: n은 임의의 양의 정수라 하고, 그리고 임의의 한 개의 정사각형을 제거해서 만든 한 $2^n \times 2^n$격자들이 $L-$모양을 갖는 타일들에 의해서 덮을 수 있다고 가정하자. 이제 우리는 한 개의 정사각형을 제거한 $2^{n+1} \times 2^{n+1}$격자를 고려하자. $2^{n+1} \times 2^{n+1}$격자를 수평으로 그리고 수직으로 절반으로 잘라서, 우리는 4개의 $2^n \times 2^n$ 부분격자들로 그것을 분할한다. 덮어지는 한 정사각형은 이 부분격자들의 하나로부터 나온다. 따라서 귀납적 가설에 의해서 이 부분격자의 나머지는 $L-$모양을 갖는 타일들에 의해서 덮을 수 있다. 다른 3개의 부분격자들을 덮기 위해서, 먼저 중앙에 있는 한 $L-$모양을 갖는 타일을 놓으면 그것은 남은 3개의 각 부분격자들로 부터 그림6.5에서 보는 바와 같이, 한 정사각형을 덮고 있다. 남은 영역은 이제 부분격자들의 각각에서 한 개의 정사각형은 제외한 것으로 덮어진다. 따라서 귀납적 가설을 적용하여 각 부분격자들에서 우리는 이 영역이 타일들에 의해서 덮어진다는 것을 안다. ■

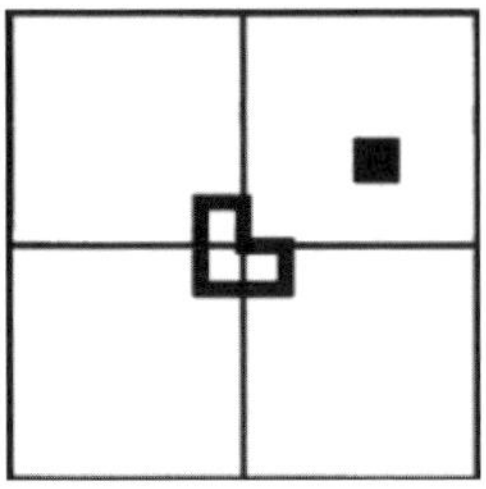

그림 6.5

이것은 이 증명이 실제적으로 한 특별한 격자위에 어떻게 격자들을 놓는가를 알아내는데 사용된다는 것에 주목하는 것은 흥미롭다. 예를 들어, 그림 6.6에서 보여준 한 정사각형을 제거한 8×8격자를 고려하자.

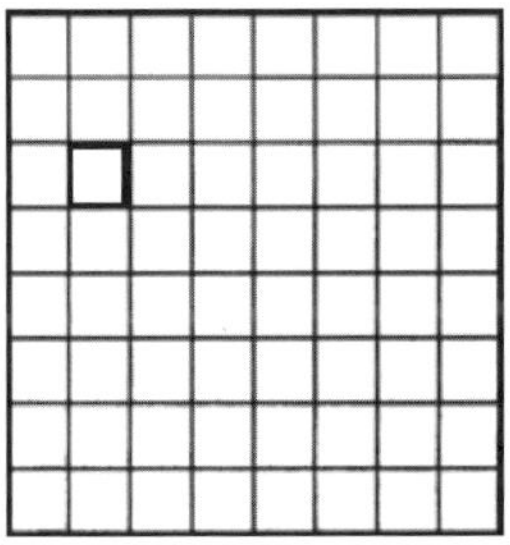

그림 6.6

앞의 증명에 따라서 타일들로 이 격자를 덮는 첫 단계는 4개의 4×4의 부분격자들로 분할하고 그리고 중앙에 한 타일을 놓는다. 오른쪽 위를 제외하고 각 부분격자로부터 한 정사각형을 덮는다. 이것은 그림 6.7에서 설명된다. 덮어야할 남은 영역은 이제 4개의 4×4부분격자들은 그들의 각각에서 한 정사각형이 제거된 것으로 구성된다.

어떻게 남은 4×4부분격자들을 덮을 수 있을까? 같은 방법으로, 물론! 예를 들어, 그림6.7의 오른쪽 위에 부분격자를 덮는다고 하자. 왼쪽 아래의 귀퉁이를 제외한 이 부분격자의 모든 정사각형을 덮어야할 필요가 있다. 그것은 이미 덮어져 있다. 그것을 4개의 2×2의 부분격자들로 잘라서 시작한다. 그리고 한 타일을 그림 6.8에서와 같이, 중앙에 놓는다.

남은 영역은 이제 각각으로부터 한 정사각형을 제외한 4개의 2×2의 부분격자들로 구성된다. 이것들의 각각은 한 개의 타일로 덮어질 수 있다. 따라서 그림6.7의 오른쪽 위의 부분격자는 완성된다.

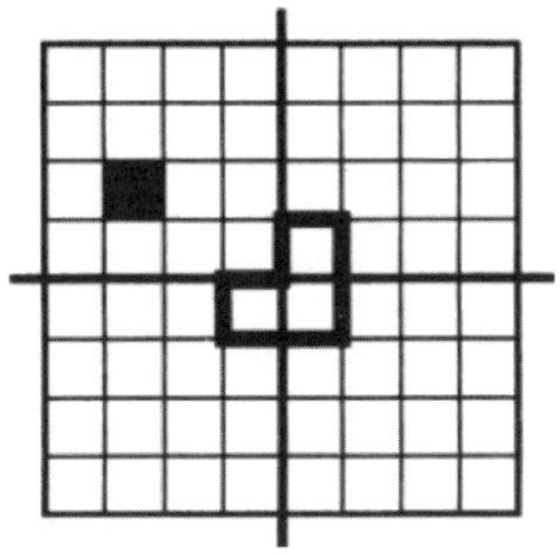

그림 6.7

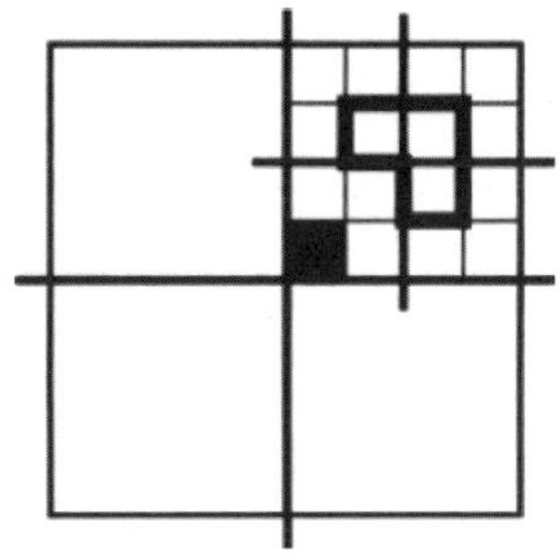

그림 6.8

그림6.7의 남은 3영역들은 한 유사한 과정에 의해서 완성된다. 최종적인 풀이는 그림 6.9에서 보여준다.

그림 6.9

이 문제를 푸는데 사용된 방법은 한 점화적인 과정의 한 예이다. 8×8격자에 대한 문제를 4개의 4×4격자의 문제들로 분리해서 해결한다. 이들의 각각을 풀기 위해서, 4개의 2×2문제들로 분리한다. 이것의 각각은 풀기가 용이하다. 만약 한 큰 격자에서 출발한다면, 쉬운 2×2문제들에 도달하기 전에 많은 회수의 반복된 분할을 해야만 한다. 점화식과 그리고 그것의 수학적 귀납법과의 관계는 다음 장의 주제이다.

연습문제

*1. 예 6.2.2의 증명을 다음 증명들을 통해서 완성하여라.(우리는 여기서 그 예에서와 같은 표기를 사용한다.)

(a) R'가 A'위에서 한 준순서임을 증명하여라.

(b) T 는 A위에서 한 전순서이고 그리고 $R\subseteq T$임을 증명하여라.

2. R을 한 집합 A위에서의 한 준순서이고, $B\subseteq A$, 그리고 B은 유한이라 가정하자. A 위에 $R\subseteq T$ 인 한 준순서 T 가 존재하고 그리고 $\forall x\in B\forall y\in A(xTy\vee yTx)$임을 증명하여라. 특히, 만약 A가 유한이면 우리는 $B=A$라 하고, 그리고 그 결론은 그러면 T가 A위에서 한 전순서임을 의미한다는 것을 주목하여라. 따라서 이것은 예 6.2.2의 정리를 증명하는 한 또 다른 접근방법이다.(힌트: B의 원소 개수에 귀납법을 사용한다. 귀납법 단계에 대해서, 그 결론이 n개의 원소를 갖는 임의의 집합 $B\subseteq A$에 대하여 성립한다고 가정한다. 그리고 B 를 원소 개수가 $n+1$인 A의 부분집합이라 가정하자. b를 B 의 임의의 한 원소라 하고 $B'=B\setminus\{b\}$는 n개의 원소를 갖는 A의 한 부분집합이다. 귀납적 가설에 의해서, T'를 A위에 $R\subseteq T'$인 한 준순서라 하자. 그리고 $\forall x\in B'\forall y\in A(xT'y\vee yT'x)$이다.
이제 $A_1=\{x\in A|xT'b\}$이고 $A_2=A\setminus A_1$이라 하자. 그리고 $T=T'\cup(A_1\times A_2)$라 하자. T 가 요구되는 성질들을 가짐을 증명하여라.)

3. R 을 한 집합 A위에서의 한 전순서라 가정하자. 임의의 유한이고 공집합이 아닌 집합 $B\subseteq A$는 한 $R-$최소 원소를 가짐을 증명하여라.

*4. (a) R 은 A 위에서 한 관계이고, 그리고 $\forall x\in A\forall y\in A(xRy\vee yRx)$라 가정하자.(이것은 R 이 반사적이라는 의미이다.) 임의의 유한이고 공집합이 아닌 집합 $B\subseteq A$에 대하여 $y\in B((x,y)\in R\circ R)$가 되는 어떤 $x\in B$ 가 존재한다.(힌트: 예 6.2.1을 모방하여라.)

(b) 각 선수들이 모든 다른 선수들과 정확히 한번씩 경기를 해서 그들중 한사람이 승리하는 한 리그전을 고려하자. 우리는 한 선수 x가 임의의 다른 선수 y에 대하여, x가 y를 이기거나 또는 어떤 선수 z가 있어서 x가 z를 이기고 z가 y를 이기는 경우에 우수하다excellent고 말한다. 적어도 한 우수한 선수가 존재함을 증명하여라.

5. 각 $n\in N$에 대하여, $F_n=2^{(2^n)}+1$라 하자. (이런 수들을 프랑스 수학자 *Pierre de Fermat*(1601－1665)의 이름을 따서 페르마 수라한다.) 페르마는 F_0, F_1, F_2, F_3 그리고 F_4가 소수라는 것을 보였다. 그리고 모든 페르마 수들이 소수라는 문제를 제시했다. 그러나, 100여년이 지나서야 오일러가 F_5는 소수가 아님을 보

였다. 임의의 $n > 4$가 존재하여 F_n이 소수가 되는지는 알려지지 않는다.)
모든 $n \geq 1$에 대하여, $F_n = (F_0 \cdot F_1 \cdot F_2 \cdot \cdots \cdot F_{n-1}) + 2$임을 증명하여라.

6. 만약 $n \geq 1$이고 $a_1, a_2, \cdots, a_n$은 임의의 실수들이라면, 그러면 $|a_1 + a_2 + \cdots + a_n| \leq |a_1| + |a_2| + \cdots + |a_n|$임을 증명하여라.(삼각부등식의 일반화임에 주목하여라: 3.5장의 연습문제 13(c)를 보여라.)

7. (a) a와 b가 양의 실수들이라 하면, $a/b + b/a \geq 2$임을 증명하여라. (힌트: $(a-b)^2 \geq 0$ 라는 사실로 시작하여라.)
   (b) a, b, 그리고 c가 양의 실수들이라 하고 $0 < a \leq b \leq c$라 가정하자. $b/c + c/a - b/a \geq 1$임을 증명하여라.(힌트: $(c-a)(c-b) \geq 0$ 라는 사실로 시작하여라.)
   (c) 만약 $n \geq 2$이고 $a_1, a_2, \cdots, a_n$은 임의의 실수들이고 $0 < a_1 \leq a_2 \leq \cdots \leq a_n$이라 하면, 그러면 $a_1/a_2 + a_2/a_3 + \cdots + a_{n-1}/a_n + a_n/a_1 \geq n$임을 증명하여라.

*8. 만약 $n \geq 2$이고 $a_1, a_2, \cdots, a_n$은 임의의 양의 실수들이라면, 그러면 수 $(a_1 + a_2 + \cdots + a_n)/n$ 은 $a_1, a_2, \cdots, a_n$들의 산술평균 arithmetic mean이라 부른다. 그리고 수 $\sqrt[n]{a_1 a_2 \cdots a_n}$을 그들의 기하평균 geometric mean이라 부른다. 이 연습문제에서 당신은 산술-기하평균의 부등식 arithmetic-geometric mean inequality을 증명할 것이다. 그것은 산술평균이 항상 적어도 기하평균보다는 더 크다는 것이다.
   (a) 산술-기하평균의 부등식을 길이가 2인 수들의 목록에서 증명하여라. 환언하면, 모든 양의 실수들 a와 b에 대하여, $(a+b)/2 \geq \sqrt{ab}$를 증명하여라.
   (b) 산술-기하평균의 부등식을 길이가 2의 멱인 수들의 목록에서 증명하여라. 환언하면, 모든 $n \geq 1$에 대하여, 만약 $a_1, a_2, \cdots, a_{2^n}$이 한 양의 실수들이라 하면

$$\frac{a_1 + a_2 + \cdots + a_{2^n}}{2^n} \geq \sqrt[2^n]{a_1 a_2 \cdots a_{2^n}}$$

이다.

(c) $n_0 \geq 2$이고 산술-기하평균의 부등식이 길이가 n_0인 어떤 것에 대하여 성립하지 않는다고 가정하자. 환언하면, 양의 실수들 $a_1, a_2, \cdots, a_{n_0}$가 존재하여

$$\frac{a_1 + a_2 + \cdots + a_{2^n}}{n_0} \geq \sqrt[n_0]{a_1 a_2 \cdots a_{n_0}}$$

이 성립한다. 모든 $n \geq n_0$에 대하여, 길이가 n인 목록에 대하여 산술-기하평균의 부등식이 성립하지 않음을 증명하여라.

(d) 산술-기하평균의 부등식은 항상 성립함을 증명하여라.

9. 만약 $n \geq 2$이고 $a_1, a_2, \cdots, a_n$은 임의의 양의 실수들의 한 목록이라 하면,

$$\frac{n}{\dfrac{1}{a_1} + \dfrac{1}{a_2} + \cdots + \dfrac{1}{a_n}} \leq \sqrt[n]{a_1 a_2 \ldots a_n}$$

임을 증명하여라. (힌트: 연습문제8을 적용하여라. 부등식의 좌변에 있는 수는 $a_1, a_2, \cdots, a_n$의 조화평균 harmonic mean이라 부른다.)

*10. (a) 만약 a_1, a_2, b_1, 그리고 b_2이 실수들이다. $a_1 \leq a_2$이고 $b_1 \leq b_2$라면, $a_1 b_2 + a_2 b_1 \leq a_1 b_1 + a_2 b_2$임을 증명하여라.

(b) n이 양의 정수에 대하여, $a_1, a_2, \cdots, a_n$이고 $b_1, b_2, \cdots, b_n$는 실수들로서, $a_1 \leq a_2 \leq \cdots \leq a_n$이고 $b_1 \leq b_2 \leq \cdots \leq b_n$이다. 그리고 f가 $\{1, 2, \cdots, n\}$으로부터 자기 자신으로 가는 전단사함수라 하자. $a_1 b_{f(1)} + a_2 b_{f(2)} + \cdots + a_n b_{f(n)} \leq a_1 b_1 + a_2 b_2 + \cdots + a_n b_n$임을 증명하여라.(이 사실은 재배열 부등식 rearrangement inequality이라 부른다.)

*11. 임의의 집합 A에 대하여, 만약 A가 n개의 원소들을 가지면 그러면 $\mathscr{P}(A)$는 2^n개의 원소를 가짐을 증명하여라.

12. 만약 A를 한 집합이라 하고, $P_2(A)$를 정확히 두 개의 원소만 갖는 A의 모든 부

분집합들이라 하자. 임의의 집합 A에 대하여, 만약 A가 n개의 원소를 가지면 그러면 $P_2(A)$는 $n(n-1)/2$개의 원소들을 가짐을 증명하여라.(힌트: 연습문제11에 대한 풀이를 보여라.)

13. n이 한 양의 정수라 가정하자. 한 정삼각형은 4^n개의 합동인 정삼각형들로 자른 것이다. 그리고 한 귀퉁이가 제거된 것이다.(그림 6-10은 $n=2$인 경우의 한 예이다.) 그 나머지 영역은 다음과 같은 마름모꼴 타일들에 의해서 덮어짐을 보여라.

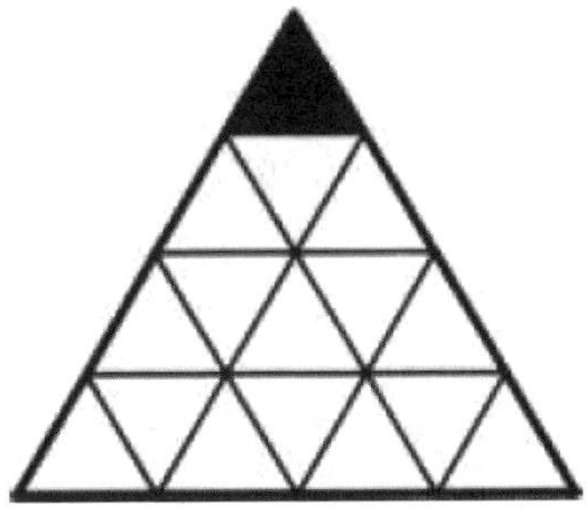

그림 6-10

*14. n이 한 양의 정수라 하자. n개의 현들이 한 원에서 각 현이 모두 다른 현들과 만나고, 그러나 3개의 현들은 한 점에서 만나지 않는다고 가정하자. 현들이 원을 $\frac{n^2+n+2}{2}$개의 영역들로 나눈다는 것을 증명하여라.(그림 6-11에서 $n=4$인 경우를 보여준다. 그림11에서 $\frac{4^2+4+2}{2}=11$ 개 영역들이 됨을 주목하여라.)

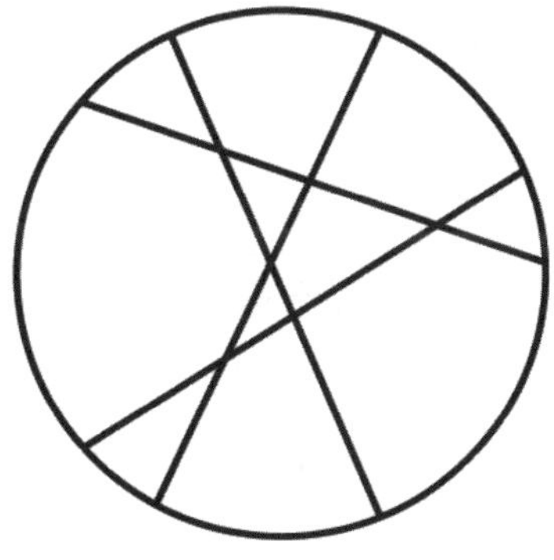

그림 6-11

15. n이 한 양의 정수라 하자. 그리고 n개의 현들을 한 원에 그려서, 그 원을 a개의 영역들로 나눈다고 가정하자. 그 영역들은 인접한 영역들이 서로 다른 색들이 되도록 두 가지 색들로 색칠할 수 있음을 증명하여라.(그림6.12는 $n=4$인 경우의 예를 보여준다.)

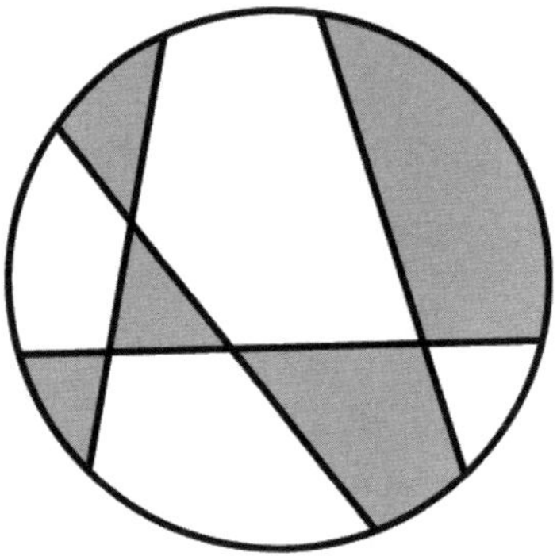

그림 6-12

16. 임의의 유한집합 A와 임의의 함수 $f : A \to A$에 대하여, 만약 f가 단사이면 그러면 f는 전사임을 증명하여라.(힌트: A의 원소 갯수에 대한 귀납법을 사용한다. 귀납법단계에 대해서는, n개의 원소를 갖는 임의의 집합 A에 대하여 성립을 가정하자. 그리고 A가 $n+1$개의 원소들을 갖고 $f : A \to A$이다. 만약 f를 단사이고 전사가 아니라 가정하자. 그러면 적당한 원소 $a \in A$가 존재하여 $a \notin Ran(f)$이다. $A' = A \setminus \{a\}$이고 $f' = f \cap (A' \times A')$라 하자. $f' : A' \to A'$는 단사이고, f'는 전사가 아니다. 그것은 귀납법 가정에 모순된다.)

17. 만약 $A \subseteq \mathbb{N}$이고 $0 \in A$이면 $A = \mathbb{N}$이다에 대한 다음 증명은 무엇이 잘못되었는가?

증명. 귀납법 $\forall n \in \mathbb{N}(n \in A)$에 의해서 증명할 것이다.

초기조건: 만약 $n=0$이면, 그러면 가정에 의해서 $n \in A$이다.

귀납법 단계: $n \in \mathbb{N}$ 가 임의라 하자. 그리고 $n \in A$라 가정하자. n이 임의이므로, 그것은 임의의 자연수가 A의 한 원소이다. 그러므로 특별히 $n+1 \in A$이 된다. ■

18. $f : \mathbb{R} \to \mathbb{R}$ 라 가정하자. 다음 증명 임의의 유한이고, 공집합이 아닌 집합 $A \subseteq$

$\mathbb{R}$에 대하여 한 실수 c가 존재하여 $\forall x \in A(f(x)=c)$이라는 다음 증명은 무엇이 잘못되었는가?

증명. 임의의 $n \geq 1$에 대한 귀납법에 의해서 증명 할 것이다. 만약 A가 임의의 n개 원소들을 갖는 $\mathbb{R}$의 부분집합이라면 그러면 $\exists c \in \mathbb{R}\ \forall x \in A(f(x)=c)$이다.

초기조건: $n=1$. $A \subseteq \mathbb{R}$이고 A가 한 원소를 가진다. 그러면 어떤 $a \in \mathbb{R}$에 대한, $A=\{a\}$이다. $c=f(a)$라 하자. 그러면 분명히 $\forall x \in A(f(x)=c)$이다.

귀납법 단계: $n \geq 1$이라 가정하자. 그리고 $A \subseteq \mathbb{R}$에 대하여, 만약 A가 n개의 원소를 가진다면, a_1을 A의 임의의 원소라 하자. 그리고 $A_1 = A \setminus \{a_1\}$라 하자.

그러면 A_1은 n개의 원소들을 가진다. 따라서 귀납적 가설에 의해서 어떤 $c_1 \in \mathbb{R}$ 이 존재하여 $\forall x \in A_1(f(x)=c_1)$이다. 만약 $f(a_1)=c_1$임을 알 수 있으면 그러면 잘 될 것이다. 그 이유는 그것은 $\forall x \in A(f(x)=c_1)$이기 때문이다.

a_2를 a_1과 다른 A의 한 원소라 하자. 그리고 $A_2 = A \setminus \{a_2\}$라 하자. 다시 귀납적 가설을 적용하면, 어떤 $c_2 \in R$ 이 존재하여 $\forall x \in A_2(f(x)=c_2)$이다. $a_1 \neq a_2$이고, $a_1 \in A_2$이므로 $f(a_1)=c_2$임을 상기하여라. 이제 a_1, a_2와 다른 a_3을 A의 한 원소라 하자. 그러면 $a_3 \in A_1$이고 $a_3 \in A_2$이다. 따라서 $f(a_3)=c_1$이고 $f(a_3)=c_2$이다. 그러므로 $c_1 = c_2$이다. 따라서 요구하는 $f(a_1)=c_1$이 된다. ■

6.3. 점화식
Recursion

3장에서 우리는 $\forall nP(n)$형식의 명제들의 증명을 n을 임의라 하고 $P(n)$을 증명하는 것을 배웠다. 이 장에서 그와 같은 n이 자연수들의 범위에 있을 때 명제들을 증명하는 또 다른 방법을 배울 것이다: $P(0)$를 증명하고, 그리고 나서 임의의 자연수 n에 대하여, 만약 $P(n)$이 참이면 그러면 $P(n+1)$도 같이 참임을 증명한다. 한번 이런 명제들을 증명했다면, 순서대로 모든 자연수들을 모두 관통해 갈 수 있고 P는 그들 모두에 대하여 참이 됨을 알게 된다.

함수들을 정의하는 한 새로운 방법을 소개하는 유사한 생각을 사용할 수 있다. 5장에서, 보통으로 f의 정의역에 있는 임의의 n에 대하여 어떻게 $f(n)$을 계산할 것인지 말해줌으로서 한 함수 f를 정의했다. 만약 f의 정의역이 모든 자연수들의 집합이라면, f를 정의하는 또 다른 방법은 $f(0)$가 무엇이고 그리고 나서, 임의의 자연수 n에 대하여, 만약 $f(n)$의 값을 이미 알기만 하면 $f(n+1)$을 어떻게 계산할 수 있는지 말하는 것이다. 그와 같은 정의는 f아래서 각 원소의 상들을 순서대로 계산하여 모든 자연수들을 모두 관통해 갈 수 있다는 것이다.

예를 들어, 정의역이 $\mathbb{N}$인 한 함수 f를 정의하는 다음 방정식들을 사용할 수 있다:

$$f(0)=1;$$
$$\text{임의의 } n\in\mathbb{N}\text{에 대하여, } f(n+1)=(n+1)\cdot f(n)$$

두 번째 방정식은 우리에게 어떻게 $f(n+1)$을 계산할지 말해주지만, 만약 이미 $f(n)$을 알기만 하면 된다. 따라서, 비록 이 방정식이 f 아래서 어떤 수의 상이 무엇인지 직접적으로 말할 수는 없지만, 그것을 사용하여 순서대로 모든 자연수들을 모두 관통해 갈 수 있고 그들의 상들을 계산할 수 있다.

$f(0)$에서 시작하고, 그것은 처음 방정식으로부터 1임을 안다. 두 번째 방정식에 $n=0$을 대입하면, 우리는 $f(1)=1\cdot f(0)=1\cdot 1=1$을 알 수 있고, 따라서 우리는 $f(1)$의 값을 결정한다. 그러나 이제 $f(1)=1$임을 알기 때문에, 두 번째 방정식에 $n=1$을 대입하면, $f(2)=2\cdot f(1)=2\cdot 1=2$임을 안다. 유사하게, 두 번째 방정식에 $n=2$를 대입하여 $f(3)=3\cdot f(2)=3\cdot 2=6$을 얻는다. 이 방법을 계속하면 우리는 임의의 자연수 n에

대한 $f(n)$을 계산할 수 있다. 따라서 두 개의 방정식들이 실제로 임의의 자연수 n에 대한 유일한 $f(n)$값을 결정하는 규칙을 마련해 주고, 따라서 그들은 정의역 N에서의 한 함수f를 정의한다. 이와 같은 종류의 정의들을 점화적 recursive 정의들이라 부른다.

가끔 한 함수의 값을 구하기 위해서 점화적 정의를 사용하여 거꾸로 해 갈 것이다. 예를 들어, 우리가 $f(6)$을 계산하기를 원한다고 가정하고, 여기서 f는 방금 전에 정의한 것이고, f의 정의에서 두 번째 방정식에 따라서 $f(6)=6 \cdot f(5)$이고, 따라서 계산을 완성하기 위해서 $f(5)$를 계산해야 하고, 다시 두 번째 방정식을 사용하여, $f(5)=5 \cdot f(4)$을 찾고, 따라서 $f(4)$를 계산해야 한다. 이 방법을 계속해서 다음 계산을 해간다:

$$\begin{aligned}
f(6) &= 6 \cdot f(5) \\
&= 6 \cdot 5 \cdot f(4) \\
&= 6 \cdot 5 \cdot 4 \cdot f(3) \\
&= 6 \cdot 5 \cdot 4 \cdot 3 \cdot f(2) \\
&= 6 \cdot 5 \cdot 4 \cdot 3 \cdot 2 \cdot f(1) \\
&= 6 \cdot 5 \cdot 4 \cdot 3 \cdot 2 \cdot 1 \cdot f(0) \\
&= 6 \cdot 5 \cdot 4 \cdot 3 \cdot 2 \cdot 1 \cdot 1 \\
&= 720
\end{aligned}$$

아마도 이제 당신은 함수 f를 인식했을 것이다. 임의의 양의 정수 n에 대하여,

$f(n)=n \cdot (n-1) \cdot (n-2) \cdot \cdots \cdot 1$이고, $f(0)=1$이다. 이 수 $f(n)$를 n계승 factorial이라 말하고, $n!$로 표기한다. (정리 3.7.3에서 사용했던 표기임을 회상하라) 예를 들어, $6 \neq 720$이다. 가끔, 만약에 한 함수를 그 안에 한 생략($\cdots$)으로 한 공식을 쓸 수 있다면, 생략을 사용하는 것은 그 함수에 대해서 한 점화적 정의를 함으로써 피할 수 있다. 그와 같은 정의는 보통 다루기가 더 용이하다.

많은 친밀한 함수들이 점화적 정의를 사용하여 아주 쉽게 정의될 수 있다. 예를 들어, 임의의 수 a에 대하여, 다음 점화적 정의를 사용하여 a^n을 정의할 수 있다:

$a^0 = 1;$

임의의 $n \in N$에 대하여, $a^{n+1} = a^n \cdot a$

이 정의를 사용하여, a^4를 다음과 같이 계산할 수 있다:

$$\begin{aligned} a^4 &= a^3 \cdot a \\ &= a^2 \cdot a \cdot a \\ &= a^1 \cdot a \cdot a \cdot a \\ &= a^0 \cdot a \cdot a \cdot a \cdot a \\ &= 1 \cdot a \cdot a \cdot a \cdot a \end{aligned}$$

또 다른 예로, 이장의 처음 예에서 나타났던, $2^0 + 2^1 + 2^2 + \cdots + 2^n$의 합을 고려하자. 그 생략은 한 점화적 정의를 사용할 수 있음을 제안하고 있다. 만약 $f(n) = 2^0 + 2^1 + 2^2 + \cdots + 2^n$라 하면, 임의의 $n \in \mathbb{N}$에 대하여, $f(n+1) = 2^0 + 2^1 + 2^2 + \cdots + 2^n + 2^{n+1} = f(n) + 2^{n+1}$이다. 따라서, f를 점화적으로 다음과 같이 정의할 수 있다:

$$f(0) = 2^0 = 1$$

임의의 $n \in \mathbb{N}$에 대하여, $f(n+1) = f(n) + 2^{n+1}$

이 정의가 옳다는것을 확인하는 것으로, $n = 3$인 경우를 알아 보자:

$$\begin{aligned} f(3) &= f(2) + 2^3 \\ &= f(1) + 2^2 + 2^3 \\ &= f(0) + 2^1 + 2^2 + 2^3 \\ &= 2^0 + 2^1 + 2^2 + 2^3 \\ &= 15 \end{aligned}$$

마지막 예에서 한 것과 같은 합들은 그들에 대한 한 특별한 표기가 있음을 충분히 보여준다. 만약 $a_1, a_2, \cdots, a_n$ 가 한 수들의 한 목록이라면, 이 수들의 합은 $\sum_{i=0}^{n} a_i$로 쓸 수 있다. 이것은 "$i = 0$에서부터 n까지 a_i의 합"이라고 읽는다. 예를 들어, 마지막 예를 이 표기로 쓸 수 있다:

$$\sum_{i=0}^{n} 2^i = 2^0 + 2^1 + 2^2 + \cdots + 2^n$$

더 일반적으로, 만약 $n \geq m$이면, 그러면

$$\sum_{i=m}^{n} a_i = a_m + a_{m+1} + \cdots + a_{n-1} + a_n$$

예를 들어,

$$\sum_{i=3}^{6} i^2 = 3^2 + 4^2 + 5^2 + 6^2 = 9 + 16 + 25 + 36 = 86$$

이 공식에서 문자 i는 한 종속변수이고 그러므로 그 공식의 의미를 바꾸지 않고 한 새로운 변수로 바꿀 수 있다.

이제 이표기에 대한 한 점화적 정의를 들어 보자. m을 임의의 정수라 하고, n에 대한 점화식에 의해서 진행해 가자. 한 귀납법 증명에 대한 초기조건에서와 같이 바로 $n=0$일 필요는 없고, 점화적 정의에 대한 초기조건은 0과 다른 한 수가 될 수 있다. 이 경우 단지 $n \geq m$에 관심이 있다면, 점화식에 대한 초기조건으로 $n=m$을 택한다.

$$\sum_{i=m}^{m} a_i = a_{m_n};$$

임의의 $n \geq m$에 대하여,

$$\sum_{i=m}^{n+1} a_i = \sum_{i=m}^{n} a_i + a_{n+1}$$

앞에 나온 예를 이 정의로 해보면, 다음을 얻는다;

$$\sum_{i=3}^{6} i^2 = \sum_{i=3}^{5} i^2 + 6^2$$

$$= \sum_{i=3}^{4} i^2 + 5^2 + 6^2$$

$$= \sum_{i=3}^{3} i^2 + 4^2 + 5^2 + 6^2$$
$$= 3^2 + 4^2 + 5^2 + 6^2$$

분명하게 귀납법과 점화식은 밀접한 관계가 있고, 따라서 만약 한 개념이 점화식에 의해서 정의된다면, 이 개념들이 관련된 증명들은 가끔 귀납법에 의해 잘 수행되는 것은 놀라운 것은 아니다. 예를 들어, 6.1장에서 우리는 합들과 지수가 관련된 약간의 증명들을 보았고, 이제 우리는 합들과 지수가 점화적으로 정의될 수 있음을 보았다. 왜냐하면, 계승함수는 역시 점화적으로 정의될 수 있고, 계승이 관련된 증명들은 역시 자주 귀납법을 사용한다.

예 6.3.1. 임의의 $n \geq 4$에 대하여, $n! > 2^n$이다.

메모 작업

계승과 지수가 관련된 문제이기 때문에, 둘 다 점화적으로 정의되고, 귀납법은 사용하기에 한 좋은 방법으로 보인다. 초기조건은 $n=4$일 것이고, 이 경우에 그 부등식이 참임의 확인은 단순한 계산문제이다. 귀납법 단계에 대해서는, 귀납적 가설은 $n! > 2^n$이 될 것이고, $(n+1)! > 2^{n+1}$을 증명해야 한다. 물론, 귀납적 가설을 목표에 연결하는 방법은 계승과 지수의 점화적 정의를 사용하는 것이고, 그것은 $(n+1)! = (n+1) \cdot n!$ 과 $2^{n+1} = 2^n \cdot 2$를 말해준다. 한번 이방정식들에 대입하면, 나머지는 아주 직선적이다.

풀이

정리. 임의의 $n \geq 4$에 대하여, $n! > 2^n$이다.

증명. 수학적 귀납법에 의해서,

초기조건: $n=4$일 때 우리는 $n \neq 24 > 16 = 2^n$을 얻는다.

귀납법 단계: $n \geq 4$는 임의이고 $n! > 2^n$을 가정하자. 그러면

$(n+1)! = (n+1) \cdot n!$

$> (n+1) \cdot 2^n$ (귀납법 가설에 의해서)

$> 2 \cdot 2^n = 2^{n+1}$

■

예 6.3.2. 임의의 실수 a와 모든 자연수들 m, n에 대하여, $a^{m+n} = a^m \cdot a^n$임을 증명하여라.

메모 작업

여기에 3개의 전칭작용소들이 있고, 세 번째 로부터 처음 두 개는 다르게 취급할 것이다. a와 m을 임의라 하고 $\forall n \in N(a^{m+n} = a^m \cdot a^n)$을 증명하기 위해서 수학적 귀납법을 사용한다. 귀납법 단계에서 핵심적인 대수적 사실은 공식은 지수의 점화적 정의로 부터 $a^{n+1} = a^n \cdot a$일 것이다.

풀이

정리. 임의의 실수 a와 모든 자연수들 m, n에 대하여, $a^{m+n} = a^m \cdot a^n$이다.

증명. a는 임의의 실수이고 그리고 m은 한 임의의 자연수라 하자. 이제 n위의 귀납법에 의해서 진행한다.

초기조건: $n = 0$일 때, $a^{m+n} = a^{m+0} = a^m = a^m \cdot 1 = a^m \cdot a^0 = a^m \cdot a^n$이다.

귀납법 단계: $a^{m+n} = a^m \cdot a^n$라 가정하자. 그러면

$$
\begin{aligned}
a^{m+(n+1)} &= a^{(m+n)+1} \\
&= a^{m+n} \cdot a && \text{(지수의 정의에 의해서)} \\
&= a^m \cdot a^n \cdot a && \text{(귀납적 가설에 의해서)} \\
&= a^m \cdot a^{n+1} && \text{(지수의 정의에 의해서).}
\end{aligned}
$$

■

예 6.3.3. 수들의 수열 $a_0, a_1, a_2, \cdots$은 다음과 같이 점화적으로 정의된다:

$a_0 = 0;$

임의의 $n \in N$에 대하여, $a_{n+1} = 2a_n + 1.$

a_n에 대한 한 공식을 찾고 당신의 공식이 참임을 증명하여라.

메모 작업

그것은 아마도 수열의 처음 몇 개의 항들을 계산해서 시작하는 것이 한 좋은 생각일 것이다. $a_0 = 0$임을 이미 알고 있고, 따라서 두 번째 방정식에 $n = 0$를 대입하여 $a_1 = 2a_0 + 1 = 0 + 1 = 1$을 얻는다. 따라서, $n = 1$를 대입하면 $a_2 = 2a_1 + 1 = 2 + 1 = 3$이다. 이 방법을 계속하여 우리는 값들의 다음 표를 얻는다:

아하! 우리가 얻은 수들이 2의 멱보다 하나 작은 것들이다. 그것은 아마도 $a_n = 2^n - 1$과 같은 공식으로 보이지만, 우리는 그것을 증명하지 않고 옳다고 확신할 수는 없다. 다행하게도, 그것은 귀납법으로 그 공식으로 증명하는 것이 아주 쉬워 보인다.

풀이

정리. 수열 $a_0, a_1, a_2, \cdots$은 다음과 같이 앞에서 주어진 조화적 정의에 의해서 정의된다고 하면, 임의의 자연수 n에 대하여, $a_n = 2^n - 1$이다.

증명. 귀납법에 의해서,

초기조건: $a_0 = 0 = 2^0 - 1$이다.

귀납법 단계: $a_n = 2^n - 1$이라 가정하자. 그러면,

$$\begin{aligned} a_{n+1} &= 2a_n + 1 && (a_{n+1}\text{의 정의에 의해서}) \\ &= 2(2^n - 1) + 1 && (\text{귀납법 가설에 의해서}) \\ &= 2^{n+1} - 2 + 1 = 2^{n+1} - 1. \end{aligned}$$

■

이 장을 한 다소 특이한 예로 끝마치려 한다. 임의의 실수 $x > -1$와 임의의 자연수 n에

대하여, $(1+x)^n > nx$를 증명할 것이다. 해가는 한 자연스런 방법은 $x>-1$을 임의라 하고, n에 대한 귀납법을 사용한다. 귀납법 단계에서

$(1+x)^n > nx$를 가정하고, $(1+x)^{n+1} > (n+1)x$ 를 증명할 것이다. $x>-1$을 가정했기 때문에, $1+x>0$이고, 따라서 귀납법 가설 $(1+x)^n > nx$의 양변에 $1+x$를 곱하여 우리는 다음을 얻을 수 있다.

$$\begin{aligned}(1+x)^{n+1} &= (1+x)(1+x)^n \\ &> (1+x)nx \\ &= nx+nx^2\end{aligned}$$

그러나 귀납적 단계에 대하여 필요한 결론은 $(1+x)^{n+1} > (n+1)x$이고, 그것은 유도한 부등식으로부터 이 결론을 어떻게 얻은 것 인지 분명하지는 않다.

이 어려움에 대한 우리의 풀이는 원래 문제들을 어렵게 보이지만 그러나 실제적으로 더 쉬운 한 문제로 대치할 것이다. 부등식 $(1+x)^n > nx$를 직접적으로 증명하는 대신에, $(1+x)^n > 1+nx$를 증명 할 것이다. 그리고 나서 $1+nx > nx$이므로, 그것은 바로 $(1+x)^n > nx$ 가 된다. $(1+x)^n > nx$를 증명하기가 어렵다면, 더 강한 명제 $(1+x)^n > nx$를 증명하기가 확실히 더 많이 어려울 것이다. 그러나 그것은 원래 문제로는 실패한 접근으로 판단되어 완전히 새로운 문제로 해결한다!

정리 6.3.4. 임의의 실수 $x>-1$와 그리고 임의의 자연수n에 대하여, $(1+x)^n > nx$ 이다.

증명. $x>-1$가 임의라 하자. 임의의 자연수 n에 대한 귀납법을 사용하여, $(1+x)^n > 1+nx$를 증명할 것이다. 그것으로부터 분명히 $(1+x)^n > nx$가 된다.

초기조건: 만약 $n=0$이면, 그러면 $(1+x)^n = (1+x)^0 = 1 = 1+0 = 1+nx$이다.

귀납법 단계: $(1+x)^n > nx$라 가정하자. 그러면

$$\begin{aligned}(1+x)^{n+1} &= (1+x)(1+x)^n \\ &\geq (1+x)(1+nx) \text{ (귀납적 가설에 의해서)} \\ &= 1+x+nx+nx^2\end{aligned}$$

$$\geq 1+(n+1)x \quad (nx^2 \geq 0\text{이므로}).$$

■

연습문제

*1. $\displaystyle\sum_{i=1}^{n}\frac{1}{i(i+1)}$에 대한 한 공식을 찾아라, 그리고 공식이 옳다는 것을 증명하여라.

2. 모든 $n \geq 1$에 대하여 다음을 증명하여라:

$$\sum_{i=1}^{n}\frac{1}{i(i+1)(i+2)}=\frac{n^2+3n}{4(n+1)(n+2)}.$$

3. 모든 $n \geq 2$에 대하여 다음을 증명하여라:

$$\sum_{i=2}^{n}\frac{1}{(i-1)(i+1)}=\frac{3n^2-n-2}{4n(n+1)}$$

4. 모든 $n \in \mathbb{N}$에 대하여 다음을 증명하여라:

$$\sum_{i=0}^{n}(2i+1)^2=\frac{(n+1)(2n+1)(2n+3)}{3}$$

5. r은 한 실수이고 그리고 $r \neq 1$이라 가정하자. 모든 $n \in N$에 대하여 다음을 증명하여라:

$$\sum_{i=0}^{n}r^i=\frac{r^{n+1}-1}{r-1}$$

(이 연습문제는 예 6.1.1와 그리고 6.1장의 연습문제7을 일반화하여라).

*6. 모든 $n \geq 1$에 대하여 다음을 증명하여라:

$$\sum_{i=1}^{n}\frac{1}{i^2}\leq 2-\frac{1}{n}$$

7. (a) $a_1, a_2, \cdots, a_n$와 $b_1, b_2, \cdots, b_n$는 두 대의 실수들의 수열들이라 가정하자.

$$\sum_{i=0}^{n}(a_i+b_i)=\sum_{i=0}^{n}a_i+\sum_{i=0}^{n}b_i$$

를 증명하여라.

(b) c가 한 실수이고 그리고 $a_1, a_2, \cdots, a_n$는 실수들의 수열들이라 가정하자.

$$c \cdot \sum_{i=0}^{n}a_i=\sum_{i=0}^{n}(c \cdot a_i)$$

를 증명하여라.

*8. $n\geq 1$에 대한 조화수들 harmonic numbers H_n은 다음 공식으로 정의 된다;

$$H_n=\sum_{i=1}^{n}\frac{1}{i}$$

(a) 모든 자연수들 n과 m에 대하여, 만약 $n\geq m$이면 그러면 $H_n-H_m\geq\frac{n-m}{n}$ 임을 증명하여라.(힌트: m를 한 임의의 자연수이고 그리고 나서 n에 대한 귀납법에 의해서, $n=m$은 귀납법의 초기조건이다.)

(b) 모든 $n\geq 0$에 대하여, $H_{2^n}\geq 1+n/2$임을 증명하여라.

(c) (미적분을 공부한 사람들에게) $\lim\limits_{n\to\infty}H_n=\infty$를 보이고, 따라서 $\sum_{i=1}^{\infty}\frac{1}{i}$가 발산함을 보여라.

9. H_n은 연습문제 8과 같이 정의되었다 하자. 모든 $n\geq 2$에 대하여 다음을 증명하여라:

$$\sum_{k=1}^{n-1} H_k = nH_n - n$$

10. $\sum_{i=1}^{n-1}(i \cdot (i!))$에 대한 한 공식을 찾아라, 그리고 당신의 공식이 옳다는 것을 증명하여라.

11. $\sum_{i=0}^{n}\frac{i}{(i+1)!}$에 대한 한 공식을 찾아라, 그리고 당신의 공식이 옳다는 것을 증명하여라.

*12. (a) 모든 $n \in \mathbb{N}$에 대하여, $2^n > n$을 증명하여라.

(b) 모든 $n \geq 9$에 대하여, $n! \geq (2^n)^2$을 증명하여라.

(c) 모든 $n \in \mathbb{N}$에 대하여, $n! \leq 2^{(n^2)}$을 증명하여라.

13. k가 한 양의 정수라고 가정하자.

(a) 모든 $n \in \mathbb{N}$에 대하여, $(k^2+n)! \geq k^{2n}$을 증명하여라.

(b) 모든 $n \geq 2k^2$에 대하여, $n! \geq k^n$을 증명하여라.(힌트: 귀납법을 사용하여, 그리고 부분(a)를 초기조건으로 사용한다. 5.1장 연습문제16의 언어로, 이것은 만약 $f(n)=k^n$이고 $g(n)=n!$이라면, 그러면 $f \in O(g)$임을 주목하여라.)

14. 임의의 실수 a와 그리고 모든 자연수들 m과 n에 대하여, $(a^m)^n = a^{mn}$임을 증명하여라.

*15. 한 수열 $a_1, a_2, \cdots$이 다음과 같이 점화적으로 정의 된다:

$a_0 = 0$;

임의의 $n \in \mathbb{N}$에 대하여, $a_{n+1} = 2a_n + n$.

모든 $n \in \mathbb{N}$에 대하여, $a_n = 2^n - n - 1$을 증명하여라.

16. 한 수열 a_0, $a_1, a_2, \cdots$이 다음과 같이 점화적으로 정의 된다:

$a_0 = 2;$

임의의 $n \in \mathbb{N}$에 대하여, $a_{n+1} = (a_n)^2$.

a_n에 대한 한 공식을 찾고 당신의 공식이 옳다는 것을 증명하여라.

17. 한 수열 $a_1, a_2, \cdots$이 다음과 같이 점화적으로 정의 된다:

$a_0 = 1;$

임의의 $n \in \mathbb{N}$에 대하여, $a_{n+1} = \dfrac{a_n}{a_n + 1}$.

a_n에 대한 한 공식을 찾고 당신의 공식이 옳다는 것을 증명하여라.

*18. $n \geq k \geq 0$에 대하여, 수량 $\binom{n}{k}$는 다음과 같이 정의된다.:

$$\binom{n}{k} = \frac{n!}{k! \cdot (n-k)!}$$

(a) 모든 $n \in \mathbb{N}$에 대하여, $\binom{n}{0} = \binom{n}{n} = 1$을 증명하여라.

(b) 모든 $n \geq k \geq 0$에 대하여, $\binom{n+1}{k} = \binom{n}{k} + \binom{n}{k-1}$을 증명하여라.

(c) 만약 A가 한 집합이고 $k \in \mathbb{N}$이라 하면, $\mathscr{P}_k(A)$는 k개의 원소를 갖는 A의 모든 부분집합들이라 하자. 만약 A가 n개의 원소들을 갖고 $n \geq k \geq 0$이면, $\mathscr{P}_k(A)$는 $\binom{n}{k}$개의 원소들을 가짐을 증명하여라.

(힌트: 귀납법을 이용하여

$\forall n \in \mathbb{N} \, \forall A$[$A$는 한 집합이고 n개의 원소들을 갖는다

$\rightarrow \forall k(n \geq k \geq 0 \rightarrow \mathscr{P}_k(A)$ 는 $\binom{n}{k}$개 원소들을 갖는다,)]6.2장의 연습문제 11과 12을 모방하여라. 사실상, 이 연습문제는 6.2장의 연습문제 12를 일반화한 것이다. 이 연습문제는 $\binom{n}{k}$가 크기가 n인 한 집합에서 k개의 원소들을 추출한 경우수임을 보여주고, 따라서 그것은 가끔 n개에서 k개를 택했다고 말한다.)

(d) 임의의 실수들 x와 y와 임의의 자연수 n에 대하여,

$$(x+y)^n = \sum_{k=0}^{n}\binom{n}{k}x^{n-k}y^k$$

임을 증명하여라.(이것을 이항정리 binomial theorem이라 부르고, 따라서 $\binom{n}{k}$를 이항계수 binomial coefficients라 부른다.)

메모: (a)와 (b) 부분들은 우리가 $\binom{n}{k}$ 수들을 그림6.13에서와 같이 한 삼각배열을 사용하여 편리하게 계산할 수 있음을 보여준다. 이 배열을 프랑스 수학자 Blaise Pascl(1623-1662)의 이름을 따서 파스칼 삼각형 Pascal's triangle이라 부른다.

삼각형의 각 행은 한 특별한 n값에 대응되고, 그것은 0부터 n까지의 모든 k에 대한 $\binom{n}{k}$의 값들을 작성한다. (a)부분은 모든 열의 처음과 마지막은 모두 1임을 보여준다. (b)부분은 모든 다른 수는 그것 위에 있는 두 수들의 합이 됨을 보여준다. 예를 들어, 그림6.13의 줄들은 $\binom{3}{2}=3$는 $\binom{2}{1}=2$와 $\binom{2}{2}=1$의합이 됨을 설명해준다.

$$\begin{array}{ll}
\boldsymbol{n}=0: & \quad\quad\quad\quad 1 \\
\boldsymbol{n}=1: & \quad\quad\quad 1 \quad 1 \\
\boldsymbol{n}=2: & \quad\quad 1 \quad 2 \quad 1 \\
\boldsymbol{n}=3: & \quad 1 \quad 3 \quad 3 \quad 1 \\
\boldsymbol{n}=4: & 1 \quad 4 \quad 6 \quad 4 \quad 1 \\
 & \quad\quad\quad\quad \vdots
\end{array}$$

그림 6-13 **파스칼 삼각형**

19. 이 연습문제에서 사용하는 표기의 의미는, 연습문제18을 보여라.

(a) 모든 $n \in \mathbb{N}$에 대하여, $\sum_{k=0}^{n}\binom{n}{k}=2^n$임을 증명하여라.(힌트: 이것을 연습문제 18의 (a)와 (b)부분들을 사용하여 귀납법에 의해서 할 수 있다. 또는 6.2장의 연습

문제 11과 연습문제 18의 (c)를 결합하여 할 수도 있고, 또는 당신은 연습문제 18의 (d)부분에 x와 y에 어떤 것을 대입하여 할 수도 있다.)

(b) 모든 $n \geq 1$에 대하여, $\sum_{k=0}^{n}(-1)^k\binom{n}{k}=0$임을 증명하여라.

*20. 한 수열 $a_1, a_2, a_3, \cdots$이 다음과 같이 점화적으로 정의 된다:

$a_0 = 0$;

임의의 $n \in \mathbb{N}$에 대하여, $a_{n+1} = (a_n)^2 + \frac{1}{4}$.

모든 $n \geq 1$에 대하여, $0 < a_n < 1$임을 증명하여라.

21. 이 문제에서 우리는 각각의 자연수 n에 대하여 한 함수 $f_n : \mathbb{Z}^+ \times \mathbb{Z}^+$를 정의할 것이다. 함수들의 열 $f_0, f_1, f_2, \cdots$이 다음과 같이 점화적으로 정의 된다:

임의의 $x \in \mathbb{Z}^+$, $f_0(x) = x$;

임의의 $n \in \mathbb{N}$와 임의의 $x \in \mathbb{Z}$에 대하여, $f_{n+1}(x) = 2^{f_n(x)}$.

(a) 이 점화적 정의의 첫 번째 방정식은 $f_0(x)$에 대한 한 공식 $f_0(x) = x$ 를 제공한다.

$f_1(x), f_2(x), f_3(x)$에 대한 공식들을 찾아라.

(b) 임의의 $n \in N$와 임의의 $x, y \in Z^+$에 대하여, 만약$x < y$이면 $f_n(x) < f_n(y)$임을 증명하여라.

(c) 임의의 $m, n \in N$와 임의의 $x \in Z^+$에 대하여, 만약$m < n$이면 $f_m(x) < f_n(x)$임을 증명하여라.

(d) 임의의 자연수 n에 대하여, $f_n \in O(f_{n+1})$이지만 $f_{n+1} \notin O(f_n)$ 임을 증명하여라.(여기서 사용하는 기호의 의미에 대해서는 5.1장의 연습문제 19를 보아라.)

이제 g: $\mathbb{Z}^+ \to \mathbb{Z}^+$를 공식 $g(x) = f_x(x)$라 정의하자.

(e) $g(1)$, $g(2)$, 그리고 $g(3)$를 계산하여라.($g(4)$는 계산하려고 애쓰지 말아라; 그 답은 6×10^{19727}자릿수보다 더 큰 수가 될 것이다.)

(f) 임의의 자연수 n에 대하여, $f_n \in O(g)$이지만 $g \notin O(f_n)$임을 증명하여라.

22. 정리 6.3.4의 증명에서의 역설 paradox을 설명하고, 거기서 그것이 증명하기에 더 어려울 것 같이 보이는 한 명제를 목표로 바꿔서 증명을 한다.

6.4. 강한 귀납법 Strong Induction

수학적 귀납법에 의한 한 증명의 귀납법 단계에서, 한 자연수가 어떤 성질을 가진다는 것을 이전의 수들이 같은 성질을 가진다는 가정에 근거해서 증명한다. 어떤 경우의 이 가정은 그 증명이 되도록 하는데 충분하게 강한 것은 아니고, 더 작은 수들이 모두 그 성질을 가져야 한다고 가정할 필요가 있다. 이것이 가끔 강한 귀납법 strong induction이라 부르는 한 수학적 귀납법의 변형의 숨은 생각 behind idea이다.

$\forall n \in \mathbb{N}\, P(n)$**형식의 한 목표의 증명:**

$\forall n[[(\forall k < nP(k)) \rightarrow P(n)]$을 증명에서, n과 k는 둘 다 이 명제에서 자연수들의 범위 안에 있다. 물론, 이것을 증명하는 가장 직접적인 방법은 n이 임의의 자연수라 하고, $\forall k < nP(k)$라 가정하고, $P(n)$을 증명하는 것이다.

초기조건은 강한 귀납법에 의한 한 증명에서는 필요하지 않음에 주목하여라. 필요한 것의 전부는 만약 n보다 작은 임의의 자연수들이 성질 P를 가진다면, n이 성질 P를 가진다는 것을 증명하는 귀납적 단계의 한 수정된 형식이 필요하다. 강한 귀납법의 증명에서, n보다 작은 임의의 자연수들이 성질 P를 가진다는 가정을 귀납적 가설 inductive hypothesis이라 부른다.

왜 강한 귀납법이 효과가 있는지 보기 위해서, 그것은 만약 먼저 간략하게 보통의 귀납법이 어떻게 되는지를 검토해보면 도움이 될 것이다. 보통의 귀납법에 의한 한 증명은 순서대로 모든 자연수들에 대하여 관통해 그들의 각각이 어떤 성질 P를 갖고 있음을 안다는 것을 상기하자. 초기조건에서 그 과정이 출발해서, 귀납법 단계에서 그 과정이 한 수로부터 그다음 수로 항상 계속될 수 있다는 것을 보여준다. 그러나 이 과정에서, 어떤 자연수 n가 성질 P를 가짐을 확인 할 때 까지는, 이미 모든 더 작은 수들이 그 성질을 가짐을 확인했다. 환언하면, 우리는 이미 $\forall k < nP(k)$임을 안다는 것이다. 강한 귀납법의 숨은 생각은 $P(n)$의 증명에 이 정보를 사용하도록 허용해야 한다는 것이다.

이 생각을 한층 더 면밀하게 알아보자. 강한 귀납법의 증명작전에 따라서 그리고 명제 $\forall n[(\forall k < nP(k)) \rightarrow P(n)]$을 증명했다고 가정하자. 그러면, n에 0을 대입하면, 우리는 $(\forall k < 0\,P(k)) \rightarrow P(0)$이라 결정할 수 있다. 그러나 0보다 작은 자연수는 없기때문에, 명제 $(\forall k < 0\,P(k)) \rightarrow P(0)$은 당연히 참 vacuously true이다. 그러므로 긍정논법에 따라서 $P(0)$이 참이다.(이것이 강한 귀납법에 의한 증명에서 초기조건을 분리해서 확인하지 않는 이유를 설명한다: 초기조건 $P(0)$는 실제적으로 강한 귀납법에서 귀납적 단계의 수정된 형식으로부터 나온다) 유사하게, n에 1을 대입하면, $(\forall k < 1\,P(k)) \rightarrow P(1)$이라 결정할 수 있다. 1보다 작은 자연수는 0뿐이고, 바로 $P(0)$가 참이고, 따라서 명제 $\forall k < 1P(k)$가 참이다. 그러므로, 긍정논법 modus ponens에 따라서, $P(1)$이 역시 참이다.

이제 n에 2을 대입하여 $(\forall k < 2\,P(k)) \rightarrow P(2)$을 얻는다. $P(0)$와 $P(1)$이 둘 다 참이므로, 명제 $\forall k < 2\,P(k)$가 참이고, 그러므로 긍정논법에 따라서, $P(2)$이 역시 참이다. 이와 같은 방법을 계속하면 모든 자연수 n에 대하여 참임을 요구하는 대로 보여준다. 강한 귀납법의 정당화하는 한 또 다른 방법에 대해서, 연습문제1을 보아라.

강한 귀납법의 방법에 대한 처음 예로, 나눗셈 알고리즘 division algorithm[2)]이라 알려진 정수론의 한 중요한 사실을 증명하자.

정리 6.4.1. (나눗셈 알고리즘) 모든 자연수들 n과 m에 대하여, 만약 $m > 0$이면, 그러면 자연수들 q와 r이 존재하여 $n = mq + r$이고 $r < m$이다. (자연수들 q와 r을 n을 m의로 나눌 때 상 quotients 과 나머지 remainder라 부른다.)

메모 작업

m을 한 임의의 정수라하고 그래서 강한 귀납법을 사용하여 $\forall n \exists q \exists r(n = mq + r \wedge r < m)$을

---

2) 여기 사용하는 용어는 약간 운이 없다. 왜냐하면 우리가 나눗셈 알고리즘이라 부르는 것은 실제로 한 정리이지 한 알고리즘이 아니다. 그럼에도 불구하고, 이 용어가 통상적이다.

증명하자. 강한 귀납법의 설명에 따라서, 이것은 n이 임의의 자연수이고, $\forall k < n \exists q \exists r(k = mq + r \wedge r < m)$라 가정하고, $\exists q \exists r(n = mq + r \wedge r < m)$을 증명해야 함을 의미한다.

목표는 한 존재성 명제이고, 따라서 요구되는 성질들을 갖는 q와 r의 값들이 나타나도록 시도해야 한다. 만약 $n < m$이면 이것은 쉽게 바로 $q = 0$이고 $r = n$으로 놓으면 된다. 그러나 만약에 $n \geq m$이면, $r < m$이 되어야 함으로, 따라서 이 경우에 다른 어떤 시도을 해야한다. 귀납법 증명에서 통상적으로, 귀납적 가설을 찾아야 한다. 그 귀납적 가설은 $\forall k < n$로 출발하고, 따라서 그것을 적용하기 위해서 n보다 더 작은 어떤 자연수로 k를 대입해야만 한다. 그러나 무엇을 대입해야 하는가? 그 증명의 명제에서 나눗셈의 참조는 한 힌트를 준다. 만약 우리가 나눗셈을 반복된 뺄셈으로 생각하면, 그러면 n을 m으로 나눈다는 것은 n으로부터 반복적으로 m을 빼는 것과 관련된다. 이 과정의 첫 단계는 $n - m$을 계산하는 것이다. 그것은 n보다 작은 한 자연수가 된다. 아마도 k에 $n - m$을 대입해야 한다. 그것은 이것이 어디로 갈지 완전히 분명하지는 않다. 그러나 한번 시도해 볼만 하다. 사실상, 증명에서 보는 바와 같이, 한번 이 단계를 택하면 바라는 결론이 거의 즉각 따라온다.

한 몫과 나머지가 그들이 n에 대하여 존재함을 증명한 것을 n보다 작은 어떤 수에 대해서도 존재한다는 것을 상기하고, 이 더 작은 수는 $n - 1$이 아니고, 그것은 $n - m$이다. 이것이 이 증명에 보통의 귀납법 보다는 강한 귀납법을 사용하는 이유이다.

증명. m를 한 임의의 양의 정수라 하고 n에 관한 강한 귀납법을 진행한다. n을 한 양의 정수이고, 임의의 $k < n$에 대하여 자연수들 q와 r이 존재하여 $k = mq + r$이고 $r < m$이라 가정하자.

경우1. $n < m$. $q = 0$이고 $r = n$라 하자. 그러면 분명히 $n = mq + r$이고 $r < m$이다.

경우2. $n \geq m$. $k = n - m < n$이고 $n \geq m$이므로, k가 한 자연수임에 주목하라. 귀납적 가설에 의해서 자연수들 q'와 r'이 존재하여 $k = mq' + r'$이고 $r' < m$이 된다.

그러면 $n - m = mq' + r'$이고, 따라서 $n = mq' + r' + m = m(q' + 1) + r'$이고 $r' < m$이다. 따라서 만약 $q = q' + 1$이고 $r = r'$라 하면, 구하고자 하는, $n = mq + r$과 $r < m$을 얻는다. ■

나눗셈 알고리즘은 음의 정수들 n으로 또한 확장할 수 있고, 그것은 임의의 수들 n과 m에 대하여 몫과 나머지 q와 r이 유일하게 존재함을 보여준다. 이것에 대해서 더 많은 것은 연습문제 14를 보아라.

다음 예는 정수론에서 또 다른 중요한 정리이다. 이 정리를 무한히 많은 소수들이 존재한다고 소개하는 증명에 사용된다. 이 정리 보다 더 많은 것은 7장의 정리들에서 논의할 것이다.

정리 6.4.2. 임의의 정수 $n > 1$은 소수이거나 또는 소수들의 한 곱이다.

메모 작업

그 목표를 $\forall n \in \mathbb{N}[n > 1 \rightarrow (n$이 소수 $\vee$ n이 한 소수들의 곱$)]$ 형식으로 쓴다. 따라서 귀납적 가설은 $\forall k < n \in \mathbb{N}[k > 1 \rightarrow (k$가 소수 $\vee$ k가 한 소수들의 곱이다$)]$이고, $n > 1 \rightarrow (n$이 소수 $\vee$ n이 한 소수들의 곱$)$을 증명해야 한다. 물론, $n > 1$이라고 가정하고 출발하고, 논리합들의 증명에 대한 작전들에 따라서, 증명을 완성하는 한 좋은 방법은 n이 한 소수가 아니라 가정하고 그것이 한 소수들의 곱이된다고 증명할 것이다. 왜냐하면 n이 소수가 아니라는 가정은 $\exists a \exists b(n = ab \wedge a < n \wedge b < n)$을 의미하기 때문에, 즉각적으로 존재 구상화 existential instantiation을 사용하여 증명에 새로운 변수들 a와 b를 소개한다. a와 b에 귀납적 가설을 적용하여 이제 요구되는 결론에 이르게 된다.

증명. 강한 귀납법을 사용하자. $n > 1$이라고 가정하고, 임의의 정수 k에 대하여, 만약 $1 < k < n$이면 k는 소수이거나 또는 소수들의 한 곱이라고 가정하자. 물론, 만약 n이 소수이면 증명 할 것이 없다. 따라서 n이 소수가 아니라고 가정하자. 그러면 우리는 자연수들 a와 b를 선택하여 $n = ab$, $a < n$, 그리고 $b < n$이라 할 수 있다. $a < n = ab$이므로, 그것은 $b > 1$이 된다. 그리고 유사하게 우리는 $a > 1$을 얻는다. 따라서 귀납적 가설에 의해서, 각 a와 b는 소수이거나 또는 한 소수들의 곱이 된다. 그러나 $n = ab$이므로, n은 한 소수들의 곱이다. ■

마지막 장에서 공부한 점화식 방법도 역시 한 강한 형식을 가진다. 이것의 한 예와 같이, 다음 한 수열을 고려하자. 이것은 이태리 수학자 Fibonacci(1172-1250)가 그것들을 최초로 정의했으며, 피보나치 Fibonacci수열이라 부른다.

$F_0 = 0;$

$F_1 = 1;$

임의의 $n \ge 2$에 대하여, $F_n = F_{n-2} + F_{n-1}$.

예를 들어, 마지막 방정식에 $n=2$를 대입하여 $F_2 = F_0 + F_1 = 0+1 = 1$이다. 유사하게, $F_3 = F_1 + F_2 = 1+1 = 2$, $F_4 = F_2 + F_3 = 1+2 = 3$, 등등. 이런 방법으로 다음 값들을 얻을 수 있다.

n	0	1	2	3	4	5	6	7	8	$\cdots$
F_n	0	1	1	2	3	5	8	13	21	$\cdots$

F_2에서 출발해서, 각 피보나치 수는 바로 수열에서 전에 있는 수만이 아니라 또한 그 전에 있는 수를 사용함에 주목하여라. 이것이 점화식이 강하다는 의미이다. 그것은 놀라운 것이 아니다. 피보나치 수들이 관련된 증명들에서는 가끔 보통의 귀납법보다는 강한 귀납법을 요구한다.

이것을 설명하기 위해서 다음 피보나치 수들에 대한 놀랄만한 공식을 증명할 것이다:

$$F_n = \frac{\left(\frac{1+\sqrt{5}}{2}\right)^n - \left(\frac{1-\sqrt{5}}{2}\right)^n}{\sqrt{5}}$$

처음에 이 공식이 옳다고 믿기가 어렵다. 결국, 피보나치 수들은 정수들이고, 이 공식이 정수값이 된다는 것은 결코 분명하지 않다. 그리고 피보나치 수들이 $\sqrt{5}$와 어떤 관계가 있을까? 그렇지만, 강한 귀납법에 의한 한 증명은 옳다.(이 공식이 어떻게 유도되는지 연습문제 9를 보아라.)

정리 6.4.3. 만약 F_n이 n차 피보나치 수라면,

$$F_n = \frac{\left(\frac{1+\sqrt{5}}{2}\right)^n - \left(\frac{1-\sqrt{5}}{2}\right)^n}{\sqrt{5}} \text{이다.}$$

메모 작업

F_0와 F_1은 $n \geq 2$에 대한 F_n으로 부터 정의되었기 때문에, 이 경우들에 대한 공식을 분리해서 확인한다. $n \geq 2$에 대한, F_n의 정의는 F_{n-2}와 F_{n-1}에 대한 그 공식들이 옳다는 가정을 이용해야만 F_n에 대해서 옳다는것을 증명할 수 있다는 것을 제안한다. 그 공식을 두 개의 앞선 경우들의 공식들이 해내는 것을 알아야 함으로써, 보통의 귀납법이 아닌 강한 귀납법을 사용해야만 한다. 증명의 나머지는 비록 대수학이 약간 지저분하지만, 직선적이다.

증명. 강한 귀납법을 사용한다. n은 한 임의의 자연수이고, 모든 $k < n$에 대하여,

$$F_k = \frac{\left(\frac{1+\sqrt{5}}{2}\right)^k - \left(\frac{1-\sqrt{5}}{2}\right)^k}{\sqrt{5}}$$

라 가정하자.

경우 1. $n=0$. 그러면

$$\frac{\left(\frac{1+\sqrt{5}}{2}\right)^n - \left(\frac{1-\sqrt{5}}{2}\right)^n}{\sqrt{5}} = \frac{\left(\frac{1+\sqrt{5}}{2}\right)^0 - \left(\frac{1-\sqrt{5}}{2}\right)^0}{\sqrt{5}}$$

$$= \frac{1-1}{\sqrt{5}} = 0 = F_0$$

경우 2. $n=1$. 그러면

$$\frac{\left(\frac{1+\sqrt{5}}{2}\right)^n - \left(\frac{1-\sqrt{5}}{2}\right)^n}{\sqrt{5}} = \frac{\left(\frac{1+\sqrt{5}}{2}\right)^1 - \left(\frac{1-\sqrt{5}}{2}\right)^1}{\sqrt{5}} = \frac{\sqrt{5}}{\sqrt{5}} = 1 = F_1$$

경우 3. $n \geq 2$. 그러면 귀납적 가설을 $n-2$와 $n-1$에 적용하여 다음을 얻는다:

$$F_n = F_{n-2} + F_{n-1}$$

$$= \frac{\left(\frac{1+\sqrt{5}}{2}\right)^{n-2} - \left(\frac{1-\sqrt{5}}{2}\right)^{n-2}}{\sqrt{5}} + \frac{\left(\frac{1+\sqrt{5}}{2}\right)^{n-1} - \left(\frac{1-\sqrt{5}}{2}\right)^{n-1}}{\sqrt{5}}$$

$$= \frac{[\left(\frac{1+\sqrt{5}}{2}\right)^{n-2} + \left(\frac{1+\sqrt{5}}{2}\right)^{n-1}] - [\left(\frac{1-\sqrt{5}}{2}\right)^{n-2} - \left(\frac{1-\sqrt{5}}{2}\right)^{n-1}]}{\sqrt{5}}$$

$$= \frac{\left(\frac{1+\sqrt{5}}{2}\right)^{n-2}[1+\left(\frac{1+\sqrt{5}}{2}\right)] - \left(\frac{1-\sqrt{5}}{2}\right)^{n-2}[1-\left(\frac{1-\sqrt{5}}{2}\right)]}{\sqrt{5}}$$

이제 다음에 주목하여,

$$\left(\frac{1+\sqrt{5}}{2}\right)^2 = \frac{1+2\sqrt{5+5}}{4} = \frac{6+2\sqrt{5}}{4} = \frac{3+\sqrt{5}}{2} = 1+\frac{1+\sqrt{5}}{2},$$

그리고 유사하게

$$\left(\frac{1-\sqrt{5}}{2}\right)^2 = 1+\frac{1-\sqrt{5}}{2}.$$

이것을 F_n에 대입하여, 다음을 얻는다:

$$F_n = \frac{\left(\frac{1+\sqrt{5}}{2}\right)^{n-2}\left(\frac{1+\sqrt{5}}{2}\right)^2 - \left(\frac{1-\sqrt{5}}{2}\right)^{n-2}\left(\frac{1-\sqrt{5}}{2}\right)^2}{\sqrt{5}}$$

$$= \frac{\left(\frac{1+\sqrt{5}}{2}\right)^{n} - \left(\frac{1-\sqrt{5}}{2}\right)^{n}}{\sqrt{5}}$$.■

정리 6.4.3의 증명에서 우리는 $n=0$와 $n=1$의 경우들을 분리해서 취급해야만 하는 것을 상기하여라. 증명에서 이 경우들의 역할이 보통의 수학적 귀납법에 의한 증명에서 초기조건의 역할과 유사하다. 그렇지만 강한 귀납법에 의한 증명들은 초기조건이 필요가 없다. 그것은 그런 증명에서 어떤 초기 경우들을 분리해서 취급하는 것이 드문 것이 아니다.

수학적 귀납법에 관련된 자연수들의 한 중요한 성질은 자연수들의 임의의 공집합이 아닌 부분집합이 한 최소 원을 가진다는 사실이다. 이 가끔 정렬의 원리 well-ordering principle라 부르고, 그것을 강한 귀납법으로 증명할 수 있다.

정리 6.4.4. (정렬의 원리) 자연수들의 임의의 부분집합은 한 최소원을 가진다.

메모 작업

목표는 $\forall S \subseteq \mathbb{N}(S \neq \varnothing \rightarrow S$는 한 최소 원을 갖는다.$)$이다. S가 $\mathbb{N}$의 한 임의의 부분집합이라고 한 후에, 조건문의 대우를 증명할 것이다. 환언하면, 우리는 S가 최소원을 갖지 않는다고 가정하고 $S = \varnothing$임을 증명해야 한다. 그것에 귀납법이 들어가는 것은 이것이다. 한 집합 $S \subseteq \mathbb{N}$에 대하여, $S = \varnothing$이라고 말하는 것은 $\forall n \in \mathbb{N}(n \notin S)$라 말하는것과 같다. 마지막 명제를 강한 귀납법에 의해서 증명할 것이다.

증명. $S \subseteq \mathbb{N}$이고, 그리고 S가 한 최소원을 갖지 않는다고 가정하자. 우리는 $\forall n \in \mathbb{N}(n \notin S)$을 증명할 것이다. 따라서 $S = \varnothing$이다. 따라서 만약 $S \neq \varnothing$이라면 그러면 한 최소원을 가진다.

$\forall n \in \mathbb{N}(n \notin S)$을 증명하기 위해서, 강한 귀납법을 사용한다. $n \in \mathbb{N}$이고 $\forall k < n(k \notin S)$이라 가정하자. 분명히 만약 $n \in S$이면 n는 S의 최소원이 될 것이고, 이것은 S가 한 최소 원을 갖지 않는다는 가정에 모순이다. 그러므로 $n \notin S$이다.

가끔, 귀납법에 의해서 할 수 있는 증명들은 정렬원리의 적용으로 대신 써진다. 한 증명에서 정렬의 원리의 사용의 한 예로, $\sqrt{2}$가 무리수임의 증명을 보이겠다. 강한 귀납법을 사용한 증명에 대한 한 또 다른 접근에 대해서는 연습문제2를 보아라.

정리 6.4.5 $\sqrt{2}$는 무리수이다. ■

메모 작업

무리수 irrational는 유리수가 아니라는 의미이고, 목표는 한 부정 명제이고, 따라서 모순에 의한 증명이 사용할 논리적 방법이다. 따라서, $\sqrt{2}$가 유리수라 가정하고 한 모순에 도달하도록 시도할 것이다. $\sqrt{2}$를 유리수라고 하는 의미는 정수들 p와 q가 존재하여 $p/q=\sqrt{2}$가 되고, $\sqrt{2}$는 양수이므로, 역시 양수 p와 q를 양수로 제한한다. 이것은 존재성 명제이기 때문에, 다음 단계는 아마도 양의 정수 p와 q를 택하여 $p/q=\sqrt{2}$가 되어야 할 것이다. 증명에서 보게 되는 바와 같이 방정식 $p/q=\sqrt{2}$를 단순히 대수적 조작으로는 아무런 분명한 모순을 이끌어낼 수가 없지만, p와 q가 둘다 짝수가 된다는 결론을 이끌어낼 수 있다. 따라서 분수식 p/q에서 분자와 분모로부터 2를 약분하여, $\sqrt{2}$와 같은 한 새로운 분수의 그 분자와 분모가 더 작게 할 수 있다.

우리는 이 결론으로부터 어떻게 한 모순을 유도할 수 있을까? 그와 같이 임의의 분수에서 분자와 분모로부터 2라는 인수를 약분할 수 있고, 그러므로 그런 한 분수에 대하여 가장 작은 가능한 분자나 또는 분모가 존재할 수 없다. 그러나 이것은 정렬의 원리를 어기게 된다! 따라서 우리는 모순을 갖게 된다.

이 생각은 다음 증명에서 더 세심하게 확인하고, 거기서 $\sqrt{2}$와 같은 분수들의 모든 가능한 분모들의 집합에 정렬의 원리를 적용한다. 증명 초기에 정렬의 원리를 적용하여 선택하였고, 이것이 가장 짧고 가장 직접적인 증명같아 보이기 때문이다. 증명에 대한 독자들은 왜 정렬의 원리를 사용하는가에 대해서 당황할 수도 있다.(그들이 이 메모 작업의 내용을 읽지 않았다면!), 그러나 방정식 $p/q=\sqrt{2}$를 단순히 대수적 조작이 완성된 후에, 그 모순이 거의 곧 바로 나타난다. 이것은 어떻게 한 증명에서 현명하고 면밀히 계획된 초기 단계가 증명의 마지막의 놀라운 종결을 이끌어낼 수 있다는 훌륭한 예이다.

증명. $\sqrt{2}$가 유리수라 가정하자. 이것은 $\exists q\in\mathbb{Z}^+\exists p\in\mathbb{Z}^+(p/q=\sqrt{2})$를 의미하고, 따라서 집합 $S=\{q\in\mathbb{Z}^+ | \exists p\in\mathbb{Z}^+(p/q=\sqrt{2})\}$은 공집합이 아니다. 정렬의 원리에 의해서 q를 S의 최소원이라 할 수 있다. $q\in S$이므로, 어떤 $p\in\mathbb{Z}^+$를 선택하여 $p/q=\sqrt{2}$가 된다. 그러므로 $p^2/q^2=2$이고, 따라서 $p^2=2q^2$이다. 그러므로 p^2은 짝수이다. 이제 예 3.4.3로부터, 임의의 정수 x가 짝수이다 iff x^2이 짝수이다 라는 정리를 적용한다. p^2이 짝수이므로, p는 짝수이고, 따라서 어떤 $\bar{p}\in\mathbb{Z}^+$를 택하여 $p=2\bar{p}$가 된다. 그러므로 $p^2=4\bar{p}^2$이고, 방정식 $p^2=2q^2$에 대입하여 $4\bar{p}^2=2q^2$이고, 따라서 $2\bar{p}^2=q^2$이고, 그러므로 q^2은 짝수이다. 다시 예3.4.3를 적용하여, q는 역시

짝수가 되어야 한다. 따라서 어떤 $\bar{q} \in Z^{+}$를 택하여 $q = 2\bar{q}$이다. 그러나 $\sqrt{2} = p/q = (2\bar{p})/(2\bar{q}) = \bar{p}/\bar{q}$이다. 따라서 $\bar{q} \in S$이다. 분명히 $\bar{q} < q$이고, 따라서 이것은 q가 S의 최소원으로 선택된 사실에 모순된다. 그러므로 $\sqrt{2}$는 무리수이다.

■

연습문제

*1. 이 연습문제는 강한 귀납법의 방법을 정당화하는 한 또 다른 길을 준다. 이 연습문제에서의 모든 변수들은 N 범위에 있다. $P(n)$는 자연수 n에 대한 한 명제라 가정하자. 그리고 $\forall n[(\forall k < nP(k)) \rightarrow P(n)]$라 가정하자. $Q(n)$을 명제 $\forall k < nP(k)$라 하자.

(a) 귀납법을 사용하지 않고 $\forall nQ(n) \leftrightarrow \forall nP(n)$을 증명하여라.

(b) $\forall nQ(n)$을 보통의 귀납법으로 증명하여라. 따라서 부분 (a)에 의해서, $\forall nP(n)$은 참이다.

2. 강한 귀납법에 의한 증명으로 정리 6.4.5의 증명을 다시 써서 $\forall q \in \mathbb{N}\,[q > 0 \rightarrow \neg \exists p \in \mathbb{N}\,(p/q = \sqrt{2})]$임을 증명하여라.

3. 이 연습문제에서 당신은 $\sqrt{2}$가 무리수임을 증명하는 또 다른 한 방법을 제공할 것이다. $\sqrt{2}$를 유리수라고 가정하자. 정리 6.4.5의 증명에서와 같이, $S = \{q \in \mathbb{Z}^{+} | \exists p \in \mathbb{Z}^{+}(p/q = \sqrt{2})\} \neq \varnothing$라 하자. q를 S의 최소 원이라 하자. 그리고 $p/q = \sqrt{2}$인 한 정수 p를 택하자. 이제 $p - q \in S$이고 $p - q < q$를 보임으로써 한 모순을 얻게 된다.

*4. (a) $\sqrt{6}$가 무리수임을 증명하여라.

(b) $\sqrt{2} + \sqrt{3}$이 무리수임을 증명하여라.

5. 말티안 Martian 화폐 체계는 코인들 대신에 색 구슬들을 사용한다. 한 푸른 구슬은 3 말티안 크레디트으 값이고, 그리고 한 빨간 구슬은 7 말티안 크레디트 값이 된다. 따라서 3개의 푸른 구슬들은 9 크레디트이고, 그리고 한 푸른 것과 그리고 빨간 구슬은 10

크레디트의 값이 된다. 그러나 어떠한 푸른 것과 빨간 것의 결합이 11크레디트가 될 수 없다. 모든 $n \geq 12$에 대하여, 적당한 푸른 것과 빨간 것들을 결합해서 n 크레디드의 값이 될 수 있음을 증명하여라.

6. x는 한 실수이고, $x \neq 0$이고, $x+1/x$는 한 정수라 가정하자. 모든 $n \geq 1$에 대하여, $x^n + 1/x^n$이 한 정수임을 증명하여라.

*7. F_n이 n^{th} 피보나치 수라 하자. 이 연습문제에서의 모든 변수들은 N 범위에 있다.

(a) 모든 n에 대하여, $\sum_{i=0}^{n} F_i = F_{n+2} - 1$임을 증명하여라.

(b) 모든 n에 대하여, $\sum_{i=0}^{n} (F_i)^2 = F_n F_{n+1}$임을 증명하여라.

(c) 모든 n에 대하여, $\sum_{i=0}^{n} F_{2i+1} = F_{2n+2}$임을 증명하여라.

(d) $\sum_{i=0}^{n} F_{2i}$에 대한 한 공식을 찾고 당신의 공식이 옳음을 증명하여라.

8. F_n이 n^{th} 피보나치 수라 하자. 이 연습문제에서의 모든 변수들은 N 범위에 있다.

(a) 모든 $m \geq 1$과 모든 n에 대하여, $F_{m+n} = F_{m-1}F_n + F_m F_{n+1}$임을 증명하여라.

(b) 모든 $m \geq 1$과 모든 $n \geq 1$에 대하여, $F_{m+n} = F_{m+1}F_{n+1} - F_{m-1}F_{n-1}$임을 증명하여라.

(c) 모든 n에 대하여, $(F_n)^2 + (F_{n+1})^2 = F_{2n+1}$이고 $(F_{n+2})^2 - (F_n)^2 = F_{2n+2}$임을 증명하여라.

(d) 모든 m과 n에 대하여, 만약 $m|n$이면 $F_m | F_n$임을 증명하여라.

(e) 이 연습문제에서 사용되는 표기의 의미는 6.3장의 연습문제 18를 봐라. 모든 $n \geq 1$에 대하여 다음을 증명하여라:

$$F_{2n-1} = \binom{2n-2}{0} + \binom{2n-3}{1} + \binom{2n-4}{2} + \cdots + \binom{n-1}{n-1}$$

$$= \sum_{i=0}^{n-1} \binom{2n-i-2}{i}$$

$$F_{2n} = \binom{2n-1}{0} + \binom{2n-2}{1} + \binom{2n-3}{2} + \cdots + \binom{n}{n-1}$$
$$= \sum_{i=0}^{n-1} \binom{2n-i-1}{i}$$

*9. 한 수열 $a_0,\ a_1, a_2, \cdots$을 만약 임의의 $n \ge 2$에 대하여 $a_n = a_{n-2} + a_{n-1}$이면, 한 일반화된 피보나치수열 generalized Fibonacci sequence 또는 짧게 한 기보나치수열 Gibonacci sequence라 부른다. 따라서 기보나치수열은 같은 피보나치수열과 같은 점화식 관계를 만족한다. 그러나 그것은 다르게 출발한다.

(a) c를 한 실수라 하고 $\forall n \in N(a_n = c^n)$라 가정하자. 한 수열 $a_0,\ a_1, a_2, \cdots$이 기보나치수열 iff $c = (1+\sqrt{5})/2$ 이거나 또는 $c = (1-\sqrt{5})/2$이다.

(b) s와 t는 실수들이라 가정하고, 모든 $n \in N$에 대해서,

$$a_n = s\left(\frac{1+\sqrt{5}}{2}\right)^n + t\left(\frac{1-\sqrt{5}}{2}\right)^n \text{이다.}$$

$a_0,\ a_1, a_2, \cdots$이 기보나치수열임을 증명하여라.

(c) $a_0,\ a_1, a_2, \cdots$이 한 기보나치수열이라 가정하자. 실수들 s와 t가 존재하여, 모든 $n \in N$에 대해서,

$$a_n = s\left(\frac{1+\sqrt{5}}{2}\right)^n + t\left(\frac{1-\sqrt{5}}{2}\right)^n \text{임을 증명하여라.}$$

(힌트: 먼저 실수들 s와 t가 존재하여 모든 a_0와 a_1에 대하여 위의 공식이 옳음을 보인다. 그러면 이런 s와 t의 선택으로, 모든 n에 대하여 공식이 옳음을 보인다.)

10. 루카수들 Lucas numbers(프랑스 수학자 Edouard Lucas(1842-1891)의 이름을 본딴것)은 다음과 같이 정의된 수들 $L_0, L_1, L_2, \cdots$이다:

$$L_0 = 2;$$
$$L_1 = 1;$$
모든 $n \geq 2$에 대하여, $L_n = L_{n-2} + L_{n-1}$.

L_n에 대한 한 공식을 찾아라, 그리고 당신의 공식이 옳음을 증명하여라.(힌트: 연습문제 9를 적용하여라.)

*11. 한 수열 a_0, $a_1, a_2, \cdots$가 다음과 같이 점화적으로 정의된다:

$a_0 = -1;$

$a_1 = 0;$

임의의 $n \geq 2$에 대하여, $a_n = 5a_{n-1} - 6a_{n-2}$

a_n에 대한 한 공식을 찾고, 이 공식이 옳음을 증명하여라.(힌트: 연습문제 9를 모방하여라.)

12. 한 수열 a_0, $a_1, a_2, \cdots$가 다음과 같이 점화적으로 정의된다.:

$a_0 = 0;$

$a_1 = 1;$

$a_2 = 1;$

임의의 $n \geq 3$에 대하여, $a_n = \frac{1}{2}a_{n-3} + \frac{3}{2}a_{n-2} + \frac{1}{2}a_{n-1}$.

모든 $n \in N$에 대해서, $a_n = F_n$(n차 피보나치수)임을 증명하여라.

13. 각 양의 정수 n에 대하여, $A_n = \{1,2,3,\cdots,n\}$라하고, 그리고

$P_n = \{X \in \mathscr{P}(A_n) | X$는 연속된 두 정수를 포함하지 않는다.$\}$라 하자. 예를 들어, $P_3 = \{\varnothing, \{1\}, \{2\}, \{3\}, \{1,3\}\}$; P_3은 집합들 $\{1,2\}$와 $\{2,3\}$, 그리고 $\{1,2,3\}$을 품지 않는다. 왜냐하면 각각은 적어도 한 쌍의 연속된 정수들을 품고 있기 때문이다. 임의의 n에 대한 P_n의 원소들의 개수는 F_{n+2}이다. 이것은 $(n+2)$차 피보나치 수이다.(예를 들어, P_3의 원소들의 개수는 $5 = F_5$이다. 힌트: 어떤 P_n이 n개의 원소를 가질까? 어떤 것은 그렇지 않을까? 두 가지에 대한 해답은 특정한 $m < n$에 대한, P_m의 원소들과 연결된 질문이다.)

14. n과 m이 정수들이고 $m > 0$이라 가정하자.

(a) 정수들 q와 r이 존재하여 $n = mq + r$이고 $0 \leq r < m$이 됨을 증명하여라.(힌트: 만약 $n \geq 0$이면, 그러면 이것은 정리 6.4.1로부터 따라온다. 만약 $n < 0$이면, 그러면 정리 6.4.1을 $-n$과 m에 적용하여 출발한다.)

(b) 부분 (a) 에서 정수들 q와 r는 유일함을 증명하여라. 환언하면, q'와 r'가 정수들이고 $n = mq' + r'$이고 $0 \leq r' < m$이라 하면, $q = q'$이고 $r = r'$임을 보이는 것이다.

(c) 임의의 정수 n에 대하여, 다음 명제들 중에서 꼭하나가 참이 됨을 증명하여라: $n \equiv 0 (\bmod 3), n \equiv 1 (\bmod 3), n \equiv 2 (\bmod 3)$.
(이 표기는 정의 4.5.9에서 소개했던 것임을 상기하라.)

*15. k를 한 양의 정수라 가정하자. 어떤 양의 정수 a가 존재하여 모든 $n > a$에 대하여 $2^n \geq n^k$임을 증명하여라.(5.1장의 연습문제 16의 언어로, 이것은 만약 $f(n) = n^k$이고 $g(n) = 2^n$라 하면 그러면 $f \in O(g)$임을 의미한다. 힌트: 나눗셈 알고리즘에 의해서, 임의의 자연수 n에 대하여 자연수들 q와 r이 존재하여 $n = kq + r$이고 $0 \leq r < k$이다. 그러므로 $2^n \geq 2^{kq} = (2^q)^k$이다. a를 q가 $2^q \geq n$을 보장하도록 얼마나 커야 하는지를 알아내서 선택한다. 당신은 예 6.1.3이 유용할 수 있다.)

16. (a) k를 한 양의 정수라 하고 a_0, a_1, a_2, $\cdots a_k$는 실수들이고, 그리고 f_0, f_1, f_2, $\cdots f_k$, 그리고 g를 $\mathbb{Z}^+$로부터 $\mathbb{R}$로 가는 모든 함수들이라 가정하자. 또한, f_0, f_1, f_2, $\cdots f_k$,가 $O(g)$의 모든 원소들이라 가정하자. (여기에서 사용된 표기에 대한 의미에 대해서는 5.1장의 연습문제 19를 보여라.)
$f : \mathbb{Z}^+ \rightarrow \mathbb{R}$를 $f(n) = a_1 f_1(n) + a_2 f_2(n) + \cdots + a_k f_k(n)$라 정의하자.
$f \in O(g)$임을 증명하여라. (힌트: k에 대한 귀납법으로, 그리고 5.1절의 연습문제 19(c)).

(b) $g : \mathbb{Z}^+ \rightarrow \mathbb{R}$를 공식 $g(n) = 2^n$으로 정의하고. a_0, a_1, a_2, $\cdots a_k$는 실수들이고, $f : \mathbb{Z}^+ \rightarrow \mathbb{R}$를 공식 $f(n) = a_0 + a_1 n + a_2 n^2 + \cdots + a_k n^k$이라 가정하자.(그런 함수를 한 다항식 polynomial이라 부른다.) $f \in O(g)$임을 증명하여라.(힌트: 연습문제15와 부분(a)를 사용하여라.)

17. 한 수열 $a_0,\ a_1, a_2, \cdots$가 다음과 같이 점화적으로 정의된다:

$a_0 = 1;$

임의의 $n \in \mathbb{N}$에 대하여, $a_{n+1} = 1 + \sum_{i=0}^{n} a_i$

a_n에 대한 한 공식을 찾고 공식이 옳음을 증명하여라.

*18. 한 수열 $a_0,\ a_1, a_2, \cdots$가 다음과 같이 점화적으로 정의된다:

$a_0 = 1;$

임의의 $n \in \mathbb{N}$에 대하여, $a_{n+1} = 1 + \frac{1}{a_n}$

a_n에 대한 한 공식을 찾고 공식이 옳음을 증명하여라.(힌트: 이 수들은 피보나치 수들과 관련이 있다.)

19. 이 문제에서, 당신은 양의 정수들 $a, b, c,$ 그리고 d가 존재하여

$$a^2 + 2b^2 = c^2 \text{ 그리고 } 2a^2 + b^2 = d^2 \quad (*)$$

이 성립할 수가 없음을 증명할 것이다.

(a) 모든 정수들 m과 n에 대하여, 만약 $3|(m^2+n^2)$이면 그러면 $3|m$이고 $3|n$이다.(힌트: 연습문제 14(c)에 의해서, $m \equiv 0(\text{mod}\,3)$ 또는 $m \equiv 1(\text{mod}\,3)$ 또는 $m \equiv 2(\text{mod}\,3)$ 이다. 그리고 $n \equiv 0(\text{mod}\,3)$ 또는 $n \equiv 1(\text{mod}\,3)$ 또는 $n \equiv 2(\text{mod}\,3)$ 이다. 이것은 9가지의 경우들이 나온다. 가정 $3|(m^2+n^2)$과 공존할 수 있는 경우들을 결정하면 된다.)
이제 (*)를 만족시키는 양의 정수들이 있다고 가정하자.

$S = \{d \in \mathbb{Z}^+ \mid \exists a \in \mathbb{Z}^+ b \in \mathbb{Z}^+ c \in \mathbb{Z}^+ (a^2 + 2b^2 = c^2 \wedge 2a^2 + b^2 = d^2)\}$
라 하자.

그러면 $S \neq \varnothing$이다. 따라서 정렬의 원리에 의해서 우리는 d를 S의 원소들 중 최소 원이라고 할 수 있다. $a, b,$ 그리고 c를 (*)를 만족하는 양의 정수들이라고 하자.

(b) $3|c$이고 $3|d$임을 증명하여라.(힌트: (*)의 두 개의 방정식들을 더하고 나서 부

분 (a)를 적용한다.)

(c) $3|a$이고 $3|b$임을 증명하여라.(힌트: (*)의 두 개의 방정식들을 더하고 나서 부분 (b)를 적용한다.)

(d) d보다 더 작은 S의 한 원소가 존재함을 보인다. 그것은 우리의 d의 선택에 모순된다.(힌트: 부분들 (b)와 (c)를 결합한다.)

20. 정리 6.4.3의 피보나치 수들에 대한 공식에 나오는 수 $(1+\sqrt{5})/2$은 황금비 golden ratio라 부른다. 그것을 보통 ϕ라 표기하고, 그리고 수학, 예술 그리고 자연계에의 책들에서 수없이 나타난다. 이 연습문제에서 당신은 ϕ가 나오는 몇 가지 수학책의 내용을 탐구해보자.

(a) 그림 6.14에서, $AEFD$는 한 정사각형이다. 만약 직사각형 $BCFE$의 긴 변의 길이와 짧은 길이의 비는 직사각형 $ABCD$의 긴 변의 길이와 짧은 길이의 비가 같음을 보여라, 그러면 그 비가 ϕ이다.

(b) $\cos(36^0)=\phi/2$임을 보여라.(힌트: $x=\cos(36^0)$라 하자.
먼저 $\cos(108^0)=-\cos(72^0)$임을 보인다. 그러면 삼각비의 항등식들로부터 $\cos(108^0)$, $\cos(72^0)$를 x에 관한 식으로 나타낸다. 방정식 $\cos(108^0)=-\cos(72^0)$에 대입하여 x에 관한 방정식을 구해서 그리고 그 방정식을 푼다.)

(c) 그림 6.15에서, $ABCDE$는 한 변의 길이가 1인 한 정오각형이다. 대각선 AC의 길이가 ϕ임을 보여라.(힌트: 먼저 삼각형 ABC의 각들을 찾아보자.; 당신은 예 6.2.3이 이것에 대하여 도움이 될 것을 알게 될 것이다. 그러면 부분(b)를 사용하라.)

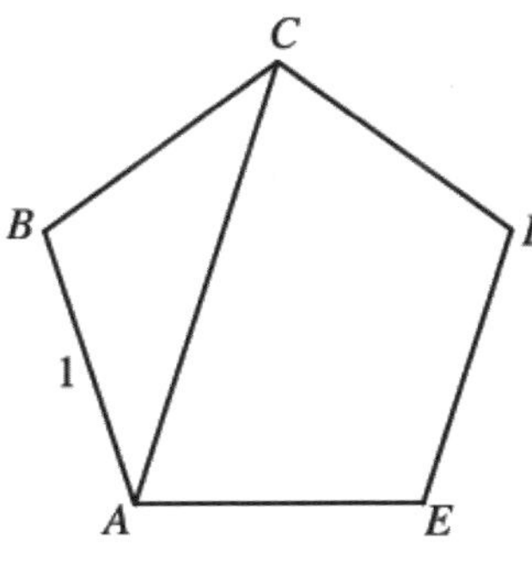

그림 6.15

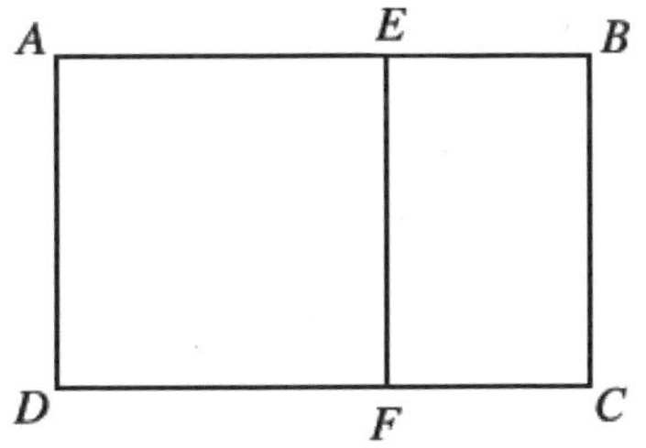

그림 6.14

*21. 곱셈에 대한 교환법칙은 임의의 수들 a와 b에 대하여, $ab = ba$를 말한다. 결합법칙은 임의의 수들 a, b, 그리고 c에 대해서, $(ab)c = a(bc)$를 말한다. 이 문제에서 당신은 이 법칙들은 비록 두개 또는 세 개의 수들에 대한 언급된 것이지만, 그것들은 어떠하든지 임의의 일단의 수들을 다시 순서를 정하고 제 그룹화를 정당화 할 수 있다.

(a) 한 일단의 수들 a, b, c, 그리고 d에 대하여 교환법칙과 결합법칙을 사용하면, $(ab)(cd) = c((ad)b)$이다.

(b) 한 일단의 수들 $a_1, a_2, \cdots, a_n$의 왼편-그룹곱 left-grouped product은 다음과 같이 항들이 그룹화된 곱을 말한다:

$$(\cdots(((a_1a_2)a_3)a_4)\cdots a_{n-1})a_n.$$

더 명확하게, 다음과 같이 점화적으로 왼편-그룹곱을 정의할 수 있다: 단 하나의 수 a_1로 구성된 것에 대해서, 왼편-그룹곱은 a_1이고,, 만약 $a_1, a_2, \cdots, a_n$의 왼편-그룹곱을 p라 하면 그러면 $a_1, a_2, \cdots, a_n, a_{n+1}$의 왼편-그룹곱은 pa_{n+1}이 된다. 결합법칙을 한 일단의 수들 $a_1, a_2, \cdots, a_n$의 왼편-그룹곱을 사용하면(순서에 따른 항들에, 임의의 방법으로 항들을 그룹화하여 괄호들을 삽입한다.)왼편-그룹곱과 같아진다.

(c) 교환법칙과 결합법칙들을 사용하여 수들 $a_1, a_2, \cdots, a_n$의 임의의 두 개의 곱들은, 임의의 방법으로 항들을 그룹화하면 항상 같아진다.

6.5. 폐포를 다시보자.
Closures again

5.4장에서 수학적 귀납법을 사용하여 함수들 아래서 집합들의 폐포들의 한 선택적인 취급을 주기로 약속했다. 이 절에서 이 약속을 이행한다.

만약 $f: A \to A$이고 그리고 $B \subseteq A$라 하면, f아래서의 B의 폐포는 $B \subseteq C$이고 C는 f아래서 닫혀 있는 최소 원소 $C \subseteq A$를 말한다. 이 절에서 우리는 이 집합 C를 B에서 출발해서 그래서 만약 우리가 f 아래서 닫혀있는 한 집합으로 끝마치려면 f아래에서 닫혀있는 것들을 모두 추가하는 것이다. 우리는 이것을 어떻게 할 것인지 개략적으로 기술하겠다. 5.4장의 예들에 의해서 동기유발된 것이다. 그러면 우리는 이 개략적인 생각이 명확해지고 그것이 성립하도록 증명하기 위해 점화식과 귀납법을 사용할 것이다.

5.4장의 예들에서 보는 바와 같이, 만약 f아래서의 B의 폐포는 $B \subseteq C$이고 그리고 C는 f아래서 닫혀 있는 최소 원소 $C \subseteq A$를 찾기를 원한다면, 임의의 $x \in B$에 대해서, $f(x) \in C$이 되어야한다. 환언하면, $\{f(x) | x \in B\} \subseteq C$이다. 5.5장으로부터 $\{f(x) | x \in B\}$는 B의 f아래서의 상이라 부르고, $f(B)$라 표기한다. 따라서 $f(B) \subseteq C$를 가질 필요가 있다. 그러나 f 아래서 $f(B)$의상은 유사한 논증을 적용하면 역시 C의 한 집합이 되어야한다; 환언하면, $f(f(B)) \subseteq C$이다.

이 방법을 계속하면 C 에 포함되어야 하는 한 집합들의 열이 유도된다: $B, f(B), f(f(B))$,등등이다. 이 집합들의 합집합에 의해서 합한 것이 f아래서의 B의 폐포가 됨을 증명할 것이다. 환언하면, 만약 우리가 $B_0 = B$, $B_1 = f(B)$, $B_2 = f(f(B)), \cdots$라 하면, 그러면 f아래서의 B의 폐포는 $B_0 \cup B_1 \cup B_2 \cup \cdots$이다. 이 과정의 설명에서 생략기호의 사용을 명확하게 하기 위해서, 우리는 귀납법과 점화식을 사용해야만 한다. 이것이 다음 명제와 정리의 증명 안에서 해야 할 일이다.

정리 6.5.1. $f : A \to A$이고 $B \subseteq A$라 가정하자. 집합들 $B_0, B_1, B_2, \cdots$가 다음과 같이 점화적으로 정의되었다고 하자:

$$B_0 = B$$

$$\text{모든 } n \in N\text{에 대하여, } B_{n+1} = f(B_n).$$

그러면 f아래서의 B의 폐포 Closure는 집합 $\cup_{n \in N} B_n$ 이다.

증명. $C = \cup_{n \in N} B_n$라 하자. $f : A \to A$이므로, 각 집합 B_n은 A의 한 부분집합이다. 그러므로 $C \subseteq A$이다. 폐포의 정의에 따라서 $B \subseteq C$ 를 확인해야한다. C는 f아래서 닫혀있고, 임의의 집합 $D \subseteq A$에 대하여, 만약 $B \subseteq D \subseteq A$라 가정하고 그리고 D 가 f아래에서 닫혀있으면 $C \subseteq D$이어야 한다.

처음은 $B = B_0 \subseteq \cup_{n \in N} B_n = C$ 이기 때문에 성립한다. 두 번째는, $x \in C$ 라고 가정하자. 그러면 C의 정의에 의해서, 적당한 $m \in N$이 존재하여 $x \in B_m$이 된다.

그러나 $f(x) \in f(B_m) = B_{m+1}$이다. 따라서 $f(x) \in \cup_{n \in N} B_n = C$ 이다.x가 C 의 임의의 원소이므로, 이것은 C 가 f아래서 닫혀있음을 보여준다.

끝으로, $B \subseteq D \subseteq A$이고 그리고 D가 f아래에서 닫혀있다고 가정하자. 우리는 $C \subseteq D$임을 보여야한다. 그리고 C의 정의에서 그것은 $\forall n \in \mathbb{N}(B_n \subseteq D)$임을 보이면 충분하다. 우리는 n에 대한 귀납법으로 증명한다.

초기조건은 가정에의해서 $B_0 = B \subseteq D$ 이기 때문에 성립한다. 귀납법 단계에 대해서는, $n \in N$이고 $B_n \subseteq D$ 라 가정하자. 이제 $x \in B_{n+1}$이라 가정하자. B_{n+1}의 정의에 의해서 이것은 $x \in f(B_n)$을 의미한다. 따라서 어떤 $b \in B_n$가 존재하여 $x = f(b)$이다. 그러나 귀납법 가설에 의해서, $B_n \subseteq D$ 이다. 따라서 $b \in D$이다. 그리고 D 가 f아래서 닫혀있으므로 그것은 $x = f(b) \in D$ 가 된다. x가 B_{n+1}의 임의의 원소이므로, 이것은 $B_{n+1} \subseteq D$임을 보인 것이다. ■

해설. 증명에서 집합 $\cup_{n \in \mathbb{N}} B_n$을 자주 언급해야만 함으로, 증명의 처음부터 바로 이 집합의 이름을 C 라 하는것이 편리하다. 그 증명은 모든 $n \in N$에 대하여, $B_n \subseteq A$이라는 것을 밝히는 것이 어렵지 않아서, 그리고 그러므로 $C \subseteq A$를 주장한다. 통상적으로, 만약 당신이 왜 이것이 참인지 알지 못한다면 당신은 증명을 당신 자신이 자세하게 해봐야한다.(당신은 수학적 귀납법에 의해서 $\forall n \in N(B_n \subseteq A)$를 증명해야만 한다.) 폐포에 대한 정의는 우리가 3가지 명제들을 증명해야한다고 우리에게 말해준다: $B \subseteq C$ 이고, C 는 f아래서 닫혀있고, 그리고 임의의 집합 $D \subseteq A$에 대하여, 만약 $B \subseteq D$ 이고 D 가 f아래에서 닫혀있으면 $C \subseteq D$이다. 물론, 우리는 그것들을 한 번에 하나씩 증명한다.

이 명제들의 첫 번째 증명 $B \subseteq C$ 는 역시 자세하게 하지는 않는다. 만약 당신이 그것을 따라가는데 어려움이 있다면, 3.3장의 연습문제8을 보아라. 증명해야할 두 번째 명제는 C 가 f아래에서 닫혀있고, 그리고 그 증명은 닫혀있다는 것에 근거하고 있다: x가 임의이고, $x \in C$라 가정하자. 그리고 $f(x) \in C$ 임을 증명한다. C 의 정의에 따라서 명제 $x \in C$ 라는 의미는 $\exists n \in N(x \in B_n)$을 의미한다. 따라서 즉각 한 변수 m을 $x \in B_m$이 되는 한 자연수로 소개한다. 목표 $f(x) \in C$ 는 역시 한 존재성 명제이다. 따라서 그것을 증명하기 위해서 $F(x) \in B_k$인 한 자연수 k를 찾아야만 한다. 그 증명은 $k=m+1$라 하면 된다.

끝으로, 세 번째 명제를 증명하기 위해서 D 를 임의의 집합이고, $B\subseteq D\subseteq A$이고 그리고 D가 f아래에서 닫혀있다고 가정하면, 그래서 $C\subseteq D$ 임을 증명한다. 다시 한번, 만약 당신이 증명에서 주장한 바와 같이, $C\subseteq D$ 라는 결론이 $\forall n\in N(B_n \subseteq D)$로부터 왜 되는지를 모른다면, 당신은 그 자세한 증명을 당신 자신이 해야만 한다. 이 마지막 명제는 B_n의 정의에 대한 점화적 성질에 근거에 기대하는 바와 같이, 귀납법에 의해서 증명된다. 귀납법 단계에 대해서, 우리는 n을 임의의 자연수라 하고, $B_n \subseteq D$ 라 가정하고 $B_{n+1} \subseteq D$ 임을 증명한다. $B_{n+1} \subseteq D$ 를 증명하기 위해서 B_{n+1}의 임의의 한 원소를 택하고 그리고 그것이 D의 한 원소임을 증명한다. B_{n+1}의 점화적 정의로 쓰면 귀납적 가설을 사용하는 한 방법을 우리에게 준다. 그것은 통상적으로, 귀납적 단계을 완성하는 열쇠이다.

이장을 다시 한번 도입부분에서 한 증명들로 되돌아가서 끝마친다. 우리가 사용했던 도입부분의 처음 증명을 상기하자:

$$(2^b-1)\cdot(1+2^b+2^{2b}+\cdots+2^{(a-1)b})=2^{ab}-1.$$

이 증명을 3.7장에서 논의 하였고 수학적 귀납법을 논의한 후에 이 공식에 대한 한층 주의 깊은 증명을 주기로 약속 했었다. 이제 명확한 증명을 할 준비가 되었다. 물론, 우리는 이제 더 명확하게 역시 그 공식을 합집합의 표기로 이야기할 수 있다.

정리 6.5.2. 모든 양의 정수들 a와 b에 대하여,

$$(2^b-1)\cdot\sum_{k=0}^{a-1}2^{kb}=2^{ab}-1.$$

증명. b를 한 임의의 정수라 하고 그래서 a에 관한 귀납법에 의해서 진행한다.

초기조건: $a=1$일 때

$$\begin{aligned}(2^b-1)\sum_{k=0}^{a-1}2^{kb}&=(2^b-1)\sum_{k=0}^{0}2^{kb}\\&=(2^b-1)\cdot 1\end{aligned}$$

$$= 2^{ab} - 1.$$

귀납법 단계: $a \geq 1$이고 그리고 $(2^b - 1) \cdot \sum_{k=0}^{a-1} 2^{kb} = 2^{ab} - 1$.라 가정하자. 그러면

$$\begin{aligned}(2^b - 1) \cdot \sum_{k=0}^{a} 2^{kb} &= (2^b - 1) \cdot (\sum_{k=0}^{a-1} 2^{kb} + 2^{ab}) \\ &= (2^b - 1) \cdot \sum_{k=0}^{a-1} 2^{kb} + 2^b \cdot 2^{ab} - 2^{ab} \\ &= 2^{ab} - 1 + 2^{b+ab} - 2^{ab} \quad (\text{수학적 귀납법}) \\ &= 2^{(a+1)b} - 1\end{aligned}$$

■

연습문제

*1. $f : \mathbb{R} \to \mathbb{R}$ 이 공식 $f(x) = x + 1$로 정의된다고 하자. f아래에서의 집합 $\{0\}$의 폐포는 무엇인가? 우리는 예 5.4.4의 부분2에서 f아래서 B 의 폐포가 N임을 보았다. 정리 6.5.1에서 정의된 집합들 $B_0, B_1, B_2, \cdots$은 무엇인가?

2. $f : \mathbb{R} \to \mathbb{R}$ 이 공식 $f(x) = x - 1$로 정의된다고 하자. 그리고 $B = N$ 이라 하자. 우리는 예 5.4.2 후반에서 f아래에서의 집합 B 의 폐포는 Z 임을 보았다. 정리 6.5.1에서 정의된 집합들 $B_0, B_1, B_2, \cdots$은 무엇인가?

3. $\mathcal{F}$를 A로부터 A로 가는 함수들의 한 집합이고 그리고 $B \subseteq A$라 가정하자. 5.4절 연습문제 12에서 $\mathcal{F}$아래에서 B의 폐포는 $B \subseteq C$ 이고 C가 $\mathcal{F}$아래에서 닫혀있는 최소집합 $C \subseteq A$이다. 집합들 $B_0, B_1, B_2, \cdots$이 다음과 같이 점화적으로 정의된다.:

$$B_0 = B;$$

$$\text{모든 } n \in \mathbb{N} \text{에 대하여, } B_{n+1} = \cup_{f \in \mathcal{F}} f(B_n).$$

$\cup_{n \in \mathbb{N}} B_n$은 F아래에서 B의 폐포임을 증명하여라.

*4. 임의의 자연수 n에 대하여, $f_n : \mathscr{P}(\mathbb{N}) \to \mathscr{P}(\mathbb{N})$는 다음 공식 $f_n(X) = X \cup \{n\}$라 정의하고, 그리고 $\mathcal{F} = \{f_n | n \in N\}$이라 하자. $B = \{\varnothing\}$이라

하자. 5.4장의 연습문제12의 부분(b)에서 당신은 $\mathcal{F}$아래에서 B의 폐포는 N의 모든 유한 부분집합들의 집합이다. 연습문제3에서 정의된 $B_0, B_1, B_2, \cdots$은 무엇인가?

*5. $f : \mathbb{N} \times \mathbb{N} \rightarrow \mathbb{N}$ 를 공식 $f(x,y) = xy$라 정의한다고 하자. P 를 모든 소수들의 집합이라 하자. f아래에서의 집합 P의 폐포는 무엇인가?

6. 다음 올바르지 않는 정리를 고려하라:

올바르지 않는 정리. $f : A \times A \rightarrow A$이고 $B \subseteq A$라 가정하자. 집합들 $B_0, B_1, B_2, \cdots$가 다음과 같이 점화적으로 정의된다.:

$$B_0 = B;$$

$$\text{모든 } n \in \mathbb{N} \text{에 대하여, } B_{n+1} = f(B_n \times B_n).$$

그러면 $\cup_{n \in \mathbb{N}} B_n$은 f아래에서 B의 폐포이다.

이 정리의 다음 증명은 무엇이 잘못되었을까?

증명. $C = \cup_{n \in \mathbb{N}} B_n$라 하자. 각 집합 B_n이 A의 부분집합인 것은 어렵지 않다. 따라서 $C \subseteq A$이고, $B = B_0 \subseteq C$ 이다.

C가 f아래서 닫혀있음을 보이기 위해서, $x, y \in C$ 라 가정하자. 그러면 C 의 정의에 의해서, 어떤 $m \in \mathbb{N}$이 존재하여 $x, y \in B_m$이다. 그러므로 $f(x,y) \in f(B_m \times B_m) = B_{m+1}$이고, 따라서 $f(x,y) \in \cup_{n \in \mathbb{N}} B_n = C$ 이다.

끝으로, $B \subseteq D \subseteq A$이고 그리고 D 가 f아래에서 닫혀있다고 가정하자. $C \subseteq D$ 임을 증명하기 위해서, 그것은 $\forall n \in N(B_n \subseteq D)$를 증명하면 충분할 것이다. 우리는 이것을 귀납법에 의해서 증명한다. 초기조건 $B_0 = B \subseteq D$ 는 가정에 의해서 성립한다. 귀납적 단계에 대해서는, $B_n \subseteq D$ 라 가정하고 그리고 $x \in B_{n+1}$가 임의라 하자. B_{n+1}의 정의에 의해서 이것은 적당한 $a, b \in B_n$에 대하여 $x = f(a,b)$를 의미한다. 귀납적 가설에 의해서 $B_n \subseteq D$ 이다. 따라서 $a, b \in D$ 이고, D가 f아래에서 닫혀있으므로, $x = f(a,b) \in D$이다. 그러므로 $B_{n+1} \subseteq D$ 이다. ■

7. $f:\mathbb{R}\times\mathbb{R}\to\mathbb{R}$를 공식 $f(x,y)=xy$라 정의한다고 하자.
그리고 $B=\{x\in\mathbb{R}\mid -2\le x\le 0\}$라 하자. 이 문제에서 당신은 f 와 B 가 연습문제 6의 올바르지 않는 정리에 대한 반례를 보여줄 것이다.
(a) 올바르지 않는 정리에서 정의된 집합들 $B_0, B_1, B_2, \cdots$은 무엇인가?
(b) $\cup_{n\in\mathbb{N}}B_n$은 f아래에서 B 의 폐포가 아님을 보여라. 폐포에 대한 정의(정의 5.4.8)의 3가지 성질들 중에 어느 것이 성립하지 않는가?
(c) f아래에서 B의 폐포는 무엇인가?

8. $f:A\times A\to A$이고 그리고 $B\subseteq A$라 가정하자. 집합들 $B_0, B_1, B_2, \cdots$가 다음과 같이 점화적으로 정의된다.:

$$B_0=B;$$

$$\text{모든 } n\in\mathbb{N}\text{에 대하여, } B_{n+1}=B_n\cup f(B_n\times B_n).$$

(a) 모든 자연수 m과 n에 대하여, 만약 $m\le n$이면 그러면 $B_m\subseteq B_n$임을 증명하여라.(힌트: m을 임의라 하고 그래서 n에 관한 귀납법을 사용한다.)
(b) $\cup_{n\in\mathbb{N}}B_n$은 f아래에서 B의 폐포임을 증명하여라.

9. $f:A\to A$이고 f가 한 상수함수라고 가정하자: 환언하면, 어떤 $c\in A$가 존재하여 모든 $x\in A$에 대하여 $f(x)=c$이다. $B\subseteq A$라 가정하자. 정리 6.5.1에서 정의된 집합들 $B_0, B_1, B_2, \cdots$은 무엇인가? f아래에서 B의 폐포는 무엇인가?

*10. 귀납법을 사용해 더 엄밀하게 써질 수 있는 도입에서의 또 다른 증명이 있다. 도입의 정리4 증명을 상기 하자. 우리는 만약 n이 양의 정수이면, $x=(n+1)!+2$이고 $0\le i\le n-1$이면, 그러면 $(i+2)|(x+i)$이라는 사실을 사용했다. 귀납법을 사용하여 이것을 증명하여라. (우리는 $x+i$가 소수가 아님을 보이는데 이 사실을 사용하였다.)
이 장의 나머지 연습문제에서 다음 정의를 사용할 것이다.
$R\subseteq A\times A$라 가정하자. $R^1, R^2, R^3, \cdots$는 다음과 같이 점화적으로 정의된다고 하자:

$$R^1=R;$$

$$\text{모든 } n\in\mathbb{Z}^+,\ R^{n+1}=R^n\circ R$$

모든 양의 정수 n에 대하여, 명확하게 R^n은 A위에서 한 관계이다.

11. $R\subseteq A\times A$이라 가정하자. 모든 양의 정수 m과 n에 대하여, $R^{m+n}=R^m\circ R^n$임을 증명하여라.

12. $f:A\to A$라 가정하자.
  (a) 임의의 양의 정수 n에 대하여, $f^n:A\to A$임을 증명하여라.
  (b) $B\subseteq A$라 가정하고, 집합들 $B_0, B_1, B_2, \cdots$은 정리 6.5.1에서 정의된 것이라 하자. 임의의 양의 정수 n에 대하여, $f^n(B)=B_n$임을 증명하여라.

13. $f:A\to A$이고 $a\in A$라 가정하자. 우리는 만약 어떤 양의 정수 n이 존재하여 $f^n(a)=a$이면 a를 f에 대한 주기점 periodic point이라 말한다.
  (a) 만약 a가 f에 대한 주기점이면 그러면 f아래에서 $\{a\}$의 폐포는 한 유한집합임을 보여라.
  (b) f아래에서 $\{a\}$의 폐포는 한 유한집합이라 가정하자. a는 f에 대한 주기점이 되어야 하는가?

*14. $R\subseteq A\times A$라 가정하고 $T=\cup_{n\in\mathbb{Z}^+}R^n$라 하자. T 가 R 의 추이적 폐포임을 증명하여라.(추이적 폐포에 대한 정의는 4.4장 연습문제 25를 보여라.)

15. R과 S가 A 위에서 관계들이고 그리고 $R\subseteq S$ 라 가정하자. 임의의 양의 정수 n에 대하여, $R^n\subseteq S^n$을 증명하여라.

*16. R 과 S 가 A 위에서 관계들이고 그리고 n이 한 양의 정수라 가정하자.
  (a) $R^n\cap S^n$과 $(R\cap S)^n$사이의 관계는 무엇인가? 증명들로 또는 반례를 들어 당신의 결론을 정당화하여라.
  (b) $R^n\cup S^n$과 $(R\cup S)^n$사이의 관계는 무엇인가? 증명들로 또는 반례를 들어 당신의 결론을 정당화하여라.

17. R 는 A위에서 관계이고 그리고 S 는 R 의 추이적 폐포라 가정하자. 만약 $(a,b)\in S$이면, 그러면 정리 6.5.2에 의해서 어떤 양의 정수 n이 존재하여 $(a,b)\in R^n$이 된다. 그리고 그러므로 정렬의 원리(정리 6.4.4)에 의해서, n과 같은 한 최소 원이 존재해야 한다. a로부터 b 까지의 거리 distance를 $(a,b)\in R^n$인 최

소의 양의 정수 n으로 정의한다. 그리고 우리는 이 거리를 나타내는 $d(a,b)$로 쓴다.

(a) $(a,b)\in S$ 이고 $(b,c)\in S$라 가정하자.(그러므로 S 가 추이적 이므로, $(a,c)\in S$ 이다.) $d(a,c) \le d(a,b)+d(b,c)$임을 증명하여라.

(b) $(a,c)\in S$ 이고 $0 < m < d(a,c)$ 이라 가정하자. 어떤 $b\in A$ 가 존재하여 $d(a,b)=m$ 이고 $d(b,c)=d(a,c)-m$임을 증명하여라.

*18. R 는 A위에서 관계이고 그리고 S 는 R 의 추이적 폐포라 가정하자. 임의의 양의 정수 n에 대하여, $J_n=\{1,2,3,\cdots,n\}$라 하자. 만약 $a\in A$와 $b\in A$이면, 우리는 한 함수 $f: J_n \to A$를 만약 $f(0)=a$, $f(n)=b$이고 모든 $i<n$에 대하여 $(f(i),f(i+1))\in R$이면 a로 부터 b로 가는 길이 n인 $R-$경로 path라 말할 것이다.

(a) 모든 $n\in \mathbb{Z}^+$에 대하여,
$R^n=\{(a,b)\in A\times A|a$로 부터 b로 가는 길이 n인 $R-$ 경로$\}$를 증명하여라.

(b) $S=\{(a,b)\in A\times A|a$로 부터 b로 가는 $R-$ 경로$\}$임을 증명하여라.

19. R는 A위에서 관계라 가정하자. 이 문제에서 우리는 연습문제 18에서 정의된 것과 같이, 한 거리에서의 관계와 연습문제 17에서 논의 했던 $R-$경로들의 길이들을 알았다.

(a) $d(a,b)=n$이고 $a\ne b$라 가정하자. a로부터 b로 가는 길이가 n인 한 단순 $R-$경로가 존재함을 증명하여라.

(b) $d(a,b)=n$이라 가정하자. a로부터 b로 가는 길이가 n인 한 단순 $R-$경로 f가 존재하여 $\forall i<n \forall j<n(f(i)=f(j)\to i=j)$가 성립함을 증명하여라. (환언하면, f는 $f(0)=f(n)=a$를 제외하면, 단사이다.)

20. R 는 A위에서 관계이고 그리고 T 는 R 의 추이적 폐포라 하고, 그리고 A는 m개의 원소들을 갖고 있다고 가정하자.

$$T=R\cup R^2\cup \cdots \cup R^m=\cup\{R^n|1\le n\le m\}$$

을 증명하여라.

(힌트: 연습문제 19 참조.)

Chapter 7

정수론

Number Theory

7.1. 최대공약수
Greatest Common Divisors

이 장에서 수론에 대한 소개를 할 것이다. 양의 정수들 $1, 2, 3, \cdots$에 대한 공부이다. 이 수들이 이해하기가 아주 쉽고 그것의 탐구가 어떤 흥미로운 발견들은 없을 것 같아 보인다. 그러나 이 장에서 양의 정수들에 대한 단순한 질문들이 해결하기에 놀랍게 어렵고, 그리고 그 답들이 가끔 미묘하고 예상 밖의 패턴들을 밝혀줄 수 있음을 보게 될 것이다. 물론, 우리의 질문들에 대한 답들을 확인하는 단 하나의 방법은 이 책의 앞 장들에서 전개했던 방법들을 사용하여 증명을 하는 것이다. 이제는, 당신은 증명들을 읽고 쓰는데 상당히 익숙할 것이다. 따라서 증명들의 배경이 되는 작전들에 대한 논의는 줄이고 연습문제들에 많은 것을 남길 것이다.

정수론 전체로 기본이 되는 한 쌍의 양의정수들의 최대공약수 greatest common divisor개념으로 시작하자.

정의 7.1.1. a를 양의 정수라 가정하자. a의 약수들 divisors은 a를 나누는 양의 정수들이다. a의 양의 정수들의 집합을 $D(a)$로 표기한다. 따라서

$$D(a) = \{d \in \mathbb{Z}^+ | d\text{가 } a\text{를 나눈다.}\} = \{d \in \mathbb{Z}^+ | \exists k \in \mathbb{Z}\,(a = kd)\}$$

만약 a와 b가 두 개의 양의 정수들이라면, 그러면 $D(a) \cap D(b)$는 a와 b 둘 다 나누는 양의 정수들의 집합이다—a와 b의 공약수들 common divisors이다. 이 집합에서 가장 큰 원소를 a와 b의 최대공약수라 부르고, $\gcd(a,b)$로 표기한다.

예를 들어, $D(18) = \{1,2,3,6,9,18\}$이고 $D(12) = \{1,2,3,4,6,12\}$이다. 따라서 18과 12의 공약수의 집합은 $D(18) \cap D(12) = \{1,2,3,6\}$이다. 최대공약수는 6이고, 따라서 $\gcd(18,12) = 6$이다.

1과 a가 항상 $D(a)$의 원소들이고, 그리고 $D(a) \subseteq \{1,2,3,\cdots,a\}$의 부분집합이므로 $D(a)$는 한 유한집합임에 주목하라. 따라서 임의의 두 개의 양의 정수들 a와 b에 대하여, $D(a) \cap D(b)$는 공집합이 아닌 한 유한집합이다.(그것은 항상 1을 포함함으로) 따라서 그것은 한 가장 큰 원소를 가진다(6.2장 연습문제3을 보여라.) 환언하면, $\gcd(a,b)$는 항상 정의

된다.

두 개의 양의 정수들 a와 b이 주어지면, 우리는 $\gcd(a,b)$를 어떻게 계산할까? 한 가능성은 $D(a)$와 $D(b)$의 원소들을 모두 나열함으로써, 우리가 $\gcd(18,12)$를 계산할 때와 같이 시작할 수 있다. 그러나 만약 a와 b가 큰 경우는 이것은 비현실적일 수 있다. 한 더 좋은 방법이 있다.

$D(a)\cap D(b)=D(b)\cap D(a)$이므로, $\gcd(a,b)=\gcd(b,a)$이다. 환언하면, 두 개의 양의 정수들의 최대공약수에 대한 표기에서, 어떤 정수를 먼저 나열하는 것은 문제가 되지 않는다. 더 큰 정수를 택하는 것이 편리하다는 것을 알게 될 것이다; 특히, $\gcd(a,b)$를 계산할 때, $a\geq b$라고 가정할 것이다.

한 도움이 되는 관찰로 만약 $b|a$이면 $\gcd(a,b)=b$이다. 이것은 b가 $D(b)$에서의 최대원소이다. 만약 $b|a$이면 b는 역시 $D(a)$의 한 원소이다. 따라서 그것은 $D(a)\cap D(b)$의 최대 원소 이어야 한다. 이것은 $a\geq b$일 때 $\gcd(a,b)$를 계산하기 위해서, 우리는 a를 b로 나누어 우리는 몫과 나머지로 자연수들 q와 r을 찾아 $a=qb+r$이고 $r<b$이다. 만약 $r=0$이면 그러면 $a=qb$이다. 따라서 $b|a$이고 그러므로 $\gcd(a,b)=b$이다.

그러나 만약 $r>0$이면 어떨까? 그 경우에 어떻게 $\gcd(a,b)$를 계산할까? 그 경우에 $D(a)\cap D(b)=D(b)\cap D(r)$임을 주장한다. 이 사실을 증명해보자. 먼저 $d\in D(a)\cap D(b)$라 가정하자. 그러면 $d|a$이고 $d|b$이다. 따라서 정수들 j와 k가 존재하여 $a=jd,\ b=kd$이다. 그러나 방정식 $a=qb+r$으로부터 우리는 다음을 얻는다; $r=a-qb=jd-qkd=(k-qk)d$. 따라서 $d|r$이다. 그러므로 $d\in D(r)$, 그리고 역시 $d\in D(b)$이므로, $d\in D(b)\cap D(r)$이다. 한 유사한 논증으로 만약 $d\in D(b)\cap D(r)$이면 그러면 $d\in D(a)\cap D(b)$이 된다. 따라서 $D(a)\cap D(b)=D(b)\cap D(r)$이다. 최대공약수의 정의에 의해서 $\gcd(a,b)=\gcd(b,r)$이다.

우리가 배운 것을 한 정리로 요약해보자.

정리 7.1.2. a와 b가 양의 정수들이고 $a\geq b$라고 가정하자. a를 b로 나눌때 나머지를 r이라 하자. 만약 $r=0$이면 $\gcd(a,b)=b$이고, 만약 $r>0$이면 $\gcd(a,b)=\gcd(b,r)$이다.

이제, 만약 $r>0$이면, 이 정리는 $\gcd(a,b)$를 계산할 때 도움이 될까? 생각할 수 있는 한 이유로는 $b\leq a$이고 $r<b$가 될 것이다. 따라서 아마도 $\gcd(b,r)$을 계산하는 것이 $\gcd(a,b)$를 계산하는것 보다 더 쉬울 것이다. 따라서 그 정리는 원래의 $\gcd(a,b)$를

계산하는 문제를 gcd(b,r)을 계산하는데 가능한 더 쉬운 문제로 대치할 수 있도록 허락한다.

이것은 6장에서 우리의 점화식의 공부한 것을 다시 생각하게 한다. $\mathbb{Z}^+$를 정의역으로 하는 한 함수 f의 한 점화적 정의는 $k < n$에 대한 $f(k)$의 값들을 사용하여 $f(n)$을 찾는 한 방법을 제공해준다. 이 방법을 반복적으로 사용하여, 우리는 임의의 n에 대한 $f(n)$을 계산할 수 있다. 아마도 만약 우리가 나눗셈 방법을 반복적으로 적용하여 gcd(a,b)를 계산할 수 있을 것이다.

일반적으로 이 생각을 실행하기 전에, 한 예를 들어 그것을 시도해 보자.

gcd(672,161)을 찾는다고 가정하자. $a=672$를 $b=161$로 나누어서 시작한다. 여기서 몫 $q=4$이고 나머지 $r=28$이다.

$$672=4\cdot 161+28$$

정리 7.1.2.에 의해서, 다음과 같이 결정할 수 있다:

gcd(672,161) = gcd(a,b) = gcd(b,r) = gcd(161,28)

따라서 gcd(161,28)의 계산을 해보자. 그것은 더 쉬운 문제로 보인다.

이 문제를 어떻게 할까? 물론, 같은 방법이지! 161을 28로 나누어 몫5와 나머지 21을 얻는다.:

$$161=5\cdot 28+21$$

정리 7.1.2를 다시 적용하여, gcd(161,28) = gcd(28,21)임을 알 수 있다. gcd(28,21)을 계산하기 위해서 28을 21로 나눈다.:

$$28=1\cdot 21+7$$

따라서 gcd(28,21) = gcd(21,7)이다. 그러나 $21=3\cdot 7+0$이다. 따라서 $7|21$이고 그러므로 gcd(21,7) = 7이다. 우리는 원래 문제의 답이라고 결정하게 된다.: gcd(672,161) = 7이다.

우리는 계산을 다음과 같이 방정식들의 목록으로 요약할 수 있다.

$$672 = 4 \cdot 161 + 28$$
$$161 = 5 \cdot 28 + 21$$
$$28 = 1 \cdot 21 + 7$$
$$21 = 3 \cdot 7 + 0$$

이제 일반화 시켜보자. a와 b가 양의 정수들이고 $a \geq b$일 때 $\gcd(a,b)$를 찾기를 원한다고 가정하자. 한 자연수들의 수열 $r_0, r_1, r_2, \cdots$를 점화적으로 다음과 같이 정의한다. 수열의 시작으로, 우리는 $r_0 = a$이고 $r_1 = b$라 하자; $r_0 \geq r_1$임을 주목하라. 그러면 우리는 r_0를 r_1으로 나눌 때 우리는 q_2와 r_2를 몫과 나머지라 하자:

$$r_0 = q_2 \cdot r_1 + r_2. \quad 0 \leq r_2 < r_1$$

만약 $r_2 \neq 0$이면, 그러면 r_1을 r_2으로 나눌 때 우리는 q_3와 r_3을 몫과 나머지라 하자. 일반적으로, $r_0, r_1, r_2, \cdots, r_n$을 계산하고, 만약 $r_n \neq 0$이면, 그러면 우리는 r_{n-1}을 r_n으로 나눌 때 q_{n+1}와 r_{n+1}을 몫과 나머지라 하자:

$$r_{n-1} = q_{n+1} \cdot r_n + r_{n+1}. \quad 0 \leq r_{n+1} < r_n$$

그 계산은 한 나머지가 0에 도달하면 끝마친다.

종국에는 나머지가 0이 되리라 확신할 수 있는가? 자. 만약 그렇지 않다면, 그러면 나눗셈의 열은 영원히 계속될 것이다. 무한히 많은 양의 정수들의 수열 $r_0, r_1, r_2, \cdots$가 $r_0 \geq r_1 > r_2 > \cdots$으로 끝날 것이다.

이것은 불가능하다. 왜냐하면 $\{r_0, r_1, r_2, \cdots\}$은 최소 원을 갖지 않는 자연수들로 공집합이 아니므로, 정리 6.4.4의 정렬의 원리에 모순된다. 따라서 한 나머지가 종국에는 0이 되어야만 한다.

m를 $r_m \neq 0$인 최대의 첨자라 가정하자. 그러면 $r_{m+1} = 0$이다. 그리고 m개의 나눗셈이 존재한다. 여기에 다음과 같이 요약하자:

$$r_0 = q_2 \bullet r_1 + r_2.$$
$$r_1 = q_3 \bullet r_2 + r_3.$$
$$\vdots$$
$$r_{m-1} = q_{m+1} \bullet r_m + 0.$$

각 나눗셈에 정리 7.1.2를 적용하면, 우리는 다음을 결정할 수 있다;

$\gcd(a,b) = \gcd(r_0, r_1) = \gcd(r_1, r_2) = \cdots = \gcd(r_{m-1}, r_m) = r_m$

따라서 $\gcd(a,b)$은 수열 $r_0, r_1, r_2, \cdots$ 의 마지막 영이 아닌 값이다.

두 개의 영이 아닌 정수들의 최대공약수를 계산하는 이 방법을 유클리드 알고리즘 Euclid algorithm이라 말한다. 이것은 유클리드의 이름을 딴 것이다. 그의 원론 Elements 7권에 수록된 것이다.

예 7.1.3. 444와 1392의 최대공약수를 찾아라.

풀이

$a = 1392$이고 $b = 444$일 때 유클리드 알고리즘을 적용하자. 그 계산들은 그림 7.1에서 보는 바와 같다. 각 열 "나눗셈"은 다음 행의 몫과 나머지를 유도하는 나눗셈의 계산을 보여준다. 마지막 영이 아닌 나머지는 12이다. 우리는 $\gcd(1392, 444) = 12$라 결정한다.

n	q_n	r_n	Division
0		1392	
1		444	$1392 = 3 \cdot 444 + 60$
2	3	60	$444 = 7 \cdot 60 + 24$
3	7	24	$60 = 2 \cdot 24 + 12$
4	2	12	$24 = 2 \cdot 12 + 0$
5	2	0	

그림 7.1 **유클리드 알고리즘에 의한** gcd(1392, 444)**의 계산**

유클리드 알고리즘에 입력한 것은 마지막 예에서 $a = 1392$이고 $b = 444$였다.

우리가 계산했던 나머지들이 어떻게 이 입력한 것들과 관련되는지가 유익하다. 그림 7.1의

"나눗셈"열에 있는 처음 방정식을 재배열하면, 우리는 다음을 알 수 있다;

$r_2 = 60 = 1392 - 3 \cdot 444 = a - 3b$

유사하게, 그다음 방정식으로부터 우리는 다음을 얻는다;

$r_3 = 24 = 444 - 7 \cdot 60 = b - 7r_2 = b - 7(a - 3b) = -7a + 22b$

그리고 세 번째 방정식은 다음과 같다;

$r_4 = 12 = 60 - 2 \cdot 24 = r_2 - 2r_3 = (a - 3b) - 2(-7a + 22b) = 15a - 47b$

각 나머지들이 적당한 정수 s와 t에 대하여 $sa + tb$형식으로 써진다는 것을 알 수 있다. 우리는 각 나머지는 a와 b의 일차결합 linear combination임을 말한다. 그러나 마지막 영이 아닌 나머지가 a와 b의 최대공약수이다. 따라서 우리는 $\gcd(a,b)$를 a와 b의 한 일차결합으로 결정할 수 있다: $\gcd(a,b) = r_4 = 15a - 47b$이다. 일반적인 이 논증을 완성하기 위해서 우리의 다음 정리를 증명한다.

정리 7.1.4. 모든 양의 정수들 a와 b에 대하여 정수들 s와 t가 존재하여 $\gcd(a,b) = sa + tb$가 성립한다.

증명. 보통으로, 우리는 $a \ge b$를 가정할 수 있다; 만약 그렇지 않다면, 단순히 a와 b의 값을 바꿀 수 있다. $r_0, r_1, r_2, \cdots, r_{m+1}$을 유클리드 알고리즘에 의해서 만들어진 수열이라 하자. 여기서 $r_m \neq 0$이고 $r_{m+1} = 0$이다. 임의의 자연수 $n \le m$에 대하여, r_n이 a와 b에 대한 한 일차결합임을 주장하자. 환언하면, 임의의 자연수 n에 대하여, 만약 $n \le m$이면 그러면 정수들 s_n과 t_n이 존재하여 $r_n = s_n a + t_n b$ 이 된다. 우리는 이 명제를 강한 귀납법에 의해서 증명한다.

n이 한 자연수이고 $n \le m$이라 가정하자. 그리고 역시 모든 $k < n$에 대하여, r_k이 a와 b에 대한 한 일차결합이라 가정하자. 이제 3가지 경우들을 고려하자.

경우1: $n = 0$. 그러면 $r_n = r_0 = a = s_0 a + t_0 b$이다. 여기서 $s_0 = 1$이고 $t_0 = 0$이다.

경우2: $n=1$. 그러면 $r_n=r_1=b=s_1a+t_1b$이다. 여기서 $s_1=0$이고 $t_1=1$이다.

경우3: $n \geq 2$. 그러면 r_n은 r_{n-2}를 r_{n-1}로 나눌 때 그 나머지이다:

$$r_{n-2}=q_n r_{n-1}+r_n$$

귀납법 가설에 의해서, 정수들 $s_{n-1}, s_{n-2}, t_{n-1}$ 그리고 t_{n-2}가 존재하여

$$r_{n-1}=s_{n-1}a+t_{n-1}b, \quad r_{n-2}=s_{n-2}a+t_{n-2}b,$$

그러므로

$$\begin{aligned} r_n &= r_{n-2}-q_n r_{n-1} = (s_{n-2}a+t_{n-2}b)-q_n(s_{n-1}a+t_{n-1}b) \\ &= (s_{n-2}-q_n s_{n-1})a+(t_{n-2}-q_n t_{n-1})b, \end{aligned}$$

따라서 $r_n=s_na+t_nb$이다. 여기서 $s_n=s_{n-2}-q_ns_{n-1}$이고 $t_n=t_{n-2}-q_nt_{n-1}$이다.

이것이 임의의 자연수 $n \leq m$에 대하여, r_n이 a와 b에 대한 한 일차결합이 된다는 귀납법을 완성했다. 이 명제에 $n=m$을 적용하면, 우리는 $\gcd(a,b)=r_m$이 a와 b에 대한 한 일차결합으로 결정된다. ■

정리 7.1.4의 한 또 다른 증명에 대해서, 연습문제 4를 보여라. 우리에게 주어지는 그 증명의 한 이점은 $\gcd(a,b)=sa+tb$ 가 되는 정수들 s와 t를 찾는 방법을 제공해준다. 유클리드 알고리즘을 실행해가는 동안에, 공식에 의해서 수들 s_n과 t_n을 점화적으로 계산할 수 있다:

$$s_0=1, \qquad t_0=0$$

$$s_1=0, \qquad t_1=1$$

$$\text{모든 } n \geq 2\text{에 대하여, } s_n=s_{n-2}-q_ns_{n-1}, \qquad t_n=t_{n-2}-q_nt_{n-1}$$

만약 m을 $r_m \neq 0$인 최대의 첨자라 하면, 그러면 $\gcd(a,b)=r_m=s_ma+t_mb$이다. 이런 부류의 수들 s_n과 t_n을 추적할 수 있는 유클리드 알고리즘 방안을 확장된 유클리드 알고리

즘 extended Euclidean algorithm이라 부른다.

예 7.1.5. 확장된 유클리드 알고리즘을 사용하여 gcd(574,168)을 찾아라, 그리고 그것을 574와 168의 한 일차결합으로 표현하여라.

풀이

그 계산은 그림 7.2에서 볼수 있다. $\gcd(574,168)=14=5 \cdot 574-17 \cdot 168$이다.

n	q_n	r_n	s_n	t_n	나눗셈
0		574	1	0	
1		168	0	1	$574 = 3 \cdot 168 + 70$
2	3	70	$1 - 3 \cdot 0 = 1$	$0 - 3 \cdot 1 = -3$	$168 = 2 \cdot 70 + 28$
3	2	28	$0 - 2 \cdot 1 = -2$	$1 - 2 \cdot (-3) = 7$	$70 = 2 \cdot 28 + 14$
4	2	14	$1 - 2 \cdot (-2) = 5$	$-3 - 2 \cdot 7 = -17$	$28 = 2 \cdot 14 + 0$
5	2	0			

그림 7.2 **확장된 유클리드 알고리즘에 의한** gcd(574,168)**의 계산**

정리 7.1.4의 한 즉각적인 결과로, 다음의 놀라운 사실을 알 수 있다.

정리 7.1.6. 모든 양의 정수들 a, b 그리고 d에 대하여, 만약 $d|a$이고 $d|b$이면 그러면 $d|\gcd(a,b)$ 이다.

증명. a, b 그리고 d가 임의의 양의 정수들이고 그리고 $d|a$이고 $d|b$라고 하자. 그러면 정수들 j와 k가 존재하여 $a=jd$이고 $b=kd$이다. 이제 정리 7.1.4에 의해서 s와 t가 정수들로서 $\gcd(a,b)=sa+tb$가 된다. 그러면

$$\gcd(a,b)=sa+tb=sjd+tkd=(sj+tk)d$$

따라서 $d|\gcd(a,b)$이다. ■

예 4.4.3의 부분3에서 나누는 관계는 $\mathbb{Z}^+$에서 한 준순서임을 주목하여라. 정리 7.1.6가 $\gcd(a,b)$를 $D(a)\cap D(b)$의 최대의 정수로 단순히 양의 정수들의 통상적인 순서만이 아니라

, 나눗셈에 대한 준순서로 해석될 수 있다.

연습문제

1. $a=57$이고 $b=36$이라 하자.
   (a) $D(a)$, $D(b)$ 그리고 $D(a)\cap D(b)$를 찾아라.
   (b) 유클리드 알고리즘을 사용하여 $\gcd(a,b)$를 찾아라.

*2. $\gcd(a,b)$를 찾고, 그리고 그것을 a와 b의 한 일차결합으로 표현하여라.
   (a) $a=775,\ b=682$
   (b) $a=562,\ b=243$

3. $\gcd(a,b)$를 찾고, 그리고 그것을 a와 b의 한 일차결합으로 표현하여라.
   (a) $a=2790,\ b=1206$
   (b) $a=191,\ b=156$

4. 정리 7.1.4의 한 또 다른 다음 증명을 완성하여라. a와 b가 양의 정수들이라 가정하자. $L=\{n\in\mathbb{Z}^+ \mid \exists s\in\mathbb{Z}\ \exists t\in\mathbb{Z}\,(n=sa+tb)\}$라 하자. L은 한 최소 원을 가짐을 보여라. d를 L의 최소 원이라 하자. 이제 $d=\gcd(a,b)$임을 보여라.(힌트: 당신이 a또는 b를 d로 나누면, 그 나머지는 양수가 될 수 없음을 보여라.)

*5. a와 b가 양의 정수들이고, 그리고 $d=\gcd(a,b)$라고 가정하자. 임의의 정수 n에 대하여, n이 a와 b의 한 일차결합이다 iff $d\mid n$이다.

6. 모든 양의 정수들 a, b 그리고 c에 대하여, $\gcd(a,b)=\gcd(a+bc,b)$임을 증명하여라.

*7. a, a', b 그리고 b'를 양의 정수들이라 가정하자.
   (a) 만약 $a\le a'$이고 $b\le b'$이면, $\gcd(a,b)\le\gcd(a',b')$이어야만 하는가? 한 증명을 하거나 또는 한 반례를 들어 당신의 답을 정당화하여라.
   (b) 만약 $a\mid a'$이고 $b\mid b'$이면, $\gcd(a,b)\mid\gcd(a',b')$이어야만 하는가? 한 증명을 하

거나 또는 한 반례를 들어 당신의 답을 정당화하여라.

8. 임의의 양의 정수 a에 대하여, $\gcd(5a+2, 13a+5)=1$임을 증명하여라.

*9. 모든 양의 정수들 a와 b에 대하여, $\gcd(2^a-1, 2^b-1)=2^{\gcd(a,b)}-1$임을 증명하여라.

10. 모든 양의 정수들 a, b 그리고 n에 대하여, $\gcd(na,nb)=n\gcd(a,b)$임을 증명하여라.

11. a, b 그리고 c가 양의 정수들이라 가정하자.
   (a) $D(\gcd(a,b))=D(a)\cap D(b)$임을 증명하여라.
   (b) $\gcd(\gcd(a,b),c)$는 $D(a)\cap D(b)\cap D(c)$의 최대원임을 증명하여라.

*12. (a) 유클리드 알고리즘을 사용하여 $\gcd(55,34)$를 찾아라. 당신은 수열 $r_0, r_1, r_2, \cdots$의 수들을 확인 하여라?(힌트: 6.4자을 되돌아 보여라.) 얼마나 많은 나눗셈단계들이 있는가?
   (b) $n\geq 2$이라 가정하자. $\gcd(F_{n+!}, F_n)$는 무엇인가? $\gcd(F_{n+!}, F_n)$을 찾는 유클리드 알고리즘을 사용할 때 얼마나 많은 나눗셈단계들이 있는가?(F_n은 n차 피보나치 수이다.)

13. a, b가 양의 정수들이고 $a\geq b$라 가정하자. $r_0, r_1, r_2, \cdots, r_{m+1}$을 $\gcd(a,b)$를 계산하기 위해서 유클리드 알고리즘에 의해서 만들어진 수열이라 하자. 여기서 $r_m\neq 0$이고 $r_{m+1}=0$이다. 이것은 알고리즘이 m 나눗셈들을 의미함에 주목하여라.
   (a) $\forall k\in\mathbb{N}(k<m\rightarrow r_{m-k}\geq F_{k+2})$임을 증명 하여라, 여기서 F_n은 n차 피보나치 수이다.
   (b) $\phi=(1+\sqrt{5})/2$라 하자.(ϕ는 황금비이다; 6.4장의 연습문제20을 보여라.) 임의의 양의 정수 k에 대하여, $F_k>\phi^k/\sqrt{5}-1$임을 증명하여라.(힌트: 정리 6.4.3.을 사용하여라.)
   (c) 다음을 보여라;

$$m < \frac{\log(b+1)}{\log\phi} + \frac{\log 5}{3\log\phi} - 1$$

(당신은 이 공식에서 밑이 10인 대수나 자연대수를 사용할 수 있다.)

(d) 만약 b가 기껏해야 100자릿수라면, 그러면 $\gcd(a,b)$를 계산하기 위해서 유클리드 알고리즘을 사용할 때 나눗셈의 개수는 기껏해서 479임을 보여라.

14. (a) 나눗셈 알고리즘의 다음 또 다른 안을 증명 하여라: 임의의 양의 정수들 a와 b에 대하여, 자연수들 q와 r이 존재하여 $r \le b/2$이고 $a = qb + r$이거나 또는 $a = qb - r$ 임을 증명하여라.

(b) a, b 그리고 r이 양의 정수들이고, q가 한 자연수이고, 그리고 $a = qb + r$이거나 또는 $a = qb - r$라 가정하자. $\gcd(a,b) = \gcd(b,r)$임을 증명하여라.

(c) a, b가 양의 정수들이고 $a \ge b$라 가정하자. 한 수열 $r_0, r_1, r_2, \cdots$을 점화적으로 다음과 같이 정의한다: $r_0 = a$, $r_1 = b$이고 모든 $n \ge 1$에 대하여, 만약 $r_n \ne 0$이면 그러면 우리는 부분 (a)를 사용하여 자연수들 q_{n+1}과 r_{n+1}을 찾아 $r_{n+1} \le r_n/2$이고 $r_{n-1} = q_{n+1}r_n + r_{n+1}$이거나 또는 $r_{n-1} = q_{n+1}r_n - r_{n+1}$이다. 어떤 m이 존재하여 $r_m \ne 0$이고 $r_{m+1} = 0$이다. 그리고 $\gcd(a,b) = r_m$이다. 이것이 우리에게 최대공약수를 계산하는 한 새로운 방법을 준다; 그것을 극소 절대 잉여 유클리드 알고리즘 least absolute remainder Euclidean algorithm 이라 부른다.

(d) $\gcd(1515, 555)$를 유클리드 알고리즘과 극소 절대 잉여 유클리드 알고리즘 두 가지로 계산하여라. 어느 쪽의 단계가 더 적은가?

7.2. 소인수분해

Prime Factorization

6.4장에서 임의의 정수 $n > 1$는 소수이거나 또는 한 소수들의 곱으로 쓸 수 있다는 것을 보았다; 우리는 n이 한 소인수분해를 가진다고 말한다. 이 장에서 우리는 이 소인수분해가 한 어떤 의미로 유일함을 보일 것이다. 이 탐구에서 한 중요한 도구는 최대공약수들일 것이다.

특히, 그들의 최대공약수들이 가능한 최소값 1인 양의 정수들의 쌍들에 흥미를 가질 것이다.

정의 7.2.1. 만약 a와 b가 양의 정수들로 $\gcd(a,b)=1$이라면, a와 b가 서로소 relatively prime이라 말한다.

동등하게, 그들의 공약수가 단지 1이면 서로소라고 말할 수 있다. 예를 들어, $D(50)=\{1,2,5,10,25,50\}$이고 $D(63)=\{1,3,7,9,21,63\}$이다.

따라서 $D(50)\cap D(63)=\{1\}$이다. 그러므로 $\gcd(50,63)=1$이다. 따라서 50과 63은 서로소이다. 서로소인 정수들이 중요한 한 이유는 다음 정리에 의해서 주어진다. 그 정리의 증명의 열쇠는 우리가 존재한다고 알고 있는 정수들에 대한 이름들을 소개하는 존재구상화 existential instantiation의 사용이다.

정리 7.2.2. 모든 양의 정수들 a, b, 그리고 c에 대하여, 만약 $c|ab$이고, 그리고 $\gcd(a,c)=1$이면 그러면 $c|b$이다.

증명. $c|ab$이고, 그리고 $\gcd(a,c)=1$이라 가정하자. 그러면 적당한 정수 j가 존재하여 $ab=cj$이다. 그리고 정리 7.1.4에 의해서, 정수들 s와 t가 존재하여 $sa+tc=1$이 된다. 그러므로

$$b=b\cdot 1=b\cdot(sa+tb)=sab+tbc=sjc+tbc=(sj+tb)c.$$

따라서 $c|b$이다. ■

만약 p가 한 소수이면 그러면 $D(p)=\{1,p\}$임을 상기하라. 따라서 임의의 양의 정수 a에 대하여, $\gcd(a,p)$는 단지 가능한 값은 1이거나 p이다. 만약 $p|a$이면 그러면 $\gcd(a,p)=p$이다. 그리고 만약 그렇지 않으면, a와 p의 공약수는 단지 1뿐이다. 그리고 그러므로 a와 p는 서로소이다. 이 관찰과 정리 7.2.2를 결합하면, 우리는 소수약수들의 다음의 중요한 사실을 얻는다.

정리 7.2.3. 모든 양의 정수들 a, b, 그리고 p에 대하여, 만약 p가 소수이고 그리고 $p|ab$이면

그러면 $p|a$ 이거나 또는 $p|b$이다.

증명. p가 소수이고 그리고 $p|ab$이라 가정하자. 앞에서 관찰한 바와 같이, 만약 $p \nmid a$이면 그러면 a와 p는 서로소이고, 그러므로 정리 7.2.2.에 의해서, $p|b$ 이다. 따라서 $p|a$이거나 또는 $p|b$이다. ■

해설. 논리합 $(p|a) \vee (p|b)$를 증명하기 위해서, $p \nmid a$라 가정하고 그러면 $p|b$ 를 증명하는 작전을 사용하였음을 상기하라.

수학적 귀납법을 사용하여, 이 정리를 한 일련의 양의 정수들의 곱을 나누는 한 소수의 경우에도 확장시킬 수 있다.

정리 7.2.4. p가 소수이고 그리고 $a_1, a_2, \cdots, a_k$가 양의 정수들이라고 가정하자. 만약 $p|(a_1 a_2 \cdots a_k)$이면, 어떤 $i \in \{1,2,\cdots,k\}$에 대하여, $p|a_i$이다.

증명. 이 정리를 k에 대한 귀납법으로 증명한다. 환언하면, 다음 명제를 귀납법을 사용하여 증명할 것이다: 임의의 $k \geq 1$에 대하여, 만약 p가 임의의 k개의$a_1, a_2, \cdots, a_k$의 곱을 나누면, 그것은 이 목록의 정수들 중 하나를 나눈다.

초기조건 $k=1$인 경우는, 그리고 이 경우의 명제는 분명히 참이다: 만약 $p|a_1$이면, 어떤 $i \in \{1\}$이 존재하여 $p|a_i$이다. 즉 ,$i=1$이다.

이제 그 명제가 임의의 k개의 양의 정수들의 목록에 대하여 성립한다고 가정하고, $a_1, a_2, \cdots, a_{k+1}$을 양의 정수들의 한 목록으로 $p|(a_1 a_2 \cdots a_k a_{k+1})$이라 하자. $a_1 a_2 \cdots a_k a_{k+1} = (a_1 a_2 \cdots a_k) a_{k+1}$ 이므로, 정리 7.2.3에 의해서 $p|(a_1 a_2 \cdots a_k)$ 이거나 또는 $p|a_{k+1}$이다. 처음 경우는, 귀납법 가설에 의해서 어떤 $i \in \{1,2,\cdots,k\}$에 대하여, $p|a_i$이다. 그리고 두 번째는 $i=k+1$일 때 $p|a_i$이다. ■

이제 소인수분해의 유일성에 대한 것을 이야기할 준비가 되었다. 예를 들어, 12를 소수들의 한 곱으로 쓰는 문제를 고려해보자. 실제로 12를 소수들의 곱으로 쓰는 서로 다른 방법은 3가지가 있다: $12=2 \cdot 2 \cdot 3=2 \cdot 3 \cdot 2=3 \cdot 2 \cdot 2$이다. 그러나 물론 3가지 경우 모두 다 우리는 3개의 같은 소수들을 곱한것으로, 단순히 곱하는 순서만 다르다. 이것들을 12의 3가지의 서로 다른 소수의 곱으로 세는 경우들을 피하기 위해서, 소수들을 작은것에서 큰 것으로 나열하여 분해를 고려하면 단 하나가 된다. 12의 소인수분해는 이 추가된 요건을 만족하려면 단 한 가지가 된다: $12=2 \cdot 2 \cdot 3$이다.

더욱 일반적으로, $p_1p_2 \cdots p_k$형식의 표현에 관심을 가질 것이다. 여기서 $p_1,p_2,\cdots,p_k$ 는 소수들이고 $p_1 \le p_2 \le \cdots \le p_k$ 이다. 그와 같은 곱의 표현을 한 소수들의 비감소 목록 nondecreasing list of prime numbers이라 부른다. 1보다 큰 임의의 정수는 한 유일한 방법으로 소수들의 비 감소 목록의 곱으로 쓸 수 있다.

회상해보면, 한 대상의 어떤 성질이 유일하다는 것을 보이기 위해서는, 그 성질을 갖는 임의의 두 가지 대상들이 같다는 것을 보여야 한다. 따라서 소인수분해의 유일성을 증명하는 열쇠는 다음 사실이 될 것이다.

정리 7.2.5. $p_1,p_2,\cdots,p_k$ 와 $q_1,q_2,\cdots,q_m$는 소수들이고, $p_1 \le p_2 \le \cdots \le p_k$, $q_1 \le q_2 \le \cdots \le q_m$, 그리고 $p_1p_2 \cdots p_k = q_1q_2 \cdots q_m$ 라 가정하자. 그러면 $k=m$이고 그리고 모든 $i \in \{1,2,\cdots,k\}$에 대하여, $p_i = q_i$이다.

증명. 그 증명은 k에 관한 귀납법이 될 것이다. 환언하면, 귀납법을 사용하여 모든 $k \ge 1$에 대하여 증명한다. 만약 k개의 어떤 소수들의 비감소 목록의 곱이 어떤 또 다른 소수들의 비감소 목록의 곱과 같으면, 그러면 두 목록들은 같아야만 한다.
$k=1$일때, 우리는 $p_1 = q_1q_2 \cdots q_m$ 이다. 만약 $m > 1$이면 이것은 p_1이 소수라는 사실에 모순이다. 그러므로 $m=1$이고 $p_1 = q_1$이다.

귀납적 단계에 대해서는, 그 명제가 k개의 어떤 소수들의 비감소목록의 곱에 대해서는 참이라고 가정하자. 그리고 $p_1,p_2,\cdots,p_{k+1}$ 와 $q_1,q_2,\cdots,q_m$는 소수들이고, $p_1 \le p_2 \le \cdots \le p_{k+1}$, $q_1 \le q_2 \le \cdots \le q_m$, 그리고 $p_1p_2 \cdots p_{k+1} = q_1q_2 \cdots q_m$라 가정하자.

만약 $m=1$이면 그러면 이 방정식은 $p_1p_2 \cdots p_{k+1} = q_1$임이다. 그리고 초기조건에서와 같이 이것은 q_1이 소수라는 사실에 모순이다. 따라서 $m > 1$이다.

분명히 $p_{k+1} | (p_1p_2 \cdots p_{k+1})$이다. 따라서 $p_{k+1} | (q_1q_2 \cdots q_m)$이다. 그리고 정리 7.2.4에

의해서 그것은 어떤 i에 대하여 $p_{k+1}|q_i$가 된다. 그러므로 $p_{k+1} \leq q_i \leq q_m$이다. 한 유사한 논증은 어떤 j에 대하여 $q_m|p_j$을 보여준다. 따라서 $q_m \leq p_j \leq p_{k+1}$ 이다. 우리는 $p_{k+1} = q_m$라 결정한다. 방정식 $p_1p_2 \cdots p_{k+1} = q_1q_2 \cdots q_m$으로부터 이 인수들을 약분하면 $p_1p_2 \cdots p_k = q_1q_2 \cdots q_{m-1}$ 을 얻는다. 그리고 이제 귀납법 가설은 그 방정식의 양 변의 남은 인수들은 요구되는 바와 같이, 같아진다. ■

이제 우리가 소인수분해에 대한 존재성과 유일성을 수립하는데 필요한 모든 것을 갖춘 위치에 있다. 다음 정리는 산술의 기본정리로 알려진 매우 중요한 것이다.

정리 7.2.6.(산술의 기본정리 Fundamental theorem of arithmetic)
임의의 정수 $n > 1$에 대하여 $p_1 \leq p_2 \leq \cdots \leq p_k$인 유일한 소수들 $p_1, p_2, \cdots, p_k$ 이 존재하고 그리고 $n = p_1p_2 \cdots p_k$이다.

증명. 정리 6.4.2에 의해서, 1보다 큰 모든 정수는 소수이거나 또는 한 소수들의 곱이다. 소수들을 가장 작은 것으로부터 가장 큰 것으로 나열하여 소수들의 비감소인 소수의 곱으로 쓸 수 있다. 인수분해의 유일성은 정리 7.2.5.으로부터 나온다. ■

만약 소수들의 목록 $p_1, p_2, \cdots, p_k$의 곱으로 쓸 때 $1 \cdot p_1p_2 \cdots p_k$의 형식으로 쓴다면, 그러면 공집합의 곱을 1로 보는 관례를 소개하는 것이 자연스럽다. 이 관례로 산술의 기본정리를 모든 양의 정수는 한 유일한 소인수분해를 가진다고 확장할 수 있다. 여기서 수 1의 인수분해는 소수의 공집합의 목록의 곱이다.

예 7.2.7. 다음 정수들의 소인수분해를 찾아라:

$$275, \quad 276, \quad 277.$$

풀이

한 양의 정수의 소인수분해를 구하는 가장 똑바른 방법은 가장 작은 소인수를 탐색하는 것이다.

그것을 인수분해하고, 그리고 그것을 모든 인수들이 소수가 될 때까지 계속한다. 이것이 다음 결과를 준다.(277은 소수임을 주목하여라, 따라서 277에 대한 인수분해 과정은 즉각 끝난다.)

$$275 = 5 \cdot 55 = 5 \cdot 5 \cdot 11,$$
$$276 = 2 \cdot 138 = 2 \cdot 2 \cdot 69 = 2 \cdot 2 \cdot 3 \cdot 23$$
$$277 = 277$$

한 정수의 소인수분해에서 반복되는 소수들이 있을 때는, 가끔 소인수분해를 쓸 때 지수 표기를 사용한다. 예를 들어, 마지막 예의 275와 276의 인수분해에서 $275 = 5^2 \cdot 11$ 그리고 $276 = 2^2 \cdot 3 \cdot 23$의 형식으로 쓸 수 있다. 더욱 일반적으로, 한 양의 정수 n는 소인수분해로 $n = p_1^{e_1} p_2^{e_2} \cdots p_k^{e_k}$ 형식으로 쓸 수 있다. 여기서 $p_1, p_2, \cdots, p_k$ 은 소수들이고, $p_1 \le p_2 \le \cdots \le p_k$이고, 그리고 $e_1, e_2, \cdots, e_k$은 양의 정수들이다.

다시, 산술의기본정리에 의해서, n의 이 표현은 유일하다.

산술의기본정리는 수론의 여러 가지의 개념들에 대한 통찰력을 재공해 줄 수 있다. 예를 들어, n와 d가 양의 정수들이고 그리고 $d|n$이라 가정하자. 그러면 어떤 양의 정수 c가 존재하여 $cd = n$이다. 이제 c와 d의 소인수분해를 $c = p_1 p_2 \cdots p_k$ $d = q_1 q_2 \cdots q_m$리 하자. 그러면 $n = cd = p_1 p_2 \cdots p_k q_1 q_2 \cdots q_m$ 이다. 만약 이 곱을 비감소순서로 재배열하면, 이것은 n의 소인수분해는 유일해야만 한다. 그러므로 d는 n의 소인수분해의 어떤 소수들의 부분집합족의 곱이 되어야만 한다. 우리가 여기서 부분집합족이 공집합인 부분집합족($d = 1$이고 그리고 $c = n$이 된다)이거나 또는 n의 인수분해에 모든 소수들을 다 포함한다.($d = n$이고 $c = 1$이 된다).

이 결론을 지수표기로 바꿔 말하면, n의 소인수분해는a와 b를 이라 가정하자. 그러면 n의 약수들은 분명히 $p_1^{f_1} p_2^{f_2} \cdots p_k^{f_k}$ 형식의 수들이다. 여기서 모든 $i \in \{1, 2, \cdots, k\}$, $0 \le f_i \le e_i$이다. 예를 들어, 예 7.2.7에서 276의 소인수분해는 $276 = 2^2 \cdot 3 \cdot 23$이다. 그러므로

$$D(276) = \{1, 2, 2^2, 3, 2 \cdot 3, 2^2 \cdot 3, 23, 2 \cdot 23, 2^2 \cdot 23, 3 \cdot 23, 2 \cdot 3 \cdot 23, 2^2 \cdot 3 \cdot 23\}$$
$$= \{1, 2, 4, 3, 6, 12, 23, 46, 92, 69, 138, 276\}.$$

소인수분해는 최대공약수를 이해하는데 역시 협조해준다. a와 b를 양의 정수들이라고 가정하자. $p_1, p_2, \cdots, p_k$를 a나 또는 b의 소인수분해에서 나오는 모든 소수들의 한 목록이라고 하자. 그러면 우리는 a와 b를 다음 형식으로 쓸 수 있다:

$$a = p_1^{e_1} p_2^{e_2} \cdots p_k^{e_k}, \quad b = p_1^{f_1} p_2^{f_2} \cdots p_k^{f_k}$$

여기서 지수들 e_i와 f_i들 중에 어떤 것은 0이 될 수 있다. 왜냐하면 인수분해에서 어떤 소수들은 단 한번만 나타날 수 있기 때문이다. 앞 문단에서의 나눗셈의 논의와 소인수분해에 의해서, a와 b의 공통인수들은 모두 $p_1^{g_1} p_2^{g_2} \cdots p_k^{g_k}$ 형식의 수들이다. 여기서 모든 $i \in \{1, 2, \cdots, k\}$, $g_i \le e_i$이고 $g_i \le f_i$이다. 최대공약수는 각 g_i가 가장 큰 가능한 값이라고 놓아서 찾을 수 있고, 여기서 $\min(e_i, f_i) = e_i$와 f_i의 최소값이다. 환언하면,

$$\gcd(a, b) = p_1^{\min(e_1, f_1)} p_2^{\min(e_2, f_2)} \cdots p_k^{\min(e_k, f_k)}$$

예를 들어, 예 7.1.3에서 $\gcd(1392, 444) = 12$을 찾기 위해서 유클리드 알고리즘을 사용했다. 대신에 1392와 444를 인수분해 할 수 있다:

$$1392 = 2^4 \cdot 3 \cdot 29 = 2^4 \cdot 3^1 \cdot 29^1 \cdot 37^0,$$
$$444 = 2^2 \cdot 3 \cdot 37 = 2^2 \cdot 3^1 \cdot 29^0 \cdot 37^1.$$

이 인수분해가 우리에게 1392와 444 의 최대공약수를 찾는 또 다른 방법을 제공한다:

$$\gcd(1392, 444) = 2^{\min(4,2)} \cdot 3^{\min(1,1)} \cdot 29^{\min(1,0)} \cdot 37^{\min(0,1)}$$
$$= 2^2 \cdot 3^1 \cdot 29^0 \cdot 37^0 = 12.$$

보통으로 유클리드 알고리즘이 소인수분해하는 것 보다 두 양의 정수들의 초대공약수를 찾는 더 효율적인 방법이다. 그러나 만약 우연히 두 양의 정수들의 소인수분해들을 알고 있다면, 그러면 당신은 최대공약수를 아주 쉽게 계산할 수 있다.

소인수분해에 의해서 명료하게 되는 또 다른 개념은 최소공배수이다. 임의의 양의 정수들 a와 b에 대하여, a와 b의 최소공배수 least common multiple, $\mathrm{lcm}(a,b)$표기되는 것은 최소 양의 정수 m으로 $a|m$이고 $b|m$인수이다. 최소공배수들은 우리가 분수들을 더할 때 나타난다.: 두 개의 분수를 더하기 위해서 분모들 a와 b로, 그들의 최소공배수 $\mathrm{lcm}(a,b)$를 다시 써서 출발한다. 전과 같이 가정하자.

$$a = p_1^{e_1} p_2^{e_2} \cdots p_k^{e_k}, \quad b = p_1^{f_1} p_2^{f_2} \cdots p_k^{f_k}$$

모든 $i \in \{1,2,\cdots,k\}$에 대하여, 임의의 a와 b의 공배수는 그것의 소인수분해에서 한 인수 $p_i^{g_i}$를 포함 해야만한다. 여기서 $g_i \geq e_i$이고 $g_i \geq f_i$이다. g_i의 가능한 최소의 값은 e_i와 f_i의 최대값이고, 그것을 우리는 $\max(e_i, f_i)$로 표기할 것이고, 따라서

$$\mathrm{lcm}(a,b) = p_1^{\max(e_1,f_1)} p_2^{\max(e_2,f_2)} \cdots p_k^{\max(e_k,f_k)}$$

이다. 임의의 수 들 e와 f에 대하여, $\min(e,f) + \max(e,f) = e + f$를 보이는 것은 어렵지 않다.(연습문제 4를 보여라) 따라서

$$\gcd(a,b) \cdot \mathrm{lcm}(a,b) = (p_1^{\min(e_1,f_1)} p_2^{\min(e_2,f_2)} \cdots p_k^{\min(e_k,f_k)}) \cdot (p_1^{\max(e_1,f_1)} p_2^{\max(e_2,f_2)} \cdots p_k^{\max(e_k,f_k)})$$

$$= p_1^{\min(e_1,f_1)+\max(e_1,f_1)} p_2^{\min(e_2,f_2)+\max(e_2+f_2)} \cdots p_k^{\min(e_k,f_k)+\max(e_k,f_k)}$$

$$= p_1^{e_1+f_1} p_2^{e_2+f_2} \cdots p_k^{e_k+f_k}$$

$$= (p_1^{e_1} p_2^{e_2} \cdots p_k^{e_k})\ (p_1^{f_1} p_2^{f_2} \cdots p_k^{f_k}) = ab$$

이것은 $\mathrm{lcm}(a,b)$를 계산하는 다른 방법을 제공한다.

$$\mathrm{lcm}(a,b)=\frac{ab}{\gcd(a,b)}$$

이 공식의 한 또 다른 증명에 대해서는, 연습문제 8을 보여라.

예를 들어, 이제 lcm(1392, 4440)을 계산하는 두 가지 방법을 가진다.:

$$\begin{aligned}\mathrm{lcm}(1392, 444) &= 2^{\max(4,2)} \cdot 3^{\max(1,1)} \cdot 29^{\max(1,0)} \cdot 37^{\max(0,1)} \\ &= 2^4 \cdot 3^1 \cdot 29^1 \cdot 37^1 = 51504.\end{aligned}$$

그리고

$$\mathrm{lcm}(1392, 444)=\frac{1392 \cdot 444}{\gcd(1392, 444)}=\frac{618048}{12}=51504$$

이것은 만약 우리가 분모들이 1392이고 444인 두 개의 분수들을 합할 때, 공통분모로 51504를 사용해야함을 보여준다.

예 7.2.8. 1386과 1029의 최소공배수를 찾아라.

풀이

유클리드 알고리즘을 사용하여 gcd(1386, 1029)를 찾는 것으로 시작한다. 그림 7.3에서의 계산은 gcd(1386, 1029) = 21임을 보여준다. 그러므로

$$\mathrm{lcm}(1386, 1029)=\frac{1386 \cdot 1029}{\gcd(1386, 1029)}=\frac{1386 \cdot 1029}{21}=67914$$

n	q_n	r_n	나눗셈
0		1386	
1		1029	$1386 = 1 \cdot 1029 + 357$
2	1	357	$1029 = 2 \cdot 357 + 315$
3	2	315	$357 = 1 \cdot 315 + 42$
4	1	42	$315 = 7 \cdot 42 + 21$
5	7	21	$42 = 2 \cdot 21 + 0$
6	2	0	

그림 7.3 **유클리드 알고리즘에 의한** gcd(1386, 1029)**의 계산**

대안으로, 소인수분해를 사용할 수 있다: $1386 = 2 \cdot 3^2 \cdot 7 \cdot 11$이고 $1029 = 3 \cdot 7^3$이다. 따라서 $\mathrm{lcm}(1386, 1029) = 2 \cdot 3^2 \cdot 7^3 \cdot 11 = 67914$.

연습문제

1. 다음 양의 정수들 의 소인수분해를 찾아라: 650, 756, 1067.

*2. $\mathrm{lcm}(1495, 650)$을 찾아라.

3. $\mathrm{lcm}(1953, 868)$을 찾아라.

4. 임의의 수들 e와 f에 대하여, $\min(e,f) + \max(e,f) = e + f$임을 증명하여라.

*5. a와 b가 양의 정수들이라 가정하자. a와 b가 서로소 이다 iff 그들의 소인수분해들은 공통인 소수들을 갖지 않음을 증명하여라.

6. a와 b가 양의 정수들이라 가정하자. a와 b가 서로소 이다 iff 정수들 s와 t가 존재하여 $sa + tb = 1$이 성립함을 증명하여라.
7. a, b, a' 그리고 b'가 양의 정수들이고, a와 b가 서로소이고, $a'|a$, 그리고 $b'|b$라 가정하자. a'와 b'는 서로소임을 증명하여라.

*8. a와 b가 양의 정수들이라 가정하자. 이 연습문제에서 당신은 공식 $\mathrm{lcm}(a,b)=ab/\gcd(a,b)$의 또 다른 증명을 줄 수 있을 것이다. $m=\mathrm{lcm}(a,b)$라 하자.

(a) $ab/\gcd(a,b)$가 한 정수이고 그리고 $a|(ab/\gcd(a,b))$와 $b|(ab/\gcd(a,b))$임을 증명하여라. 이것을 사용하여 $m \le ab/\gcd(a,b)$을 결정하여라.

q와 r은 ab를 m으로 나눌 때 몫과 나머지라 하자. 따라서 $ab=qm+r$이고 $0 \le r < m$이다.

(b) $r=0$을 증명하여라.

(c) 부분(b)에 의해서, $ab=qm$이다. $q|a$이고 $q|b$임을 증명하여라.

(d) 부분 (c)를 사용하여 $m \ge ab/\gcd(a,b)$를 결정하자. 부분 (a)와 함께, 이것은 $m=ab/\gcd(a,b)$ 임을 보여준다.

9. a와 b가 양의 정수들이라고 가정하자. 그리고 $d=\gcd(a,b)$라고 하자. 그러면 $d|a$이고 $d|b$이다. 따라서 양의 정수들 j와 k가 존재하여 $a=jd$이고 $b=kd$이다. j와 k가 서로소임을 증명하여라.

10. 모든 양의 정수들 a, b, 그리고 d에 대하여, 만약 $d|ab$이면 양의 정수들 d_1과 d_2가 존재하여 $d=d_1d_2$, $d_1|a$, 그리고 $d_2|b$ 을 증명하여라.

*11. 모든 양의 정수들 a, b, 그리고 m에 대하여, 만약 $a|m$이고 $b|m$이면 그러면 $\mathrm{lcm}(a,b)|m$임을 증명하여라.

12. a, b와 c가 양의 정수들이라고 가정하자. m이 $a|m$, $b|m$이고 $c|m$인 최소의 양의 정수라 하자. $m=\mathrm{lcm}(\mathrm{lcm}(a,b),c)$임을 증명하여라.

*13. 모든 양의 정수들 a와 b에 대하여, 만약 $a^2|b^2$이면 그러면 $a|b$임을 증명하여라.

14. (a) $5p+9\in\{n^2|n\in N\}$가 되는 모든 소수들 p를 찾아라.

(b) $15p+4\in\{n^2|n\in N\}$가 되는 모든 소수들 p를 찾아라.

(c) $5p+8\in\{n^2|n\in N\}$가 되는 모든 소수들 p를 찾아라.

15. $H=\{4n+1|n\in N\}=\{1,5,9.13,\cdots\}$라 하자. H의 원소들을 힐베르트 수들 Hilbet numbers라 부른다.(David Hilbert(1862-1943)의 이름을 딴 것) 1보다 더 큰 힐버트 수가 더 작은 두 힐베르트 수들의 곱으로 쓸 수 없는 수를 힐벨르트 소수 Hilbert prime라 부른다. 예를 들어, 9는 한 힐버트 소수이다.(물론, $9=3\cdot 3$이므로, 9는 소수가 아니다. 그러나 $3\not\in H$이다.)

(a) H는 곱셈에 대하여 닫혀있다. $\forall x\in H\forall y\in H(xy\in H)$.

(b) 임의의 1보다 큰 힐베르트 수는 한 힐베르트 소수이거나 또는 두 개 또는 더 많은 힐베르트 소수들의 한 곱으로 됨을 보여라.

(c) 441은 두 가지 방법으로 비감소인 힐베르트 소수들의 목록의 한 곱으로 쓸 수 있음을 보여라. 따라서 힐베르트 소수의 인수분해는 유일하지 않다.

*16. a와 b가 양의 정수들이라고 가정하자. 서로소인 양의 정수들 c와 d가 존재하여 $c|a, d|b,$이고 $cd=\text{lcm}(a,b)$가 성립함을 증명하여라.

17. a, b와 c가 양의 정수들이라고 가정하자.

(a) $\gcd(a,bc)|(\gcd(a,b)\cdot\gcd(a,c))$임을 증명하여라.

(b) $\text{lcm}(\gcd(a,b),\gcd(a,c))|\gcd(a,bc)$임을 증명하여라.(힌트: 연습문제 11 참조).

(c) b와 c가 서로소라 가정하자. $\gcd(a,bc)=\gcd(a,b)\cdot\gcd(a,c)$임을 증명하여라.

18. 6.2장의 연습문제 5로부터 수들 $F_n=2^{(2^n)}+1$을 페르마 수들이라 부른 것을 회상하라. 페르마는 $0\le n\le 4$에 대하여 F_n은 소수임을 보였고, 오일러는 F_5가 소수가 아님을 보였다. $n>4$인 임의의 F_n이 소수인 것이 존재하는지 알려져 있지 않다. 이 연습문제에서 당신은 사람들이 왜 이 형식의 소수들에 흥미를 갖는지 그 이유를 보게될 것이다. 만약 m이 양의 정수이고 그리고 2^m+1이 소수이면, 그러면 m은 2의 한 멱임을 보여라.(힌트: 만약 m이 2의 한 멱이 아니면, 그러면 m은 그것의 소인수분해에서 홀수 소수 p를 가진다.
따라서 한 양의 정수 r이 존재하여 $m=pr$이다. 이제 6.1장의 연습문제 14를 적용하여 $(2^r+1)|(2^m+1)$임을 결정하여라.)

*19. x가 양의 유리수라 가정하자.

(a) 양의 정수들 a와 b가 존재하여, $x = a/b$이고 $\gcd(a,b) = 1$이 됨을 증명하여라.

(b) a, b, c, 그리고 d가 양의 정수들이고, $x = a/b = c/d$,
그리고 $\gcd(a,b) = \gcd(c,d) = 1$이라 가정하자. $a = c$이고 $b = d$임을 증명하여라.

(c) 소수들 $p_1, p_2, \cdots, p_k$와 그리고 영이 아닌 정수들 $e_1, e_2, \cdots, e_k$ 이 존재하여 $p_1 \le p_2 \le \cdots \le p_k$이고

$$x = p_1^{e_1} p_2^{e_2} \cdots p_k^{e_k}$$

임을 증명하여라.
지수들 e_i의 어떤 것은 음수일 수도 있음을 주목하여라.

(d) 부분 (c)의 x의 표현은 유일함을 증명하여라. 환언하면, 만약 $p_1, p_2, \cdots, p_k$ 그리고. $q_1, q_2, \cdots, q_m$ 은 소수들이고, $e_1, e_2, \cdots, e_k$과 $f_1, f_2, \cdots, f_m$은 영이 아닌 정수들이고, $p_1 \le p_2 \le \cdots \le p_k$이고 $q_1 < q_2 < \cdots < q_m$이고,

$$x = p_1^{e_1} p_2^{e_2} \cdots p_k^{e_k} = q_1^{f_1} q_2^{f_2} \cdots q_m^{f_m}$$

그러면 $k = m$이고 모든 $i \in \{1, 2, \cdots, k\}$에 대하여, $p_i = q_i$이고 $e_i = f_i$임을 증명하여라.

20. $\sqrt{2}$가 무리수임을 다음 증명을 완성하여라: $a/b = \sqrt{2}$라고 가정하자. 여기서 a와 b는 양의 정수들이다. 그러면 $a^2 = 2b^2$이다. 이제 a와 b의 소인수분해에서 2의 지수를 고려하여 한 모순을 유도한다.

7.3 모듈러 산술 Modular Arithmetic

m을 한 양의 정수라 가정하자. 정의 4.5.9로부터 임의의 정수들 a와 b에 대하여,

만약 $m|(a-b)$이면 a는 b와 m을 법으로 합동 a is congruent to b modulo m이라고 말하며, $a \equiv b(\bmod m)$라 쓰고, 또는 더 간략하게 $a \equiv_m b$라 쓰고, a는 b와 m을 법으로 합동임을 가리킨다. 정리 4.5.10에서 $\equiv_m$은 Z위에서 동치관계이다. 임의의 정수 a에 대하여, $[a]_m$는 a의 동치관계 $\equiv_m$에 관한 동치류라 한다. 이 모든 동치류 집합을 $Z/\equiv_m$으로 표기한다. 따라서

$$[a]_m = \{b \in \mathbb{Z} \,|\, b \equiv a(\bmod m)\}, \qquad \mathbb{Z}/\equiv_m = \{[a]_m | a \in \mathbb{Z}\}$$

정리 4,5.4에서 아는 바와 같이, $\mathbb{Z}/\equiv_m$는 $\mathbb{Z}$의 한 분할이다.

예를 들어, $m=3$인 경우에 다음을 얻는다:

$$[0]_3 = \{b \in \mathbb{Z} \,|\, b \equiv 0(\bmod 3)\} = \{0, 3, 6, 9, \cdots, -3, -6, -9, \cdots\}$$
$$[1]_3 = \{b \in \mathbb{Z} \,|\, b \equiv 1(\bmod 3)\} = \{1, 4, 7, 10, \cdots, -2, -5, -8, \cdots\}$$
$$[2]_3 = \{b \in \mathbb{Z} \,|\, b \equiv 2(\bmod 3)\} = \{2, 5, 8, 11, \cdots, -1, -4, -7, \cdots\}$$

임의의 정수는 이 동치류들 중 단 하나의 원소임을 상기하여라. 그것은 모든 원소는 3을 법으로 수들 0, 1, 그리고 2중 단 하나와 합동이 된다. 이것이 다음의 일반적인 정리의 한 예이다.

정리 7.3.1. m을 한 양의 정수라 가정하자. 그러면 임의의 정수 a에 대하여, $0 \le r < m$이고 $a \equiv r(\bmod m)$인 단 하나의 정수 r이 존재한다.

증명. a를 임의의 한 정수라 하자. a를 m으로 나눌 때 몫과 나머지를 q와 r이라 하자.(6.4장의 연습문제 14를 참조.) 이것은 $a = qm + r$이고 $0 \le r < m$을 의미한다. 그러면 $a - r = qm$이다. 따라서 $m|(a-r)$이다. 그리고 그러므로 $a \equiv r(\bmod m)$이다. 이것은 필요한 정수 r의 존재성을

증명한 것이다.

유일성을 증명하기 위해서, r_1과 r_2은 정수들로 $0 \le r_1 < m$, $0 \le r_2 < m$, $a \equiv r_1 \pmod{m}$ 그리고 $a \equiv r_2 \pmod{m}$라 가정하자. 그러면 동치관계 $\equiv_m$의 대칭성과 추이성에 의해서, $r_1 \equiv r_2 \pmod{m}$이다. 따라서 어떤 정수 d가 존재하여 $r_1 - r_2 = dm$이 된다. 그러나 $0 \le r_1 < m$, $0 \le r_2 < m$로 부터, 우리는 $-m < r_1 - r_2 < m$을 알 수 있다.

따라서 $-m < dm < m$이다. 그것은 $-1 < d < 1$을 유도한다. -1과 1사이에 있는 단 하나의 정수는 0뿐이다. 따라서 $d=0$이다 그리고 그러므로 $r_1 - r_2 = dm = 0$ 이다. 환언하면, $r_1 = r_2$ 이다. ■

해설. 물론, 수 r의 존재성과 유일성을 분리해서 증명되었다. 그리고 유일성의 증명은 r_1과 r_2이 필요한 성질들을 갖는 두 정수들이라 가정하여 통상적인 작전을 사용하여 그래서 $r_1 = r_2$ 임을 증명한다.

정리 7.3.1은 임의의 정수는 집합 $\{0, 1, 2, \cdots, m-1\}$의 단하나의 원소와 m을 법으로 합동이다. 이 집합을 법m에 관한 완전잉여계 complete residue system이라 말한다.

보조정리 4.5.5을 주목하자.

$$a \equiv r \pmod{m} \quad \text{iff} \quad a \in [r]_m \quad \text{iff} \quad [a]_m = [b]_m$$

따라서 정리 7.3.1은 $\mathbb{Z}/\equiv_m$에서의 임의의 동치류는 목록 $[0]_m, [1]_m, \cdots, [m-1]_m$안에서 정확히 하나의 동치류와 같다. 따라서 이 m개의 동치류들은 서로 다르다. 그리고 $\mathbb{Z}/\equiv_m = \{[0]_m, [1]_m, \cdots, [m-1]_m\}$이다.

$\mathbb{Z}/\equiv_m$에서 임의의 두 개의 동치류 X와 Y를 고려해보자. 만약 X와 Y를 더하거나 또는 곱할 때 놀라운 일이 발생한다. $x \in X$와 $y \in Y$에 대한 $x+y$의 모든 합들은 어떤 같은 동치류에 포함된다. 그리고 역시 xy도 같은 동치류에 포함된다. 환언하면, 우리는 다음 정리를 가진다.

정리 7.3.2. m이 한 양의 정수이고 X와 Y를 $\mathbb{Z}/\equiv_m$의 원소들이라 가정하자. 그러면:

1. $\forall x \in X \forall y \in Y(x+y \in S)$인 한 유일한 $S \in \mathbb{Z}/\equiv_m$가 존재한다.
2. $\forall x \in X \forall y \in Y(xy \in P)$인 한 유일한 $P \in \mathbb{Z}/\equiv_m$가 존재한다.

이 정리를 짧게 증명할 것이다. 그러나 처음에 그것을 사용하여 $\mathbb{Z}/\equiv_m$위에서 두 개의 이항연산을 소개할 것이다.

정의 7.3.3. X와 Y를 $\mathbb{Z}/\equiv_m$의 원소들이라 가정하자. 그러면 $X+Y$와 $X \cdot Y$로 표기하는 X와 Y의 합과 곱을 다음과 같이 정의하자:
$X+Y=$ $\forall x \in X \forall y \in Y(x+y \in S)$인 한 유일한 S.
$X \cdot Y=$ $\forall x \in X \forall y \in Y(xy \in P)$인 한 유일한 P.

우리의 정리 7.3.2의 증명의 열쇠는 다음 보조정리일 것이다.

보조정리 7.3.4. m을 한 양의 정수라 가정하자. 모든 정수들 a, a', b, 그리고 b'에 대하여, 만약 $a' \equiv a (\mathrm{mod}\, m)$이고 $b' \equiv b (\mathrm{mod}\, m)$ 이면 그러면 $a'+b' \equiv a+b (\mathrm{mod}\, m)$이고 $a'b' \equiv ab (\mathrm{mod}\, m)$이다.

증명. $a' \equiv a (\mathrm{mod}\, m)$이고 $b' \equiv b (\mathrm{mod}\, m)$이라 가정하자. 그러면 $m|(a'-a)$이고 $m|(b'-b)$이다. 따라서 정수들 c와 d를 택하여 $a'-a=cm$이고 $b'-b=dm$이다. 또는 환원하면 $a'=a+cm$이고 $b'=b+dm$이다. 그러므로
$(a'+b')-(a+b)=(a+cm+b+dm)-(a+b)=cm+dm=(c+d)m.$
따라서 $m|((a'+b')-(a+b))$이다. 이것은 $a'+b' \equiv a+b (\mathrm{mod}\, m)$을 의미한다. 유사하게,
$a'b'-ab=(a+cm)(b+dm)-ab=adm+bcm+cdm^2=(ad+bc+cdm)m.$
따라서 $m|(a'b'-ab)$이다. 이것은 $a'b' \equiv ab (\mathrm{mod}\, m)$을 의미한다. ■

정리 7.3.2의 증명. X와 Y를 $\mathbb{Z}/\equiv_m$의 원소들이라 가정하자. a와 b가 정수들로 $X=[a]_m$이고 $Y=[b]_m$이라 하자. 부분1을 증명하기 위해서, $S=[a+b]_m$이라 하자. 이제 $x \in X$이고 $y \in Y$에서 임의라 하자. 그러면 $x \in [a]_m$이고 $y \in [b]_m$이다. 따라서 $x \equiv a (\mathrm{mod}\, m)$이고 $y \equiv b (\mathrm{mod}\, m)$이다. 보조정리 7.3.4에 의해서 그것은

$x+y\equiv a+b(\bmod m)$이 된다. 따라서 $x+y\in[a+b]_m=S$이다. x와 y가 임의이므로, 우리는 $\forall x\in X\forall y\in Y(x+y\in S)$라 결정할 수 있다.

S가 유일함을 증명하기 위해서, S'를 또 다른 $\forall x\in X\forall y\in Y(x+y\in S')$를 만족하는 동치류라 가정하자. $a\in X$이고 $b\in Y$이므로, $a+b\in S$이고 $a+b\in S'$이다. 그러므로 S와 S'는 서로소가 아니다. 그리고 $\mathbb{Z}/\equiv_m$는 쌍끼리 서로소이므로, 이것은 $S=S'$를 유도한다.

부분2의 증명은 유사하다. $P=[ab]_m$을 사용한다; 연습문제 2 참조. ■

정리 7.3.2의 증명을 위해서 만약 $X=[a]_m$이고 $Y=[b]_m$이라하면, 그러면 X와 Y의 합은 동치류 $S=[a+b]_m$이고, 그리고 곱은 $P=[ab]_m$이다. 따라서 다음 정리를 얻는다.

정리 7.3.5. 임의의 양의 정수 m과 임의의 정수들 a와 b에 대하여,

$$[a]_m+[b]_m=[a+b]_m \text{ 그리고 } [a]_m\cdot[b]_m=[ab]_m.$$

이 생각들을 시도해보자. $m=5$인 경우를 고려해보자. $Z/\equiv_5$의 임의의 원소는 $[0]_5$, $[1]_5$, $[2]_5$, $[3]_5$이거나 또는 $[4]_5$와 같다 그리고 가끔 이 형식들 중에서 하나로 동치류들을 써서 선택할 것이다. 예를 들어, $[2]_5+[4]_5=[6]_5$, 그러나 역시 $6\equiv 1(\bmod 5)$, 따라서 $[6]_5=[1]_5$이다. 따라서 우리는 $[2]_5+[4]_5=[1]_5$라 말 할 수 있다. 유사하게, $[2]_5\cdot[4]_5=[8]_5=[3]_5$이다. 그림 7.4는 $\mathbb{Z}/\equiv_5$에 대한 완전한 덧셈과 곱셈표를 보여준다.

$+$	$[0]_5$	$[1]_5$	$[2]_5$	$[3]_5$	$[4]_5$
$[0]_5$	$[0]_5$	$[1]_5$	$[2]_5$	$[3]_5$	$[4]_5$
$[1]_5$	$[1]_5$	$[2]_5$	$[3]_5$	$[4]_5$	$[0]_5$
$[2]_5$	$[2]_5$	$[3]_5$	$[4]_5$	$[0]_5$	$[1]_5$
$[3]_5$	$[3]_5$	$[4]_5$	$[0]_5$	$[1]_5$	$[2]_5$
$[4]_5$	$[4]_5$	$[0]_5$	$[1]_5$	$[2]_5$	$[3]_5$

$\cdot$	$[0]_5$	$[1]_5$	$[2]_5$	$[3]_5$	$[4]_5$
$[0]_5$	$[0]_5$	$[0]_5$	$[0]_5$	$[0]_5$	$[0]_5$
$[1]_5$	$[0]_5$	$[1]_5$	$[2]_5$	$[3]_5$	$[4]_5$
$[2]_5$	$[0]_5$	$[2]_5$	$[4]_5$	$[1]_5$	$[3]_5$
$[3]_5$	$[0]_5$	$[3]_5$	$[1]_5$	$[4]_5$	$[2]_5$
$[4]_5$	$[0]_5$	$[4]_5$	$[3]_5$	$[2]_5$	$[1]_5$

그림 7.4 $Z/\equiv_5$에 대한 덧셈과 곱셈표

$\mathbb{Z}/\equiv_m$에서의 덧셈과 곱셈은 $\mathbb{Z}$에서의 덧셈과 곱셈과 어떤 관계가 있는가? $\mathbb{Z}$에서의 덧셈과 곱셈에 대한 많은 성질들이 $\mathbb{Z}/\equiv_m$에 용이하게 보존된다.

정리 7.3.6. m이 한 양의 정수라 가정하자. 그러면 $\mathbb{Z}/\equiv_m$에서 모든 동치류들 X, Y 그리고 Z에 대하여:

1. $X+Y=Y+X$(덧셈은 교환법칙이 성립한다.)
2. $(X+Y)+Z=Y+(X+Z)$(덧셈은 결합법칙이 성립한다.)
3. $X+[0]_m=X$($[0]_m$은 덧셈에 관한 항등원이다.)
4. 어떤 $X'\in\mathbb{Z}/\equiv_m$이 존재하여 $X+X'=[0]_m$.(X는 한 덧셈에 관한 역원을 가진다.)
5. $X\cdot Y=Y\cdot X$(곱셈은 교환법칙이 성립한다.)
6. $(X\cdot Y)\cdot Z=Y\cdot(X\cdot Z)$(곱셈은 결합법칙이 성립한다.)
7. $X\cdot[1]_m=X$($[1]_m$은 곱셈에 관한 항등원이다.)
8. $X\cdot[0]_m=[0]_m$
9. $X\cdot(Y+Z)=X\cdot Y+X\cdot Z$(곱셈은 덧셈위에 분배법칙을 만족한다.)

증명. $X, Y, Z\in\mathbb{Z}/\equiv_m$이므로, a, b, 그리고 c가 존재하여 $X=[a]_m$, $Y=[b]_m$. 그리고 $Z=[c]_m$이다. 부분1에 대해서, 우리는 $\mathbb{Z}$에서 덧셈의 교환법칙을 사용한다:

$$X+Y=[a]_m+[b]_m=[a+b]_m=[b+a]_m=[b]_m+[a]_m=Y+X$$

2의 증명은 유사하다. 부분 3을 증명하기 위해서, 우리는 다음을 계산한다:

$$X+[0]_m=[a]_m+[0]_m=[a+0]_m=[a]_m=X.$$

부분 4에 대해서는, $X'=[-a]_m$이라 하자. 그러면

$$X+X'=[a]_m+[-a]_m=[a+(-a)]_m=[0]_m$$

나머지 부분들의 증명들은 유사하다(연습문제3을 참조). ■

연습문제 4에서 정리 7.3.6에서의 항등원과 역원이 유일하다는 것을 보이도록 요청된다. 따라서 그 증명의 부분 3에서 $[0]_m$은 덧셈에 대한 단지 하나의 항등원이 아니고, 유일한 항등원이다. 그리고 유사하게 $[1]_m$은 곱셈에 대한 유일한 항등원이다. 부분4에서, 우리는 X'는 X의 덧셈에 대한 유일한 역원이라 말할 수 있다; X의 덧셈에 대한 역원을 $-X$로 표기 할 것이다. 예를 들어, $\mathbb{Z}/\equiv_5$에 대한 그림 7.4의 덧셈표에 따라서 $[4]_5+[1]_5=[0]_5$, 따라서 $-[4]_5=[1]_5$이다.

곱셈의 역원은 무엇일까? 만약 $X\in\mathbb{Z}/\equiv_m$, $X'\in\mathbb{Z}/\equiv_m$, 그리고 $X\cdot X'=[1]_m$이면, 우리는 X'를 X의 곱셈에 대한 역원이라 말한다. 예를 들어, $\mathbb{Z}/\equiv_5$에 대한 그림 7.4의 곱셈표에 따라서 $[3]_5\cdot[2]_5=[1]_5$, 따라서 $[2]_5$는 $[3]_5$의 곱셈에 대한 역원이다. 사실상, $Z/\equiv_5$에서 $[0]_5$를 제외하고 모든 원소는 곱셈에 대한 역원을 가진다. 곱셈에 대한 역원은 존재하기만 하면 역시 유일하다.(연습문제4 참조), 따라서 우리는 $[2]_5$는 $[3]_5$의 곱셈에 대한 유일한 역원이라고 말한다. 일반적으로, 만약 $X\in\mathbb{Z}/\equiv_m$이면 그러면 X에 대한 곱셈에 대한 역원은 만약 존재한다면, X^{-1}로 표기한다. 따라서 $[3]_5^{-1}=[2]_5$이다.

약간의 실험을 해보면 곱셈에 대한 역원이 존재하지 않는 경우를 알아낼 수 있다. 예를 들어, $\mathbb{Z}/\equiv_6$에서 단지 $[1]_6$와 $[5]_6$만 곱셈에 대한 역원이 있음을 확인 하기 바란다.(연습문제1 참조) 어떤 경우에 한 동치류가 곱셈에 대한 역원을 가질까? 그 답은 다음 정리로 주어진다.

정리 7.3.7. a와 m이 양의 정수들이라 가정하자. 그러면 $[a]_m$이 곱셈에 대한 역원을 가진다 iff a와 m이 서로소이다.

증명. 먼저 $[a]_m$은 한 곱셈에 대한 한 역원을 가진다; $[a]_m^{-1}=[a']_m$라 하자. 그러면 $[a]_m\cdot[a']_m=[aa']_m=[1]_m$이다. 그리고 그러므로 $aa'\equiv 1\ (\mathrm{mod}\, m)$이다. 이것은 $m|(aa'-1)$을 의미한다. 따라서 어떤 정수c가 존재하여 $aa'-1=cm$이다. 또는 동등하게 $-cm+a'a=1$이다. 따라서 1이 m과 a의 한 일차결합이다. 그리고 지난 장의 연습문제6에

의해서 m과 a는 서로소이다.

다른 방향에 대해서는, m과 a는 서로소라 가정하자. 그러면 정리 7.1.4에 의해서 양의 정수들 s와 t가 존재하여 $sm+ta=1$이 성립한다. 그러므로 $ta-1=-sm$이다. 따라서 $ta\equiv 1(\bmod m)$이다. 우리는 $[a]_m \cdot [t]_m=[at]_m=[1]_m$이다. 따라서 $[t]_m$은 $[a]_m$의 곱셈에 대한 역원이다. ■

해설. 그 정리의 결론은 쌍조건명제로 양쪽방향의 조건명제를 분리해서 증명하는 작전을 사용함을 주의하여라.

정리 7.3.7의 증명에서 임의의 양의 정수들 m과 a에 대하여, 확장된 유클리드 알고리즘을 사용하여 $[a]_m^{-1}$을 찾을 수 있음을 보여준다. 마약 그 알고리즘이 $\gcd(m,a)\neq 1$이면 그러면 $[a]_m^{-1}$은 존재하지 않는다. 그리고 만약 $\gcd(m,a)=1=sm+ta$ 을 찾을 수 있다면 $[a]_m^{-1}=[t]_m$이다.

예 7.3.8. $Z/\equiv_{847}$에서 만약 가능하면, $[34]_{847}$과 $[35]_{847}$의 곱셈에 대한 역원들을 찾아라.

풀이

그림 7.5는 확장된 유클리드 알고리즘에 의해서 $\gcd(847,34)$의 계산을 보여준다. $\gcd(847,34)=1=11 \cdot 847-274 \cdot 34$이고, 그리고 그러므로 $[34]_{847}^{-1}=[-274]_{847}=[573]_{847}$이다. 당신이 쉽게 검색할 수 있는바와 같이, $34 \cdot 573=19482\equiv 1(\bmod 847)$이다. 따라서 $[34]_{847} \cdot [573]_{847}=[19482]_{847}=[1]_{847}$.

우리는 그것을 $\gcd(847,35)=7$을 계산하는 것을 당신에게 남긴다. 그러므로 $[35]_{847}$는 한 곱셈에 대한 역원을 갖지 않는다.

n	q_n	r_n	s_n	t_n	Division
0		847	1	0	
1		34	0	1	$847 = 24 \cdot 34 + 31$
2	24	31	1	−24	$34 = 1 \cdot 31 + 3$
3	1	3	−1	25	$31 = 10 \cdot 3 + 1$
4	10	1	11	−274	$3 = 3 \cdot 1 + 0$
5	3	0			

그림 7.5 **확장된 유클리드 알고리즘에 의한** gcd(847,34)**의 계산**

예 7.3.9. 한 반에 25명의 학생들이 있다. 부활절에, 선생님이 계란들의 상자들을 가져왔다. 각각은 12개의 계란을 포함한다. 그래서 그것들을 장식하도록 학생들에게 나누었다. 각 학생들에게 같은 개수의 계란들을 나누어 주고 7개의 계란이 남았다. 그녀가 가져온 계란들의 최소 상자의 개수는 무엇일까?

풀이

선생님이 가져온 계란들의 상자의 개수를 x라 하자. 그러면 그녀가 가져온 계란은 $12x$개다. 그리고 끝에 7개가 남아 옆으로 놓았다. 남은 계란들은 같은 개수로 25명에게 나누었다. 그러므로 $25|(12x-7)$이다. 따라서 $12x \equiv 7 \pmod{25}$이다. 이 합동식을 만족하는 최소 양의 정수 x를 찾아야만 한다.

만약 한 실수 x에 대한 방정식 $12x=7$을 푼다면, 우리는 무엇을 해야 할지 알고 있다 만약 $12x=7$이면, 그러면 방정식의 양변을 $1/12$로 곱하면 우리는 $x=7/12$이 된다. 사실상, 이 논증은 거꾸로 해 갈수 있다: 만약 $x=7/12$이면, 그러면 12를 곱하면 우리는 $12x=7$을 얻게 된다. 따라서 방정식 $12x=7$과 $x=7/12$는 동치이고, 그것은 $x=7/12$가 방정식 $12x=7$의 유일한 해라는 의미이다.

불행하게도, 우리는 합동식 $12x \equiv 7(\text{mod } 25)$ 풀고 있는 것으로, 그것은 한 방정식이 아니다. 그러나 우리는 동치류에 의한 작업으로 한 방정식으로 변형할 수 있다. 우리의 합동식은 방정식 $[12]_{25} \bullet [x]_{25} = [7]_{25}$과 동치이고, 방정식 $12x=7$을 푸는 것을 모방해서 이 방정식을 풀 수 있다. $[12]_{25}$의 곱셈에 대한 역원을 찾는 것부터 시작하자. 확장된 유클리드 알고리즘을 적용하여, $\gcd(25,120=1=1 \bullet 25-2 \bullet 12$이고, 따라서

$[12]_{25}^{-1} = [-2]_{25} = [23]_{25}$이다.

방정식 $[12]_{25} \bullet [x]_{25} = [7]_{25}$을 풀기 위해서, 양변에 $[12]_{25}^{-1} = [23]_{25}$을 곱한다. 모든 단계를 자세하게 적어서, 정리 7.3.6의 성질들이 어떻게 사용되었는지 명확하다:

$$
\begin{gathered}
[12]_{25} \bullet [x]_{25} = [7]_{25} \\
[12]_{25}^{-1} \bullet ([12]_{25} \bullet [x]_{25}) = [12]_{25}^{-1} \bullet [7]_{25} \\
([12]_{25}^{-1} \bullet [12]_{25}) \bullet [x]_{25} = [23]_{25} \bullet [7]_{25} \\
[1]_{25} \bullet [x]_{25} = [161]_{25} = [11]_{25} \\
[x]_{25} = [11]_{25}
\end{gathered}
$$

전과 같이, 이런 단계들은 역산할 수있다: 방정식 $[x]_{25} = [11]_{25}$의 양변에 $[12]_{25}$을 곱하면 $[12]_{25} \bullet [x]_{25} = [7]_{25}$을 제공한다. 그러므로

$12x \equiv 7 (\mathrm{mod}\, 25)$ iff $[12]_{25} \bullet [x]_{25} = [7]_{25}$ iff $[x]_{25} = [11]_{25}$ iff $x \in [11]_{25}$.

환언하면, 합동식 $12x \equiv 7 (\mathrm{mod}\ 25)$ 의 풀이는 분명히 동치류 $[11]_{25}$의 원소들이다. 그리고 가장 작은 양수의 해는 $x = 11$이다. 만약 선생님이 계란들의 11개의 상자들을 가져왔다면, 그러면 그녀는 132개의 계란들을 가져왔으며, 그리고 각 학생들에게 5개씩 나누어준 후에 그녀에게 7개가 남았다.

이 예에서 25와 12가 서로소이여서, $[12]_{25}$가 곱셈에 대하여 역원을 갖는 행운이었다. 이 곱셈에 대하여 역원은 합동식 $12x \equiv 7 (\mathrm{mod}\ 25)$의 풀이의 결정적인 역할을 했다. 만약 m과 a가 서로소가 아니면 한 합동식 $ax \equiv b (\mathrm{mod}\, m)$을 어떻게 풀 수 있을까? 자세하게 그와 같은 합동식을 분석하지는 않을 것이다. 그러나 그와 같은 합동식들이 다음 두 가지의 정리들을 사용하여 어떻게 풀 수 있는지를 설명하는 두 가지의 예들을 제공할 것이다.

정리 7.3.10. m과 a가 양의 정수들이고, $d = \gcd(m, a)$라 가정하자. 임의의 정수 b에 대하여, 만약 $d \nmid a$이면 $ax \equiv b (\mathrm{mod}\, m)$을 만족하는 정수 x가 존재하지 않는다.

증명. 연습문제 7를 참조. ■

정리 3.7.11. n와 m이 양의 정수들이라 가정하자. 그러면 모든 정수들 a와 b에 대하여,

$$na \equiv nb \pmod m \ \text{ iff } \ a \equiv b \pmod m$$

증명. 연습문제 8을 참조. ■

예 7.3.12. 다음 합동식들을 풀어라.

$$77x \equiv 120 \pmod{374}, \quad 77x \equiv 121 \pmod{374}.$$

풀이

$\gcd(374, 77) = 11$의 계산으로 시작한다. $11 \nmid 120$이므로, 정리 7.3.10에 의해서 처음 합동식 $77x \equiv 120 \pmod{374}$은 해가없다. 두 번째 합동식을 풀기 위해서, 먼저 $11 \cdot 7x \equiv 11 \cdot 11 \pmod{11 \cdot 34}$로 쓴다. 그래서 정리 7.3.11에 의해서 관찰하고, 이것은 $7x \equiv 11 \pmod{34}$와 동치가 된다. 이 합동식을 풀기 위해서, $\gcd(34, 7) = 1 = -1 \cdot 34 + 5 \cdot 7$을 얻는다. 따라서 $[7]_{34}^{-1} = [5]_{34}$이다. 그러므로

$$\begin{aligned} 7x \equiv 11 \pmod{34} \ &\text{iff} \ [7]_{34} \cdot [x]_{34} = [11]_{34} \\ &\text{iff} \ [x]_{34} = [7]_{34}^{-1} \cdot [11]_{34} = [5]_{34} \cdot [11]_{34} = [55]_{34} = [21]_{34} \\ &\text{iff} \ x \in [21]_{34} \end{aligned}$$

따라서 두 번째 합동식의 해는 $[21]_{34}$의 원소들이다.

연습문제

1. $\mathbb{Z}/\equiv_6$에 대한 덧셈과 곱셈표를 만들어라.

2. 정리 7.3.2의 증명을 완성하여라.

3. 정리 7.3.6의 부분들 5-6을 증명하여라.

*4. m이 한 양의 정수라 가정하자.

(a) Z_1과 Z_2가 둘 다 $\mathbb{Z}/\equiv_m$의 덧셈에 대한 항등원들이라 가정하자; 환언하면, 모든 $X\in\mathbb{Z}/\equiv_m$에 대하여, $X+Z_1=X$이고 $X+Z_2=X$이다. $Z_1=Z_2$임을 증명하여라. 이것은 $\mathbb{Z}/\equiv_m$에서의 덧셈에 대한 항등원이 유일함을 보인 것이다.(힌트: Z_1+Z_2를 두 가지 방법들로 계산하여라.)

(b) $X\in\mathbb{Z}/\equiv_m$이고 X_1'와 X_2'가 둘 다 X에 대한 덧셈의 역원들이라 가정하자; 환언하면, $X+X_1'=X+X_2'=[0]_m$이다. $X_1'=X_2'$임을 증명하여라. 이것은 X의 덧셈에 대한 역원이 유일함을 보인 것이다.(힌트: $X_1'+X+X_2'$를 두 가지 방법들로 계산하여라.)

(c) $\mathbb{Z}/\equiv_m$의 곱셈에 대한 항등원이 유일함을 증명하여라.

(d) 만약 한 동치류 $X\in\mathbb{Z}/\equiv_m$가 한 곱셈에 대한 역원을 가지면, 그 역원은 유일함을 증명하여라.

5. 만약 p가 한 소수이면 $[0]_p$를 제외한 $\mathbb{Z}/\equiv_p$의 모든 원소는 한 곱셈에 대한 역원을 가짐을 보여라.

6. 만약 $ab\equiv 0\ (\mathrm{mod}\ m)$이면, $a\equiv 0\ (\mathrm{mod}\ m)$이거나 또는 $b\equiv 0\ (\mathrm{mod}\ m)$이 되어야 하는가? 한 증명을 하거나 또는 한 반례를 들어 당신의 답을 정당화 하여라.

7. 정리 7.3.10의 증명을 하여라.

*8. 정리 7.3.11의 증명을 하여라.$

9. 한 반에 26명의 학생들이 있다. 선생님은 약간의 파일카드 상자들을 가지고 왔다. 각기 20개의 파일 카드들을 포함하고 있다. 그가 학생들에게 나누어 주려고 할 때, 그는 각 학생들에게 같은 개수의 가트들을 나누어 주기 위해서는 2장의 추가 카드가 필요함을 알았다. 만약 각 학생들이 10에서 20사이의 카드를 가진다면, 그가 얼마나 많은 상자들을 사야 할까?

*10. 다음 합동식들을 풀어라.

(a) $40x \equiv 8 \pmod{237}$

(b) $40x \equiv 8 \pmod{236}$

11. 다음 합동식들을 풀어라.

(a) $31x \equiv 24 \pmod{384}$

(b) $32x \equiv 24 \pmod{384}$

12. 이 연습문제에서 당신은 다음과 같은 문제를 풀게 될 것이다: 팔걸이가 없는 의자는 $35이고 팔걸이가 있는 의자는 $50이라 가정하자. 만약 엘리스가 의자들에 $720을 썼다면, 그녀는 얼마나 많은 각각의 의자들은 샀는가?

(a) 만약 그녀가 산 팔걸이 없는 의자들의 개수를 x라 하면, 그러면 $35x \equiv 20 \pmod{50}$임을 보여라.

(b) 부분 (a)의 합동식을 풀어라.

(c) 부분(a)의 합동식의 모든 풀이가 그 문제의 한 가능한 답을 유도하지는 않는다. 어떤 것들이 할 수 있을까?(참조: 이 문제의 가능한 답은 하나 보다 더 많다.)

*13. m과 n은 서로소인 양의 정수들이라 가정하자. 모든 정수 a와 b에 대하여 $a \equiv b \pmod{m}$ iff $na \equiv nb \pmod{m}$임을 증명하여라.

14. m_1과 m_2가 양의 정수들이라고 가정하자. 모든 정수들 a와 b에 대하여, 만약 $a \equiv b \pmod{m_1}$이고 $a \equiv b \pmod{m_2}$이면 그러면 $a \equiv b \pmod{icm(m_1, m_2)}$ 임을 증명하여라.(7.2장 의 연습문제 11를 사용하여라.)

*15. 모든 양의 정수들 m, a, 그리고 b에 대하여, 만약 $a \equiv b \pmod{m}$이면 그러면 $\gcd(m, a) = \gcd(m, b)$임을 증명하여라.

16. $a \equiv b \pmod{m}$이라 가정하자. 임의의 자연수 n에 대하여, $a^n \equiv b^n \pmod{m}$임을 증명하여라.

연습문제 17－19에서, 우리는 다음 표기를 사용한다.

만약 $d_0, d_1, \cdots, d_k \in \{0, 1, 2, \cdots, 9\}$이면, $(d_k \cdots d_1 d_0)_{10}$을 십진법 표기가 $d_k \cdots d_1 d_0$ 표현을 갖는 수이다. 환언하면,

$$(d_k \cdots d_1 d_0)_{10} = d_0 + 10d_1 + \cdots + 10^k d_k.$$

*17. $n = (d_k \cdots d_1 d_0)_{10}$라 가정하자.

(a) $n \equiv (d_0 + d_1 + \cdots + d_k) \pmod 3$임을 보여라.

(b) $3|n$ iff $3|(d_0 + d_1 + \cdots + d_k)$ 임을 보여라.(이것은 한 자연수가 3의 배수인가를 판정하는 한 편리한 방법을 제공해준다: 만약 각 자릿수의 합이 3으로 나누어지는가를 확인한다.)

18. $n = (d_k \cdots d_1 d_0)_{10}$라 가정하자.

(a) $n \equiv (d_0 - d_1 + d_2 - d_3 \cdots + (-1)^k d_k) \pmod{11}$임을 보여라.

(b) $11|n$ iff $11|(d_0 - d_1 + \cdots + (-1)^k d_k)$ 임을 보여라.

(c) 535172는 11로 나누어지는가?

*19. 정의역이 $\{n \in \mathbb{Z} | n \geq 10\}$인 한 함수 f를 다음과 같이 정의하자: 만약 $n = (d_k \cdots d_1 d_0)_{10}$라 하면 그러면 $f(n) = (d_k \cdots d_1 d_0)_{10} + 5d_0$이다. 예를 들어 $f(1743) = 174 + 5 \cdot 3 = 189$.

(a) 모든 $n \geq 10$에 대하여, $f(n) \equiv 5n \pmod 7$ 그리고 $n \equiv 3f(n) \pmod 7$.

(b) 모든 $n \geq 10$에 대하여, $7|n$ iff $7|f(n)$이다. (이것은 한 큰 수가 7의 배수인가를 판정하는 한 편리한 방법을 제공해준다: 당신이 7에 의해서 나누어지는 한 수가 결정하기 쉬울 때 까기 f를 반복적으로 적용한다.)

(c) 627334는 7로 나누어지는가?

20. (a) 양의 정수들 m, a, a', b, 그리고 b'애 대하여, $a' \equiv a \pmod m$이고 $b' \equiv b \pmod m$이고, 그러나 $(a')^{b'} \not\equiv a^b \pmod m$인 한 예를 찾아라.

(b) 모든 양의 정수들 m, a,그리고 b에 대하여, $([a]_m)^{[b]_m} = [a^b]_m$와 같음 방법으로 동치류들에 대한 한 지수 연산을 정의하는 것은 불가능함을 보여라.

21. m이 한 양의 정수라 하자. $f : \mathbb{Z} \times \mathbb{Z} \to \mathbb{Z} / \equiv_m$을 공식 $f(a,b) = [a+b]_m$으로 정의하고, 그리고 $h : (\mathbb{Z} / \equiv_m) \times (\mathbb{Z} / \equiv_m) \to \mathbb{Z} / \equiv_m$을 공식 $h(X, Y) = X + Y$ 에 의해서 정의하자. 당신은 이 연습문제를 5.1장의 연습문제 21과 비교하고자 할 것이다.

(a) 모든 정수들 x_1, x_2, y_1, 그리고 y_2에 대하여, 만약 $x_1 \equiv_m y_1$ 이고 $x_2 \equiv_m y_2$ 이면 그러면 $f(x_1, x_2) = f(y_1, y_2)$임을 보여라.(5.1장의 연습문제 21의 용어를 확장하여, 우리는 f가 $\equiv_m$과 공존한다고 말할 수 있다.)

(b) 모든 정수들 x_1, x_2에 대하여, $h([x_1]_m, [x_2]_m) = f(x_1, x_2)$임을 보여라.

7.4. 오일러의 정리 Euler's Theorem

마지막 장에서, $\mathbb{Z}/\equiv_m$의 어떤 원소들은 곱셈에 대한 역원을 갖고 어떤것들은 그렇지 않음을 보았다. 이 장에서, 역원을 갖는것에 초점을 맞춰보자. $(\mathbb{Z}/\equiv_m)^*$를 역원을 갖는 $\mathbb{Z}/\equiv_m$의 원소들의 집합이라고 하자. 환언하면,

$$(\mathbb{Z}/\equiv_m)^* = \{X \in \mathbb{Z}/\equiv_m \mid X' \in \mathbb{Z}/\equiv_m \text{가 존재하여 } X \bullet X' = [1]_m\}$$

$(\mathbb{Z}/\equiv_m)^*$의 원소 개수를 $\phi(n)$으로 표기한다. 함수 ϕ를 오일러파이함수 Euler's phi function, 또는 Euler's totient function이라한다; 그것은 1763년에 오일러에 의해서 소개되었다. 임의의 양의 정수 m에 대하여, $(\mathbb{Z}/\equiv_m)^* \subseteq \mathbb{Z}/\equiv_m$이고 $\mathbb{Z}/\equiv_m$은 m개의 원소를 가진다. 따라서 $\phi(m) \leq m$이다. 그리고 $[1]_m \bullet [1]_m = [1]_m$이다. 따라서 $[1]_m \in (\mathbb{Z}/\equiv_m)^*$이다. 그러므로 $\phi(m) \geq 1$이다. 예를 들어,

$$(\mathbb{Z}/\equiv_{10})^* = \{[1]_{10}, [3]_{10}, [7]_{10}, [9]_{10}\}$$

따라서 $\phi(10) = 4$.

우리의 목적을 위해서, $(\mathbb{Z}/\equiv_m)^*$의 가장 중요한 성질들은 그것이 역과 곱셈 아래서 닫혀있다는 것이다. 즉:

정리 7.4.1. m이 양의 정수라 가정하자.

1. $(\mathbb{Z}/\equiv_m)^*$의 임의의 X에 대하여, $X^{-1}\in(\mathbb{Z}/\equiv_m)^*$이다.
2. $(\mathbb{Z}/\equiv_m)^*$의 임의의 X와 Y에 대하여, $X\cdot Y\in(\mathbb{Z}/\equiv_m)^*$이다.

증명.

1. $X\in(\mathbb{Z}/\equiv_m)^*$라 가정하자. 그러면 X는 한 곱셈에 대한 역원 X^{-1}를 가진다. 그리고 $X\cdot X^{-1}=[1]_m$이다. 그러나 이 방정식은 역시 우리에게 X가 X^{-1}의 곱셈에 대한 역원임을 말해준다; 환언하면, $(X^{-1})^{-1}=X$이다. 그러므로 $X^{-1}\in(\mathbb{Z}/\equiv_m)^*$이다.
2. $X\in(\mathbb{Z}/\equiv_m)^*$이고 $Y\in(\mathbb{Z}/\equiv_m)^*$라 가정하자. 그러면 X와 Y는 한 곱셈에 대한 역원 X^{-1}와 Y^{-1}를 가진다. 그러므로

$$(X\cdot Y)\cdot(X^{-1}\cdot Y^{-1})=(X\cdot X^{-1})\cdot(Y\cdot Y^{-1})=[1]_m\cdot[1]_m=[1]_m.$$

이것은 $X^{-1}\cdot Y^{-1}$가 $X\cdot Y$의 곱셈에 대한 역원임을 의미한다.
따라서 $(X\cdot Y)^{-1}=X^{-1}\cdot Y^{-1}$이고 $X\cdot Y\in(\mathbb{Z}/\equiv_m)^*$이다. ■

$X\in(\mathbb{Z}/\equiv_m)^*$라 가정하자. 정리 7.4.1에 의해서, 임의의 $Y\in(\mathbb{Z}/\equiv_m)^*$에 대하여, $X\cdot Y\in(\mathbb{Z}/\equiv_m)^*$이다. 따라서 우리는 한 함수 $f_X:(Z/\equiv_m)^*\to(\mathbb{Z}/\equiv_m)^*$를 공식 $f_X(Y)=X\cdot Y$으로 정의할 수 있다. 이 함수의 성질들을 탐구해보자.

우리는 먼저 f_X가 단사임을 주장하자. 이유를 알기 위해서, $Y_1\in(\mathbb{Z}/\equiv_m)^*$, $Y_2\in(\mathbb{Z}/\equiv_m)^*$이고, $f_X(Y_1)=f_X(Y_2)$ 라 가정하자. 그러면 $X\cdot Y_1=X\cdot Y_2$이다. 그러므로

$$Y_1=[1]_m\cdot Y_1=X^{-1}\cdot X\cdot Y_1=X^{-1}\cdot X\cdot Y_2=[1]_m\cdot Y_2=Y_2.$$

이것이 f_X가 단사임의 증명이다. 다음은, 우리는 f_X가 전사임을 주장하자. 이것을 증명하기 위해서, $Y \in (\mathbb{Z}/\equiv_m)^*$라 가정하자. 그러면 $(\mathbb{Z}/\equiv_m)^*$은 역과 곱셈아래서 닫혀있음으로, $X^{-1} \bullet Y \in (\mathbb{Z}/\equiv_m)^*$이다. 그리고

$$f(X^{-1} \bullet Y) = X \bullet X^{-1} \bullet Y = [1]_m \bullet Y = Y.$$

따라서 f_X는 전사이다.

예를 들어, $m=10$인 경우를 다시 고려해보자. 그리고 $X=[3]_{10}$이라 하자. f_X를 $(\mathbb{Z}/\equiv_{10})^*$의 4개의 원소에 적용하면 그림 7.6에서 보는바와 같은 값들을 얻는다. f_X가 단사이고 전사이므로, $(Z/\equiv_{10})^*$의 4개의 원소들의 각각은 $f_X(Y)$아래에 있는 열에 한번씩만 나타남을 상기하라; 각 원소들은 f_X가 전사 이므로 적어도 한번 나타나고, 그것은 f_X가 단사이므로 단지 한번 씩만 나타난다. 따라서 그림 7.6의 두 번째 열의 원소들은 첫 번째 열의 원소들과 똑 같고, 다만 순서만 다르게 나열된다.

Y	$f_X(Y)$
$[1]_{10}$	$[3]_{10} \cdot [1]_{10} = [3]_{10}$
$[3]_{10}$	$[3]_{10} \cdot [3]_{10} = [9]_{10}$
$[7]_{10}$	$[3]_{10} \cdot [7]_{10} = [1]_{10}$
$[9]_{10}$	$[3]_{10} \cdot [9]_{10} = [7]_{10}$

그림 7.6 $X=[3]_{10}$일 때의 f_X의 값들

더 일반적으로, m이 한 양의 정수이고 그리고 $X \in (\mathbb{Z}/\equiv_m)^*$라 가정하자. 오일러의 파이함수의 정의에 의해서, $(\mathbb{Z}/\equiv_m)^*$에는 $\phi(m)$개의 원소들이 존재한다.

$Y_1, Y_2, \cdots, Y_{\phi(m)}$을 이 원소들의 한 목록이라 하자. 그러면 f_X가 단사이고 전사이므로, 이 원소들의 각각은 $f_X(Y_1), f_X(Y_2), \cdots, f_X(Y_{\phi(m)})$의 목록에 단 한번씩만 나온다. 환언하면, 두 목록들 $Y_1, Y_2, \cdots, Y_{\phi(m)}$와 $f_X(Y_1), f_X(Y_2), \cdots, f_X(Y_{\phi(m)})$은 똑 같은

원소들을 포함한다. 그러나 다른 순서로 나열 된다 ‒그림 7.6의 두 열과 똑 같다. 그것은 곱셈에 대한 교환법칙과 결합법칙들에 의해서, 만약 우리가 이 두 목록의 원소들을 모두 곱하면, 그 곱은 같아질 것이다.(6.4장의 연습문제 21 참조.):

$$\begin{aligned} Y_1 \bullet Y_2 \bullet \cdots \bullet Y_{\phi(m)} &= f_X(Y_1) \bullet f_X(Y_2) \bullet \cdots \bullet f_X(Y_{\phi(m)}) \\ &= (X \bullet Y_1) \bullet (X \bullet Y_2) \bullet \cdots \bullet (X \bullet Y_{\phi(m)}) \\ &= X^{\phi(m)} \bullet (Y_1 \bullet Y_2 \bullet \cdots \bullet Y_{\phi(m)}) \end{aligned}$$

여기서 물론 $X^{\phi(m)}$은 X를 $\phi(m)$번 곱한 것을 의미한다. 이 방정식을 간단히 하기 위해서, $Z= Y_1 \bullet Y_2 \bullet \cdots \bullet Y_{\phi(m)}$라 하자. 그러면 그 방정식은 $Z= X^{\phi(m)} \bullet Z$이 된다. $(Z/\equiv_m)^*$은 곱셈에 닫혀있으므로, $Z \in (\mathbb{Z}/\equiv_m)^*$이다. 따라서 그것은 한 역원을 가진다. 방정식 $Z= X^{\phi(m)} \bullet Z$ 의 양변에 Z^{-1}로 곱하면, 다음을 얻는다;

$$[1]_m = Z \bullet Z^{-1} = X^{\phi(m)} \bullet Z \bullet Z^{-1} = X^{\phi(m)} \bullet [1]_m = X^{\phi(m)}$$

따라서 다음 정리를 증명하였다.

정리 7.4.2. m이 한 양의 정수이고 그리고 $X \in (\mathbb{Z}/\equiv_m)^*$라 가정하자. 그러면 $X^{\phi(m)} = [1]_m$이다.

이 정리의 중요성을 이해하기 위해서, 그것을 수들의 관계로 바꿔 말하는 것이 도움이 될 것이다.

정리 7.4.3.(오일러의 정리) m이 한 양의 정수라 가정하자. 그러면 임의의 양의 정수 a에 대하여, 만약 $\gcd(m,a)=1$이면 $a^{\phi(m)} \equiv 1 \pmod{m}$이다.

증명. a가 한 양의 정수이고 그리고 $\gcd(m,a)=1$이라고 가정하자. 그러면 정리 7.3.7.에 의해서, $[a]_m \in (\mathbb{Z}/\equiv_m)^*$이다. 따라서 정리 7.4.2에 의해서, $[a]_m^{\phi(m)} = [1]_m$이다. 여기서

$[a]_m^{\phi(m)}$은 $[a]_m$을 그것 자신을 $\phi(m)$번 곱한 것을 표기한다. (이 방정식의 더 세심한 증명에 대해서는 연습문제 5를 참조.) 따라서 $[a^{\phi(m)}]_m = [a]_m^{\phi(m)}[1]_m$이다. 그러므로 $a^{\phi(m)} \equiv 1 \pmod m$이다.

$$[a]_m^{\phi(m)} = \underbrace{[a]_m \cdot [a]_m \cdots [a]_m}_{\phi(m)\text{번}} = \underbrace{[a \cdot a \cdots a]_m}_{\phi(m)\text{번}} = [a^{\phi(m)}]_m.$$

■

예를 들어, 10과 7은 서로소이다. 따라서 오일러의 정리에 따라서 $7^{\phi(10)}$은 10을 법으로 1과 합동이다. 이것을 확인하기 위해서, 우리는 다음을 계산한다;

$$7^{\phi(10)} = 7^4 = 2401 \equiv 1 \pmod{10}.$$

오일러의 정리를 적용하기 위해서, 우리는 $\phi(m)$을 계산할 수 있어야한다. 물론, $\mathbb{Z}/\equiv_m$의 모든 원소들을 하나씩 확인하고 얼마나 많은것들이 $m=10$인 경우에서와 같이, 곱셈에 대한 역원들을 갖는지 셀 수 있다. 그러나 큰 m에 대해서는 비현실적일 것이다. 이 장의 나머지는 $\phi(m)$을 계산하는 더 유용한 방법을 찾는데 보탬이 되도록 할 것이다.

우리는 $\phi(m)$의 정의를 말을 바꿔서 시작할 것이다. $\{0, 1, 2, \cdots, m-1\}$은 m을 법으로 하는 한 완전잉여계임을 알고 있다. 그러나 $0 \equiv m \pmod m$이므로, 역시 $\{1, 2, \cdots, m\}$도 한 완전잉여계라고 말할 수 있다. 따라서
$\mathbb{Z}/\equiv_m = \{[1]_m, [2]_m, \cdots, [m-1]_m, [m]_m\} = \{[a]_m | 1 \le a \le m\}$, 여기서 $\mathbb{Z}/\equiv_m$의 각 원소는 이 원소들의 목록에 단 한번만 나타난다. 어떤 것이 $(\mathbb{Z}/\equiv_m)^*$의 원소가 될지 확인하기 위해서는, 우리는 정리 7.3.7을 사용한다. 그것은 임의의 양의 정수 a에 대하여, $[a]_m$이 곱셈에 대한 역원을 가진다 iff m과 a가 서로소 이다. 따라서

$$(\mathbb{Z}/\equiv_m)^* = \{[a]_m | 1 \le a \le m, \gcd(m,a) = 1\}.$$

이것이 오일러의 파이함수를 이해하는 또 다른 방법을 제공한다:

$$\phi(m) = \text{집합 } \{a|1 \le a \le m, \gcd(m,a)=1\} \text{원소들의 개수.}$$

파이함수의 이 특성을 이용하여, p가 소수일때는 $\phi(p)$의 계산이 쉽다 : 만약 $1 \le a \le p-1$이면 $p \not| a$이다. 그리고 그러므로 $\gcd(p,a)=1$이다. 그러나 $\gcd(p,p)=p>1$. 그러므로

$$\{a|1 \le a \le p, \gcd(p,a)=1\}=\{1,2,\cdots,p-1\},$$

따라서 $\phi(p)=p-1$이다. 사실상, 그것은 임의의 양의 정수 k에 대하여 $\phi(p^k)$의 계산은 거의 계산하기가 쉽다. 만약 a가 양의 정수이고 그리고 $p|a$이면 그러면 $\gcd(p^k,a) \ge p > 1$이다. 따라서 p^k와 서로소가 아닌 집합 $\{a|1 \le a \le p^k\}$의 원소들은 분명히 p에 의해서 나누어지는 수들이다. 그리고 그들 원소들은 $p, 2p, 3p, \cdots, p^k = p^{k-1}p$.
환언하면,

$$\{a|1 \le a \le p^k, \gcd(p^k,a)=1\}=\{1,2,\cdots,p^k\}\setminus\{p,2p,\cdots,p^{k-1}p\},$$

그리고 이 집합의 원소갯수는 $p^k - p^{k-1} = p^{k-1}(p-1)$이다. 따라서 $\phi(p^k)=p^{k-1}(p-1)$이다. 다른 m의 값에 대한 $\phi(m)$을 계산하기 위해서, 이 장에서 나중에 증명할 다음 정리를 사용한다.

정리 7.4.4. m과 n를 서로소인 양의 정수들이라 가정하자. 그러면 $\phi(mn)=\phi(m) \cdot \phi(n)$이다.

양의 정수들로부터 실수들로 가는 한 함수 f가 만약 모든 서로소인 양의 정수들 m과 n에 대하여, $f(mn)=f(m) \cdot f(n)$의 성질을 가질 때 한 곱셈적함수 multiplicative function이라 부른다. 따라서 정리 7.4.4 는 오일러의 파이함수는 한 곱셈적함수라 말할 수 있다. 정수론에서 몇 가지 다른 중요한 함수들은 역시 곱셈적이다. 그러나 ϕ가 이 책에서 연구하는 단하나이다. (두 가지 더 많은 예들은 연습문제 16과 17을 보여라.)

정리 7.4.4 는 임의의 양의 정수 m의 소인수분해를 사용하여 $\phi(m)$을 찾도록

허용한다. m의 소인수분해가 $m=p_1^{e_1}p_2^{e_2}\cdots p_k^{e_k}$, 여기서 $p_1,p_2,\cdots,p_k$ 는 소수들이고 그리고 $p_1 \le p_2 \le \cdots \le p_k$이라고 가정하자. $p_1^{e_1}$은 $p_2^{e_2}\cdots p_k^{e_k}$와 서로소이다. 왜냐하면 그들은 공통인 소수인수를 갖고 있지 않기 때문이다. (7.2장의 연습문제 5 참조.), 따라서

$$\begin{aligned}\phi(m)=\phi(p_1^{e_1}p_2^{e_2}\cdots p_k^{e_k})&=\phi(p_1^{e_1})\cdot(p_2^{e_2})\cdot\cdots\cdot(p_k^{e_k})\\&=p_1^{e_1-1}(p_1-1)\cdot p_2^{e_2-1}(p_2-1)\cdot\ \cdots\cdot p_k^{e_k-1}(p_k-1)\ .\end{aligned}$$

예를 들어, $600=2^3\cdot 3\cdot 5^2$이다. 따라서

$$\phi(600)=\phi(2^3\cdot 3\cdot 5^2)=2^2(2-1)\cdot 3^0(3-1)\cdot 5^1(5-1)=160$$

그것은 $(\mathbb{Z}/\equiv_{600})^*$의 160개의 원소들을 명확하게 나열하는것 보다는 더 많이 쉬운 것이다!

정리 7.4.4의 증명은 3가지 보조정리들에서 심화될 것이다.

보조정리 7.4.5. m과 n은 서로소인 양의 정수들이라 가정하자. 그러면 모든 정수들 a와 b에 대하여, $a\equiv b\pmod{mn}$ iff $a\equiv b\pmod{m}$이고 $a\equiv b\pmod{n}$.

증명. 연습문제 6 참조. ■

보조정리 7.4.6. 모든 양의 정수들 a, b, 그리고 c에 대하여, $\gcd(ab,c)=1$ iff $\gcd(a,c)=1$이고 $\gcd(b,c)=1$이다.

증명. 연습문제 7 참조. ■

보조정리 7.4.7. m과 n은 서로소인 양의 정수들이라 가정하자. 그러면 모든 정수들 a와 b에 대하여, 어떤 정수 r이 존재하여 $1\le r\le mn$하여 $r\equiv a(\mathrm{mod}\ m)$이고 $r\equiv b(\mathrm{mod}\ n)$이다.

증명. a와 b를 임의의 정수들이라 하자. m과 n은 서로소이므로, 정수들 s와 t가 존재하여

$sm+tn=1$이 성립한다. 그러므로 $tn-1=-sm$이고 $sm-1=-tn$이다.

$x=tna+smb$라 하자. 그러면

$x-a=(tn-1)a+smb=-sma+smb=sm(b-a)$이다.

따라서 $m|(x-a)$이다. 그러므로 $x\equiv a(\mathrm{mod}\ m)$이다. 유사하게,

$x-b=tna+(sm-1)b=tna-tnb=tn(a-b)$이다.

따라서 $n|(x-b)$ 그리고 $x\equiv b(\mathrm{mod}\ n)$.

$\{1,2,\cdots,mn\}$은 mn을 법으로 한 완전잉여계이므로, 어떤 정수 r을 찾아서 $r\equiv x(\mathrm{mod}\ mn)$이고 $1\le r\le mn$이다. 보조정리 7.4.5에 의해서 $r\equiv x(\mathrm{mod}\ m)$이고 $r\equiv x(\mathrm{mod}\ n)$이다. $\equiv_m$과 $\equiv_n$의 추이성에 의해서 그것은 $r\equiv a(\mathrm{mod}\ m)$이고 $r\equiv b(\mathrm{mod}\ n)$이다. ■

해설. 임의의 정수들 a와 b를 도입한 후에, 그 목표는 한 존재성 명제이다. 존재성 명제들의 증명에서 보통과 같이, 증명에서 x의 선택에 대한 아무런 동기유발 없이 한 수 x를 소개한다. 수 x가 우리가 원하는 성질들의 대부분을 갖는 것으로 판명된다. 그러나 아마도 그것은 1과 mn사이에 만 있지 않을 수도 있기때문에, 그들 모두는 아니다. 그러므로 부수적인 모든 성질들을 갖는 수 r이 되도록 부차적인 단계가 필요하다.

우리는 정리 7,4.4.의 증명에 대한 또 하나의 생각이 필요할 것이다. A가 p개의 원소를 갖는 한 집합이고 그리고 B가 q개의 원소를 갖는 한 집합이라고 가정하자: 즉 $A=\{a_1,a_2,\cdots,a_p\}$이고 $B=\{b_1,b_2,\cdots,b_q\}$이다. 그러면 $A\times B$는 pq개의 원소를 가진다. 그 이유는, 한 표 위에 $A\times B$ 의 원소들을 정돈한 것을 상상하자. 그 표의 i행과 j열은 순서쌍 (a_i,b_j) 이다. 그 표는 p개의 행과 q개의 열을 가짐으로, $A\times B$는 pq개의 원소를 가진다. 이 사실의 더 자세한 증명은 8.1장의 연습문제 22를 보여라.

우리는 이제 ϕ가 한 곱셈적함수임을 증명할 준비가 되었다.

정리 7.4.4.의 증명. $R=\{a|1\le a\le mn,\gcd(mn,a)=1\}$이라 하자. 보조정리 7.4.6에 의해서, 만약 $a\in R$이면 그러면 $\gcd(m,a)=1$이고 $\gcd(n,a)=1$이다. 따라서 $[a]_m\in(Z/\equiv_m)^*$이고 $[a]_n\in(\mathbb{Z}/\equiv_n)^*$이다. 따라서 우리는 한 함수 $f:R\to(\mathbb{Z}/\equiv_m)^*\times(\mathbb{Z}/\equiv_n)^*$을 공식

$f(a)=([a]_m, [a]_n)$으로 정의할 수 있다. 우리의 계획은 f가 단사이고 전사임을 보이는 것이다. 그것은 집합들 R와 $(\mathbb{Z}/\equiv_m)^* \times (\mathbb{Z}/\equiv_n)^*$가 원소의 개수가 같다는 것을 의미한다. 그러나 R은 $\phi(mn)$개의 원소이고 $(\mathbb{Z}/\equiv_m)^* \times (\mathbb{Z}/\equiv_n)^*$는 $\phi(m) \cdot \phi(n)$개의 원소를 가진다. 따라서 이것이 $\phi(mn)=\phi(m) \cdot \phi(n)$을 성립하게 한다.

f가 단사임을 보이기 위해서, $a_1 \in R$, $a_2 \in R$이고 $f(a_1)=f(a_2)$라 가정하자. 이것은 $([a_1]_m, [a_1]_n)= ([a_2]_m, [a_2]_n)$을 의미한다. 따라서 $[a_1]_m=[a_2]_m$이고 $[a_1]_n=[a_2]_n$이다. 그러므로 $a_1 \equiv a_2 (\mathrm{mod}\ m)$이고 $a_1 \equiv a_2 (\mathrm{mod}\ n)$이다. 보조정리 7.4.5에 의해서 그것은 $a_1 \equiv a_2 (\mathrm{mod}\ mn)$이다. 그러나 $\{a | 1 \le a \le mn\}$은 mn을 법으로 한 완전잉여계 이므로, R의 서로 다른 두 원소들은 mn을 법으로 합동일 수 없다. 따라서 $a_1=a_2$이다. 이것이 f가 단사임의 증명이다.

끝으로, f가 전사임을 보이기 위해서, $([a]_m, [a]_n)$가 $(\mathbb{Z}/\equiv_m)^* \times (\mathbb{Z}/\equiv_n)^*$의 한 임의의 원소라 하자. 보조정리 7.4.7에 의해서, 어떤 정수 r가 존재하여
$1 \le r \le mn, r \equiv a (\mathrm{mod}\ m)$이고 $r \equiv b (\mathrm{mod}\ n)$이다. 그러므로
$[r]_m=[a]_m \in (\mathbb{Z}/\equiv_m)^*$이고
$[r]_n=[b]_n \in (\mathbb{Z}/\equiv_n)^*$이다. 따라서 정리 7.3.7에 의해서,
$\gcd(m,r)=\gcd(n,r)=1$이다. 보조정리 7.4.6을 적용하면, $\gcd(mn,r)=1$을 결정한다. 그러므로 $r \in R$이고
$f(a)=([r]_m, [r]_n)=([a]_m, [a]_n)$이다. 이것으로 f가 전사임을 보였다. ■

연습문제

1. $(\mathbb{Z}/\equiv_{20})^*$의 원소들을 나열하여라.

*2. $\phi(m)$을 찾아라:
 (a) $m=539$.
 (b) $m=540$.
 (c) $m=541$.

3. 오일러의 정리에 대한 다음 예들에서 $a^{\phi(m)}$을 계산하고 그리고 $a^{\phi(m)} \equiv 1(\mathrm{mod}\, m)$임을 확인하여라.
(a) $m = 18,\ a = 5$.
(b) $m = 19,\ a = 2$.
(c) $m = 20,\ a = 3$.

4. 보조정리 7.4.7에 대한 다음 예들에서 한 정수 r이 존재하여 $1 \le r \le mn$, $r \equiv a(\mathrm{mod}\ m)$이고 $r \equiv b(\mathrm{mod}\ n)$임을 확인하여라.
(a) $m = 5,\ n = 8, a = 5, b = 1$.
(b) $m = 7,\ n = 10, a = 6, b = 4$.

5. 만약 m과 a가 양의 정수들이라 가정하자. 수학적 귀납법을 사용하여 임의의 양의 정수 n에 대하여, $[a]_m^n = [a^n]_m$임을 증명하여라.

*6. 보조정리 7.4.5를 증명하여라.

7. 보조정리 7.4.6를 증명하여라.

*8. 만약 우리가 보조정리 7.4.5로부터 m과 n이 서로소라는 가설을 제외한다면, 그러면 iff의 한 방향의 명제는 참이고 다른 것은 거짓임을 보여라. 한 방향에 대한 증명을 하고 다른 방향에 대한 반례를 들어 당신의 답을 정당화 하여라.

9. 만약 우리가 보조정리 7.4.7로부터 m과 n이 서로소라는 가설을 제외하면, 이 보조정리는 아직도 참이냐? 이 증명을 하거나 또는 한 반례를 들어 당신의 답을 정당화 하여라.

*10. 페르마의 작은 정리 Ferma's little theorem 를 증명 하여라, 그것은 만약 p가 한 소수이면, 그러면 임의의 양의 정수 a에 대하여, $a^p \equiv a\,(\mathrm{mod}\, p)$이다.

11. 만약 m과 a가 서로소인 양의 정수들이라면, 그러면 $[a]_m^{-1} = [a^{\phi(m)-1}]_m$임을 증명하여라.

12. 모든 양의 정수들 m, a, p 그리고 q에 대하여, 만약 m과 a가 서로소이고 그리고 $p \equiv q(\bmod \phi(m))$이면 $a^p \equiv a^q(\bmod m)$임을 증명하여라.

*13. 만약 $a, b_1, b_2, \cdots, b_k$가 양의 정수들이고 그리고 $\gcd(a, b_1) = \gcd(a, b_2) = \cdots = \gcd(a, b_k) = 1$이면, 그러면 $\gcd(a, b_1 b_2 \cdots b_k) = 1$임을 증명하여라.

14. $m_1, m_2, \cdots, m_k$가 양의 정수들이고 쌍끼리 서로소라고 가정하자; 즉, 모든 $i, j \in \{1, 2, \cdots, k\}$에 대하여, 만약 $i \neq j$이면 그러면 $\gcd(m_i, m_j) = 1$이다. $M = m_1 m_2 \cdots m_k$라 하자. 모든 정수들 a와 b에 대하여, $a \equiv b(\bmod M)$ iff 모든 $i \in \{1, 2, \cdots, k\}$에 대하여, $a \equiv b(\bmod m_i)$이다.

*15. 이 연습문제에서 당신은 중국인 나머지정리 Chinese remainder theorem을 증명할 것이다. (그 증명은 3세기 중국인 수학자 선지Sun Zi에 의해서 최초로 언급되었다.)

(a) $m_1, m_2, \cdots, m_k$가 양의 정수들이고 쌍끼리 서로소라고 가정하자; 즉, 모든 $i, j \in \{1, 2, \cdots, k\}$에 대하여, 만약 $i \neq j$이면 그러면 $\gcd(m_i, m_j) = 1$이다. $M = m_1 m_2 \cdots m_k$라 하자. 모든 정수들 $a_1, a_2, \cdots, a_k$에 대하여 한 정수 r이 존재하여 $1 \leq r \leq M$ 이고, 그리고 모든 $i \in \{1, 2, \cdots, k\}$에 대하여, $r \equiv a_i(\bmod m_i)$임을 증명하여라. (힌트: k에 관한 귀납법을 사용하여, 귀납적 단계에서, 보조정리 7.4.7을 사용하자. 당신은 역시 연습문제 13과 14가 도움이 됨을 알게될 것이다.)

(b) 부분(a)에서 정수 r이 유일함을 증명하여라.

16. 각 양의 정수 n에 대하여, $\tau(n) = D(n)$의 원소들의 개수라 하자. 예를 들어, $D(6) = \{1, 2, 3, 6\}$이다. 따라서 $\tau(6) = 4$이다. 이 연습문제에서 당신은 τ가 한 곱셈적함수임을 증명하여라. m과 n이 서로소인 양의 정수들이라 가정하자.

(a) 만약 $a \in D(m)$ 이고 $b \in D(n)$이면 $ab \in D(mn)$임을 증명하여라.

(b) 부분 (a)에서, 우린 한 함수 $f: D(m) \times D(n) \to D(mn)$을 공식 $f(a,b) = ab$로 정의 할 수 있다. f가 단사이고 전사임을 증명하여라.

(c) $\tau(mn) = \tau(m)\tau(n)$임을 증명하여라, 그것은 τ가 곱셈적임을 보여준다.

*17. 각 양의 정수 n에 대하여, $\sigma(n) = D(n)$의 모든 원소들의 합이라 하자. 예를 들어, $D(6) = \{1, 2, 3, 6\}$이다. 따라서 $\sigma(6) = 1 + 2 + 3 + 6 = 12$이다. σ가 한 곱셈적함수임을 증명하여라.(힌트: 연습문제 16의 부분 (b)로 부터 함수 f를 사용한다.)

18. 이 연습문제에서 당신은 완전수들에 대한 유클리드의 정리를 증명할 것이다. 한 양의 정수 n이 완전수라고 말하는 것은 만약 n가 n보다 작은 n의 모든 약수들의 합과 같은 경우이다. 동치로, 만약 $\sigma(n) = 2n$이면 n은 완전수이다. 여기서 σ는 연습문제 17에서 정의된 함수이다. 만약 p가 한 양의 정수이면 그리고 $2^p - 1$이 소수이면, $2^{p-1}(2^p - 1)$이 완전수임을 증명하여라.(힌트: 당신은 연습문제 17과 예 6.1.1이 유용함을 발견할 것이다.)

19. 이 연습문제에서 당신은 완전수들에 대한 오일러의 정ㅇ리를 증명할 것이다. n이 한 짝수인 완전수라 가정하자. (연습문제 18에서와 같이, n은 완전수이라는 것은 $\sigma(n) = 2n$을 의미한다. 여기서 σ는 연습문제 17에서 정의된 함수이다.)

(a) 양의 정수들 k와 m이 존재하여 $n = 2^k m$이고 m이 홀수임을 증명하여라.

(b) $2^{k+1}m = (2^{k+1} - 1)\sigma(m)$임을 증명하여라.

(c) $2^{k+1} | \sigma(m)$을 증명하여라. 따라서 한 양의 정수d가 존재하여 $\sigma(m) = 2^{k+1}d$이다.

(d) $m = (2^{k+1} - 1)d$임을 증명하여라.

(e) $d = 1$임을 증명하여라.(힌트: $d > 1$이라 가정하자. 그러면 $1, d$, 그리고 m은 m의 서로 다른 약수들이다. 따라서 $\sigma(m) \geq 1 + d + m$이다. 모순을 유도할 수 있다.)

(f) $p = k + 1$이라 하자. 그러면 부분들(a), (d),그리고 (e)에 의해서, $n = 2^{p-1}(2^p - 1)$이다. $2^p - 1$이 소수임을 증명하여라. 따라서 n는 연습문제 18에서 고려했던 한 완전수의 형식이다.)

7.5 공개-키 암호론
Public-key Cryptography.

온라인에서 구매하기를 원한다고 가정하자. 상인의 웹사이트 에 가서 그리고 당신의 주문을 한다. 그러면 웹사이트는 당신에게 당신의 신용카드번호를 넣으라고 요청한다. 당신은 컴퓨터에 그 번호를 친다. 그리고 당신의 컴퓨터가 인터넷을 통하여 그 번호를 상인의 컴퓨터로 전송한다.

인터넷 통신은 일반적으로 발송인으로 부터 수취인까지 몇 개의 컴퓨터를 경유하여 지나간다. 그 결과로, 당신의 컴퓨터가 신용카드번호를 그 상인에게 보낼 때 그들의 중개인 컴퓨터들 중 하나에 접근하여 도청할 가능성이 존재한다. 신용카드번호를 훔치려는 것으로부터 그런 도청을 막기 위해서, 컴퓨터를 휘저어 섞거나 또는 그것을 보내기 전에 그 번호를 암호화 encrypts한다. 그 상인의 컴퓨터는 그러면 그대로 정리하거나 또는 그 번호들을 암호해독 decrypts하고 당신의 신용카드에 청구한다.

예를 들어, 신용카드번호가 16-자리 수열 $m = m_1 m_2 \cdots m_{16}$이라고 가정하자. 각 m_i는 자릿수 $0, 1, 2, \cdots, 9$중 하나이다. 그러나 그것을 동치류 $[m_i]_{10} \in \mathbb{Z}/\equiv_{10}$으로 표현된다고 생각할 것이다. 만약 당신의 컴퓨터와 그리고 상인의 컴퓨터가 한 임의의 자릿수들의 한 열 $k = k_1 k_2 \cdots k_{16}$에 동의할 수 있다면, 그러면 그들은 $\mathbb{Z}/\equiv_{10}$ 안에서 모든 계산을 해서, 다음과 같이 진행할 수 있다. 당신의 컴퓨터는 신용카드번호의 i번째 숫자 m_i를 숫자 c_i로 $[c_i]_{10} = [m_i]_{10} + [k_i]_{10}$로 대치할 수 있다. 당신의 컴퓨터는 16-자리 수열 $c = c_1 c_2 \cdots c_{16}$을 상인의 컴퓨터에 보낼 것이고, 그러면 그것은 공식 $[m_i]_{10} = [c_i]_{10} + (-[k_i]_{10})$을 사용하여 원래의 수열 m을 복구할 것이다.

수열 k는 당신의 컴퓨터가 신용카드번호를 암호화하는데 사용하고, 그리고 상인의 컴퓨터가 그것을 암호 해독하는데 사용한 열쇠이다. 그 열쇠 k를 알지 못하는 도청자는 암호문 c를 해독하고, 당신의 신용카드번호 m을 알 수가 없을 것이다.

그러나 어떻게 당신의 컴퓨터와 상인의 컴퓨터가 한 열쇠 k에 동의 할 수 있을까?

만약 한 컴퓨터가 열쇠를 선택해서 그것을 다른 곳에 보낸다면, 그러면 한 도청자가 그 열쇠를 알아낸다면 그러면 암호문을 해독할 것이다. 열쇠를 안전하게 보낸다는 것이 신용카드번호를 보내는 것과 똑같이 어려운 일이다. 따라서 우리는 아무런 진전을 하지 못한것 같아 보인다.

이 스킴의 문제에서는 대칭적 암호론 symmetric cryptography을 사용한다. 거기서는 같은 열쇠가 암호화하고 임호해독할 때 사용된다. 그 문제의 해법은 공개키 암호론 public-key cryptography이다. 여기서는 암호화하고 임호 해독할 때 서로 다른 열쇠를 사용한다. 상인의 컴퓨터가 두 개의 열쇠들을 생성한다. 하나는 암호화할 때 그리고 다른 하나는 함호 해독할 때 사용한다. 암호화하는 열쇠를 당신의 컴퓨터로 보낸다. 한 도청자가 암호 해독하는 열쇠를 알 수 있어서, 따라서 이 열쇠를 공개 열쇠로 알려진다. 그러나 이것이 도청자에게 별 도움이 안 된다. 왜냐하면 암호해독에는 암호해독 열쇠가 필요하다. 그리고 이 열쇠는 전송이 않되고 비밀로 남아있기 때문이다.

그것은 암호화와 암호해독에 대한 다른 열쇠들을 가진다는 것이 가능하다는 것이 놀랍게 보인다. 그러나 그것이 가능하다. 이 장에서는 잘 알려진 RSA라 불리는 공개열쇠암호화 체계중의 하나를 논의할 것이다. 그것은 $Ron\,Rivest$(1947－), $Adi\,Shamir$(1952－), 그리고 $Leonard\,Adleman$(1945－),에 대한 이름을 딴 것이다. 그들은 1977년에 이 체계를 개발했다. 한 유사한 체계는 1973년에 $Clifford\,Cocks$(1950－)에 의해서 개발되었다. 그는 영국 정보국에서 연구한 수학자이다. 그러나 그것은 1997년까지는 분류되거나 발표되지 않았다. 우리가 보는 바와 같이, RSA체계는 오일러의 정리에 의존하고 있다.

인터넷 구매한 과정에서 공개열쇠 암호론의 생각을 소개해 보자. 그러나 그것은 어느 때나 한 사람이 한 전달문을 다른 이에게 전달문을 전 할 때는 도청자를 방어하도록 사용될 수 있다. 앨리스가 한 전달문을 안전하게 밥에게 보낸다고 가정하자. RSA 공개열쇠암호화 체계를 사용하기 위해서, 그들은 다음과 같이 진행한다. 먼저 밥은 두 개의 서로 다른 소수들 p와 q를 선택한다. 그는 $n = pq$와 그리고 $\phi(n) = (p-1)(q-1)$를 계산한다. 다음에, 그는 한 양수 e를 e와 $\phi(n)$이 서로소이고 $e < \phi(n)$이 되도록 택한다.

정리 7.3.7에 의해서, $[e]_{\phi(n)}$은 $\mathbb{Z}/\equiv_{\phi(n)}$안에서 한 곱셈에 대한 역원을 가진다. 그것은 확장된 유클리드 알고리즘에 의해서 계산될 수 있다. 따라서 밥은 한 양의 정수 d를 택하여 $d < \phi(n)$이고, 그리고 $[e]_{\phi(n)} \cdot [d]_{\phi(n)} = [1]_{\phi(n)}$ 이다. 그것은 $ed \equiv 1 \pmod{\phi(n)}$을 의미한다. 밥은 한 쌍의 수들 (n,e)를 앨리스에게 보낸다; 이것은 암호화 열쇠로 앨리스는 그녀의 전달문을 암호화하는데 사용할 것이다. 그는 수들 p, q그리고 d를 비밀로 간직한다.; 그는 d를 앨리스의 전달문을 해독할 때 사용할 것이다.

앨리스가 보내려고 하는 전달문이 한 자연수 $m < n$이라고 가정하자. 물론, 그녀의 전달문이 실제로 한 수가 아니고 몇 장일 수도 있다. 그러나 몇 장이라도 자연수의 한

수열로 인코딩할 수 있다. 각각이 n보다 작게할 수가 있다. 그리고 이 자연수들 각각을 분리해서 암호화할 수 있다. 그러나 논의를 간단히 하기 위해서, 앨리스의 전달문이 한 단순한 자연수 $m < n$이라고 가정하자.

전과 같이, 그 전달문 m을 한 동치류 $[m]_n \in \mathbb{Z}/\equiv_n$로 표현해서 생각한다. 그리고 앨리스와 밥은 그들의 계산들을 $\mathbb{Z}/\equiv_n$에서의 산술을 사용해서 할 것이다. 그녀의 전달문을 암호화하기 위해서, 앨리스는 $[m]_n^e$를 계산한다; 환언하면, 그녀는 유일한 자연수 $c < n$가 $[m]_n^e = [c]_n$를 계산한다. 그 수 c가 암호화된 전달문이다. 그것을 밥에게 보낸다.

전달문을 암호 해독하기 위해서, 밥은 $[c]_n^d$를 계산한다. *RSA*체계가 작용하게 하는 것은 아래에서 증명하려고 하는 $[c]_n^d = [m]_n$이라는 놀라운 사실이다.

따라서 $[c]_n^d$을 계산함으로써, 밥은 원래의 전달문 m을 복호화할 수 있다. 암호화와 암호해독이 둘 다 지수가 관련된 것을 상기하라, 그러나 암호화 지수 e와 암호해독 지수 d가 서로 다르다. 따라서 그것은 만약 도청자가 e를 알았다고 해도; 밥이 d를 비밀로 간직만 잘하면, 도청자는 해독 전달문을 해독할 때 사용하는 지수를 알 수가 없을 것이다.

*RSA*가 작용한 것을 보이기 위해서 우리는 다음 정리가 필요하다.

정리 7.5.1. p와 q가 서로 다른 소수들이라고 가정하자. $n = pq$이고, e와 d가 양의 정수들로 $ed \equiv 1 \pmod{\phi(n)}$이다. 그리고 m과 c가 자연수들로 $[m]_n^e = [c]_n$이다. 그러면 $[c]_n^d = [m]_n$이다.

증명. 만약 $e = d = 1$이면 그러면 $[m]_n = [c]_n$ 이고, 그리고 결론은 분명히 성립한다. 만약 그렇지 않으면, 그러면 $ed > 1$이다. 따라서 $ed \equiv 1 (\mathrm{mod}\, \phi(n))$이므로, 어떤 양의 정수 k가 존재하여 $ed - 1 = k\phi(n)$이 성립한다. 그리고 그러므로 $ed = k\phi(n) + 1 = k(p-1)(q-1) + 1$이다. 그리고 $[m]_n^e = [c]_n$이므로, 우리는 $m^e \equiv c \pmod{n}$이다. 따라서 $n | (m^e - c)$이다.

비록 우리가 종국에는 $\mathbb{Z}/\equiv_n$에서의 산술에 대해서 한 결론을 도출해내기를 원하지만, 우리는 먼저 $\mathbb{Z}/\equiv_p$와 $\mathbb{Z}/\equiv_q$에서의 약간의 계산들을 하는 것이 유용함을 알 수 있을 것이다. $p | n$이고 $n | (m^e - c)$ 이므로, 나눗셈관계의 추이성에 의해서 $p | (m^e - c)$이다. 그러므로 $m^e \equiv c \pmod{p}$이다. 또는 동치로 $[m]_p^e = [c]_p$가 성립한다.

$\mathbb{Z}/\equiv_p$에서 지수에 대한 보통의 지수법칙이 성립을 주목하여라. 특히, 임의의 $X \in \mathbb{Z}/\equiv_p$에 대하여 그리고 임의의 양의 정수들 a와 b에 대하여 다음이 성립한다.

$$X^a \cdot X^b = \underbrace{X \cdots X}_{a \text{ terms}} \cdot \underbrace{X \cdots X}_{b \text{ terms}} = \underbrace{X \cdots X}_{a+b \text{ terms}} = X^{a+b}$$

그리고

$$(X^a)^b = \underbrace{\underbrace{X \cdots X}_{a \text{ terms}} \cdot \underbrace{X \cdots X}_{a \text{ terms}} \cdots \underbrace{X \cdots X}_{a \text{ terms}}}_{b \text{ groups of terms}} = \underbrace{X \cdots X}_{ab \text{ terms}} = X^{ab}.$$

(이 방정식의 더 주의 깊은 증명은 연습문제 8을 참조) 이 규칙들을 적용하여, 다음을 알 수 있다.

$$[c]_p^d = ([m]_p^e)^d = [m]_p^{ed} = [m]_p^{k(p-1)(q-1)+1} = ([m]_p^{p-1})^{k(q-1)} \bullet [m]_p$$

이제 $[m]_p^e = [m]_p$를 주장하자. 이것을 증명하기 위해서, 두 가지 경우를 고려하자.

경우 1. $p \nmid m$. 그러면 p와 m이 서로소이다. 따라서 오일러의 정리에 의해서 $[m]_p^{p-1} = [1]_p$가 성립한다. 그러므로

$$[c]_p^d = ([m]_p^{p-1})^{k(q-1)} \bullet [m]_p = [1]_p^{k(q-1)} \bullet [m]_p = [1]_p \bullet [m]_p = [m]_p$$

경우 2. $p | m$. 그러면 $[m]_p = [0]_p$이다. 따라서

$$[c]_p^d = ([m]_p^e)^d = [0]_p^{ed} = [0]_p = [m]_p$$

두 경우다 구하고자 하는 결론 $[c]_p^d = [m]_p$에 도달하였다.

그러므로 $c^d \equiv m(\bmod p)$이다. 유사한 논증은 $c^d \equiv m(\bmod q)$도 보일 수 있다. 그리고 $pq = n$이므로, 그것은 보조정리 7.4.5에 의해서 $c^d \equiv m(\bmod n)$이 된다. 환언하면, $[c]_n^d = [m]_n$이다. 이것이 우리가 증명하고자 한 것이다. ■

이것을 한 단순한 예를 들어서 시도해보자. 밥이 소수들 $p=3$과 $q=11$을 택 했다고 가정하자. 따라서 $n=pq=33$이고 $\phi(n)=(p-1)(q-1)=20$이다. 그는 역시 $e=7$을 선택하고, 그리고 그는 거기서 $[e]_{\phi(n)}^{-1}=[7]_{20}^{-1}=[3]_{20}$을 계산한다. 따라서 $d=3$이다.(밥의 작업으로 확인하면, $[7]_{20} \cdot [3]_{20}=[21]_{20}=[1]_{20}$) 밥은 구들 $n=33$과 $e=7$을 앨리스에게 보낸다.

앨리스는 전달문 $m=5$를 밥에게 보내기를 원한다고 가정하자. 그녀는 다음을 계산한다;

$$[m]_n^e = [5]_{33}^7 = [78125]_{33} = [14]_{33}$$

따라서 그녀의 암호화된 전달문은 $c=14$이다. 그녀는 이 수를 밥에게 보낸다. 이 전달문을 암호 해독하기 위해서, 밥은 다음을 계산한다;

$$[c]_n^d = [14]_{33}^3 = [2744]_{33} = [5]_{33}$$

따라서 밥은 성공적으로 원래의 전달문 $m=5$를 복호화 할 수 있다.

앨리스와 밥의 통신은 안전할까? 한 도청자가 앨리스한테 가는 밥의 전달문과 밥한테 가는 앨리스의 전달문을 가로채서 듣는다고 가정하자. 따라서 수들 $n=33, e=7,$그리고 $c=14$를 알고 있다. 인수분해해서 $n=33=3 \cdot 11$이고, 그리고 그러므로 $\phi(n)=(p-1)(q-1)=20$이다. 그러나 그러면 도청자는 밥이 했던 것과 같이, 계산할 수가 있다. $[e]_{\phi(n)}^{-1}=[7]_{20}^{-1}=[3]_{20}$이다. 따라서 암호해독 지수 $d=3$을 알게된다. 도청자는 이제 앨리스의 전달문을 밥이 했던 것과 같이 해독할 수가 있다 그 통신은 안전하지 않다!

무엇이 잘못되었을까? 문제는 이 단순한 예에서 우리가 작은 소수들을 사용한 것이다. 도청자는 첫 단계에서 $n=33$을 인수분해해서, 두 개의 소수들의 곱으로 만들 수 있었다. 한 작은 수 n는 작은 소수들로 나누어 한 소인수가 나올 때 까지 나누어 쉽게 인수분해 할 수가 있다. 그러나 만약 n이 큰 수라면 이 과정은 실제적으로 시간이 아주 오래 걸릴 것이다. 수들을 두 개의 큰 소수들의 곱으로 인수분해 하는 것은 특별하게 어렵다.

2019년 현제, 인수분해 되는 가장 큰 수는 두 개의 116-자릿수의 소수들의 한 곱이다. 그것은 2009년에 한 컴퓨터로 계산해서 약 2000년간 걸리는 문제를 수백대의 컴퓨터를 함께 사용하여 2년간의 계산으로 인수분해했다. 소수들의 곱들을 인수분해 하는 것이 현대의 컴퓨터 기술로 실현가능하지 않는것 보다 더 크게 심각하다. 오늘날 RSA를 사용하는 대부분의 사람들은 수 백 자리 자릿수를 갖는 소수들을 택하여 사용한다. 만약 한 도청자가 수들 n과 e를 알았다면, 그러면 원리상으로 그는 암호 해독하는 지수d를 찾기 위해서 충분한 정보를 가져야한다. 그러나 단 하나 알려진 방법은 n를 인수분해 하는 것이다. RSA의 안전성은 실제로 n을 인수분해 하는것이 실현가능하지 않게 아주 큰 수들을 사용한것에 사실상 의존한다.

그러나 기다려라! 앨리스와 밥이 이런 지독하게 큰수들을 갖고 해나갈 수 있는 계산은 무엇인가? 그들이 역시 계산상 실현불가능한가? 만약 그렇다면, 그 체계는 쓸모없을 것이다. 다행스럽게, 앨리스와 밥의 요구되는 계산들을 해가는 효율적인 방법들이 있다. 자세한 이런 계사들이 어떻게 수행되는가에 대한 논의는 이 책의 범위를 벗어난다. 우리는 주요한 관점들만 간략하게 언급하겠다.

앨리스와 밥이 해야만 하는 가장 어려운 계산들은 다음과 같다:

- 밥은 두 개의 큰 소수들 p와 q를 찾아야한다.
- 밥은 $[e]_{\phi(n)}^{-1}$을 찾아야한다.
- 앨리스는 $[m]_n^e$을 계산해야 하고, 그리고 밥은 $[c]_n^d$을 계산해야한다.

소수들 p와 q를 찾기 위해서, 밥은 단순히 임의로 적절한 큰 수들을 선택할 수 있다. 그리고 그가 두 개의 소수들을 찾을 때까지 그들이 소수인지 알아보는 탐색을 한다. 한 큰수가 소수인지 알아보는 문제는 광범위하게 연구되었다. 2019년에 아주 잘 알려진 방법들을 사용하여, 한 컴퓨터가 1000-자릿수가 몇분 안에 소수인지 아닌지 알 수 있다. 그러나 이것은 RSA에 대하여 충분히 편리하게 빠르지는 않다. 왜냐하면 밥은 그가 한 소수를 찾기 전에 수백개의 수들을 대한 소수판별을 해야 한다. 따라서 대부분은 RSA의 이행들은 확률적 소수판별법들을 사용한다. 이런 판별법들은 몇 분에 일초 밖에 안 된다. 그러나 그들은 정확성을 보장하지는 않다: 특히, 만약 한 수가 소수가 아니라면, 그 판별이 이것을 알아내지 못하는 경우가 존재한다. 그리고 그 수가 소수라고 보고한다. 그러나 판별을 수 차례 반복하여, 확률의 오차를 요구하는 만큼 작게 만들 수 있다. 확률적 소수판별법에 더 많은 것은 연습문제 10-14를 보아라.

이미 밥이 $[e]_{\phi(n)}^{-1}$을 계산에 사용할 수 있는 한 방법을 알고 있다: 확장된 유클리드 알고리즘이다. 이 알고리즘은 비록 매우 큰 수들이지만 매우 빠르다. 이것의 더 많은것에 대해서는, 7.1장의 연습문제 13을 보아라.

끝으로, 암호화와 암호해독의 전달문에, 앨리스와 밥은 $\mathbb{Z}/\equiv_n$의 원소들에 높은 멱을 높여야만 한다. $X \in \mathbb{Z}/\equiv_n$이고, 그리고 a가 한 양의 정수라 가정하자. X^a를 계산하는 가장 똑바른 방법은 X를 그것 자신을 a번 곱하는 것이다. 그러나 이것은 만약 a가 크면 실현가능 하지 않다. 한 더 좋은 방법을 점화식을 사용하는 것이다. 만약 $a=1$이면, 그러면 물론 $X^a = X$이다. a의 더 큰 값에 대해서는, 다음 공식들을 사용한다.:

$$X^{2k} = X^k \cdot X^k;$$
$$X^{2k+1} = X^k \cdot X^k \cdot X.$$

예 7,5.2 $[347]_{582}^{172}$를 찾아라.

풀이

$X = [347]_{582} \in \mathbb{Z}/\equiv_{582}$라 하자; X^{172}를 찾아야한다. 172는 짝수이므로, 다음과 같이 할 수 있다.

$$X^{172} = X^{2 \cdot 86} = X^{86} \cdot X^{86}$$

만약 X^{86}을 찾기 위해서, 같은 방법을 사용한다:

$$X^{86} = X^{2 \cdot 43} = X^{43} \cdot X^{43}$$

이제 X^{43}을 찾을 필요가 있다. 그리고 43은 홀수이므로, 다음 공식을 사용한다;

$$X^{43} = X^{2 \cdot 21 + 1} = X^{21} \cdot X^{21} \cdot X$$

이 같은 방법을 계속하면, 다음 공식들의 목록을 얻는다:

$$X^{172} = X^{2 \cdot 86} = X^{86} \cdot X^{86}$$
$$X^{86} = X^{2 \cdot 43} = X^{43} \cdot X^{43}$$
$$X^{43} = X^{2 \cdot 21 + 1} = X^{21} \cdot X^{21} \cdot X$$
$$X^{21} = X^{10} \cdot X^{10} \cdot X$$
$$X^{10} = X^{5} \cdot X^{5}$$
$$X^{5} = X^{2} \cdot X^{2} \cdot X$$
$$X^{2} = X^{1} \cdot X^{1} = X \cdot X$$

이제 이 목록을 관통하여 역순으로 각 공식들의 값을 구해간다:

$$X^2 = X \cdot X = [347]_{582} \cdot [347]_{582} = [120409]_{582} = [517]_{582}$$
$$X^5 = X^2 \cdot X^2 \cdot X = [517]_{582} \cdot [517]_{582} \cdot [347]_{582} = [92749283]_{582} = [17]_{582}$$
$$X^{10} = X^5 \cdot X^5 = [17]_{582} \cdot [17]_{582} = [289]_{582}$$
$$X^{21} = X^{10} \cdot X^{10} \cdot X = [289]_{582} \cdot [289]_{582} \cdot [347]_{582} = [28981787]_{582} = [515]_{582}$$
$$X^{43} = X^{21} \cdot X^{21} \cdot X = [515]_{582} \cdot [515]_{582} \cdot [347]_{582} = [92033075]_{582} = [251]_{582}$$
$$X^{86} = X^{43} \cdot X^{43} = [251]_{582} \cdot [251]_{582} = [63001]_{582} = [145]_{582}$$
$$X^{172} = X^{86} \cdot X^{86} = [145]_{582} \cdot [145]_{582} = [21025]_{582} = [73]_{582}$$

$[347]_{582}^{172} = [73]_{582}$라 결정한다.

만약 우리가 개수를 셈한다면, 당신은 단지 10번의 곱셈을 수행한 것을 알 수 있다—만약 단순히 172개의 X를 곱한다면 172번 보다는 훨씬 적은 것이다. 일반적인 X^a 계산에 요구되는 곱셈들의 수에 대에 더 많은 것은 연습문제 9를 보여라.

우리는 이장을 *RSA*의 사용에 대한 한 예를 더들어 끝마친다. 이번에 우리는 계산에서 효율적인 방법을 사용하도록 하기에 충분히 큰 수를 사용할 것이다. 그렇지만 그들은 아직

RSA의 실제 적용에 사용하기에는 그렇게 크지 않은 것이다.

예 7.5.3. 밥은 소수들 $p=48611$과 $q=37813$을 택했다고 가정하자. 그는 $n=pq=1838127743$이고, 그리고 $\phi(n)=(p-1)(q-1)=1838041320$을 계산한다. 그는 그러면 암호해독지수 $e=184270657$을 선택한다.

1. 암호화 지수 d를 찾아라.
2. 앨리스는 전달문 $m=357249732$를 보내기를 원한다고 가정하자. 암호화된 전달문 c를 찾고, 그리고 밥이 그것을 암호화할 수 있음을 확인하여라.

풀이

1. d를 계산하기 위해서, 밥은 확장된 유클리드 알고리즘을 사용하여 $[e]_{\phi(n)}^{-1}=[184270657]_{1838041320}^{-1}$을 찾는다. 그 단계들을 그림 7.7에서 보여준다. 밥은 $d=88235833$을 결정한다.
한가지 확인으로, 밥은 다음을 계산할 수 있다;

$$ed-1=16259274917852280=8845979\phi(n)$$

따라서 $ed\equiv 1(\mathrm{mod}\,\phi(n))$이다.

n	q_n	r_n	s_n	t_n
0		1838041320	1	0
1		184270657	0	1
2	9	179605407	1	−9
3	1	4665250	−1	10
4	38	2325907	39	−389
5	2	13436	−79	788
6	173	1479	13706	−136713
7	9	125	−123433	1231205
8	11	104	1371469	−13679968
9	1	21	−1494902	14911173
10	4	20	7351077	−73324660
11	1	1	−8845979	88235833
12	20	0		

그림 7.7 d의 복호화 지수의 계산

2. $X = [m]_n = [357249732]_{1838127743}$이라 하자. 그녀의 전달문을 암호화하기 위해서, 앨리스는 $X^e = X^{184270657}$을 계산해야한다. 그 단계들은 그림 7.8에서 볼 수 있다; 물론, 앨리스는 그녀의 계산들을 이 표의 끝에서 출발하는 것으로 계획한다. 그러나 처음부터 계산들을 수행했다. 그녀는 암호문 $c = 1357673396$을 보낸다.

k	X^k	k	X^k
2	$[413387288]_n$	44987	$[418397817]_n$
5	$[1105456936]_n$	89975	$[1597035021]_n$
10	$[1522283045]_n$	179951	$[1491451285]_n$
21	$[1773257888]_n$	359903	$[954701208]_n$
43	$[638596171]_n$	719807	$[1817497177]_n$
87	$[664005337]_n$	1439614	$[1774588706]_n$
175	$[661296271]_n$	2879229	$[1061291500]_n$
351	$[993223048]_n$	5758458	$[21397340]_n$
702	$[1294276724]_n$	11516916	$[1624593674]_n$
1405	$[1088781967]_n$	23033832	$[1474914774]_n$
2811	$[1010306117]_n$	46067664	$[1189097151]_n$
5623	$[1064784897]_n$	92135328	$[46825442]_n$
11246	$[1739950485]_n$	184270657	$[1357673396]_n$
22493	$[799178524]_n$		

그림 7.8 **e의 암호화 문구의 계산**

그 전달문을 암호 해독하기 위해서, 밥은 $Y = [c]_n$라 하고, 그리고 $Y^d = Y^{88235833}$을 그림 7.9에서 보는 바와 같이 계산한다. 예상한 대로, 그녀는 $m = 357249732$를 얻는다.

k	Y^k	k	Y^k
2	$[42593275]_n$	21541	$[120530669]_n$
5	$[1698473378]_n$	43083	$[189879402]_n$
10	$[1210371791]_n$	86167	$[781925623]_n$
21	$[1085519751]_n$	172335	$[1276315424]_n$
42	$[1335983514]_n$	344671	$[1511938429]_n$
84	$[1212154100]_n$	689342	$[1116941725]_n$
168	$[638363154]_n$	1378684	$[748516067]_n$
336	$[1695419879]_n$	2757369	$[590443992]_n$
673	$[250463254]_n$	5514739	$[1169450853]_n$
1346	$[1092090842]_n$	11029479	$[83459512]_n$
2692	$[149835148]_n$	22058958	$[643822280]_n$
5385	$[1009240318]_n$	44117916	$[1032113647]_n$
10770	$[1219871219]_n$	88235833	$[357249732]_n$

그림 7.9 문구들의 복음화

연습문제

1. 밥이 $p=5$, $q=11$, 그리고 $e=7$을 택했다고 가정하자.
   (a) n, $\phi(n)$, 그리고 d를 찾아라.
   (b) 앨리스가 전달문 $m=9$를 보내기를 원한다고 가정하자. 암호문 c를 찾아라, 그리고 밥이 그것을 암호해독할 수 있음을 확인하여라.

*2. 밥이 $p=71$, $q=83$, 그리고 $e=1369$을 택했다고 가정하자.
   (a) n, $\phi(n)$, 그리고 d를 찾아라.
   (b) 앨리스가 전달문 $m=1001$를 보내기를 원한다고 가정하자. 암호문 c를 찾아라, 그리고 밥이 그것을 암호 해독할 수 있음을 확인하여라.

3. 밥이 $p=71$, $q=83$을 택했다고 가정하자. 왜 $e=1368$의 선택이 나쁜 선택이 되는가?

4. 밥이 $p=17389$, $q=14947$, 그리고 $e=35824631$을 택했다고 가정하자.
   (a) n, $\phi(n)$, 그리고 d를 찾아라.

(b) 앨리스가 전달문 $m = 123456789$를 보내기를 원한다고 가정하자. 암호문 c를 찾아라, 그리고 밥이 그것을 암호해독할 수 있음을 확인하여라.

*5. 당신이 앨리스와 밥에서 도청을 하고 있다. 당신은 밥이 앨리스에게 보낸 전달문 $(n,e) = (493, 129)$를 가로챘다. 그래서 전달문 $c = 149$를 앨리스가 밥에게 보냈다.

(a) n을 인수분해 하여라.

(b) 암호해독 지수 d를 찾아라.

(c) 전달문을 암호해독 하여라.

6. 앨리스와 밥은 RSA를 사용한다고 가정하자. 보통, 밥은 수들 n, e, 그리고 d를 생성했고, 그리고 그는 n과 e를 앨리스에게 보냈다 그러나 d는 비밀로 간직했다. 앨리스는 그녀가 밥이 사인하기를 바라는 한 계약서를 표현하는 한 전달문 m을 갖고 있다. 그 계약서는 비밀이 아니다– 그녀는 그것을 암호화하지 않고 밥에게 그것을 즐겁게 보낸다. 그러나 그녀는 밥이 계약에 대한 한 디지털서명 digital signature돌려 받는다. 한 보통의 서명과 같이, 그것은 어떤 사람이 위조할 수 없는 한 서명이어야 한다. 따라서 앨리스는 밥을 알고, 그리고 어떤 사기꾼도 모른다. 서명을 하고, 그리고 밥은 그가 계약서에 사인한 것을 훗날 부정할 수 없다. 그이 서명을 창조하기 위해서, 밥은 유일한 정수 s가 $0 \le s < n$이고 $[m]_n^d = [s]_n$가 성립하도록 계산한다. 그리고 그는 s를 앨리스에게 보낸다.

(a) $[s]_n^e = [m]_n$ 를 보여라, 만약 s'가 임의의 정수로 $0 \le s' < n$이고 $s' \ne s$이면, 그러면 $[s']_n^e \ne [m]_n$이다. 따라서 앨리스는 서명을 $[s]_n^e$를 계산하고 그리고 그것이 $[m]_n$과 같음을 확인하여 인증한다.

(b) 왜 한 사기꾼이 밥의 서명을 위조할 수 없는가?

*7. 이 연습문제에서 우리는 왜 p와 q가 소수이어야 하는지가 중요한 이유를 알게 될 것이다.

밥이 $p = 9$, $q = 35$, 그리고 $e = 95$을 택했다고 가정하자. 9와 35가 소수가 아님을 상기하지 않는다. 그는 $n = pq = 315$를 계산하고, 그리고 금는 $(n,e) = (315, 95)$를 앨리스에게 보낸다.

(a) 앨리스는 전달문 $m = 123$을 보내기를 원한다고 가정하자. 그녀가 보낸 암호화

된 전달문 c는 무엇인가?

(b) 밥은 $\phi=(p-1)(q-1)=272$을 계산한다; 그는 이것이 $\phi(n)$이라 생각한다. 그러나 그는 틀렸다. 암호해독 지수 d를 찾기 위해서, 그는 그러면 $[e]_{\phi}^{-1}=[d]_{\phi}$를 계산한다. 그가 d의 무슨 값을 얻는가?

(c) 부분 (b)로 부터 암호화 지수 d를 사용하여, 밥은 그가 앨리스의 전달문을 암호 해독을 시도할 때 밥은 무엇을 얻는가?

(d) $\phi(n)$의 옳은 값은 무엇인가? 밥이 얻은 암호해독 지수 d는 만약 그가 $\phi(n)$에 대한 옳은 값을 사용했고 그리고 $[e]_{\phi(n)}^{-1}=[d]_{\phi(n)}$을 계산했다면 무엇인가? 이 암호해독 지수를 사용하면, 밥이 그가 앨리스의 전달문을 암호 해독할려고 시도할 때 얻은 것은 무엇인가?

8. m이 한 양의 정수이고 그리고 $X\in\mathbb{Z}/\equiv_m$이라고 가정하자.

(a) 양의 정수들 a에 대하여, X^a의 한 점화적인 정의를 하여라.

(b) 수학적 귀납법을 사용하여 모든 양의 정수들 a와 b에 대하여, $X^a \cdot X^b = X^{a+b}$임을 증명하여라.

(c) 수학적 귀납법을 사용하여 모든 양의 정수들 a와 b에 대하여, $(X^a)^b=X^{ab}$임을 증명하여라.

*9. $X\in\mathbb{Z}/\equiv_m$이라고 가정하자. 임의의 양의 정수 a에 대하여, 예 7.5.2에서 설명한 X^a를 계산하는 한 점화적인 방법은 기껏해야 $2\log_2 a$번 곱셈을 사용한다는 것을 증명하여라.

연습문제 10－14는 확률적 소수판별법에 관련된 것이다. 이들 문제들에서, 우리는 양의 정수 n에서 만약 n이 소수이면 시험을 통과하고, 그리고 만약 n이 소수가 아니면 그 시험에 실패하게 되는 한 계산적인 시험을 찾고 있다. 우리는 모든 경우는 아니지만 많은 경우에 적용되는 야간의 시험들이 존재함을 찾을 것이다.

10. 오일러의 정리에 의해서, 만약 n이 소수이고 그리고 $2\le a\le n-1$이라면, 그러면 $a^{n-1}\equiv 1\,(\mathrm{mod}\,n)$이다. 이것은 다음의 소수판별법을 제안한다: 한 정수 $n>2$가 소수인지 또는 아닌지 판별하기 위해서, 한 임의의 수 $a\in\{2,3,\cdots,n-1\}$를 선택하여 그리고 $a^{n-1}\equiv 1\,(\mathrm{mod}\,n)$인지 아닌지

확인한다. 이 판별을 페르마 소수판별법 Fermat primality test라 말한다. 왜냐하면 페르마의 소 정리와 긴밀하게 관련에 기초한 오일러 정리의 사례이기 때문이다: 7.4장의 연습문제 10을 보여라. 만약 n이 소수이면, 그러면 오일러 정리에 의해서, 그것은 그 시험의 통과를 보장한다. 불행하게도, 합성수들도 어떤때에는 그 시험을 역시 통과한다. 만약 $2 \le a \le n-1$이고 $a^{n-1} \equiv 1 \pmod{n}$라면, 그러나 n이 소수가 아니면, 그러면 우리는 n를 한 a를 기로 하는 페르마 유사소수 Fermat pseudoprime to the base a라 말한다; 그것은 비록 그것이 소수가 아니지만, a를 기로 하는 페르마 소수판별법을 통과한다. 만약 $2 \le a \le n-1$이고 $a^{n-1} \not\equiv 1 \pmod{n}$라면 그러면 우리는 a가 n에 대한 한 페르마 증인 Fermat witness이라고 말한다. 만약 n에 대한 한 페르마 증인이 있으면, 오일러 정리에 의해서, n은 소수가 아니다.

(a) 15는 4를 기로 하는 페르마유사소수이고, 그러나 3은 15에 대한 한 페르마 증인임을 보여라.

(b) n는 a를 기로 하는 페르마유사소수이면, 그러면 n과 a가 서로소임을 보여라.

11. 6.2장의 연습문제 5에서 수들 $F_n = 2^{(2^n)} + 1$을 페르마 수들이라 부름을 기억하자. 페르마는 $0 \le n \le 4$에 대한 F_n이 소수임을 보였다. 그리고 오일러는 F_5가 소수가 아님을 보였다. 만약 임의의 $n > 4$ 가 존재하여 F_n이 소수가 되는지는 알려지지 않는다. 이 연습문제에서 당신은 임의의 자연수 n에 대하여, $2^{F_n - 1} \equiv 1 \pmod{F_n}$임을 보일 것이다. 따라서 만약 F_n이 소수가 아니면, 그러면 연습문제 10의 용어로, 그것은 기를 2로 하는 한 페르마유사소수이다. 환언하면, $a=2$일 때 그 페르마소수판별법 F_n이 소수인가의 판별은 유용하지 않다.

(a) $2^{(2^n)} \equiv -1 \pmod{F_n}$임을 보여라.

(b) $2^{(2^{n+1})} \equiv 1 \pmod{F_n}$임을 보여라.

(ㅊ) $2^{n+1} | (F_n - 1)$임을 보여라. (힌트: 6.3장에서 연습문제 12(a)를 사용하라.)

(d) $2^{F_n - 1} \equiv 1 \pmod{F_n}$임을 보여라.(힌트:부분 (b) 와 (c) 그리고 7.3장 연습문제 16을 사용하라.)

*12. n이 2보다 더 큰 한 정수라 가정하고 $R = \{2, 3, \cdots, n-1\}$라 하자.

$$R_1 = \{a \in R \mid a^{n-1} \equiv 1\,(\mathrm{mod}\,n)\},$$
$$R_2 = R \setminus R_1 = \{a \in R \mid a^{n-1} \not\equiv 1 9\mathrm{mod}\,n)\}.$$

라 하자.

$a \in R_2$이고 $\gcd(n,a) = 1$이라 가정하자.

그러면 a가 n에 대한 한 페르마 증인이고, 따라서 n은 소수가 아니다.(이 연습문제에서 사용된 용어들의 의미에 대해서는 연습문제 10을 보여라.)

(a) 임의의 $x \in R_1$에 대하여 한 $y \in R_2$가 유일하게 존재하여 $ax \equiv y\,(\mathrm{mod}\,n)$가 됨을 보여라.

(b) 부분(a)에 의해서, 우리는 한 함수 $f : R_1 \to R_2$를 다음 공식으로 정의할 수 있다;

$f(x) =$ 한 유일한 $y \in R_2$로 $ax \equiv y\,(\mathrm{mod}\,n)$가 성립한다.

f가 단사임을 보여라.

(c) 부분 (b)를 사용하여 R의 원소들의 적어도 절반이 n에 대한 한 페르마 증인임을 결정하라. (이것은 적어도 1/2 확률로, n이 페르마 소수판별법에 실패할 것이다. a에 대한 선택을 바꾸어 시험을 반복하면, 한 틀린 결과들에 대한 확률이 요구되는 것과 같이 작이질 수 있다.)

13. 연습문제 12는 만약 n과 서로소인 적어도 한 페르마 증인이 존재한다면, 그러면 n이 소수가 아닌 것을 감지하는 페르마 소수판별법이 한 좋은 기회를 가진다. 불행하게도, 그와같은 증인이 존재하지 않는 합성수들 n이 존재한다. 한 정수 $n > 2$을 만약 소수가 아니고, 그러나 그것이 임의의 정수 $a \in \{2, 3, \cdots, n-1\}$에 대하여 a와 n가 서로소인 기 a에 대한 한 페르마 유사소수를 Carmichael 수라고 부른다. 그것들은 Robert Daniel Carmichael(1879-1967)의 이름을 딴 것이다. 그가 그것들을 처음 연구했다. 만약 n가 Carmichael 수라 하면, 그러면 비록 n이 소수가 아니지만, 페르마 소수판별법은 이 사실을 감지하지 못할 것 같다. 1994년에 W. R. Alford(1937-2003), Andrew Granville(1962-), 그리고 Carl Pomerance(1944-)은 무수히 많은 Carmichael 수가 있다는 것을 증명하였다. 이 문제에서 당신은 561이 Carmichael 수임을 보여줄 것이다.(사실상, 그것은 최소

Carmichael 수이다.) 그것을 당신이 $561 = 3 \cdot 11 \cdot 17$임을 확인하도록 남겨둔다. 따라서 561은 소수가 아니다. $2 \le a \le n-1$이고 $\gcd(561, a) = 1$이라 가정하자.

(a) $a^{560} \equiv 1 \pmod 3$임을 보여라.

(b) $a^{560} \equiv 1 \pmod{11}$임을 보여라.

(c) $a^{560} \equiv 1 \pmod{17}$임을 보여라.

(d) $a^{560} \equiv 1 \pmod{561}$임을 보여라.(힌트: 7.4장의 연습문제 14를 사용하여라.)

14. 이 연습문제에서 당신은 밀러-라빈 판별법 Miller-Rabin test에 대한 수학적 기의 어떤 것을 해 낼 것이다. 통상적으로 확률적 소수판별법으로 사용된 것이다. 그것은 Gary L. Miller(1946-) 그리고 Michael O. Rabin(1931-)의 이름을 따른다. n이 한 홀수 정수이고 $n > 1$이라 가정하자.

(a) 양의 정수들 s와 d가 존재하여 $n-1 = 2^s d$이고 d가 홀수임을 증명하여라.

(b) 만약 n이 소수이고 b가 한 양의 정수이고 $b^2 \equiv 1 \pmod n$이면, 그러면 $b \equiv 1 \pmod n$이거나 또는 $b \equiv -1 \pmod n$임을 증명하여라.

s와 d는 부분 (a)에서와 같다고 하자. 만약 $2 \le a \le n-1$. $a^d \not\equiv 1 (\bmod n)$, 그리고 모든 정수들 $i < s$, $a^{2^i d} \not\equiv -1 (\bmod n)$이면 a를 n에 대한 밀러 라빈 증인

Miller-Rabin witness이라 부른다.

(c) 만약 n에 대한 밀러 라빈 증인이 있으면 그러면 n은 소수가 아님을 증명하여라.(힌트: a를 n에 대한 밀러 라빈 증인이고 n이 소수라 가정하자. 그러면 오일러 정리에 의해서, $a^{2^s d} = a^{n-1} \equiv 1 (\bmod n)$이다. 그러므로 우리는 k를 $a^{2^k d} \equiv 1 (\bmod n)$인 최소의 자연수라 하자. 이제 부분 (b)을 사용하여 한 모순을 얻는다.)

밀러-라빈 판별법은 다음과 같이 작용한다: 한 홀수 $n > 1$이 소수인지 아닌지를 판별하기 위해서, 한 임의의 수 $a \in \{2, 3, \cdots, n-1\}$ 을 택하여 그리고 a를 n에 대한 밀러 라빈 증인인지 아닌지 확인한다. 만약 그렇다면, 그러면 n은 판별법을 실패한다. 만약 그렇지 않다면, 그러면 n은 판별법을 통과한다. 부분 (c)에 의해서, 만약 n이 소수이면 그러면 밀러 라빈 증인들이 존재하지 않는다. 따라서 n이 판별법을 통과할 것을 보장한다. 만약 n이 소수가 아니면 그러면 $a \in \{2, 3, \cdots, n-1\}$ 수들의 적어도 3/4가 n에 대한

밀러 라빈 증인이다. 따라서 n는 확률이 적어도 3/4의 판별법을 실패할 것이다. 연습문제 12에서와 같이, 한 틀린 결과의 확률은 다른 a의 선택에 의해서 그 판별을 반복하여 요구되는 만큼 작게 만들 수 있다.

(d) 13은 85에 대한 한 밀러 라빈 증인이 아니고, 그러나 14는 됨을 보여라.

Chapter 8

무한 집합

Infinte Sets

8.1. 대등한 집합
Equinumerous Sets

이 장에서, 무한집합들의 크기를 비교하는 한 방법을 논의할 것이다. 놀랍게도, 어떤 한 의미로, 무한대는 서로 다른 크기가 있다는 것을 발견하게 될 것이다!

유한집합에 대해서는, 한 집합의 크기는 세어서 결정한다. 한 집합에서 원소들의 수를 센다는 것은 무엇을 의미하는가? 당신이 한 집합 A의 원소들을 셀 때, 당신은 A의 원소들을 차례로 하나, 둘, 그리고 등등의 단어들로 말하며 지적해 간다. 우리는 이 과정을 어떤 자연수 n에 대한, 집합 $\{1,2,\cdots,n\}$으로부터 A로 가는 한 함수를 정의하는 것으로 생각할 수 있다. 각 $i\in\{1,2,\cdots,n\}$에 대하여, 우리는 $f(i)$를 당신이 "i"라고 말할 때 당신이 A의 원소를 지적한 것으로 해간다. 모든 A의 원소는 정확히 한번만 지적된 것이기 때문에, 함수 f는 일대일 대응이다. 따라서 A의 원소들을 세는 것은 단순히 어떤 자연수 n에 대한, 집합 $\{1,2,\cdots,n\}$와 A 사이의 일대일 대응을 세우는 한 방법이다. 일대일 대응은 집합들의 크기를 재는 숨은 핵심이 되는 생각이다. 그리고 $\{1,2,\cdots,n\}$형식의 집합이 유한집합의 크기를 재는데 표준이 된다. 이것은 다음 정의를 제안한다.

정의 8.1.1. A와 B가 집합들이라 가정하자. 만약 단사이고 전사인 한 함수 $f : A\to B$가 존재할 때, A가 B와 대등 equinumerous하다고 말한다. 우리는 A가 B와 대등하다는 것을 가르키는 것을 $A\sim B$로 쓸 것이다. 각 자연수 n에 대하여, $I_n=\{i\in\mathbb{Z}^+|i\le n\}$라 하자. 한 집합 A가 만약 한 자연수 n가 존재하여 $I_n\sim A$이면 유한 finite하다고 하고, 그렇지 않으면, A는 무한 infinite이다.

당신은 연습문제 6에서 만약 A가 유한이면, 그러면 정확히 한 n이 존재하여 $I_n\sim A$되는지를 묻고 있다. 따라서 그것은 한 유한 집합 A에 $I_n\sim A$인 유일한 n으로 정의하는 것이 의미를 가질 것이다. 이 수를 역시 가끔 A의 원소개수 cardinality라 부르며, 그리고 그것을 $|A|$로 표기한다. 이 정의에 따르면, $\varnothing$는 유한이고, $|\varnothing|=0$이다.

대등의 정의는 무한집합들에도 적용될 수 있다. 어떤 때는 놀라운 결과들을 준다. 예를 들어, 당신은 $\mathbb{Z}^+$는 $\mathbb{Z}$와 대등하지 않을 것으로 생각 할 것 같다. 왜냐하면 $\mathbb{Z}$는 모든 양의 정수들뿐만 아니라 역시 모든 음의 정수들과 영도 포함하고 있기 때문이다. 그러나 함수 $f:\mathbb{Z}^+ \to \mathbb{Z}$가 다음과 같이 정의 하면:

$$f(n)=\begin{cases}\dfrac{n}{2} & \text{만약 } n\text{이 짝수}\\ \dfrac{1-n}{2} & \text{만약 } n\text{이 홀수}\end{cases}$$

이 표기는 임의의 양의 정수 n에 대해서, 만약 n이 짝수이면 그러면 $f(n)=n/2$이고 만약 n이 홀수이면 $f(n)=(1-n)/2$를 의미한다. 그림 8.1에서 f에 대한 값들의 수표는 f가 단사이고 전사임을 제시해주는 패턴을 보여준다.

n	1	2	3	4	5	6	7	$\cdots$
$f(n)$	0	1	-1	2	-2	3	-3	$\cdots$

그림 8.1

이것을 더 면밀히 확인하기 위해서, 먼저 임의의 양의 정수 n에 대해서, 만약 n이 짝수이면 그러면 $f(n)=n/2>0$이다. 그리고 만약 n이 홀수이면 $f(n)=(1-n)/2 \le 0$이다. 이제 n_1과 n_2가 양의 정수들로 $f(n_1)=f(n_2)$는 $n_1/2=n_2/2$이다. 그러므로 $n_1=n_2$이다. 유사하게, 만약 $f(n_1)=f(n_2)\le 0$ 이면, 그러면 n_1과 n_2는 둘 다 홀수이다. 따라서 우리는 $(1-n_1)/2=(1-n_2)/2$를 얻는다. 그리고 다시 한번 그것은 $n_1=n_2$이 된다. 따라서 f는 단사이다.

f가 전사임을 보이기 위해서, m를 임의의 한 정수리 하자. 만약 $m>0$이면 그러면 $n=2m$이라 하자. 한 짝수인 양의 정수이다. 그리고 만약 $m\le 0$이면 $n=1-2m$이라 하자. 한 홀수인 양의 정수이다. 두 가지 경우 다 $f(n)=m$이 됨을 쉽게 확인할 수 있다. 따라서 f는 전사이고 역시 단사이다. 따라서 정의 8.1.1에 따라서 $\mathbb{Z}^+\sim\mathbb{Z}$이다.

함수 f가 매우 면밀히 선택되어야 함을 주목하여라. $\mathbb{Z}^+$에서 $\mathbb{Z}$로 가는 함수들 중에는 단사이고 전사가 아닌 것, 전사이고 단사가 아닌 것, 또는 단사도 전사도 아닌 것이 많이 존재하지만 이것이 $\mathbb{Z}^+\sim\mathbb{Z}$ 라는 우리의 주장에 모순되지 않는다. 정의 8.1.1에 따라서 $\mathbb{Z}^+\sim\mathbb{Z}$를 보이기 위해서 우리는 단지 적어도 $\mathbb{Z}^+$에서 $\mathbb{Z}$로 가는 단사이고 전사인 한 함수가 존재하고, 물론 이것을 증명하기 위해서 그와 같은 함수의 한 예를 들면 충분하다.

아마도 훨씬 더 놀라운 예는 $\mathbb{Z}^+\times\mathbb{Z}^+\sim\mathbb{Z}^+$가 된다는 것이다. 이것을 보이기 위해서 우리는 단사이고 전사인 함수 $f:\mathbb{Z}^+\times\mathbb{Z}^+\sim\mathbb{Z}^+$가 생기게 해야 한다. 이 함수의 정의역의 한 원소는 한 순서쌍 (i,j)이다. 여기서 i와 j는 양의 정수들이다. 이 쌍에 f를 적용한 결과는 $f((i,j))$로 써야 하지만, 그러나 한 쌍의 괄호를 생략 하는 것이 통상적이다. 그래서 바로 $f(i,j)$로 쓴다. 연습문제 12는 당신에게 단사이고 전사인 $\mathbb{Z}^+\times\mathbb{Z}^+$부터 $\mathbb{Z}^+$로 가는 한 함수를 정의하는 다음 공식을 보이도록 묻고 있다:

$$f(i,j)=\frac{(i+j-2)(i+j-1)}{2}+i$$

다시 한번, 그림 8.2에서 값들의 수표가 당신이 이 예를 이해하는데 도움을 줄 것이다.

	$f(i,j)$	j = 1	2	3	4	5
	1	1	2	4	7	11
	2	3	5	8	12	
i	3	6	9	13		
	4	10	14		$\ddots$	
	5	15				

그림 8.2

정리 8.1.2. $A\sim B$ 이고 $C\sim D$ 라 가정하자. 그러면:

1. $A\times C\sim B\times D$ 이다.
2. 만약 A와 C가 서로소이고 B와 D가 서로소이면, 그러면 $A\cup C\sim B\cup D$ 이다.

증명. $A\sim B$ 이고 $C\sim D$ 이므로, 단사이고 전사인 함수 $f:A\to B$ 와 $g:C\to D$ 를 택할 수가 있다.

1. $h:A\times C\to B\times D$ 를 다음 공식에 의해서 정의하자:

$$h(a,c)=(f(a),g(c))$$

h가 단사인가 알아보자. $h(a_1,c_1)=h(a_2,c_2)$라 가정하자. 이것은 $(f(a_1),g(c_1))=(f(a_2),g(c_2))$을 의미한다. 따라서 $f(a_1)=f(a_2)$이고 $g(a_1)=g(a_2)$이다. f와 g가 단사이므로, $a_1=a_2$이고 $c_1=c_2$이다. 따라서 $(a_1,c_1)=(a_2,c_2)$이다.
h가 전사인지 알아보자. $(b,d)\in B\times D$ 라 가정하자. 그러면 f와 g 둘 다 전사이므로, 우리는 $a\in A$이고 $c\in C$ 를 택하여 $f(a)=b$이고 $g(c)=d$라 할 수 있다. 그러므로 요구한 대로, $h(a,c)=(f(a),g(c))=(b,d)$이다. 따라서 h는 단사이고 전사이다. 따라서 $A\times C\sim B\times D$ 이다.
2. A와 C가 서로소이고 B와 D가 서로소라 가정하자. 당신은 연습문제13에서 $f\cup g$ 가 $A\cup C$ 로부터 $B\cup D$로 가는 단사이고 전사임을 보이게 된다. 따라서 $A\cup C\sim B\cup D$ 이다.

■

$\sim$가 반사적, 대칭적 그리고 추이적임을 보이는 것은 어렵지 않다. 따라서 그것은 동치관계이다. 즉, 다음정리를 성립한다.

정리 8.1.3 임의의 집합들 A, B, 그리고 C 에 대하여:

1. $A\sim A$
2. $A\sim B$ 이면 $B\sim A$ 이다.
3. $A\sim B$ 이고 $B\sim C$ 이면 $A\sim C$ 이다.

증명.

1. 항등함수 i_A가 A로 부터 A로 가는 단사이고 전사이다.
2. $A\sim B$ 이라 가정하자. 그러면 어떤 함수 $f: A\rightarrow B$ 가 단사이고 전사이다. 정리 5.3.4에 의해서 f^{-1}는 B로부터 A로 가는 한 함수이다. 그러나 이제 $(f^{-1})^{-1}=f$임에 주목하여라, 그것은 A로부터 B로 가는 함수이다. 따라서 다시, 정리 5.3.4에 의해서 f^{-1}도 역시 단사이고 전사이다. 그러므로 $B\sim A$ 이다.
3. $A\sim B$ 이고 $B\sim C$ 라 가정하자. 그러면 우리는 단사이고 전사인 함수들 $f: A\rightarrow B$ 와

$g : B \to C$를 택할 수 있다. 정리 5.2.5에 의해서 $g \circ f : A \to C$ 는 단사이고 전사이다. 따라서 $A \sim C$이다. ■

정리 8.1.2와 8.1.3은 가끔 집합들이 대등함을 보이는데 도움이 된다. 예를 들어, 우리는 일찍이 $\mathbb{Z}^+ \times \mathbb{Z}^+ \sim \mathbb{Z}^+$와 $\mathbb{Z}^+ \sim \mathbb{Z}$ 를 보였다. 따라서 정리 8.1.3의 부분3에 의해서 그것은 $\mathbb{Z}^+ \times \mathbb{Z}^+ \sim \mathbb{Z}$이 된다. 부분2는 우리가 명제들 "$A$가 B와 대등하다"와 "B가 A와 대등하다"의 사이를 구별할 필요가 없다. 왜냐하면 그들이 동치이기 때문이다. 예를 들어, 이미 $\mathbb{Z}^+ \times \mathbb{Z}^+ \sim \mathbb{Z}^+$ 를 알고 있다. 따라서 역시 $\mathbb{Z}^+ \sim \mathbb{Z}^+ \times \mathbb{Z}^+$ 라 할 수 있다. 정리 7.1.2의 부분1에 의해서 $\mathbb{Z}^+ \times \mathbb{Z}^+ \sim \mathbb{Z} \times \mathbb{Z}$ 이다. 따라서 우리는 역시 $\mathbb{Z}^+ \sim \mathbb{Z} \times \mathbb{Z}$ 이다.

이제 3개의 집합들 $\mathbb{Z}$, $\mathbb{Z}^+ \times \mathbb{Z}^+$ 그리고 $\mathbb{Z} \times \mathbb{Z}$가 모두 $\mathbb{Z}^+$와 동등함을 알았다.

그와 같은 집합들은 특히 중요하고 특별한 이름을 가진다.

정의 8.1.4. 한 집합 A가 만약 $\mathbb{Z}^+ \sim A$이면 가부번 denumerable이라 부른다. 그것이 만약 유한이거나 또는 가부번이면 가산 countable이라 부른다. 그렇지 않으면, 그것을 비가산 uncountable이라 한다.

당신은 가산집합들이 그 원소들 모두를 하나씩 순서대로 지적하면서 양의 정수의 이름을 붙여가며 셀 수 있을 것으로 생각할 것이다. 만약 셈하는 과정이 한 지점에서 끝나면, 그러면 그 집합은 유한이다; 그리고 만약 그것이 결코 끝나지 않으면, 그러면 그 집합은 가부번이다. 다음 정리가 가산집합들을 생각하는 두 가지 더 많은 방법들을 준다.

정리 8.1.5. A는 한 집합이라 가정하자. 다음 명제들은 동치이다:

1. A는 가산이다.
2. $A = \varnothing$이거나 또는 전사인 한 함수 $f : \mathbb{Z}^+ \to A$가 존재한다.
3. 단사인 한 함수 $f : A \to \mathbb{Z}^+$가 존재한다.

증명. $(1 \to 2)$. A를 가산이라 가정하자. 만약 A가 가부번이면, 그러면 단사이고 전사인 한 함수 $f : \mathbb{Z}^+ \to A$가 존재한다. 따라서 분명히 명제2는 참이다. 이제 A가 유한이라고 가정하자. 만약

$A=\varnothing$이면 그러면 더 이상 증명할 것이 없다. 따라서 $A\neq\varnothing$이라고 가정하자. 그러면 어떤 원소 $a_0\in A$를 택할 수 있다. $g: I_n\rightarrow A$을 단사이고 전사인 함수라 하자. 여기서 n는 A의 원소 개수이다. 이제 $f:\mathbb{Z}^+\rightarrow A$를 다음과 같이 정의하자:

$$f(i)=\begin{cases} g(i) & \text{만일 } i\leq n \\ a_0 & \text{만일 } i>n \end{cases}$$

이제 f가 전사임을 확인하는 것은 용이하다.

(2→3). $A=\varnothing$이거나 또는 $\mathbb{Z}^+$로부터 A로 가는 전사인 한 함수가 존재한다고 가정하자. 차례로 이 두 가지 경우들을 고려하자. 만약 $A=\varnothing$이면 공집합은 A에서 $\mathbb{Z}^+$으로 가는 단사이다. 이제 $g:\mathbb{Z}^+\rightarrow A$이고, 그리고 g가 전사라 가정하자. 그러면 각 $a\in A$에 대하여, 집합 $\{n\in Z^+|g(n)=a\}$는 공집합이 아니다. 따라서 정렬의 원리에 의해서 그것은 한 최소 원을 가져야 한다. 따라서 한 함수 $f: A\rightarrow\mathbb{Z}^+$를 다음 공식으로 정의 할 수 있다:

$$f(a)=g(n)=a\text{가 성립하는 최소 원 } n\in Z^+$$

각 $a\in A$에 대하여, $g(f(a))=a$이고, 따라서 $g\circ f=i_A$이다. 하지만 정리 5.3.3.에 의해서, f가 단사가 될 필요가 있다.

(3→1). $g: A\rightarrow\mathbb{Z}^+$이고 g가 단사라 가정하자. $B=Ran(g)\subseteq\mathbb{Z}^+$라 하자. 만약 우리는 g를 A로부터 B로 가는 함수라 생각하면, 그러면 그것은 단사이고 전사이다. 따라서 $A\sim B$이다. 따라서 그것은 B가 가산임을 보이면 충분하다. 정리 8.1.3으로 인해서, 그것은 이것으로부터 A 역시 가산이다.

B를 유한이 아니라고 가정하자. B가 가부번임을 보여야만 한다. 그것은 우리가 단사이고, 전사인 함수 $f:\mathbb{Z}^+\rightarrow B$를 정의해서 할 수 있다. 정의의 이면에 있는 생각은 각 $n\in Z^+$에 대하여 $f(n)$을 B의 n번째 원소라 한다.($B\subseteq\mathbb{Z}^+$이므로, 따라서 우리는 B의 n번째 원소라 생각하는 의미를 갖도록 양의 정수들의 순서를 사용할 수 있다.) f의 더 많은 주의 깊은 정의와 f가 단사이고 전사라는 증명에 대해서는, 연습문제 15를 보여라. ■

만약 A가 가산이고 그리고 $A\neq\varnothing$이면, 그러면 정리 8.1.5에 의해서 전사인 한 함수

$f:\mathbb{Z}^{+}\to A$가 존재한다. 만약, 임의의 $n\in Z^{+}$에 대하여, $a_n=f(n)$라 하자. 그러면 f가 전사라는 의미는 A의 모든 원소가 $a_1,a_2,a_3,\cdots$목록에 적어도 한 번씩 나타난다. 환언하면, $A=\{a_1,a_2,a_3,\ ...\}$이다. 한 집합 A의 가산성은 자주 양의 정수들에 의해 색인이 된, A의 원소들을 우리가 한 목록 안에 쓸 수 있는 방법을 사용한다. 사실상, 당신은 공집합이 아닌 집합들에 대한 가산성을 목록가능 listability하다는 의미로 생각하기를 원할 수 있다. 물론, 만약 A가 가부번이라면, 그러면 함수 f는 단사로 택 할 수 있다. 그것은 각 A의 원소는 단지 목록 $a_1,a_2,a_3,\cdots$안에 한 번씩 나타날 것이다. 한 가산집합의 원소들의 가산성의 적용에 대한 한 예에 대해서는 한 목록에 써진다. 연습문제 19을 보여라.

정리8.1.5는 역시 때때로 다음 정리가 보여주는 증명과 같이, 한 집합이 가부번임을 증명하는 것에 유용하다.

정리 8.1.6. $\mathbb{Q}$는 가부번이다.

증명. $f:\mathbb{Z}\times\mathbb{Z}^{+}\to\mathbb{Q}$를 다음과 같이 정의한다:

$$f(p,q)=p/q$$

모든 유리수들이 분수로 쓸 수 있다는 정의에 의해서, 분명하게 f는 전사이다. 그러나 f가 단사가 아님에 주목하여라. 예를 들어, $f(1,2)=f(2,4)=1/2$이다. $Z^{+}\sim Z$이므로, 정리 7.1.2에 의해서 $\mathbb{Z}^{+}\times\mathbb{Z}\sim\mathbb{Z}\times\mathbb{Z}^{+}$이다. 그리고 이미 $\mathbb{Z}^{+}\times\mathbb{Z}^{+}$가 가부번임을 알고 있다.
그것은 $\mathbb{Z}\times\mathbb{Z}^{+}$도 역시 가부번이다. 따라서 우리는 단사이고 전사인 함수 $g:\mathbb{Z}^{+}\to\mathbb{Z}\times\mathbb{Z}^{+}$을 택할 수 있다. 정리 5.2.5에 의해서, $f\circ g:\mathbb{Z}^{+}\to\mathbb{Q}$는 전사이다. 따라서 정리8.1.5에 의해서, $\mathbb{Q}$는 가산이다. 분명히 $\mathbb{Q}$는 유한이 아니므로, 따라서 그것은 가부번이다. ■

비록 이 장에서 초점은 무한집합에 대한 것 이지만, 이 장에서의 방법들은 유한집합들의 원소개수들을 세는데 유용한 정리들을 증명하는데 사용할 수가 있다. 그와 같은 한 정리를 한 예로, 그리고 연습문제들의 몇 가지 다른 예들을 들어서 이 단원을 마친다.(연습문제 20-30을 보여라.)

정리 8.1.7. A와 B가 서로소인 유한집합들이라 하자. 그러면 $A \cup B$는 유한이고 그리고 $|A \cup B| = |A| + |B|$ 이다.

증명. $n = |A|$ 이고 $m = |B|$라 하자. 그러면 $A \sim I_n$이고 $B \sim I_m$이다. 만약 $x \in I_m$이면 그러면 $1 \le x \le m$이다. 따라서 $n+1 \le x+n \le n+m$이다. 따라서 $x+n \in I_{n+m} \setminus I_n$이다. 따라서 우리는 한 함수 $f : I_m \to I_{n+m} \setminus I_n$을 공식 $f(x) = x+n$의로 정의할 수 있다. f가 단사이고 전사임을 쉽게 확인할 수 있다. 따라서 $I_m \sim I_{n+m} \setminus I_n$ 이다. $B \sim I_m$이므로, 그것은 $B \sim I_{n+m} \setminus I_n$가 된다. 정리 8.1.2의 부분 2를 적용하면, 우리는 $A \cup B \sim I_n \cup (I_{n+m} \setminus I_n) = I_{n+m}$을 결정할 수 있다. 그러므로 $A \cup B$는 유한이고, 그리고 $|A \cup B| = n+m = |A| + |B|$ 이다. ■

연습문제

*1. 다음 집합들이 가부번임을 증명하여라.

(a) $\mathbb{N}$

(b) 모든 짝수인 정수들의 집합.

2. 다음 집합들이 가부번임을 증명하여라.

(a) $\mathbb{Q} \times \mathbb{Q}$

(b) $\mathbb{Q}(\sqrt{2})$ (여기서 사용한 표기의 의미는 5.4장의 연습문제 21(b)를 보여라.)

3. 이 문제에서 우리는 실수들의 구가들에 대한 다음 표기들을 사용할 것이다. 만약 a와 b가 실수들이고 그리고 $a < b$라 하면, 그러면

$$[a,b] = \{x \in \mathbb{R} \mid a \le x \le b\}$$
$$(a,b) = \{x \in \mathbb{R} \mid a \le x \le b\}$$
$$(a,b] = \{x \in \mathbb{R} \mid a \le x \le b\}$$
$$[a,b) = \{x \in \mathbb{R} \mid a \le x \le b\}.$$

(a) $[0,1] \sim [0,2]$ 임을 보여라.
(b) $(-\pi/2, \pi/2) \sim R$ 임을 보여라.(힌트: 한 삼각함수를 사용하여라.)
(c) $(o, 1) \sim \mathbb{R}$ 임을 보여라.
(d) $(0, 1] \sim (0, 1)$임을 보여라.

***4.** 각 질문에 대하여 증명을 하던지 그렇지 않으면 한 반례를 들어 당신의 답을 정당화하여라.

(a) $A \sim B$이고 $A \times C \sim B \times D$ 라 가정하자. 그것은 $C \sim D$가 되어야만 하는가?
(b) $A \sim B$이고, A와 C가 서로소이고 B와 D가 서로소이고, 그리고 $A \cup C \sim B \cup D$라 가정하자. 그것은 $C \sim D$가 되어야만 하는가?

5. 만약 $A \sim B$이면 그러면 $\mathscr{P}(A) \sim \mathscr{P}(B)$임을 증명하여라.

*6. (a) 모든 자연수들 n과 m에 대하여, 만약 $I_n \sim I_m$이면 $n = m$임을 증명하여라. (힌트: n위에서 귀납법을 사용하여라.)
(b) 만약 A가 유한이면, 그러면 $I_n \sim A$가 되는 한 자연수 n이 정확히 하나 존재한다.

7. A와 B가 집합들이고 그리고 A가 유한이라 가정하자. $A \sim B$ iff B는 역시 유한이고 그리고 $|A| = |B|$ 임을 증명하여라.

*8. 만약 $n \in \mathbb{N}$ 이고 $A \subseteq I_n$ 이면, 그러면 A는 유한이고 그리고 $|A| \le n$임을 증명하여라. 더욱이, 만약 $A \ne I_n$ 이면, $|A| < n$이다.

9. $B \subseteq A$, $B \ne A$, 그리고 $B \sim A$라 가정하자. A가 무한임을 증명하여라.

*10. 만약 $n \in \mathbb{N}$, $f : I_n \to B$, 그리고 f가 전사이면, 그러면 B 는 유한이고, 그리고 $|B| \le |A|$ 임을 증명하여라.

11. A 와 B 가 유한집합들이라 하고 그리고 $f : A \to B$ 라 가정하자.

(a) 만약 $|A| < |B|$ 이면 그러면 f는 전사가 아님을 증명하여라.

(b) 만약 $|A| > |B|$ 이면 그러면 f는 단사가 아님을 증명하여라.(이것은 가끔 비둘기 집 원리 Pigeonhole Principle이라 부른다. 왜냐하면 그것은 만약 비둘기 n마리들이 비둘기 집 m개로 들어갈 때, 여기서 $n > m$이면, 그러면 어떤 비둘기 집에는 하나 보다 더 많은 비둘기들이 있을 수밖에 없다.)

(c) 만약 $|A| = |B|$ 이면 f가 단사 iff f가 전사.

*12. 함수 $f : \mathbb{Z}^+ \times \mathbb{Z}^+ \sim \mathbb{Z}^+$가 다음 공식에 의해서 정의되면

$$f(i,j) = \frac{(i+j-2)(i+j-1)}{2} + i$$

은 단사이고 전사임을 보여라.

13. 이 연습문제에서 당신은 $\mathbb{Z}^+ \times \mathbb{Z}^+ \sim \mathbb{Z}^+$의 또 다른 증명을 할 것이다. $f : \mathbb{Z}^+ \times \mathbb{Z}^+ \to \mathbb{Z}^+$를 다음 공식으로 정의하기로 하자;

$$f(m,n) = 2^{m-1}(2n-1)$$

f가 단사이고 전사임을 증명하여라.

14. 정리 8.1.2의 부분2의 증명을 만약 함수 $f : A \to B$ 와 $g : C \to D$ 가 단사이고 전사이고, A와 C 가 서로소이고 B 와 D 가 서로소 이다. 그러면 $f \cup g$가 $A \cup C$로 부터 $B \cup D$ 로 가는 단사이고 전사임을 보임으로 완성하여라.

*15. 이 연습문제에서 당신은 정리 8.1.5의 (3→1)의 증명을 완성할 것이다. $B \subseteq \mathbb{Z}^+$이고 B 가 무한이라 가정하자. 우리는 이제 한 함수 $f : \mathbb{Z}^+ \to B$를 점화식에 의해서 다음과 같이 정의한다.:

모든 $n \in \mathbb{Z}^+$에 대하여,

$$f(n) = B \setminus \{f(m) | m \in \mathbb{Z}^+, m < n\}\text{의 최소 원소.}$$

물론, 그 정의는 점화적이다. 왜냐하면 모든 $m < n$에 대하여 $f(n)$의 시방서가 $f(m)$에 대하여 언급하기 때문이다.

(a) $n \in \mathbb{Z}^+$ 이라 가정하자. $f(n)$의 정의는 만약 우리가
$B \setminus \{f(m) | m \in \mathbb{Z}^+, m < n\} \neq \varnothing$ 라고 확신할 수 있다면 의미를 가진다.
여기에서 정렬의 원리가 그것이 한 최소 원을 가짐을 보장한다.
$B \setminus \{f(m) | m \in \mathbb{Z}^+, m < n\} \neq \varnothing$ 임을 증명하여라.(힌트: 연습문제 8과 10을 보여라.)

(b) 모든 $n \in \mathbb{Z}^+$에 대하여, $f(n) \geq n$임을 증명하여라.

(c) f가 단사이고 전사임을 증명하여라.

16. 이 연습문제에서 당신은 정리 8.1.6의 한 또 다른 증명을 할 것이다.

(a) 단사이고 전사인 한 함수 $f: \mathbb{Z}^+ \to \mathbb{Z} \setminus \{0\}$를 찾아라.

(b) $g: \mathbb{Z}^+ \to \mathbb{Q}^+$를 다음과 같이 정의하자. $n \in \mathbb{Z}^+$이고 n의 소인수분해가
$n = p_1^{e_1} p_2^{e_2} \cdots p_k^{e_k}$, 여기서 $p_1, p_2, \cdots, p_k$ 는 소수들이고 그리고
$p_1 \leq p_2 \leq \cdots \leq p_k$, 그리고 $e_1, e_2, \cdots, e_k$은 양의 정수들이라고 가정하자. 그러면 우리는

$$g(n) = g(p_1^{e_1} p_2^{e_2} \cdots p_k^{e_k}) = p_1^{f(e_1)} p_2^{f(e_2)} \cdots p_k^{f(e_k)}$$

라 하자. 여기서 f는 부분 (a)에서의 함수이다.(7.2장에서와 같이, 우리는 공집합의 곱은 1이라고 고려한다. 따라서 $g(1) = 1$이다.) g가 단사이고 전사임을 증명하여라.(힌트: 당신은 7.2장의 연습문제 19에 유용하게 찾을 수 있을 것이다.)

(c) g를 사용하여 단사이고 전사인 함수 $h: \mathbb{Z} \to \mathbb{Q}$를 정의하고, 그리고 $\mathbb{Q}$가 가부번임을 결정한다.

*17. 만약 $B \subseteq A$이고 그리고 A가 가산이면, 그러면 B 도 가산임을 증명하여라.

18. 만약 $B \subseteq A$, A 가 무한이고, 그리고 B 가 유한이면, 그러면 $A \setminus B$ 가 무한임을 증명하여라.

*19. A가 가부번이고 그리고 R 은 A위에서 한 준순서라 가정하자. R 는 A위의 한 전순서로 확장될 수 있음을 증명하여라. 환언하면, $R \subseteq T$ 인 A위의 한 전순서T가 존재한다는 것을 증명하는 것이다. 우리는 예 6.2.2에서 A 가 유한하다는것에 대한 한 유사한 증명을 했음에 주목하여라. (힌트: A는 가부번이므로, 우리는 A의 원소들을 한 목록: $A=\{a_1, a_2, a_3, \ldots\}$로 쓸 수 있다.

이제, 6.2장의 연습문제 2를 사용하여, $n \in N$ 에 대하여 점화적으로 준순서들 R_n을 정의한다. 따라서 $R = R_0 \subseteq R_1 \subseteq R_2 \subseteq \cdots$이고 $\forall i \in I_n \forall j \in Z^+((a_i, a_j) \in R_n \vee (a_j, a_i) \in R_n)$이다. $T = \cup_{n \in \mathbb{N}} R_n$라 하자.)

20. A는 유한이고 그리고 $B \subseteq A$라 가정하자. 연습문제 8에서, B 와 $A \setminus B$ 는 둘 다 유한이다. $|A \setminus B| = |A| - |B|$를 증명하여라.

(특히, 만약 $a \in A$이면 그러면 $|A \setminus \{a\}| = |A| - 1$이다. 우리는 6장에서 여러 가지 증명들에서 이 사실을 사용했다: 예를 들어, 우리는 예 6.2.1과 6.2.2에서 그 것을 사용했다.)

21. n는 양의 정수이고 각 $i \in I_n$에 대하여, A_i는 한 유한집합이라 가정하자. 또한, $\forall i \in I_n \forall j \in I_n (i \neq j \rightarrow A_i \cap A_j = \varnothing)$라 가정하자. $\cup_{i \in I_n} A_i$는 유한이고 그리고

$|\cup_{i \in I_n} A_i| = \sum_{i=1}^{n} |A_i|$ 임을 증명하여라.

*22. (a) A와 B 가 유한집합들이라면, 그러면 $A \times B$는 유한이고 그리고 $|A \times B| = |A| \cdot |B|$ 임을 증명하여라.(힌트: $|B|$에 대한 귀납법을 사용한다. 환언하면, 귀납법으로 다음 명제를 증명하자:

$\forall n \in N \forall A \forall B$(만약 A와 B가 유한이고 $|B| = n$이면, $A \times B$는 유한이고 $|A \times B| = |A| \cdot n$)

.

당신은 정리 4.1.3이 유용하다는 것을 발견할 것이다.)

(b) 엘리스 식당의 식단은 한 전체요리와 후식으로 구성된다. 전체요리는 steak, chicken, pork chop, shrimp, or spaghetti이고, 후식은 ice cream, cake, or pie 이다. 당신은 엘리스식당에서 얼마나 많응 종류의 식사를 주문할 수 있을까?

23. 임의의 집합들 A와 B에 대하여, A로부터 B로 가는 모든 함수들의 집합을 ${}^{A}B$로 나타낸다.

(a) 만약 $A \sim B$이고 $C \sim D$이면 ${}^{A}C \sim {}^{B}D$임을 증명하여라.

(b) 만약 $A, B,$ 그리고 C가 집합들이고 그리고 $A \cap B = \varnothing$ 이면 ${}^{A \cup B}C \sim {}^{A}C \times {}^{B}C$임을 증명하여라.

(c) 만약 A, B 가 유한집합들이면, 그러면 ${}^{A}B$는 유한이고 그리고 $|{}^{A}B| = |B|^{|A|}$임을 증명하여라.(힌트: $|A|$에 대한 귀납법을 사용하여라.)

(d) 한 교수는 그의 강좌에 20명의 학생들이 참석하고 있다. 그리고 그는 각 학생들을 $A, B, C, D,$ 또는 F 로 학점을 주어야 한다. 학점을 주는 방법은 몇 가지나 있을까?

24. $|A| = n$이고, 그리고 $F = \{f \mid f$는 I_n로 부터 A로 가는 단사이고 전사이다$\}$라 가정하자.

(a) F는 유한이고, $|F| = n!$임을 증명하여라.(힌트: n에 대한 귀납법을 사용하여라.)

(b) $L = \{R \mid R$은 A위에서 전순서이다$\}$라 하자. $F \sim L$이고, 그래서 $|L| = n!$임을 증명하여라.

(c) 다섯 사람이 다섯 좌석이 있는 한 줄에 앉는다. 그들이 앉는 방법은 몇 가지일까?

25. A는 한 유한집합이고 그리고 R은 A위에서의 한 동치관계라 가정하자. 또한 어떤 양의 정수 n이 존재하여 $\forall x \in A(|[x]_R = n|)$이라 가정하자. A/R이 유한이고 그리고 $|A/R| = |A|/n$임을 증명하여라.(힌트: 연습문제 21을 사용하여라.)

26. (a) A, B 가 유한집합들이라 가정하자. $A \cup B$ 가 유한이고, 그리고 $|A \cup B| = |A| + |B| - |A \cap B|$ 임을 증명하여라.

(b) $A, B,$ 그리고 C가 유한집합들이라 가정하자. $A \cup B \cup C$ 가 유한이고, 그리고

$|A \cup B \cup C| = |A| + |B| + |C| - |A \cap B| - |A \cap C| - |B \cap C| + |A \cap B \cap C|$ 임을 증명하여라.

*27. 이 문제에서 당신은 포함과 배제의 원리 Inclusion－Exclusion Principle를 증명

할 것이다. 그것은 연습문제 26의 공식들을 일반화 한 것이다. $A_1, A_2, \cdots, A_n$가 유한집합들이라 하자. $P = \mathscr{P}(I_n) \setminus \{\varnothing\}$이고, 그리고 각 $S \in P$에 대하여 $A_S = \cap_{i \in S} A_i$라 하자. $\cup_{i \in S} A_i$는 유한이고, 그리고

$$|\cup_{i \in S} A_i| = \sum_{S \in P} (-1)^{|S|+1} |A_S|$$

임을 증명하여라.(이 방정식의 우변에 대한 표기는 모든 $S \in P$을 통한 결과이고, 각 S에 대한 $(-1)^{|S|+1}|A_S|$을 계산하고, 그래서 이 수들을 합한 것이다. (힌트: n에 대한 귀납법을 사용하여라.)

28. A, B 가 유한집합들이고 그리고 $|A| = |B|$이면, $|A \triangle B|$가 짝수임을 증명하여라.

29. 한 어떤 은행의 각 고객들은 한 비밀번호 PIN number를 갖고 있다. 그것은 4자리 숫자로 된 수열이다. 만약 그 은행의 고객이 10,000명 이상이라면 그러면 어떤 두 고객은 같은 비밀번호를 가져야만 한다는 것을 보여라.(힌트: 연습문제 11을 보여라.)

30. 엘리스는 그녀의 성적표를 보며 소리쳤다. "존 교수가 나를 확률론 과목에서 낙제점을 주다니 믿을 수가 없다". 밥이 말했다."네가 그 과목을 들었나?" " 재미있는데, 나도 그 과목을 들었다. 그런데 나는 너를 거기서 본적이 없는 것 같다." "그래, " 엘리스는 수줍은 듯이 인정했다. "나는 아마도 내가 수업에 많이 빠진 것 같다." 밥이 말 했다. "그래. 나도 마찬가지야". 엘리스나 또는 밥은 적어도 수업에 절반이상 빠졌다는 것을 증명하여라.

8.2. 가산집합과 비가산집합 Countable and Uncountable Sets

자주 가산집합들로 집합의 어떤 연산을 수행할 때, 그 결과는 다시 한 가산집합이 된다.

정리 8.2.1. A와 B 가 가산집합들이라 가정하자. 그러면:

1. $A\times B$는 가산집합이다.
2. $A\cup B$는 가산집합이다.

증명. A와 B가 가산집합들이므로, 정리 8.1.5에 의해서 단사함수들 $f: A\rightarrow \mathbb{Z}^+$ 와 $g: B\rightarrow \mathbb{Z}^+$을 택할 수가 있다.

1. $h: A\times B\rightarrow \mathbb{Z}^+\times\mathbb{Z}^+$을 다음 공식으로 정의하자:

$$h(a,b)=(f(a),g(b))$$

정리 8.1.2 부분1의 증명과 같이, 그것은 h가 단사임을 보이는 것은 어렵지 않다. $\mathbb{Z}^+\times\mathbb{Z}^+$는 가부번이므로, $j:\mathbb{Z}^+\times\mathbb{Z}^+\rightarrow\mathbb{Z}^+$ 을 단사이고, 전사인 함수라고 할 수 있다. 그러면 정리 5.2.5에 의해서, $j\circ h: A\times B\rightarrow\mathbb{Z}^+$는 단사이다. 따라서 정리 7.1.5에 의해서 $A\times B$는 가산집합이다.

2. $h: A\cup B\rightarrow Z$를 다음과 같이 정의하자:

$$h(x)=\begin{cases} f(x) & \text{만약 } x\in A \\ -g(x) & \text{만약 } x\notin A. \end{cases}$$

이제 h가 단사임을 보이자. 그 이유를 알아보기 위해서, $A\cup B$ 에 있는 어떤 x_1과 x_2에 대하여 $h(x_1)=h(x_2)$라 가정하자. 만약 $h(x_1)=h(x_2)>0$이면, 그러면 h의 정의에 따라서 우리는 $x_1\in A$, $x_2\in A$가 되어야한다. 그리고 $f(x_1)=h(x_1)=h(x_2)=f(x_2)$이다.

그래서 f가 단사이므로, $x_1=x_2$이다. 유사하게, 만약 $h(x_1)=h(x_2)\leq 0$이면, 그러면 우리는 $g(x_1)=-h(x_1)=-h(x_2)=g(x_2)$이 되어야 한다. 그리고 g가 단사이므로, $x_1=x_2$이다. 따라서 h는 단사이다.

Z는 가부번이므로, $j:\mathbb{Z}\rightarrow\mathbb{Z}^+$을 단사이고, 전사인 함수라고 할 수 있다. 부분1과 같이, 그래서 $j\circ h: A\cup B\rightarrow\mathbb{Z}^+$는 단사이다. 따라서 $A\cup B$ 는 가산집합이다. ■

다음 정리에서 보는 바와 같이, 정리 8.2.1의 부분2는 두 집합들보다 더 많은 합집합들로 확장할 수 있다.

정리 8.2.2. 셀 수 있는 많은 가산집합들의 합집합은 가산이다. 환언하면, 만약 $\mathcal{F}$ 가 한 집합족이면, $\mathcal{F}$ 는 가산이고, 그리고 역시 $\mathcal{F}$ 의 모든 원소가 가산이면, $\cup\mathcal{F}$는 가산이다.

증명. 먼저 $\varnothing \notin \mathcal{F}$ 라 가정 할 것이다. 증명 끝에 $\varnothing \in \mathcal{F}$ 인 경우는 논의 할 것이다.

만약 $\mathcal{F} = \varnothing$이면, 그러면 물론 $\cup\mathcal{F} = \varnothing$이다. 그것은 가산이다. 이제 $\mathcal{F} \neq \varnothing$라 가정하자. 그러면, 정리 8.1.5의 증명 뒤에 설명한 것과 같이, $\mathcal{F}$가 가산이고 공집합이 아니므로 $\mathcal{F}$의 원소들을 양의 정수들에 의해서 색인된 한 목록으로 쓸 수 있다. 환언하면, $\mathcal{F} = \{A_1, A_2, A_3, \cdots\}$라고 말할 수 있다. 유사하게, $\mathcal{F}$ 의 임의의 원소는 가산이고 그리고 공집합이 아니다($\varnothing \notin \mathcal{F}$이므로), 따라서 각 양의 정수 i에 대하여 A_i의 원소들은 한 목록으로 쓸 수 있다. 따라서 다음과 같이 쓸 수 있다:

$$A_1 = \{a_1^1, a_2^1, a_3^1, \cdots\},$$

$$A_2 = \{a_1^2, a_2^2, a_3^2, \cdots\},$$

그리고, 일반적으로,

$$A_i = \{a_1^i, a_2^i, a_3^i, \cdots\},$$

합집합의 정의에 의해서, $\cup\mathcal{F} = \{a_j^i | i \in Z^+, j \in Z^+\}$임을 주목하여라.

한 함수 $f : \mathbb{Z}^+ \times \mathbb{Z}^+ \to \cup\mathcal{F}$를 다음 공식으로 정의한다.

$$f(i,j) = a_j^i$$

명백히 f는 전사이다. $\mathbb{Z}^+ \times \mathbb{Z}^+$는 가부번이므로, 우리는 $g : \mathbb{Z}^+ \to \mathbb{Z}^+ \times \mathbb{Z}^+$을 단사이고, 전사인 함수라고 할 수 있다. 그러면 $f \circ g : \mathbb{Z}^+ \to \cup\mathcal{F}$는 전사이다. 따라서 $\cup\mathcal{F}$ 는 가산이다.

끝으로, $\varnothing \in \mathcal{F}$이라 가정하자. $\mathcal{F}' = \mathcal{F} \setminus \{\varnothing\}$라 하자. 그러면 $\mathcal{F}'$는 역시 가산집합

들의 한 가산의 족이다. 그리고 $\varnothing \notin \mathcal{F}'$ 이다. 따라서 앞의 논증과 같이, $\cup \mathcal{F}'$는 가산이다. 그러나 명백히 $\cup \mathcal{F} = \cup \mathcal{F}'$이다. 따라서 $\cup \mathcal{F}$ 도 역시 가산이다. ■

가산성을 보존하는 또 다른 연산은 유한 수열들의 형성이다. A는 한 집합이고 그리고 $a_1, a_2, a_3, \cdots a_n$은 A의 원소들의 한 목록이라 가정하자. 이 목록의 항들을 한 함수 $f: I_n \rightarrow A$로 특정화 할 수 있다. 여기서 각 i에 대하여, $f(i) = a_i =$ 그 목록의 i번째 항, 그와 같은 함수를 A의 원소들의 한 유한 수열 finite sequence 이라 부른다.

정의 8.2.3. A는 한 집합이라 가정하자. 한 함수 $f: I_n \rightarrow A$이고, 여기서 n는 한 자연수이다. 이것을 A의 원소들의 한 유한수열이라 부른다. 그리고 n을 그 수열의 길이라 부른다.

정리 8.2.4. A는 가산집합이라 가정하자. 그러면 A의 원소들의 모든 유한 수열들의 집합은 역시 가산이다.

증명. 각 $n \in \mathbb{N}$ 에 대하여, S_n는 A의 길이가 n인 모든 수열들의 집합이라 하자. 첫째로 모든 $n \in \mathbb{N}$에 대하여, S_n이 가산임을 보이자. 우리는 n에 관한 귀납법에 의해서 진행한다.

초기조건으로 $n=0$라 가정하자. $I_0 = \varnothing$을 주목 하여라, 따라서 길이가 0인 한 수열은 한 함수 $f: \varnothing \rightarrow A$이다. 그리고 그와 같은 함수는 단지 $\varnothing$이다. 따라서 $S_0 = \{\varnothing\}$이다. 그것은 분명히 한 가산집합이다.

귀납법 단계에 대해서는, n는 한 자연수이고 그리고 S_n는 가산이라고 가정하자. S_{n+1}이 가산임을 보여야 한다. 함수 $F: S_n \times A \rightarrow S_{n+1}$을 다음과 같이 정의하자:

$$F(f,a) = f \cup \{(n+1, a)\}$$

환언하면, 임의의 수열 $f \in S_n$과 그리고 임의의 원소 $a \in A$에 대하여, $F(f,a)$는 당신이 f에서 출발하여 얻은 수열이다. 그것은 길이가 n인 한 수열이고, 그래서 a를 $n+1$의 항의수로 끼워 넣는다. 당신은 연습문제 2에서F가 단사이고, 전사임을 확인하게 되 있다. 따라서 $S_n \times A \sim S_{n+1}$이다. 그러나 S_n과 A가 둘 다 가산이다. 따라서 정리 8.2.1에 의해서

$S_n \times A$는 가산이다. 그래서 S_{n+1}도 가산이다.

이것은 모든 $n \in \mathbb{N}$에 대한 귀납적 증명을 완성한다. S_n는 가산이다. 끝으로, A의 원소들의 모든 유한 수열들의 집합은 $\cup_{n \in \mathbb{N}} S_n$이다. 그리고 이것은 정리 8.2.2.에 의해서 가산이다.

정리 8.2.4의 사용에 대한 한 예로서, 당신은 영어의 모든 문법적 문장들의 집합이 한 가부번집합임을 보일 수 있어야한다.(연습문제 17을 보여라.) ■

이제까지 당신은 아마도 모든 집합들이 가산일지 아닐지 의심할 것이다! 비가산집합들을 만드는데 사용될 수 있는 집합론의 어떤 연산이 있는가? 우리는 다음 정리에서 그 해답은 멱집합의 연산이 있어서 그렇다 이다. 이 사실은 독일의 수학자 Georg Cantor(1845-1918)에 의해서 유명하고 독창적인 증명에 의해서 발견되었다. 사실상, 그것은 무한집합들의 크기를 비교하는 생각을 최초로 상상한 사람은 칸토어였다. 중요한 수학적 정리들은 가끔 발견한 사람의 이름을 본 따서 짓는다. 따라서 우리는 정리 7.2.5를 칸토어 정리 Cantor's theorem으로 이름 지었다. 칸토어 증명은 이장의 앞의 증명들보다 더 약간 어렵다. 따라서 우리는 그 증명 자체를 하기 전에 증명의 배경에 대한 작전을 논의 할 것이다.

정리 8.2.5. (**칸토어 정리**) $\mathscr{P}(\mathbb{Z}^+)$는 비가산이다.

메모 작업

그 증명은 정리 8.1.5.의 명제2에 근거한다. 전사가 되는 함수 $f : \mathbb{Z}^+ \to \mathscr{P}(\mathbb{Z}^+)$가 존재하지 않음을 보일 것이다. 분명히 $\mathscr{P}(\mathbb{Z}^+) \neq \varnothing$이다. 따라서 정리 8.1.5에 의해서 이것은 $\mathscr{P}(\mathbb{Z}^+)$ 는 가산이 아님을 보여준다.

우리의 작전은 만약 $f : \mathbb{Z}^+ \to \mathscr{P}(\mathbb{Z}^+)$을 한 임의의 함수라 하고, 그리고 f는 전사가 아님을 증명한다. 이 부정적인 목표를 한 긍정적인 명제로 다시 표현해보면,

$$\exists D[D \in \mathscr{P}(\mathbb{Z}^+) \wedge \forall n \in \mathbb{Z}^+ (D \neq f(n))]$$

임을 보여야 한다. 이것은 $D \in \mathscr{P}(\mathbb{Z}^+)$와 $\forall n \in \mathbb{Z}^+ (D \neq f(n))$둘 다 증명할 수 있는 한 특별한 집합 D를 찾도록 노력해야한다. 이것은 그 증명을 해내는데 가장 어려운 단계이다.

증명이 되도록하는 한 집합 D가 존재하지만, 그것을 생각해내기는 약간의 영리함이 있어야 할 것이다.

$D \in \mathscr{P}(\mathbb{Z}^+)$을 확인하는 것은, 또는 환언하면 $D \subseteq \mathbb{Z}^+$이므로, 따라서 D 의 원소들이 무엇이 되어야 하는지 결정할 때 단지 양의 정수들만 고려할 필요가 있음을 안다. 그러나 이것은 아직도 해야 할 무한히 많은 결정들을 우리에게 남겨준다: 각 양의 정수 n에 대하여, n가 D의 원소가 될지 않 될지를 결정해야만 한다. 역시 $\forall n \in \mathbb{Z}^+(D \neq f(n))$을 확인할 필요가 있다. 이것은 D의 선택은 에는 무수히 많은 제약들이 강요 된다: 각 양의 정수 n에 대하여, $D \neq f(n)$을 확인해야만 한다. 대응하는 제한이 만족되도록 그것을 보장하는 그런 방법으로 우리의 무수히 많은 결정들의 각각이 왜 될 수 없는가? 환언하면, 각 양의 정수 n에 대하여, 우리는 그것이 $D \neq f(n)$ 을 보장할 것 같은 그런 방법으로 n이 D의 한 원소인지 아닌지에 대한 결정을 해야 할 것이다. 이것은 하기에 어렵지 않다. 우리는 만약 $n \notin f(n)$이면 n을 D 의 원소라 하고, 만약 $n \in f(n)$이면 n을 D 밖으로 남긴다. 이것은 $D \neq f(n)$임을 조장할 것이다. 왜냐하면 이 집합들 중 하나는 n을 한 원소로 포함할 것이고 그리고 다른 하나는 그렇지 않다. 이것은 $D = \{n \in \mathbb{Z}^+ | n \notin f(n)\}$ 라 해야만 할 것을 제안한다.

그림 8.3은 당신이 집합 D 의 정의를 이해하는데 협조할 것이다. 각 $m \in \mathbb{Z}^+$에 대하여, $f(m)$은 $\mathbb{Z}^+$의 한 부분집합이다. 그것은 임의의 양의 정수에 대해서, $n \in f(m)$될지 않 될지 이야기함으로써 특정화 시킬 수 있다. 이 질문에 대한 답은 그림 1에서 보여준 한 수표에서 정돈될 수 있다. 그 수표의 각 행은 한 특정한 값 m에 대한 집합 $f(m)$을 특정화에 필요한 답을 준다. 그 집합 D 는 역시 그림 8.3의 맨 아래에서 보여준 바와 같이, 한 행의 예들과 아니오들로 특정화될 수도 있다. 각 $n \in \mathbb{Z}^+$에 대하여 우리는 $n \in D$ 이 되는지 않되는지의 결정을 $n \in f(n)$인지 아닌지 물어봐서 결정한다. 그리고 이 질문에 대한 답은 그림 8.3의 상자에 의해서 싸여진 것들이다. 왜냐하면 $n \in D$ iff $n \notin f(n)$이므로, D 를 특정화하는 행의 예들과 아니오들이 그림 8.3의 대각선을 따른 상자에 있는 답들은, 모든 답을 거꾸로 하여 읽어서 발견 될 수 있다. 이것이 그림 8.3의 수표의 모든 행과 다르다는 보장한다. 왜냐하면 각 $n \in \mathbb{Z}^+$에 대하여 그것은 n행의로 부터 n번째 위치와 다르기 때문이다.

만약 이 논증을 따라가기가 어렵다는 것을 알았다 해도, 그것에 대하여 걱정하지 마라. 집합 D 의 선택에 사용된 논증은 어찌하던지 그 증명의 한 부분이 아니다!

그 증명의 읽기를 끝마친 후, 당신이 뒤로 돌아가서 마지막 두 개의 문단만 다시 읽어 봐라.

그것은 집합 D 는 선택한 것이 $\mathbb{Z}^+$의 한 부분집합임을 분명하게 해야만 한다. 따라서

$D \in \mathscr{P}(\mathbb{Z}^+)$이다. 다른 목표는 $\forall n \in \mathbb{Z}^+(D \neq f(n))$을 증명하는 것이다. 따라서 n을 한 임의의 양의 정수라 하고 그리고 $D \neq f(n)$임을 증명한다. 이제 $D \neq f(n)$을 증명할 수 있도록 면밀히 D 를 선택했음을 회상하자. 그리고 이 선택의 숨어있는 논증은 $n \in f(n)$인지 아닌지에 따라 정해진다.

Is $n \in f(m)$?	n: 1	2	3	4	5	
m 1	yes	no	no	yes	yes	
2	yes	yes	no	no	yes	
3	no	no	no	yes	no	⋯
4	yes	yes	no	yes	no	
5	no	yes	yes	no	no	
			⋮			
Is $n \in D$?	no	no	yes	no	yes	⋯

그림 8.3

아마도 그 증명을 쓰는 가장 쉬운 방법은 두 가지 경우 $n \in f(n)$와 $n \notin f(n)$로 분리해서 고려한다. 각 경우, D의 정의를 적용하여 $D \neq f(n)$의 결론에 쉽게 도달한다.

증명. $f : \mathbb{Z}^+ \to \mathscr{P}(\mathbb{Z}^+)$라 가정하자. f가 전사가 아님을 한 집합 $D \in \mathscr{P}(\mathbb{Z}^+)$가 존재하여 $D \notin Ran(f)$가 성립함을 보일 것이다. $D = \{n \in \mathbb{Z}^+ | n \notin f(n)\}$라 하자. 분명히 $D \subseteq \mathbb{Z}^+$이다. 따라서 $D \in \mathscr{P}(\mathbb{Z}^+)$이다. 이제 n을 한 임의의 양의 정수라 하자.
두 가지 경우들을 고려한다.
경우1. $n \in f(n)$. $D = \{n \in \mathbb{Z}^+ | n \notin f(n)\}$이므로, 우리는 $n \notin D$라 결정 할 수가 있다. 그래서 $n \in f(n)$이고, 그리고 $n \notin D$이므로, 그것은 $D \neq f(n)$가 된다.
경우2. $n \notin f(n)$. 그러면 D의 정의에 의해서, $n \in D$이다. $n \in D$이고 $n \notin f(n)$이므로, $D \neq f(n)$이다.

이 경우들이 남김이 없으므로, 이것은 $\forall n \in \mathbb{Z}^+(D \neq f(n))$을 보여주는 것이다. 따라서 $D \notin Ran(f)$이다. f가 임의이므로, 이것은 전사가 되는 함수 $f : \mathbb{Z}^+ \to \mathscr{P}(\mathbb{Z}^+)$가 존재하

지 않음을 보인 것이다. 분명히 $\mathscr{P}(\mathbb{Z}^+) \neq \varnothing$이다. 따라서 정리 8.1.5.에 의해서 $\mathscr{P}(\mathbb{Z}^+)$는 비가산이다. ■

정리 7.2.5의 증명에서 사용한 방법을 대각화 diagonalization이라 부른다. 왜냐하면 그림 1에서 상자안의 답들의 대각적인 배열이기 때문이다. 대각화는 다음 정리를 포함해서, 많은 정리들을 증명하는데 사용되는 한 막강한 기술이다. 그렇지만, 또 다른 대각화 증명을 하지 않고, 다음 정리를 증명하는데 단순히 정리 8.2.5를 적용할 것이다

정리 8.2.6. $\mathbb{R}$는 비가산이다.

증명. 한 함수 $f : \mathscr{P}(\mathbb{Z}^+) \to \mathbb{R}$을 정의하고, 그리고 f가 단사임을 보일 것이다. 만약 $\mathbb{R}$이 가산이면, 그러면 한 단사함수 $g : \mathbb{R} \to \mathbb{Z}^+$가 존재할 것이다. 그래서 $g \circ f$는 $\mathscr{P}(\mathbb{Z}^+)$로부터 $\mathbb{Z}^+$로 가는 단사가 될 것이다. 그런 이유로 $\mathscr{P}(\mathbb{Z}^+)$는 가산이다. 칸토어 정리에 모순된다. 따라서 이것은 $\mathbb{R}$는 비가산임을 보여줄 것이다.

f를 정의하기 위해서, $A \in \mathscr{P}(\mathbb{Z}^+)$라 가정하자. 그러면 $f(A)$는 0과 1사이의 한 실수로 그것을 십진법전개식으로 만들어 지정된 수이다. 각 양의 정수 n에 대하여, $f(A)$의 n번째 수자 d_n은 다음과 같이 정의된다.

$$d_n = \begin{cases} 3 & \text{if } n \notin A \\ 7 & \text{if } n \in A \end{cases}$$

환언하면, 십진법 표기에서 $f(A) = 0.d_1 d_2 d_3 \cdots$을 가진다. 예를 들어, 만약 E가 모든 짝수들의 집이라 하면, 그러면 $f(E) = 0.37373737\cdots$이다. 만약 P를 모든 소수들의 집합이라면, 그러면 $f(P) = 0.37737373337\cdots$이다.

f가 단사임을 보이기 위해서, $A \in \mathscr{P}(\mathbb{Z}^+)$, $B \in \mathscr{P}(\mathbb{Z}^+)$라 하고, $A \neq B$라 가정하자. 그러면 어떤 $n \in \mathbb{Z}^+$이 존재하여 $n \in A$이고 $n \notin B$ 이거나, 또는 $n \in B$이고 $n \notin A$가 된다. 그래서 $f(A)$와 $f(B)$같을 수가 없다. 그들의 십진법 전개식에서 n번째 숫자가 서로 다르기 때문이다. 따라서 f는 단사이다.[3) ■

연습문제

*1. (a) 모든 무리수들의 집합 $\mathbb{R}\setminus\mathbb{Q}$는 비가산임을 증명하여라.

(b) $\mathbb{R}\setminus\mathbb{Q}\sim\mathbb{R}$ 임을 증명하여라.

2. $F: S_n \times A \to S_{n+1}$은 정리 8.2.4의 증명에서 정의된 함수라 하자. F가 단사이고 전사임을 보여라.

3. 이 연습문제에서 당신은 정리 8.2.4.의 한 또 다른 증명을 제공할 것이다. A를 한 가산집합이라고 가정하자. 그리고 S를 A의 원소들로 된 모든 유한 수열들의 집합이라고 하자. A가 가산이므로, 한 단사함수 $g: A \to \mathbb{Z}^+$가 존재한다. 각 양의 정수 n에 대하여, p_n을 n번째 소수라고 하자; 따라서 $p_1=2, p_2=3$, 그리고 등등. $F: S \to \mathbb{Z}^+$를 다음과 같이 정의한다: $f \in S$이고 f의 길이가 n이라고 가정하자. 그러면

$$F(f) = p_1^{g(f(1))} p_2^{g(f(2))} \cdots p_n^{g(f(n))}$$

F가 단사임을 보여라, 그리고 그러므로 S는 가산이다.

4. $P = \{X \in \mathscr{P}(\mathbb{Z}^+) | X\text{는 유한}\}$이라 하자. P가 가부번임을 증명하라.

*5. 다음 더 일반화된 칸토어정리를 증명하여라.: 임의의 집합 A에 대하여 $A \not\sim \mathscr{P}(A)$이다.
(힌트: 정리 8.2.5의 증명을 모방하여라.)

6. 이 연습문제에서 사용하는 표기의 의미에 대해서는, 8.1장의 연습문제 23을 보여라.

(a) 임의의 집합들 A, B, 그리고 C 에 대하여, ${}^A(B\times C) \sim {}^AB \times {}^AC$임을 증명하여라.

---

3) 우리는 여기서 약간 더 많은 주의를 기울려 야만 한다. 실제로 같은 수를 표현하는 두가지의 서로 다른 소수 전개가 가능하다. 예를 들어, 미적분학 수업에서 당신은 0.999...=1.000...라는 놀라운 사실을 배웠을 것이다. 그렇지만, 이것은 단지 9들의 무한 수열이나 또는 0들의 무한 수열의 소수 전개로 나타난다. 3들 그리고 7들로 구성되는 소수 전개에 대해서는, 서로 다른 소수 전개들은 힐반적으로 서로 다른 수들을 나타낸다.

(b) 임의의 집합들 $A, B,$ 그리고 C 에 대하여, ${}^{A\times B}C \sim {}^{A}({}^{B}C)$임을 증명하여라.

(c) 임의의 집합 A에 대하여, $\mathscr{P}(A) \sim {}^{A}\{$예, 아니오$\}$를 증명하라.(만약 A가 유한이고 그리고 $|A|=n$이면 그러면, 8.1장의 연습문제23(c)에 의해서, 그것은
$|\mathscr{P}(A)| = |\{$예, 아니오$\}|^{|A|} = 2^{n}$이 된다. 물론, 당신은 이미 이것을 6.2장의 연습문제 11에서, 한 다른 방법으로 증명했다.)

7. A 가 가부번이라 가정하자. A의 한 분할P 가 존재하여 P가 가부번이고 그리고 모든 $X\in P$에 대하여 X 가 가부번이 됨을 증명하여라.

8. 만약 A와B가 서로소인 집합들이면, 그러면 $\mathscr{P}(A\cup B) \sim \mathscr{P}((A)\times\mathscr{P}(B)$ 임을 증명하여라.

9. (a) $A_1 \subseteq A_2 \subseteq A_3 \subseteq \cdots$이고 $\cup_{n\in Z^{+}} A_n = R$이라 가정하자. 임의의 비가산집합 $B\subseteq R$에 대하여 어떤 양의 정수 n이 존재하여 $B\cap A_n$이 비가산임을 증명하여라.

(b) $A_1 \subseteq A_2 \subseteq A_3 \subseteq \cdots$이고 $\cup_{n\in Z^{+}} A_n = \mathbb{Z}^{+}$라 가정하자. 역시 임의의 무한집합
$B\subseteq \mathbb{Z}^{+}$에 대하여 어떤 양의 정수 n이 존재하여 $B\cap A_n$이 무한집합이다. 어떤 n에 대하여, $A_n = \mathbb{Z}^{+}$임을 증명하여라.

*10. $A\subseteq \mathbb{R}^{+}, b\in\mathbb{R}^{+}$그리고 A의 유한개의 많은 서로 다른 원소들의 한 목록 $a_1, a_2, \cdots, a_n$에 대하여, $a_1 + a_2 + \cdots + a_n \le b$라 가정하자. A가 가산임을 증명하여라.(힌트: 각 양의 정수 n에 대하여, $A_n = \{x\in A | x \ge 1/n\}$라 하자. 당신은 A_n의 원소들의 개수에 대해서 무엇을 말 할 수 있는가?)

11. E가 $\mathbb{R}$ 위에서 한 동치관계이고 모든 실수들 x와 y에 대하여, $[x]_E \sim [y]_E$라 가정하자. $\mathbb{R}/E$가 비가산이거나 또는 임의의 $x\in\mathbb{R}$에 대하여, $[x]_E$가 비가산임을 증명하여라.

12. 한 실수 x가 만약 한 양의 정수 n 그리고 정수들 $a_0, a_1, \cdots, a_n$이 존재하고

$a_0 + a_1x + a_2x^2 + \cdots + a_nx^n = 0$이고 $a_n \neq 0$이면 대수적 algebraic이라고 말한다. A를 모든 대수적인 수들의 집합이라고 하자.

(a) $\mathbb{Q} \subseteq A$임을 증명하여라.

(b) $\sqrt{2} \in A$임을 증명하여라.

(c) A가 가산임을 증명하여라. 적요: 당신은 만약 n이 한 양의 정수이고, $a_0, a_1, \cdots, a_n$이 정수들이고$a_n \neq 0$이라 하면, 그러면 $\{x \in \mathbb{R} \mid a_0 + a_1x + a_2x^2 + \cdots + a_nx^n = 0\}$은 유한이다.

*13. $\mathcal{F} \subseteq \{f \mid f : \mathbb{Z}^+ \to \mathbb{R}\}$이고 $\mathcal{F}$ 가 가산이라고 가정하자. 한 함수 g : $\mathbb{Z}^+ \to \mathbb{R}$ 가 존재하여 $\mathcal{F} \subseteq O(g)$임을 증명하여라.(여기에서 사용되는 표기에 대해서는 5.1장 연습문제 19를 보여라.)

14. $\mathcal{F} \subseteq \mathscr{P}(\mathbb{Z}^+)$이고 $\mathcal{F}$ 가 쌍으로 서로소라 가정하자. $\mathcal{F}$ 가 가산임을 증명하여라.

*15. 만약 A 와 B 가 무한집합들이면, 우리는 만약 $A \cap B$ 가 유한이면 A 와 B 는 거의 서로소 almost disjoint라고 말한다. 만약 $\mathcal{F}$ 가 무한집합들의 한 족이면, 그러면 우리는 만약 $\mathcal{F}$ 에서 임의의 A 와 B 에 대하여, 만약 $A \neq B$ 이면 A 와 B 가 거의 서로소이면, $\mathcal{F}$ 를 상호간에 거의 서로소 pairwise almost disjoint라고 말한다. 이 연습문제에서 당신은 $\mathcal{F}$ 의 모든 원소들이 무한이고, $\mathcal{F}$ 가 상호간에 거의 서로소이고, 그리고 $\mathcal{F}$ 가 비가산인 어떤 $\mathcal{F} \subseteq \mathscr{P}(\mathbb{Z}^+)$가 존재함을 증명할 것이다. (이것을 앞의 연습문제와 대조하라.) $P = \{X \in \mathscr{P}(\mathbb{Z}^+) \mid X$는 유한이다$\}$ 그리고 $Q = \{X \in \mathscr{P}(\mathbb{Z}^+) \mid X$는 무한이다$\}$라 하자. 연습문제 4에 의해서, P 는 가부번이다. 따라서 우리는 단사이고, 전사인 함수 $g : P \to \mathbb{Z}^+$을 택할 수 있다.

(a) Q는 비가산임을 증명하여라.

각 $A \in Q$에 대하여, $S_A = \{A \cap I_n \mid n \in \mathbb{Z}^+\}$라 하자. 예를 들어, 만약 A를 모든 소수들의 집합이라고 하면, 그러면 $S_A = \{\varnothing, \{2\}, \{2,3\}, \{2,3,5\}, \cdots\}$이다. (우리는 S_A를 A의 모든 시작 마디 initial segments의 집합으로 설명할 수 있

다.)

(b) 만약 $A \in Q$ 이면 그러면 $S_A \subseteq P$ 이고 S_A가 무한임을 증명하여라.

(c) 만약 $A, B \in Q$ 이고 $A \neq B$ 이면 그러면 $S_A \cap S_B$가 유한임을 증명하여라.

(d) $\mathcal{F} = \{g(S_A) | A \in Q\}$라 하자. $\mathcal{F} \subseteq \mathscr{P}(\mathbb{Z}^+)$이고, $\mathcal{F}$의 모든원소들이 무한이고, $\mathcal{F}$ 가 쌍으로 거의 서로소이고, 그리고 $\mathcal{F}$가 비가산임을 증명하여라.

16. 한 함수 $f : \mathbb{Z}^+ \to \mathbb{Z}^+$가 모든 양의 정수들 a, b, 그리고 c에 대하여 어떤 양의 정수 n이 존재하여 $f(an+b) = c$가 성립함을 증명하여라.

17. 영어의 모든 문법적인 문장들의 집합은 가부번임을 증명하여라.(힌트: 영어의 모든 문법적인 문장은 영어 단어들의 한 유한수열이다. 먼저 모든 문법적인 문장들의 집합은 가산임을 보이고, 그리고 나서 그것이 무한임을 보인다.)

18. 어떤 실수들은 영어로 한 구문으로 정의될 수 있다. 예를 들어, 구문 "한 원의 지름에 대한 둘레의 비"를 수 π로 정의한다.

(a) 한 영어 구문에 의해서 정의 될 수 있는 실수들의 집합은 가부번임을 증명하여라.(힌트: 연습문제 17을 보여라.)

(b) 영어 구문으로 정의될 수 없는 실수들이 존재함을 증명하여라.

8.3. 칸토어-쉴뢰더-베른쉬타인 정리

The Cantor-Schroder-Bernstein Theorem

A와 B 가 집합들이고 f가 A 로 부터 B 로 가는 한 단사함수라 가정하자. 그러면 f는 $A \sim Ran(f) \subseteq B$ 임을 보여주고, 따라서 그것은 B 는 적어도 A보다는 더 크다고 자연스럽게 생각할 수 있다. 이것은 다음 표기를 제안한다:

정의 8.3.1. 만약 A와 B 가 집합들이면, 만약 함수 $f : A \to B$로 가는 한 단사함수가 존재하면,

B 가 A를 지배 dominate한다고 말하고 $A \precsim B$ 라 쓴다. 만약 $A \precsim B$ 이고 $A \not\sim B$ 이면, B는 A를 엄격하게 지배한다 strictly dominate 고 말하고 $A < B$ 라 쓴다.

예를 들어, 정리 8.2.6의 증명에서 단사함수 $f:\mathscr{P}(\mathbb{Z}^+) \to \mathbb{R}$을 주어지고, 따라서 $\mathscr{P}(\mathbb{Z}^+) \precsim \mathbb{R}$이다. 물론, 임의의 집합들 A와 B에 대하여, 만약 $A \sim B$이면 역시 $A \precsim B$이다. 또한, 만약 $A \subseteq B$이면 분명히 $A \precsim B$이다. 예를 들어, $\mathbb{Z}^+ \precsim \mathbb{R}$이다. 사실상, 정리 8.2.6에 의해서 역시 $\mathbb{Z}^+ \not\sim \mathbb{R}$ 임을 알 수 있고, 따라서 우리는 $\mathbb{Z}^+ < \mathbb{R}$ 이라 말할 수 있다.

당신은 $\precsim$를 한 준순서라 생각할 수 있지만, 그것은 그렇지 않다는 것을 알 수 있다. 당신은 연습문제1에서 $\precsim$가 반사적이고 추이적이지만 , 그것은 반대칭적이 아님을 확인하게 된다.(4.5절의 연습문제 25에서의 용어를 사용하면, $\precsim$는 원순서이다). 예를 들어, $\mathbb{Z}^+ \sim \mathbb{Q}$ 이고, 따라서 $\mathbb{Z}^+ \precsim \mathbb{Q}$ 이고 $\mathbb{Q} \precsim \mathbb{Z}^+$ 이지만, 물론 $\mathbb{Z}^+ \neq \mathbb{Q}$ 이다. 그러나 이것은 한 흥미로운 질문을 제안한다: 만약 $A \precsim B$이고 $B \precsim A$이면, A와 B가 같지 않을 수 있지만, 그들이 대등해야 만 하지 않는가?

그 답은 옳다고 판명이 났으며, 우리가 다음 정리에서 증명하는 것과 같다. 여러 수학자들의 이름들이 이 정리에 보통 함께하고 있다. 칸토어는 그 정리를 언급한 최초의 사람이고 그 정리를 한 제한된 범위에서 증명하였고, 그리고 나중에 언이스트 쉬뢰더 Ernst Schrder(1841-1902)와 프릭스 베른쉬타인 Felix Bernstein(1878-1956)은 서로 독립적으로 증명들을 발견했다.

정리 8.3.2. (**칸토어-슈레더-베른쉬타인 정리**) A와 B가 집합들이라 가정하자. 만약 $A \precsim B$이고 $B \precsim A$이면, 그러면 $A \sim B$ 이다.

메모 작업

우리는 $A \precsim B$ 이고 $B \precsim A$ 이라 가정하에 출발하자. 그것은 단사함수들 $f:A \to B$ 와 $g:B \to A$ 를 택할 수 있다는 것을 의미한다. $A \sim B$ 를 증명하기 위해서 우리는 단사이고, 전사인 함수 $h:A \to B$ 를 발견해야 할 필요가 있다.

여기서, 우리는 A 와 B 에 대하여 많은 것을 알고 있지 않다. 우리가 A 와 B 의 원소들을 대응해서 우리를 도와줄 수 있는 도구들은 단지 함수들 f와 g뿐이다. 만약 f가 전사이면, 그러면 물론 우리는 $h=f$라 할 수 있다; 그리고 만약 g가 전사이면, 그러면 우리는 $h=g^{-1}$이라 할 수 있다. 그러나 그것은 f와 g가 둘 다 전사가 아닌 것으로 될 수도 있다. 이 경우에 어떻게 만족하는 함수h를 찾아낼 수 있을까?

우리의 풀이는 f와 g^{-1} 의 부분들을 결합하여 h를 얻을 것이다. 이렇게 하기 위해서, A를 X와 Y 두 조각들로, 그리고 B를 W와 Z 두 조각들로 분할 할 것이다. X 와 W 는 f에 의해서 대응시키고, Y와 Z는 g에 의해서 대응시킬 수 있다. 더 분명한 것은, $W=f(X)=\{f(x)|x\in X\}$이고 $Y=g(Z)=\{g(z)|z\in Z\}$가 된다. 그림 8.4에서 설명하고 있는 상황은, 한번 우리가 이렇게 하면, $a\in X$에 대해서 h를 $h(a)=f(a)$라 하고, $a\in Y$에 대해서는 $h(a)=g^{-1}(a)$라 정의할 수 있다.

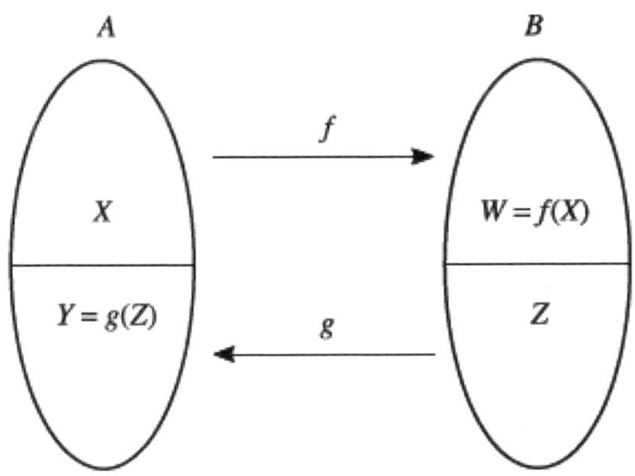

그림 8.4

어떻게 집합들 X, Y, W, 그리고 Z 를 선택할 수 있을까? 무엇보다 먼저, 모든 Y 의 원소들은 $Ran(g)$에 있어야한다. 따라서 $Ran(g)$안에 없는 임의의 A의 원소는 따라서 $Ran(g)$안에 없는 A의 임의의 원소는 X 안에 있어야한다. 환언하면, 만약 $A_1=A\setminus Ran(g)$라 하자. 그러면 $A_1\subseteq X$ 이어야 한다. 그러나 이제 임의의 $a\in A_1$을 고려하자. 우리는 $a\in X$ 이어야 한다. 그러므로 $f(a)\in W$ 임을 안다. 그러나 이제 g가 단사이므로, $g(f(a))$는 임의의 $z\in Z$ 에 대하여 $g(z)$와 서로 다를 것이다. 그러므로 $g(f(a))\notin g(Z)=Y$이다. 따라서 $g(f(a))\in X$ 을 가져야한다. a는 A_1의 한 임의의 원소였으므로, 이것은 만약 $A_2=g(f(A_1))=\{g(f(a))|a\in A_1\}$라 하면, $A_2\subseteq X$ 를

가져야한다. 유사하게, 만약 우리가 $A_3 = g(f(A_2))$라 하자. 그러면 그것은 $A_3 \subseteq X$ 를 가져야함이 밝혀진다. 이 방법을 계속해가면 모든 양의 정수 n에 대한 집합들 A_n을 정의할 수 있다. 그리고 모든 n에 대하여 $A_n \subseteq X$ 를 되어야한다. 당신이 보게 되는바와 같이, $X = \cup_{n \in Z^+} A_n$가 될 것이다. 다음 증명에서, 실제로 집합들 W와 Z는 언급하지 않았다.

증명. $A \precsim B$이고 $B \precsim A$라 가정하자. 그러면 단사 함수들 $f : A \to B$ 와 $g : B \to A$ 를 택할 수 있다. $R = Ran(g) \subseteq A$라 하자. 그러면 만약 g를 B 로부터 R 로 가는 한 함수로 생각한다면, 그것은 단사이고, 전사이다. 따라서 정리 5.3.4.에 의해서 $g^{-1} : R \to B$ 이다.

이제 한 집합들의 열 $A_1, A_2, A_3, \cdots$점화식에 의해서 다음과 같이 정의한다:

$$A_1 = A \setminus R;$$

임의의 $n \in \mathbb{Z}^+$에 대하여, $A_{n+1} = g(f(A_n)) = \{g(f(a)) | a \in A_n\}$.

$X = \cup_{n \in Z^+} A_n$라 하고, 그리고 $Y = A \setminus X$ 라 하자. 물론, A 의 모든 원소는 X 나 또는 Y 안에 있고, 둘 다에는 없다. 이제 $h : A \to B$ 를 다음과 같이 정의한다.

$$h(a) = \begin{cases} f(a) & \text{만약 } a \in X \\ g^{-1}(a) & \text{만약 } a \in Y. \end{cases}$$

임의의 $a \in A$에 대하여, 만약 $a \notin R$ 이면 그러면 $a \in A_1 \subseteq X$ 이다. 따라서 만약 $a \in Y$ 이면 그러면 $a \in R$ 이다. 따라서 $g^{-1}(a)$이 정의된다. 그러므로 이 정의는 의미를 가진다.

h가 단사이고 그리고 전사임을 보일 것이다. 그것은 $A \sim B$ 를 수립할 것이다.

h가 단사임을 보이기 위해서, $a_1 \in A, a_2 \in A$그리고 $h(a_1) = h(a_2)$라 가정하자.

경우 1. $a_1 \in X$. $a_2 \in Y$라 가정하자. 그러면 h의 정의에 따라서 $h(a_1) = f(a_1)$이고 그리고 $h(a_2) = g^{-1}(a_2)$이다. 따라서 방정식 $h(a_1) = h(a_2)$는 $f(a_1) = g^{-1}(a_2)$, 따라서 $g(f(a_1)) = g(g^{-1}(a_2)) = a_2$이다. $a_1 \in X = \cup_{n \in Z^+} A_n$이므로, 우리는 어떤 $n \in Z^+$을 택하여 $a_1 \in A_n$이라 할 수 있다. 그래서 $a_2 = g(f(a_1)) \in g(f(A_n)) = A_{n+1}$이다. 따라서 $a_2 \in X$이다. 우리의 가정에 따라서 $a_2 \in Y$이다.

따라서 $a_2 \not\in Y$이다. 따라서 $a_2 \in X$이다. 이것은 $h(a_2) = f(a_2)$을 의미한다. 따라서 방정식 $h(a_1) = h(a_2)$으로부터 우리는 $f(a_1) = f(a_2)$을 얻는다. 그러나 f가 단사이다. 따라서 그것은 $a_1 = a_2$가 된다.

경우 2. $a_1 \in Y$. 경우1에서와 같이, 만약 $a_2 \in X$이라면, 그러면 우리는 한 모순을 유도할 수 있다. 따라서 우리는 $a_2 \in Y$로 가져야한다. 따라서 방정식

$$h(a_1) = h(a_2) \text{은 } g^{-1}(a_1) = g^{-1}(a_2)$$

을 의미한다. 그러므로 $a_1 = g(g^{-1}(a_1)) = g(g^{-1}(a_2)) = a_2$.

두 경우 모두 $a_1 = a_2$가 된다. 따라서 h는 단사이다.

h가 전사임을 보이기 위해서, $b \in B$라 가정하자. 그러면, $g(b) \in A$이다. 따라서 $g(b) \in X$ 이거나 또는 $g(b) \in Y$이다.

경우 1. $g(b) \in X$. n을 선택하여 $g(b) \in A_n$이다. $g(b) \in Ran(g) = R$ 이고 $A_1 = A \setminus R$ 임을 주목하라, 따라서 $g(b) \not\in A_1$이다. 따라서 $n > 1$이다. 따라서 $A_n = g(f(A_{n-1}))$이다. 그러므로 우리는 $a \in A_{n-1}$을 택하여 $g(f(a)) = g(b)$이다. 그래서 g가 단사이므로, $f(a) = b$이다. $a \in A_{n-1}$이므로, $a \in X$이다. 따라서 $h(a) = f(a) = b$이다. 따라서 $b \in Ran(h)$이다.

경우 2. $g(b) \in Y$. 그러면 $h(g(b)) = g^{-1}(g(b)) = b$이다. 따라서 $b \in Ran(h)$이다.

두 경우 모두 $b \in Ran(h)$가 된다. 따라서 h는 전사이다. ■

칸토어-쉬레더-벨른쉬타인 정리는 가끔 집합들이 대등함을 보이는데 유용하다. 예를 들어, 8.1장의 연습문제 3는, $(0,1] \sim (0,1)$임을 보이라는 것인데, 여기서

$$(0,1] = \{x \in \mathbb{R} \mid 0 < x \leq 1\}$$

이고

$$(0,1] = \{x \in \mathbb{R} \mid 0 < x < 1\}.$$

이 두 집합들 사이의 한 일대일대응함수를 찾는 것은 놀랍게도 어렵다. 그러나 그들이 칸토어-쉬레더-벨른쉬타인 정리를 사용하여 대등함을 보이는 것은 용이하다. 물론, $(0,1) \subseteq (0,1]$이다. 따라서 분명히 $(0,1) \precsim (0,1]$이다. 다른 방향에 대해서는 $f : (0,1] \to (0,1)$를 다음 공식으로 정의한다.

$$f(x) = \frac{x}{2}$$

이 함수가 단사임을 확인하는 것은 용이하다(그렇지만 전사는 아니다.), 따라서 $(0,1] <\sim (0,1)$이다. 따라서 칸토어-쉬레더-벨른쉬타인 정리에 의해서 $(0,1] \sim (0,1)$이다. 이 예에 대한 더 많은 것은 연습문제 9를 보여라.

다음 정리는 칸토어-쉬레더-벨른쉬타인 정리의 한층 더 놀라운 결과를 제공한다.

정리 8.3.3. $\mathbb{R} \sim \mathscr{P}(\mathbb{Z}^+)$이다.

$\mathbb{R}$로부터 $\mathscr{P}(\mathbb{Z}^+)$로 가는 단사이고, 전사인 함수의 한 예를 들어서 정리 8.3.3을 증명하기는 아주 어려울 것이다. 우리의 증명에서 칸토어-쉬레더-벨른쉬타인 정리와 한 보조정리를 사용할 것이다.

보조정리 8.3.4. x와 y는 실수들이고 $x < y$라 가정하자. 그러면 $x < q < y$가 성립하는 한 유리수 q가 존재한다.

증명. k를 $\dfrac{1}{y-x}$보다 더 큰 한 정수리 하자. 그러면 $\dfrac{1}{k} < y-x$이다. 우리는 x와 y 사이에 분모가 k인 한 분수가 존재함을 보이자.

m과 n을 택하여 $m < x < n$ 이라 하고, $S = \left\{ j \in \mathbb{N} \mid m + \dfrac{j}{k} > x \right\}$라 하자.

$m + \dfrac{k(n-m)}{k} = n > x$임을 주목하면, $k(n-m) \in S$이다. 따라서 $S \neq \varnothing$이다. 따라서 정렬의 원리에 의해서 그것은 한 최소 원을 가진다. j를 S의 최소원이라 하자. 또한 $m + \dfrac{0}{k} = m < x$임에 주목하라, 따라서 $0 \notin S$ 이다. 그리고 그러므로 $j > 0$이다. 따라서 $j-1$은 한 자연수이다. 그러나 j가 S의 최소원이므로, $j-1 \notin S$ 이다. 그것은 $m + \dfrac{j-1}{k} \leq x$가 된다.

$q = m + \dfrac{j}{k}$라 하자. 분명히 q는 한 유리수이고, $j \in S$이므로, $q = m + \dfrac{j}{k} > x$이다. 또한,

$m+\dfrac{j-1}{k} \le x$와 $\dfrac{1}{k} < y-x$의 관찰들을 결합하여,

$$q = m+\frac{j}{k} = m+\frac{j-1}{k}+\frac{1}{k} < x+(y-x) = y \ .$$

따라서 구하고자 하는, $x < q < y$를 보였다. ■

정리 8.3.3의 증명. 앞에서 관찰한 바와 같이, 이미 $\mathscr{P}(\mathbb{Z}^+) \precsim \mathbb{R}$ 임을 알고 있다. 그러나 이제 함수 $f:\ \mathbb{R} \to \mathscr{P}(\mathbb{Q})$를 다음과 같이 정의해서 고려하자.

$$f(x) = \{q \in \mathbb{R} \mid q < x\}.$$

f가 단사임을 주장하자. 그 이유를 알아보기 위해서, $x \in R, y \in R$ 그리고 $x \neq y$라 가정하자. 그러면 $x < y$이거나, 또는 $y < x$이다. 먼저 $x < y$이라고 가정하자. 보조정리 7.3.4에 의해서, $x < q < y$가 성립하는 한 유리수 q를 택할 수 있다. 그래서 $q \in f(y)$이고 $q \notin f(x)$이다. 따라서 $f(x) \neq f(y)$이다. 한 유사한 논증으로 만약 $y < x$이면 그러면 $f(x) \neq f(y)$이다. 따라서 f는 단사이다.

f가 단사이므로, $\mathbb{R} \precsim \mathscr{P}(\mathbb{Q})$ 임을 보았다. 그러나 역시 $\mathbb{Q} \sim \mathbb{Z}^+$임을 알고 있다. 따라서 8.1장의 연습문제 5에 의해서 그것은 $\mathscr{P}(\mathbb{Q}) \sim \mathscr{P}(\mathbb{Z}^+)$가 된다. 이것을 $\mathscr{P}(\mathbb{Z}^+) \precsim \mathbb{R}$이라는 사실과 결합시키고, 칸토어-쉬레더-벨른쉬타인 정리를 적용하여, $\mathbb{R} \sim \mathscr{P}(\mathbb{Z}^+)$라 결정한다. ■

이 장의 서두에서 우리는 무한이 서로 다른 크기들이 될 수 있다고 언급하였다. 우리는 이제 그것을 알아보자. 지금까지, 단지 무한에 대한 두 가지 크기들만 발견했다. 한 크기는 가부번집합들에 의해서 표현된다. 그것은 모두 각기 서로 대등하다. 비가부번 무한집합들의 예들은 단지 지금까지는 $\mathscr{P}(\mathbb{Z}^+)$와 $\mathbb{R}$이다. 그것은 이제 대등함을 알고 있다. 사실상, 무한의 크기를 갖는 것이 많이 있다. 예를 들어, $\mathscr{P}(\mathbb{R})$은 한 무한집합으로 가부번도 아니고 또한 $\mathbb{R}$과 대등하지도 않다. 따라서 그것은 제삼의 크기를 갖는 무한이다. 이것에 대해서 더

많은 것은 연습문제 8을 보여라.

$\mathbb{Z}^+ < \mathbb{R}$ 이기 때문에, 그것은 실수들의 집합은 양의 정수들의 집합보다 더 크다고 생각하는 것이 자연스럽다. 1878년에, 칸토어는 이들 두 크기들 사이에 한 무한의 크기가 존재하는지 어떤지 물었다. 더 명확하게는, 한 집합 X가 $\mathbb{Z}^+ < X < \mathbb{R}$인 것이 존재할까? 칸토어는 그 답이 아니오라하고, 그러나 그는 그것을 증명할 수가 없다고 문제제기를 하였다. 그의 문제제기를 연속체가설 continuum hypothesis로 알려져있다. 1900년 2차 세계수학자 대회에서 데이빗 힐베르트 David Hilbert(1862-1943)는 그 시대에 그가 믿고 있는 가장 중요한 미해결 수학문제로 나열하는 한 유명한 강의를 했다. 그리고 그 목록의 첫 번째로 연속체가설을 증명하거나 또는 반증하라는 것이었다.

연속체가설의 상황은 1963년에 쿠르 궤델 Kurt Godel(1906-1978)과 폴 코헨 Paul Cohen(1934-)의 논문에서 의해서 한 놀라운 방법으로 "해결 resolved"되었다. 그 해결은 우리가 이 책에서 주어진 증명의 개념과 집합론에 근거한 기초적인 가정 둘 다 보다 더 심지어 더 많은 주의 깊은 해석들을 요구하도록 밝혀졌다. 다시 그와 같은 해석이 주어지면, 그것은 무엇이 증명될 수 있고 그리고 무엇이 증명될 수 없는것 인지에 대해서 증명하는 것이 가능할 것이다. 궤델과 코헨이 증명한 것은 오늘날 대부분의 수학자들에 의해서 받아드려지는 수학적 증명 방법들과 집합론적인 가정들을 사용하여, 그것은 연속체가설을 증명하는 것은 불가능하고, 그리고 그것은 역시 그것을 반증하는 것도 불가능하다는 것이다!

연습문제

*1. $\precsim$는 반사적이고 추이적임을 증명하라, 환언하면:

(a) 모든 집합 A에 대하여, $A \precsim A$이다.

(b) 모든 집합들 A, B 그리고 C에 대하여, 만약 $A \precsim B$이고 $B \precsim C$이면 그러면 $A \precsim C$ 이다.

2. $<$는 무반사적이고 추이적임을 증명하라, 환언하면:

(a) 모든 집합 A에 대하여, $A \not< A$ 이다.

(b) 모든 집합들 A, B 그리고 C 에 대하여, 만약 $A < B$ 이고 $B < C$ 이면

그러면 $A < C$ 이다.

3. $A \subseteq B \subseteq C$ 이고 $A \sim C$ 라 가정하자. $B \sim C$ 임을 증명하라.

4. $A \precsim B$이고 그리고 $C \precsim D$라 가정하자
   (a) $A \times C \precsim B \times D$임을 증명하라.
   (b) 만약 A 와 C 가 서로소이고 B 와 D 가 서로소이면, 그러면 $A \cup C \precsim B \cup D$ 임을 증명하여라.
   (c) $\mathscr{P}(A) \precsim \mathscr{P}(B)$임을 증명하여라.

*5. 이 연습문제에서 사용된 표기의 의미에 대해서는, 8.1장의 연습문제23에서 본 것이다. $A \precsim B$이고 그리고 $C \precsim D$라 가정하자.
   (a) 만약 $A \neq \varnothing$이면 그러면 ${}^{A}C \precsim {}^{B}D$임을 증명하여라.
   (b) $A \neq \varnothing$이라는 가정이 부분 (a)에 필요합니까?

6. (a) 만약 $A \precsim B$ 이고 그리고 B는 유한이면, 그러면 A는 유한이고 그리고 $|A| \leq |B|$ 임을 증명하여라.
   (b) 만약 $A < B$이고 그리고 B는 유한이면, 그러면 A는 유한이고 그리고 $|A| < |B|$ 임을 증명하여라.

7. 임의의 집합 A에 대하여, $A < \mathscr{P}(A)$임을 증명하여라. (힌트: 8.2장의 연습문제 5를 보아라. 특히, 만약 A가 유한이고 $|A| = n$이면, 6.2장의 연습문제 11과 8.2장의 연습문제 6(c)에 본바와 같이, $|\mathscr{P}(A)| = 2^n$이다. 그것은 연습문제 6(b)에 의해서, $2^n > n$이 된다. 물론, 당신은 이미 이것을 한 다른 방법, 6.3장의 연습문제 12(a)에 의해서 증명하였다.

*8. $A_1 = \mathbb{Z}^+$이라 하자. 그리고 $n \in \mathbb{Z}^+$에 대하여 $A_{n+1} = \mathscr{P}(A_n)$이라 하자.
   (a) 모든 $n \in \mathbb{Z}^+$과 그리고 $m \in \mathbb{Z}^+$에 대하여, 망약 $n < m$이면 그러면 $A_n < A_m$을 증명하여라.
   (b) $n \in \mathbb{Z}^+$에 대한 집합들 A_n은 무한히 많은 무한 크기를 나타낸다. 무한 크기들

보다 더 많은 어떤 것이 존재하는가? 환언하면, 임의의 $n \in \mathbb{Z}^+$에 대하여 A_n과 대등하지 않는 한 무한집합을 생각할 수 있는가?

9. 칸토어-쉬레더-벨른쉬타인 정리의 증명은 단사함수들 $f:A \to B$ 와 $g:B \to A$로부터 한 단사이고 그리고 전사인 함수 $h : A \to B$ 구성하는 한 방법을 준다. 이 방법을 사용하여 단사이고 그리고 전사인 함수 $h : (0,1] \to (0,1)$을 찾아라. 함수들 $f : (0,1] \to (0,1)$와
$g : (0,1) \to (0,1]$가 다음 공식들로 주어진다고 하여 증명을 출발 하여라:

$$f(x) = \frac{x}{2}, \quad g(x) = x.$$

*10. $\mathcal{E} = \{R | R$은 Z^+위에서 한 동치관계이다.$\}$.

(a) $\mathcal{E} \precsim \mathscr{P}(\mathbb{Z}^+)$임을 증명하여라.

(b) $A = \mathbb{Z}^+ \setminus \{1,2\}$이고 $\mathcal{P}$를 $\mathbb{Z}^+$의 모든 분할들의 집합이라 하자. $f : \mathscr{P}(A) \to \mathcal{P}$를 다음 공식 $f(X) = \{X \cup \{1\}, (A \setminus X) \cup \{2\}\}$라 정의하자. f가 단사임을 증명하여라.

(c) $\mathcal{E} \sim \mathscr{P}(\mathbb{Z}^+)$임을 증명하여라.

11. $\mathcal{T} = \{R | R$은 $\mathbb{Z}^+$에서의 한 전순서이다.$\}$라 하자. $\mathcal{T} \sim \mathscr{P}(\mathbb{Z}^+)$임을 증명하여라. (힌트: 연습문제 10의 풀이를 모방하여라.)

12. (a) 만약 A가 적어도 두 원소를 갖고 그리고 $A \times A \sim A$라 하면 그러면 $\mathscr{P}(A) \times \mathscr{P}(A) \sim \mathscr{P}(A)$임을 증명하여라.

(b) $\mathbb{R} \times \mathbb{R} \sim \mathbb{R}$ 임을 증명하여라.

13. 한 구간 interval은 한 집합 $I \subseteq \mathbb{R}$이 다음성질을 가질 때이다. 모든 실수들 x, y 그리고 z에 대하여, 만약 $x \in I$, $z \in I$이고 $x < y < z$이면, $y \in I$ 이다. 한 구간이 만약 적어도 두 개의 서로 다른 실수들을 포함할때 비퇴화 nondegenerate라 한다. $\mathcal{F}$가 비퇴화 구간들의 집합이고 그리고 $\mathcal{F}$는 모두 서로소라 가정하자. $\mathcal{F}$

가 가산임을 증명하여라.(힌트: 보조정리 8.3.4에 의해서, 임의의 비퇴화 구간은 한 유리수를 포함한다.)

*14. 이 연습문제에서 사용하는 표기의 의미에 대해서는, 8.1장의 연습문제23을 보여라.

(a) ${}^{\mathbb{R}}\mathbb{R} \sim \mathscr{P}(\mathbb{R})$임을 증명하여라.

(b) ${}^{\mathbb{Q}}\mathbb{R} \sim \mathbb{R}$ 임을 증명하여라.

(c) (미적분을 공부한 학생들을 위한 것.) $C = \{f \in {}^{\mathbb{R}}\mathbb{R} \mid f$은 연속이다.$\}$라 하자. $C \sim \mathbb{R}$ 임을 증명하여라. (힌트: 만약 f와 g가 연속함수들이고 그리고 $\forall x \in \mathbb{Q}\,(f(x) = g(x))$이라하면, 그러면 $f = g$ 임을 보여라.)

부록
선택된 연습문제들의 풀이
Solutions to Selected Exercises

도입

1. (a) 가능한 한 가지 답은 $32{,}767 = 31 \cdot 1057$이다.
   (b) 가능한 한 가지 답은 $x = 2^{31} - 1 = 2{,}147{,}483{,}647$이다.

3. (a) 그 방법은 소수 211을 만든다.
   (b) 그 방법은 두 개의 소수들, 3과 37을 만든다.

1장

1.1절

1. (a) $(R \vee H) \wedge \neg(H \wedge T)$, 여기서 R은 " 한 읽을 과제를 가질 것이다"라는 명제를 나타내고, H는 "우리는 한 읽는 숙제 문제를 가질 것이다"를 나타내고, 그리고 T는 " 한 시험을 볼 것이다"를 나타낸다.
   (b) $\neg G \vee (G \wedge \neg S)$, 여기서 G는 "당신은 스키를 갈 것이다"를 나타내고, 그리고 S는 "눈이 올 것이다"를 나타낸다.

6. (a) 나는 셔츠 없이 팬츠를 사지 않을 것이다.
   (b) 나는 팬츠를 사지 않을 것이다. 그리고 나는 셔츠를 사지 않을 것이다.
   (c) 나는 팬츠를 사지 않거나 나는 셔츠를 사지 않을 것이다.

1.2절

1. (a)

(b)

P	Q	$\neg P \vee Q$
F	F	T
F	T	T
T	F	F
T	T	T

S	G	$(S \vee G) \wedge (\neg S \vee \neg G)$
F	F	F
F	T	T
T	F	T
T	T	F

5. (a)

P	Q	$P \downarrow Q$
F	F	T
F	T	F
T	F	F
T	T	F

(b) $\neg(P \vee Q)$

(c) $\neg P$는 $P \downarrow P$ 와 동등하다. $P \vee Q$는 $(P \downarrow Q) \downarrow (P \downarrow Q)$와 동등하다. 그리고 $P \wedge Q$는 $(P \downarrow P) \downarrow (Q \downarrow Q)$와 동등하다.

7. (a)와 (c)는 유효하고 (d)는 유효하지 않다.

9. (a)는 한 모순도 아니고 한 항진명제도 아니다; (b)는 모순이 아니다; (c)와 (d)는 항진명제들이다.

11. (a) $P \vee Q$.

(b) P

(c) $\neg P \vee Q$

14. 우리는 $\wedge$에 대한 결합법칙을 두 차례 사용한다.

$[P \wedge (Q \wedge R)] \wedge S$는 $[(P \wedge Q) \wedge R] \wedge S$와 동등하고, 이것은 $(P \wedge Q) \wedge (R \wedge S)$와

동등하다.

16. $P \vee \neg Q$.

1.3절

1. (a) $D(6) \wedge D(9) \wedge D(15)$, 여기서 $D(x)$는 "x가 3에 의해서 나누어진다"를 의미한다.

   (b) $D(x,2) \wedge D(x,3) \wedge \neg D(x,4)$, 여기서 $D(x,y)$는 "x는 y에 의해서 나누어진다"를 의미한다.

   (c) $N(x) \wedge N(y) \wedge [(P(x) \wedge \neg P(y)) \vee (P(y) \wedge \neg P(x))]$, 여기서 $N(x)$는 "x가 자연수이다"를 의미하고 $P(x)$는 "x는 소수이다"를 의미한다.

3. (a) $\{x|x$는 한 행성이다$\}$.

   (b) $\{x|x$는 한 아이비 리그 학교이다$\}$.

   (c) $\{x|x$는 미국의 한 주이다$\}$.

   (d) $\{x|x$는 카나다의 한 지역이거나 영토이다$\}$.

5. (a) $(-3 \in \mathbb{R}) \wedge (13-2(-3) > 1)$. 종속변수들:$x$; 독립변수들은 없다. 이 명제는 참이다.

   (b) $(4 \in \mathbb{R}) \wedge (4 < 0) \wedge (13-2(-3) > 1)$. 종속변수들:$x$; 독립변수들은 없다. 이 명제는 거짓이다.

   (c) $\neg[(5 \in \mathbb{R}) \wedge (13-2(5) > c)]$. 종속변수들:$x$; 독립변수들; c.

8. (a)

   (b) $\{x|x$ 는 1.1절에서 배운 한 논리적 연결사 이다$\} = \{\wedge, \vee, \neg\}$.

   (c) $\{x|x$ 는 이 책의 저자이다$\} = \{$*Daniel J. Velleman*$\}$.

1.4절

1. (a) $\{3, 12\}$.

$(b)\ \{1, 12, 20, 35\}$.

$(c)\ \{1, 3, 12, 20, 35\}$.

(a)와 (b)의 부분들의 집합들은 둘 다 (c)부분의 집합의 부분집합들이다.

4. (a) 벤다이어그램 둘 다 다음과 같이 보인다:

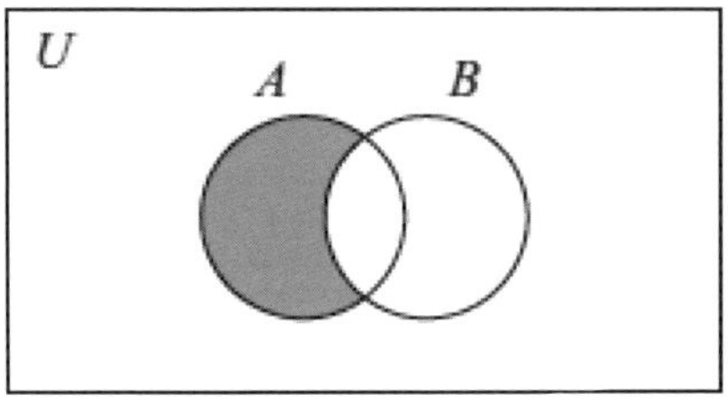

(b) 벤다이어그램 둘 다 다음과 같이 보인다.

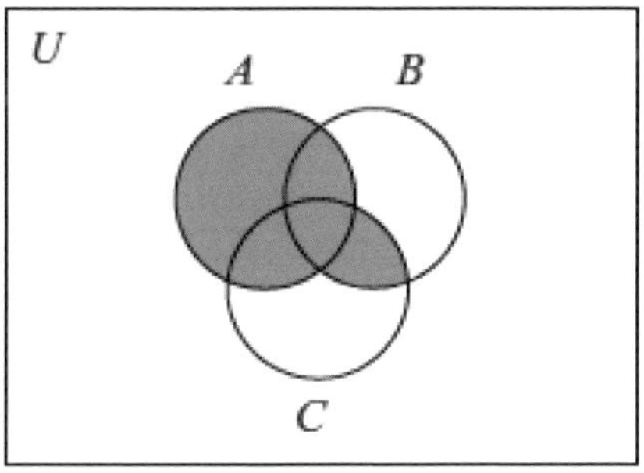

9. 집합들 (a), (d), 그리고 (c)는 같고, 그리고 (b)와 (c)는 같다.

12. (a) 집합 $(A \cap D) \setminus (B \cup C)$에 대응되는 영역은 없다. 그러나 이 집합은 원소들을 가질 수 있다.

(b) 여기에 한 가능성이 있다.

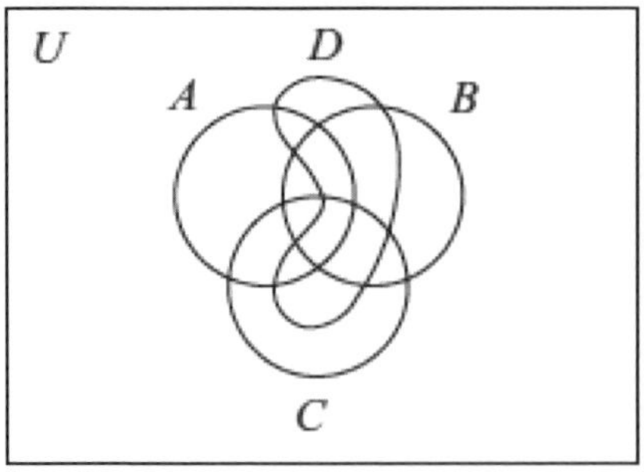

14. 집합들 모두에 대한 벤다이어그램은 다음과 같이 보인다.

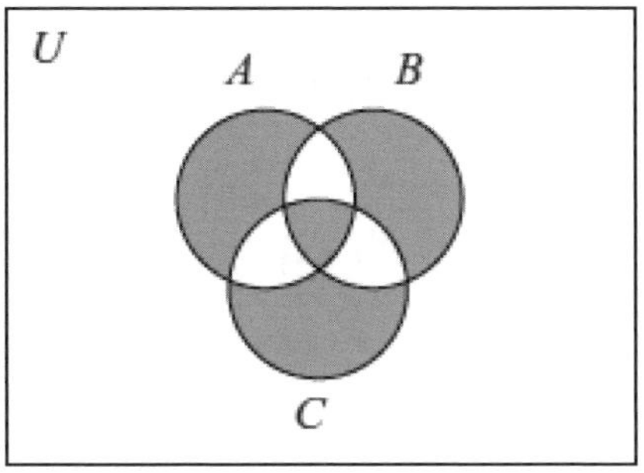

1.5절

1. $(a)\,(S \vee \neg E) \rightarrow \neg H$, 여기서 S는 "이 가스는 한 불쾌한 냄새를 가진다"를 나타낸다. E는 "이 가스는 폭발물이다."를 나타낸다. 그리고 H는 "이 가스는 수소이다."를 나타낸다.

   $(b)\,(F \cap H) \rightarrow D$, 여기서 F는 "조지는 열이 있다"를 나타낸다. H는 "조지는 두통이 있다"를 나타내고, 그리고 D는 "조지는 의사한테 갈 것이다"를 나타낸다.

   $(c)\,(F \rightarrow D) \wedge (H \rightarrow D)$, 여기서 문자들은 (b)부분에서와 같은 의미가 있다.

   $(d)\,(x \neq 2) \rightarrow (P(x) \rightarrow O(x))$, 여기서 $P(x)$는 "x는 소수이다"를 나타낸다. 그리고 $O(x)$는 "x는 홀수이다"를 나타낸다.

4. (a)와 (b)는 유효하고 (c)는 유효하지 않다.

7. (a)한 진리표를 만들거나, 또는 다음과 같이 추론한다:

   $(P \rightarrow R) \wedge (Q \rightarrow R)$은 $(\neg P \vee R) \wedge (\neg Q \vee R)$과 동등하다.
   그것은 $(\neg P \wedge \neg Q) \vee R$ 과 동등하다
   그것은 $\neg(P \vee Q) \vee R$ 과 동등하다
   그것은 $(P \wedge Q) \rightarrow R$ 과 동등하다.

   $(b)\,(P \rightarrow R) \vee (Q \rightarrow R)$은 $(P \wedge Q) \rightarrow R$과 동등하다.

9. $\neg(P \to \neg Q)$.

2장

2.1절

1. (a) $\forall x[\exists y F(x,y) \to S(x)]$, 여기서 $F(x,y)$는 "x는 y늘 용서했다"를 나타낸다. 그리고 $S(x)$는 "x는 한 성인이다"를 나타낸다.
   (b) $\neg\exists x[C(x) \land \forall y(D(y) \to S(x,y))]$, 여기서 $C(x)$는 "x는 미적분학 과목을 듣는다" 를 나타내고, $D(y)$는 "y는 이산수학 과목을 듣는다"를 나타낸다. 그리고 $S(x,y)$는 "x가 y더욱 더 이해하기 쉽다"를 나타낸다.
   (c) $\forall x(\neg(x=m) \to L(x,m))$, 여기서 $L(x.y)$는 "x가 y를 좋아한다"를 나타내고, 그리고 m은 Mary를 나타낸다.
   (d) $\exists x(P(x) \land S(j,x)) \land \exists y(P(y) \land S(r,y))$, 여기서 $P(x)$는 "x는 한 경찰관이다" 를 나타내고, $S(x,y)$는 "x가 y를 봤다"를 나타낸다. j는 *Jane*를 나타내고, 그리고 r은 *Roger*를 나타낸다.
   (e) $\exists x(P(x) \land S(j,x) \land S(r,x))$, 여기서 문자들은 부분($d$)에서와 같은 의미를 가진다.

4. (a) 미혼인 남자들은 모두 다 행복하지는 않다.
   (b) y는 x의 부모님 중 하나의 한 자매이다. 즉, y는 x의 핏줄이 같은 아주머니이다.

8. (a), (d), 그리고 (e)는 참이고, 그리고 (f)는 거짓이다.

2.2절

1. (a) $\exists x[M(x) \land \forall y(F(x,y) \to \neg H(y))]$, 여기서 $M(x)$는 "x는 수학을 전공하고 있다"를 나타낸다. $F(x,y)$는 "x와 y는 친구이다"를 나타내고, 그리고 $H(y)$는 "y는 그 또는 그녀의 숙제에 도움이 필요하다"를 나타낸다. 영어로: 그의 친구 중에는 그들의 숙제의 도움이 필요하지 않은 한 수학 전공자가 있다.
   (b) $\exists x \forall y(R(x,y) \to \exists z L(y,z))$, 여기서 $R(x,y)$는 "x와 y는 동거인이다"를 나

타내고, 그리고 $L(y,z)$는 "y가 z를 좋아한다."를 나타낸다. 영어로; 그의 동거인들 모두가 적어도 한 사람을 좋아하는 어떤 사람이 존재한다.

(c) $\exists x[(x \in A \vee x \in B) \wedge (x \notin C \vee x \in D)]$.

(d) $\forall x \exists y[y > x \wedge \forall z(z^2 + 5z \neq y)]$.

4. 힌트: 첫 번째 한정기호 부정 규칙에서 $P(x)$를 $\neg P(x)$로 대치하여 시작하여, $\neg \exists x \neg P(x)$는 $\forall x \neg\neg P(x)$와 동등하다는 사실을 얻는다.

6. 힌트: $\exists x(P(x) \vee Q(x))$가 $\neg \forall x \neg(P(x) \vee Q(x))$와 동등함을 보이는 것을 시작으로 하자.

8. $(\forall x \in A\, P(x)) \wedge (\forall x \in B\, P(x))$

$\cong \forall x(x \in A \to P(x)) \wedge \forall x(x \in B \to P(x))$

$\cong \forall x[(x \in A \to P(x)) \wedge (x \in B \to P(x))]$

$\cong \forall x[(x \notin A \vee P(x)) \wedge (x \notin B \vee P(x))]$

$\cong \forall x[(x \notin A \wedge x \notin B) \vee P(x)]$

$\cong \forall x[\neg(x \in A \vee x \in B) \vee P(x)]$

$\cong \forall x[x \notin (A \cup B) \vee P(x)]$

$\cong \forall x[x \in (A \cup B) \to P(x)]$

$\cong \forall x \in (A \cup B) P(x)$.

11. $A \setminus B = \phi \cong \neg \exists x(x \in A \wedge x \notin B)$

$\cong \forall x \neg(x \in A \wedge x \notin B)$

$\cong \forall x(x \notin A \vee x \in B)$

$\cong \forall x(x \in A \to x \in B)$

$\cong A \subseteq B$

14. $A \cap B = \phi \cong \neg \exists x(x \in A \wedge x \in B)$

$\cong \forall x \neg(x \in A \wedge x \in B)$

$\cong \forall x(x \notin A \vee x \notin B)$

$\cong \forall x(x \in A \to x \notin B)$

$\cong \forall x((x \notin B \wedge x \in A) \leftrightarrow x \in A)$ (1.5절 연습문제 11(b) 참조)

$\cong \forall x(x \in A \setminus B \leftrightarrow x \in A)$
$\cong A \setminus B = A$

2.3절

1. (a) $\forall x(x \in \mathcal{F} \to \forall y(y \in x \to y \in A))$.
   (b) $\forall x(x \in A \to \exists n \in \mathbb{N}\ (x = 2n+1))$.
   (c) $\forall n \in \mathbb{N}\ \exists m \in \mathbb{N}\ (n^2 + n + 1 = 2m + 1)$.
   (d) $\exists x(\forall y(y \in x \to \exists i \in I(y \in A_i)) \wedge \forall i \in I\ \exists y(y \in x \wedge y \notin A_i))$.

4. $\cap \mathcal{F} = \{red, blue\}$, $\cup \mathcal{F} = \{red, green, blue, \text{or}ange, purple\}$.

8. (a) $A_2 = \{2, 4\}$, $A_3 = \{3, 6\}$, $B_2 = \{2, 3\}$, $B_3 = \{3, 4\}$.
   (b) $\cap_{i \in I}(A_i \cup B_i) = \{3, 4\}$ 그리고 $(\cap_{i \in I} A_i) \cup (\cap_{i \in I} B_i) = \{3\}$.
   (c) 그들은 동등하지 않다.

12. 한 가지 예로 $A = \{1, 2\}$이고 $B = \{2, 3\}$이다.

14. (a) $B_3 = \{1, 2, 3, 4, 5\}$이고 $B_4 = \{1, 2, 4, 5, 6\}$이다.
   (b) $\cap_{j \in J} B_j = \{1, 2, 4, 5\}$.
   (c) $\cup_{i \in I}(\cap_{j \in J} A_{i,j}) = \{1, 2, 4\}$. 이것은 부분 (b)안에 있는 집합과 같이 않다.
   (d) $x \in \cap_{j \in J}(\cup_{i \in I} A_{i,j})$는 $\forall j \in J\ \exists i \in I(x \in A_{i,j})$를 의미하고, 그리고 $x \in \cup_{i \in I}(\cap_{j \in J} A_{i,j})$는 $\exists i \in I\ \forall j \in J(x \in A_{i,j})$를 의미한다. 그들은 동등하지 않다.

3장

3.1절

1. (a) 가설: n은 1보다 큰 한 정수이고 소수가 아니다.
결론: 2^n-1은 소수가 아니다. 그 가설은 $n=6$이면 참이다.
따라서 그 정리는 2^6-1이 소수가 아님을 말해준다. 이것은
$2^6-1=63=9 \cdot 7$이므로 옳다.
(b) 32767은 소수가 아니라고 결정할 수 있다. 이것은 옳다. 왜냐하면
$32767=151 \cdot 217$이기 때문이다.
(c) 그 정리는 우리에게 아무것도 말해주지 않는다: 11은 한 소수이다. 따라서 가설이 만족하지 않는다.

4. $0 < a < b$라고 가정하자. 그러면 $b-a > 0$이다. 양변에 양수 $b+a$늘 곱하여, $(b+a) \cdot (b-a) > (b+a) \cdot 0$, 화 엄하면, $b^2-a^2 > 0$이다. 그것은 $a^2 < b^2$이 된다. 그러므로. 만약 $0 < a < b$이면 $a^2 < b^2$이 된다.

8. 대우명제를 증명할 것이다. $x \notin B$라 가정하자. 그러면 $x \in A$이므로, $x \in A \setminus B$가 될 것이다. 그러나 우리는 또한 $A \setminus B \subseteq C \cap D$을 알고 있다. 따라서 $x \in C \cap D$이라 결정할 수 있다. 그러므로 $x \in D$이다. 따라서 만약 $x \notin D$이면 그러면 $x \in B$이다.

10. 힌트: 그 부등식 $a < b$의 양변에 b를 더한다.

12. 대우명제를 증명할 것이다. $c \le d$라 가정하자. 이 부등식의 양변에 양수 a를 곱하여, 우리는 $ac \le ad$을 얻는다. 또한, 주어진 부등식 $a < b$의 양변에 양수 d를 곱하여 $ad < bd$를 얻는다. 두 부등식 $ac \le ad$와 $ad < bd$를 결합하여, 우리는 $ac < bd$라 결정할 수 있다. 따라서 만약 $ac \ge bd$이면 그러면 $c > d$이다.

15. $x > 3 > 0$이므로, 예3.2.1의 정리에 의해서, $x^2 > 9$이다. 또한 주어진 부등식 $y < 2$의 양변에 -2를 곱하여(그리고 -2가 음수이므로, 부등식의 방향이 뒤바뀐다) 우리는 $-2y > -4$를 얻는다. 끝으로, 부등식들 $x^2 > 9$와 $-2y > -4$를 더하면 $x^2-2y > 5$를 얻는다.

3.2절

1. (a) P를 가정하자. $P\to Q$ 이므로, Q가 성립한다. 그러면, $Q\to R$ 이므로, 우리는 R를 결정할 수 있다. 따라서 $P\to R$ 이다.

   (b) P를 가정하자. $Q\to R$를 증명하기 위해서, 우리는 대우명제를 증명할 것이다. 따라서 $\neg R$ 을 가정하자. $\neg R\to(P\to\neg Q)$이므로, 그것은 $P\to\neg Q$가 성립하고, 우리는 P 를 알고 있으므로, 우리는 $\neg Q$를 결정할 수 있다. 따라서 $Q\to R$이다. 따라서 $P\to(Q\to R)$이다.

5. $x\in A\setminus B$이고 $x\in B\setminus C$라 가정하자. $x\in A\setminus B$이므로, $x\in A$이고 $x\notin B$이다. 그리고 $x\in B\setminus C$이므로, $x\in B$이고 $x\notin C$이다. 그러나 이제 우리는 $x\in B$이고 $x\notin B$이 되어 이것은 한 모순이 된다. 그러므로 $x\in A\setminus B$이고 $x\in B\setminus C$인 경우는 있을 수 없다.

6. $a\in A\setminus B$라 가정하자. 이것은 $a\in A$이고 $a\notin B$를 의미한다. $a\in A$이고 $a\in C$이므로, $a\in A\cap C$이다. 그러면 $A\cap C\subseteq B$이므로, 그것은 $a\in B$가 성립한다. 그리고 이것은 $a\notin B$에 모순된다. 따라서 $a\notin A\setminus B$이다.

9. 힌트: $a<1/a<b<1/b$라 가정하자. 이제 $a<1$을 증명한다. 그러면 이것을 이용하여 $a<0$을 증명한다. 그리고 이것을 이용하여 $a<-1$를 증명한다.

12. (a)문장 "그러면 $x=3$이고 $y=8$이다"은 올바르지 않다.(왜?)

    (b) 한 반례는 $x=3, y=7$이다.

15.

P	Q	R	$P\to(Q\to R)$	$\neg R\to(P\to\neg Q)$
F	F	F	T	T
F	F	T	T	T
F	T	F	T	T
F	T	T	T	T
T	F	F	T	T
T	F	T	T	T
T	T	F	F	F
T	T	T	T	T

3.3절

1. $\exists x(P(x)\to Q(x))$라 가정하자. 그러면 어떤 x_0을 택하여 $P(x_0)\to Q(x_0)$라 할 수 있다. 이제 $\forall xP(x)$라 가정하자. 그러면 특히, $P(x_0)$이다. 그리고 $P(x_0)\to Q(x_0)$ 이므로, 그것은 $Q(x_0)$이다. 특별한 x값을 택하여 $Q(x)$가 성립함을 발견했음으로, $\exists xQ(x)$라 결정할 수 있다. 따라서 $\forall xP(x)\to\exists xQ(x)$이다.

3. $A\subseteq B\setminus C$라 가정하자. 그러나 A와 C는 서로소가 아니다. 그러면 $x\in A$이고 $x\in C$가 성립하는 어떤 x를 택할 수 있다. $x\in A$이고 $A\subseteq B\setminus C$이므로, $x\in B\setminus C$가 되고, 이것은 $x\in B$이고 $x\notin C$가 된다. 그러나 이제 $x\in C$이고 동시에 $x\notin C$가 된다. 이것은 한 모순이다. 따라서 만약 $A\subseteq B\setminus C$이면, 그러면 A와 C는 서로소이다.

7. $x>2$라 가정하자. $y=(x+\sqrt{x^2-4})/2$라 하자. 그것은 $x^2-4>0$이므로 정의 된다.
그러면

$$y+\frac{1}{y}=\frac{x+\sqrt{x^2-4}}{2}+\frac{2}{x+\sqrt{x^2-4}}=\frac{2x^2+2x\sqrt{x^2-4}}{2(x+\sqrt{x^2-4})}=x.$$

9. $\mathcal{F}$는 한 집합족이고 $A\in\mathcal{F}$라 가정하자. $x\in\cap\mathcal{F}$라 가정하자. 그러면 $\cap\mathcal{F}$의 정의에 의해서, $x\in\cap\mathcal{F}$이고 $A\in\mathcal{F}$이므로, $x\in A$이다. 그러나 x는 $\cap\mathcal{F}$의 임의의 원소이므로, 따라서 $\cap\mathcal{F}\subseteq A$가 성립한다.

12. 힌트: $\mathcal{F}\subseteq\mathcal{G}$이고 x를 $\cup\mathcal{F}$의 임의의 한 원소라 하자. 당신은 $x\in\cup\mathcal{G}$을 증명해야만 한다. 그것은 $\exists A\in\mathcal{G}(x\in A)$을 의미한다. 따라서 당신은 $x\in A$인 어떤 $A\in\mathcal{G}$을 찾도록 힘써야한다. 이것을 하기 위해서, 가설들을 논리적 표기로 써보자. 당신은 한 전칭명제이고 존재하는 것 하나를 찾을 것이다. 존재한것에 존재 구상화를 적용한다.

14. $x\in\cup_{i\in I}\mathscr{P}(A_i)$라 가정하자. 그러면 어떤 $i\in I$가 $x\in\mathscr{P}(A_i)$ 하도록

선택하자. 또는 환언하면, $x \in A_i$이다. 이제 a를 x의 한 임의의 원소라 하자. 그러면 $a \in A_i$이고, 그러므로 $a \in \cup_{i \in I} A_i$이다. a가 x의 한 임의의 원소이므로, 그것은 $x \subseteq \cup_{i \in I} A_i$이다. 그것은 $x \in \mathscr{P}(\cup_{i \in I} A_i)$를 의미한다. 따라서 $\cup_{i \in I} \mathscr{P}(A_i) \subseteq \mathscr{P}(\cup_{i \in I} A_i)$이다.

17. 힌트: 그 마지막 가설은 $\forall A \in \mathcal{F}\ \forall B \in \mathcal{G}(A \subseteq B)$을 의미한다. 따라서 만약 증명하는 과정에 당신은 $A \in \mathcal{F}$이고 $B \in \mathcal{G}$인 경우를 우연히 만난다. 당신은 $A \subseteq B$라 결정할 수 있다. x를 임의라 하고 $x \in \cup \mathcal{F}$라 가정하고 시작하자. 그리고 $x \in \cap \mathcal{G}$를 증명하자. 거기로부터 어디로 갈 것인지 보기 위해서, 이들 명제들을 논리기호로 적는다.

20. 문장 " 그러면 임의의 실수 x에 대하여, $x^2 < 0$인가"는 올바르지 않다.(왜?)

22. 그 명제의 논리적 형식이 증명되었음에 근거해서, 그 증명은 다음의 줄거리를 가져야 한다:

$x = \cdots$라 하자.
　y는 한 임의의 실수라 하자.
　　[$xy^2 = y - x$의 증명이 여기 있다.]
　y가 임의이므로, $\forall y \in \mathbb{R}\,(xy^2 = y - x)$.
따라서 $\exists x \in \mathbb{R}\ \forall y \in \mathbb{R}\,(xy^2 = y - x)$.

이 줄거리는 x뒤에 y가 그 증명에 소개되어야 한다는 것이 분명하다. 그러므로 x는 y에 관한 항들로 정의될 수 없다. 왜냐하면 x가 정의됐을 때 y는 아직 그 증명에 소개되지 않기 때문이다. 그러나 가설의 증명에서, x는 첫 번째 문장에서 y에 관한 항들로 정의되었다. (그 잘못은 그 문장 "y가 임의의 실수이다"라는 사실로 그 증명에서 추출되었다고 위장되었다. 만약 당신이 그 증명에 이 문장을 추가 할려고 하면, 당신은 부정확한 정리의 한 올바른 증명을 유도하도록 추가하는 것은 어디에서도 없다는 것을 알게 될 것이다.)

25. 여기에 증명의 시작부분이 있다: x를 임의의 실수라 하자. $y = 2x$라 하자. 이제 z

를 임의의 실수라 하자. 그러면…

3.4절

1. $(\rightarrow)$ $\forall x(P(x)\wedge Q(x))$라 가정하자. y를 임의라 하자. 그러면 $\forall x(P(x)\wedge Q(x))$이므로, $P(y)\wedge Q(y)$이다. 그래서 특히 $P(y)$이다. y는 임의이므로, 이것은 $\forall xP(x)$임을 보여준다. 한 유사한 논증으로 $\forall xQ(x)$를 증명한다.: 임의의 y에 대하여 $P(y)\wedge Q(y)$이다. 그래서 $Q(y)$이다. 따라서 $\forall xP(x)\wedge\forall xQ(x)$이다.
   $(\leftarrow)$ $\forall xP(x)\wedge\forall xQ(x)$라 가정하자. y를 임의라 하자. 그러면 $\forall xP(x)$이므로, $P(y)$이다. 그리고 유사하게 $\forall xQ(x)$이므로, $Q(y)$이다. 따라서 $P(y)\wedge Q(y)$이다. 그리고 y가 임의이므로, 그것은 $\forall x(P(x)\wedge Q(x))$가 성립한다.

4. $A\subseteq B$이고 $A\nsubseteq C$라 가정하자. $A\nsubseteq C$이므로, 어떤 $a\in A$이고 $a\notin C$인 원소를 택할 수 있다. $a\in A$이고 $A\subseteq B$이므로, $a\in B$이다. $a\in B$이고 $a\notin C$이므로, $B\nsubseteq C$이다.

7. A와 B는 임의의 집합들이라 하자. x는 임의라 하고, 그리고 $x\in\mathscr{P}(A\cap B)$라 가정하자. 그러면 $x\subseteq A\cap B$이다. 이제 y를 x의 임의의 원소라 하자. 그러면 $x\subseteq A\cap B$이므로, $y\in A\cap B$이다. 그래서 $y\in A$이다. y가 임의이므로, 이것은 $x\subseteq A$를 의미한다. 따라서 $x\in\mathscr{P}(A)$이다. 한 유사한 논증은 $x\subseteq B$를 보여준다. 그리고 그러므로 $x\in\mathscr{P}(B)$이다. 따라서 $x\in\mathscr{P}(A)\cap\mathscr{P}(B)$이다.
   이제 $x\in\mathscr{P}(A)\cap\mathscr{P}(B)$라 가정하자. 그러면 $x\in\mathscr{P}(A)$이고 $x\in\mathscr{P}(B)$이다. 따라서 $x\subseteq A$이고 $x\subseteq B$이다. $y\in x$라 가정하자. 그러면 $x\subseteq A$이고 $x\subseteq B$이므로, $y\in A$이고 $y\in B$이다. 따라서 $y\in A\cap B$이다. 그래서 $y\in A$이다. 따라서 $x\subseteq A\cap B$이다. 따라서 $x\in\mathscr{P}(A\cap B)$이다.

9. x와 y가 홀수들이라 가정하자. 그러면 우리는 정수들 j와 k를 택하여 $x=2j+1$이고 $y=2k+1$이라 할 수 있다. 그러므로
   $xy=(2j+1)\cdot(2k+1)=4jk+2j+2k+1=2(2jk+j+k)+1$. $2jk+j+k$는 정수이므로, xy는 홀수가 된다.

13. 힌트: x를 $\mathbb{R}$의 임의이라 하자. 그리고 쌍조건문을 양 방향으로 분리해서 증명한다. "→" 방향에 대해서는, 존재구상화를 사용하여 그리고 모순에 의해서 증명한다. "←" 방향에 대해서는, $x \neq 1$이라 가정하고 그러면 y에 대하여 어떤값을 결정하기 위해서 y에 대한 방정식 $x+y=xy$를 푼다.

16. $\cup \mathcal{F}$와 $\cap \mathcal{G}$가 서로소가 아니라고 가정하자. 그러면 어떤 x가 $x \in \cup \mathcal{F}$ 이고 $x \in \cap \mathcal{G}$을 택할 수 있다. $x \in \cup \mathcal{F}$이므로, 우리는 $x \in A$인 어떤 $A \in \mathcal{F}$을 택할 수 있다. $\mathcal{F}$의 임의의 원소가 $\mathcal{G}$의 적당한 원소로부터 서로소가 되도록 주어졌기 때문에, 적당한 $B \in \mathcal{G}$가 존재하여 $A \cap B = \phi$이다. $x \in A$이므로, 그것은 $x \notin B$이다. 그러나 또한 $x \in \cap \mathcal{G}$이고 $B \in \mathcal{G}$이다. 그것으로부터 $x \in B$이다. 그것은 모순이다. 따라서 $\cup \mathcal{F}$와 $\cap \mathcal{G}$는 서로소이다.

18. (a) $x \in \cup(\mathcal{F} \cap \mathcal{G})$라 가정하자. 그러면 $x \in A$인 어떤 $A \in \mathcal{F} \cap \mathcal{G}$를 택할 수가 있다. $A \in \mathcal{F} \cap \mathcal{G}$이므로, $A \in \mathcal{F}$이고 $A \in \mathcal{G}$이다. $x \in A$이고 $A \in \mathcal{F}$이므로, $x \in \cup \mathcal{F}$이다. 그리고 유사하게 $x \in A$이고 $A \in \mathcal{G}$이므로, $x \in \cup \mathcal{G}$이다. 그러므로 $x \in (\cup \mathcal{F}) \cap (\cup \mathcal{G})$이다.
x가 임의이므로, 이것은 $\cup(\mathcal{F} \cap \mathcal{G}) \subseteq (\cup \mathcal{F}) \cap (\cup \mathcal{G})$이다.
(b) 문장 " 따라서 한 집합 A를 $A \in \mathcal{F}$, $A \in \mathcal{G}$되게 택할 수 있고 그리고 $x \in A$이다"는 올바르지 않다.(왜?)
(c)한 예로 $\mathcal{F} = \{\{1\}, \{2\}\}$, $\mathcal{G} = \{\{1\}, \{1, 2\}\}$를 택한다.

22. $\cup \mathcal{F} \not\subseteq \cup \mathcal{G}$라 가정하자. 그러면 $x \notin \cup \mathcal{G}$인 어떤 $x \in \cup \mathcal{F}$가 존재한다. $x \in A$인 어떤 $A \in \mathcal{F}$를 택할 수 있다. 이제 $B \in \mathcal{G}$가 임의라 하자. $A \subseteq B$ 라 가정하자. 그러면 $x \in A$이므로, $x \in B$ 이다. 그러면 $x \in B$ 이고 $B \in \mathcal{G}$ 이므로 $x \in \cup \mathcal{G}$ 이다. 그것은 이미 거짓임을 알고 있다. 그러므로 $A \not\subseteq B$ 이다. B 가 임의이므로, 이것은 모든 $B \in \mathcal{G}$ 에 대하여, $A \not\subseteq B$ 이다.

24. (a) $x \in \cup_{i \in I}(A_i \setminus B_i)$ 라 가정하자. 그러면 우리는 $x \in A_i \setminus B_i$ 인 어떤 $i \in A_i$이고 $x \notin B_i$ 를 의미한다. $i \in A_i$이고$x \in \cup_{i \in I} A_i$ 이므로, 그리고

$x \notin B_i$이므로, $x \notin \cap_{i \in I} B_i$ 이다. 따라서 $x \in (\cup_{i \in I} A_i) \setminus (\cap_{i \in I} B_i)$ 이다.

(b) 한 예는 $I = \{1, 2\}, A_1 = B_1 = \{1\}, A_2 = B_2 = \{2\}$이다.

3.5절

1. $x \in A \cap (B \cup C)$ 라 가정하자. 그러면$x \in A$ 이고, $x \in B$ 이거나 또는 $x \in C$ 이다.
경우 1, $x \in B$. 그러면 $x \in A$이므로, $x \in A \cap B$ 이다. 따라서 $x \in (A \cap B) \cup C$ 이다.
경우 2, $x \in C$. 그러면 분명히 $x \in (A \cap B) \cup C$ 이다.
x가 임의이므로, $A \cap (B \cup C) \subseteq (A \cap B) \cup C$ 를 결정할 수 있다.

5. $x \in A$라 가정하자. 이제 두 가지 경우들을 고려하자.
경우1. $x \in C$. 그러면 $x \in A \cap C$ 이다. 따라서 $A \cap C \subseteq B \cap C$ 이므로, $x \in B \cap C$ 이다. 그리고 그러므로 $x \in B$ 이다.
경우2. $x \notin C$. $x \in A$ 이므로, $x \in A \cup C$ 이다. 따라서 $A \cup C \subseteq B \cup C$ 이므로, $x \in B \cup C$ 이다. 그러나 $x \notin C$ 이다. 따라서 우리는 $x \in B$ 이어야 한다.
따라서 $x \in B$ 이다. 그리고 x가 임의이므로, $A \subseteq B$ 이다.

8. 힌트: $x \in \mathscr{P}(A) \cup \mathscr{P}(B)$라 가정하자. 이것은 $x \in \mathscr{P}(A)$이거나 또는 $x \in \mathscr{P}(B)$ 를 의미한다. 이것들을 두 경우로 분리해서 취급하자. 경우 1, $x \in \mathscr{P}(A)$라 가정하자. 이것은 $x \subseteq A$이다. 그리고 $x \in \mathscr{P}(A \cup B)$를 증명한다. 이것은 $x \subseteq A \cup B$ 를 의미한다. 경우 2도 유사하다.

12. x를 임의의 한 실수라 하자.
($\leftarrow$) $|x-4| > 2$라 가정하자.
경우 1. $x - 4 \geq 0$. 그러면 $|x-4| = x-4$, 따라서 우리는 $x - 4 > 2$ 이어야 한다. 그리고 그러므로 $x > 6$ 이다. x를 양변에 더하면$2x > 6 + x$ 이다. 따라서 $2x - 6 > x$ 이다. $x > 6$이므로, 이것은 $2x - 6$ 이 양수임을 유도한다. 따라서 $|2x-6| = 2x - 6 > x$ 이다.
경우 2. $x - 4 < 0$. 그러면 $|x-4| = 4 - x$, 따라서 $4 - x > 2$ 이어야 한다. 그리고 그러므로 $x < 2$이다. 그러므로 $3x < 6$ 이다. 그리고 양변에서 $2x$를 빼면

우리는 $x < 6-2x$ 를 얻는다. 또한, $x < 2$로부터 우리는 $2x < 4$ 를 얻고, 따라서 $2x-6 < -2$ 이다. 그러므로 $2x-6$은 음수이다. 따라서 $|2x-6| = 6-2x > x$이다.

($\rightarrow$) 힌트: "$\leftarrow$"를 흉내내서, $2x-6 \geq 0$ 경우와 $2x-6 < 0$ 인 경우들을 이용한다.

16. (a) $x \in \cup(\mathcal{F} \cup \mathcal{G})$ 라 가정하자. 그러면 $x \in A$인 어떤 $A \in \mathcal{F} \cup \mathcal{G}$ 를 선택할 수 있다. $A \in \mathcal{F} \cup \mathcal{G}$ 이므로, $A \in \mathcal{F}$ 이거나 또는 $A \in \mathcal{G}$ 이다.

경우 1. $A \in \mathcal{F}$. $x \in A$ 이고 $A \in \mathcal{F}$ 이므로, $x \in \cup \mathcal{F}$ 이다. 그래서 $x \in (\cup \mathcal{F}) \cup (\cup \mathcal{G})$ 이다.

경우 2. $A \in \mathcal{G}$. $x \in A$ 이고 $A \in \mathcal{G}$ 이므로, $x \in \cup \mathcal{G}$ 이다. 그래서 $x \in (\cup \mathcal{F}) \cup (\cup \mathcal{G})$ 이다.

따라서 $x \in (\cup \mathcal{F}) \cup (\cup \mathcal{G})$ 이다.

이제 $x \in (\cup \mathcal{F}) \cup (\cup \mathcal{G})$이라고 가정하자. 그러면 $x \in \cup \mathcal{F}$ 이거나 또는 $x \in \cup \mathcal{G}$ 이다.

경우 1. $x \in \cup \mathcal{F}$. 그러면 $x \in A$인 어떤 $A \in \mathcal{F}$ 를 택할 수 있다. $A \in \mathcal{F}$이므로, $A \in \mathcal{F} \cup \mathcal{G}$ 이다. 따라서 $x \in A$이므로, $x \in \cup(\mathcal{F} \cup \mathcal{G})$이 성립한다.

경우 2. $x \in \cup \mathcal{G}$. 유사한 논증으로 $x \in \cup(\mathcal{F} \cup \mathcal{G})$ 를 보인다. 따라서 $x \in \cup(\mathcal{F} \cup \mathcal{G})$이다.

(b) 그 증명은 $\cap(\mathcal{F} \cup \mathcal{G}) = (\cap \mathcal{F}) \cap (\cap \mathcal{G})$이다.

20. ($\rightarrow$) $A \triangle B$ 와 C가 서로소라 가정하자. x를 $A \cap C$ 의 임의의 한 원소라 하자. 그러면 $x \in A$ 이고 $x \in C$이다. 만약 $x \notin B$ 라 가정하면, $x \in A$이므로, $x \in A \setminus B$ 이다. 그리고 그러므로 $x \in A \triangle B$ 이다. 그러나 또한 $x \in C$이다. 따라서 이것은 가정 $A \triangle B$ 와 C가 서로소라는 것에 모순이 된다. 그러므로 $x \in B$이다. 역시 $x \in C$ 임을 알고 있기 때문에, $x \in B \cap C$ 이다. x는 $A \cap C$의 임의의 원소이므로, 이것은 $A \cap C \subseteq B \cap C$ 임을 보여준다. 한 유사한 논증으로 $B \cap C \subseteq A \cap C$ 을 볼 수 있다.

($\leftarrow$) $A \cap C = B \cap C$ 라 가정하자. $A \triangle B$ 와 C가 서로소가 아니라고

가정하자. 그러면 우리는 $x \in A \triangle B$ 이고 $x \in C$인 어떤 원소 x를 택할 수 있다. $x \in A \triangle B$ 이므로, $x \in A \setminus B$ 이거나 또는 $x \in B \setminus A$ 이다.

경우1. $x \in A \setminus B$. 그러면 $x \in A$ 이고 $x \notin B$ 이다. 역시 $x \in C$ 임을 알기 때문에, 우리는 $x \in A \cap C$ 이고 $x \notin B \cap C$ 임을 결정할 수 있다. 이것은 $A \cap C = B \cap C$ 라는 사실에 모순된다.

경우2. $x \in B \setminus A$. 유사하게, 이것 역시 한 모순이 유도된다.

따라서 우리는 $A \triangle B$ 와 C가 서로소라 결정할 수 있다.

23. (a) 힌트: $x \in A \setminus C$ 라 가정하고, 그러면 $x \in B$에 속하는지의 여부에 따라서 두 가지 경우로 나누어서 증명한다.

(b) 힌트: 부분 (a)를 적용한다.

24. (a) $x \in (A \cup B) \triangle C$ 라 가정하자. 그러면 $x \in (A \cup B) \setminus C$ 이거나 또는 $x \in C \setminus (A \cup B)$ 이다.

경우1. $x \in (A \cup B) \setminus C$. 그러면 $x \in A$이거나 또는 $x \in B$ 이고, 그리고 $x \notin C$ 이다. 이제 경우1을 $x \in A$이거나 또는 $x \in B$ 에 의존해서, 두 가지 부분 경우들로 나눈다.

경우1a. $x \in A$. 그러면 $x \in A \setminus C$이다. 따라서 $x \in A \triangle C$이다. 따라서 $x \in (A \triangle C) \cup (B \triangle C)$ 이다.

경우1b. $x \in B$. 유사하게, $x \in B \triangle C$, 따라서 $x \in (A \triangle C) \cup (B \triangle C)$ 이다. 그러면 $x \in C, x \notin A$, 그리고 $x \notin B$이다. 그것은 $x \in A \triangle C$ 이고 $x \in B \triangle C$ 이 된다., 따라서 확실히 $x \in (A \triangle C) \cup (B \triangle C)$ 이다.

경우2. $x \in C \setminus (A \cup B)$. 그러면 $x \in C, x \notin A$, 그리고 $x \notin B$이다. 그것은 $x \in A \triangle C$이고 $x \in B \triangle C$ 이 된다. 따라서 확실히 $x \in (A \triangle C) \cup (B \triangle C)$ 이다.

(b) 여기에 한 예가 있다: $A = \{1\}, B = \{2\}, C = \{1, 2\}$.

27. 그 증명은 올바르지 않다. 왜냐하면 그것은 $0 < x$ 이거나 또는 $x < 6$ 일때만 성립하기 때문이다. 그러나 증명되어야하는 것은 $0 < x$이고 $x < 6$ 이어야한다. 그렇지만, 그것은 고정될 수 있다.

29. 증명은 옳다.

31. 힌트: 여기에 그 정리에 관한 한 반례가 있다: $A = \{1, 2\}, B = \{1\}, C = \{2\}$.

3.6절

1. x를 임의의 실수라 하자. $y = x/(x^2+1)$ 라 하자. 그러면

$$x - y = x - \frac{x}{x^2+1} = \frac{x^3+x}{x^2+1} - \frac{x}{x^2+1} = \frac{x^3}{x^2+1} = x^2 \cdot \frac{x}{x^2+1} = x^2 y$$

y가 유일함을 보이기 위해서, $x^2 z = x - z$ 라 가정하자. 그러면 $z(x^2+1) = x$ 이고 $x^2+1 \neq 0$ 이므로, 양변을 x^2+1로 나누면 $z = x/(x^2+1) = y$가 된다.

4. $x \neq 0$라 가정하자. $y = 1/x$ 라 하자. 이제z 를 임의의 실수라 하자. 그러면 요구한 대로 $zy = z(1/x) = z/x$ 이다.
y가 유이함을 보이기위해서, y'를 $\forall z \in R(zy' = z/x)$ 라는 성질을 갖는 한 수라고 가정하자. 그러면 특히, $z = 1$로 택하면, 우리는 $y' = 1/x$, 따라서 $y' = y$ 이다.

6. (a) $A = \phi \in \mathscr{P}(U)$ 라 하자. 그러면 분명히 임의의 $B \in \mathscr{P}(U)$에 대하여, $A \cup B = \phi \cup B = B$ 이다. A가 유일함을 보이기 위해서, $A' \in \mathscr{P}(U)$ 라 가정하자 그리고 모든 $B \in \mathscr{P}(U)$ 에 대하여, $A' \cup B = B$ 이다. 그러면 특히, $B = \phi$ 라 택하면, 우리는 $A' \cup \phi = \phi$ 을 결정할 수 있다. 그러나 분명히 $A' \cup \phi = A'$ 이다. 따라서 $A' = \phi = A$ 이다.
(b) 힌트: $A = U$ 라 하자.

11. 존재성: 임의의 $\mathcal{G} \subseteq \mathcal{F}$ 에 대하여, $\cup \mathcal{G} \subseteq \mathcal{F}$가 주어진다. 따라서 특히, $\mathcal{F} \subseteq \mathcal{F}$ 이므로, $\cup \mathcal{F} \in \mathcal{F}$ 이다. 이제 $B \in \mathcal{F}$ 라 가정하자. 그러면 3.3절의 연습문제8에 의해서, 구하고자 하는 $B \subseteq \cup \mathcal{F} = A$ 가 된다.
유일성: $A_1 \in \mathcal{F}$, $A_2 \in \mathcal{F}$, $\forall B \in \mathcal{F}(B \subseteq A_1)$, 그리고 $\forall B \in \mathcal{F}(B \subseteq A_2)$라 가정하자. $B = A_1$ 이라는 마지막 사실을 적용하여 $A_1 \subseteq A_2$ 를 결정할 수 있다. 그리고 유사하게 앞의 사실로부터 $A_2 \subseteq A_1$을 유도한다. 따라서 $A_1 = A_2$ 이다.

3.7절

1. 힌트: 3.3절의 연습문제 16의 (b)와 비교는 당신에게 A에 대해 사용하는것에 대한 생각을 줄 것이다.

5. $\mathscr{P}(\cup_{i\in I}A_i) \subseteq \cup_{i\in I}\mathscr{P}(A_i)$라 가정하자. $\cup_{i\in I}A_i \subseteq \cup_{i\in I}A_i$은 분명함으로, 따라서 $\cup_{i\in I}A_i \subseteq \mathscr{P}(\cup_{i\in I}A_i)$이다. 그러므로 $\cup_{i\in I}A_i \subseteq \cup_{i\in I}\mathscr{P}(A_i)$이다. 집합족의 합집합의 정의에 따라서, 이것은 어떤 $i\in I$가 존재하여 $\cup_{i\in I}A_i \subseteq A_i$ 을 의미한다. 이제 $j\in I$ 를 임의라 하자. 그러면 3.3절의 연습문제8에 의해서, $A_j \subseteq \cup_{i\in I}A_i$이다. 따라서 $A_j \subseteq A_i$이다.

8. $\lim_{x\to c} f(x) = L > 0$이라 가정하자. $\epsilon = L$이라 하자. 그러면 극한의 정의에 의해서, 정당한 $\delta > 0$에 대하여 $\forall x$에 대하여, 만약 $0 < |x-c| < \delta$이면 $|f(x)-L| < \epsilon = L$이 성립한다. 이제 x가 임의의 실수이고 그리고 $0 < |x-c| < \delta$이라 가정하자. 그러면 $|f(x)-L| < L$이다. 따라서 $-L < f(x)-L < L$이다. 그리면 $0 < f(x) < 2L$이다. 그러므로 모든 실수 x에 대하여, 만약 $0 < |x-c| < \delta$이면 $f(x) > 0$이다.

10. 증명은 옳다.

4장

4.1절

1. (a)

$\{(x,y)\in P\times P \mid x\, is\ a\ parent\ of\ y\} = \{(Bill\ Clinton, Chelsea\ Clinton),$
$(Goldie\ Hawn, Kate\ Hudson), \cdots\}$

(b) $\{(x,y)\in C\times U \mid x$에 사는 사람이 y수업을 받는다.$\}$. 만약 당신이 대학생이라면, x를 당신이 사는 도시라 하고, 그리고 y를 당신이 다니는 대학이라고 하자: (x,y)는 이 진리집합의 한 원소가 될 것이다.

4.
$A\times(B\cap C)=(A\times B)\cap(A\times C)=\{(1,4),\ (2,4),\ (3,4)\}$,
$A\times(B\cup C)=(A\times B)\cup(A\times C)=\{(1,1),\ (2,1),\ (3,1),(1,3),(2,3),\ (3,3),(1,4),(2,4),(3,4)\}$,
$(A\times B)\cap(C\times D)=(A\cap C)\times(B\cap D)=\varnothing$.
$(A\times B)\cap(C\times D)=\{(1,1),\ (2,1),\ (3,1),(1,4),(2,4),(3,4),\ (3,5),(4,5)\}$,
$(A\cup C)\times(B\cup D)=\{(1,1),\ (2,1),\ (3,1),(4,1),(1,4),(2,4),\ (3,4),(4,4),\ (1,5),\ (2,5),(3,5),(4,5)\}$,

6. 그 경우들이 철저하지 않다.

8. 예, 그것은 참이다.

10. $(x,y)\in(A\setminus C)\times(B\setminus D)$ 라 가정하자. 그러면 $x\in A\setminus C$ 이고 $y\in B\setminus D$ 이다. 이것은 $x\in A,\ x\notin C,\ y\in B$, 그리고 $y\notin D$ 를 의미한다. $x\in A$ 이고 $y\in B$ 이므로, $(x,y)\in A\times B$ 이다. 그리고 $x\notin C$이므로, $(x,y)\notin C\times D$ 이다. 그러므로 $(x,y)\in(A\times B)\setminus(C\times D)$ 이다.

15. 그 정리는 올바르지 않다. 반례: $A=\{1\}$, $B=C=D=\phi$. $A\not\subseteq C$ 를 주지하라. 증명에서 $A\subseteq C$ 가 어디에서 잘못되었는가?

4.2절

1.(a) 정의역 $=\{p\in P|p$는 살고있는 어린이를 갖고있다.$\}$:

치역 $=\{p\in P|p$는 살고있는 부모를 갖고있다.$\}$

(b) 정의역 $=R$, 치역 $=R^+$

5. (a) $\{(1,4),\ (1,5),\ (1,6),\ (2,4),\ (3,6)\}$

(b) $\{(4,4),\ (5,5),\ (5,6),\ (6,5),\ (6,6)\}$

8. $E\circ E\subseteq F$

11. 양방향 둘 다 대우명제로 증명한다.

($\rightarrow$) $Ran(R)$와 $Dom(S)$가 서로소가 아니라고 가정하자. 그러면 어떤 원소

$b \in Ran(R) \cap Dom(S)$ 를 택할 수 있다. $b \in Ran(R)$이므로, 어떤 원소 $a \in A$를 택하여 $(a,b) \in R$ 이 된다. 유사하게, $b \in Dom(S)$ 이므로, 어떤 $c \in C$을 택하여 $(b,c) \in S$ 가 된다. 그러나 $(a,c) \in S \circ R$ 이다. 따라서 $S \circ R \neq \varnothing$ 이다.

($\leftarrow$) $S \circ R \neq \varnothing$ 이라 가정하자. 그러면 어떤 $(a,c) \in S \circ R$ 을 택할 수 있다. 이것은 어떤 원소 $b \in B$ 를 $(a,b) \in R$이고 $(b,c) \in S$되게 택할 수 있음을 의미한다. 그러면 $b \in Ran(R)$이고 $b \in Dom(S)$ 이다. 따라서 $Ran(R)$와 $Dom(S)$ 가 서로소가 아니다.

4.3절

1.

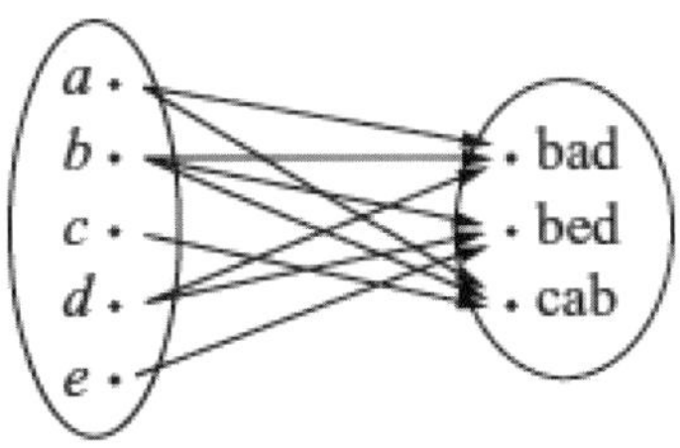

3.

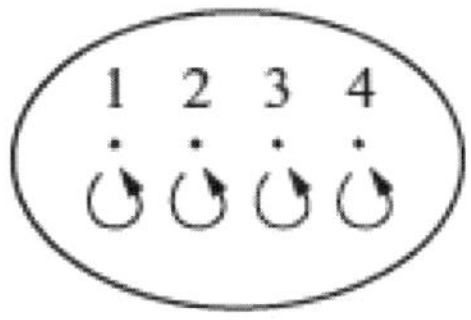

5. $S \circ R = \{(a,y), (a,z), (b,x), (c,y), (c,z)\}$,

7. ($\rightarrow$) R을 반사적이라 가정하자. (x,y)를 i_A의 임의의 한 원소라 하자. 그러면 i_A의 정의에 의해서, $x = y \in A$ 이다. R은 반사적이므로, $(x,y) = (x,x) \in R$ 이다. (x,y)가 임의이므로, 이것은 $i_A \subseteq R$ 임을 보여준다.

($\leftarrow$) $i_A \subseteq R$ 라 가정하자. $x \in A$ 를 임의라 하자. 그러면 $(x,x) \in i_A$ 이다. 따라서 $i_A \subseteq R$ 이므로, $(x,x) \in R$이다. x가 임의이므로, 이것은 R이 반사적임을 보여준다.

10. $(x,y)\in i_D$ 라 가정하자. 그러면 $x=y\in D=dom(S)$ 이다., 따라서 어떤 $z\in A$ 가 존재하여 $(x,z)\in S$가 성립한다. 그러므로 $(z,x)\in S^{-1}$이다. 따라서 $(x,y)=(x,x)\in S^{-1}\circ S$이다. 따라서 $i_D\subseteq S^{-1}\circ S$이다. 다른 명제의 증명은 유사하다.

13. (a) 예. 그것을 증명하기 위해서, R_1과 R_2가 반사적이라고 가정하자. 그리고 $a\in A$라 가정하자. R_1이 반사적이므로, $(a,a)\in R_1$이다. 따라서 $(a,a)\in R_1\cup R_2$ 이다.
(b) 예, 그것을 증명하기 위해서, R_1과 R_2가 대칭적이고 그리고 $(x,y)\in R_1\cup R_2$ 라 가정하자. 그러면 $(x,y)\in R_1$이거나 또는 $(x,y)\in R_2$이다. 만약 $(x,y)\in R_1$ 이면 그러면 R_1이 대칭적이므로,$(y,x)\in R_1$이다. 따라서 $(y,x)\in R_1\cup R_2$ 이다. 유사한 방법으로 만약 $(x,y)\in R_2$이면 그러면 $(y,x)\in R_1\cup R_2$ 이다.
(c) 아니오. 반례: $A=\{1,2,3\}, R_1=\{(1,2)\}, R_2=\{(2,3)\}$

17. 정리 4.3.4의 부분2를 처음을 주지하라, R과 S가 대칭적이므로, $R=R^{-1}$이고 $S=S^{-1}$이다. 따라서

$R\circ S$가 대칭적이다 iff $R\circ S=(R\circ S)^{-1}$ (정리4.3.4,부분2)
iff $R\circ S=S^{-1}\circ R^{-1}$ (정리4.2.5,부분5)
iff $R\circ S=S\circ R$

20. R이 추이적이라 가정하고, 그리고 $(X,Y)\in S$이고 $(Y,Z)\in S$라 가정하자. $(X,Z)\in S$ 를 증명하기 위해서 $\forall x\in X\forall z\in Z(xRz)$ 임을 보여야한다. 따라서 $x\in X$ 그리고 $z\in Z$가 임의라 하자. $Y\in B$, $Y\neq\varnothing$ 이므로, 따라서 $y\in Y$ 를 택할 수 있다. $(X,Y)\in S$이고 $(Y,Z)\in S$이므로, S의 정의에 의해서 xRy 이고 yRz 이다. 그런데 R이 추이적 이므로, 구하고자하는, xRz 를 얻는다. 공집합이 B로부터 제외되었다 이 증명에서 $y\in Y$ 를 택할 수 있게하기 위해서이다.(만약 공집합이 제외되지 않는다면 당신은 한 반례를 찾을 수 있을까?)

23. 힌트: aRb이고 bRc라 가정하자. aRc 를 증명하기 위해서, $X\subseteq A\setminus\{a,c\}$ 그리고 $X\cup\{a\}\in\mathcal{F}$라 가정하자: 당신은 $X\cup\{c\}\in\mathcal{F}$를 증명해야 한다. 이것을 하기 위해서, 당신은 두 가지 경우들을 고려하는 것이 도움이 될 것이다:

$b \notin X$ 또는 $b \in X$인가로 나눈다. 이 경우들의 두 번째에서, 집합들 $X' = (X \cup \{a\}) \setminus \{b\}$와 $X'' = (X \cup \{c\}) \setminus \{b\}$ 로 증명을 시도한다.

4.4절

1. (a) 준순서이고, 그러나 전순서는 아니다.
   (b) 한 준순서가 아니다.
   (c) 준순서이고, 그러나 전순서는 아니다.

4. $(\rightarrow)$ R이 반대칭적이고 또한 대칭적이라 가정하자. $(x,y) \in R$ 이라 가정하자. 그러면 R이 대칭적이므로, $(y,x) \in R$ 이다. 그리고 R이 반대칭적 이므로, 그것은 $x = y$ 가 된다. 그러므로 $(x,y) \in i_A$이다. (x,y)가 임의이므로, 이것은 $R \subseteq i_A$이다.
   $(\leftarrow)$ $R \subseteq i_A$이라 가정하자. $(x,y) \in R$ 이라 가정하자. 그러면 $(x,y) \in i_A$이다. 따라서 $x = y$가 된다. 그러므로 $(y,x) = (x,y) \in R$이다. 이것은 R이 대칭적임을 보여준다. R 이 반대칭적 임을 보이기 위해서, $(x,y) \in R$ 이고 $(y,x) \in R$이라 가정하자. 그러면 $(x,y) \in i_A$ 이다. 따라서 $x = y$이다.

8. T가 반사적임을 보이기 위해서, 한 임의 $(a,b) \in A \times B$ 를 고려하자. R과 S 둘 다 반사적이므로, 우리는 aRa 이고 bSb 가 성립한다. T의 정의에 의해서, 그것은 $(a,b)T(a,b)$ 가 된다. T가 반대칭적임을 보이기 위해서, $(a,b)T(a',b')$ 이고 $(a',b')T(a,b)$ 라 하자. 그러면 aRa'이고 $a'Ra$이다. 따라서 R이 반대칭적이므로, $a = a'$ 이다. 유사하게, bSb'이고 $b'Sb$ 이다. 따라서 S가 반대칭적이므로, 우리는 역시 $b = b'$가 된다. 따라서 요구하는것과 같이 $(a,b) = (a',b')$이다. 끝으로, T가 추이적임을 보이기 위해서, $(a,b)T(a',b')$ 이고 $(a',b')T(a'',b'')$ 라 가정하자. 그러면 aRa'이고 $a'Ra''$이다. 따라서 R이 추이적이므로, aRa''이다. 유사하게, bSb'이고 $b'Sb''$이다. 따라서 bSb''이다. 그러므로 $(a,b)T(a'',b'')$이다.
   비록 R와 S가 둘 다 전순서이면, T는 한 전순서일 필요는 없다.

11. B의 극소원소들은 소수들이다. B는 최소 원을 갖지 않는다.

14. (a) b는 B의 $R-$최대원이다 iff $b \in B$ 이고 $\forall x \in B(xRb)$이다.
    iff $b \in B$ 이고 $\forall x \in B(bR^{-1}x)$이다.

iff b는 B의 $R^{-1}-$최소 원이다.

(b) b는 B의 $R-$극대원이다 iff $b \in B$이고 $\neg \exists x \in B(bRx \wedge b \neq x)$이다.

iff $b \in B$ 이고 $\neg \exists x \in B(xR^{-1}b \wedge x \neq b)$이다.

iff b는 B의 $R^{-1}-$극소원이다.

17. 아니오. $A = R \times R$ 이라 하자. 그리고 $R = \{((x,y),(x',y')) \in A \times A \mid x \le x'$ 그리고 $y \le y'\}$이라 하자. (당신은 이것을 연습문제8과 비교하기를 원할 것이다.) $B = \{(0,0)\} \cup (\{1\} \times R)$라 하자. R이 A위에서 한 준순서가 됨을 확인하는 것을 당신에게 남긴다. 그리고 $(0,0)$가 B의 단하나의 극소원이다. 그러나 그것은 한 최소 원은 아니다.

21. (a) $x \in U$이고 xRy 라 가정하자. $y \in U$를 증명하기 위해서, y가 B의 한 상계임을 보여야 한다. 따라서 $b \in B$ 라 가정하자. $x \in U$이므로, x는 B에 대한 한 상계이다. 따라서 bRx이다. 그러나 우리는 역시 xRy이다. 따라서 R의 추이성에 의해서 한 상계이다. 따라서 bRx이다. bRy라 결정할 수 있다. b가 임의이므로, 이것은 y가 B에 대한 한 상계임을 보여준다.

(b) $b \in B$ 라 가정하자. b가 U에 대한 한 하계임을 증명하기 위해서, x를 U의 한 임의의 원소라 하자. 그러면 U의 정의에 의해서, x는 B에 대한 한 상계이다. 따라서 bRx이다. x가 임의이므로, 이것은 b가 U에 대한 한 하계임을 보여준다.

(c) 힌트: x를 U의 최대상계(상한)이라 가정하자. 먼저 부분 (b)를 이용하여 x가 B에 대한 한 상계임을 알 수 있다. 그래서 $x \in U$이다. 그러면 x가 U에 대한 하계라는 사실은 x가 U의 최소 원임을 보여준다. 환언하면, 그것은 B의 극소 상계(하한)이다.

24. (a) $(x,y) \in S$ 라 가정하자. 그러면 $(x,y) \in R$ 이거나 또는 $(x,y) \in R^{-1}$ 이다. 만약 $(x,y) \in R$ 이면, 그러면 $(y,x) \in R^{-1}$ 이다. 따라서 $(y,x) \in S$이다. 만약 $(x,y) \in R^{-1}$이면, 그러면 $(y,x) \in R$ 이다. 따라서 $(y,x) \in S$이다. 그러므로 S는 대칭적이다. 유사하게 $S = R \cup R^{-1}$ 이다. $R \subseteq S$임이 분명하다.

(b) T가 A위에서 한 대칭관계이고 $R \subseteq T$ 라 가정하자. $S \subseteq T$임을 보이기 위해서, (x,y)를 S의 한 임의의 원소라 하자. 그러면 $(x,y) \in R$ 이거나 또는 $(x,y) \in R^{-1}$이다.

만약 $(x,y) \in R$ 이면, 그러면 $R \subseteq T$이므로, $(x,y) \in T$이다. 만약 $(x,y) \in R^{-1}$ 이면, 그러면 $(y,x) \in R$ 이다. $R \subseteq T$이므로, $(y,x) \in T$ 이다. 그러나 T가 대칭적이다. 따라서 $(x,y) \in T$가 된다.

27. (a) 먼저, $R_1 \subseteq R$ 이고 $R_2 \subseteq R$ 임을 주지하라. 연습문제26에 의해서, $S_1 \subseteq S$이고 $S_2 \subseteq S$가 된다. 따라서 $S_1 \cup S_2 \subseteq S$이다. 다른 방향에 대해서는,
$R = R_1 \cup R_2 \subseteq S_1 \cup S_2$ 임을 주지하라, 그리고 4.3절 연습문제 24(b)에 의해서, $S_1 \cup S_2$ 는 대칭적이다. 그러므로 연습문제 24(b)에 의해서, $S \subseteq S_1 \cup S_2$이다.

(b) 부분(a)의 증명의 처음 절반을 모방해서, 연습문제 26을 이용하여 $T_1 \cup T_2 \subseteq T$ 를 보일 수 있다. 그렇지만, 4.3절의 연습문제 13(c)의 답은 아니다. 따라서 그 증명의 두 번째 절반은 모방할 수가 없다. 사실상, 연습문제13(c)에 의해서 주어진 예는 $T_1 \cup T_2 \neq T$에 대한 한 예로 사용된다.

4.5절

1. 여기에 모든 분할들의 한 목록이 있다:

$$\{\{1,2,3\}\}$$
$$\{\{1,2\},\{3\}\}$$
$$\{\{1,3\},\{2\}\}$$
$$\{\{2,3\},\{1\}\}$$
$$\{\{1\},\{2\},\{3\}\}$$

3. (a) R은 한 동치관계이다. 26개의 동치관계들이 있다---알파벳의 각 무네에 대해 하나씩이다. 동치관계들은 a로 시작하는 모든단어들의 집합, b로 시작하는 단어들의 집합 b,$\cdots$,z로 시작하는 단어들의 집합들이다.

(b) S는 동치관계가 아니다. 왜냐하면 그것은 추이적이 아니다.

(c) T는 동치관계이다. 동치관계들은: 문자 하나로 된 모든단어들의 집합, 문자 두 개로 된 단 어들의 집합, 등등. 임의의 양의 정수 n에 대하여, 만약 적어도 한 개의 길이가 n인 영어단어가 존재하면, 그러면 길이가 n인 모든 단어들의 집합이 한 동치류이다.

6. 필요한 가정은 모든 날 d에 대하여, 어떤 사람이 그날 d에 태어나야만 한다. 만약, 예를 들어, 아주 우연히 아무도 4월23일에 태어나지 않는다면 무엇이 잘못된 것일까? 증명에서 이 가정은 어디에서 사용된 것일까?

10. S는 F에 의해서 정해지는 동치관계이므로, 정리 4.5.6의 증명은 $A/S=\mathcal{F}=A/R$을 보여준다. 바라는 결론은 이제 연습문제9로부터 나온다.

13. 보조정리 7.3.4를 보아라.

16. 3.5절의 연습문제 16(a)에 의해서, $\cup(\mathcal{F}\cup\mathcal{G})=(\cup\mathcal{F})\cup(\cup\mathcal{G})=A\cup B$이다. $\mathcal{F}\cup\mathcal{G}$가 상호간에 서로소임을 보이기 위해서, $X\in\mathcal{F}\cup\mathcal{G}$, $Y\in\mathcal{F}\cup\mathcal{G}$이고 $X\cap Y\neq\varnothing$이라 가정하자. 만약 $X\in\mathcal{F}$이고 $Y\in\mathcal{G}$이면 그러면 $X\subseteq A$이고 $Y\subseteq B$ 이다. 그리고 A와 B가 서로소이므로 그것은 X와 Y가 서로소가 된다. 이것은 한 모순이다. 따라서 그것은 $X\in\mathcal{F}$ 이고 $Y\in\mathcal{G}$ 가 되는 경우가 될 수 없다. 그리고 란 유사한 논증으로 $X\in\mathcal{G}$ 이고 $Y\in\mathcal{F}$가 될 가능성을 제외시킬 수 있다. 따라서 X와 Y는 둘 다 $\mathcal{F}$의 원소들이거나 또는 $\mathcal{G}$의 원소들이다. 만약 그들이 둘 다 $\mathcal{F}$의 원소들이면, 그러면 $\mathcal{F}$가 쌍으로 서로소이므로, $X=Y$ 이다. 만약 그들이 둘 다 $\mathcal{G}$의 원소들이면, 유사한 논증을 적용한다. 결국, 우리는 $\forall X\in\mathcal{F}(X\neq\varnothing)$ 이고 $\forall X\in\mathcal{G}(X\neq\varnothing)$이다.
그리고 그것은 2.2절의 연습문제 8에 의해서 $\forall X\in\mathcal{F}\cup\mathcal{G}(X\neq\varnothing)$가 된다.

20. (a) 여기에 추이성에 대한 증명이 있다: $(x,y)\in T$이고 $(y,z)\in T$ 라 가정하자. 그러면 $T=R\cap S$ 이므로, $(x,y)\in R$ 이고 $(y,z)\in R$ 이다. 따라서 R이 추이적이므로, $(x,z)\in R$ 이다. 유사하게, $(x,z)\in S$이다. 따라서 $(x,z)\in R\cap S=T$ 이다.
(b) $x\in A$ 라 가정하자. 그러면 임의의 $y\in A$ 에 대하여,

$$y\in[x]_T \text{ iff } (y,x)\in T \text{ iff } (y,x)\in R\wedge(y,x)\in S$$
$$\text{iff } y\in[x]_R\wedge y\in[x]_S \text{ iff } y\in[x]_R\wedge[x]_S$$

(c) $X \in A/T$ 라 가정하자. 그러면 A/T 는 한 분할이므로, $X \neq \varnothing$ 이다. 또한, 어떤 $x \in A$에 대하여, $X = [x]_T = [x]_R \cap [x]_S$이다. 따라서 $[x]_R \in A/R$이고 $[x]_S \in A/S$이므로, $X \in (A/R) \cdot (A/S)$이다.
이제 $X \in (A/R) \cdot (A/S)$ 이라고 가정하자. 그러면 A의 어떤 원소들 y와 z에 대하여, $X = [y]_R \cap [z]_S$ 이다. 또한 $X \neq \varnothing$ 이다. 따라서 우리는 어떤 $x \in X$ 를 선택할 수 있다. 그러므로 $x \in [y]_R$이고 $x \in [z]_S$이다. 그리고 보조정리 4.5.5의 부분2에 의해서 그것은 $[x]_R = [y]_R$ 이고 $[x]_S = [z]_S$ 가 된다. 그러므로 $X = [x]_R \cap [x]_S = [x]_T \in A/T$이다.

22. $F \otimes F = \{\mathbb{R}^+ \times \mathbb{R}^+,\ \mathbb{R}^- \times \mathbb{R}^+,\ \mathbb{R}^- \times \mathbb{R}^-,\ \mathbb{R}^+ \times \mathbb{R}^-,\ \mathbb{R}^+ \times \{0\},\ \mathbb{R}^- \times \{0\},\ \{0\} \times \mathbb{R}^+,\ \{0\} \times \mathbb{R}^-,\ \{(0,0)\}\}$. 기하학적인 용어로는 이것들은 평면의 4상한들과 양과 음의 x축들과 y축들, 그리고 원점이다.

24. (a) 힌트: $T = \{(X, Y) \in A/S \times A/S \mid \exists x \in X \exists y \in Y (xRy)\}$
(b) $x, y, x', y' \in A$, xSx', 그리고 ySy'라 가정하자. 그러면 $[x]_S = [x']_S$이고 $[y]_S = [y']_S$이다. 따라서 xRy iff $[x']_S T [y']_S$ iff $x'Ry'$ 이다.

5장

5.1절

1. (a) 예 (b) 아니오 (c) 예

3. (a) $f(a) = b, f(b) = b, f(c) = a$.
(b) $f(2) = 0$.
(c) $f(\pi) = 3$ 이고 $f(-\pi) = -4$

5. $L \circ H : N \to N$이고, 임의의 $n \in N$에 대하여, $(L \circ H)(n) = n$이다. 따라서 $L \circ H = i_N$이다. $L \circ H : C \to C$이고, 임의의 $c \in C$에 대하여, $(L \circ H)(c) = c$가 위치하고 있는 국가의 수도

7. (a) $c\in C$ 라 가정하자. $(c,b)\in f\restriction C$ 가 성립하는 유일한 $b\in B$ 가 존재함을 증명해야 한다.

존재성: $b=f(c)\in B$ 라 하자. 그러면 $(c,b)\in f$ 이고 $(c,b)\in C\times B$ 이다. 그리고 그러므로 $(c,b)\in f\cap(C\times B)=f\restriction C$이다.

유일성: $(c,b_1)\in f\restriction C$ 이고 $(c,b_2)\in f\restriction C$라 가정하자. 그러면 $(c,b_1)\in f$ 이고 $(c,b_2)\in f$ 이다. 따라서 f가 함수이므로, $b_1=b_2$이다.

이것이 $f\restriction C$가 C에서 B로 가는 한 함수임을 증명한 것이다. 끝으로, $f\restriction C(c)$ 에 대한 공식을 유도하기 위해서, $c\in C$ 라 가정하고, 그리고 $b=f(c)$라 하자. $(c,b)\in f\restriction C$가 되는 증명의 존재성에서 보였다. 그것은

$$f(c)=b=(f\restriction C)(c)\text{이 된다.}$$

(b) $(\rightarrow)$ $g=f\restriction C$ 라 가정하자. 그러면 $g=f\cap(C\times B)$이다. 따라서 분명히 $g\subseteq f$이다.

$(\leftarrow)$ $g\subseteq f$ 라 가정하자. $c\in C$라 가정하고, 그리고 $b=g(c)$라 하자. 그러면 $(c,b)\in g$ 이다. 따라서 $(c,b)\in f$ 이다. 그러므로 $f(c)=b$이다. 그러나 (a)부분에 의해서, $(f\restriction C)(c)=f(c)=b=g(c)$이다. c가 임의이므로, 그것은 정리 5.1.4에 의해서 $g=f\restriction C$가 된다.

(c) $h\restriction \mathbb{Z}=h\cap(\mathbb{Z}\times\mathbb{R})=\{(x,y)\in\mathbb{R}\times\mathbb{R}\mid y=2x+3\}\cap(\mathbb{Z}\times\mathbb{R})$
$\quad=\{(x,y)\in\mathbb{Z}\times\mathbb{R}\mid y=2x+3\}=g$

10. $f\neq g$이므로, 정리 5.1.4에 의해서 $f(a)\neq g(a)$가 성립하는 어떤 $a\in A$를 택할 수 있다. 그러므로 $(a,f(a))\in f$이고 $(a,f(a))\notin g$이다. 따라서 대칭 차의 정의에 의해서, $(a,f(a))\in f\triangle g$이다. 그리고 유사하게 $(a,g(a))\in f\triangle g$가 성립한다. $f(a)\neq g(a)$이므로, 그것은 $f\triangle g$가 함수가 될 수 없음을 알 수 있다.

13. (a) $b\in B$라고 가정하자. $Dom(S)=B$ 이므로, 어떤 $c\in C$가 존재하여 $(b,c)\in S$ 임을 알 수 있다. 그것이 유일함을 보이기 위해서, 어떤 $c'\in C$가 존재하여 $(b,c')\in S$ 라 가정하자. $Ran(R)=B$이므로, 어떤 $a\in A$를 선택하여 $(a,b)\in R$이 성립한다. 그래서 $(a,c)\in S\circ R$이고 $(a,c')\in S\circ R$이다. 그리고 $S\circ R$이 함수이므로, 그것은 $c=c'$가 된다.

(b) $A=\{1\}$, $B=\{2,3\}$, $C=\{4\}$, $R=\{(1,2),(1,3)\}$, $S=\{(2,4),(3,4)\}$

15. (a) 아니오. 예: $A=\{1\}$, $B=\{2,3\}$, $f=\{(1,2)\}$, $R=\{(1,1)\}$

(b) 예. R이 대칭적이라 가정하자.$(x,y)\in S$라 가정하자. 그러면 A안에 어떤 u와 v를 택하여 $f(u)=x, f(v)=y$이고 $(u,v)\in R$되게 할 수 있다. R이 대칭적이므로, $(v,u)\in R$이다. 그러므로 $(y,x)\in S$이다.

(c) 아니오.

예: $A=\{1,2,3,4\}$, $B=\{5,6,7\}$, $f=\{(1,5),(2,6),(3,6),(4,7)\}$, $R=\{(1,2),(3,4)\}$

19. (a) $a=3$이고 $c=8$이라 하자. 그러면 임의의 $x > a=3$에 대하여,

$$|f(x)|=|7x+3|=7x+3 < 7x+x=8x < 8x^2=c|g(x)|$$

이것은 $f\in O(g)$를 보여준다.
이제 $g\in O(f)$라 가정하자. 그러면 $a\in Z^+$와 $c\in R^+$를 택하여
$\forall x > a(|g(x)|\le c|f(x)|$가 되게 할 수 있다. 또는 환언하면,
$\forall x > a(x^2 \le c(7x+3)$이다. x를 a와 $10c$보다 더 큰 임의의 양의 정수라 하자. 부등식 $x > 10c$의 양변에 x를 곱하여, 우리는 $x^2 > 10cx$라 결정할 수 있다. 그러나 $x > a$ 이므로, $x^2 \le c(7x+3) \le c(7x+3x)=10cx$이다. 따라서 우리는 한 모순에 도달 한다. 그러므로 $g\notin O(f)$이다.
(b) 분명히 임의의 함수 $f\in \mathcal{F}$에 대하여 $\forall x\in \mathbb{Z}^+(|f(x)|\le 1 \cdot |f(x)|)$이 된다. 따라서 $f\in O(f)$이다. 그리고 그러므로 $(f,f)\in S$이다. 따라서 S는 반사적이다.
그것이 역시 추이적임을 보이기 위해서, $(f,g)\in S$이고 $(g,h)\in S$ 라 가정하자. 그러면 양의 정수들 a_1과 a_2와 양의 실수 c_1과 c_2가 존재하여
$\forall x > a_1(|f(x)|\le c_1|g(x)|)$이고
$\forall x > a_2(|g(x)|\le c_2|h(x)|)$가 성립한다. a를 a_1과 a_2의 극대값이라 하고, 그리고 $c=c_1c_2$라 하자. 그러면 모든 $x > a$에 대하여,

$$|f(x)|\le c_1|g(x)|\le c_1c_2|h(x)|=c|h(x)| \text{이다.}$$

따라서 $(f,h)\in S$이다. 따라서 S는 추이적이다. 끝으로, S가 준순서가 아님을 보이기 위해서, 우리는 그것이 반대칭이 아님을 보일 것이다. f와 g가 $\mathbb{Z}^+$에서 $\mathbb{R}$로 가는

함수들로 $f(x)=x$ 그리고 $g(x)=2x$로 정의되었다 하자. 그러면 모든 $x\in\mathbb{Z}^+$에 대하여, $|f(x)|\le|g(x)|$이고 그리고 $|g(x)|\le 2|f(x)|$이다. 따라서 $f\in O(g)$이고 그리고 역시 $g\in O(f)$이다. 그러므로 $(f,g)\in S$ 이고 $(g,f)\in S$ 이다. 그러나 $f\ne g$이다.

(c) $f_1\in O(g)$ 이므로, 우리는 $a_1\in\mathbb{Z}^+$이고 $c_1\in\mathbb{R}^+$을 택하여 $\forall x>a_1(|f_1(x)|)\le c_1|g(x)|$가 되게 할 수 있다. 유사하게, $f_2\in O(g)$ 이므로 $a_2\in\mathbb{Z}^+$이고 $c_2\in\mathbb{R}^+$을 택하여 $\forall x>a_2(|f_2(x)|)\le c_2|g(x)|$가 되게 할 수 있다. a를 a_1과 a_2의 극대값이라 하고, 그리고 $c=|s|c_1+|t|c_2+1$라 하자. (c가 양수가 되게 하기 위해서 여기서 1을 더한 것으로, O의 정의를 만족하게 된다.) 그러면 모든 $x>a$에 대하여,

$$\begin{aligned}|f(x)|=|sf_1(x)+tf_2(x)|&\le|s||f_1(x)|+|t||f_2(x)|\\&\le|s|c_1|g(x)|+|t|c_2|g(x)|=(|s|c_1+|t|c_2)|g(x)|\le c|g(x)|\end{aligned}$$

그러므로 $f\in O(g)$이다.

21. (a) 힌트: $h=\{(X,y)\in A/R\times B|\ \exists x\in X(f(x)=y)\}$ 라 하자.
    (b) 힌트: A안의 모든 x와 y에 대하여. 만약 xRy이면 그러면 $[x]_R=[y]_R$임을 사용한다.

5.2절

2. (a) f는 함수가 아니다.
   (b) f는 함수가 아니다. g는 전사가 되는 함수이고, 그러나 단사는 아니다.
   (c) R은 단사이고 전사이다.

5. (a) $x_1\in A$, $x_2\in A$이고 $f(x_1)=f(x_2)$라 가정하자. 그러면 다음 대수적인 단계들을 시행할 수 있다:

$$\frac{x_1+1}{x_1-1}=\frac{x_2+1}{x_2-1}$$

$$(x_1+1)(x_2-1)=(x_2+1)(x_1-1)$$

$$x_1x_2-x_1+x_2-1=x_1x_2-x_2+x_1-1$$

$$2x_2 = 2x_1$$

$$x_2 = x_1$$

이것은 f가 단사임을 보인다.
f가 전사임을 보이기 위해서, $y \in A$ 라 가정하자.

$$x = \frac{y+1}{y-1} \text{ 라 하자.}$$

이것은 $y \neq 1$일때만 정의된다. 그리고 또한 분명히 $x \neq 1$이다. 따라서 $x \in A$ 이다. 그러면

$$f(x) = \frac{x+1}{x-1} = \frac{\frac{y+1}{y-1}+1}{\frac{y+1}{y-1}-1} = \frac{\frac{2y}{y-1}}{\frac{2}{y-1}} = y$$

(b) 임의의 $x \in A$에 대하여,

$$(f \circ f)(x) = \frac{\frac{x+1}{x-1}+1}{\frac{x+1}{x-1}-1} = \frac{\frac{2x}{x-1}}{\frac{2}{x-1}} = x = i_A(x)$$

9. $(a)\{1,2,3,4\}$

(b) f 는 전사이고, 단사가 아니다.

13. (a) f가 단사라 가정하자. $c_1 \in C$, $c_2 \in C$, 그리고 $\restriction \quad C)(c_1) = \restriction \quad C)(c_2)$ 라 가정하자. 5.1절의 연습문제7(a)에 의해서, 그것은 $f(c_1) = f(c_2)$가 된다. 따라서 f가 단사이므로, $c_1 = c_2$이다.

(b) $f \restriction C$가 전사라고 가정하자. $b \in B$라 가정하자. 그러면 $f \restriction C$가 전사이므로, 어떤 $c \in C$ 를 택하여 $(f \restriction C)(c) = b$가 성립한다. 그러나 그래서 $c \in A$이다. 그리고 5.1절의 연습문제7(a)에 의해서, $f(c) = b$ 이다.

(c) $A = B = \mathbb{R}$ 이고 $C = \mathbb{R}^+$라고 하자.(a)에 대하여, $f(x) = |x|$를 사용하고, 그

리고 (b)에 대해서는, $f(x)=x$를 사용한다.

17. (a) R은 반사적이고 f는 전사라 가정하자. $x\in B$ 가 임의라 하자. f가 전사이므로, 어떤 $u\in A$를 택하여 $f(u)=x$이다. R이 반사적이므로, $(u,u)\in R$ 이다. 그러므로 $(x,x)\in S$ 이다.

 (b) R이 추이적이고 f가 단사라 가정하자. $(x,y)\in S$이고 $(y,z)\in S$라 가정하자. $(x,y)\in S$이므로, 우리는 A에서 어떤 u와 v를 선택하여 $f(u)=x$, $f(v)=y$, 그리고 $(u,v)\in R$가 되게 할 수 있다. 유사하게, $(y,z)\in S$ 이므로 우리는 A에서 어떤 p와 q를 선택하여 $f(p)=y$, $f(q)=z$, 그리고 $(p,q)\in R$ 가 되게 할 수 있다. $f(v)=y=f(p)$ 이고 그리고 f가 단사이므로, $v=p$이다. 그러므로 $(v,q)=(p,q)\in R$ 이다. 우리는 역시 $(u,v)\in R$이므로, R의 추이성에 의해서 그것은 $(u,q)\in R$ 이 된다. 따라서 $(x,z)\in S$이다.

20. (a) $b\in B$ 가 임의라 하자. f가 전사이므로, 어떤 $a\in A$를 택하여 $f(a)=b$가 된다. 그러므로 $g(b)=(g\circ f)(a)=(h\circ f)(a0=h(b)$ 이다. b가 임의이므로, 이것은 $\forall b\in B(g(b)=h(b))$이다. 따라서 $g=h$이다.

 (b) c_1과 c_2가 C의 서로 다른 두 원소들이라 하자. $b\in B$ 라 가정하자. g와 h는 B에서 C로 가는 함수들로 $\forall x\in B(g(x)=c_1)$, $\forall x\in B\setminus\{b\}(h(x)=c_1)$, 그리고 $h(b)=c_2$ 가 된다고 하자. (형식적으로, $g=B\times\{c_1\}$이고 $h=[(B\setminus\{b\})\times\{c_1\}]\cup\{(b,c_2)\}$). 그러면 $g\neq h$ 이다. 따라서 $g\circ f\neq h\circ f$라는 가정에 의해서, 그리고 그러므로 우리는 어떤 $a\in A$를 택하여 $g(f(a))\neq h(f(a))$. 그러나 g와 h가 정의되는 방법에 의해서, $g(x)\neq h(x)$인 단하나의 $x\in B$ 는 $x=b$이다. 따라서 그것은 $f(a)=b$가 성립한다. b가 임의이므로, 이것은 f가 전사임을 보여준다.

5.3절

1. $R^{-1}(p)=p$ 의 오른쪽 바로 옆에 앉은 사람.

3. $g(x)=(3x-5)/2$ 라 하자. 그러면 임의의 $x\in\mathbb{R}$에 대하여,

$$f(g(x))=\frac{2(3x-5)/2+5}{3}=\frac{3s-5+5}{3}=\frac{3x}{3}=x$$

그리고

$$g(f(x))=\frac{3(2x+5)/3-5}{2}=\frac{2x+5-5}{2}=\frac{2x}{2}=x$$

그러므로 $f\circ g=i_{\mathbb{R}}$ 이고 $g\circ f=i_{\mathbb{R}}$ 이다. 정리 5.3.4와 정리 5.3.5에 의해서 그것은 f가 단사이고 전사이다 그리고 $f^{-1}=g$이다.

5. $f^{-1}(x)=2-\log x$

9. $f:A\to B$, $g:B\to A$, 그리고 $f\circ g=i_B$ 라 가정하자. b가 B의 임의의 원소라 하자. $a=g(b)\in A$ 라 하자. 그러면 $f(a)=f(g(b))=(f\circ g)(b)=i_B(b)=b$ 이다. b가 임의이므로, 이것은 f가 전사임을 보여준다.

11. (a) f가 단사이고 그리고 $f\circ g=i_B$ 라 가정하자. 정리 5.3.3의 부분2에 의ㅣ해서, f는 역시 전사이다. 따라서 $f^{-1}:B\to A$이고 $f^{-1}\circ f=i_A$이다. 이것은 정리 5.3.5의 증명에서 논증을 모방하는 충분한 정보를 우리에게 준다:

$$g=i_A\circ g=(f^{-1}\circ f)\circ g=f^{-1}\circ(f\circ g)=f^{-1}\circ i_B=f^{-1}$$

(b) 힌트: 부분 (a)의 풀이를 모방하라.

(c) 힌트: 부분들 (a)와 (b), 그리고 정리 5.3.3을 함께 사용하라.

14. (a) $x\in A'=Ran(g)$ 라 가정하자. 그러면 우리는 어떤 $b\in B$ 를 선택하여 $g(b)=x$가 되게 할 수 있다. 그러므로 $(g\circ f)(x)=g(f(g(b)))=g(f\circ g)(b))=g(i_B(b))=g(b)=x$.

(b) 주어진 정보에 의해서, $(f\restriction A')\circ g=i_B$ 이다. 그리고 부분(a)에 의해서, $g\circ(f\restriction A')=i_{A'}$ 이다. 그러므로 정리 5.3.4에 의해서 $f\restriction A'$는 A'에서 B 로 가는 한 단사이고 전사인 함수이다. 그리고 정리 5.3.5에 의해서, $g=(f\restriction A')^{-1}$이다.

16. 힌트: $x\in\mathbb{R}$ 이라 가정하자. $x\in Ran(f)$ 인지 아닌지를 결정하기 위해서, 당신은 만약 당신이 한 실수 y를 발견해서 $f(y)=x$가 될 수 있는지 알아야한다. 환언하면, 당신은 방정식 $4y-y^2=x$ 에서 y에 대하여 x에 관한 항들로 풀도록 해야만 한다. 이것은 예 5.3.6의 부분1에서 사용된 방법과 유사함에 유의하여라. 그렇지만, 이 경우에 당신은 x의 어떤값에 대해서 y에 대한 해가 없고, 그리고 x의 어떤 값에 대해서는 y에 대한 한 개보다 더 많은 해가 존재한다는 것을 알게 될 것이다.

18. g가 단사이고 전사이므로, $g^{-1}:C\to B$ 가 존재한다. $h=g^{-1}\circ f$ 라 하자. 그러면 $h:A\to B$이고 그리고

$$\begin{aligned} g\circ h &= g\circ(g^{-1}\circ f) \\ &= (g\circ g^{-1})\circ f && \text{(정리 4.2.5)} \\ &= i_C\circ f && \text{(정리 5.3.2)} \\ &= f && \text{(4.3절 연습문제 9)} \end{aligned}$$

5.4절

1. (a)아니오 (b)예 (c)예 (d)아니오

3. $\{-1,0,1,2\}$

7. $C\subseteq A$이고 C가 f아래에서 닫혀있다고 가정하자. $x\in A\setminus C$ 이라 가정하자. 따라서 $x\in A$ 이고 그리고 $x\notin C$이다. 그러면 $f^{-1}(x)\in A$ 이다. $f^{-1}(x)\in C$ 라 하자. 그러면 C가 f아래에서 닫혀있기 때문에, $x=f(f^{-1}(x))\in C$ 이다. 이것은 한 모순이다. 그러므로 $f^{-1}(x)\notin C$ 이다. 따라서 $f^{-1}(x)\in A\setminus C$ 이다. x가 $A\setminus C$ 의 임의의 한 원소이므로, 이것은 $A\setminus C$가 f^{-1}아래에서 닫혀있음을 보여준다.

9. (a) $x\in C_1\cup C_2$ 라 가정하자. 그러면 $x\in C_1$이거나 또는 $x\in C_2$이다.

경우 1. $x\in C_1$. 그러면 C_1이 f아래에서 닫혀있으므로, $f(x)\in C_1$이다. 따라서

$f(x)\in C_1\cup C_2$이다.

경우 2. $x\in C_2$. 그러면 C_2이 f아래에서 닫혀있으므로, $f(x)\in C_2$이다. 따라

서
$f(x) \in C_1 \cup C_2$이다.
그러므로 $f(x) \in C_1 \cup C_2$ 이다. x가 임의이므로, 우리는 $C_1 \cup C_2$가 f아래에서 닫혀있음을 결정할 수 있다.

(b) 예. 증명: $x \in C_1 \cap C_2$라 가정하자. 그러면 $x \in C_1$이고 $x \in C_2$이다. $x \in C_1$이고 C_1이 f아래에서 닫혀있음으로, $f(x) \in C_1$이다. 유사하게, $f(x) \in C_2$이다. 그러므로 $f(x) \in C_1 \cap C_2$이다. x가 임의이므로, 우리는 $C_1 \cap C_2$가 f아래에서 닫혀있음을 결정할 수 있다.

(c) 아니오. 여기에 반례를 든다.
$A = \{1,2\}$, $f = \{(1,2),(2,2)\}$, $C_1 = \{1,2\}$, $C_2 = \{2\}$이다.

12. (a) Z. (b) $\{X \subseteq N | X$는 유한이다$\}$

14. Z

17. (a) 예. (b) 예. (c) 예. (d) 아니오. (두개의 엄격한 감소함수들의 합성은 엄격하게 증가한다.)

20. (b)와 (e)는 f아래에서 닫혀있다.

6장

6.1절

1. 초기조건: $n=0$일 때, 방정식의 양변은 모두 0이다.
   귀납법 단계: $n \in \mathbb{N}$일 때 그리고 $0+1+2+\cdots+n = n(n+1)/2$ 이라 가정하자. 그러면

$$
\begin{aligned}
0+1+2+\cdots+(n+1) &= (0+1+2+\cdots n)+(n+1) \\
&= \frac{n(n+1)}{2}+(n+1) \\
&= (n+1)(\frac{n}{2}+1) = \frac{(n+1)(n+2)}{2}
\end{aligned}
$$

3. 초기조건: $n=0$일 때, 방정식의 양변은 모두 0이다.

귀납법 단계: $n \in \mathbb{N}$일 때 그리고 $0^3+1^3+2^3+\cdots+n^3=[n(n+1)/2]^2$ 이라 가정하자. 그러면

$$
\begin{aligned}
0^3+1^3+2^3+\cdots+(n+1)^3 &= (0^3+1^3+2^3+\cdots+n^3)+(n+1)^3 \\
&= \left[\frac{n(n+1)}{2}\right]^2+(n+1)^3 \\
&= (n+1)^2\left[\frac{n^2}{4}+n+1\right] \\
&= (n+1)^2 \cdot \frac{n^2+4n+4}{4} \\
&= \left[\frac{(n+1)(n+2)}{2}\right]^2
\end{aligned}
$$

7. 힌트: 그 공식은 $(3^{n+1}-1)/2$이다.

10. 초기조건: $n=0$일 때, $9^n-8n-1=0=64 \cdot 0$ 이다. 따라서 $64|(9^n-8n-1)$ 이다.

귀납법 단계: $n \in N$ 일 때 그리고 $64|(9^n-8n-1)$이라 가정하자. 그러면 어떤 정수 k가 존재하여 $9^n-8n-1=64k$ 이다. 그러므로

$$
\begin{aligned}
9^{n+1}-8(n+1)-1 &= 9^{n+1}-8n-9 \\
&= 9^{n+1}-72n-9+64n \\
&= 9(9^n-8n-1)+64n \\
&= 9(64k)+64n \\
&= 64(9k+n)
\end{aligned}
$$

따라서 $64|(9^{n+1}-8(n+1)-1)$ 이다.

12. (a) 초기조건: $n=0$일 때, $7^n-5^n=0=2\cdot 0$, 따라서 7^n-5^n은 짝수이다.

귀납법 단계: $n\in N$일 때 그리고 7^n-5^n 은 짝수라 가정하자. 그러면 어떤 정수 k가 존재하여 $7^n-5^n=2k$ 이다. 그러므로

$$7^{n+1}-5^{n+1}=7\cdot 7^n-5\cdot 5^n=2\cdot 7^n+5(7^n-5^n)$$
$$=2\cdot 7^n+5\cdot 2k=2(7^n+5k)$$

따라서 $7^{n+1}-5^{n+1}$은 짝수이다.

(b) 귀납법 단계에서, 당신은 다음 방정식을 따라서 완성해 가는것도 유용할 것이다:

$$2\cdot 7^{n+1}-3\cdot 5^{n+1}+1=2\cdot 7^n-3\cdot 5^n+1+?$$

15. 초기조건: $n=10$일 때, $2^n=1024>1000=n^3$ 이다.

귀납법 단계: $n\geq 10$이고 $2^n>n^3$이라 가정하자. 그러면

$$\begin{aligned}2^{n+1}&=2\cdot 2^n\\&>2n^3 && \text{(귀납법 가정)}\\&=n^3+n^3\\&\geq n^3+10n^2 && (n\geq 10)\\&=n^3+3n^2+7n^2\\&\geq n^3+3n^2+70n && (n\geq 10)\\&=n^3+3n^2+3n+67n\\&>n^3+3n^2+3n+1=(n+1)^3\end{aligned}$$

20. (a) 초기조건: $n=1$일 때, 그 명제는 $0<a<b$ 로 증명되었다. 이것은 가설이다.

귀납법 단계: $n\geq 1$ 그리고 $0<a^n<b^n$이라 가정하자. 이 부등식에 양의 정수 a를 곱하여 우리는 $0<a^{n+1}<ab^n$ 을 얻는다. 그리고 부등식 $a<b$에 양의 정수 b^n을 곱하여 $ab^n<b^{n+1}$을 얻는다. 이들 부등식들을 결합하여, 우리는 $0<a^{n+1}<b^{n+1}$을 결정할 수 있다.

(b) 힌트: 먼저 $\sqrt[n]{a}$와 $\sqrt[n]{b}$가 둘 다 양수임을 확인한다.(n이 홀수일 때, 이것은

연습문제19로부터 유도된다. n이 짝수이면, a와 b 각각은 n차 제곱근을 음수 양수 두 개씩 가진다. 그러나 $\sqrt[n]{a}$와 $\sqrt[n]{b}$ 정의에 의해서 양수들이다.) 이제 모순에 의한 증명을 사용하고, 그리고 부분 (a)를 적용한다.

(c) 힌트: 증명되어야할 부등식은 다음과 같이 재정렬 할 수 있다. $a^{n+1} - ab^n - ba^n + b^{n+1} > 0$ 이다. 이제 이 부등식의 좌변을 인수분해 한다.

(d) 힌트: 수학적 귀납법을 사용한다. 초기조건으로, 부분 (c)의 경우 $n=1$을 사용한다. 귀납법 단계에서는, 귀납법 가정의 양변에 $(a+b)/2$ 를 곱하여 그래서 부분 (c)를 적용한다.

6.2절

1. (a) 우리는 R'가 A' 위에서 반사적이고, 추이적, 그리고 반대칭적임을 증명해야 한다. 첫 번째로, $x \in A'$라 가정하자. R 이 A 위에서 반사적이고 그리고 $x \in A$, $(x,x) \in R$ 이므로, 따라서 $(x,x) \in R \cap (A' \times A') = R'$ 이다. 이것은 R'가 반사적임을 보여준다. 다음은, $(x,y) \in R'$ 이고 $(y,z) \in R'$ 라 가정하자. 그러면 $(x,y) \in R$, $(y,z) \in R$, 그리고 $x,y,z \in A'$ 이다. R이 추이적이므로, $(x,z) \in R$ 이다. 따라서 $(x,z) \in R \cap (A' \times A') = R'$ 이다. 그러므로 R'는 추이적이다. 끝으로, $(x,y) \in R'$ 이고 $(y,x) \in R'$ 라 가정하자. 그러면 $(x,y) \in R$이고 $(y,x) \in R$이다. 따라서 R이 반대칭적 이므로, $x = y$ 이다. 따라서 R'는 반대칭적이다.

   (b) T가 반사적임을 보이기 위해서, $x \in A$라 가정하자. 만약 $x = a$이면, 그러면 $(x,x) = (a,a) \in \{a\} \times A \subseteq T$이다. 만약 $x \neq a$이면, 그러면 $x \in A'$, 따라서 R'가 반사적이므로, $(x,x) \in R' \subseteq T' \subseteq T$ 이다. 추이성에 대해서는, $(x,y) \in T$이고 $(y,z) \in T$ 라 가정하자. 만약 $x = a$이면 $(x,z) = (a,z) \in \{a\} \times A \subseteq T$ 이다. 이제 $x \neq a$ 라 가정하자. 그러면 $(x,y) \notin \{a\} \times A$이다.

   따라서 $(x,y) \in T = T' \cup (\{a\} \times A)$ 이므로 우리는 $(x,y) \in T'$를 갖어야 한다. 그러나 $T' \subseteq A' \times A'$ 이다. 따라서 $y \in A'$ 그리고 그러므로 $y \neq a$이다. 유사한 논증으로 이제 $(y,z) \in T'$ 임을 보인다.

   T'가 추이적임로, 그것은 $(x,z) \in T' \subseteq T$ 가 된다. T가 반대칭임을 보이기 위해서, $(x,y) \in T$ 이고 $(y,x) \in T$라 가정하자. 만약 $x = a$이면 그러면 $(y,x) \notin T'$ 이다. 따라서 $(y,x) \in \{a\} \times A$이고 그리고 $y = a = x$이다.

유사하게, 만약 $y=a$ 이면 $x=y$이다. 이제 $x \neq a$이고 $y \neq a$ 라 가정하자. 그러면 추이성의 증명에서와 같이 그것은 $(x,y) \in T'$ 이고 $(y,x) \in T'$가 된다. 따라서 T'의 반대칭성에 의해서, $x=y$이다.

우리는 이제 T가 한 준순서임을 알고 있다. 그것이 전순서가 됨을 보기 위해서, $x \in A$이고 $y \in A$ 라 가정하자. 만약 $x=a$이면 그러면 $(x,y) \in \{a\} \times A \subseteq T$ 이다. 유사하게, 만약 $y=a$이면 그러면 $(y,x) \in T$이다. 이제$x \neq a$이고 $y \neq a$ 라 가정하자. 그러면 $x \in A'$이고 $y \in A'$이다. 따라서 T'가 한 전순서임으로, $(x,y) \in T' \subseteq T$ 이거나 또는 $(y,x) \in T' \subseteq T$이다.

끝으로, $R \subseteq T$ 를 보기위해서, $(x,y) \in R$ 이라 가정하자. 만약 $x=a$이면 그러면 $(x,y) \in \{a\} \times A \subseteq T$이다. 이제 $x \neq a$라 가정하자. 만약 $y=a$이면 그러면
$(x,y) \in R$ 이라는 사실은 a의 $R-$극소성에 모순될 것이다. 그러므로 $y \neq a$이다. 그러나 그러면 $(x,y) \in R \cap (A' \times A') = R' \subseteq T' \subseteq T$ 이다.

4. (a) 우리는 다음 명제를 증명할 것이다.
$\forall n \geq 1 \forall B \subseteq A[B$가 n개의 원소이다$\rightarrow \exists x \in B \forall y \in B((x,y) \in R \circ R)]$.
우리는 n에 대한 귀납법으로 증명해보자.
초기조건:$n=1$이라 가정하자. 만약 $B \subseteq A$이고 B가 한 개의 원소를 가진다면, 그러면 어떤 $x \in B$ 에 대하여, $B=\{x\}$이다. R이 반사적이므로, $(x,x) \in R$ 이다. 그리고 그러므로 $(x,x) \in R \circ R$ 이다. 그러나 x가 B의 단 하나의 원소이다. 따라서
$\forall y \in B((x,y) \in R \circ R)$ 가 된다.
귀납법 단계: $n \geq 1$이라 가정하고 그리고 모든 $B \subseteq A$ 에 대하여, 만약 B가 n개의 원소를 가진다면 그러면 $\exists x \in B \forall y \in B((x,y) \in R \circ R)$ 이다. 이제 $B \subseteq A$이고 B 가 $n+1$개의 원소를 가진다고 가정하자. 어떤 $b \in B$ 를 택하고, 그리고 $B' = B \setminus \{b\}$ 이라 하자. 그러면 $B' \subseteq A$이고 B'가 n개의 원소를 가진다. 따라서 귀납법 가정에 의해서 어떤 $x \in B'$가 존재하여 $\forall y \in B'((x,y) \in R \circ R)$ 이다.
우리는 이제 두 가지 경우를 고려하자.
경우1: $(x,b) \in R \circ R$. 그러면 $\forall y \in B((x,y) \in R \circ R)$ 이다. 따라서 우리는 성립을 밝힌 것이다.
경우2: $(x,b) \notin R \circ R$. 이 경우에, 우리는 $\forall y \in B((b,y) \in R \circ R)$ 을 증명할 것이다. 이것을 하기 위해서, $y \in B$ 가 임의라 하자. 만약 $y=b$이면,

그러면 R 이 반사적이므로, $(b,b) \in R$이다. 그리고 그러므로
$(b,y) = (b,b) \in R \circ R$ 이다. 이제 $y \neq b$이라 가정하자. 그러면 $y \in B'$이다. 따라서 x의 선택에 의해서 우리는 $(x,y) \in R \circ R$ 임을 안다. 이것은 어떤 $z \in A$ 에 대하여 $(x,z) \in R$ 이고 $(z,y) \in R$ 임을 의미한다. 우리는 $(x,z) \in R$가 되고, 따라서 만약 $(z,b) \in R$ 이면 그러면 $(x,b) \in R \circ R$ 이다. 이 경우에 대한 가정에 모순된다. 그러므로 $(z,b) \notin R$ 이다. 따라서 R에 대한 가정에 의해서, $(b,z) \in R$ 이다. 그러나 그러면 $(b,z) \in R$ 이고 $(z,y) \in R$이므로, 우리는 $(b,y) \in R \circ R$ 을 얻게 된다.

(b) 힌트: $A = B =$ 경기자들의 집합 그리고
$R = \{(x,y) \in A \times A \mid x$가 y를 때리다$\} \cup i_A$. 이제 부분 (a)를 적용한다.

8. (a) $m = (a+b)/2$ 는 a와 b의 산술평균이다. 그리고 $d = (a-b)/2$ 라 하자. 그러면
$n \geq n_0 m + d = a$ 이고 $m - d = b$ 임을 쉽게 확인 할 수 있다.
따라서

$$\sqrt{ab} = \sqrt{(m+d)(m-d)} = \sqrt{m^2 - d^2} \leq \sqrt{m^2} = m = \frac{a+b}{2}$$

(b) 우리는 n에 관한 귀납법을 사용한다.
초기조건: $n = 1$. 이 경우는 부분 (a)의 경우이다.
귀납법 단계: $n \geq 1$이고, 그리고 산술평균과 기하평균의 부등식은 길이가 2^n일 때 성립한다. 이제 $a_1, a_2, \cdots, a_{2^{n+1}}$는 한 2^{n+1}개의 양의 정수들의 목록이다.

$$m_1 = \frac{a_1 + a_2 + \cdots + a_{2^n}}{2^n},\ m_2 = \frac{a_{2^n+1} + a_{2^n+2} + \cdots + a_{2^{n+1}}}{2^n}$$ 라 하자.

$a_1 + a_2 + \cdots + a_{2^n} = m_1 2^n$ 이고 유사하게 $a_{2^n+1} + a_{2^n+2} + \cdots + a_{2^{n+1}} = m_2 2^n$ 임을 알 수 있다. 또한, 귀납법 가정에 의해서, 우리는

$m_1 \geq \sqrt[2^n]{a_1 a_2 \cdots a_{2^n}}$ 이고 $m_2 \geq \sqrt[2^n]{a_{2^n+1} a_{2^n+2} \cdots a_{2^{n+1}}}$ 임을 알 수 있다. 그러므로

$$\frac{a_1+a_2+\cdots+a_{2^{n+1}}}{2^{n+1}}=\frac{m_1 2^n+m_2 2^n}{2^{n+1}}=\frac{m_1+m_2}{2}\geq \sqrt{m_1 m_2}$$

$$\geq \sqrt{\sqrt[2^n]{a_1 a_2 \cdots a_{2^n}}\sqrt[2^n]{a_{2^n+1}a_{2^n+2}\cdots a_{2^{n+1}}}}$$

$$=\sqrt[2^{n+1}]{a_1 a_2 \cdots a_{2^{n+1}}}$$

(c) 우리는 n에 관한 귀납법을 사용한다.

초기조건: 만약 $n=n_0$이면, 그러면 가정에 의해서 어떤 길이가 n인 목록에 대한 산술 기하평균의 부등식이 성립하지 않는다.

귀납법 단계: $n \geq n_0$이고, 양의 실수들 $a_1, a_2, \cdots, a_n$ 가 존재하여

$$\frac{a_1+a_2+\cdots+a_n}{n}<\sqrt[n]{a_1 a_2 \cdots a_n}$$

라 가정하자.

$m=(a_1+a_2+\cdots+a_n)/n$, 그리고 $a_{n+1}=m$이라 하자. 그러면 우리는 $m<\sqrt[n]{a_1 a_2 \cdots a_n}$이다. 따라서 이다. 이 부등식의 양변에 m을 곱하여 $m^{n+1}<a_1 a_2 \cdots a_n m=a_1 a_2 \cdots a_{n+1}$ 이다. 따라서 $m<\sqrt[n+1]{a_1 a_2 \cdots a_{n+1}}$ 이다. 그러나 또한 $mn=a_1+a_2+\cdots+a_n$ 임을 알 수 있다. 따라서

$$\frac{a_1+\cdots a_{n+1}}{n+1}=\frac{mn+m}{n+1}=\frac{m(n+1)}{n+1}=m<\sqrt[n+1]{a_1 a_2 \cdots a_{n+1}}$$

따라서 우리는 길이가 $n+1$인 목록에 대한 산술 기하평균의 부등식이 성립하지 않는다.

(d) 어떤 양의 실수들의 목록에 대한 산술 기하평균의 부등식이 성립하지 않는다고 가정하자. n_0를 이 목록의 길이라 하고, 그리고 한 정수 $n>1$을 택하여 $n_0 \leq 2^n$가 된다고 하자. 그러면 부분 (b)에 의해서, 산술 기하평균의 부등식은 길이가 2^n인 목록에 대하여 성립한다. 그러나 부분 (c)에 의해서, 그것은 길이가 2^n인 어떤 목록에 대해서 성립하지 않는다. 이것은 모순이다. 따라서 그 부등식은 항상 성립해야 한다.

10. (a) 힌트: $(a_1b_1+a_2b_2)-(a_1b_2+a_2b_1) \ge 0$ 임을 보여라.

(b) n에 대한 귀납법을 사용하자. 초기조건에서는, 길이가 n인 수열들에 대한 그 결과가 성립한다고 가정하자. 그리고 $a_1 \le a_2 \le \cdots \le a_n \le a_{n+1}$, $b_1 \le b_2 \le \cdots \le b_n \le b_{n+1}$, 그리고 f가 $\{1, 2, \cdots, n+1\}$에서 자기 자신으로 가는 단사이고 전사인 함수라 가정하자. 이제 두 가지 경우를 고려하자. 첫 경우, $f(n+1)=n+1$ 이라 가정하고, 그리고 귀납법 가정을 사용하여 그 증명을 완성한다. 두 번째 경우, $f(n+1)<n+1$ 이라 가정하자. 한 단사이고, 전사인 함수 g를 $g(n+1)=n+1$로 하고 f와 거의 똑같은 $\{1, 2, \cdots, n+1\}$에서 자기 자신으로 가는 함수를 찾는다. 그리고

$$\begin{aligned} a_1b_{f(1)}+\cdots+a_{n+1}b_{f(n+1)} &\le a_1b_{g(1)}+\cdots+a_{n+1}b_{g(n+1)} \\ &\le a_1b_1+\cdots+a_{n+1}b_{n+1} \end{aligned}$$

임을 보인다.

11. 우리는 n에 관한 귀납법으로 진행한다.

초기조건: $n=0$. 만약 A가 0원소를 가진다면, 그러면 $A=\varnothing$ 이다. 따라서 $\mathscr{P}(A)=\{\varnothing\}$이다. 이것은 $1=2^0$원소를 가진다.

귀납법 단계: n개의 원소를 갖는 임의의 집합 A에 대하여, $\mathscr{P}(A)$가 2^n개의 원소들을 가진다고 가정하자. 이제 A가 $n+1$개의 원소들을 갖는 집합이라 가정하자. a를 A의 임의의 한 원소라 하자. 그리고 $A'=A\setminus\{a\}$ 라 하자. 그러면 A'는 n개의 원소들을 가진다. 따라서 귀납법 가정에 의해서 $\mathscr{P}(A')$ 는 2^n개를 가진다. A에는 두 종류의 부분집합들이 있다: a원소를 품는것들과 그렇지 않는 것으로 나뉜다. a를 품지 않는 부분집합들은 A'의 부분집합들로, 이들 중 2^n개가 존재한다. a를 포함하는 것들은 $X \in P(A')$ 로, $X \cup \{a\}$형식의 집합들이다. 그리고 이것들은 2^n개 있다. 왜냐하면 X에 대한 가능한 선택이 2^n개 이기 때문이다. 따라서 $P(A)$의 모든 원소들은 $2^n+2^n=2^{n+1}$ 이다.

14. 초기조건: $n=1$. 한 현은 원을 두 영역으로 자른다. 그리고 $(n^2+n+2)/2=2$ 이다.

귀납법 단계: n개의 현들이 그려져, 그것들이 원을 $(n^2+n+2)/2$ 영역들로 자른

다고 가정하자. 또 다른 현이 그려져, 그것이 처음 n 현들을 각각 단 하나씩 교차한다 그러므로 그것은 $n+1$개의 영역을 지나게 될 것이다. 각각 그 영역들이 두 개로 잘라진다. 그러므로 다음 현이 그려진 후의 영역들의 개수는 다음과 같다.

$$\frac{n^2+n+2}{2}+(n+1)=\frac{n^2+3n+4}{2}=\frac{(n+1)^2+(n+1)+2}{2}$$

6.3절

1. 힌트: 그 공식은 다음과 같다.

$$\sum_{i=1}^{n}\frac{1}{i(i+1)}=\frac{n}{n+1}$$

6. 초기조건: $n=1$. 그라면

$$\sum_{i=1}^{n}\frac{1}{i^2}=1\le 1=2-\frac{1}{n}$$

귀납법 단계:

$$\sum_{i=1}^{n}\frac{1}{i^2}\le 2-\frac{1}{n}$$

이라고 가정하자. 그러면

$$\sum_{i=1}^{n+1}\frac{1}{i^2}=\sum_{i=1}^{n}\frac{1}{i^2}+\frac{1}{(n+1)^2}\le 2-\frac{1}{n}+\frac{1}{(n+1)^2}$$

$$=2-\frac{n^2+n+1}{n(n+1)^2}<2-\frac{n^2+n}{n(n+1)^2}=2-\frac{1}{n+1}$$

8. (a) 우리는 m을 임의라 하고 그리고 모든 $n\ge m$에 대하여, $H_n-H_m\ge(n-m)/n$ 을 귀납법에 의해서 증명한다.
초기조건: $n=m$. 그러면 $H_n-H_m=0\ge 0=(n-m)/n$
귀납법 단계: $n\ge m$이고 그리고 $H_n-H_m\ge(n-m)/n$ 이라 가정하자. 그

러면

$$H_{n+1}-H_m=H_n+\frac{1}{n+1}-H_m\geq\frac{n-m}{n}+\frac{1}{n+1}$$

$$\geq\frac{n-m}{n+1}+\frac{1}{n+1}=\frac{n+1-m}{n+1}$$

(b) 초기조건: 만약 $n=0$이면 그러면 $H_{2^n}=H_1=1\geq 1=1+n/2$이다.

귀납법 단계:$n\geq 0$이고 $H_{2^n}\geq 1+n/2$ 이라 가정하자. 부분 (a)에 의해서,

$$H_{2^{n+1}}-H_{2^n}\geq\frac{2^{n+1}-2^n}{2^{n+1}}=\frac{1}{2}$$

그러므로

$$H_{2^{n+1}}\geq H_{2^n}+\frac{1}{2}\geq 1+\frac{n}{2}+\frac{1}{2}=1+\frac{n+1}{2}.$$

(c) $\lim_{n\to\infty}(1+n/2)=\infty$이므로, 부분 (b)에 의해서 $\lim_{n\to\infty}H_{2^n}=\infty$이다. 분명히 H_n들은 한 증가수열을 형성함으로, 따라서 $\lim_{n\to\infty}H_n=\infty$가 된다.

12. (a) 힌트: $2^n\geq n+1$을 증명하려고 시도하라, 이것으로부터 바라는 결론을 얻을 것이다.

(b) 초기조건: $n=9$. 그러면 $n!=362880\geq 262144=(2^n)^2$.

귀납법 단계: $n\geq 9$이고 $n!\geq(2^n)^2$이라고 가정하자. 그러면

$$(n+1)!=(n+1)\cdot n!\geq(n+1)\cdot(2^n)^2\geq 10\cdot 2^{2n}\geq 2^2\cdot 2^{2n}$$

$$=2^{2n+2}=(2^{n+1})^2$$

(c) 초기조건: $n=0$. 그러면 $n!=1\leq 1=2^{(n^2)}$ 이다. 그러면

귀납적 단계: $n! = 2^{(n^2)}$ 이라고 가정하자. 그러면

$$2^{((n+1)^2)} = 2^{n^2+2n+1} = 2^{(n^2)} \cdot 2^{2n+1} \ge 2^{(n^2)} \cdot 2^{n+1}$$

$$> n! \cdot (n+1) \qquad \text{(귀납법가정과 부분}(a)\text{에 의해서)}$$

$$= (n+1)!$$

15. 초기조건: $n=0$. 그러면 $a_n = a_0 = 0 = 2^0 - 0 - 1 = 2^n - n - 1$.

귀납법 단계: $n \in N$이고 그리고 $a_n = 2^n - n - 1$이라 가정하자. 그러면

$$a_{n+1} = 2a_n + n = 2(2^n - n - 1) + n$$

$$= 2^{n+1} - 2n - 2 + n = 2^{n+1} - n - 2 = 2^{n+1} - (n+1) - 1$$

18. (a) $\binom{n}{0} = n!/(0!n!) = 1$ 그리고 $\binom{n}{n} = n!/(n!0!) = 1$

(b)

$$\binom{n}{k} + \binom{n}{k-1} = \frac{n!}{k!(n-k)!} + \frac{n!}{(k-1)!(n-k+1)!}$$

$$= \frac{n!(n-k+1)}{k!(n-k+1)!} + \frac{n!k}{k!(n-k+1)!}$$

$$= \frac{n!(n+1)}{k!(n+1-k)!} = \binom{n+1}{k}$$

(c) 우리는 그 힌트를 따른다.

초기조건: $n=0$. A가 0 원소를 갖는 한 집합이라 가정하자. 그러면 $A = \varnothing$이다. 우리가 염려하는 k값은 단지 $k=0$ 이다. $P_0(A) = \{\varnothing\}$이다. 이것은 1 원소를 가진다. 그리고 $\binom{0}{0} = 1$이다.

귀납법 단계: n개의 원소들을 갖는 집합들에 대해서 바라는 결론이 성립하고, 그리고 한 집합 A를 $n+1$개의 원소들을 가진다고 가정하자. a를 A의 한 원

소라 하고, 그리고 $A' = A \setminus \{a\}$ 라 하자. 이것은 n개의 원소를 갖는 한 집합이다. 이제 $0 \leq k \leq n+1$이라 가정하자. 우리는 세가지 경우들로 고려하자.

경우1: $k=0$. 그러면 $P_k(A) = \{\varnothing\}$, 이것은 1개의 원소를 가진다. 그리고 $\binom{n+1}{k} = 1$

경우2: $k=n+1$. 그러면 $P_k(A) = \{A\}$, 이것은 1개의 원소를 가진다. 그리고 $\binom{n+1}{k} = 1$.

경우3. $0 < k \leq n$. A의 $k-$원소를 갖는 부분집합들은 두 종류가 있다: a를 한 원소로 품는것과 그렇지 않는 것이다. a를 품지 않는 $k-$원소들을 갖는 부분집합들은 A'의 바로 $k-$원소들의 부분집합들이다. 그리고 귀납법가정에 의해서 이것들은 $\binom{n}{k}$개 이다. a를 품는것들은 $X \in P_{k-1}(A')$ 인 $X \cup \{a\}$ 형식의 집합들이다. 그리고 귀납법가정에 의해서 이것들은 $\binom{n}{k-1}$개 이다. 왜냐하면 이것은 X에 대한 가능성의 수이다. 그러므로 부분(b)에 의해서, A의 $k-$원소들을 갖는 부분집합들의 총 개수는

$$\binom{n}{k} + \binom{n}{k-1} = \binom{n+1}{k}$$

(d) 우리는 x와 y가 임의라 하고 그러면 n에 대한 귀납법에 의해서 그 방정식을 증명한다.

초기조건: $n=0$. 그러면 방정식의 양변은 1과 같다.

귀납법 단계: 우리는 부분들 (a)와 (b)를 사용할 것이다.

$$(x+y)^n = \sum_{k=0}^{n} \binom{n}{k} x^{n-k} y^k \quad \text{라 가정하자.}$$

그러면

$$\begin{aligned}(x+y)^{n+1} &= (x+y)(x+y)^n \\ &= (x+y)\sum_{k=0}^{n}\binom{n}{k}x^{n-k}y^k \qquad \text{(귀납법가정)} \\ &= (x+y)\left[\binom{n}{0}x^n + \binom{n}{1}x^{n-1}y + \binom{n}{2}x^{n-2}y^2 \right. \\ &\quad \left. + \cdots + \binom{n}{n}y^n\right]\end{aligned}$$

$$\begin{aligned}&= \binom{n}{0}x^{n+1} + \binom{n}{0}x^n y + \binom{n}{1}x^n y + \binom{n}{1}x^{n-1}y^2 \\ &\quad + \cdots + \binom{n}{n}xy^n + \binom{n}{n}y^{n+1} \\ &= x^{n+1} + \left[\binom{n}{0} + \binom{n}{1}\right]x^n y + \left[\binom{n}{1} + \binom{n}{2}\right]x^{n-1}y^2 \\ &\quad + \cdots + \left[\binom{n}{n-1} + \binom{n}{n}\right]xy^n + y^{n+1} \\ &= \binom{n+1}{0}x^{n+1} + \binom{n+1}{1}x^n y + \binom{n+1}{2}x^{n-1}y^2 \\ &\quad + \cdots + \binom{n+1}{n}xy^n + \binom{n+1}{n+1}y^{n+1} \\ &= \sum_{k=0}^{n+1}\binom{n+1}{k}x^{n+1-k}y^k.\end{aligned}$$

20. 힌트: 놀랍게도, $n \geq 1$인 모든값에 대하여, $0 < a_n < 1/2$임을 증명하기가 쉽다.

6.4절

1. (a) ($\rightarrow$) $\forall n Q(n)$ 이라 가정하자. n이 임의라 하자. 그러면 $Q(n+1)$이 참이다.

이것은 $\forall k < n+1 P(k)$ 를 의미한다. 특히, $n < n+1$이므로, $P(n)$이 참이다. n이 임의였기 때문에, 이것은 $\forall n P(n)$을 보여준다.
($\leftarrow$) $\forall n P(n)$이라 가정하자. 그러면 임의의 n에 대하여, 그것은 분명히 $\forall k < n P(k)$가 참이다. 이것은 $Q(n)$이 참임을 의미한다.

(b) 초기조건: $n=0$. 그러면 $Q(n)$은 명제는 $\forall k < 0 P(k)$ 이다. 이것은 당연히 참이다.
귀납적 단계: $Q(n)$이 참이라고 가정하자. 이것은 $\forall k < n P(k)$ 이 참이라는 의미이다. 따라서 가정에 의해서, $P(n)$이 참이된다. 그러므로 $\forall k < n+1 P(k)$ 이 참이다. 그것은 $Q(n+1)$이 참이다.

4. (a) $\sqrt{6}$을 유리수라 가정하자. $S=\{q \in \mathbb{Z}^+ \mid \exists p \in \mathbb{Z}^+ (p/q=\sqrt{6})\}$라 하자. 그러면 $S \neq \varnothing$이다. 따라서 우리는 q를 S의 가장 작은 원소라고 할 수 있다. 그리고 우리는 한 양의 정수 p를 택하여 $p/q=\sqrt{6}$ 이라 할 수 있다. 그러므로 $p^2=6q^2$ 이다. 따라서 p^2은 짝수이다. 그리고 그래서 p는 짝수이다. 이것은 어떤 정수 p'에 대하여 $p=2p'$ 를 의미한다. 따라서 $4p'^2=6q^2$ 이다. 따라서 $2p'^2=3q^2$이다 그리고 그러므로 $3q^2$은 짝수이다. 만약 q가 홀수이면 $3q^2$이 홀수임을 쉽게 알 수 있다. 따라서 q는 짝수이어야 한다. 그것은 어떤 q'에 대하여 $q=2q'$를 의미한다. 그러면 $\sqrt{6}=p'/q'$이고 $q' < q$이다. q가 S의 최소 원소라는것에 모순이다.

(b) $\sqrt{2}+\sqrt{3}=p/q$라 가정하자. 양변을 제곱하면 $5+2\sqrt{6}=p^2/q^2$ 이다. 따라서 $\sqrt{6}=(p^2-5q^2)/(2q^2)$이다. 이것은 부분(a)에 모순된다.

7. (a) 우리는 n에 대한 통상적인 귀납법을 사용한다.
초기조건: $n=0$. 방정식의 양변은 0과 같다.
귀납법 단계: $\sum_{i=0}^{n} F_i = F_{n+2}-1$이라 가정하자. 그러면

$$\sum_{i=0}^{n+1} F_i = \sum_{i=0}^{n} F_i + F_{n+1} = (F_{n+2}-1)+F_{n+1} = F_{n+3}-1.$$

(b) 우리는 n에 대한 통상적인 귀납법을 사용한다.
초기조건: $n=0$. 방정식의 양변은 0과 같다.

귀납법 단계: $\sum_{i=0}^{n}(F_i)^2 = F_n F_{n+1}$이라고 가정하자. 그러면

$$\sum_{i=0}^{n+1}(F_i)^2 = \sum_{i=0}^{n}(F_i)^2 + (F_{n+1})^2 = F_n F_{n+1} + (F_{n+1})^2$$
$$= F_{n+1}(F_n + F_{n+1}) = F_{n+1}F_{n+2}$$

(c) 우리는 n에 대한 통상적인 귀납법을 사용한다.
초기조건: $n=0$. 방정식의 양변은 1과 같다.

귀납법 단계: $\sum_{i=0}^{n} F_{2i+1} = F_{2n+2}$이라고 가정하자. 그러면

$$\sum_{i=0}^{n+1} F_{2i+1} = \sum_{i=0}^{n} F_{2i+1} + F_{2n+3} = F_{2n+2} + F_{2n+3}$$
$$= F_{2n+4} = F_{2(n+1)+2}$$

(d) 그 공식은 $\sum_{i=0}^{n} F_{2i} = F_{2n+1} - 1$ 이다.

9. (a) ($\rightarrow$) $a_0, a_1, a_2, \cdots$이 지보나치 수열이라 가정하자. 그러면 특히 $a_2 = a_0 + a_1$ 이다. 이것은 $c^2 = 1 + c$ 를 의미한다. 이 이차방정식을 이차방정식 근의 공식에 의해서 풀면 $c = (1 \pm \sqrt{5})/2$ 를 얻는다.

($\leftarrow$) $c = (1+\sqrt{5})/2$이거나 또는 $c = (1-\sqrt{5})/2$라 가정하자. 그러면 $c^2 = 1 + c$이다. 그리고 그러므로 모든 $n \geq 2$에 대하여,
$a_n = c^n = c^{n-2}c^2 = c^{n-2}(1+c) = c^{n-2} + c^{n-1} = a_{n-2} + a_{n-1}$이다.

(b) 그것은 $c_1 = (1+\sqrt{5})/2$, 그리고 $c_2 = (1-\sqrt{5})/2$라 표기하는 것을 소개하는 것이 편리하다. 그러면 모든 $n \geq 2$에 대하여,

$$a_n = sc_1^n + tc_2^n = sc_1^{n-2}c_1^2 + tc_2^{n-2}c_2^2 = sc_1^{n-2}(1+c_1) + tc_2^2(1+c_2)$$
$$= (sc_1^{n-2} + tc_2^{n-2}) + (sc_1^{n-1} + tc_2^{n-1}) = a_{n-2} + a_{n-1}$$

(c) 힌트: $s = (5a_0 + (2a_1 - a_0)\sqrt{5})/10$ 이고 $t = (5a_0 - (2a_1 - a_0)\sqrt{5})/10$ 이라 하자.

11. 힌트: 공식은 $a_n = 2 \cdot 3^n - 3 \cdot 2^n$이다.

15. a를 $5k$ 그리고 $k(k+1)$ 보다 더 크다고 하자. 이제 $n > a$ 라 가정하고, 그리고 나눗셈원리에 의해서 q와 r를 택하여 $n = qk + r$ 이고 $0 \le r < k$ 이다. 만약 $q \le 4$이면 그러면 $n = qk + r \le 4k + r < 5k \le a$이다. 이것은 모순이다. 그러므로 $q > 4$ 이다. 따라서 예 6.1.3에 의해서 그것은 $2^q \ge q^2$이다. 유사한 논증으로 $q \ge k+1$임을 보여준다. 따라서
$q^2 \ge q(k+1) = qk + q > qk + k > qk + r = n$ 이다. 그러므로
$2^n \ge 2^{qk} = (2^q)^k \ge (q^2)^k \ge n^k$ 이다.

18. 힌트: 공식은 $a_n = F_{n+2}/F_{n+1}$ 이다.

21. (a) 임의의 수들 a, b, c, d 에 대하여,

$$
\begin{aligned}
(ab)(cd) &= (cd)(ab) && \text{(교환법칙)} \\
&= c(d(ab)) && \text{(결합법칙)} \\
&= c((da)b) && \text{(결합법칙)} \\
&= c((ad)b) && \text{(교환법칙)}
\end{aligned}
$$

(b) 표기를 단순화하기 위해서, 우리는 임의의 곱은 괄호들이 다르게 지적하여 사용하지 않는 한 좌측결합으로 가정할 것이다. 우리는 n에 대한 강한 귀납법을 사용한다. 그 명제가 n 항들보다 더 적은 곱들에 대해서는 참이라고 가정한다. 그리고 $a_1, a_2, \cdots, a_n$의 임의의 곱을 고려한다.
만약 $n = 1$, 그러면 단하나의 곱은 좌측결합의 곱이다. 따라서 증명할 것이 없다. 이제 $n > 1$이라 가정하자. 그러면 우리의 곱은 pq형식이다. 여기서 $2 \le k \le n$ 인 어떤 k에 대하여, 여기서 p는 $a_1, \cdots, a_{k-1}$의 한 곱이고 그리고 q는 $a_k, \cdots, a_n$의 한 곱이다.(여기서 통상적으로 이들 두 가지 곱들은 모두 좌측결합이다.) 따라서 그것은 $(a_1 \cdots a_{k-1})(a_k \cdots a_n) = a_1 \cdots a_n$ 을 증명할 것이다. 만약 $k = n$이면, 그러면 이 방정식의 좌측은 이미 좌측결합이다. 따라서 증명할 것이 없다. 만약 $k < n$이면, 그러면

$(a_1 \cdots a_{k-1})(a_k \cdots a_n)$

$= (a_1 \cdots a_{k-1})((a_k \cdots a_{n-1})a_n)$ (좌측결합의 정의)

$= ((a_1 \cdots a_{k-1})(a_k \cdots a_{n-1}))a_n$ (결합법칙)

$= (a_1 \cdots a_{n-1})a_n$ (귀납법 가정)

$= a_1 \cdots a_n$ (좌측결합의 정의)

(c) 부분 (b)에 의해서, 우리는 두 개의 곱이 좌측결합이라고 가정할 수 있다. 따라서 우리는 만약 $a_1, a_2, \cdots, a_n$의 임의의 어떤 재배열을 $b_1, b_2, \cdots, b_n$이라고 하면, 그러면 $a_1 a_2 \cdots a_n = b_1 b_2 \cdots b_n$임을 증명해야만 한다. 여기서 (b)에서와 같이 우리는 임의의 곱은 괄호들이 다르게 지적하여 사용하지 않는 한 좌측결합으로 가정한다. 만약 $n=1$이면 $b_1 = a_1$이므로 그 곱들은 분명히 같다. 이제 그 명제가 길이가 n인 곱들에 대해서 참이라고 가정하자. 그리고 $b_1, b_2, \cdots, b_{n+1}$을 $a_1, a_2, \cdots, a_{n+1}$의 임의의 한 재배열이라 가정하자. 그러면 b_{n+1}은 $a_1, a_2, \cdots, a_{n+1}$의 하나이다. 만약 $b_{n+1} = a_{n+1}$이면 그러면

$b_1 \cdots b_{n+1} = (b_1 \cdots b_n)a_{n+1}$ (좌측결합의 정의)

$= (a_1 \cdots a_n)a_{n+1}$ (귀납법 가정)

$= a_1 \cdots a_{n+1}$ (좌측결합의 정의)

이제 어떤 $k \le n$ 에 대하여 $b_{n+1} = a_k$ 라 가정하자. 우리는 $a_1 a_2 \cdots \hat{a_k} \cdots a_n$ 를 $a_1, a_2, \cdots, a_n$에서 a_k를 제외하고 곱한 것으로 쓴다. 그러면

$b_1 \cdots b_{n+1} = (b_1 \cdots b_n)a_k$ (좌측결합의 정의)

$= (a_1 \cdots \hat{a_k} \cdots a_{n+1})a_k$ (귀납법 가정)

$$= ((a_1 \cdots \widehat{a_k} \cdots a_n)a_{n+1})a_k \qquad \text{(좌측결합의 정의)}$$

$$= (a_1 \cdots \widehat{a_k} \cdots a_n)(a_{n+1}a_k) \qquad \text{(결합법칙)}$$ ㅣ 교ㄷ

$$= (a_1 \cdots \widehat{a_k} \cdots a_n)(a_k a_{n+1}) \qquad \text{(교환법칙)}$$

$$= (a_1 \cdots \widehat{a_k} \cdots a_n)a_k)a_{n+1} \qquad \text{(결합법칙)}$$

$$= (a_1 \cdots a_n)a_{n+1} \qquad \text{(귀납법 가정)}$$

$$= a_1 \cdots a_{n+1} \qquad \text{(좌측 결합 정의)}$$

6.5절

1. $B_n = \{n\}$

4. $B_0 = \{\varnothing\}$, $B_1 = \{X \in \mathscr{P}(\mathbb{N}) | X$는 한원소를 갖는다$\}$,

   $B_2 = \{X \in \mathscr{P}(\mathbb{N}) | X$는 한원소를 갖거나 또는 두원소를 갖는다$\}, \cdots,$

   일반적으로, 임의의 양의 정수에 대하여,

   $B_n = \{X \in \mathscr{P}(\mathbb{N}) | X \neq \varnothing, X$는 기껏해야 n개의 원소를 갖는다$\}$.

5. $\{n \in \mathbb{Z} | n \geq 2\}$.

7. (a) $B_0 = \{x \in \mathbb{R} | -2 \leq x \leq 0\}$, $B_1 = \{x \in \mathbb{R} | 0 \leq x \leq 4\}$,

   $B_2 = \{x \in \mathbb{R} | 0 \leq x \leq 16\}, \cdots$

   일반적으로, 임의의 양의 정수 n에 대하여, $B_n = \{x \in \mathbb{R} | 0 \leq x \leq 2^{(2^n)}\}$ 이다.

   (b) $\cup_{n \in \mathbb{N}} B_n = \{x \in \mathbb{R} | x \geq -2\}$. 그러므로 $-1, 3 \in \cup_{n \in \mathbb{N}} B_n$ 이다. 그러나 $f(-1, 3) = -3 \notin \cup_{n \in \mathbb{N}} B_n$, 따라서 $\cup_{n \in \mathbb{N}} B_n$ 은 f아래에서 닫혀있지 않다. 환언하면, 정의 5.4.8의 성질2는 성립하지 않는다.

(c) $\mathbb{R}$.

10. 우리는 n에 대한 귀납법을 사용한다.
초기조건: $n=1$. 그러면 $x=2!+2=4$이다. 우리가 염려해야할 단하나의 i값은 $i=0$이다. 그리고 이 i값에 대하여 우리는 $i+2=2$ 이고 그리고 $x+i=4$이다. $2|4$이므로, 우리는 구하고자하는 $(i+2)|(x+i)$ 를 얻는다.
귀납법 단계: n이 한 양의 정수이고, 그리고 임의의 정수 i에 대하여, 만약 $0 \le i \le n-1$이면 그러면 $(i+2)|((n+1)!+2+i)$ 이라고 가정하자. 이제 $x=(n+2)!+2$ 라 하자. 그리고 $0 \le i \le n$라 가정하자. 만약 $i=n$이면 그러면 우리는 다음 식을 얻는다.

$$x+i=(n+2)!+2+i=(i+2)!+(i+2)=(i+2)((i+1)!+1),$$

따라서 $(i+2)|(x+i)$이다. 이제 $0 \le i \le n-1$ 이라 가정하자. 귀납법 가정에 의해서, 우리는 $(i+2)|((n+1)!+2+i)$ 임을 안다. 따라서 우리는 $(n+1)!+2+i=k(i+2)$ 가 성립하는 어떤 정수 k를 택할 수 있다. 그리고 그러므로 $(n+1)!=(k-1)(i+2)$이다. 그러므로

$$x+i=(n+2)!+2+i=(n+2)(n+1)!+(i+2)$$

$$=(n+2)(k-1)(i+2)+(i+2)=(i+2)((n+2)(k-1)+1)$$

따라서 $(i+2)|(x+i)$ 이다.

14. 분명히 T는 A위에서 한 관계이고 그리고 $R=R^1 \subseteq T$ 이다. T가 추이적임을 보이기 위해서, $(x,y) \in T$ 이고 $(y,z) \in T$ 라 가정하자. 그러면 T의 정의에 의해서, 우리는 양의 정수들 n과 m을 택하여 $(x,y) \in R^n$이고 $(y,z) \in R^m$이라 할 수 있다. 따라서 연습문제 11에 의해서, $(x,z) \in R^m \circ R^n = R^{m+n}$ 이다. 따라서 $(x,z) \in \cup_{n \in Z^+} R^n = T$ 이다. 그러므로 T는 추이적이다.
끝으로, $R \subseteq S \subseteq A \times A$이고 S가 추이적이라 가정하자. 우리는 $T \subseteq S$임을 보여야한다. 그리고 분명히 T의 정의에 의해서 그것은 $\forall n \in Z^+(R^n \subseteq S)$ 를 보이면 충분하다. 우리는 이것을 n에 대한 귀납법으로 증명하다. 우리는 $R \subseteq S$

라 가정한다. 따라서 $n=1$일 때 우리는 $R^n = R^1 = R \subseteq S$이다. 귀납법 단계에 대해서는, n이 양의 정수이고 그리고 $R^n \subseteq S$ 이라 가정하자. 이제 $(x,y) \in R^{n+1}$ 이라 가정하자. 그러면 R^{n+1}의 정의에 의해서 우리는 어떤 $z \in A$ 을 택하여 $(x,z) \in R$ 이고 $(z,y) \in R^n$되게 할 수 있다. $R \subseteq S$ 이라는 가정과, 그리고 귀납법 가정에 의해서 $R^n \subseteq S$라 하자. 그러므로 $(x,z) \in S$ 이고 $(z,y) \in S$ 이다. 따라서 S가 추이적이므로, $(x,y) \in S$이다. (x,y)가 R^{n+1}의 한 임의의 원소였으므로, 이것은 $R^{n+1} \subseteq S$임을 보여준다.

16. (a) $R \cap S \subseteq R$ 이고 $R \cap S \subseteq S$ 이다. 그러므로 연습문제 15에 의해서, 임의의 양의 정수 n에 대하여, $(R \cap S)^n \subseteq R^n$ 이고 $(R \cap S)^n \subseteq S^m$이다. 따라서 $(R \cap S)^n \subseteq R^n \cap S^n$ 이다. 그렇지만, 둘은 같지않다. 예를 들어, 만약 $A = \{1,2,3,4\}, R = \{(1,3),(3,4)\}$ 이고, $S = \{(1,3),(3,4)\}$라 하면, 그러면 $(R \cap S)^2 = \varnothing$ 이지만 $R^2 \cap S^2 = \{(1,4)\}$이다.

(b) $R^n \cup S^n \subseteq (R \cup S)^n$ 이다. 그러나 그것들은 같을 필요가 없다. (당신은 처음 명제는 증명할 수 있고, 두 번째에 대해서는 한 반례를 들 수 있다.)

18. (a) 우리는 귀납법을 사용한다.

초기조건: $n=1$. $(a,b) \in R^1 = R$ 라 가정하자. $f = \{(0,a),(1,b)\}$ 라 하자. 그러면 f를 a에서 b로 가는 길이가 1인 한 $R-$경로라 한다. 다른 방향으로, f를 a에서 b로 가는 길이가 1인 한 $R-$경로라 하자. $R-$경로의 정의에 의해서, 이것은 $f(0)=a, f(1)=b$, 그리고 $(f(0),f(1)) \in R$ 이다. 그러므로 $(a,b) \in R = R^1$이다.

귀납법 단계: n이 한 양의 정수라 하고 그리고

$R^n = \{(a,b) \in A \times A \mid a$에서 b로 가는 길이가 n인 $R-$경로가 있다$\}$.

이제 연습문제 11에 의해서, $(a,b) \in R^{n+1} = R^1 \circ R^n$이라 가정하자. 그러면 어떤 c가 존재하여 $(a,c) \in R^n$ 이고 $(c,b) \in R$이 된다. 귀납법 가정에 의해서, a에서 c로 가는 거리가 n인 $R-$경로 f가 존재한다. 그러면 $f \cup \{(n+1,b)\}$은 a에서 b로 가는 거리가 $n+1$인 한 $R-$경로 이다. 다른 방향에 대해서는, f를 a에서 b로 가는 거리가 $n+1$인 한 $R-$경로라 정하자. $c=f(n)$라 하자. 그러면 $f \setminus \{(n+1,b)\}$ 는 a에서 c로 가는 거리가 n인 $R-$경로이다. 따라서 귀납법 가정에 의해서 $(a,c) \in R^n$ 이다. 그러나 역시 $(c,b) = (f(n),f(n+1)) \in R$ 이다. 따라서 $(a,b) \in R^1 \circ R^n = R^{n+1}$ 이다.

(b) 이것은 연습문제 14의 부분 (a)로부터 나온다.

제7장

7.1절

2. (a) $\gcd(775, 682)=31=-7 \cdot 775+8 \cdot 682$.
   (b) $\gcd(562, 243)=1=16 \cdot 562-37 \cdot 243$.

5. n을 한 임의의 정수라 하자.
   $(\rightarrow)$ n을 a와 b의 한 일차결합이라 하자. 그러면 정수들 s와 t가 존재하여 $n=sa+tb$ 이다. $d=\gcd(a,b)$, 이므로, $d|a$, $d|b$ 이다. 따라서 정수들 j와 k가 존재하여 $a=jd$ 이고 $b=kd$ 이다.
   그러므로 $n=sa+tb=sjd+tkd=(sj+tk)d$, 따라서 $d|n$이다.
   $(\leftarrow)$ $d|n$ 라 가정하자. 그러면 어떤 정수 k가 존재하여 $n=kd$ 이다. 정리 7.1.4에 의해서, 정수들 s와 t가 존재하여 $d=sa+tb$ 이다. 그러므로
   $n=kd=k(sa+tb)=ksa+ktb$ 이다. 따라서 n는 a와 b의 한 일차결합이다.

7. (a) 아니오. 반례: $a=b=2$, $a'=3$, $b'=4$.
   (b) 예. $a|a'$이고 $b|b'$라 가정하자. $d=\gcd(a,b)$ 라 하자. 그러면 $d|a$이고 $d|b$이다. $d|a$이고 $a|a'$이므로, 정리 3.3.7에 의해서, $d|a'$이다. 유사하게, $d|b'$이다. 정리 7.1.6에 의해서, $d|\gcd(a',b')$이다.

9. 우리는 a와 b의 극대값에 대한 강한 귀납법을 사용한다. 환언하면, 우리는 강한 귀납법을 사용하여 다음 명제를 증명한다.:

   $$\forall k \in \mathbb{Z}^+[\forall a \in \mathbb{Z}^+ \forall b \in \mathbb{Z}^+(\max(a,b)=k$$
   $$\rightarrow \gcd(2^a-1, 2^b-1)=2^{\gcd(a,b)}-1)],$$

   여기서 $\max(a,b)$는 a와 b의 극대값을 나타낸다.
   $k \in \mathbb{Z}^+$은 임의이고 그리고 임의의 양의 정수 $k' < k$에 대하여,

$$\forall a \in \mathbb{Z}^+ \forall b \in \mathbb{Z}^+ (\max(a,b) = k' \to \gcd(2^a - 1, 2^b - 1) = 2^{\gcd(a,b)} - 1$$

라 가정하자.

이제 a와 b가 임의의 양의 정수들이고 그리고 $\max(a,b) = k$ 라 가정하자. 우리는 $a > b$라거 가정 할 수 있다. 그렇지 않으면 a와 b의 값을 바꾸면 된다. 우리는 두 가지 경우들로 고려하자.

경우1. $a = b$. 그러면

$\gcd(2^a - 1, 2^b - 1) = \gcd(2^a - 1, 2^a - 1) = 2^a - 1 = 2^{\gcd(a,a)} - 1 = 2^{\gcd(a,b)} - 1.$

경우2. $a > b$. $c = a - b > 0$ 라 하자. 따라서 $a = c + b$ 이다. $k' = \max(c,b)$ 라 하자. $b < a$이고 $c < a$ 이므로, $k' < a = \max(a,b) = k$ 이다. 그러므로

$$\begin{aligned}
\gcd(2^a - 1, 2^b - 1) &= \gcd(2^c - 1 + 2^a - 2, 2^b - 1) \\
&= \gcd(2^c - 1 + 2^c(2^b - 1), 2^b - 1) \\
&= \gcd(2^c - 1, 2^b - 1) \quad (\text{연습문제 } 6) \\
&= 2^{\gcd(c,b)} - 1 \quad (\text{귀납법 가정}) \\
&= 2^{\gcd(c+b,b)} - 1 \quad (\text{연습문제} 6) \\
&= 2^{\gcd(a,b)} - 1.
\end{aligned}$$

12. (a) $\gcd(55, 34) = 1$. 수들 r_i는 피보나치 수들이다. 8개의 나눗셈이 있다.
   (b) $\gcd(F_{n+1}, F_n) = 1$. $n-1$나눗셈 단계가 있다.

7.2절

2. 14950.

5. 어떤 소수 p가 a와 b의 둘 다의 소인수분해에 나타난다고 가정하자. 그러면 $p|a$이고 $p|b$이다. 따라서 $\gcd(a,b) \geq p > 1$ 이다. 그리고 그러므로 a와 b는 서로소가 아니다.

이제 a와 b가 서로소가 아니라 가정하자. $d = \gcd(a,b) > 1$라 하자. p를 d의 소인수분해 안에 나타나는 임의의 소수라 하자. 그러면 $d|a$이고 $d|b$이므로, p는 a와 b의 둘 다의 소인수분해에 나타나야만 한다.

8. $d = \gcd(a,b)$이고 $x = ab/\gcd(a,b) = ab/d$ 라 하자.
   (a) $d = \gcd(a,b)$, $d|b$ 이므로, 따라서 어떤 정수 k가 존재하여 $b = kd$ 이다. 그러므로 $x = akd/d = ak$ 이다. 따라서 x는 한 정수이고 그리고 $a|x$이다. 한 유사한 논증으로 $b|x$이다. 따라서 x는 a와 b의 공배수이다. m이 최소공배수이므로, $m \le x$ 이다.
   (b) $r > 0$이라 가정하자. $a|m$이므로, 어떤 정수 t가 존재하여 $m = ta$ 이다. 그러므로 $r = ab - qm = ab - qta = (b-qt)a$ 이다. 따라서 $a|r$이다. 유사하게, $b|r$이다. 그러나 $r < m$이다. 따라서 이것은 a와 b둘 다에 의해서 나누어지는 최소 양의정수 m의 정의에 모순이다. 그러므로 $r = 0$이다.
   (c) t는 부분 (b)의해서 정의되어, $ab = qm = qta$이다. 양변을 a로 나누어, 우리는 $b = qt$을 얻었다. 따라서 $q|b$ 이다. $q|a$의 증명도 유사하다.
   (d) $q|a$이고 $q|b$ 이므로, $q \le \gcd(a,b)$ 이다. 그러므로 $ab = qm \le \gcd(a,b)m$ 이다. 따라서 $m \ge ab/\gcd(a,b)$ 이다.

11. 힌트: 한 접근은 m을 $\mathrm{lcm}(a,b)$로 나눌 때 몫과 나머지를 q와 r이라 하자. 그리고 $r = 0$을 증명한다.

13. b의 소인수분해를 $b = p_1^{e_1} p_2^{e_2} \cdots p_k^{e_k}$ 라 하자. 그러면 b^2의 인수분해는 $b^2 = p_1^{2e_1} p_2^{2e_2} \cdots p_k^{2e_k}$ 이다. $a^2|b^2$ 이므로, a의 모든 소수인수는 $p_1, p_2, \cdots, p_k$ 중의 하나이다. 따라서 어떤 자연수들 $f_1, f_2, \cdots, f_k$ 에 대하여 $a = p_1^{f_1} p_2^{f_2} \cdots p_k^{f_k}$ 이다. 그러므로 $a^2 = p_1^{2f_1} p_2^{2f_2} \cdots p_k^{2f_k}$ 이다.
    $a^2|b^2$ 이므로, 모든 i에 대하여 우리는 $2f_i \le 2e_i$ 이어야 한다. 그리고 그러므로 $f_i \le e_i$이다.
    따라서 $a|b$ 이다.

16. a나 또는 b의 소인수분해에 나타나는 모든 소수들의 목록을 $p_1, p_2, \cdots, p_k$ 라 하자. 따라서 어떤 자연수들 $e_1, e_2, \cdots, e_k$와 $f_1, f_2, \cdots, f_k$에 대하여,

$a = p_1^{e_1} p_2^{e_2} \cdots p_k^{e_k}$, $b = p_1^{f_1} p_2^{f_2} \cdots p_k^{f_k}$ 이다.

$i = 1, 2, \cdots, k$ 에 대하여,

$$g_i = \begin{cases} e_i, & \text{만약 } e_i \geq f_i \\ 0, & \text{만약 } e_i < f_i \end{cases} \qquad h_i = \begin{cases} 0 & \text{만약 } e_i \geq f_i \\ f_i & \text{만약 } e_i < f_i \end{cases}$$

라 하자.

$$c = p_1^{g_1} p_2^{g_2} \cdots p_k^{g_k}, \qquad d = p_1^{h_1} p_2^{h_2} \cdots p_k^{h_k}$$

라 하자.

그러면 모든 i에 대하여, $g_i \leq e_i$이고 $h_i \leq f_i$이다. 그리고 그러므로 $c|a$이고 $d|b$이다.

또한 c와 d는 공통인 소수인수들을 갖지 않는다. 따라서 연습문제5에 의해서, c와 d는

서로소이다. 끝으로,

$$cd = p_1^{g_1 + h_1} \cdots p_k^{g_k + h_k} = p_1^{\max(e_1, f_1)} \cdots p_k^{\max(e_k, f_k)} = \mathrm{lcm}(a, b) \text{ 이다.}$$

19. (a) x는 한 양의 유리수이므로, 양의정수들 m과 n이 존재하여 $x = m/n$이다. d=gcd(m,n)이라 하자. 연습문제9에 의해서, 우리는 a와 b는 양의 정수들로 $m = da$, $n = db$, 그리고 $\gcd(a, b) = 1$라 할 수 있다. 그러면

$$x = \frac{m}{n} = \frac{da}{db} = \frac{a}{b} \text{ 이다.}$$

(b) $a/b = c/d$ 이므로, $ad = bc$이다. 그러므로 $a|bc$ 이다. $\gcd(a, b) = 1$ 이므로, 정리 7.2.2에 의해서, $a|c$ 이다. 한 유사한 논증으로 $c|a$임을 볼 수 있다. 따라서 $a = c$ 이다. 그러므로 $ad = bc = ba$ 이다. 그리고 a로 양변을 나누면 우리는 $b = d$ 라 결정할 수 있다.

(c) 부분 (a)에 의해서, 우리는 $x = a/b$ 이고, 여기서 a와 b는 서로소인 양의 정수들이다. a와 b의 소인수분해를

$$a = r_1^{g_1} r_2^{g_2} \cdots r_j^{g_j}\ , \qquad b = s_1^{h_1} s_2^{h_2} \cdots s_l^{h_l}$$

라 하자.

연습문제 5에 의해서, 이들 인수분해들은 공통인 소수들을 갖지 않는다. 그러면

$$x = \frac{r_1^{g_1} \cdots r_j^{g_j}}{s_1^{h_1} \cdots s_l^{h_l}} = r_1^{g_1} r_2^{g_2} \cdots r_j^{g_j} s_1^{-h_1} s_2^{-h_2} \cdots s_l^{-h_l} \quad \text{이다.}$$

소수들 $r_1, r_2, \cdots, r_j, s_1, s_2, \cdots, s_l$을 증가 순서로 재배열하여 구하고자하는 곱 $p_1^{e_1} p_2^{e_2} \cdots p_k^{e_k}$이 된다.

(d) 우리는 부분 (c)의 단계들을 거꾸로 시작하자.

$r_1, r_2, \cdots, r_j$를 곱 $p_1^{e_1} p_2^{e_2} \cdots p_k^{e_k}$ 에서의 그들의 소수들이고, 그 지수들이 양수이고, 증가하는 순서로 나열된 것이고, 그리고 $s_1, s_2, \cdots, s_l$ 를 그들의 지수들을 음수라 하자. 음수들의 지수로 된 각 소수는 분모에서 양의 멱으로 소수의 음수 멱을 다시 쓴다. 우리는 다음 식을 얻는다.

$$x = p_1^{e_1} p_2^{e_2} \cdots p_k^{e_k} = \frac{r_1^{g_1} r_2^{g_2} \cdots r_j^{g_j}}{s_1^{h_1} s_2^{g_2} \cdots s_l^{h_l}},$$

여기서 모든 g_i와 h_i는 양의 정수들이다. 분자들과 붑모들은 공통인 소수인수들을 갖지 않는다. 따라서 그들은 서로소이다. 유사하게, 곱 $q_1^{f_1} q_2^{f_2} \cdots q_m^{f_m}$ 은 모든 지수들이 양수인 한 분수로 다시 쓸 수 있다:

$$x = q_1^{f_1} q_2^{f_2} \cdots q_m^{f_m} = \frac{v_1^{y_1} v_2^{y_2} \cdots v_t^{y_t}}{w_1^{z_1} w_2^{z_2} \cdots w_u^{z_u}}$$

부분 (b)에 의해서, $r_1^{g_1} \cdots r_j^{g_j} = v_1^{y_1} \cdots v_t^{y_t}$ 이고 $s_1^{h_1} \cdots s_l^{h_l} = w_1^{z_1} \cdots w_u^{z_u}$ 이다.

소인수분해의 유일성에 의해서, $j = t$ 이고 그리고 모든 $i \in \{1, \cdots, j\}$ 에 대해서, $r_i = v_i$이다. 그리고 $g_i = y_i$이다. 그리고 또한 $l = u$ 이고 그리고 모든 $i \in \{1, \cdots, l\}$

에 대해서, $s_i = w_i$이다. 그리고 $h_i = z_i$이다. 분모에 있는 소수들을 음수들의 멱으로 다시 쓰면, 우리는 원래의 두 가지 곱들 $p_1^{e_1} p_2^{e_2} \cdots p_k^{e_k}$과 $q_1^{f_1} q_2^{f_2} \cdots q_m^{f_m}$ 은 똑 같다는 것을 알 수 있다.

7.3절

4. (a) Z_1은 한 덧셈에 대한 항등원이므로, $Z_1 + Z_2 = Z_2$ 이다. 그리고 Z_2도 한 덧셈에 대한 항등원이므로, $Z_1 + Z_2 = Z_1$ 이다. 그러므로 $Z_1 = Z_1 + Z_2 = Z_2$ 이다.

   (b) $X_1{}'$는 X에 대한 덧셈에 대한 한 역원이므로,

   $X_1{}' + X + X_2{}' = [0]_m + X_2{}' = X_2{}'$ 이다. 유사하게, $X_2{}'$는 X에 대한 덧셈에 대한 한 역원이므로, $X_1{}' + X + X_2{}' = X_1{}' + [0]_m = X_1{}'$ 이다.

   그러므로 $X_1{}' = X_2{}'$이다.

   (c) O_1과 O_2를 곱셈에 대한 항등원들이라 가정하자. 그러면 $O_1 = O_1 \cdot O_2 = O_2$ 이다.

   (d) $X_1{}'$와 $X_2{}'$를 X의 곱셈에 대한 역원들이라고 하자. 그러면

$$X_1{}' = X_1{}' \cdot [1]_m = X_1{}' \cdot X \cdot X_2{}' = [1]_m \cdot X_2{}' = X_2{}' \text{ 이다.}$$

8. a와 b가 임의의 정수들이라 하자. 그러면

$$na \equiv nb (\text{mod } nm) \quad \text{iff} \quad \exists x \in \mathbb{Z}\,(nb - na = knm)$$

$$\text{iff} \quad \exists k \in \mathbb{Z}\,(b - a = km) \quad \text{iff} \quad a \equiv b (\text{mod}\, m)$$

10. (a) $x \in [95]_{237}$

    (b) $x \in [12]_{59}$.

13. a와 b가 임의의 정수들이라 하자. 먼저 $a \equiv b (\text{mod}\, m)$ 이라 가정하자. 그러면 $[a]_m = [b]_m$ 이다. $[na]_m = [n]_m \cdot [a]_m = [n]_m \cdot [b]_m = [nb]_m$이다.

    그리고 그러므로 $na \equiv nb\,(\text{mod}\, m)$ 이다.

    이제 $na \equiv nb\,(\text{mod}\, m)$ 이라고 가정하자.

따라서 $[n]_m \cdot [a]_m = [na]_m = [nb]_m = [n]_m \cdot [b]_m$이다. m과 n이 서로소이므로, $[n]_m$은 곱셈에 대한 역원을 가진다. 방정식 $[n]_m \cdot [a]_m = [n]_m \cdot [b]_m$의 양변에 $[n]_m^{-1}$을 곱하면, 우리는 $[a]_m = [b]_m$을 얻는다. 따라서 $a \equiv b(\bmod m)$ 이다.

15. 힌트: 만약 $a \equiv b(\bmod m)$ 이면 그러면 $D(m) \cap D(a) = D(m) \cap D(b)$이다.

17. (a) 먼저 $10 \equiv 1(\bmod 3)$ 임을 주지하자. 따라서 $[10]_3 = [1]_3$이다. 그러므로
$[10^2]_3 = [10^2]_3 \cdot [10^2]_3 = [1]_3 \cdot [1]_3 = [1]_3$,
$[10^3]_3 = [10^2]_3 \cdot [10]_3 = [1]_3 \cdot [1]_3 = [1]_3$, 일반적으로, 임의의ㅜ $i \in N$에 대하여, $[10^i]_3 = [1]_3$이다. (더 주의 깊은 증명은 귀납법에 의해서 증명할 수 있다.)따라서

$$
\begin{aligned}
[n]_3 &= [d_0 + 10d_1 + \cdots + 10^k d_k]_3 \\
&= [d_0]_3 + [10]_3 \cdot [d_1]_3 + \cdots + [10^k]_3 \cdot [d_k]_3 \\
&= [d_0]_3 + [1]_3 \cdot [d_1]_3 + \cdots + [1^k]_3 \cdot [d_k]_3 \\
&= [d_0 + d_1 + \cdots + d_k]_3
\end{aligned}
$$

환언하면, $n \equiv (d_0 + d_1 + \cdots + d_k)(\bmod 3)$이다.
(b) $3|n$ iff $[n]_3 = [0]_3$ iff $[d_0 + d_1 + \cdots + d_k]_3 = [0]_3$ iff $3|(d_0 + d_1 + \cdots + d_k)$.

19. (a) $n \geq 10$이라 가정하자. 먼저 다음을 주지하자.
$10f(n) = (d_k \cdots d_1 0)_{10} + 50d_0 = (d_k \cdots d_1 d_0)_{10} + 49d_0 = n + 49d_0$.
그러므로 $3f(n) - n = 49d_0 - 7f(n) = 7(7d_0 - f(n))$이다.
따라서 $n \equiv 3f(n)(\bmod 7)$이다. 또는 동등하게 $[n]_7 = [3]_7 \cdot [f(n)]_7$이다.
$[3]_7^{-1} = [5]_7$이므로, 그것은 $[f(n)]_7 = [5]_7 \cdot [n]_7$이다.
(b) $n \geq 10$이라 가정하자. 만약 $7|n$이면 그러면 $[n]_7 = [0]_7$이다. 따라서 $[f(n)]_7 = [5n]_7 = [5]_7 \cdot [0]_7 = [0]_7$이다. 그리고 그러므로 $7|f(n)$이다. 유사하게, 만약 $7|f(n)$이면 그러면 $[f(n)]_7 = [0]_7$이다. 따라서 $[n]_7 = [3f(n)]_7 = [3]_7 \cdot [0]_7 = [0]_7$ 그리고 $7|n$이다.

(c) $F(627334)=62733+5 \cdot 4=62753; f(62753)=6275+5 \cdot 3=6290; f(6290)$
$=629+5 \cdot 0=629; f(629)=62+5 \cdot 9=107; f(107)=10+5 \cdot 7=45; f(45)=4+5 \cdot 5=29$,
$7 \nmid 29$ 이므로 $7 \nmid 627334$ 이다.

7.4절

2. (a) $\phi(539)=420$
(b) $\phi(540)=144$
(c) $\phi(541)=540$.

6. $a \equiv b\,(\mathrm{mod}\, mn)$이라 가정하자. 그러면 $mn|(b-a)$이다. 어떤 k가 존재하여, $b-a=knm$이다. 그러므로 $m|(b-a)$ 그리고 $n|(b-a)$ 이다. 따라서 $a \equiv b(\mathrm{mod}\, m)$이고 $a \equiv b(\mathrm{mod}\, n)$이다.
이제 $a \equiv b(\mathrm{mod}\, m)$이고 $a \equiv b(\mathrm{mod}\, n)$이라고 가정하자. 따라서 어떤 정수 j가 존재하여 $b-a=jn$이다. $a \equiv b(\mathrm{mod}\, m)$ 이므로, $m|jn$이다. 그러나 $\gcd(m,n)=1$이므로, 따라서 정리 7.2.2에 의해서 $m|j$이다. 한 정수 k가 존재하여 $j=km$ 이다. 그러면 $b-a=jn=kmn$ 이다. 그러므로 $mn|(b-a)$이다. 따라서 $a \equiv b\,(\mathrm{mod}\, mn)$ 이다.

8. 연습문제6의 처음 절반은 m과 n이 서로소라는 가정을 사용하지 않았다. 따라서 왼쪽에서 오른쪽으로 가는 명제는 이 가정이 없으면 성립하지 않는다. 여기에 반례를 든다:
$a=0, b=12, m=4, n=6$.

10. p가 소수이고 그리고 a가 한 양의 정수라 가정하자. 우리는 두 가지 경우를 고려한다.
경우1. $p \nmid a$. 그러면 p와 a는 서로소이다. 따라서 정리 7.4.2에 의해서, $[a]_p^{p-1}=[1]_p$이다. 그러므로 $[a]_p^p=[a]_p^{p-1}[a]_p=[1]_p \cdot [a]_p=[a]_p$. 따라서 $a^p \equiv a\ (\mathrm{mod}\, p)$ 이다.
경우2. $p|a$. 그러면 $[a]_p=[0]_p$, 따라서 $[a^p]_p=[0]_p^p=[0]_p=[a]_p$, 따라서 $a^p \equiv a\ (\mathrm{mod}\, p)$이다.

13. 힌트: 보조정리 7.4.6과 k에 대한 귀납법을 사용한다.

15. (a) k에 대한 귀납법으로 진행한다.
초기조건: $k=1$일 때, 명제가 증명되었다는 것은 임의의 양의 정수 m_1 그리고 임의의 정수 a_1에 대하여, 한 정수 r이 존재하여 $1 \le r \le m_1$이고 $r \equiv a_1 \pmod{m_1}$ 이라는 것이다. 이것은 참이다 왜냐하면 $\{1,2,\cdots,m_1\}$은 m_1을 법으로 하는 한 완비 잉여계이기 때문이다.
귀납법 단계: 그 명제가 k개의 쌍으로 서로소인 양의 정수들의 목록들에 대하여 성립한다고 가정하자. 그리고 $m_1,m_2,\cdots,m_{k+1}$은 $k+1$개의 쌍으로 서로소인 양의 정수들의 한 목록이라 하자. $M'=m_1m_2\cdots m_k$이고 $M=m_1m_2\cdots m_{k+1}=M'm_{k+1}$ 이다. $a_1,a_2,\cdots,a_{k+1}$ 는 임의의 정수들이라 하자. 귀납법 가정에 의해서, 한 정수 r'가 존재하여 모든 $i\in\{1,2,\cdots,k\}$에 대하여, $r' \equiv a_i \pmod{m_i}$이다. 연습문제13에 의해서, $\gcd(M',m_{k+1})=1$ 이다. 따라서 보조정리 7.4.7에 의해서 어떤 정수 r이 존재하여 $1 \le r \le M$, $r \equiv r' \pmod{M'}$ 이다. 그리고 $r \equiv a_{k+1} \pmod{m_{k+1}}$이다. 연습문제 14에 의해서, 모든 $i\in\{1,2,\cdots,k\}$ 에 대하여, $r \equiv r' \pmod{m_i}$이다. 그리고 그러므로 $r \equiv a_i \pmod{m_i}$ 이다.

(b) $1 \le r_1, r_2 \le M$ 이고 모든 $i\in\{1,2,\cdots,k\}$에 대하여, $r_1 \equiv r_2 \pmod{m_i}$이다. 따라서 연습문제 14에 의해, $r_1 \equiv r_2 \pmod{M}$이다. 그러므로 $r_1 = r_2$이다.

17. m과 n이 서로소라 가정하자. $D(m)$의 원소들을 $a_1,a_2,\cdots,a_s$ 라 하고, 그리고 $D(n)$의 원소들을 $b_1,b_2,\cdots,b_t$라고 하자. 그러면 $\sigma(m)=a_1+a_2+\cdots+a_s$ 이고, $\sigma(n)=b_1+b_2+\cdots+b_t$이다. 연습문제 16의 부분 (b)로부터 함수 f를 사용하여, 우리는 $D(mn)$의 모든 원소들은 , a_ib_j형식이 모든 곱들임을 알 수 있다. 여기서 $1 \le i \le s$이고 $1 \le j \le t$이다. 따라서 우리는 $D(mn)$의 모든 원소들을 s행들과 t열들로 된 한 표에서 i행과 j열이 a_ib_j로 정렬될 수 있다; $D(mn)$의 모든 원소들은 이표에서 단 한번만 나타난다. $\sigma(mn)$을 계산하기 위해서, 우리는 이 표에 있는 모든 원소들을 다 더해야만 한다. 우리는 이것을 먼저 이 표의 각 행을 더해서 계산 할 것이다. 그리고 그러면 이들 행들을 더한다.
$1 \le i \le s$에 대하여, r_i를 이 표의 i행의 합이다. 그러면

$$r_i = a_ib_1 + a_ib_2 + \cdots + a_ib_t = a_i(b_1+b_2+\cdots+b_t) = a_i\sigma(n).$$

그러므로

$$\sigma(mn) = r_1 + r_2 + \cdots + r_s = a_1\sigma(n) + a_2\sigma(n) + \cdots + a_s\sigma(n)$$

$$= (a_1 + a_2 + \cdots + a_s)\sigma(n) = \sigma(m)\sigma(n)$$

7.5절

2. $(a)\ n = 5893,\ \psi(n) = 5740,\ d = 2109.$
   $(b)\ c = 3421$

5. $(a)\ n = 17 \cdot 29$
   $(b)\ d = 257$
   $(c)\ m = 183$

7. $(a)\ c = 72$
   $(b)\ d = 63$
   $(c)\ 288$
   $(d)\ \psi(n) = 144,\ d = 47, 18$

9. 우리는 강한 귀납법을 사용한다. a를 한 양의 정수라 하고, 그리고 임의의 양의 정수 $k < a$에 대하여, X^k 의 계산은 기껏해야 $2\log_2 k$ 곱이라고 가정하자.
경우1. $a = 1$. 그러면 $X^a = X^1 = X$, 따라서 곱이 더 필요하지 않다. 그리고 $2\log_2 a = 2\log_2 1 = 0$이다.
경우2. a가 짝수. 그러면 $a = 2k$, 어떤 양의 정수 $k < a$ 이다. 그리고 $X^a = X^k \cdot X^k$ 공식을 사용하여 계산한다. m을 X^k를 계산하는데 사용되는 곱들의 개수라 하자. 귀납법가정에 의해서, $m \le 2\log_2 k$ 이다. X^a를 계산하기 위해서 우리는 한 추가적인 곱셈을 사용한다. 따라서 곱셈들의 개수는 다음과 같다.

$$m + 1 \le 2\log_2 k + 1 < 2(\log_2 k + 1) = 2\log_2(2k) = 2\log_2 a \quad .$$

경우3. $a > 1$ 그리고 a는 홀수라 하자. 그러면 어떤 양의 정수 $k < a$에 대하여 $a = 2k + 1$, 그리고 X^a를 계산하기 위해서 $X^a = X^k \cdot X^k \cdot X$ 공식을 사용한다.

경우2에서와 같이, 만약 우리가 m을 X^k를 계산하는데 사용되는 곱셈의 수라고 하자. 그러면 우리는 $m \le 2\log_2 k$ 이다. X^a를 계산하기 위해서 두개의 추가적인 곱셈들을 사용한다. 따라서 곱셈들의 수는 다음과 같다.

$$m+2 \le 2\log_2 k+2 = 2(\log_2 k+1) = 2\log_2(2k) < 2\log_2(2k+1) = 2\log_2 a.$$

12. $a \in R_2$이므로, $[a]_n^{n-1} \ne [1]_n$이다. 그리고 $\gcd(n,a)=1$이므로, $[a]_n$은 곱셈에 대한 역원을 가진다.

(a) $x \in R_1$이라 가정하자. 그러면 $2 \le x \le n-1$이고 그리고 $[x]_n^{n-1} = [1]_n$이다.$\{0,1,2,\cdots,n-1\}$ 은 n을 법으로 한 한 완비 잉여계이므로, $0 \le y \le n-1$이고, $ax \equiv y \pmod{n}$인 한 유일한 y가 존재한다. 따라서 $[a]_n \cdot [x]_n = [y]_n$이다. 우리는 $y \in R_2$ 임을 증명해야 한다. 만약 $y=0$이면 그러면 $[x]_n = [a]_n^{-1} \cdot [y]_n = [a]_n^{-1} \cdot [0]_n = [0]_n$, 그것은 $2 \le x \le n-1$이라는 사실에 모순이다. 그러므로 $1 \le y \le n-1$이다. 그리고 $[y]_n^{n-1} = [a]_n^{n-1} \cdot [x]_n^{n-1} = [a]_n^{n-1} \cdot [1]_n = [a]_n^{n-1} \ne [1]_n$.
그러므로 $y^{n-1} \not\equiv 1 \pmod{n}$ 이다. 그것은 $y \ne 1$이 된다. 따라서 $2 \le y \le n-1$이다.

(b) $f(x_1) = f(x_2) = y$ 라 가정하자. 그러면 $[a]_n \cdot [x_1]_n = [y]_n = [a]_n \cdot [x_2]_n$이다. 따라서 $[x_1]_n = [a]_n^{-1} \cdot [y]_n = [x_2]_n$ 이다. 그리고 그러므로 $x_1 = x_2$이다.

(c) 부분 (b)에 의해서, R_1은 $Ran(f)$와 같은 원소개수를 가진다. $Ran(f) \subseteq R_2$이므로, R_2는 적어도 R_1만큼의 원소개수를 가진다. 따라서 적어도 R의 절반만큼은 R_2에 있다.

제8장

8.1절

1 (a) $f:\mathbb{Z}^+ \to \mathbb{N}$ 을 공식 $f(n)=n-1$로 정의하자. f가 단사이고 전사임을 쉽게 확인 할 수 있다.

(b) $E=\{n \in \mathbb{Z} \mid n$은 짝수$\}$ 라 하고, 그리고 $f:\mathbb{Z} \to E$ 를 $f(n)=2n$으로 정의한

다. f가 단사이고 전사임을 쉽게 확인할 수 있다. 따라서 $\mathbb{Z} \sim E$ 이다. 그러나 우리는 이미 $\mathbb{Z}^+ \sim \mathbb{Z}$ 임을 알고 있음으로, 정리 8.1.3에 의해서, $\mathbb{Z}^+ \sim E$ 이다. 그리고 그러므로 E는 가부번이다.

4. (a) 아니오. 반례: $A = B = C = \mathbb{Z}^+$ 그리고 $D = \{1\}$.
   (b) 아니오. 반례: $A = B = \mathbb{N}$, $C = \mathbb{Z}^+$ 그리고 $D = \varnothing$.

6. (a) 우리는 n에 대한 귀납법에 의해서 $\forall n \in \mathbb{N}\, \forall m \in \mathbb{N}\, (I_n \sim I_m \rightarrow n = m)$ 을 증명한다.

   초기조건: $n = 0$. $m \in \mathbb{N}$이고 한 단사이고 전사인 함수 $f : I_n \rightarrow I_m$가 존재한다고 가정하자. $n = 0$이므로, $I_n = \varnothing$ 이다. 그러나 그러면 f가 전사이므로, 우리는 역시 $I_m = \varnothing$ 이어야한다. 따라서 $m = 0 = n$이다.

   귀납법 단계: $n \in \mathbb{N}$이고, 그리고 모든 $m \in \mathbb{N}$에 대하여, 만약 $I_n \sim I_m$이면 $n = m$이 된다고 가정하자. 이제 $m \in \mathbb{N}$이고 $I_{n+1} \sim I_m$이라고 가정하자. $f : I_{n+1} \rightarrow I_m$ 가 한 단사이고 전사인 함수라 하자. $k = f(n+1)$ 라하고, 그리고 $1 \leq k \leq m$ 임을 안다. 따라서 m은 양수이다. f가 전사라는 사실을 이용하여, 어떤 $j \leq n+1$ 를 택하여 $f(j) = m$이다.

   우리는 이제 $g : I_n \rightarrow I_{m-1}$ 을 다음과 같이 정의한다:

$$g(i) = \begin{cases} f(i), & \text{만약 } i \neq j \\ k, & \text{만약 } i = j \end{cases}$$

   우리는 g가 단사이고 전사임을 확인하는 것은 독자에게 남긴다. 귀납법가정에 의해서, 그것은 $n = m-1$이 된다. 따라서 $n+1 = m$이다.

   (b) A가 유한이라 가정하자. 그러면 "유한"의 정의에 의해서, 우리는 적어도 한 $n \in N$ 가 존재하여 $I_n \sim A$임을 안다. 그것이 유일함을 보기위해서, n과 m가 자연수들이고 $I_n \sim A$, 그리고 $I_m \sim A$라고 가정하자. 그러면 정리 8.1.3에 의해서, $I_n \sim I_m$이다. 부분 (a)에 의해서, $n = m$이다.

8. (a) 우리는 n에 대한 귀납법을 사용한다.

   초기조건: $n = 0$. $A \subseteq I_n = \varnothing$ 이라 가정하자. 그러면 $A = \varnothing$ 이다. 따라서 $|A| = 0$이다.

귀납법 단계: $n \in N$이고, 그리고 모든 $A \subseteq I_n$에 대해서, A가 유한이고, $|A| \le n$이라 가정하자. 그리고 만약 $A \ne I_n$이라 하면 그러면 $|A| < n$이다. 이제 $A \subseteq I_{n+1}$이라 가정하자. 만약 $A = I_{n+1}$이면 그러면 분명히 $A \sim I_{n+1}$이다. 따라서 A는 유한이고 그리고 $|A| = n+1$이다. 이제 $A \ne I_{n+1}$이라 가정하자. 만약 $n+1 \notin A$이면, 그러면 $A \subseteq I_n$이다. 따라서 귀납법가정에 의해서, A는 유한이고 그리고 $|A| \le n$이다. 만약 $n+1 \in A$이면, 그러면 어떤 $k \in I_n$가 존재하여 $k \notin A$이어야한다. $A' = (A \cup \{k\}) \setminus \{n+1\}$ 이라 하자. 그러면 k를 $n+1$과 대치시키면 $A' \sim A$임을 어렵지 않게 보일 수 있다. 또한, $A' \subseteq I_n$ 이다. 따라서 귀납법 가정에 의해서, A'는 유한이다 그리고 $|A'| \le n$이다. 그러므로 연습문제7에 의해서, A는 유한이고, $|A| \le n$이다.

(b) B는 유한이고 그리고 $B \subseteq A$ 라 가정하자. $n = |A|$라 하자. 그리고 $f: A \to I_n$ 를 단사이고 전사라 하자. 그러면 $f(B) \subseteq I_n$이고, 따라서 부분(a)에 의해서, $f(B)$는 유한이고, $|f(B)| \le n$이다. 그리고 만약 $B \ne A$이면 그러면 $f(B) \ne I_n$이다. 따라서 $|f(B)| < n$이다. $B \sim f(B)$이므로, 바라는 결론을 얻는다.

10. 힌트: $g: B \to I_n$ 를 다음 공식으로 정의하자;

$g(x) = f(i) = x$가 성립하는 최소의 $i \in I_n$라 하고,
그리고 g가 단사임을 보이자.

12. 처음에 $i+j-2$ 또는 $i+j-1$가 짝수임에 주의하자. 따라서 $f(i,j)$는 한 양의 정수이다. 그리고 그러므로 f는 주장하는 바와 같이 $Z^+ \times Z^+$에서 Z^+로 가는 함수이다. 함수 f에 대해서 두 가지 사실들을 확인하는 것이 도움이 될 것이다. 두 가지 사실들;

(a) 모든 $j \in Z^+$에 대하여, $f(1,j+1) - f(1,j) = j$이다.

(b) 모든 $i \in Z^+$와 $j \in Z^+$에 대하여, $f(1,i+j-1) \le f(1,i+j)$이다. 그것은 $i+j$가 $f(i,j) < f(1,k)$인 최소의 $k \in Z^+$가 된다. f가 단사임을 보이기 위해서 $f(i_1,j_1) = f(i_2,j_2)$라 가정하자. 그러면 위의 (b)의 사실로부터,

$i_1 + j_1 = f(i_1,j_1) < f(1,k)$인 최소 원 $k \in Z^+$이다.

$= f(i_2,j_2) < f(1,k)$인 최소 원 $k \in Z^+$이다.

$$= i_2 + j_2.$$

f의 정의를 사용하여, 그것은 다음이 성립한다.

$$\begin{aligned} i_1 &= f(i_1, j_1) - \frac{(i_1 + j_1 - 2)(i_1 + j_1 - 1)}{2} \\ &= f(i_2, j_2) - \frac{(i_2 + j_2 - 2)(i_2 + j_2 - 1)}{2} \\ &= i_2 \end{aligned}$$

그러면 $i_1 = i_2$이고 $i_1 + j_1 = i_2 + j_2$이므로, 우리는 $j_1 = j_2$가 된다. 따라서 $(i_1, j_1) = (i_2, j_2)$이다. 이것은 f가 단사임을 보여준다.

f가 전사임을 보이기 위해서, $n \in Z^+$라 가정하자. $f(1, n+1) > n$임을 쉽게 밝힐 수 있다. 따라서 우리는 k를 $f(1,k) > n$인 최소의 양의정수라 할 수 있다.

$f(1,1) = 1 \le n$ 임을 주지하라, 따라서 $k \ge 2$이다. k가 최소 원이므로,

$f(1, k-1) \le n$ 이다. 그러므로 (a)의 사실에 의해서,

$0 \le n - f(1, k-1) < f(1,k) - f(1, k-1) = k-1$ 이다.

각 항들에 1를 더하면, 우리는 다음을 얻는다;

$1 \le n - f(1, k-1) + 1 < k.$

따라서 만약 $i = n - f(1, k-1) + 1$ 이라 하자 그러면 $1 \le i < k$이다. $j = k - i$라 하자 그리고 $i \in Z^+$이고 $j \in Z^+$임을 주지하자. i와 j을 이와 같이 선택하면 우리는 다음 식을 얻는다;

$$\begin{aligned} f(i,j) &= \frac{(i+j-2)(i+j-1)}{2} + i \\ &= \frac{(k-2)(k-1)}{2} + n - f(1, k-1) + 1 \\ &= \frac{(k-2)(k-1)}{2} + n - \left[\frac{(k-2)(k-1)}{2} + 1 \right] = n. \end{aligned}$$

15. (a) 만약 $B \setminus \{f(m) | m \in \mathbb{Z}^+, m < n\} = \varnothing$ 이면

그러면 $B \subseteq \{f(m) | m \in \mathbb{Z}^+, m < n\}$ 이다. 따라서 연습문제들 8과 10에 의해서, B는 유한이다. 그러나 우리는 B 가 무한이라고 가정했기 때문에, 따라서 이것은 불가능하다.

$m = f(n) \in B \setminus \{f(k) | k \in \mathbb{Z}^+, k < n\} \subseteq B \setminus \{f(k) | k \in \mathbb{Z}^+, k < m\}$.
그러나 $f(m)$이 이 마지막 집합의 가장 작은 원소이기 때문에 , 그것은 $f(m) \leq m$ 이 된다. 우리는 $f(m) = m$ 이라 결정할 수 있다. 그러면 $m \notin B \setminus \{f(k) | k \in Z^+, k < n\}$, 따라서 우리는 한 모순을 얻는다.

(c) $i \in \mathbb{Z}^+, j \in \mathbb{Z}^+$ 이고, $i \neq j$라 가정하자. 그러면 $i < j$이거나 또는 $j < i$이다. 먼저 $i < j$ 라고 가정하자. 그러면 $f(j)$의 정의에 의해서,
$f(j) \in B \setminus \{f(m) | m \in \mathbb{Z}^+, m < j\}$ 이다. 그리고 분명히 $f(i) \in \{f(m) | m \in \mathbb{Z}^+, m < j\}$. 그것은 $f(i) \neq f(j)$이다. 한 유사한 논증으로 만약 $j < i$이면 그러면 $f(i) \neq f(j)$이다. 이것은 f가 단사임을 보여준다.
f가 전사임을 보이기 위해서, $n \in B$ 라고 가정하자. 부분 (b)에 의해서, $f(n+1) \geq n+1 > n$이다. f의 정의에 따라서 $f(n+1)$은 $B \setminus \{f(m) | m \in Z^+ \mathbb{Z}^+, m < n+1\}$의 최소 원이다. 그것은 $n \notin B \setminus \{f(m) | m \in \mathbb{Z}^+, m < n+1\}$ 이 된다. 그러나 $n \in B$ 이다. 따라서 그것은 역시 $n \in B \setminus \{f(m) | m \in \mathbb{Z}^+, m < n+1\}$ 이 된다. 환언하면, 어떤 양의 정수 $m < n+1$에 대하여, $f(m) = n$이다.

17. $B \subseteq A$이고 그리고 A가 가산이라고 가정하자. 그러면 정리8.1.5에 의해서, 단사함수 $f : A \to Z^+$가 존재한다. 5.2절 연습문제13에 의해서, $f \restriction B$는 B로부터 Z^+로 가는 단사함수가 존재한다. 따라서 B 는 가산이다.

19. 힌트를 따라서 점화적으로 준순서들 R_n을 정의한다. 따라서
$R = R_0 \subseteq R_1 \subseteq R_2 \subseteq \cdots$ 이고

$$\forall i \in I_n \forall j \in Z^+((a_i, a_j) \in R_n \vee (a_j, a_i) \in R_n). \quad (*)$$

$R_0 = R$라 하자. R_n이 주어지고, R_{n+1}을 6.2절 연습문제2를 적용하여 정의하고, $B = \{a_i | i \in I_{n+1}\}$ 라 한다. 결과적으로, $T = \cup_{n \in \mathbb{N}} R_n$ 이라 하자. 분명히 T는 반사적이다. 왜냐하면 R_n이 그러하기 때문이다. T가 추이적임을 보이기 위해서, $(a,b) \in T$ 이고 $(b,c) \in T$이라 가정하자. 그러면 어떤 자연수들 m과 n에 대하여

$(a,b) \in R_m$ 이고 $(b,c) \in R_n$ 이다. 만약 $m \le n$이면 $R_m \subseteq R_n$이다. 그리고 그러므로 $(a,b) \in R_n$ 이고 $(b,c) \in R_n$ 이다. R_n 이 추이적이므로, 그것은 $(a,c) \in R_n \subseteq T$ 이 된다. 한 유사한 논증으로 만약 $n < m$ 이면 그러면 $(a,c) \in T$이다. 따라서 T는 추이적이다. T가 반대칭적임을 증명하는 것은 유사하다. 끝으로, T가 한 전순서임을 보이기 위해서, $x \in A$ 이고 $y \in A$ 라 가정하자. 우리는 A의 원소들을 번호를 부여할 수 있으므로, 적당한 양의 정수들 m과 n에 대하여 $x = a_m$ 이고 $y = a_n$ 이 된다. (*)에 의해서 (a_m, a_n) 또는 (a_n, a_m) 이 R_n의 원소이다., 그리고 그러므로 역시 T의 한 원소가 된다.

22. (a) 우리는 다음 힌트를 따른다.

초기조건: $n = 0$. A와 B가 유한집합들이고 그리고 $|B| = 0$라 가정하자. 그러면 $B = \varnothing$ 이다. 따라서 $A \times B = \varnothing$ 이고 그리고 $|A \times B| = 0 = |A| \cdot 0$.

귀납법 단계: n을 임의의 한 자연수라 하자. 그리고 모든 유한집합들 A와 B에 대하여, 만약 $|B| = n$라 하면 그러면 $A \times B$ 는 유한이고 그리고 $|A \times B| = |A| \cdot n$이다. 이제 A와 B가 유한집합들이고 그리고 $|B| = n+1$이라 가정하자. 한 원소 $b \in B$ 를 택하여, 그리고 $B' = B \setminus \{b\}$ 라 하자. 이것은 n개의 원소를 갖는 집합이다. 그러면 $A \times B = A \times (B' \cup \{b\}) = (A \times B') \cup (A \times \{b\})$이다. 그리고 $b \notin B'$이므로, $A \times B'$와 $A \times \{b\}$는 서로소이다. 귀납법가정에 의해서, $A \times B'$는 유한이고 그리고 $|A \times B'| = |A| \cdot n$이다. 또한, $A \sim A \times \{b\}$이므로, $A \times \{b\}$는 유한이다. 그리고 $|A \times \{b\}| = |A|$이다. 정리 8.1.7에 의해서 그리고$|A \times B| = |A \times B'| + |A \times \{b\}| = |A| \cdot n + |A| = |A| \cdot (n+1)$의해서, 그것은 $A \times B$가 유한이다.

(b) 한 식사를 주문하기 위해서, 당신은 $A =${steak, chicken, pork chops, shrimp, spaghetti}와 $B =${ice cream, cake, pie}중에서 $A \times B$ 의 원소들을 주문해야 한다. 따라서 식사의 가지수는 $|A \times B| = |A| \cdot |B| = 5 \cdot 3 = 15$이다.

24. (a) 초기조건: $n = 0$. 만약 $|A| = 0$이면 그러면 $A = \varnothing$ 이다. 따라서 $F = \{\varnothing\}$ 이고, 그리고 $|F| = 1 = 0!$이다.

귀납법 단계: n을 한 양의 정수라 하고, n에 대하여 요구되는 결론이 성립한다고 가정하자. 이제 A가 원소개수가 $n+1$인 한 집합이라고 하자. 그리고 $F =${f|f는 I_{n+1}에서 A로 가는 단사이고, 전사인 함수이다}라 하자.

$g: I_{n+1} \to A$ 를 한 단사이고, 전사인 함수라 하자. 각 $i \in I_{n+1}$에 대하여, $A_i = A \setminus \{g(i)\}$ 라 하면 n개의 원소를 갖는 집합이다. 그리고 $F_i = \{f | f$는 I_n에서 A_i로 가는 단사이고, 전사인 함수$\}$라 하자. 귀납법가정에 의해서 F_i는 유한이고 그리고 $|F_i| = n!$이다. 이제 $F_i' = \{f \in F | f(n+1) = g(i)\}$라 하자. 한 함수 $h: F_i \to F_i'$ 를 공식 $h(f) = f \cup \{(n+1, g(i))\}$에 의해서 정의하자. 그것은 h가 어렵지 않게 단사이고 전사인 함수가 됨을 확인할 수 있다. 따라서 F_i'는 유한이고 그리고 $|F_i'| = |F_i| = n!$이다. 끝으로, $F = \cup_{i \in I_{n+1}} F_i'$이고 $\forall i \in I_{n+1} \forall j \in I_{n+1} (i \neq j \to F_i' \cap F_j' = \varnothing)$을 주지하라. 그것은 연습문제 21에 의해서, F는 유한이고 그리고 $|F| = \sum_{i=1}^{n+1} |F_i'| = (n+1) \cdot n! = (n+1)!$이다.

(b) 힌트: $h: F \to L$ 을 공식 $h(f) = \{(a,b) \in A \times A | f^{-1}(a) \leq f^{-1}(b)\}$ 으로 정의하자. (당신은 이 집합이 A위에서 한 전순서집합임을 확인해야 한다). h가 단사임을 보이기 위해서, $f \in F, g \in F$이고 $f \neq g$라 가정하자. i를 $f(i) \neq g(i)$인 I_n의 최소 원이라 하자. 이제 $(f(i), g(i)) \in h(f)$이고 그러나 $(f(i), g(i)) \notin h(g)$ 임을 보인다. 따라서 $h(f) \neq h(g)$ 이다. h가 전사임을 보이기 위해서, R을 A위에서의 한 전순서라 가정하자. $g: A \to I_n$ 을 공식 $g(a) = |\{x \in A | xRa\}|$라 정의하자. $\forall a \in A \forall b \in A (aRb \leftrightarrow g(a) \leq g(b)$ 임을 보인다. 그리고 이 사실을 사용하여 $g^{-1} \in F$이고 그리고 $h(g^{-1}) = R$임을 보인다.

(c) 5!=120.

27. 초기조건: $n=1$. 그러면 $I_n = \{1\}$, $P = \{\{1\}\}$ 이고 $A_{\{1\}} = A_1$이다. 그러므로 $|\cup_{i \in I_n} A_i| = |A_1|$이고 그리고 $\sum_{S \in P} (-1)^{|S|+1} |A_s| = (-1)^2 |A_{\{1\}}| = |A_1|$.

귀납법 단계: n개의 집합에 대한 포함과 배제의 원리가 성립한다고 가정하자. 그리고 $A_1, A_2, \cdots, A_{n+1}$가 유한집합들이라 가정하자. $P_n = P(I_n) \setminus \{\varnothing\}$ 이고 $P_{n+1} = \mathscr{P}(I_{n+1}) \setminus \{\varnothing\}$이라 하자. 3.4절의 연습문제26(a), 연습문제23(a)와, 그리고 귀납법가정에 의해서

$$|\cup_{i \in I_{n+1}} A_i| = |(\cup_{i \in I_n} A_i) \cup A_{n+1}|$$

$$= |\cup_{i \in I_n} A_i| + |A_{n+1}| - |(\cup_{i \in I_n} A_i) \cap A_{n+1}|$$

$$= \sum_{S \in P_n} (-1)^{|S|+1} |A_S| + |A_{n+1}| - |\cup_{i \in I_n} (A_i \cap A_{n+1})|$$

이제 임의의 $S \in P_n$에 대하여 다음을 주지하라.

$$\cap_{i \in S} (A_i \cap A_{n+1}) = (\cap_{i \in S} A_i) \cap A_{n+1} = A_{S \cup \{n+1\}}.$$

그러므로 귀납법가정의 또 다른 적용으로,

$$|\cup_{i \in I_n} (A_i \cap A_{n+1})| = \sum_{S \in P_n} (-1)^{|S|+1} |A_{S \cup \{n+1\}}|.$$

따라서

$$|\cup_{i \in I_{n+1}} A_i| = \sum_{S \in P_n} (-1)^{|S|+1} |A_S| + |A_{n+1}| - \sum_{S \in P_n} (-1)^{|S|+1} |A_{S \cup \{n+1\}}|$$

$$= \sum_{S \in P_n} (-1)^{|S|+1} |A_S| + (-1)^2 |A_{n+1}| + \sum_{S \in P_n} (-1)^{|S \cup \{n+1\}|+1} |A_{S \cup \{n+1\}}|.$$

끝으로, P_{n+1} 에는 3가지 종류의 원소들이 있음을 주지하자: P_n의 원소, 집합 $\{n+1\}$, 그리고 $S \in P_n$인 $S \cup \{n+1\}$형식의 집합들이다. 그것은 위의 마지막 공식은 바로 $\sum_{S \in P_{n+1}} (-1)^{|S|+1} |A_S|$ 이다.

8.2절

1. (a) 정리8.1.6에 의해서, $\mathbb{Q}$는 가산이다. 마약 $\mathbb{R} \setminus \mathbb{Q}$ 가 가산이라면, 그러면 , 의해서, 모순이다. 따라서 $\mathbb{R} \setminus \mathbb{Q}$ 는 비가산이다.
   (b) $A = \{\sqrt{2} + n | n \in Z^+\}$ 라 하자. $\sqrt{2}$가 무리수이므로, A와 $\mathbb{Q}$는 서로단사이고 전사이다. 소이다. 그리고 A는 가부번이다. 이제 정리 8.1.6과 정리 8.2.1을 적용하면 $A \cup \mathbb{Q}$ 는 가부번임을 결정할 수 있다. 그리고 그러므로 $A \cup \mathbb{Q} \sim A$ 이다.
   끝으로, $\mathbb{R} = (\mathbb{R} \setminus (A \cup \mathbb{Q})) \cup (A \cup \mathbb{Q})$이고 $\mathbb{R} \setminus \mathbb{Q} = (\mathbb{R} \setminus (A \cup \mathbb{Q})) \cup A$

일대일이고 전사이다. 그리고 정리8.1.2의 부분2를 적용한다.

5. $A \sim \mathscr{P}(A)$ 라 가정하자. 그러면 한 함수 $f : A \to \mathscr{P}(A)$ 가 존재하여 $X = \{a \in A | a \notin f(a)\} \in \mathscr{P}(A)$라 하자. f가 전사이므로, 어떤 $a \in A$가 존재하여 $f(a) = X$ 이다. 그러나 X의 정의에 따라서 $a \in X$ iff $a \notin f(a)$, 따라서 $X \neq f(a)$ 이다. 그것은 모순이다.

10. 각 양의 정수 n에 대하여, $A_n = \{x \in A | x \geq 1/n\}$이다. 분명히 $\cup_{n \in \mathbb{Z}^+} A_n \subseteq A$ 이다. 이제 $x \in A$ 라 가정하자. 그러면 $x \in R^+$ 이다. 따라서 $x > 0$ 이다. n을 $n \geq 1/x$인 충분히 큰 한 양의 정수라 하자. 그러면 $x \geq 1/n$ 이다. 따라서 $x \in A_n$이다.
$a_1, a_2, \cdots, a_k$ 를 A_n의 서로 다른 원소들이라 가정하자. 그러면

$$b \geq a_1 + a_2 + \cdots + a_k \geq \frac{1}{n} + \frac{1}{n} + \cdots + \frac{1}{n} = \frac{k}{n} \quad \text{이다.}$$

따라서 $k \leq bn$이다. 그러므로 A_n은 유한이다. 그리고 사실상 $|A_n| \leq bn$이다. 정리 8.2.2에 의해서, 그것은 $A = \cup_{\mathbb{Z}^+ \in} A_n$ 이 가산이 된다.

13. 힌트: 만약 $\mathcal{F} = \varnothing$ 이면 그러면 g는 임의의 함수가 될 수 있음을 주지하자. 만약 $\mathcal{F} \neq \varnothing$ 이면, 그러면 $\mathcal{F}$가 가산이므로, 그것의 원소들을 한 목록으로 쓸 수 있다: $\mathcal{F} = \{f_1, f_2, \cdots\}$. 이제 $g : \mathbb{Z}^+ \to \mathbb{R}$ 을 공식 $g(n) = \max\{|f_1(n)|, |f_2(n)|, \cdots, |f_n(n)|\}$에 의해서 정의한다.

15. (a) 만약 Q가 가산이라하면, 그러면 정리 8.2.1의 부분2에 의해서, $P \cup Q$ 은 가산이다. 그러나 $P \cup Q = \mathscr{P}(\mathbb{Z}^+)$이다. 그것은 칸토어 정리에 의해서 비가산이다. 그러므로 Q는 비가산이다.
(b) $A \in Q$라 가정하자. 임의의 $n \in \mathbb{Z}^+$에 대하여, $A \cap I_n \subseteq I_n$ 이다. 따라서 8.1절 연습문제 8(a)에 의해서, $A \cap I_n$은 유한이다. 그러므로 $S_A \subseteq P$이다. 이제 S_A가 유한이라 가정하자. 그러면 어떤 양의정수 n이 존재하여 $S_A = \{A \cap I_1, A \cap I_2, \cdots, A \cap I_n\}$ 이다. 우리는 이제 $A \subseteq I_n$ 임을 증명할 수

있다: 이것으로 증명이 끝난다. 왜냐하면 그것은 A가 유한임을 의미한다. $A \in Q$ 라는 가정에 모순이다. 이 주장을 증명하기 위해서, $m \in A$ 라 가정하자. 그러면 $A \cap I_m \in S_A$ 이다. 따라서 어떤 $k \leq n$ 이 존재하여 $A \cap I_m = A \cap I_k \subseteq I_k \subseteq I_n$ 이다. 그러나 $m \in A \cap I_m$ 이다. 따라서 요구하는 바와 같이, $m \in I_n$ 임을 결정한다.

(c) $A \in Q, B \in Q$이고 $A \neq B$ 라 가정하자. 그러면 어떤 양의 정수 n이 존재하여 $n \in A$이고 $n \notin B$이거나 또는 $n \in B$ 이고 $n \notin A$이다. $n \in A$이고 $n \notin B$이라 가정 할 것이다; 다른 경우의 증명도 유사하다. 이제
$S_A \cap S_B \subseteq \{A \cap I_1, A \cap I_2, \cdots, A \cap I_{n-1}\}$
을 증명하자; 이것이 그 증명을 완성할 것이다. 왜냐하면 그것은 $S_A \cap S_B$ 이 유한임을 유도한다. 그 주장을 증명하기 위해서, $X \in S_A \cap S_B$ 을 가정하자. 그러면 양의 정수들 n_A그리고 n_B 가 존재하여 $X = A \cap I_{n_A}$이고 $X = B \cap I_{n_B}$ 이다. 마약 $n_A \geq n$ 이면 그러면

$$n \in A \cap I_{n_A} = X = B \cap I_{n_B} \subseteq B$$

이것은 모순이다.
그러므로 $n_A < n$이다. 따라서 구하는 바와 같이,
$X = A \cap I_{n_A} \subseteq \{A \cap I_1, A \cap I_2, \cdots, A \cap I_{n-1}\}$이다.

(d) 만약 $A \in Q$ 라 하면 $S_A \subseteq P$ 이다. 따라서 $g: P \to \mathbb{Z}^+$ 이므로, $g(S_A) \subseteq \mathbb{Z}^+$ 이다. 또한, S_A가 무한이고 g가 단사이므로, $g(S_A)$는 역시 무한이다. 이것은 $\mathcal{F} \subseteq \mathscr{P}(\mathbb{Z}^+)$ 이고 임의의 $\mathcal{F}$의 원소는 무한임을 증명한다. $\mathcal{F}$가 쌍으로 거의 서로소임을 보이기 위해서, $X, Y \in \mathcal{F}$ 이고 $X \neq Y$라 가정하자. 그러면 집합들 $A, B \in Q$ 가 존재하여 $X = g(S_A)$ 이고 $Y = g(S_B)$ 이다.
$X \neq Y, A \neq B$ 이므로, 따라서 부분(c)에 의해서, $S_A \cap S_B$ 는 유한이다. 그리고 그러므로 $g(S_A \cap S_B)$ 는 유한이다. 정리 5.5.2에 의해서, $g(S_A \cap S_B) = g(S_A) \cap (S_B) = X \cap Y$ 이다. 따라서 X와 Y는 거의 서로소이다. 끝으로, $h: Q \to \mathcal{F}$ 를 공식 $h(A) = g(S_A)$ 라 정의하자. h가 단사이고 전사임을 밝히는 것은 용이하다. 따라서 $\mathcal{F} \sim Q$ 이고 그러므로 부분 (a)에 의해서, $\mathcal{F}$는 비가산이다.

8.3절

1. (*a*) 함수 $i_A : A \to A$ 는 단사이다.

   (*b*) $A \precsim B$, $B \precsim C$이라 가정하자. 그러면 단사함수들 $f : A \to B$, $g : B \to C$ 가 존재한다. 정리 5.2.5 부분1에 의해서, $g \circ f : A \to C$ 는 단사이다. 따라서 $A \precsim C$이다.

5. $g : A \to B$ 와 $h : C \to D$ 가 단사함수들이라 하자.

   (*a*) $A \neq \varnothing$ 이므로, 어떤 $a_0 \in A$를 택할 수 있다. $g^{-1} : Ran(g) \to A$ 를 주목하자. $j : B \to A$ 를 다음과 같이 정의하자;

$$j(b) = \begin{cases} g-1(b) & \text{만약 } b \in Ran(g) \\ a_0 & \text{그밖의 경우} \end{cases}$$

   j가 전사임을 밝혀보자.

   이제 $F: {}^{A}C \to {}^{B}D$를 공식 $F(f) = h \circ f \circ j$에 의해서 정의하자. F 가 단사임을 보이기 위해서, $f_1 \in {}^{A}C$, $f_2 \in {}^{A}C$ 이고 $F(f_1) = F(f_2)$라 가정하자. 그것은 $h \circ f_1 \circ j = h \circ f_2 \circ j$ 를 의미한다. $a \in A$ 를 임의의 원소라 하자. j가 전사이므로, 어떤 $b \in B$ 가 존재하여 $j(b) = a$이다. 그리고 h가 단사이므로, 그것은 $f_1(a) = f_2(a)$ 가 된다. a가 임의이므로, 이것은 $f_1 = f_2$가 된다.

   (*b*) 예.(당신은 한 반례를 들어 이 답을 정당화 할 수 이어야 한다.)

8. (*a*) n을 임의라 하고, 그리고 m에 관한 귀납법으로 진행한다. 초기조건은 $m = n + 1$ 이다. 그리고 그것은 연습문제7에 의해서 주어졌다. 귀납법 단계는 연습문제 2(*b*)를 적용한다.

   (*b*) $\cup_{n \in \mathbb{Z}^+} A_n$ 은 한 무한집합이고 임의의 $n \in Z^+$에 대한 A_n과 동등하지 않다. 사실상, 임의의 양의 정수 n에 대하여, $A_n < \cup_{n \in \mathbb{Z}^+} A_n$이다. 당신은 더 큰 무한집합들을 찾을 수 있는가?

10. (*a*) $\mathcal{E} \subseteq \mathscr{P}(\mathbb{Z}^+ \times \mathbb{Z}^+)$ 임을 주지하자. 그것은 8.1절 연습문제5를 사용하여,

$$\mathcal{E} \precsim \mathscr{P}(\mathbb{Z}^+ \times \mathbb{Z}^+) \sim P(\mathbb{Z}^+) \quad \text{이다.}$$

   (*b*) $f(X) = f(Y)$라 가정하자. 그러면

$X\cup\{1\}\in f(X)=f(Y)=\{Y\cup\{1\},(A\setminus Y)\cup\{2\}\}$ 이다. 따라서 $X\cup\{1\}=Y\cup\{1\}$ 이거나 또는 $X\cup\{1\}=(A\setminus Y)\cup\{2\}$이다. 그러나 분명히 $2\not\in X\cup\{1\}$이므로, 따라서 두 번째 가능성이 성립하지 않는다. 그러므로 $X\cup\{1\}=Y\cup\{1\}$이다. X나 Y모두 1을 품지 않으므로, $X=Y$ 가 된다.

(c) 분명하게 A는 가부번이다. 그리고 우리는 5.3절 끝에서 $\mathcal{P}\sim\mathcal{E}$ 임을 보였다. 그것은 $\mathscr{P}(\mathbb{Z}^+)\sim\mathscr{P}(A)\precsim\mathcal{P}\sim\mathcal{E}$ 가 된다. 이것과 부분 (a)를 결합하고 그리고 칸토어 쉬레더 베른 쉬타인 정리를 적용하면 구하고자하는 결론을 얻을 수 있다.

14. (a) 함수의 정의에 따라서 ${}^{\mathbb{R}}\mathbb{R}\subseteq\mathscr{P}(\mathbb{R}\times\mathbb{R})$ 이다. 그래서 연습문제12(b)와 8.1절 연습문제5에 의해서, ${}^{\mathbb{R}}\mathbb{R}\precsim\mathscr{P}(\mathbb{R}\times\mathbb{R})\sim\mathscr{P}(\mathbb{R})$이다.

분명하게 {예, 아니요}$\precsim\mathbb{R}$이다. 따라서 8.2절 연습문제6(c)와 연습문제5에 의해서, $\mathscr{P}(\mathbb{R})\sim\mathbb{R}_{\{\text{예, 아니요}\}}\precsim{}^{\mathbb{R}}\mathbb{R}$ 이다.

우리는 ${}^{\mathbb{R}}\mathbb{R}\precsim\mathscr{P}(\mathbb{R})$이고 $\mathscr{P}(\mathbb{R})\precsim{}^{\mathbb{R}}\mathbb{R}$ 둘 다 성립함으로, 칸토어 쉬레더 베른 쉬타인 정리를 적용하면 ${}^{\mathbb{R}}\mathbb{R}\sim\mathscr{P}(\mathbb{R})$ 이다.

(b) 정리 8.1.6과 8.3.3과 8.1절의 연습문제23(a)에 의해서, 그리고 8.2절의 연습문제6(d)에 의해서, ${}^{\mathbb{Q}}\mathbb{R}\sim{}^{\mathbb{Z}^+}\mathscr{P}(\mathbb{Z}^+)\sim\mathscr{P}(\mathbb{Z}^+)\sim\mathbb{R}$ 이다.

(c) $F\colon C\to{}^{\mathbb{Q}}\mathbb{R}$ 을 공식 $F(f)=f\restriction\mathbb{Q}$으로 정의하자. $f\in C$, $g\in C$ 이고 $F(f)=F(g)$ 라 가정하자. 그러면 $f\restriction\mathbb{Q}=g\restriction\mathbb{Q}$ 이다. 모든 $x\in\mathbb{Q}$에 대하여, $f(x)=g(x)$ 이다. 이제 x가 임의의 실수라 하자. 보조정리 8.3.4을 사용하여 한 유리수 수열 $x_1, x_2, \cdots$을 구성하여 $\lim_{n\to\infty}x_n=x$ 이다.

그러면 f와 g가 연속이므로, $f(x)=\lim_{n\to\infty}f(x_n)=\lim_{n\to\infty}g(x_n)=g(x)$ 이다. x가 임의이므로 $f=g$임을 알 수 있다. 그러므로 F는 단사이다. 따라서 $C\precsim{}^{\mathbb{Q}}\mathbb{R}$ 이다. 이것을 부분(b)와 결합하면, 우리는 $C\precsim\mathbb{R}$임을 결정할 수 있다.

이제 $G\colon\mathbb{R}\to C$를 공식 $G(x)=\mathbb{R}\times\{x\}$으로 정의하자. 환언하면, $G(x)$는 모든 실수 x에 대해서 상수함수가 된다. 분명히 G는 단사이다. 따라서 $\mathbb{R}\precsim C$ 이다. 칸토어 쉬레더 베른 쉬타인 정리에 의해서, 그것은 $C\sim\mathbb{R}$이 성립한다.

부록2 증명 설계자
Proof Designer

증명 설계자 Proof Designer는 기초적인 집합론의 증명들의 개요들을 작성하는 Java 애플릿이다. 그것은 PC와 Macintosh 컴퓨터 둘 다를 포함해서, Java의 충분히 최신판의 어떤 컴퓨터에서도 작용한다. 증명 설계자를 사용하기 위해서, 당신의 웹 브라우저를 열고 다음 증명 설계자 웹 싸이트로 이동하라:

http://www.cs.amherst.edu/~djv/pd/pd.html

증명 설계자 사용에 대한 전체 지침은 웹 싸이트에서 찾을 수 있다. 여기서 이 지침의 개요를 제공할 것이다.

브라우저에서 증명 설계자 홈 페이지를 열고 그 페이지의 밑에 있는 "증명을 써라 Write a Proof"라는 버튼이 표시된다. (그렇지 않는다면, 웹 싸이트의 지침에 따라 교정 디자이너를 사용하도록 컴퓨터를 설정할 필요가 있다.) 증명쓰기를 시작하기 위해서, 증명쓰기 버튼을 클릭한다.

대화 상자가 열리고, 증명하고자 하는 가정과 결론으로 들어가기를 요청할 것이다. 가정과 결론은 통상적인 집합론과 논리적 표기를 사용하여 입력한다. 당신이 가정과 결론을 입력했으면 확인을 클릭한다.

대화 상자가 닫히고, 그리고 새창이 열린다. 창은 "편집 Edit," 전략 Strategy" 그리고 "추론 Infer" 3가지 메뉴가 있다. 메뉴들 아래에 당신이 증명할 정리의 명제가 있고, 그래서 그 증명이 되어 갈 곳이 있다. 당신이 증명 설계자에서 명령어들을 실행함에 따라서, 증명의 개요가 이 창에 모양을 점차 구체화된다. 증명 작업을 하는 동안 일반적으로 추가 단계를 채워야하는 증명에 하나 이상의 간격들 gaps이 있다. 각 간격은 들여쓰기되고 상자 안에 포함되며 그것은 왼쪽 상단 모서리에 한 "?"버튼 라벨을 가질 것이다. 그 간격은 증명의 해당 지점에서 채워야 할 내용을 말한 다음, 주어진 목록(증명의 해당 지점에서 참이라 알려진 진술)과 목표 목록을 제공한다. 그 간격의 일반적인 목표 goal는 변수에 값을 대입할 필요가 있음을 나타내며 목표가 전혀 없는 간격이 있을 수도 있다. 처음에 전체 증명은 주어진 것이 정리의 가설이고, 목표가 정리의 결론인 간격으로 구성된다.

증명에 단계를 추가하려면 주어진 목표를 클릭하여 선택한 다음 창 상단에 있는 메뉴 중 하나에서 명령을 내린다. 경우에 따라 여러 항목을 선택해야 한다. 이렇게 하려면 하나씩 클릭하기만 하면 된다, 간격을 소개하는 문장 위나 간격 왼쪽 여백을 클릭하여 전체 간격을 선택할 수 있다. 선택하고 싶지 않은 항목을 실수로 선택한 경우 해당 항목을 다시 클릭하면 선택이 취소된다.

명령을 내리면 증명에 단계가 추가되고 가설들 givens과 목표 목록들이 업데이트 될 것이다. 때때로 단계는 함께 주장을 정당화하는 일련의 단계인 하위증명 subproof에 의해 정당화될 것이다. 각 하위증명은 들여쓰기되어 상자로 둘러싸여 있으며 왼쪽 상단 모서리에 한 "∴"버튼이 있다. 하위증명은 서로 중첩될 수 있으며 하위증명에도 간격이 포함할 수도 있다. 클릭하여 증명의 단계를 선택할 수도 있다. 단계가 하나 이상의 하위증명에 의해 정당화되는 경우 하위증명도 선택된다.

일부 명령은 주어진 항목 또는 목표에 변형 형식 variant을 추가한다. 명령문의 변형은 원래 명령문과 동등한 또 다른 명령문이다. 가설 또는 목표의 변형이 원본 아래에 나열되고 들여쓰기 되며 앞에 글머리 기호 대신 열린 원이 있다. 원래의 가설이나 또는 목표와 같은 변형을 사용할 수 있다. 특히 클릭하여 변형을 선택할 수 있다.

가설들의 목록에서 주어진 항목의 순서를 변경할 수 있다. 주어진 항목을 가리키고 마우스 버튼을 클릭하여 누른 상태에서 "잡아 grab" 목록의 새 위치로 드래그하면 된다. 주어진 변형의 모든 변형이 함께 이동된다.

만들고 있는 증명 구조가 복잡해지면 "∴" 또는 "?"를 클릭하여 일부 세부 정보를 숨길 수 있다. 하위증명 또는 간격의 왼쪽 상단 모서리에 있는 버튼을 클릭하여 일부 세부 정보를 숨길 수 있다. 버튼을 클릭하면 서브프루프나 간격의 내용이 숨겨진다. 세부 정보를 다시 표시하려면 다시 클릭한다.

애플릿은 인쇄할 수 없다. 그렇지만, Export HTML 명령어들의 하나를 사용하여 증명을 인쇄할 수도 있다. 이것에 대해 자세한 것은 웹싸이트를 참조하여라.

부록3 참고문헌

Suggestions for Further Reading

Barwise, J. and Echemendy, J. Language, Proof and Logic. Stanford: CSLI Publications, 2002.

Burton, D. Elementary Number Theory, 5th edition. Boston: McGraw-Hill, 2002.

Eccles, P. An Introduction to Mathematical Reasoning: Numbers, Sets and Functions. Cambridge: Cambridge University Press, 1997.

Enderton, H. A Mathematical Introduction to Logic, 2nd edition. San Diego: Harcourt/Academic Press, 2001.

Enderton, H. Elements of Set Theory. San Diego: Academic Press, 1977.

Epp, S. Discrete Mathematics with Applications, 3rd edition. Belmont, Calif.: Brooks Cole, 2004.

Halmos, P. Naive Set Theory. New York: Springer-Verlag, 1974.

Hamilton, A. Logic for Mathematicians, revised edition. Cambridge: Cambridge University Press, 1988.

Hamilton, A. Numbers, Sets and Axioms: The Apparatus of Mathematics. Cambridge: Cambridge University Press, 1982.

Mendelson, E. Introduction to Mathematical Logic, 4th edition. London: Chapman & Hall, 1997.

Polya, G. How to Solve It: A New Aspect of Mathematical Method, 2nd edition. Princeton: Princeton University Press, 1957.

Rosen, K. Discrete Mathematics and Its Applications, 5th edition. Boston: McGraw-Hill, 2003.

Ross, K. and Wright, C. Discrete Mathematics, 5th edition. Upper Saddle River, N.J.: Prentice Hall, 2003.

Stark, H. An Introduction to Number Theory. Cambridge, Mass.: MIT Press, 1978.

van Dalen, D., Doets, H., and deSwart, H. Sets: Naive, Axiomatic, and Applied. Oxford: Pergamon Press, 1978.

부록4 개략적인 증명기술들
Summary of Proof Techniques

다음 형식의 목표 증명하기 To prove a goal of the form:

1. $\neg P$:

   (a) 한 긍정적인 명제로 다시 표현한다.

   (b) 모순에 의한 증명을 사용한다; 즉, P가 참이라 가정하고 한 모순을 도출하도록 시도한다.

2. $P \to Q$:

   (a) P가 참이라고 가정하고 Q를 증명한다.

   (b) 대우명제를 증명한다; 즉, Q가 거짓이라고 가정하고 P가 거짓임을 증명한다.

3. $P \wedge Q$:

   P와 Q를 분리해서 증명한다. 환언하면, 이것은 두 가지의 분리된 목표들; P, 그리고 Q로 취급한다.

4. $P \vee Q$:

   (a) P가 거짓이라고 가정하고 Q를 증명하거나, 또는 Q를 거짓이라고 가정하고 P를 증명한다.

   (b) 경우들에 따른 증명을 사용한다. 각 경우, P를 증명하거나 또는 Q를 증명한다.

5. $P \leftrightarrow Q$:

   위의 2 아래에 나열하는 방법들을 사용하여, $P \to Q$와 $Q \to P$를 증명한다.

6. $\forall x\, P(x)$:

   x가 한 임의의 대상을 나타낸다고 하고, $P(x)$를 증명한다.(만약 문자 x가 이미 그 증명안에 있는 어떤 것을 나타낸다고 하면, 임의의 대상으로 다른 문자를 사용해야한다.)

7. $\exists x\, P(x)$:

   $P(x)$를 참으로 하는 한 값 x를 찾는다. 이 x값에 대한 $P(x)$를 증명한다.

8. $\exists !x\, P(x)$:

(a) $\exists x P(x)$(존재성)을 증명하고 $\forall y \forall z((P(y) \wedge P(z)) \rightarrow y = z)$(유일성)을 증명한다.

(b) 동치인 명제 $\exists x(P(x) \wedge \forall y(P(y) \rightarrow y = x))$을 증명한다.

9. $\forall n \in N P(n)$:

(a) 수학적 귀납법: $P(0)$(초기 조건)를 증명하고 $\forall n \in N(P(n) \rightarrow P(n+1))$(귀납법 단계)를 증명한다.

(b) 강한 귀납법: $\forall n \in N[(\forall k < n P(k)) \rightarrow P(n)]$을 증명한다.

다음 형식의 가설 사용하기 To use a given of the form:

1. $\neg P$:

(a) 한 긍정적인 명제로 다시 표현한다.

(b) 모순에 의한 증명을 사용하여, P를 증명해서 한 모순에 도달할 수 있다.

2. $P \rightarrow Q$:

(a) 만약 역시 가설 P를 갖거나, 또는 P가 참임을 증명할 수 있으면, Q가 참이라고 결정할 수 있다.

(b) 대우명제를 증명한다; 만약 가설이나, 또는 Q가 거짓이라고 증명할 수 있다면, P가 거짓임을 증명할 수 있다.

3. $P \wedge Q$:

두 가지의 가설들을 취급한다: P와 Q.

4. $P \vee Q$:

(a) 경우들의 증명을 사용한다. 경우1에서 P가 참이라고 가정하고, 경우2에서는 Q가 참이라고 가정한다.

(b) 만약 P가 역시 거짓이라는 가설이나 또는 P가 거짓임을 증명할 수 있으면, Q가 참임을 결정할 수 있다. 유사하게, 만약 Q가 거짓임을 알고 있다면 P가 참임을 결정할 수 있다.

5. $P \leftrightarrow Q$:

두 가지 가설들을 취급한다: $P \rightarrow Q$와 $Q \rightarrow P$.

6. $\forall x P(x)$:

x에 대하여, 임의의 값에 예를 들어 a를 대입할 수 있고, $P(a)$가 참임을 결정한다.

7. $\exists x P(x)$:

증명 속으로, 예를 들어 x_0에 대해서, $P(x_0)$가 참인 특별한 대상을 나타내는 새로운 변수를 도입한다.

8. $\exists! x\, P(x)$:

   증명 속으로, 예를 들어 x_0에 대해서, $P(x_0)$가 참인 특별한 대상을 나타내는 새로운 변수를 도입한다. 또한 $\forall y(P(y) \rightarrow y = x_0)$라 가정할 수 있다.

임의의 증명에서 사용될 수 있는 기술들

Techniques that can be used in any proof:

1. 모순에 의한 증명: 목표가 거짓이라고 가정하고 한 모순을 유도한다.
2. 경우들에 따른 증명을 사용한다: 포괄적인exhaustive 여러 가지 경우들을 고려한다. 즉, 모든 가능성들을 포함한다는 의미이다. 각 경우에 목표를 증명한다.

색인